高职高专“十二五”规划教材

精细化工生产技术

揭芳芳　曹子英　主　编
狄　宁　副主编

化学工业出版社
·北京·

本书根据高职高专教育的特点和要求，通过广泛调研，选取了典型的精细化学品。全书包括绪论和八个项目，在绪论中主要介绍了精细化工产品的定义、分类和单元反应原理；八个项目分别介绍了典型表面活性剂、洗涤剂、化妆品、涂料、胶黏剂、食品添加剂、农药及绿色精细化工生产技术，每个项目重点介绍了精细化工产品的基本原理、主要设备和生产技术。

本书内容丰富，涉及面广，可作为高职高专院校化工类专业教材和企业培训教材，同时，还可作为从事精细化工生产及管理人员的参考书。

图书在版编目（CIP）数据

精细化工生产技术/揭芳芳，曹子英主编．—北京：化学工业出版社，2015.2（2024.7 重印）
高职高专“十二五”规划教材
ISBN 978-7-122-09224-3

Ⅰ.①精…　Ⅱ.①揭…②曹…　Ⅲ.①精细加工-化工产品-生产技术-高等职业教育-教材　Ⅳ.①TQ072

中国版本图书馆 CIP 数据核字（2014）第 298105 号

责任编辑：张双进　窦　臻　　文字编辑：孙凤英
责任校对：陶燕华　　装帧设计：王晓宇

出版发行：化学工业出版社（北京市东城区青年湖南街 13 号　邮政编码 100011）
印　　装：北京机工印刷厂有限公司
787mm×1092mm　1/16　印张 21　字数 521 千字　　2024 年 7 月北京第 1 版第 8 次印刷

购书咨询：010-64518888　　售后服务：010-64518899
网　　址：http://www.cip.com.cn
凡购买本书，如有缺损质量问题，本社销售中心负责调换。

定　　价：**45.00 元**

前　言

“精细化工生产技术”是高职应用化工技术专业的一门重要的职业核心课程，本书主要内容包括常见的精细化工产品如工业表面活性剂、食品添加剂、胶黏剂等产品的主要生产方法、加工技术及生产过程，为解决生产实际问题打下基础。本书为培养学生掌握精细化工专业知识，培养创新思维和综合能力，培养学生良好的学习习惯、严谨的治学态度、实事求是的科学作风和分析解决问题的能力，提高高职学生的科学素质以适应当代科技、经济、社会发展和国际竞争的需要而编写。

本书内容的深度、广度适中，既符合岗位工作需要，又符合认知规律。为适应职业技术教育应用性、岗位性及专业性的特点，本书所编写内容体现了必须、实用的特点，突出强调应用技能和分析能力的培养，通过任务提出、相关知识讲解、任务实施及任务评价等环节，培养和开发了学生解决问题的思路、方法及能力。同时，本书在文字上通俗易懂，也能够满足非化工专业技术人员的特点和需要。

本书由重庆化工职业学院揭芳芳及重庆工贸职业学院曹子英担任主编，各位作者分工如下：绪论、项目二洗涤剂的生产技术由揭芳芳编写，项目一典型表面活性剂的生产技术由廖明佳编写，项目三化妆品的生产技术由潘柯编写，项目六食品添加剂的生产技术由贺小兰编写，项目七农药的生产技术由狄宁编写，项目四涂料的生产技术、项目五胶黏剂的生产技术及项目八绿色精细化工生产技术由曹子英编写。

在本书编写过程中，得到重庆化工职业学院领导的关心和相关教研室老师、企业专家的大力支持，为教材的编写提供了有益的建议，在此一并表示衷心地感谢。

由于编者水平有限，不妥之处在所难免，敬请使用本书的广大读者批评指正。

编者

2015 年 1 月

目 录

绪　论

知识目标：

1. 熟悉精细化学品的定义、特点和分类；
2. 熟悉常见精细单元反应的特点；
3. 了解精细化工的范畴和发展趋势；
4. 了解精细单元反应的类型和工艺。

能力目标：

1. 能利用图书馆资料和互联网查阅专业文献资料；
2. 能进行典型的精细单元反应试验操作；
3. 能识别精细单元反应过程的危险因素。

情感目标：

1. 通过创设问题、情境，激发学生的好奇心和求知欲；
2. 通过对精细化工领域的学习和了解，增进学生对精细化学品工业的认识，并通过单元反应的学习，提高学生的基本理论知识，增强学生的自信心，为后续学习奠定基础；
3. 养成良好的职业素养。

任务一　认识精细化学品

【任务提出】

“如果说爱是一种化学作用，那么我们相信化学定能让世界变得更美好。化学作用让创可贴不再怕水，让舒适的房间不再为电费单烦恼，就连汽车和城市都能和睦相处。”这是德国巴斯夫公司在企业宣传片中的一段话，向我们揭示了精细化学品工业在我们生活中的作用。那么，什么是精细化学工业？精细化学品包括哪些呢？

【相关知识】

精细化学工业是生产精细化学品工业的通称，简称“精细化工”。精细化工与人们的日常生活紧密联系在一起，它与粮食生产地位一样重要，关系到国家的安全。因此精细化工是中国的支柱产业之一。

精细化学品的含义，国外迄今仍在讨论中。精细化学品这个名词，沿用已久，原指产量小、纯度高、价格贵的化工产品，如医药、染料、涂料等。但是，这个含义还没有充分揭示精细化学品的本质。近年来，各国专家对精细化学品的定义有了一些新的见解，欧美一些国家把产量小、按不同化学结构进行生产和销售的化学物质，称为精细化学品（fine chemicals）；把产量小、经过加工配制、具有专门功能或最终使用性能的产品，称为专用化学品（specialty chemicals）。中国、日本等则把这两类产品统称为精细化学品。

一、精细化学品的作用及分类

1. 精细化学品的作用

精细化工与基础化工（基本有机化工、无机化工）不同，后者多生产基础化工原料，而前者生产的产品，多为各工业部门广泛需要的辅助材料或人民生活的直接消费品。精细化工产品包括成品和大量的中间产品。作为成品，精细化学品能够满足现代生产和人类生活日益高涨的需求；而更多数是作为辅助原料或材料出现在生产和生活两大类资料之中，参与其生产过程和应用过程。

精细化工与基础化工不同，其无论生产规模、生产技术难度和产品盈利能力及营销模式均不同于基础化工，两者的比较如表 0-1 所示。

表 0-1　精细化工与基础化工的区别

比较内容	基础化工	精细化工
对资源的要求	很高	较低
内在核心竞争力	资源条件和区位	技术水平
外在核心竞争力	低成本	产品质量、性能差异化
生产规模	大	小
利润水平	略高于社会平均利润率	高于社会平均利润率
行业发展速度	略高于 GDP	高于 GDP

从以上比较不难看出，精细化工对资源的要求较低，技术创新是取得竞争优势和产业不断发展的关键因素，精细化学品本身的总产量与基础化工产品相比是不大的，但它却以其特定的功能和专用的性质赋予了主产品优质高产的作用，成为生产中不可缺少的一个组成部分，其作用如下。

（1）赋予各种材料以特殊的性能和功能　精细化学品可以优化一些普通材料的性能，例如建筑材料、飞机、汽车、船舰及机电材料等，它还赋予在特殊环境下使用的结构材料以特殊的性能，如海洋构筑物、原子反应堆、高温高压环境、宇宙火箭和特殊的化工装置等。这些特殊性能包括很多方面，如机械加工方面的硬度、耐磨性、尺寸稳定性；电、磁制品方面的绝缘性、超导性、半导性、光导性、光电变换性、离子导电性、强磁和弱磁性、电子放射性；光学器具方面的荧光性、透光性、偏光性、导光性、集光性；化学上的催化性、表面活性、耐蚀性、物质沉降性；生物化学上的同化性、渗透性、转化性等。由于精细化学品的辅助作用，可以极大地丰富上述产品的种类，提高它们的价值。

（2）促进农林牧副渔各行业的优质高产　农业方面的土壤改良、选种育秧、病虫害防治；林业方面的保水育苗、防火防虫；牧业方面的固根防沙、牧草催生；渔业方面的改善水质、防病治病、提高成活率等也都要借助精细化学品的作用来完成。

（3）提高人类的生活质量　精细化学品可以极大地丰富人类的生活，在衣、食、住、行、用等诸方面提供丰富多彩的产品；保障和增进人类的健康。延长人类生命；保护环境、减少和消除污染等。

（4）促进科学技术的不断进步　物质生产是科学技术进步的结果，而一些新的物质诞生后，又反作用于科学技术，促进其进一步发展。精细化工促进了如电子化学品、磁性材料、功能树脂、信息材料等许多新物质的合成和制备，而这些新物质又反过来在一些新的领域中推动科学技术进一步发展。

(5) 提高经济效益　精细化学品的高经济效益，特别是社会经济效益对国民经济有着重大的影响，甚至已经影响到一些国家的技术经济政策。因此，越来越多的国家都把精细化工视为“生财”和“聚财”之道，正不断地提高化工生产中的精细化率，以促进国民经济的高速发展。

2. 精细化学品的分类

精细化工是当今化学工业中最具活力的新兴领域之一，是新材料的重要组成部分。精细化工产品种类多、附加值高、用途广、产业关联度大，直接服务于国民经济的诸多行业和高新技术产业的各个领域。精细化工产品的范围十分广泛，如何对精细化工产品进行分类，目前国内外也存在着不同的观点。按照大类属性分为精细无机化工产品、精细有机化工产品、精细高分子化工产品和精细生物化工产品四类，这种分类方法显得粗糙。目前国内外较为统一的分类原则是以产品的功能来进行分类，可分为以下种类：农药、染料、涂料（包括油漆和油墨）、颜料、试剂和高纯物质、信息用化学品（包括感光材料、磁性材料等能接受电磁波的化学品）、食品和饲料添加剂、胶黏剂、催化剂和各种助剂、（化工系统生产的）化学药品（原料药）和日用化学品、高分子聚合物中的功能高分子材料（包括功能膜，偏光材料等）。

其中催化剂和各种助剂又包括下列品种。

(1) 催化剂　炼油用催化剂、石油化工用催化剂、化学工业用催化剂，环保用（如尾气处理用）催化剂及其他用途的催化剂。

(2) 印染助剂　净洗剂、分散剂、匀染剂、固色剂、柔软剂、抗静电剂、各种涂料印花助剂、荧光增白剂、渗透剂、助溶剂、消泡剂、纤维用阻燃剂、防水剂等。

(3) 塑料助剂　增塑剂、稳定剂、润滑剂、紫外线吸收剂、发泡剂、偶联剂、塑料用阻燃剂等。

(4) 橡胶助剂　硫化剂、硫促进剂、防老剂、塑解剂、再生活化剂等。

(5) 水处理剂　絮凝剂、缓蚀剂、阻垢分散剂、杀菌灭藻剂等。

(6) 纤维抽丝用油剂　涤纶长丝用油剂、涤纶短丝用油剂、锦纶用油剂、腈纶用油剂、丙纶用油剂、维纶用油剂、玻璃丝用油剂。

(7) 有机抽提剂　吡啶烷酮系列、脂肪烃系列、乙腈系列、糠醛系列等。

(8) 高分子聚合添加剂　引发剂、阻聚剂、终止剂、调节剂、活化剂。

(9) 表面活性剂　除家用洗涤剂以外的阳离子型、阴离子型、非离子型和两性型表面活性剂。

(10) 皮革助剂　合成鞣剂、加酯剂、涂饰剂、光亮剂、软皮油等。

(11) 农药用助剂　乳化剂、增效剂、稳定剂等。

(12) 油田用化学品　泥浆用化学品、水处理用化学品、油田用破乳剂、降凝剂等。

(13) 混凝土添加剂　减水剂、防水剂、速凝剂、缓凝剂、引气剂、泡沫剂等。

(14) 机械、冶金用助剂　防锈剂、清洗剂、电镀用助剂、焊接用助剂、渗碳剂、渗氮剂、汽车等车辆防冻剂。

(15) 油品添加剂　分散清净添加剂、抗磨添加剂、抗氧化添加剂、抗腐蚀添加剂、抗静电添加剂、黏度调节添加剂、降凝剂、抗爆震添加剂、液压传动添加剂、变压器油添加剂等。

(16) 炭黑　高耐磨、半补强、色素等各种功能炭黑。

(17) 吸附剂　稀土分子筛系列、氧化铝系列、天然沸石系列、活性白土系列。

(18) 电子工业专用化学品（不包括光刻胶、掺杂物、MOS试剂等高纯物和特种气体）显像管用碳酸钾、氟化物、助焊剂、石墨乳等。

(19) 纸张用添加剂　施胶剂、增强剂、助留剂、防水剂、添布剂等。

(20) 其他　其他助剂。

以上是原化工部辖下企业的精细化工产品门类，除此之外，轻工、医药等系统还生产一些其他精细化学品，如医药、民用洗涤剂、化妆品、单提和调和香料、精细陶瓷、生命科学用材料、炸药和军用化学品，范围更广的电子工业用化学品和功能高分子材料等。今后随着科学技术的发展，还将会形成一些新兴的精细化学品门类。

二、精细化学品的产品特性

批量小、品种多、特定功能和专用性质构成了精细化学品的量与质的两个基本特性。精细化学品的生产过程，不同于一般的化学品，主要由化学合成、剂型（制剂）、商品化（标准化）三部分组成。在每一个生产过程中又派生出各种化学的、物理的、生理的、技术的、经济的要求和考虑，这就导致精细化工必然是高技术密集度的产业。精细化学品的品种繁多，有无机化合物、有机化合物、聚合物以及它们的复合物，所具有的共同特点是：

① 品种多、更新快，需要不断进行产品的技术开发和应用开发，所以研究开发费用很大（如医药的研究经费常占药品销售额的8%～10%），就导致技术垄断性强、销售利润率高。

② 产品质量稳定，对原产品要求纯度高，复配以后不仅要保证物化指标，而且更注意使用性能，经常需要配备多种检测手段进行各种使用试验。这些试验的周期长，装备复杂，不少试验项目涉及人体安全和环境影响。因此，对精细化工产品管理的法规、标准较多，对于不符合规定的产品，往往国家限令其改进，以达到规定指标或禁止生产。

③ 精细化工生产过程与一般化工生产不同，它的生产全过程不仅包括化学合成（或从天然物质中分离、提取），而且还包括剂型加工和商品化。其中化学合成过程，多从基本化工原料出发，制成中间体，再制成医药、染料、农药、有机颜料、表面活性剂、香料等各种精细化学品。剂型加工和商品化过程对于各种产品来说是配方和制成商品的工艺，它们的加工技术均属于大体类似的单元操作。

④ 大多以间歇方式小批量生产。虽然生产流程较长，但规模小，单元设备投资费用低，需要精密的工程技术。

⑤ 产品的商品性强，用户竞争激烈，研究和生产单位要具有全面的应用技术，为用户提供技术服务。

⑥ 大量采用复配技术。精细化学品由于其应用对象的特殊性，很难采用单一化合物来满足要求，常采用复配技术，即把不同种类的某些成分，采用特定的工艺手段进行配比，以满足某种特性的需要，于是配方的研究则成为决定性的因素。如表面活性剂，国外研究工作的重点，不是开发新品种，而是进行已有品种的配方更新、改进使用性能、扩大应用范围，积极研究多功能配方，配制有综合性能的产品，不断扩大应用领域，利用计算机程序选择最佳价格和综合性能的配方。例如，涂料的配方中，除了以黏结剂为主以外，还需要配以颜料、填料和其他助剂，如增塑剂、固化剂、抗静电剂、阻燃剂等。采用复配技术的产品，具

有增效、改性和扩大应用范围等功能，其性能往往超过结构单一的产品。因此，掌握复配技术是使精细化工产品具备市场竞争力的一个极为重要的方面。

三、精细化学工业的现状及发展趋势

由于精细化工需要投入较大的科技投资，可以获得高的收益，在工业发展中逐渐引起人们的关注。在当今发挥重要作用的化工工业中，精细化工的发展与我国的各行各业均有紧密联系。同时精细化工的生产水平不仅是衡量一个国家化学工业发展水平的重要标志，同时也是代表一个国家工业水平的重要指标。因此，长期以来美国、西欧和日本占据世界精细化工生产和消费的近70%。近年来，随着新兴市场国家经济的崛起和全球产业分工的调整，美国、西欧和日本的精细化学品市场份额有所下降，但仍达到65%，精细化工竞争也越来越激烈。

1. 精细化工产业发展的现状

随着世界能源问题的不断加剧，世界范围内对于精细化工都有了新的认识，人们更加注重精细化工的发展。各个国家均在尝试借助精细化工生产出更多的能源替代品，已获得世界范围内的领先优势。在发达国家中，精细化工在化工行业所占的比例越来越大，所投入的人力和财力也不断地增加，发达国家的精细化工所呈现的特点如下：

① 严格控制所研究的成果，封锁精细化工的科技信息的传播，达到垄断精细化工的目的。

② 在发达国家内部，人们更加关注所使用科技的副作用，防止顾此失彼，导致环境进一步恶化。

近期，我国不断加强与世界发达国家的经济交流和合作，并将精细化工视为未来影响我国工业发展水平的重要行业。在我国进行不断投资、生产和研发的过程中，精细化工产品在我国获得了飞速的发展。自从“七五”计划发展以来，精细化工在我国的化工行业获得起步。当时，我国就开展了100多项例如赖氨酸、壬基酚等精细化工发展项目，这些项目有些至今仍保持着蓬勃的发展势头，为我国的精细化工打下了坚实的基础。然而，随着我国科技水平的不断提高，精细化工的种类也不断的获得发展。目前，我国已形成规模的精细化工领域包括：

(1) 化工辅料类　诸如食品添加剂、工业表面活性剂和各种催化剂等。

(2) 生活用品类　诸如洗发水、肥皂和生活用纸等。

(3) 农业产品类　诸如饲料添加剂、纤维素和农药剂等。

这些领域是我国发展中的基础行业，在很大程度上推动了我国工业的发展。在精细化工不断发挥重要作用的今天，必须客观地分析精细化工的薄弱环节。总体来讲，我国精细化工尚未出现在国际上有明显优势的行业，尤在具体的科技含量方面还需要进一步的加大投入。

2. 精细化工产业的发展趋向

精细化学品在发展过程中，不能像普通的化工产业一样，它具有较为详细的生产分类，主要包括化学合成、制剂、商品化三个部分。并且，这三部分又相应的派生出各种部分，这就要求精细化工行业必须综合考虑化学、物理、生理、经济等综合因素。可以看出，精细化工在未来必然会涉及更多的技术领域。精细化工需求仍将继续扩大，精细化工的发展速度一方面取决于经济总量的发展，另一方面，由于经济结构的调整和提升也是促进精细化工发展的重要原因。目前，美国、西欧和日本的精细化学品市场仍将保持增长，并将继续引领全球精细化学品的发展方向。近年来，随着全球基础化学品制造业布局调整的不断深入，精细化学品也出现了调整，特别是在2008年爆发金融危机之后，鉴于市场需求大幅度减少，调整步伐有所加快。一些欧美精细化学品制造商在停掉本土生产装置的同时，加大了在新兴经济体国家的投资，以更加靠近原料产地和产品消费地。预计随着欧美及日本以外国家和地区对精细化学品需求的不断增加，这种调整将会进一步深入。精细化学品的最大特点是生命周期短，需要根据相关应用领域的技术进步不断提升产品的性能。而且随着一些新的安全环保法规的实施，如REACH法、RoHS/WEEK Directives和POPs等公约的实施，一些产品将被限制或停止使用，如电子信息产品中不允许使用含用金属铅的化学品，儿童塑料玩具中不允许使用邻苯二甲酸酯类增塑剂，禁止含溴阻燃剂使用等，因此需要开发新的替代产品。

（1）新型精细化学品逐渐取代传统精细化学品　传统精细化学品包括肥皂、燃料、油漆等，这些都是与百姓生活密切相关的产品。随着经济和科技的发展，精细化工在未来的发展之中，一定会有更多更先进、科技含量更高的产品，例如环保型的新型农药及生物农药；汽车、建筑、轻纺工业用的特种胶黏剂；织染用的各种环保燃料等。新型精细化学品会逐渐研制生产出传统精细化学品的替代品，使精细化学品朝着低能耗、高品质、低毒性、高效益的方向发展。在以往和现今使用的一些精细化工产品中，由于技术原因和科技发展水平的制约，使得一些精细化工产品具有一定的毒性，例如人们最常使用的塑料包装袋，虽然这些产品的毒性是在人体的承受范围之内，不足以危害人的生命安全，但终归是存在一定的不安全因素。而随着精细化工技术的发展，精细化工制品在安全性、便捷性和环保性上肯定有更大的进步。

（2）加强当代高科技新领域的精细化工开发　各类新材料、新能源、电子信息技术、生物技术、海洋开发技术等领域都是现代精细化工所要研究和开发的高科技新领域，这些领域的开发使精细化工的发展具有更多的可能性和实践性。功能高分子材料、复合材料等这样的新材料，在制作感光产品、电线、涂料、胶粘剂等方面具有很大的用途。而随着人类对海洋探秘的深入，这一占地球接近2/3比例的巨大能源库，也将会为精细化工的发展提供更多的新型能源和原材料。生物技术作为21世纪的革新意义的技术，其研究的领域正是人们生产生活的相关内容，不论是发酶技术还是细胞融合技术或者是基因重组技术，都对精细化工的发展具有深远影响。反过来讲，精细化工也是使生物技术产业化的途径。因此，精细化工的发展必然朝着高科技新领域的开发方向前进。

（3）重视精细化工生产技术的开发应用　在未来的发展中，精细化工的生产技术的投入会与研发技术的投入相当，甚至占有更大的比重。生产技术是使技术研究和设想变成可能的渠道，是精细化工产品能否产出的关键，所以生产技术的开发应用具有不可忽视的作用。在未来精细化工的发展中，会抛弃以往只重研发不重生产的片面观点，而是研发技术与生产技术“两手抓，两手都要硬”，这样的发展思路和方向会使精细化工的发展更具有实效性和可操作性。重视精细化工生产技术的开发应用，是精细化工发展的主要动向之一。

（4）掌握复配技术，不断开发新品种　精细化工产品具有用量小、品种多的特点，而对于精细化工品的要求也是随着社会的发展和人民生活水平的提高而不断变化，许多产品由于工艺复杂，材料特殊等特点，单凭一种或几种生产技术很难生产或者说成本太高，所以在精细化工的发展中，掌握复配技术显示其发展的客观必然性和趋势。现今像农药复配技术、香精复配技术等都已在实际应用之中，随着科技的进步，复配技术会大量应用在精细化工领域，不断开发出新产品，而且在主产品生产过程中，还可能生产出相应的副产品，这样的生产技术在节省原料的同时，也会极大地提高经济效益，从而实现利益最大化。在精细化工发展中，各国家、各地区的精细化工企业都会加大复配技术的研发应用，不断研制新产品，从而实现精细化工产品的多元化。

精细化工产业涉及经济生产和人们日常生活诸多方面的内容，是国民经济发展的重要支撑，对促进经济发展和提高人民生产生活质量都具有重要的意义。在未来的发展中，以科技为依托的精细化工产业，一定会研发出更多的新技术，生产出更多的新产品，走多元化发展道路，从而为经济发展和人类社会的进步做出更大的贡献。

【任务实施】

1. 简述精细化工的概念及产品的类型。
2. 阐述精细化工产品的生产特点和商业特性。
3. 查阅文献资料，说明现阶段精细化工的发展方向。
4. 查阅文献资料，解释什么是复配技术？复配技术在精细化工中的应用。

注：注明参考文献及网址。

【任务评价】

1. 知识目标的完成：

① 是否掌握精细化学品的范畴、定义和分类；

② 是否了解精细化工的特点；

③ 是否了解精细化工在国民经济中的地位和发展方向。

2. 能力目标的完成：

① 是否能通过调研了解当地的精细化工产品；

② 是否能通过查阅文献，阐述现阶段精细化工的发展方向。

任务二　认识精细有机合成单元反应

【任务提出】

各类精细化学品，一部分可以从自然界提取，因受到原料来源局限或加工困难等因素的制约往往比较昂贵，故而相当大一部分精细化学品是由化工原料合成。由基本化工原料合成各类精细化学品也是精细有机合成的重要任务。

精细化学品种类繁多，从分子结构来看，它们大部分属于脂肪烃、芳香烃或杂环的衍生物，即在其上连上一个或多个取代基。其中最主要的取代基有：$-SO_3H$、$-SO_2Cl$、$-SO_2NH_2$、$-SO_2NHAlk$（Alk 表示烷基）、$-SO_2NHAr$（Ar 表示芳基）；—X（X 为卤素）；$-NO_2$ 和—NO；$-NH_2$、—NHAlk、—NHAr、—NHAc（Ac 表示乙酸基）、—NHOH 等；$-N_2^+Cl$、$-N_2^+HSO_4^-$、—N═NAr、$-NHNH_2$ 等；—OH、—OAlk、—OAr、—OAc 等；$-CH_3$、$-C_2H_5$、$-CH(CH_3)_2$ 等；—CHO、—COAlk、—COAr、—COOH、—COOAlk、—COOAr、—COCl 及—CN 等。

为了在有机分子中引入或形成上述取代基，或形成新的碳环和杂环，所采用的化学反应叫做单元反应。最重要的单元反应有：磺化及硫酸化、卤化、硝化、还原、氧化、烷基化、酰基化、羟基化、氨基化、缩合与环合等。

这些单元反应的基本规律有哪些？在工业上是通过哪些方法实现的？已知反应物和目的产物，怎样选择合适的单元反应？

【相关知识】

一、磺化和硫酸化

当向有机分子中引入磺基后，得到的磺酸化合物或硫酸烷酯化合物就具有了水溶性、酸性、乳化、湿润和发泡等特性，则可被广泛用于合成表面活性剂、水溶性染料、食用香料、离子交换树脂及某些药物。可溶性酸性染料（5,5-靛蓝二磺酸）的生产、阴离子表面活性剂十二烷基苯磺酸钠（LAS）的制备等都用到了磺化反应。

$$\text{靛蓝} \xrightarrow[\text{或低浓度发烟硫酸}]{\text{浓硫酸}} \text{5,5-靛蓝二磺酸（两个苯环上各引入}-SO_3H\text{）}$$

$$C_{12}H_{25}C_6H_5 \xrightarrow[\text{磺化}]{SO_3} C_{12}H_{25}C_6H_4SO_3H \xrightarrow[\text{中和}]{NaOH} C_{12}H_{25}C_6H_4SO_3Na$$

这种向有机化合物中引入磺基（$-SO_3H$）或它相应的盐或磺酰卤基的反应称磺化或硫酸化反应。磺化是磺基（或磺酰卤基）中的硫原子与有机分子中的碳原子相连接形成 C—S 键的反应，得到的产物为磺酸化合物（RSO_2OH 或 $ArSO_2OH$）；硫酸化是硫原子与氧原子相连形成 O—S 键的反应，得到的产物为硫酸烷酯（$ROSO_2OH$）。

磺基或硫酸基的引入除了能使化合物水溶性、酸性、湿润和发泡等性能增强以外，引入的磺基可以进一步转化为羟基、氨基、氰基等或转化为磺酸的衍生物：如磺酰氯、磺酰胺等。有时为了合成上的需要而暂时引入磺基，在完成特定的反应以后，再将磺基脱去。此外，可通过选择性磺化来分离异构体等。以上体现的是磺化与硫酸化反应在精细有机合成中具有多种应用和重要意义。

1．磺化剂及硫酸化剂

工业上常用的磺化剂和硫酸化剂有三氧化硫、硫酸、发烟硫酸和氯磺酸。此外，还有亚硫酸盐、二氧化硫与氯、二氧化硫与氧以及磺基化剂等。

理论上讲，三氧化硫应是最有效的磺化剂，因为在反应中只含直接引入 SO_3 的过程：

$$R-H+SO_3 \longrightarrow R-SO_3H$$

使用由 SO_3 构成的化合物，初看是不经济的，首先要用某种化合物与 SO_3 作用构成磺化剂，反应后又重新产出原来的与 SO_3 结合的化合物。如下式所示：

$$HX+SO_3 \longrightarrow SO_3 \cdot HX$$

$$R-H+SO_3 \cdot HX \longrightarrow R-SO_3H+HX$$

式中，HX 表示 H_2O、HCl、H_2SO_4、二噁烷等。然而在实际选用磺化剂时，还必须考虑产品的质量和副反应等其他因素。因此各种形式的磺化剂在特定场合仍有其有利的一面，要根据具体情况作出选择。常用磺化试剂如下：

磺化试剂
- 浓硫酸（浓 H_2SO_4）
  - 九八酸（98%）
  - 九二酸（92～93%），俗称绿矾油
- 发烟硫酸（$SO_3 \cdot H_2SO_4$）
  - 20%发烟硫酸
  - 65%发烟硫酸
- 三氧化硫（SO_3）
- 氯磺酸（$ClSO_3H$）

其他：氨基磺酸（NH_2SO_3H）、亚硫酸盐（Na_2SO_3）。

2. 磺化与硫酸化反应历程

(1) 磺化反应历程

① 芳烃磺化历程。芳香化合物进行磺化反应时，分两步进行。首先，亲电质点向芳环进行亲电攻击，生成σ配合物，然后在碱（如 HSO_4^-）作用下脱去质子得到芳磺酸。反应历程如下：

$$C_6H_6 \underset{}{\overset{+SO_3}{\rightleftharpoons}} [C_6H_6(H)SO_3^-]^{+} \underset{-H_2SO_4}{\overset{+HSO_4^-}{\rightleftharpoons}} C_6H_5SO_3^-$$

研究证明，用浓硫酸磺化时，脱质子较慢，第二步是整个反应速率的控制步骤。用稀酸磺化时，生成σ配合物较慢，第一步限制了整个反应的反应速率。

② 烯烃磺化历程。SO_3 等亲电质点对烯烃的磺化属亲电加成反应。烯烃用 SO_3 磺化，其产物主要为末端磺化物。亲电体 SO_3 与链烯烃反应生成磺内酯和烯基磺酸等。其反应历程为：

$$\overset{\delta^+}{RCH}=\overset{\delta^-}{CH_2} + {}^{+}S(=O)(O)O^- \longrightarrow R\overset{+}{C}HCH_2SO_3^- \longrightarrow \begin{cases} R-CH(-O-SO_2-)CH_2 \\ RCH=CHSO_3H \end{cases}$$

$$R\overset{+}{C}HCH_2CH_2SO_3^- \longrightarrow \begin{cases} RCH=CHCH_2SO_3H \\ RCHCH_2CH_2(-O-SO_2-) \longrightarrow RCH(OH)CH_2CH_2SO_3H \\ RCH=CHCH_2CH_2SO_3H \end{cases}$$

$$R\overset{+}{C}HCH_2CH_2CH_2SO_3^- \longrightarrow \begin{cases} RCHCH_2CH_2CH_2(-O-SO_2-) \\ RCH=CHCH_2CH_2CH_2SO_3H \end{cases}$$

$$R\overset{+}{C}H(CH_2)_nSO_3^- \longrightarrow RCH=CH(CH_2)_nSO_3H$$

③ 烷烃磺化历程。烷烃的磺化一般较困难，除含叔碳原子者外，磺化的收率很低。工业上制备链烷烃磺酸的主要方法是氯磺化法和氧磺化法。

烷烃的氯磺化和氧磺化就是在氯或氧的作用下，二氧化硫与烷烃化合的反应，两者均为自由基的链式反应。现以链烷烃为例说明如下。

氯磺化的反应式为：

$$RH+SO_2+Cl_2 \xrightarrow{h\nu} RSO_2Cl+HCl$$

$$RSO_2Cl+NaOH \longrightarrow RSO_3Na+H_2O+NaCl$$

烷烃氯磺化时首先是氯分子吸收光量子，发生均裂而引发出氯自由基，而后开始链反应。

链引发：

$$Cl_2 \xrightarrow{h\nu} 2Cl\cdot$$

链增长：

$$RH+Cl\cdot \longrightarrow R\cdot+HCl$$

$$R\cdot+SO_2 \longrightarrow RSO_2\cdot$$

$$RSO_2\cdot+Cl_2 \longrightarrow RSO_2Cl+Cl\cdot$$

链终止：

$$Cl\cdot+Cl\cdot \longrightarrow Cl_2$$

$$R\cdot+Cl\cdot \longrightarrow RCl$$

$$RSO_2\cdot+Cl\cdot \longrightarrow RSO_2Cl$$

烷基自由基 R· 与 SO_2 的反应比它与氯的反应约快 100 倍，从而可以很容易地生成烷基磺酰自由基，避免生成烷烃的卤化物。烷基磺酰氯经水解得到烷基磺酸盐。

（2）硫酸化反应历程

① 醇的硫酸化反应　醇类用硫酸进行硫酸化是一个可逆反应：

$$ROH + H_2SO_4 \rightleftharpoons ROSO_3H + H_2O$$

醇类进行硫酸化，硫酸既是溶剂，又是催化剂，反应历程中包括 S—O 键断裂：

$$H_2SO_4 \xrightleftharpoons{+H^+} H_2\overset{+}{O}{=}SO_3H \xrightleftharpoons{ROH} R{-}\overset{+}{O}(H){-}SO_3H + H_2O \rightleftharpoons ROSO_3H$$

② 链烯烃的加成反应　链烯烃的硫酸化反应符合 Markovnikov 规则，正烯烃与硫酸反应得到的是仲烷基硫酸盐。反应历程为：

$$R{-}CH{=}CH_2 \xrightarrow{+H^+} R{-}\overset{+}{C}H{-}CH_3 \xrightarrow{HSO_4^-} R{-}CH(OSO_3H){-}CH_3$$

3．磺化及硫酸化方法

（1）根据使用不同的磺化剂　磺化可分为：过量硫酸磺化法，三氧化硫磺化法，氯磺酸磺化法以及共沸脱水磺化法等。

① 三氧化硫磺化法。三氧化硫磺化法具有反应迅速；磺化剂用量接近于理论用量，磺化剂利用率高达90%以上；反应无水生成，无大量废酸，“三废”少；经济合理等优点。常用于脂肪醇、烯烃和烷基苯的磺化。随着工业技术的发展，以三氧化硫为磺化剂的工艺将日益增多。

$$C_{12}H_{25}{-}C_6H_5 \xrightarrow[\text{磺化}]{SO_3} p{-}C_{12}H_{25}C_6H_4SO_3H \xrightarrow[\text{中和}]{NaOH} p{-}C_{12}H_{25}C_6H_4SO_3Na$$

② 过量硫酸磺化法。被磺化物在过量的硫酸或发烟硫酸中进行磺化称为过量硫酸磺化法，生产上也称为“液相磺化”。硫酸在体系中起到磺化剂、溶剂及脱水剂的作用。过量硫酸磺化法虽然副产较多的酸性废液，而且生产能力较低，但因该法适用范围广而受到广泛的重视。

③ 共沸脱水磺化法。为克服采用过量硫酸法用酸量大、废酸多、磺化剂利用效率低的缺点，工业上对挥发性较高的芳烃常采用共沸脱水磺化法进行磺化。此法是用过量的过热芳烃蒸气通入较高温度的浓硫酸中进行磺化，反应生成的水与未反应的过量芳烃形成共沸蒸气一起蒸出。从而保持磺化剂的浓度下降不多，并得到充分利用。未转化的过量芳烃经冷凝分离后，可以循环利用。工业上又称此法为“气相磺化”。

④ 氯磺酸磺化法。氯磺酸的磺化能力仅次于 SO_3，比硫酸强，是一种强磺化剂。在适宜的条件下，氯磺酸和有机物几乎可以定量反应，副反应少，产品纯度高。副产氯化氢可在负压下排出，用水吸收制成盐酸。但是氯磺酸的价格较高，其应用受到了限制。

⑤ 烘焙磺化法。这种方法多用于芳伯胺的磺化。例如，苯胺磺化得到对氨基苯磺酸。

$$C_6H_5NH_2 \xrightarrow{H_2SO_4} C_6H_5\overset{+}{N}H_3 \cdot HSO_4^- \xrightarrow[-H_2O]{180\sim190℃} C_6H_5NH_2 \cdot SO_3H \xrightarrow{\text{分子内重排}} p{-}H_2NC_6H_4SO_3H$$

⑥ 亚硫酸盐磺化法。这是一种利用亲核置换引入磺基的方法，用于将芳环上的卤素或

硝基置换成磺基，通过这条途径可制得某些不易由亲电取代得到的磺酸化合物。如：

$$2\,\text{(2-Cl-1,5-(NO}_2)_2C_6H_3) + 2NaHSO_3 + MgO \xrightarrow[\text{水介质}]{60\sim65^\circ C} 2\,\text{(2-SO}_3Na\text{-1,5-(NO}_2)_2C_6H_3) + MgCl_2 + H_2O$$

$$\text{1-硝基蒽醌} + Na_2SO_3 \xrightarrow{100\sim102^\circ C} \text{1-蒽醌磺酸钠} + NaNO_2$$

（2）硫酸化方法

① 高碳烯烃的硫酸化。碳原子数为 $C_{12}\sim C_{18}$ 的不饱和烯烃，经硫酸化后，可制得性能良好的硫酸酯型表面活性剂。其代表产品为梯波尔（Teepol）。梯波尔是由石蜡高温裂解所得的 $C_{12}\sim C_{18}$ 的 α-烯烃经硫酸化后所制成的洗涤剂。产品极易溶于水，可制成浓溶液，是制造液体洗涤剂的重要原料。

$$R-CH=CH_2 + H_2SO_4 \rightleftharpoons R-CH(OSO_3H)-CH_3 \xrightarrow{NaOH} R-CH(OSO_3Na)-CH_3 + H_2O$$

② 低碳烯烃的硫酸化。低碳烯烃的硫酸化可以间接水合制醇。

$$CH_2=CH_2 \xrightarrow[98\%]{H_2SO_4} \underset{\text{硫酸氢乙酯}}{CH_3CH_2-OSO_3H} \xrightarrow{H_2O} CH_3CH_2-OH$$

③ 不饱和脂肪酸酯的硫酸化。油酸与丁醇反应制得的油酸丁酯在 0～5℃与过量 20%发烟硫酸反应，然后加水稀释、破乳、分出油层、中和，即可得到磺化油 AH，化学名称为烷基磺酸钠，属阴离子表面活性剂。

$$CH_3(CH_2)_7CH=CH(CH_2)_7COOH + C_4H_9OH \xrightarrow[\text{回流}]{H_2SO_4} CH_3(CH_2)_7CH=CH(CH_2)_7COOC_4H_9 + H_2O$$

$$\xrightarrow[0\sim5^\circ C]{H_2SO_4} CH_3(CH_2)_7CH(OSO_3H)-(CH_2)_8COOC_4H_9$$

$$\xrightarrow{NaOH} CH_3(CH_2)_7CH(OSO_3Na)-(CH_2)_8COOC_4H_9$$

④ 脂肪醇的硫酸化。具有较长碳链的高级醇（$C_{12}\sim C_{18}$）经硫酸化可制备阴离子型表面活性剂，常用于家用洗涤剂。水溶性及去污能力好，耐硬水。高级醇与硫酸的反应是可逆的：

$$ROH + H_2SO_4 \rightleftharpoons ROSO_3H + H_2O$$

为防止逆反应，醇类的硫酸化常采用发烟硫酸、三氧化硫或氯磺酸作反应剂。

$$ROH + SO_3 \longrightarrow ROSO_3H$$

$$ROH + ClSO_3H \longrightarrow ROSO_3H + HCl$$

⑤ 羟基不饱和脂肪酸酯的硫酸化。蓖麻籽油、橄榄油、棉子油、花生油等都是常见的羟基不饱和脂肪酸酯；硫酸化除使用硫酸以外，发烟硫酸、氯磺酸及 SO_3 等均可使用。

$$\begin{array}{l} CH_3(CH_2)_5CH(OH)CH_2CH=CH(CH_2)_7COOCH_2 \\ CH_3(CH_2)_5CH(OH)CH_2CH=CH(CH_2)_7COOCH \\ CH_3(CH_2)_5CH(OH)CH_2CH=CH(CH_2)_7COOCH_2 \end{array} \xrightarrow[(2)NaOH]{(1)H_2SO_4} \begin{array}{l} CH_3(CH_2)_5CH(OH)CH_2CH=CH(CH_2)_7COOCH_2 \\ CH_3(CH_2)_5CH(OH)CH_2CH=CH(CH_2)_7COOCH \\ CH_3(CH_2)_5CH(OSO_3Na)CH_2CH=CH(CH_2)_7COOCH_2 \end{array}$$

蓖麻油的硫酸化产物称红油，在蓖麻籽油的硫酸化产物中，实际上只有一部分羟基硫酸化，可能有一部分不饱和键也被硫酸化，还含有未反应的蓖麻籽油、蓖麻籽油脂肪酸等。这种混合产物经中和以后，就成为市面上出售的土耳其红油。外形为浅褐色透明油状液体，它对油类有优良的乳化能力，耐硬水性较肥皂为强，润湿、浸透力优良。

二、硝化反应

硝化反应指在硝化剂作用下，有机化合物分子中的氢原子或基团为硝基取代的反应。硝化时，若硝基与有机物分子中的碳原子相连接，则称 C-硝化，所得产物为硝基化合物；若硝基与氧原子相连接则称 *O*-硝化，所得产物为硝酸酯；若硝基与氮原子相连接则称 *N*-硝化，所得产物为硝胺。少数情况下硝基也可取代卤基、磺基、酰基和羧基等基团而生成硝化产物。

$$-\overset{|}{\underset{|}{C}}-H \xrightarrow{\text{硝化}} -\overset{|}{\underset{|}{C}}-NO_2 + H_2O$$

$$-\overset{|}{\underset{|}{C}}-OH \xrightarrow{\text{硝化}} -\overset{|}{\underset{|}{C}}-ONO_2 + H_2O$$

$$-\overset{|}{N}-H \xrightarrow{\text{硝化}} -\overset{|}{N}-NO_2 + H_2O$$

硝化是极其重要的单元反应，可以在燃料、溶剂、炸药、香料、医药、农药等许多化工领域中直接或间接地找到硝基化合物的应用实例。硝基化合物的应用和硝化的重要意义，主要体现在以下几个方面。

① 将硝基转化为其他基团，作为制备氨基化合物的重要途径。

② 为促进芳环上的亲核置换反应，提高亲核置换反应活性。例如：

$$C_6H_5Cl + 2NaOH \xrightarrow[350\sim400℃, 20\sim30MPa]{10\% NaOH} C_6H_5ONa + NaCl + H_2O$$

$$p\text{-}NO_2C_6H_4Cl + 2NaOH \xrightarrow[160℃, 0.6MPa]{10\% NaOH} p\text{-}NO_2C_6H_4ONa + NaCl + H_2O$$

$$2,4\text{-}(NO_2)_2C_6H_3Cl + 2NaOH \xrightarrow[100℃, \text{常压}]{10\% NaOH} 2,4\text{-}(NO_2)_2C_6H_3ONa + NaCl + H_2O$$

③ 满足产品性能要求。如炸药的制备，人造麝香的制备等。

1. 硝化剂

硝化剂是能够生成硝基阳离子（NO_2^+）的反应试剂。工业上常见的硝化剂有各种浓度的硝酸、混酸、硝酸盐和过量硫酸、硝酸与醋酸或醋酸酐的混合物等。

通常的浓硝酸是具有最高共沸点的 HNO_3 和水的共沸混合物，沸点为 120.5℃，含 68%的 HNO_3，其硝化能力不是很强。

混酸是浓硝酸与浓硫酸的混合物，常用的比例为质量比 1∶3，具有硝化能力强、硝酸的利用率高和副反应少的特点，它已成为应用最广泛的硝化剂，其缺点是酸度大，对某些芳香族化合物的溶解性较差，从而影响硝化结果。

硝酸钾（钠）和硫酸作用可产生硝酸和硫酸盐，它的硝化能力相当于混酸。

硝酸和醋酐的混合物也是一种常用的优良硝化剂，醋酐对有机物有良好的溶解度，作为去水剂十分有效，而且酸度小，所以特别适用于易被氧化或易为混酸所分解的芳香烃的硝化反应。此外，硝酸与三氟化硼、氟化氢或硝酸汞等组成的混合物也可作为硝化剂。

2. 硝化反应历程

芳烃的硝化反应符合芳环上亲电取代反应的一般规律。以苯为例，其反应历程如下：

$$2HNO_3 \overset{慢}{\rightleftharpoons} NO_2^+ + NO_3^- + H_2O$$

$$C_6H_6 + \overset{+}{N}O_2 \rightleftharpoons [C_6H_6\text{—}\overset{+}{N}O_2] \overset{慢}{\rightleftharpoons} [C_6H_6(NO_2)]^+ \xrightarrow{快} C_6H_5NO_2 + H^+$$

π-配合物　　σ-配合物

反应的第一步是硝化剂离解，产生硝基阳离子 NO_2^+；第二步是亲电活泼质点 NO_2^+ 向芳环上电子云密度较高的碳原子进攻，生成 π-配合物，然后转变成 σ-配合物，最后脱除质子得到硝化产物。在浓硝酸或混酸硝化反应过程中，其中转变成 σ-配合物这一步的速率最慢，因而是整个反应的控制步骤。在硝基盐（如 NO_2BF_4 和 NO_2PF_6）硝化中，它们硝化能力比浓硝酸或混酸强得多，控制反应速率的步骤是 π-配合物的生成。

3. 硝化方法

硝化的方法主要有 5 种。

(1) 稀硝酸硝化　稀硝酸硝化常用于含有强的第一类定位基的芳香族化合物，如酚类、酚醚类和某些 *N*-酸化的芳胺的硝化。反应在不锈钢或搪瓷设备中进行，硝酸过量 10%～65%。

(2) 浓硝酸硝化　浓硝酸硝化一般需要用过量许多倍的硝酸，过量的硝酸必须设法回收利用。单用硝酸作硝化剂的主要问题，是在反应过程中，硝酸不断被反应生成的水稀释，硝化能力不断下降，直至停止，使硝化作用不完全，硝酸的使用极不经济。所以，工业上应用的较少，只用于少数硝基化合物的制备。

(3) 浓硫酸介质中的均相硝化　当在反应温度下，被硝化物或硝化产物是固态时，就需要把被硝化物溶解在大量的浓硫酸中，然后加入硫酸和硝酸的混合物进行硝化。这种方法只需要使用过量很少的硝酸，一般产率较高，缺点是硫酸用量过大。

(4) 非均相混酸硝化　当在反应温度下，被硝化物和硝化产物是液态时，常常采用非均相混酸硝化的方法。通过强烈搅拌，使有机相被分散到酸相中以完成硝化反应。此法有许多优点，是目前工业上最常用、最重要的方法。

(5) 有机溶剂中硝化　对于某些在混酸中易被磺化的化合物，可在硝酸、醋酐、二氯甲烷或二氯乙烷等介质中用硝酸硝化。这种方法可避免使用大量的硫酸作溶剂，在工业上具有广阔的前景。

三、卤化反应

向有机化合物分子中引入卤素（X）生成 C—X 键的反应称为卤化反应。按卤原子的不同，可以分成氟化、氯化、溴化和碘化。卤化有机物通常有卤代烃、卤代芳烃、酰卤等。在这些卤化物中，由于氯的衍生物制备最经济，氯化剂来源广泛，所以氯化在工业上大量应用；溴化、碘化的应用较少；氟的自然资源较广，许多氟化物具有较突出的性能，近年来人们对含氟化合物的合成十分重视。

卤化是精细化学品合成中重要反应之一。通过卤化反应，可实现如下主要目的：

① 增加有机物分子极性，从而可以通过卤素的转换制备含有其他取代基的衍生物，如卤素置换成羟基、氨基、烷氧基等。

② 通过卤化反应制备的许多有机卤化物本身就是重要的中间体，可以用来合成染料、农药、香料、医药等精细化学品。

③ 向某些精细化学品中引入一个或多个卤原子，还可以改进其性能。例如，含有三氟甲基的染料有很好的日晒牢度；铜酞菁分子中引入不同氯、溴原子，可制备不同黄光绿色调的颜料；向某些有机化合物分子中引入多个卤原子，可以增进有机物的阻燃性。

1. 卤化剂

常用的卤化剂有：卤素单质（Cl_2、Br_2、I_2）、卤化剂和氧化剂（$HCl+NaClO_3$、$HBr+NaBrO_3$、$HCl+NaClO$、$HBr+NaClO$）、金属和非金属的卤化物（HF、NaF、SbF_5、HCl、HBr、NaBr）、SO_2Cl_2、$COCl_2$、ICl 等，其中卤素应用最广，尤其是氯气。但对于 F_2，由于活性太高，一般不能直接用作氟化剂，只能采用间接的方法获得氟衍生物。

2. 卤化历程和方法

（1）取代卤化

① 芳环上的取代卤化。芳环上的取代卤化是在催化剂作用下，芳环上的氢原子被卤原子取代的过程。其反应机理属于典型的亲电取代反应。进攻芳环的亲电质点是卤正离子（X^+）。反应时，X^+ 首先对芳环发生亲电进攻，生成 σ-配合物，然后脱去质子，得到环上取代卤化产物。例如，苯的氯化：

$$C_6H_6 + Cl^+ \xrightleftharpoons{\text{快}} [C_6H_6 \cdot Cl^+]\ (\pi\text{-配合物}) \xrightleftharpoons{\text{慢}} [C_6H_6Cl]^+\ (\sigma\text{-配合物}) \longrightarrow C_6H_5Cl + H^+$$

反应一般需使用催化剂，其作用是促使卤分子极化并转化成亲电质点卤正离子。常用的催化剂为路易斯酸，如 $FeCl_3$、$AlCl_3$、$ZnCl_2$、$SnCl_4$、$TiCl_4$ 等；工业上广泛采用 $FeCl_3$，其与 Cl_2 作用，使 Cl_2 离解成 Cl^+，反应历程是：

$$Cl_2 + FeCl_3 \rightleftharpoons \left[FeCl_3 - \overset{\delta^-}{Cl} \cdots \overset{\delta^+}{Cl} \right] \rightleftharpoons FeCl_4^- + Cl^+$$

② 脂肪烃及芳烃侧链的取代卤化。脂肪烃及芳烃的侧链氯化为典型的自由基反应，其历程包括了链引发、链增长、链终止三个阶段。

a. 链引发。在光照、高温或引发剂作用下，氯分子均裂为自由基。生产上一般采用的光源为日光灯（波长为 400～700nm），常用的引发剂为过氧化苯甲酰或偶氮二异丁腈。

$$Cl_2 \xrightleftharpoons{\text{光、高温、引发剂}} 2Cl\cdot$$

b. 链增长：

$$Cl\cdot + RH \longrightarrow R\cdot + HCl$$

$$R\cdot + Cl-Cl \longrightarrow RCl + Cl\cdot$$

c. 链终止

$$Cl\cdot + Cl\cdot \longrightarrow Cl_2$$

$$R\cdot + Cl\cdot \longrightarrow RCl\ \text{等}$$

（2）加成卤化

① 亲电加成。

a. 卤素对双键的亲电加成。卤素对双键的加成反应，一般经过两步，首先卤素向双键作亲电进攻，形成过渡态π-配合物，然后在催化剂（$FeCl_3$）作用下，生成卤代烃。

$$H_2C{=}CH_2 \xrightarrow[\text{亲电进攻}]{Cl_2} \underset{\text{三元环状 }\pi\text{-配合物}}{\underset{Cl\rightarrow Cl}{H_2C{=}{=}CH_2}} \xrightarrow{FeCl_3} CH_2Cl{-}\overset{+}{C}H_2 + FeCl_4^- \longrightarrow CH_2Cl{-}CH_2Cl + FeCl_3$$

b. 卤化氢对双键的亲电加成。卤化氢与双键的亲电加成也是分两步进行的：首先是质子对分子进行亲电进攻，形成一个碳正离子中间体，然后卤负离子与之结合，形成加成产物。卤原子的定位符合马尔科夫尼柯夫规则，即氢原子加在含氢较多的碳原子上。

$$>C{=}C< + H^+ \xrightarrow{\text{慢}} >\underset{H}{C}{-}\overset{+}{C}< \xrightarrow{X^-} >\underset{H}{C}{-}\underset{X}{C}<$$

c. 卤化物的亲电加成。次卤酸、N-卤代酰胺、卤代烷等。

次卤酸与烯烃的加成属于亲电加成，定位规律符合马氏规则。

工业上典型的例子是次氯酸水溶液与乙烯或丙烯反应生成β-氯乙醇或氯丙醇。两者都是十分重要的有机化工原料。反应如下：

$$Cl_2 + H_2O \longrightarrow HOCl + HCl$$

$$2CH_3CH{=}CH_2 + 2HOCl \longrightarrow \underset{OH}{CH_3CHCH_2Cl} + \underset{Cl}{CH_3CHCH_2OH}$$

氯丙醇

$$CH_2{=}CH_2 \xrightarrow[60℃]{Cl_2/H_2O} \underset{\beta\text{-氯乙醇}}{ClCH_2CH_2OH} + HCl$$

次氯酸与丙烯加成得到的氯丙醇可直接用来生产环氧丙烷。

在酸催化下，N-卤代酰胺与烯烃加成可制得α-卤醇。反应历程类似于卤素与烯烃的亲电加成反应，卤正离子由N-卤代酰胺提供，负离子来自溶剂。反应如下：

$$>C{=}C< + R{-}\overset{O}{\overset{\|}{C}}{-}NHBr \xrightarrow{\text{酸}} >\underset{Br}{C}{-}\overset{OH}{C}< + RCONH_2$$

同样在路易斯酸存在下，叔卤代烷可对烯烃双键进行亲电进攻，得到卤代烷与烯烃的加成产物。例如：氯代叔丁烷与乙烯加成可得到1-氯-3,3-二甲基丁烷，收率为75%。

$$(CH_3)_3CCl + CH_2{=}CH_2 \xrightarrow{AlCl_3} (CH_3)_3C{-}CH_2CH_2Cl$$

② 自由基加成。

a. 卤素的自由基加成。卤素在光、热或引发剂（如有机过氧化物、偶氮二异丁腈等）存在下，可与不饱和烃发生加成反应，其反应历程按自由基机理进行。

链引发：$Cl_2 \longrightarrow 2Cl\cdot$

链传递：$CH_2{=}CH_2 + Cl\cdot \longrightarrow CH_2Cl{-}CH_2\cdot$

$CH_2Cl{-}CH_2\cdot + Cl{-}Cl \longrightarrow CH_2Cl{-}CH_2Cl + Cl\cdot$

链终止：$Cl\cdot + Cl\cdot \longrightarrow Cl_2$

$2CH_2Cl{-}CH_2\cdot \longrightarrow CH_2Cl{-}CH_2{-}CH_2{-}CH_2Cl$

$CH_2Cl{-}CH_2\cdot + Cl\cdot \longrightarrow CH_2Cl{-}CH_2Cl$

光卤化加成的反应特别适用于双键上具有吸电子基的烯烃。例如三氯乙烯中有三个氯原子，进一步加成氯化很困难；但在光催化下可氯化制取五氯乙烷。五氯乙烷经消除一分子的氯化氢后，可制得驱钩虫药物四氯乙烯。

$$ClCH{=}CCl_2 \xrightarrow[60\sim70℃]{Cl_2,h\nu} Cl_2CH{-}CCl_3 \xrightarrow{-HCl} Cl_2C{=}CCl_2$$

b. 卤化氢的自由基加成：在光和引发剂作用下，溴化氢和烯烃的加成属于自由基加成反应。其定位主要受到双键极化方向、位阻效应和烯烃自由基的稳定性等因素的影响，一般为反马尔科夫尼柯夫规则。

$$CH_3CH{=}CH_2 + HBr \xrightarrow[\text{或引发剂}]{h\nu} CH_3CH_2CH_2Br$$

$$CH_2{=}CH{-}CH_2Cl + HBr \xrightarrow[\text{或引发剂}]{h\nu} BrCH_2CH_2CH_2Cl$$

$$ArCH{=}CHCH_3 + HBr \xrightarrow[\text{或引发剂}]{h\nu} ArCH_2CHBrCH_3$$

c. 卤代烷的自由基的加成。多卤代甲烷衍生物可与双键发生自由基加成反应，在双键上形成碳-卤键，使双键的碳原子上增加一个碳原子。例如，丙烯和四氯化碳在过氧化二苯甲酰作用下生成1,1,1-三氯-3-氯丁烷，收率为80%。

$$CH_3CH{=}CH_2 + CCl_4 \xrightarrow{(PhCOO)_2} CCl_3CH_2CHClCH_3$$

（3）置换卤化　置换卤化是以卤基置换有机物分子中其他基团的反应。与直接取代卤化相比，置换卤化具有无异构产物、多卤化和产品纯度高的优点，在药物合成、染料及其他精细化学品的合成中应用较多。可被卤基置换的有羟基、硝基、磺酸基、重氮基。卤化物之间也可以互相置换，如氟可以置换其他卤基，这也是氟化的主要途径。

四、还原反应

还原反应在精细有机合成中占有重要的地位。广义地讲，在还原剂的作用下，能使某原子得到电子或电子云密度增加的反应称为还原反应。狭义地讲，能使有机物分子中增加氢原子或减少氧原子的反应，或者两者兼而有之的反应称为还原反应。

通过还原反应可制得一系列产物。如，由硝基还原得到的各种芳胺，大量被用于合成染料、农药、塑料等化工产品；将醛、酮、酸还原制得相应的醇或烃类化合物；由醌类化合物还可得到相应的酚；含硫化合物还原是制取硫酚或亚硫酸的重要途径。

按照还原反应使用的还原剂和操作方法的不同，还原方法可分为：催化加氢法、化学还原法和电解还原法。

1. 催化加氢

（1）碳-碳双键加氢　烯烃加氢常用的催化剂有：铂、骨架镍、载体镍和各种多金属催化剂（铜-铬、锌-铬等）。在催化剂存在下，100～200℃、1～2MPa下加氢反应很快。加氢的活性与分子结构有关，分子越简单，即双键碳原子上取代基越少、越小，则活性越高，乙烯的加氢反应活性最高。其活性顺序如下：

$$CH_2{=}CH_2 > RCH{=}CH_2 > RCH{=}CHR > R_2C{=}CH_2 > R_2C{=}CHR > R_2C{=}CR_2$$

（2）芳烃加氢　工业上常用的催化剂为负载型镍催化剂或金属氧化物催化剂。加氢反应条件要比烯烃高。如 Cr_2O_3 催化时，温度120～200℃，压力2～7MPa。提高压力有利于平衡向加氢方向移动。芳烃加氢前需对其进行精制以除去杂质硫化物，避免催化剂中毒而失去活性。

（3）脂肪醛、酮的加氢　饱和脂肪醛或酮加氢只发生在羰基部分，生成与醛或酮相应的伯醇或仲醇。例如：

$$RCHO+2H_2 \longrightarrow RCH_2OH$$

$$R-\overset{\overset{\large O}{\|}}{C}-R' + H_2 \longrightarrow R-\overset{\overset{\large OH}{|}}{CH}-R'$$

上述反应中常用负载型镍、铜、铜-铬催化剂。如果原料中含硫，则需采用镍、钨或钴的氧化物或硫化物作催化剂。

饱和脂肪醛的加氢是工业上生产伯醇的重要方法，常用于生产正丙醇、正丁醇以及高级伯醇等。例如：

$$CH_2{=}CH_2 + CO + H_2 \xrightarrow{Co} CH_3CH_2CHO \xrightarrow{+H_2} CH_3CH_2CH_2OH$$

利用醛缩合后加氢是工业上制取二元醇的方法之一。例如由乙醛合成1,3-丁二醇：

$$2CH_3CHO \longrightarrow CH_3\underset{\underset{OH}{|}}{CH}-CH_2CHO \xrightarrow{+H_2O} CH_3\underset{\underset{OH}{|}}{C}HCH_2CH_2OH$$

(4) 脂肪酸及其酯的加氢　工业生产中脂肪酸加氢是由天然油脂生产直链高级脂肪醇的重要工艺，具有广泛的应用价值。而直链高级脂肪醇是合成表面活性剂的主要原料。

$$RCOOH \xrightarrow[-H_2O]{+H_2} RCOH \xrightarrow{+H_2} RCH_2OH$$

羧基加氢的催化剂通常采用 Cu、Zn、Cr 的氧化物。如 $CuO\text{-}Cr_2O_3$、$ZnO\text{-}Cr_2O_3$ 和 $CuO\text{-}ZnO\text{-}Cr_2O_3$。

(5) 芳香族含氧化合物的加氢　芳香族含氧化合物包括酚类、芳醛、芳酮及芳基羧酸。其加氢反应包括芳环的加氢和含氧基团的加氢两类。

苯酚在镍催化下，在130～150℃、0.5～2MPa下芳环加氢转化为环己醇。

$$C_6H_5-OH + 3H_2 \rightleftharpoons C_6H_{11}-OH$$

$$C_6H_{11}-OH \xrightarrow{-H_2O} C_6H_{10}\ (\text{环己烯})$$

$$C_6H_{11}-OH \xrightarrow[+H_2]{-H_2O} C_6H_{12} \longrightarrow 6CH_4$$

芳醛的加氢只限于制备相应的醇。如

$$C_6H_5-CHO + H_2 \longrightarrow C_6H_5-CH_2OH$$

芳醛、芳酮和芳醇只有对含氧基团进行保护后才能进行环上加氢。但是芳基羧酸可以进行以下两种反应。

$$C_6H_5-COOH \xrightarrow[-H_2O]{+2H_2} C_6H_5-CH_2OH$$

$$C_6H_5-COOH \xrightarrow[160\sim200℃]{+3H_2} C_6H_{11}-COOH$$

(6) 硝基化合物的加氢　硝基化合物的加氢还原较易进行，主要用于硝基苯气相加氢制备苯胺。

$$C_6H_5-NO_2 + 3H_2 \xrightarrow{Cu} C_6H_5-NH_2 + 2H_2O$$

(7) 腈的加氢　腈加氢是制取胺类化合物的重要方法，常用 Ni、Co、Cu 作为催化剂在加压下进行反应。

$$RCN + 2H_2 \xrightarrow{\text{催化剂}} RCH_2NH_2$$

2. 化学还原

(1) 铁粉还原　金属铁和酸（如盐酸、硫酸、醋酸等）共存时，或在盐类电解质（如 $FeCl_2$、NH_4Cl 等）的水溶液中对于硝基是一种强还原剂，可将硝基还原为氨基而对其他取代基不会产生影响，所以它是一种选择性还原剂。

铁屑在金属盐如 $FeCl_2$、NH_4Cl 等存在下，在水介质中使硝基物还原，由下列两个基本反应来完成：

$$ArNO_2 + 3Fe + 4H_2O \xrightarrow{FeCl_2} ArNH_2 + 3Fe(OH)_2$$

$$ArNO_2 + 6Fe(OH)_2 + 4H_2O \longrightarrow ArNH_2 + 6Fe(OH)_3$$

所生成的二价铁和三价铁按下式转变成黑色的磁性氧化铁（Fe_3O_4）。

$$Fe(OH)_2 + 2Fe(OH)_3 \longrightarrow Fe_3O_4 + 4H_2O$$

$$Fe + 8Fe(OH)_3 \longrightarrow 3Fe_3O_4 + 12H_2O$$

整理上述反应式得到总反应式：

$$4ArNO_2 + 9Fe + 4H_2O \longrightarrow 4ArNH_2 + 3Fe_3O_4$$

Fe_3O_4 俗称铁泥，它是 FeO 和 Fe_2O_3 的混合物。

(2) 锌粉还原　锌粉的还原能力与反应介质的酸碱性有关。它可还原硝基、亚硝基、羰基、碳-碳不饱和键、碳-硫键等。在不同介质中得到不同的还原产物。

硝基化合物在碱性介质中用锌粉还原生成氢化偶氮化合物的过程分为两步。

首先，生成亚硝基、羟氨基化合物；然后，在碱性介质中反应得到氧化偶氮化合物。

$$ArNO_2 \xrightarrow{H_2} ArNO$$

$$ArNO_2 \xrightarrow{2H_2} ArNHOH$$

$$ArNO + ArNHOH \xrightarrow{-H_2O} Ar{-}\underset{\downarrow \atop O}{N}{=}N{-}Ar$$

氧化偶氮化合物进一步还原成为氢化偶氮化合物。

$$Ar{-}\underset{\downarrow \atop O}{N}{=}N{-}Ar \xrightarrow[-H_2O]{+H_2} Ar{-}N{=}N{-}Ar \xrightarrow{+H_2} Ar{-}NH{-}NH{-}Ar$$

氢化偶氮化合物在酸性介质中进行分子内重排，得到联苯胺系化合物。

$$C_6H_5NH{-}NHC_6H_5 \xrightarrow{2H^+} C_6H_5\overset{+}{N}H_2{-}\overset{+}{N}H_2C_6H_5 \longrightarrow NH_2{-}C_6H_4{-}C_6H_4{-}NH_2$$

硝基苯用锌粉还原生成联苯二胺的总反应式如下：

$$2\,C_6H_5NO_2 + 5Zn + H_2O \xrightarrow{NaOH} C_6H_5{-}NH{-}NH{-}C_6H_5 + 5ZnO \xrightarrow{H^+} H_2N{-}C_6H_4{-}C_6H_4{-}NH_2$$

利用同样的还原方法还可以制备一系列的联苯胺衍生物：

联甲苯胺（3,3'-二甲基联苯胺，CH_3 取代）　联大茴香胺（OCH_3 取代）　3,3'-二氯联苯胺（Cl 取代）

(3) 含硫化合物还原

① 硫化物还原。使用硫化物的还原反应比较温和，常用的硫化物有：硫化钠（Na_2S）、硫氢化钠（NaHS）、硫化铵［$(NH_4)_2S$］、多硫化物。

硫化物作为还原剂时，还原反应过程是电子得失的过程。其中硫化物是供电子者，水或者醇是供质子者。还原反应后硫化物被氧化成硫代硫酸盐。

硫化钠在水-乙醇介质中还原硝基物时，反应中生成的活泼硫原子将快速与 S^{2-} 生成更活泼的 S_2^{2-}，使反应大大加速，因此这是一个自动催化反应。其反应历程为：

$$ArNO_2 + 3S^{2-} + 4H_2O \longrightarrow ArNH_2 + 3S^0 + 6OH^-$$

$$S^0 + S^{2-} \longrightarrow S_2^{2-}$$

$$4S^0 + 6OH^- \longrightarrow S_2O_3^{2-} + 2S^{2-} + 3H_2O$$

还原总反应式为：

$$4ArNO_2 + 6S^{2-} + 7H_2O \longrightarrow 4ArNH_2 + 3S_2O_3^{2-} + 6OH^-$$

② 含氧硫化物的还原。常用的含氧硫化物还原剂是亚硫酸盐、亚硫酸氢盐和连二亚硫酸盐。亚硫酸盐和亚硫酸氢盐可以将硝基、亚硝基、羟氨基和偶氮基还原成氨基，而将重氮盐还原成肼。其中亚硫酸钠将重氮盐还原成肼的反应历程如下：

$$Ar{-}\overset{+}{N}{\equiv}N + :\underset{O}{\overset{O^-}{S}}{-}O^- \longrightarrow Ar{-}N{=}N{-}SO_3^- \xrightarrow{SO_3^{2-}} Ar{-}\underset{SO_3^-}{N}{-}N{-}SO_3^- \xrightarrow[H_2O]{H^+} ArNHNH_2 + 2H_2SO_4$$

1-亚硝基-2-萘酚与亚硫酸氢钠进行反应，可以制备染料中间体 1-氨基-2-萘酚-4-磺酸(1,2,4-酸)。

$$\text{(2-萘酚, OH)} \xrightarrow{HNO_2} \text{(1-NO, 2-OH)} \rightleftharpoons \text{(1-NOH, 2-=O)} \xrightarrow{NaHSO_3} \text{(1-N(SO_3Na)OH, 2-OH)} \xrightarrow{NaHSO_3} \text{(1-NH_2, 2-OH, 4-SO_3H)}$$

(4) 水合肼还原　肼的水溶液呈弱碱性，它与水组成的水合肼是较强的还原剂。

$$N_2H_4 + 4OH^- \longrightarrow N_2\uparrow + 4H_2O + 4e$$

水合肼作为还原剂的显著特点是还原过程中自身被氧化成氮气而逸出反应体系，不会给反应产物带来杂质。

水合肼能使羰基还原成亚甲基。水合肼对羰基化合物的还原称为 Wolff-Kishner 还原：

$$\gt C{=}O \xrightarrow{NH_2NH_2} \gt C{=}N{-}NH_2 \xrightarrow{OH^-} \gt CH_2 + N_2\uparrow$$

有机化学家黄鸣龙对该反应方法进行了改进，采用高沸点的溶剂（如乙二醇）替代乙醇，使该还原反应可以在常压下进行。

$$C_6H_5{-}\overset{CH_3}{C}{=}O \xrightarrow[KOH]{NH_2{-}NH_2} C_6H_5{-}CH_2CH_3$$

在催化剂作用下，可发生催化还原。

间硝基苯甲腈在三氯化铁和活性炭催化作用下，用水合肼还原制得间氨基苯甲腈。

$$m\text{-}NO_2C_6H_4CN \xrightarrow[CH_3OH]{NH_2NH_2\cdot H_2O/FeCl_3\text{-}C} m\text{-}NH_2C_6H_4CN$$

(5) 硼烷还原　有机硼烷的还原作用在近年来得到很快的发展。二硼烷（B_2H_6）是硼烷的二聚体，是有毒气体。一般溶于四氢呋喃中使用。它是还原能力相当强的一种还原剂，具有很高的选择性。在很温和的反应条件下，可以迅速还原羧酸、醛、酮和酰胺并得到相应的醇和胺，而对于硝基、酯基、氰基和酰氯基则没有还原能力。同时，硼烷还原羧酸的速率比还原其他基团的速率快，因此，硼烷是选择性的还原羧酸为醇的优良试剂。

3. 电解还原

电解还原也是一种重要的还原方法，但是电解还原受到能源、电极材料、电解池等条件的限制。目前已有某些产品实现了工业化，如丙烯腈电解还原方法制备己二腈，硝基苯还原制备对氨基酚、苯胺、联苯胺等。

电解还原反应是在电极与电解液的界面上发生的。电解还原发生在电解池的阴极。在阳极，有机反应物 R—H 发生失电子作用（氧化），转变为阳离子自由基。在阴极，有机反应物发生得电子作用（还原作用）而转变为阴离子自由基。氢离子得到电子形成原子氢，由原子氢还原有机化合物。

五、氧化反应

广义地说，凡是失去电子的反应都属于氧化反应。狭义地说，氧化反应是指在氧化剂存在下，向有机物分子中引入氧原子或减少氢原子的反应。氧化反应过程中一种氧化剂可以对多种不同的基团发生反应；另一方面，同一种基团也可由于氧化剂种类和反应条件的不同而得到不同的氧化产物。工业生产中可以利用氧化反应制取醇、醛、酮、羧酸、醌、酚、环氧化合物、过氧化合物等，还可用来制备分子中减少氢而不增加氧的反应。具有比较广泛的用途。

根据氧化剂和氧化工艺的区别，我们可以把氧化反应分为在催化剂存在下用空气进行的催化氧化、化学氧化及电解氧化三种类型。

(一) 空气催化氧化

1. 空气液相催化氧化

空气液相反应指的是液体有机物在催化剂（或引发剂）的作用下通空气进行的氧化反应。反应的实质是空气溶解进入液相，在液相中反应。烃类的空气液相氧化在工业上可直接制得有机过氧化物、醇、酮、羧酸等一系列产品。另外，有机过氧化氢物还可进一步反应制得酚类和环氧化合物等系列产品。

在实际生产中，为了提高自动氧化的速度，需要加入一定量的催化剂或引发剂并在一定的条件下进行反应。自动氧化是自由基链式反应，其反应历程包括链的引发、链的传递和链的终止三个阶段。

异丙苯氧化制取异丙苯过氧化氢物属于空气液相催化氧化，反应式如下：

$$C_6H_5-CH(CH_3)_2 + O_2 \xrightarrow{110\sim120℃} C_6H_5-C(CH_3)_2-O-OH$$

在反应条件下异丙苯过氧化氢物会发生缓慢的热分解而产生自由基，所以异丙苯过氧化氢物本身就是引发剂。当反应连续进行时，只要使反应系统中保留一定浓度的异丙苯过氧化氢物，不需要外加引发剂。

异丙苯过氧化氢物在强酸性催化剂（如硫酸）的存在下，在 60～80℃下很容易分解为苯酚和丙酮。其反应式如下：

$$C_6H_5-C(CH_3)_2-O-OH \xrightarrow[60\sim80℃]{H^+} C_6H_5-OH + CH_3COCH_3$$

异丙苯经氧化-酸解联产苯酚和丙酮，是目前世界上生产苯酚的主要方法。

2. 空气气-固相催化氧化

将有机物的蒸汽与空气的混合气体在高温（300～500℃）下通过固体催化剂，使有机物发生适度氧化，生成期望的氧化产物的反应叫作气-固相接触催化氧化。

气-固相接触催化氧化均是连续化生产，它的优点是：

① 反应速率快，生产能力大，工艺简单；

② 采用空气或氧气作氧化剂，成本低，来源广；

③ 无需溶剂，对设备无腐蚀性。

但是气-固相催化氧化也存在一定的缺点：

① 选择适宜的性能优良的催化剂比较难；

② 由于反应温度高，要求原料和氧化产物在反应条件下热稳定性好；

③ 传热效率低，反应热及时移出较困难，需要强化传热。

气-固相接触催化氧化在工业生产中主要用于制备某些醛类、羧酸、酸酐、醌类和腈类等产品。气-固相接触催化氧化属于氧化反应，其催化剂的活性组分一般为过渡金属及其氧化物。按照催化原理，催化剂应对氧具有化学吸附能力。常用的金属催化剂有 Ag、Pt、Pd 等；常用的氧化物催化剂有 V_2O_5、MoO_3、Fe_2O_3、WO_3、Sb_2O_3、SeO_2、TeO_2 和 Cu_2O 等。单独使用一种氧化物或几种氧化物复合均可。V_2O_5 是常用的氧化催化剂。一般情况下在氧化催化剂中还需要添加一些辅助成分，以改进其性能，这些物质主要有 K_2O、SO_3、P_2O_5 等，称为助催化剂。另外还需要载体吸附催化剂，常用的载体为硅胶、沸石、氧化铝、碳化硅等高熔点物质。

如苯氧化制顺丁烯二酸酐的催化剂：活性组分是 V_2O_5-MoO_3，助催化剂是锡、钴、镍、银、锌等的氧化物和 P_2O_5，Na_2O 等，载体是α-氧化铝、氧化钛、碳化硅、沸石等。

采用邻二甲苯为原料氧化制取邻苯二甲酸酐是由邻二甲苯在五氧化二钒催化下，与空气进行氧化反应，生成邻苯二甲酸酐。

$$C_6H_4(CH_3)_2 + 3O_2 \longrightarrow C_6H_4(CO)_2O + 3H_2O$$

(二)化学氧化

化学氧化是指利用空气和氧气以外的氧化剂，使有机物发生氧化的反应。通常把空气和氧气以外的其他氧化剂总称为化学氧化剂。

化学氧化法的优点是反应条件温和，反应易控制，操作简便、工艺成熟。所以只要选择合适的化学氧化剂，就能得到良好的产品。另外，化学氧化剂具有很高的选择性，反应一般不需要催化剂。利用化学氧化法可制得醇、醛、酮、酸、酚、环氧化合物、过氧化合物及羟基化合物等。尤其是对产量小、价值高的精细化工产品，常用化学氧化法。但是化学氧化剂价格较高，虽然某些氧化剂的还原产物可以回收利用，但“三废”处理困难。由于化学氧化大都采用分批操作，设备生产能力低，有时对设备腐蚀严重。所以，以前曾用化学氧化法生产的大吨位有机化工产品，如苯甲酸、苯酐等，现都已改用空气氧化法。

化学氧化剂可分为以下几类。

（1）金属元素的高价化合物。如：$KMnO_4$、MnO_2、CrO_3、$Na_2Cr_2O_7$、PbO_2、$FeCl_3$、$CuCl_2$ 等。

（2）非金属元素的高价化合物。如：HNO_3、N_2O_4、$NaNO_3$、$NaNO_2$、H_2SO_4、SO_3、NaClO 和 $NaClO_3$ 等。

（3）无机富氧化合物。如：臭氧、过氧化氢、过氧化钠、过碳酸钠与过硼酸钠等。

（4）非金属元素。如：卤素和硫黄。

（5）有机富氧化合物。如：硝基化合物、亚硝基化合物、有机过氧化合物。

不同的氧化剂有其各自不同的特点，可适用于不同的氧化反应制备不同的氧化产物。例如，$KMnO_4$、MnO_2、CrO_3 和 HNO_3 属于强氧化剂，它们主要用于制备羧酸和醌类，但是在温和的条件下也可用于制备醛和酮及芳环上直接引入羟基等。其他的氧化剂属于温和氧化剂，常局限于特定的应用范围。

1. 锰化合物氧化

（1）高锰酸钾氧化。高锰酸盐是一类常用的强氧化剂，其钠盐易潮解，而钾盐具有稳定的结晶状态，不易潮解，所以常用高锰酸钾作氧化剂。高锰酸钾中锰为+7价，其氧化能力很强，主要用于将甲基、伯醇基或醛基氧化为羧基。但是溶液的pH值不同，高锰酸钾的氧化性能不同。

在酸性水介质中，Mn由+7价被还原成+2价，其氧化能力太强，选择性差，只适用于制备个别非常稳定的氧化产物，而锰盐又难于回收，所以工业生产中很少使用酸性氧化法。

在中性或碱性水介质中，Mn由+7价被还原成+4价，也有很强的氧化能力。此法的氧化能力较酸性介质弱，但是选择性好，生成的羧酸以钾盐或钠盐的形式溶于水，产品的分离与精制简便，副产 MnO_2 也有广泛的用途。

$$MnO_4^- + 2H_2O + 3e \rightleftharpoons MnO_2 + 4OH^-$$

（2）二氧化锰氧化。二氧化锰可以是天然的软锰矿的矿粉（MnO_2 质量含量 60%～70%），也可以是用高锰酸钾氧化时的副产物。二氧化锰一般是在各种不同浓度的硫酸中使用，其氧化反应可简单表示如下：

$$MnO_2 + H_2SO_4 \longrightarrow [O] + MnSO_4 + H_2O$$

二氧化锰是较温和的氧化剂，其用量与所用硫酸的浓度有关。在稀硫酸中氧化时，要用过量较多的二氧化锰；在浓硫酸中氧化时，二氧化锰稍过量即可。

二氧化锰可以使芳环侧链上的甲基氧化为醛，可用于芳醛、醌类的制备及在芳环上引入羟基等。例如：

$$\text{p-}CH_3C_6H_4Cl \xrightarrow[70℃]{MnO_2,H_2SO_4} \text{p-}OHCC_6H_4Cl,\quad C_6H_5CH_3 \xrightarrow[40℃]{MnO_2,H_2SO_4} C_6H_5CHO$$

2. 铬化合物氧化

（1）重铬酸钠氧化　重铬酸钠容易潮解，但是其价格比重铬酸钾便宜得多，在水中的溶解度大，所以在工业生产中一般都使用重铬酸钠。重铬酸钠可以在各种浓度的硫酸中使用。其氧化反应式如下：

$$Na_2Cr_2O_7 + 4H_2SO_4 \longrightarrow 3[O] + Cr_2(SO_4)_3 + Na_2SO_4 + 4H_2O$$

副产的 $Cr_2(SO_4)_3$ 和 Na_2SO_4 的复盐称为“铬矾”，可以用于制革工业和印染工业，也可以将 $Cr_2(SO_4)_3$ 转变为 Cr_2O_3，用于颜料工业。

重铬酸钠主要用于将芳环侧链的甲基氧化成羧基。例如：

$$p\text{-}CH_3C_6H_4NO_2 \xrightarrow[80\sim90℃]{Na_2Cr_2O_7,H_2SO_4} p\text{-}HOOCC_6H_4NO_2$$

重铬酸钠在中性或碱性水介质中是温和的氧化剂，可用于将—CH_3、—CH_2OH、—CH_2Cl、—$CH═CHCH_3$ 等基团氧化成醛基。

（2）三氧化铬-吡啶复合物氧化　三氧化铬-吡啶复合物主要用于制备羧酸和醌类。但是在温和的条件下也可以制取醛和酮，以及在芳环上引入羟基。

三氧化铬-吡啶复合物和 CH_2Cl_2 组成的溶液称作 Collins 试剂，当有机物分子中含有对酸敏感的官能团时，常使用 Collins 试剂。尤其是在无水条件下使用 Collins 试剂非常有效，可以将伯醇和仲醇氧化成醛和酮而不影响对酸敏感的官能团。例如：

$$RCH_2OH \xrightarrow{\text{Collins 试剂}} RCHO$$

3. 硝酸氧化

硝酸是工业生产中常用的一种化合物，除了用作硝化剂、酯化剂以外，也可以用作氧化剂。用硝酸作氧化剂时，硝酸本身被还原成 NO_2 和 N_2O_3。

$$2HNO_3 \longrightarrow [O]+H_2O+2NO_2\uparrow$$

$$2HNO_3 \longrightarrow 2[O]+H_2O+N_2O_3\uparrow$$

在钒催化剂存在下进行氧化时，硝酸可以被还原成无害的 N_2O，并提高硝酸的利用率。

$$2HNO_3 \longrightarrow 4[O]+H_2O+N_2O\uparrow$$

硝酸氧化法的主要用途是从环十二醇/酮混合物的开环氧化制取十二碳二酸。

$$\text{环十二醇(—OH)} \xrightarrow[60\%\sim65\%HNO_3\quad 60\sim90℃\text{常压}]{NH_4VO_3\ \text{催化}} HOOC(CH_2)_{10}COOH$$

硝酸氧化法的另外一个重要用途是从环己酮/醇混合物的氧化制己二酸。

$$\text{环己酮}\left(\text{环己醇}\right) \xrightarrow[65\sim70℃,0.2MPa,\text{收率 }96\%]{60\%HNO_3/CuSO_4,NH_4VO_3} HOOC(CH_2)_4COOH$$

这种方法的优点是选择性好、收率高、质量好，优于己二酸的其他生产方法。

4. 过氧化合物氧化

（1）过氧化氢氧化　过氧化氢俗称双氧水，它是比较温和的氧化剂。市售双氧水的浓度通常是 42% 或 30% 的水溶液。双氧水的最大优点是反应后本身变成水，无有害物质生成。

$$H_2O_2 \longrightarrow H_2O+[O]$$

但是双氧水不稳定，只能在低温下使用，然后中和，这就限制了它的使用范围。在工业生产中，主要用于制备有机过氧化合物和环氧化合物。

乙酸在硫酸存在下与双氧水作用，然后中和，可制得过氧乙酸的水溶液。

$$CH_3COOH+H_2O_2 \xrightarrow{H_2SO_4} CH_3COOOH+H_2O$$

酸酐与双氧水作用可直接制得过氧二酸。

$$\begin{matrix}H_2C-C(=O)\\ \quad\quad O\\ H_2C-C(=O)\end{matrix} + 2H_2O_2 \xrightarrow{10℃以下} \begin{matrix}H_2C-C(=O)-OOH\\ H_2C-C(=O)-OOH\end{matrix} + H_2O$$

(2) 有机过氧化物氧化　有机过氧化物主要用于自由基型聚合反应的引发剂。

叔丁基过氧化氢物可以将丙烯环氧化转变为环氧丙烷。

$$(CH_3)C-OOH + CH_3-CH=CH_2 \xrightarrow[90\sim130℃,1.5\sim6.3MPa]{催化剂/叔丁基溶剂} (CH_3)_3C-OH + CH_3-\underset{\diagdown O \diagup}{CH-CH_2}$$

所用的环氧化催化剂是 Mo、V、Ti 或其他重金属的化合物或络合物。

(三) 电解氧化

1. 直接电解氧化

电化学氧化是在电解槽中放入有机物的溶液或悬浮液，通以直流电，在阳极上夺取电子使有机物氧化或是先使低价金属离子氧化为高价金属离子，然后高价金属离子再使有机物氧化的方法。电化学氧化不使用化学氧化剂可以最大限度地减少“三废”污染。例如苯和苯酚的氧化制取苯醌，菲氧化制取菲醌、甲苯和邻氯甲苯的氧化制取相应的醛等。

2. 间接电解氧化

间接电解氧化是指先在化学反应器中，用可变价金属的盐类水溶液将有机反应物氧化成目的产物，然后将用过的盐类水溶液送到电解槽中，再转变成所需要的氧化剂的过程。

以甲苯氧化制备苯甲醛为例，在化学反应器中用高价铈或高价锰将甲苯氧化成苯甲醛。

$$C_6H_5-CH_3 + H_2O + 2Ce^{4+} \longrightarrow C_6H_5-CHO + 2H^+ + 2Ce^{3+}$$

然后将用过的低价铈盐水溶液送到电解槽中的阳极室氧化成高价铈，再循环使用。

在间接电解氧化过程中，为了使化学反应物只被氧化到一定的程度，必须选择合适的氧化离子对。常用的离子对是 Ce^{4+}/Ce^{3+}、Mn^{3+}/Mn^{2+} 等。

六、酰化反应

酰基化反应指的是有机化合物分子中与碳原子、氮原子、氧原子或硫原子相连的氢被酰基所取代的反应。碳原子上的氢被酰基所取代的反应叫作 C-酰化，生成的产物是醛、酮或羧酸。氨基氮原子上的氢被酰基所取代的反应叫作 *N*-酰化，生成的产物是酰胺。羟基氧原子上的氢被酰基取代的反应叫作 *O*-酰化，生成的产物是酯，因此也叫作酯化。

$$-\overset{|}{\underset{|}{C}}- + -\overset{O}{\overset{\|}{C}}-R \longrightarrow -\overset{|}{\underset{|}{C}}-\overset{O}{\overset{\|}{C}}-R \qquad \text{C-酰化}$$

$$-NH_2 + -\overset{O}{\overset{\|}{C}}-R \longrightarrow -NH-\overset{O}{\overset{\|}{C}}-R \qquad N\text{-酰化}$$

$$-OH + -\overset{O}{\overset{\|}{C}}-R \longrightarrow -O-\overset{O}{\overset{\|}{C}}-R \qquad O\text{-酰化(酯化)}$$

酰化反应的用途和重要性体现在如下两个方面。

首先氨基或羟基等官能团与酰化剂作用可以转变为酰胺或酯，所以引入酰基后可以改变原化合物的性质和功能性。如染料分子中氨基或羟基酰化前后的色光、染色性能和牢度指标将有所改变。有些酚类用不同羧酸酯化后会产生不同的香气，医药分子中引入酰基可以改变药性。

其次可以提高游离氨基的化学稳定性或反应中的定位性能，满足合成工艺的要求。如有些芳胺在进行硝化、氯磺化、氧化或部分烷基化之前常常要把氨基进行“暂时保护”性酰化，反应完成后再将酰基水解掉。如：

$$CH_3C_6H_4NH_2 \longrightarrow CH_3C_6H_4NHCOCH_3 \longrightarrow HOOCC_6H_4NHCOCH_3 \longrightarrow HOOCC_6H_4NH_2$$

1. *N*-酰化反应

(1) 用羧酸的 *N*-酰化　羧酸是最廉价的酰化剂，用羧酸酰化是可逆过程。

$$RNH_2 + R'COOH \rightleftharpoons RNHCOR' + H_2O$$

$$ROH + R'COOH \rightleftharpoons ROCOR' + H_2O$$

为了使酰化反应尽可能完全，并使用过量不太多的羧酸，必须除去反应生成的水。

乙酰化，不论是永久性还是暂时保护性目的，都是最常见的酰化反应过程。由于反应是可逆的，一般要加入过量的乙酸，当反应达到平衡以后逐渐蒸出过量的乙酸，并将水分带出。如合成乙酰苯胺时将苯胺与过量10%～50%的乙酸混合，在120℃（乙酸的沸点118℃）以下回流一段时间，使反应达到平衡，然后停止回流，逐渐蒸出过量的乙酸和生成水，即可使反应趋于完全。

(2) 用酸酐的 *N*-酰化　酸酐是比酸活性高的酰化剂，但比酸贵，多用于活性较低的氨基或羟基的酰化。常用的酸酐是乙酐和邻苯二甲酸酐。用乙酐的 *N*-酰化反应如下：

$$(CH_3CO)_2O + HNR^1R^2 \longrightarrow CH_3CONR^1R^2 + CH_3COOH$$

式中，R^1 可以是氢、烷基或芳基；R^2 可以是氢或烷基。由于反应不生成水，因此是不可逆的。乙酐比较活泼，酰化反应温度一般控制在20～90℃。乙酐的用量一般只需过量5%～10%即可。

苯胺与水的混合物在常温下滴加乙酐，酰化反应立即进行，并放出热量，物料搅拌冷却后即可析出乙酰苯胺。

将H酸悬浮在水中，用NaOH调节pH为6.7～7.1，在30～50℃滴加稍过量的乙酐可以制得 *N*-乙酰基H酸。

$$\text{(OH, NH}_2\text{, NaO}_3\text{S, SO}_3\text{Na 萘)} \xrightarrow{(CH_3CO)_2O} \text{(OH, NHCOCH}_3\text{, NaO}_3\text{S, SO}_3\text{Na 萘)}$$

(3) 用酰氯的 *N*-酰化　酰氯是最强的酰化剂，适用于活性低的氨基或羟基的酰化。常用的酰氯有长碳链脂肪酸酰氯、芳羧酰氯、芳磺酰氯、光气等。用酰氯进行 *N*-酰化的反应通式如下：

$$R{-}NH_2 + Ac{-}Cl \longrightarrow R{-}NHAc + HCl$$

式中，R表示烷基或芳基，Ac表示各种酰基，此类反应是不可逆的。

酰氯都是相当活泼的酰化剂，其用量一般只需稍微超过理论量即可。酰化的温度也不需太高，有时甚至要在0℃或更低的温度下反应。

2. C-酰化反应

(1) 用羧酸酐的C-酰化　用邻苯二甲酸酐进行环化的C-酰化是精细有机合成的一类重要反应。酰化产物经脱水闭环制成蒽醌、2-甲基蒽醌、2-氯蒽醌等中间体。如：邻苯甲酰基苯甲酸的合成反应如下：

$$\text{邻苯二甲酸酐} + C_6H_6 + 2AlCl_3 \xrightarrow[\text{苯溶剂}]{55\sim60℃} C_6H_4(CO\text{—}C_6H_5)(COOAlCl_2)\cdot AlCl_3\ (\text{O}:AlCl_3) + HCl\uparrow$$

$$C_6H_4(CO\text{—}C_6H_5)(COOAlCl_2)\cdot AlCl_3 + 3H_2SO_4 \xrightarrow{\text{水介质}} C_6H_4(CO\text{—}C_6H_5)(COOH) + Al_2(SO_4)_3 + 5HCl$$

(2) 用酰氯的C-酰化　萘在催化剂 $AlCl_3$ 作用下，用苯甲酰氯进行C-酰化，其反应式为：

$$C_{10}H_8 + 2\,C_6H_5COCl \xrightarrow{AlCl_3} C_{10}H_6(COC_6H_5)_2 + 2HCl$$

该反应过量的苯甲酰氯既作酰化剂又作溶剂。

(3) 用其他酰化剂的C-酰化　对于芳香族化合物如果芳环上含有羟基、甲氧基、二烷氨基、酰氨基。在C-酰化时会发生副反应，为了避免副反应的发生，通常选用温和的催化剂，例如无水氯化锌，有时也选用聚磷酸等。如间苯二酚与乙酸的反应：

$$C_6H_4(OH)_2 + CH_3COOH \xrightarrow[115\sim120℃]{ZnCl_2} C_6H_3(OH)_2COCH_3 + H_2O$$

生成的2,4-二羟基苯乙酮是制备医药的中间体。

3. 酯化反应

醇或酚分子中的羟基氢原子被酰基取代而生成酯的反应，叫做 *O*-酰化反应，也叫做酯化反应。

(1) 用羧酸的酯化　用羧酸和醇合成酯类的反应通式：

$$R'OH + RCOOH \overset{H^+}{\rightleftharpoons} RCOOR' + H_2O$$

用羧酸的酯化是一个可逆反应，该反应的反应特点是反应原料易得，应用广泛；醇类中，伯醇的酯化产率较高，仲醇较低，而叔醇和酚类直接酯化的产率甚低；羧酸为弱酰化剂，需少量酸性催化剂存在，使醇和羧酸加热回流；反应可逆，有水生成需移除反应生成的水。

(2) 用羧酸酐的酯化　用羧酸酐和醇合成酯类的反应通式：

$$R'OH + (RCO)_2O \longrightarrow RCOOR' + RCOOH$$

酸酐为较强酰化剂，适用于较难反应的酚类及空间阻碍较大的叔羟基衍生物的直接酯化；反应没有水生成，不可逆；为了加速反应的进行，可加酸性或碱性催化剂。常用的酸性催化剂为硫酸、高氯酸、氯化锌、三氯化铁、吡啶、无水乙酸钠、对甲苯磺酸或叔胺等，其中以硫酸、吡啶和无水乙酸钠最为常用。

(3) 用酰氯的酯化　用酰氯和醇合成酯类的反应通式：

$$RCOCl + R'OH \longrightarrow RCOOR' + HCl$$

酰氯为强酰化剂，适用于较难反应的酚类及空间阻碍较大的叔羟基衍生物的直接酯化；反应有 HCl 生成，不可逆；脂肪族酰氯的活性通常比芳香族酰氯为高，尤以乙酰氯为高；凡是对 HCl 较为敏感的醇类，特别是叔醇，要加适量碱，如碳酸钠、乙酸钠、吡啶、三乙胺等，一般分批加碱。

(4) 酯交换法　酯交换法分为醇解法、酸解法和互换法。

醇解法也称作酯醇交换法。一般此法总是将酯分子中的伯醇基由另一较高沸点的伯醇基或仲醇基所替代。反应用酸作催化剂。

$$RCOOR' + R''OH \rightleftharpoons RCOOR'' + R'OH$$

酸解法也称作酯酸交换法。此法常用于合成二元羧酸单酯和羧酸乙烯酯等。

$$RCOOR' + R''COOH \rightleftharpoons R''COOR' + RCOOH$$

互换法也称为酯酯交换法。此法要求所生成的新酯与旧酯的沸点差足够大，以便于采用蒸馏的方法分离。

$$RCOOR' + R''COOR''' \rightleftharpoons RCOOR''' + R''COOR'$$

这三种类型的酯交换都是利用反应的可逆性实现的，其中以酯醇交换法应用最为广泛。一个最典型的工业过程是用甲酸与天然油脂进行醇解以制得脂肪酸甲酯。后者是制取脂肪酸和表面活性剂的重要原料。

(5) 烯酮法　乙烯酮是由乙酸在高温下热裂解脱水而成。它的反应活性极高，与醇类可以顺利制得乙酸酯。

$$CH_2{=}C{=}O + ROH \longrightarrow CH_2{=}COHOR \longrightarrow CH_3COOR$$

对于某些活性较差的叔醇或酚类，可用此法制得相应的乙酸酯；含有氢的醛或酮也能与乙烯酮反应生成烯醇酯。如：

$$CH_2{=}CO + (CH_3)_3COH \xrightarrow[0℃]{H_2SO_4} CH_3COOC(CH_3)_3$$

工业上还可用二乙烯酮与乙醇加成反应制得乙酰乙酸乙酯。

$$\begin{array}{l} CH_2{=}C{-}O \\ \quad\;\; | \quad\; | \\ \quad CH_2{-}C{=}O \end{array} + C_2H_5OH \xrightarrow{H_2SO_4} CH_3COCH_2COOC_2H_5$$

(6) 用腈的酯化　在硫酸或氯化氢作用下，腈与醇共热即可直接成为酯：

$$RCN + R'OH + H_2O \longrightarrow RCOOR' + NH_3$$

七、羟基化反应

羟基化是指向有机化合物分子中引入羟基的反应。通过羟基化反应可制得醇类与酚类化合物。这两类物质在精细化工中具有广泛的用途，主要用于生产合成树脂、各种助剂、染料、农药、表面活性剂、香料和食品添加剂等。另外，通过酚羟基的转化反应还可以制得烷基酚醚、二芳醚、芳伯胺和二芳基仲胺等许多含其他官能团的重要中间体和产物。

1. 芳磺酸盐的碱熔

芳磺酸盐在高温下与熔融的苛性碱（或苛性碱溶液）作用，使磺酸基被羟基置换的反应叫作碱熔。其反应通式如下表示：

$$C_6H_5SO_3Na + 2NaOH \longrightarrow C_6H_5ONa + Na_2SO_3 + H_2O$$

生成的酚钠用无机酸酸化（如硫酸），即转变为酚：

$$2C_6H_5ONa + H_2SO_4 \longrightarrow 2C_6H_5OH + Na_2SO_4$$

该法优点是工艺过程简单，对设备要求不高，适用于多种酚类的制备；缺点是需要使用大量酸碱、“三废”多、工艺落后。但对于有些酚类化合物，如H酸、J酸、γ酸等，世界各国仍然采用磺酸碱熔路线。

2. 卤素化合物的水解

(1) 脂肪族卤化物的水解　卤化物中以有机氯化物的制备比较方便和价廉，所以常被用来作为制取醇和酚的中间产物。与烷基相连的氯原子通常比与芳基相连的氯原子活泼，当其与水解试剂作用时，即可水解得到相应的醇类。如：

$$R—Cl + NaOH \longrightarrow R—OH + NaOH$$

常用的羟基化试剂是 $NaOH$、$Ca(OH)_2$ 及 Na_2CO_3 的水溶液。

(2) 芳香族卤化物的水解　氯苯分子中的氯基很不活泼，它的水解需要极强的反应条件，在工业上曾经用氯苯的水解法制取苯酚。水解的方法有两种：碱性高压水解和常压气固相接触催化水解法。

碱性高压水解：

$$C_6H_5Cl + 2NaOH \longrightarrow C_6H_5ONa + NaCl + H_2O$$

$$C_6H_5ONa + C_6H_5Cl \longrightarrow C_6H_5—O—C_6H_5 + NaCl$$

常压气固相接触催化水解法：

$$C_6H_5Cl + H_2O \longrightarrow C_6H_5OH + HCl$$

在硝基氯苯的水解中，只需要用稍过量的氢氧化钠溶液，在较温和的反应条件下进行，例如：

$$p\text{-}ClC_6H_4NO_2 + \underset{(10\%\sim15\%溶液)}{2NaOH} \xrightarrow{160℃, 0.6MPa} p\text{-}NaOC_6H_4NO_2 + NaCl + H_2O$$

$$2,4\text{-}(NO_2)_2C_6H_3Cl + \underset{(10\%水溶液)}{2NaOH} \xrightarrow{90\sim100℃, 常压} 2,4\text{-}(NO_2)_2C_6H_3ONa + NaCl + H_2O$$

3. 重氮盐的水解

重氮盐在酸性介质中水解是制取酚类的常用方法之一。

$$RC_6H_4\overset{+}{N}\equiv N \xrightarrow{-N_2} RC_6H_4^{+} \xrightarrow{OH^-} RC_6H_4OH$$

常用的重氮盐是重氮硫酸氢盐，分解反应常在硫酸溶液中进行。重氮盐的水解不宜采用盐酸和重氮盐酸盐，因为氯离子的存在会导致发生重氮基被氯原子取代的副反应。

重氮盐是很活泼的化合物，水解时会发生各种副反应。为了避免这些副反应，总是将冷的重氮硫酸盐溶液慢慢加到热的或沸腾的稀硫酸中，使重氮盐在反应液中的浓度始终很低。水解生成的酚最好随同水蒸气一起蒸出。重氮盐水解时若有硝基存在，则可得到相应的硝基酚。利用此方法可以制备下列酚：

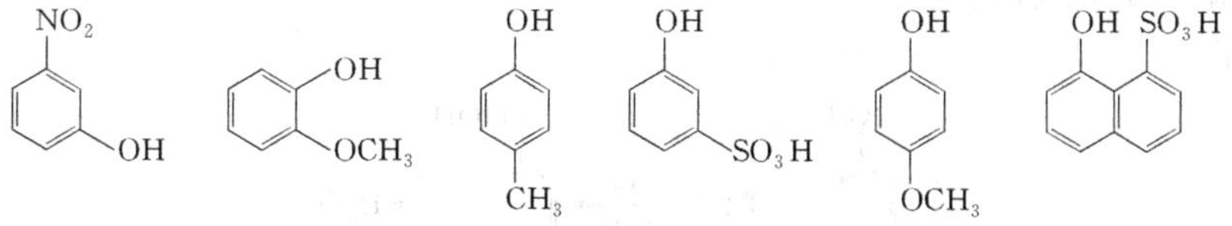

NO_2　OH　OH　OH　OH　OH　SO_3H

OH　OCH_3　SO_3H

CH_3　OCH_3

4. 芳伯胺的水解

(1) 酸性水解　酸性水解反应是在稀硫酸中、在高温和压力下进行的。若所需要的水解温度太高，硫酸会引起氧化副反应，可采用磷酸或盐酸。此法的优点是工艺过程简单。缺点是要用搪铅的压热釜，设备腐蚀严重，生产能力低、酸性废水处理量大。酸性水解主要用于从 1-萘胺水解制 1-萘酚。

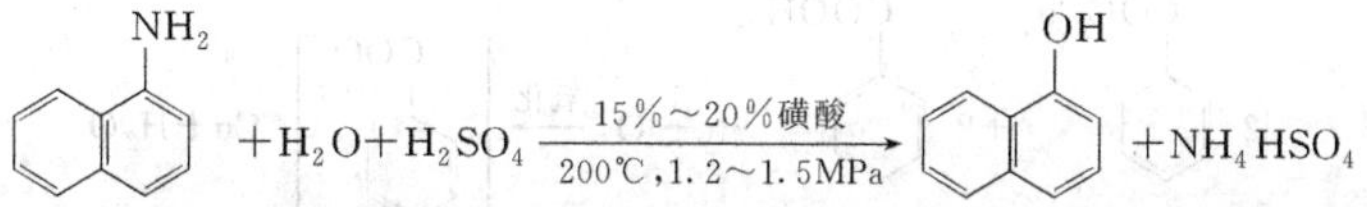

$$C_{10}H_7NH_2 + H_2O + H_2SO_4 \xrightarrow[200℃,1.2\sim1.5MPa]{15\%\sim20\%\text{硫酸}} C_{10}H_7OH + NH_4HSO_4$$

(2) 碱性水解　在磺酸基碱熔时，如果提高碱熔温度，可以使萘环上 α 位的磺酸基和 α 位的氨基同时被羟基所置换。此法只用于变色酸（1,8-二羟基萘-3,6-二磺酸）的制备。反应式如下：

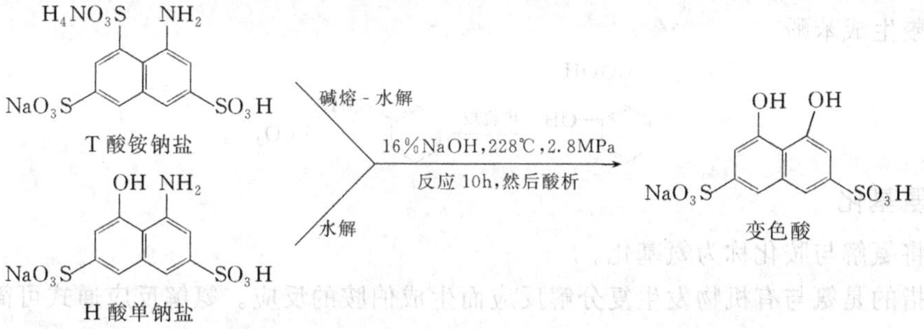

H_4NO_3S　NH_2　NaO_3S　SO_3H

T 酸铵钠盐

碱熔 - 水解

16%NaOH,228℃,2.8MPa

反应 10h,然后酸析

水解

OH　NH_2　NaO_3S　SO_3H

H 酸单钠盐

OH　OH　NaO_3S　SO_3H

变色酸

(3) 在亚硫酸氢钠溶液中水解　某些 1-萘胺磺酸在亚硫酸氢钠水溶液中，常压沸腾回流（100～104℃），然后用碱处理，即可完成氨基被羟基置换的反应。上述反应也称布赫勒反应。它是使萘系羟基化合物与氨基化合物相互转化的重要反应。

在工业上，此法用于由 1-氨基-4-萘磺酸制备 1-羟基-4-萘磺酸（NW 酸）。

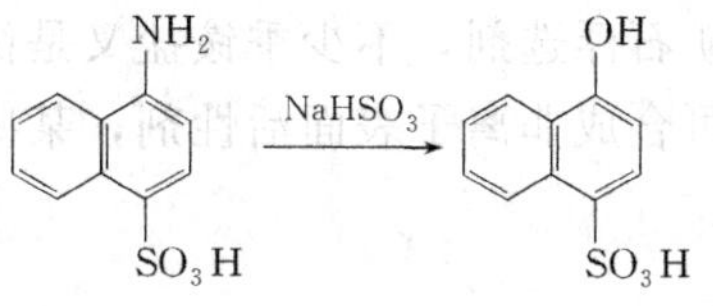

$$\text{1-}NH_2\text{-4-}SO_3H\text{-萘} \xrightarrow{NaHSO_3} \text{1-}OH\text{-4-}SO_3H\text{-萘}$$

5. 异丙苯氧化-酸解制苯酚

用异丙苯法合成苯酚是当前世界各国生产苯酚最重要的路线，它以苯和丙烯为原料，在催化剂存在下首先烷化得到异丙苯，而后用空气氧化得到异丙苯过氧化氢，最后经酸性分解得到苯酚和丙酮，每生产 1t 苯酚，将联产 0.6t 丙酮。因此这条路线的发展规模与经济效益，与丙酮的销路和价格密切相关。此法的优点是原料易得，不需要消耗大量的酸碱，而且“三废”少，能连续操作，生产能力大，成本低。其基本反应过程如下：

$$C_6H_6 \xrightarrow{CH_3CH{=}CH_2} C_6H_5CH(CH_3)_2 \xrightarrow{O_2} C_6H_5C(CH_3)_2OOH \xrightarrow{\text{酸解}} C_6H_5OH + CH_3COCH_3$$

6. 芳羧酸的氧化-脱羧制酚

甲苯氧化：

$$C_6H_5CH_3 + 3/2O_2 \xrightarrow[140℃]{Co} C_6H_5COOH + H_2O$$

苯甲酸铜热分解：

$$C_6H_5COOH \xrightarrow{CuO} [C_6H_5COO]_2Cu \xrightarrow{\text{自身氧化还原}} C_6H_5C(=O)-O-C_6H_4COOH + C_6H_5COOCu$$

苯甲酸亚铜再生为苯甲酸铜：

$$2C_6H_5COOCu + 2C_6H_5COOH + \frac{1}{2}O_2 \xrightarrow{\text{氧化}} 2[C_6H_5COO]_2Cu + H_2O$$

苯甲酰基水杨酸水解生成水杨酸

$$C_6H_5C(=O)-O-C_6H_4COOH \xrightarrow[\text{水解}]{H_2O} C_6H_5COOH + HOC_6H_4COOH$$

水杨酸脱羧生成苯酚

$$HOC_6H_4COOH \xrightarrow{\text{热脱羧}} C_6H_5OH + CO_2$$

八、氨基化

通常将氨解与胺化称为氨基化。

氨解指的是氨与有机物发生复分解反应而生成伯胺的反应。氨解反应通式可简单地表示如下：

$$RY + NH_3 \longrightarrow R{-}NH_2 + HY$$

式中，R 可以是脂肪基或芳基；Y 可以是羟基、卤基、磺酸基或硝基。

而氨与双键加成生成胺的反应叫胺化。

通过氨基化反应得到的各种脂肪胺和芳香胺具有十分广泛的用途。例如，由脂肪酸和胺构成的季铵盐可用作缓蚀剂和矿石浮选剂，不少季铵盐又是优良的阳离子表面活性剂或相转移催化剂；胺与环氧乙烷反应可合成非离子表面活性剂，某些芳胺与光气反应制成的异氰酸酯是合成聚氨酯的重要单体等。

1. 氨基化剂

氨基化剂可以是液氨、氨水、气态氨或含有氨基的化合物，例如尿素、碳酸氢铵和羟胺等。氨水和液氨是进行氨解反应最重要的氨解剂。有时也将氨溶于有机溶剂中或是由固体化合物（尿素和铵盐）在反应过程中释放出氨。

2. 酚和醇的氨解

（1）酚的氨解　酚类的氨解方法与其结构有比较密切的关系。不含活化取代基的苯系单羟基化合物的氨解，要求十分剧烈的反应条件，例如，间甲酚与氯化铵在350℃和一定压力下反应2h可以得到等量的间甲苯胺和双间甲苯胺，其转化率仅为35%，由苯酚制取苯胺的工艺始于1947年，直到20世纪70年代后才投入工业生产，称为赫尔（Hallon）合成苯胺法，在这以后，其他苯系羟基化合物的氨解也取得了较多的进展，例如间甲酚在Al_2O_3-SiO_2催化剂存在下气相氨解可以制得间甲苯胺。

2-羟基萘-3-甲酸与氨水及氯化锌在高压釜中195℃反应36h，得到2-氨基萘-3-甲酸，收率66%～70%。

$$\text{(2-OH, 3-COOH naphthalene)} + NH_3 \xrightarrow{ZnCl_2} \text{(2-NH}_2\text{, 3-COOH naphthalene)} + H_2O$$

萘系羟基衍生物在亚硫酸盐存在下氨解得到氨基衍生物的反应，即布赫勒反应，例如，当2,8-二羟基萘-6-磺酸进行氨解时，只有2-位上的羟基被置换成氨基。

$$\text{(OH, OH, }NaO_3S\text{ naphthalene)} \xrightarrow{NH_3 \cdot (NH_4)HSO_3} \text{(OH, }NH_2\text{, }HO_3S\text{ naphthalene)}$$

（2）醇的氨解　大多数情况下醇的氨解要求较强烈的反应条件，需要加入催化剂（如Al_2O_3）和较高的反应温度。

$$ROH + NH_3 \xrightarrow[\triangle]{Al_2O_3} RNH_2 + H_2O$$

通常情况下，得到的反应产物也是伯、仲、叔胺的混合物，采用过量的醇，生成叔胺的量较多，采用过量的氨，则生成伯胺的量较多，除了Al_2O_3外，也可选用其他催化剂，例如，在CuO/Cr_2O_3催化剂及氢气的存在下，一些长链醇与二甲胺反应可得到高收率的叔胺。

$$ROH + HN(CH_3)_2 \xrightarrow[220\sim235℃]{H_2/CuO,Cr_2O_3} RN(CH_3)_2 \text{（收率96\%～97\%）}$$

式中，$R=C_8H_{17}$；$C_{12}H_{25}$；$C_{16}H_{33}$。

许多重要的低级脂肪胺即是通过相应的醇氨解制得的，例如由甲醇得到甲胺。

3. 硝基与磺酸基的氨解

（1）硝基氨解　硝基氨解主要指芳环上硝基的氨解，芳环上含有吸电子基团的硝基化合物，环上的硝基是相当活泼的离去基团，硝基氨解是其实际应用的一个方面，例如，1-硝基蒽醌与过量的25%氨水在氯苯中于15℃和1.7MPa压力下反应8h，可得到收率为99.5%的1-氨基蒽醌，其纯度达99%，采用C_1～C_8的直链一元醇或二元醇的水溶液作溶剂，使1-硝基蒽醌与过量的氨水在110～150℃反应，可以得到定量收率的1-氨基蒽醌。

$$\text{(1-}NO_2\text{ anthraquinone)} + 2NH_3 \longrightarrow \text{(1-}NH_2\text{ anthraquinone)} + NH_4NO_2$$

（2）磺酸基氨解。磺酸基氨解的一个重要用途是将α-蒽醌磺酸氨解制成α-氨基蒽醌，其工艺条件是以过量25%氨水与α-蒽醌磺酸钾盐，在间硝基苯磺酸钠及硫酸铵的存在下，在高压釜中于180℃反应14h，收率可达76%。

$$3\ \text{(1-磺酸钾蒽醌, } SO_3K\text{)} + 6NH_3 + H_2O + \text{(间硝基苯磺酸钠, } NO_2, SO_3Na\text{)} + (NH_4)_2SO_4 \longrightarrow$$

$$3\ \text{(1-氨基蒽醌, } NH_2\text{)} + \text{(间氨基苯磺酸钠, } NH_2, SO_3Na\text{)} + 3K(NH_4)SO_4$$

4. 水解制胺

通过异氰酸酯、脲、氨基甲酸酯以及 *N*-取代酰亚胺的水解，可以获得纯伯胺；由氰酰胺、对亚硝基-*N*,*N*-二烷基苯胺以及季亚铵盐的水解，则可得到纯仲胺。

(1) 异氰酸酯、脲、氨基甲酸酯以及 *N*-取代酰亚胺的水解　异氰酸酯、脲和氨基甲酸酯的水解，既可在碱性溶液中进行，也可在酸性溶液中进行，氢氧化钠溶液和氢卤酸是常用的试剂，此外，也可采用氢氧化钙、三氟乙酸和甲酸等试剂。

在酸或碱的催化下，水分子加成到异氰酸酯的碳氮双键上得到的 *N* 取代氨基甲酸是不稳定的，进而裂解生成二氧化碳和胺。

$$RNCO + H_2O \longrightarrow RNH_2 + CO_2$$

$$(RNH)_2CO + H_2O \longrightarrow 2RNH_2 + CO_2$$

$$RNHCOOR' + H_2O \longrightarrow RNH_2 + CO_2 + R'OH$$

(2) 氰酰胺、对亚硝基-*N*,*N*-二烷基苯胺和季亚铵盐的水解　氰氨化钙（或钠）用卤代烷烷化得到氰酰胺，将氰酰胺水解，即可制得纯净的仲胺，水解反应可以在酸或碱的存在下完成。

$$R_2NCN + 2H_2O \longrightarrow R_2NH + CO_2 + NH_3$$

可以由叔胺与溴化氰反应制得氰酰胺，因此利用这一反应可以由叔胺合成仲胺。

$$2R_3N + BrCN \longrightarrow R_2N{-}CN + R_4N^+Br^-$$

$$R_2N{-}CN + 2H_2O \xrightarrow{H^+} R_2NH + CO_2 + NH_3$$

席夫碱用卤代烷烷化生成季亚铵盐进一步水解亦可得到仲胺。

$$ArCH{=}NR \xrightarrow{RX} [ArCH{=}NRR']^+X^- \xrightarrow{H_2O} RR'NH$$

这是制备某些仲胺的好方法，特别是 R′为甲基时，产率良好，苯甲醛与伯胺反应可以顺利得到席夫碱，不经分离提纯，便可直接进行烷化，碘甲烷是最好的烷化剂，例如：

$$C_6H_5CHO + CH_2{=}CHCH_2NH_2 \xrightarrow[80^\circ C]{CH_3I} C_6H_5CH{=}\overset{+}{N}(CH_3){-}CH_2CH{=}CH_2\ I^- \xrightarrow{NaOH/H_2O} \underset{71\%}{CH_2{=}CHCH_2NHCH_3}$$

5. 加成制胺

(1) 不饱和化合物与胺的反应　不饱和化合物与伯胺、仲胺或氨反应能生成胺，简单的不饱和烃（如乙烯）具有较强的亲核性，它们与胺的加成反应较难进行，要求加入催化剂和较剧烈的反应条件，例如，乙烯与氢化吡啶，金属钠在搅拌下于100℃在高压釜中反应，生成 *N*-乙基氢化吡啶，收率可达77%～83%。

$$CH_2{=}CH_2 + \text{(哌啶, N-H)} \xrightarrow[100^\circ C,\text{压力下}]{Na} \text{(N-乙基哌啶, } N{-}CH_2CH_3\text{)}$$

(2) 环氧乙烷或亚乙基亚胺与胺或氨的反应　环氧乙烷或亚乙基亚胺与胺或氨发生开环加成反应，得到氨基乙醇或二胺。

$$\underset{\text{O}}{CH_2—CH_2} + NH_3 \longrightarrow \underset{OH}{CH_2}—\underset{NH_2}{CH_2}$$

$$\underset{\text{NH}}{CH_2—CH_2} + RNH_2 \longrightarrow \underset{NHR}{CH_2}—\underset{NH_2}{CH_2}$$

(3) 氨甲基化反应　含有活泼氢的化合物与甲醛和胺缩合生成氨甲基衍生物的反应，是一类应用范围很广的反应，称为曼尼希反应（Mannich reaction）。能够发生曼尼希反应的含活泼氢的化合物有醛、酮、酸、酯、腈、硝基烷、炔、邻对位未取代的酚，以及一些杂环化合物，其中最重要的是酮。将反应物混合在溶剂中加热回流，即可完成反应，常用的溶剂有甲醇、乙醇、异戊醇、硝基苯等，反应历程如下：

碱催化反应：

$$HCHO + R_2NH \longrightarrow H—\overset{NR_2}{\underset{OH}{C}}—H + CH_2\underset{\|}{\overset{}{C}}(=O)—R' \longrightarrow H—\overset{NR_2}{\underset{CH_2—C(=O)—R}{C}}—H \quad + OH^-$$

甲醛先与仲胺反应生成中间产物而后发生亲核取代得到所需产物。

酸催化反应：

$$H—\underset{\|\,O}{C}—H + R_2NH \longrightarrow \underset{(\text{Ⅰ})}{H—\overset{NR_2}{\underset{OH}{C}}—H} \xrightarrow[-H_2O]{H^+} \underset{(\text{Ⅱ})}{H—\overset{\overset{+}{N}R_2}{\overset{\|}{C}}—H}$$

$$H—\overset{\overset{+}{N}R_2}{\overset{\|}{C}}—H + CH_2{=}\underset{OH}{C}—R \longrightarrow H—\overset{NR_2}{\underset{\underset{H_2}{C}—\underset{\|\,\overset{+}{O}H}{C}—R'}{C}}—H \xrightarrow{-H^+} H—\overset{NR_2}{\underset{CH_2COR'}{C}}—H$$

在酸催化下（Ⅰ）脱水生成（Ⅱ）进一步与含活泼氢的化合物反应得到产物。例如，由二乙胺盐酸盐、聚甲醛、丙酮和少量浓盐酸在甲醇中反应生成1-二乙氨基-3-丁酮。

$$CH_3COCH_3 + [CH_2O]_n + (C_2H_5)_2NH \xrightarrow{HCl/CH_3OH} \underset{62\%\sim70\%}{CH_3COCH_2CH_2N(C_2H_5)_2}$$

【任务实施】

1. 写出有机合成的任务、目的及其发展趋势。

2. 列举常见的精细有机合成的单元反应，了解这些单元反应的特点。

3. 试整理苯酚的合成路线，写出每种路线中涉及的单元反应，分析每种合成路线的优缺点。

4. 试着写出三种常见精细化学品的合成过程，标明其中涉及的单元反应，进一步了解单元反应在精细有机合成中的重要意义。

注：以上任务的完成请注明参考文献及网址。

【任务评价】

1. 知识目标的完成：

① 是否能够列举出常见的精细有机合成单元反应；

② 是否了解常见单元反应的特点和各自的分类；

③ 是否了解常见单元反应的应用。

2. 能力目标的完成：

① 是否能设计合成路线，即根据所给物质的结构式和所学单元反应，查阅相关资料，设计出可行的合成路线；

② 是否能根据设计好的合成路线，进行合成操作来得到目的产物。

项目一　典型表面活性剂的生产技术

教学目标

知识目标：

1. 掌握表面活性剂的概念、结构、性质及分类；
2. 掌握表面活性剂的基本作用及应用；
3. 了解常见表面活性剂的性质及应用；
4. 熟悉典型表面活性剂的生产技术及工艺过程的影响因素。

能力目标：

1. 能利用图书馆资料和互联网查阅专业文献资料；
2. 能进行典型表面活性剂的合成。

情感目标：

1. 通过创设问题、情境，激发学生的好奇心和求知欲；
2. 通过对各种商品中表面活性剂的认识、掌握其在产品中的作用，培养学生对产品的认知能力，增强学生的自信心和成就感，并通过项目的学习，培养学生互助合作的团结协作精神；
3. 养成良好的职业素养。

项目概述

为什么沾满油渍的衣物在加入洗衣粉洗涤后能变得洁白如新？为什么冬天使用护肤品能使皮肤不干燥？为什么奶油蛋糕中的油脂能和水混合？这些产品中的重要成分是什么？——表面活性剂！

表面活性剂形成一门工业得追溯到20世纪30年代，以石油化工原料衍生的合成表面活性剂和洗涤剂打破了肥皂一统天下的局面。当今，全世界表面活性剂产量已超过1500万吨，品种逾万种。我国表面活性剂工业起始于20世纪50年代，尽管起步较晚，但发展较快。表面活性剂的产量由2001年的67万吨增长至2007年的360万吨。目前合成的表面活性剂近6000种。随着表面活性剂的发展和整个工业水平的提高，表面活性剂已从日常生活中的家用洗涤剂与个人护理用品，进入了国民经济各个领域，如新型材料、能源工业、环境工程、冶金、机械、电子、农业等各个领域，它是一种负载“功能型”化工材料。

课后小任务：网络搜索，了解表面活性剂的结构特点及应用范围。

推荐网站：www.baidu.com，www.google.com.hk，zh.wikipedia.org

任务一　认识表面活性剂

【任务提出】

表面活性剂（surfactant），是指具有固定的亲水亲油基团，在溶液的表面能定向排列，加入少量就能使溶液表面张力显著下降，能改变体系界面状态，从而产生润湿、乳化、气泡及增溶等一系列作用。表面活性剂是从 20 世纪 50 年代开始随着石油化工业的飞速发展而兴起的一种新型化学品，是精细化学品产量较大的门类之一，素有“工业味精”之美称。表面活性剂其应用领域从日用化学工业发展到石油、食品、农业、卫生、环境、新型材料等技术部门。当今，表面活性剂产量大，品种逾万种。

根据网络搜索的结果，请解释表面活性剂的结构有哪些特点？有哪些分类？典型的表面活性剂及它们的应用？

【相关知识】

一、表面活性剂的特点

1. 双亲性

从化学结构上看，无论何种表面活性剂，其分子结构均由两部分构成。分子的一端为非极性亲油的疏水基（亲油基）；另一端为极性亲水的亲水基（疏油基），因而赋予了表面活性剂分子中同时具有亲水性的极性基团和亲油性的非极性基团，表面活性剂的这种特有结构通常称为“双亲结构”（amphiphilic structure）。如图 1-1 所示。

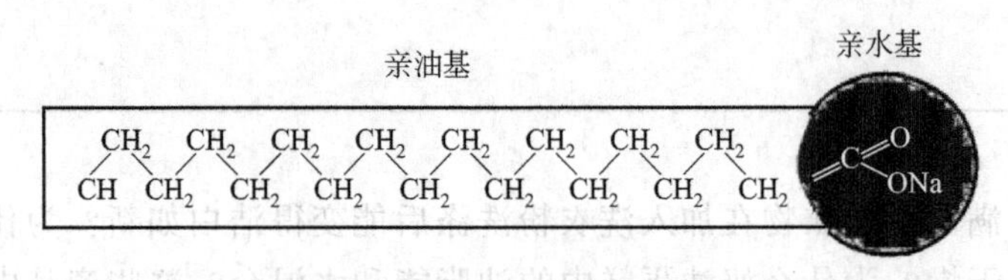

图 1-1　表面活性剂分子示意

2. 溶解性

表面活性剂应至少溶于液相中的某一相。

3. 界面吸附

表面活性剂溶于液相后，会降低溶液表面自由能，吸附于溶液表面上，在达到平衡时，表面活性剂溶质在界面上的浓度要大于溶质在溶液整体中的浓度。

4. 界面定性

表面活性剂吸附在溶液表面后，会定向排列形成单分子层。

5. 形成胶束

表面活性剂在溶液中达到一定浓度时，溶液表面张力不再下降。在溶液内部的双亲分子会自动形成极性基向水，碳氢链向内的集合体，这种集合体称为胶束或胶团（micelle），形成胶束所需的最低质量浓度称为临界胶束浓度（critical micelle concentration，cmc）。在 cmc 附近，由于胶束形成前后，水中的双亲分子排列情况以及总粒子数目都发生了急剧的变化，反映在宏观上，就会出现表面活性剂溶液的理化性质（如表面张力、溶解度、渗透压、导电度、密度可溶性、去污、增溶等）发生显著变化。因此，cmc 可作为表面活性剂活性的一种量度。cmc 值越小，表面活性剂形成胶束所需的浓度越低，则表面活性的界面吸附力越高，表面活性也就越好。

6. 多功能性

随着表面活性剂亲水、亲油基的不同，表面活性剂的特性有很大的不同，但它们溶于溶液后，会显示多种复合功能。如：清洁、溶解、发泡、消泡、分散、乳化、破乳、抗静电、杀菌催化及降低表面张力等。

二、表面活性剂的分类

目前，表面活性剂全球年产量已达 1000 万吨，品种则达万种以上。表面活性剂的分类方法很多，按表面活性剂在水和油中的溶解性可分为水溶性和油溶性表面活性剂；按相对分子质量分类，可将相对分子质量大于 10^4 者称为高分子表面活性剂，相对分子质量在 10^3～10^4 者称为中分子量表面活性剂及相对分子质量在 10^2～10^3 者称为低分子量表面活性剂；按表面活性剂的来源可分为合成表面活性剂、天然表面活性剂和生物表面活性剂。最常用的分类方法是根据分子能否解离出离子及解离后所带电荷类型来分类，可分为阴离子表面活性剂、阳离子表面活性剂、两性离子表面活性剂和非离子表面活性剂。

1. 阴离子表面活性剂

阴离子表面活性剂在水溶液中，能够电离出带负电荷的亲水性基团。它们在整个表面活性剂生产中占有相当大的比重，据统计，阴离子表面活性剂占表面活性剂产量中的 56%左右。按电离出的亲水基团不同又分为磺酸盐、硫酸酯盐、羧酸盐和磷酸盐型阴离子表面活性剂。

2. 阳离子表面活性剂

阳离子表面活性剂正好与阴离子表面活性剂结构相反，在水溶液中，能够电离出带正电荷的亲水性基团。阳离子表面活性剂占表面活性剂产量中的 3%。按电离出的亲水基团不同又分为胺盐和季铵盐类阳离子表面活性剂。它们在水溶液中溶解性大，在酸性或碱性溶液中均较稳定，具有良好的表面活性和杀菌作用。

3. 两性离子表面活性剂

所谓两性离子表面活性剂，是指同时具有两种离子性质的表面活性剂。换言之，单就两性表面活性剂结构来讲，在亲水基一端既有阳离子，也有阴离子，是两者结合在一起的表面活性剂。两性离子表面活性剂占表面活性剂产量中的 5%。

4. 非离子表面活性剂

非离子表面活性剂在水溶液中，不能电离出带电荷的亲水性基团，其亲水基主要是由具有一定数量的含氧基团成。正是这一特点决定了非离子型表面活性剂在某些方面比离子型表面活性剂优越。非离子表面活性剂占表面活性剂产量中的 3%。

5. 特种表面活性剂

特种表面活性剂是指含有氟、硅、磷和硼等元素的表面活性剂。由于氟、硅、磷和硼等元素的引入而赋予表面活性剂更独特、优异的性能。含氟表面活性剂是特种表面活性剂中最重要的品种之一。

三、表面活性剂的基本性质及应用

表面活性剂的多功能性主要是由于其化学的结构不同，不同的化学结构决定了表面活性剂的特殊性质。下面就表面活性剂的基本性质及影响做讨论。

1. 表面活性剂胶团与临界胶束浓度

不断地增大表面活性剂水溶液的浓度，并时时测定其表面张力，就会发现，不论哪种表面活性剂都像图 1-2(a) 那样，开始时表面张力随表面活性剂浓度的增加而急剧下降，以后则大体保持不变。当然、也有像图 1-2(b) 那样，出现一度下降过多的现象。这可能是出于存在杂质所造成的。其原因可见图 1-3。

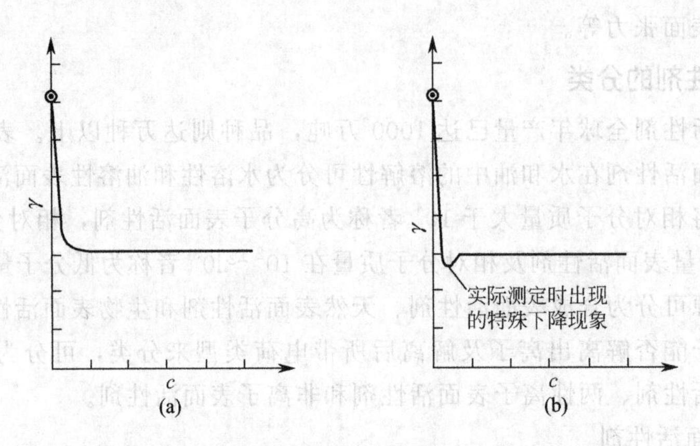

图 1-2 表面活性剂水溶液浓度和表面张力的关系

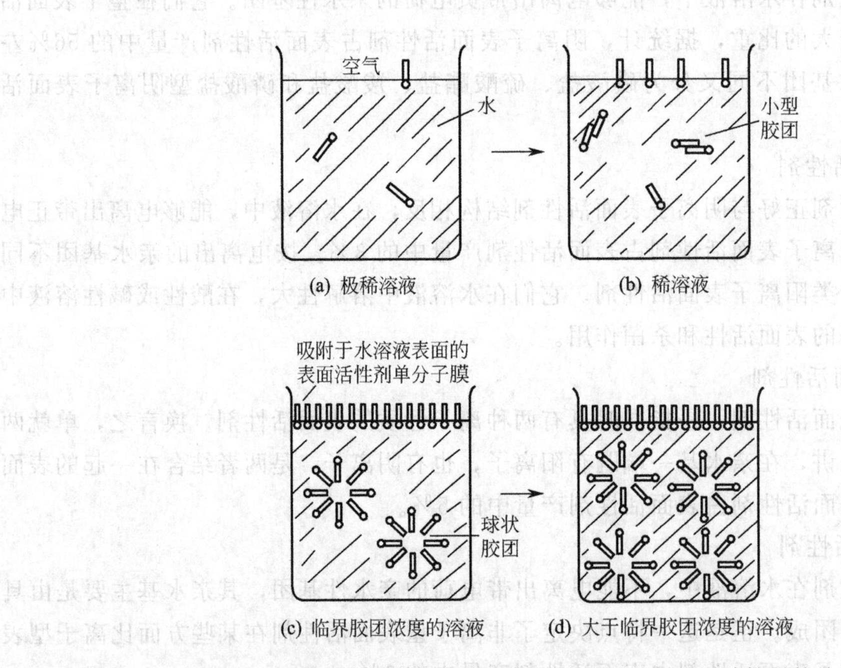

图 1-3 表面活性剂的浓度变化和表面活性剂的活动情况的关系

图 1-3 是表示按（a）（b）（c）（d）顺序，逐渐增加表面活性剂的浓度时，水溶液中表面活性剂（如肥皂等）分子的活动情况。

图 1-3(a) 是极稀溶液，它相当于纯水的表团张力 72mN/m，即刚开始要下降时的示意图。在浓度极低时，空气和水的界面上还没有聚集很多的表面活性剂，空气和水几乎还是直接接触着，水的表面张力下降不多，接近于纯水状态。

图 1-3(b) 比图 1-3(a) 的浓度稍有上升，相当于图 1-2 表面张力急剧下降部分。此时只

要再稍微增加少许表面活性剂，它就会很快地聚集到水面，使空气和水的接触面减少，从而使表面张力按比例地急剧下降。与此同时，水中的表面活性剂分子也三三两两地聚集到一起。互相把憎水基靠在一起，开始形成所谓胶团。

图 1-3(c) 表示表面活性剂浓度逐渐升高，水溶液表面聚集了足够量的表面活性剂，并毫无间隙地密布于液面上。这些表面活性剂以亲水基朝向水、疏水基朝向空气进行定向排列，即产生所谓的吸附。通常这种吸附是单分子层的，称为吸附单分子膜。此时空气与水完全处于隔绝状态。此状态相当于图 1-2 中表面张力曲线停止下降，即水平状态。如再提高浓度，则水溶液中的表面活性剂分子就各自以几十、几百地聚集在一起，排列成憎水基向里、亲水基向外的胶团，图 1-3(c) 所示的是球状胶团。表面活性剂形成胶团的最低浓度叫临界浓度胶团（cmc）。

图 1-3(d) 表示浓度已大于临界胶团浓度时的表面活性剂分子状态。此时，如再增加表面活性剂，胶团虽然随之增加，但是水溶液表面已经形成了单分子膜，空气和水的接触面积不会再缩小，因此也就不能再降低表面张力了。此状态相当于图 1-2 曲线上的水平部分。

从上述的解释可以了解到：为什么提高表面活性剂浓度，开始时表面张力急剧下降，而当到达一定浓度后就保持恒定不再下降的道理。临界胶团浓度是一个重要界限。但是，到底胶团是怎样形成的呢，要弄清这个问题，可先以一个表面活性剂分子为例，观察它在水中溶解时的现象。

如图 1-4(a) 所示，当表面活性剂以单个分子状态溶于水时，它完全被水所包围。因此，憎水基一端被水排斥，亲水基一端被水吸引。表面活性剂分子所以能溶于水，就是因为其亲

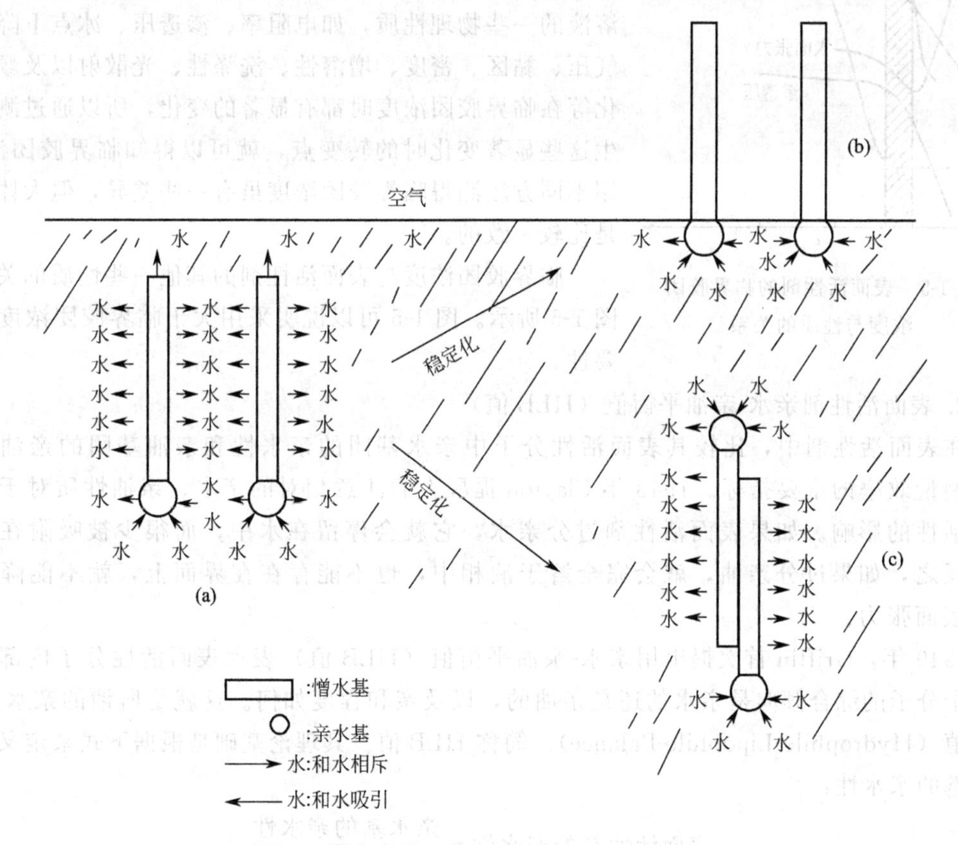

图 1-4　表面活性剂分子在水中的两个稳定行为

水基与水的亲和力大于憎水基与水的相斥力之故。

表面活性剂在水中为了使其憎水基不被排斥，它的分子不停地转动，通过两个途径以寻求成为稳定分子。第一个途径是，像图 1-4(b) 那样，把亲水基留在水中，憎水基伸向空气。另一个途径是像图 1-4(c) 那样，让表面活性剂分子的憎水基互相靠在一起，尽可能地减少憎水基和水的接触面积。前者就是表面活性剂分子吸附于水面（一般是界面），形成定向排列的单分子膜，后者就形成了胶团。

图 1-4(c) 仅仅是由两个分子组成，它只能算是胶团的最初形式。如果增加水中的表面活性剂浓度，胶团就渐渐增加到几十至几百个分子，最终形成了正规的胶团。此时憎水基完全被包在胶团的内部，几乎和水脱离接触。这样的胶团，由于只剩下亲水基方向朝外，因此可以把它看成只是由亲水基组成的高分子。它与水没有任何相斥作用，所以使表面活性剂稳定地溶于水中。

这样，就可以认识到表面活性剂分子的憎水基和亲水基是构成界面吸附层（其结果是降低界面张力）、分于定向排列（按一定方向排列）以及形成胶团等现象的根源。

表面活性剂水溶液的浓度达到临界胶团浓度时，原先以低分子状态存在的表面活性剂分子，立刻形成很大的集团成为一个整体。因此，以临界胶团浓度为界限，在高于或低于此临界浓度时，其水溶液的表面张力或界面张力以及其他许多物理性质都有很大的差异，换句话说，表面活性剂的溶液，其浓度只有在稍高于临界胶团浓度时，才能充分显示其作用。由于表面活性剂溶液的一些物理性质，如电阻率、渗透压、冰点下降、蒸气压、黏区、密度、增溶性、洗涤性、光散射以及颜色变化等在临界胶团浓度时都有显著的变化，所以通过测定发生这些显著变化时的转变点，就可以得知临界胶团浓度，用不同方法测得临界胶团浓度虽有一些差异，但大体上还是比较一致的。

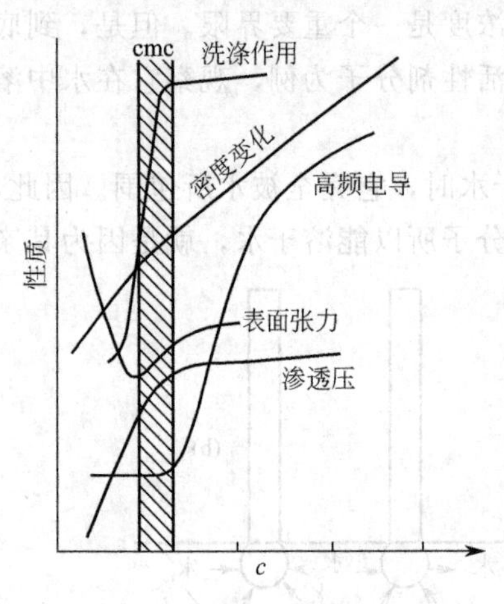

图 1-5 表面活性剂的临界胶团浓度与性质的关系

临界胶团浓度与表面活性剂的其他一些性质的关系如图 1-5 所示。图 1-5 可以说明采用大于临界胶团浓度的重要性。

2. 表面活性剂亲水-亲油平衡值（HLB 值）

在表面活性剂中，比较其表面活性分子中亲水基团的亲水性和亲油基团的亲油性是一项衡量效率的重要指标。1943 年 Clayton 提醒人们注意相对的亲水、亲油性质对于分子表面活性的影响。如果表面活性剂过分亲水，它就会停留在水中，而很少被吸附在界面上；反之，如果过分亲油，就会完全溶于油相中，也不能存在在界面上，就不能降低溶液的表面张力。

1949 年，Griffin 首次提出用亲水-亲油平衡值（HLB 值）表示表面活性分子内部平衡后整个分子的综合倾向是亲水的还是亲油的，以及亲和程度如何。这就是所谓的亲水-亲油平衡值（Hydrophile-Lipophile-Balance)。简称 HLB 值。其理论基础是根据下式来定义表示活性基的亲水性：

$$\text{表面活性剂的亲水性}=\frac{\text{亲水基的亲水性}}{\text{憎水基的憎水性}}$$

从憎水基来考虑，当表面活性剂的亲水基不变时，憎水基部分越长（即相对分子质量越大），则水溶性就越差（例如十八烷基的就比十二烷基的难溶解于水）。因此，憎水性可用憎水基的相对分子质量来表示。

对于亲水基，则由于种类繁多，不可能都用相对分子质量来表示。当然从聚氧乙烯型非离子表面活性剂来考虑，确实是相对分子质量越大（即 EO 加成分子数多的），其亲水性就越大。因此，非离子表面活性剂的亲水性，可以用其亲水基的相对分子质量大小来表示。但对大多数离子型表面活性剂、亲水性与极性基的相对分子质量并无必然联系，需要通过其他方法来确定其亲水性大小。

HLB 值获得方法有实验法和计算法两种。后者较为方便。HLB 值没有绝对值，它是相对于某个标准所得的值。表面活性剂的 HLB 值均以石蜡的 HLB=0，聚乙二醇的 HLB=20，十二烷基硫酸钠的 HLB=40 作为参考标准。亲水亲油转折点 HLB 为 10。HLB 小于 10 为亲油性，大于 10 为亲水性。HLB 值越大，其亲水性越强；HLB 值越小，其亲油性越强。

对于离子型表面活性剂，其 HLB 值的计算比非离子型表面活性剂的复杂。这是由于亲水基种类繁多、亲水性大小不同等所致。

1963 年 Davies 提出，把表面活性剂的结构分解为一些基团，每个基团对 HLB 值均有各自的贡献，通过实验先测得各基团对 HLB 值的贡献，某些官能团的 HLB 值如表 1-1 所示。然后，将各亲水、亲油基的 HLB 基团数代入计算式，即可计算出表面活性剂的 HLB 值。表面活性剂分子的 HLB 值可按照下式计算：

$$\text{HLB值}=7+\sum(\text{亲水基的 HLB 值})-\sum(\text{亲油基的 HLB 值})$$

表 1-1　一些官能团的 HLB 值

亲水官能团	HLB 值	亲水官能团	HLB 值	亲水官能团	HLB 值
$—SO_4Na$	38.7	—O—	1.3	—CH—	0.475
—COOK	21.1	$—(CH_2CH_2O)—$	0.33	$—(C_3H_6O)—$	0.15
—COONa	19.1	—CH—	0.475	$—CF_2—$	0.870
$—SO_3Na$	11	$—CH_2—$	0.475	$—CF_3$	0.870
—COOH	2.1	$—CH_3$	0.475		

根据 HLB 值的大小，就可以知道表面活性剂的适宜的用途。例如，HLB 值在 3～8 之间，可作为水分散在油中的乳化剂，用符号 W/O 表示油包水型乳化剂；HLB 值在 7～9 之间，可作为润湿剂、渗透剂；HLB 值在 8～16 之间，可作为油分散在水中的乳化剂，用符号 O/W 表示水包油型乳化剂。

【任务实施】

1. 表面活性剂有“工业味精”之美誉，举例说明表面活性剂的一些应用，并且说明它们的作用。

2. 请列举出洗涤用品中常用到的表面活性剂，并按常用的分类方法，写出它们各属于哪一类表面活性剂。

注：注明参考文献及网址。

【任务评价】

1. 知识目标的完成：

① 是否掌握表面活性剂的概念、结构、性质及分类；

② 是否掌握表面活性剂的基本作用及应用。

2. 能力目标的完成：

① 是否能利用图书馆资料和互联网查阅专业文献资料；

② 是否了解常用的表面活性剂的性质。

任务二 阴离子表面活性剂的生产

【任务提出】

阴离子表面活性剂指在水溶液中，能电离出带负电荷的亲水基团的表面活性剂。其主要呈现为半透明黏稠液体、白色针状、白色粉状等形态，阴离子表面活性剂一般具有良好的渗透、润湿、乳化、分散、增溶、起泡、抗静电和润滑等性能，常用于生产洗发水、沐浴露、牙膏、洗衣粉等日化产品。阴离子表面活性剂为表面活性剂中发展最早、产量最大、品种最多及工业化最成熟的一类。

【相关知识】

一、阴离子表面活性剂的分类

目前，工业生产的阴离子表面活性剂品种很多，按阴离子的化学结构可分为羧酸盐、磺酸盐、硫酸酯盐、磷酸酯盐等。其中产量最大、应用最广的是磺酸盐型和硫酸酯盐型。

1. 羧酸盐类阴离子表面活性剂

羧酸盐类阴离子表面活性剂的结构式：RCH_2COOM，M 为 Na、K、NH_4^+、金属盐等。羧酸盐类阴离子表面活性剂是使用最多的阴离子表面活性剂，包括肥皂、多羧酸皂、松香皂、*N*-酰基氨基羧酸盐和脂肪醇聚氧乙烯醚羧酸盐等。

2. 磺酸盐类阴离子表面活性剂

磺酸盐的化学通式为 $R—SO_3Na$，其中 R 基的碳数在 8～20 之间。这类表面活性剂易溶于水，有良好的发泡作用，主要用于生产洗涤剂。磺酸盐类阴离子表面活性剂包括烷基苯磺酸钠、烷基萘磺酸盐、烷基磺酸钠、*α*-烯烃磺酸钠、*α*-磺基脂肪酸酯等。其中最重要的是直链烷基苯磺酸钠，它们具有很好的去污能力。

3. 硫酸酯盐类阴离子表面活性剂

分子中阴离子官能团为硫酸根的表面活性剂为硫酸酯盐类阴离子表面活性剂，化学通式为 $R—OSO_3M$。硫酸酯盐表面活性剂可分为烷基硫酸盐、脂肪醇聚氧乙烯醚硫酸盐、甘油脂肪酸酯硫酸盐、硫酸化蓖麻酸钠、环烷硫酸钠、脂肪酰胺烷基硫酸钠等。硫酸酯盐是阴离子表面活性剂中应用很广的一大类，具有良好的表面活性。

4. 磷酸酯盐类阴离子表面活性剂

磺酸盐的化学通式为 $R—O—\overset{\displaystyle OM}{\underset{\displaystyle OM}{\overset{|}{\underset{|}{P}}}}{=}O$，$\begin{matrix} R—O & & O \\ & \diagdown \; \diagup\!\!\!\!\diagup & \\ & P & \\ & \diagup \; \diagdown & \\ R—O & & OM \end{matrix}$，分为单酯和双酯。磷酸酯盐阴离子表面活性剂可分为脂肪醇磷酸酯盐和脂肪醇聚氧乙烯醚磷酸酯盐两类阴离子表面活性剂。它们具有良好的乳化、分散、抗静电、洗涤和防锈性能，对酸、碱的稳定性好，易被生物降解，又由于它易溶于有机溶剂，故用途极为广泛。

二、磺酸盐阴离子表面活性剂

目前，磺酸盐型阴离子表面活性剂是阴离子表面活性剂中最大的一类。磺酸盐型表面活性剂的结构特点是分子中含有磺酸负离子基 RSO_3^-，通式为 $R—SO_3M$，其中 R 基中的碳原子在 8～20 之间。

1. 典型的磺酸盐型阴离子表面活性剂

（1）烷基苯磺酸盐　烷基苯磺酸盐的分子式为 $R—C_6H_4—SO_3M$，其盐大多为钠盐，R 基的碳数在 8～20 之间。目前，烷基苯磺酸钠是生产量最大的阴离子型表面活性剂。它的亲油基为烷基苯（$R—C_6H_4^-$），亲水基为磺酸盐（$—SO_3M$）。

烷基苯磺酸钠是黄色油状体，具有微毒性，已被国际安全组织认定为安全化工原料，是存在于日用洗涤产品中的一种表面活性剂。其优点是不易氧化、气泡强、去污力高，易于与各种助剂复配，具有良好的表面活性，是合成洗涤剂的主要原料。烷基苯磺酸钠在洗涤剂中使用的量最大，由于采用了大规模自动化生产，价格低廉。烷基苯磺酸钠有支链结构（LAB）和直链结构（LAS）两种。较早的一种是支链型的，第二次世界大战后曾迅速增长达十多年之久，现称为“硬性洗涤剂烷基苯”，但它在废水处理系统以及河流之中缺乏生物降解性，造成了体积庞大而又经久不逝的泡沫，会对环境造成污染，所以从 1965 年夏以后，所有美国合成洗涤剂制造厂已自动停止使用。在西欧的大多数国家和日本也已经停止使用或作了某些规定。自从许多国家停用 ABS 以来，出现了一种新的烷基苯磺酸盐——直链结构，它的生物降解性可大于 90%，对环境污染程度小。

（2）α-烯烃磺酸盐　α-烯烃磺化产物的主要成分是烯基磺酸盐、羟基烷基磺酸盐及少量二磺化物，即二磺酸盐。其含量为烯基磺酸盐为 64%～72%；羟基烷基磺酸盐为 21%～26%，二磺酸盐为 7%～10%。这样的一种阴离子混合物，称为 α-烯烃磺酸盐，英文缩写为 AOS。

AOS 是国外近二十年来开发的一种阴离子表面活性剂，近几年发展较快。AOS 用于化妆品、家用和工业用洗涤剂及油井钻探的泥浆润滑剂等行业。它的去污性能好，可完全生物降解，对酸碱性稳定，在诸多表面活性剂中毒性很低，因此，将 AOS 涂抹在皮肤上，对皮肤刺激性很小，其性能价格比其他表面活性剂优越，水硬度对 AOS 去污力的影响也远小于 LAS 及脂肪醇硫酸盐（AS），AOS 的起泡性及泡沫稳定性好于 LAS，同时，它在低温下具有优良的增溶能力及钙皂分散力。AOS 也开始应用到无磷和低磷洗衣粉中。含 AOS 的无磷洗衣粉去污力高，洗后灰粉沉积量少，织物不易板结发黄，对皮肤温和。AOS 与酶的协同作用也较好，是配制优良的新一代无磷和加酶洗衣粉原料。因此，AOS 越来越多地受到了洗涤行业的重视。

AOS 的合成是以 α-烯烃为原料，用空气稀释后物质的量比为（1∶1）～（1∶1.2），反应温度为 25～30℃进行磺化得到的混合物。烯烃与 SO_3 反应首先生成两性离子中间体，两性离子中间体可以发生正碳离子的转移，消除质子后，可得到烯基磺酸盐。由于两性离子中间体的正碳离子的转移，当正碳离子处于合适的位置时，两性离子中间体环化，形成磺内酯。其化学反应式表示如下：

$$RCH_2\overset{\delta^-}{C}H=\overset{\delta^-}{C}H_2+SO_3 \rightleftharpoons RCH_2\overset{+}{C}H—CH_2SO_3^-$$

$$RCH_2\overset{+}{C}H—CH_2SO_3^- \xrightarrow{\text{消去质子}} RCH=CHCH_2SO_3H \text{ 或 } RCH_2CH=CHSO_3H$$

$$RCH_2\overset{+}{C}H—CH_2SO_3^- \xrightarrow{\text{成环}} RCH_2—\underset{|}{C}H—\underset{|}{C}H_2 \quad (\text{O—}SO_2 \text{ 成环})$$

β-磺内酯

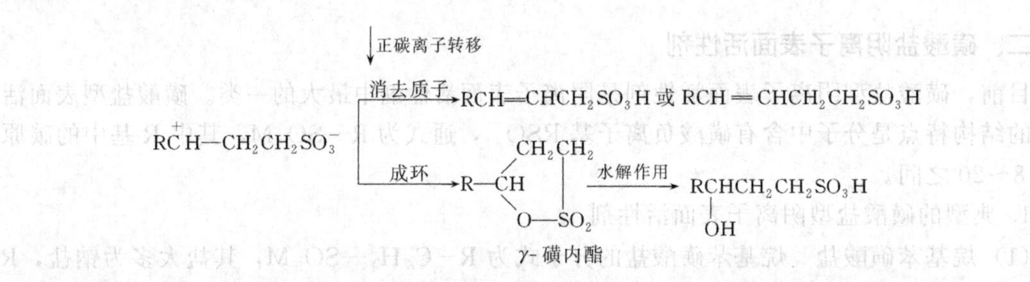

正碳离子反应中间体成为四元环时，因环的张力大、不稳定，故不易形成，因此，β-磺内酯几乎不存在，六元环以上的环也不稳定，因此，六元环以上的磺内酯也很少存在。

(3) 烷基磺酸盐　烷基磺酸盐通式为 RSO_3M，英文缩写为 SAS。其中 R 为烷基，其链长一般限制在 12～18 范围内，作为民用合成洗涤剂的表面活性物 M 均为钠盐。它是由三氧化硫、空气与 C_{12}～C_{18} 的正烷烃制得。SAS 和 LAS 的发泡性和洗涤效能相似，在碱性、中性和酸性介质中均较稳定，且水溶性好。由于它作为主要组分的洗衣粉发黏、不松散、极易吸潮，因此其主要用途是复配成液体洗涤剂，如液体家用餐具洗涤剂、液体洗涤剂、洗发膏等剂型。SAS 合成方法最早是由德国赫斯脱公司开发的，商品牌号为 Hastapm SAS 60，该产品中含有 60%的有效成分。

(4) 烷基萘磺酸盐　烷基萘磺酸盐是最早合成的阴离子表面活性剂，是第一次世界大战时由 BASF 公司研究成功的。它是由萘、异丙醇或丁醇、硫酸经烷基化、磺化和中和反应得到的。其主要产品是烷基萘磺酸钠，结构式为 $(C_4H_9)_2C_{10}H_5SO_3Na$，也称二丁基萘磺酸钠，俗称“拉开粉 BX”，是纺织、印染、制革、农药工业中常用的一种润湿剂，也是油漆、油墨等的分散剂及合成橡胶工业上的乳化剂。耐酸、耐碱、耐硬水和无机盐，发泡性差，泡沫不够稳定。

(5) 酯、酰胺的磺酸盐　这类表面活性剂较重要的品种有丁二酸双酯磺酸盐，N-油酰、N-甲基牛磺酸盐，它们都是较重要的纺织印染助剂。

2. 磺酸盐阴离子表面活性剂的合成

在磺酸盐阴离子表面活性剂中，烷基苯磺酸钠是生产量最大的阴离子表面活性剂，目前市场上的民用合成洗衣粉，绝大部分是以它为活性成分制成的。它最早是由石油馏分经过硫酸处理后作为产品并得到应用的。人们将石油、煤焦油等馏分中比较复杂的烷基芳烃或其他天然烃类经磺化后制得。到 20 世纪 30 年代末期，人们将苯与氯化石油进行烷基化，然后将生成的烷基苯进行磺化制得烷基苯磺酸盐。便出现了第一批工业产品的烷基芳磺酸盐。第二次世界大战后，出现了支链烷基苯磺酸盐（ABS）和十二烷基苯磺酸盐。人们通过石油催化裂化的副产品四聚丙烯作为烷基化试剂与苯反应，再经磺化后制得了十二烷基苯磺酸盐。由于石油化学品公司能够将大量的四聚丙烯转化为十二烷基苯，同时，制得的产品质量高、价格低廉，因此，以十二烷基苯为原料的洗涤剂得到了迅速的发展。

目前，十二烷基苯磺酸钠已经成为表面活性剂中生产和销售最大的阴离子表面活性剂之一。而十二烷基苯磺酸钠有直链烷基苯磺酸钠（LAS）和支链烷基苯磺酸钠（ABS）两类产品。由于 ABS 不容易生物降解，对环境的污染较严重，具有一定的公害性，因此很多国家目前已经禁止使用和生产。因此，此处仅讨论直链十二烷基苯磺酸钠（LAS）的生产工艺过程的影响因素及生产技术。

目前，生产十二烷基苯磺酸钠阴离子表面活性剂的起始原料主要就是苯。因为苯可转化为烷基苯，而十二烷基苯则是一种中间体，经磺化、中和后，便转化为十二烷基苯磺酸盐。因篇幅有限，此处仅讨论十二烷基苯的磺化和中和的生产工艺过程的影响因素及生产技术。

(1) 十二烷基苯的磺化反应　目前，以十二烷基苯为原料来生产 LAS 主要有三氧化硫磺化法和发烟硫酸磺化法两种。

① 三氧化硫磺化法。从 20 世纪 60 年代，工业上一直致力于研究三氧化硫磺化技术。三氧化硫作为磺化剂与发烟硫酸磺化非常相似。三氧化硫磺化烷基苯的反应原理如下：

$$C_{12}H_{25}-C_6H_5 + SO_3 \longrightarrow C_{12}H_{25}-C_6H_4-SO_3H$$

三氧化硫磺化的特点：

a. 属气液非均相反应。三氧化硫作为磺化剂，首先要扩散到液体表面并溶解在液体中，因此，磺化反应在液体中进行。磺化的总反应速率由扩散速率和化学反应速率来决定，而在大多数情况下，扩散速率是控制因素。

b. 反应速率快。三氧化硫磺化反应活化能低，速率常数极大，是发烟硫酸磺化反应速率常数的 100 多倍。但是出于受到扩散速率的影响，实际反应速率要比理论上慢很多。

c. 放热量大。三氧化硫磺化放出的热量为发烟硫酸作为磺化剂的 1.5 倍。整个系统的温度显著高于发烟硫酸磺化法，引起副反应也显著增多，特别是在磺化反应的初始阶段，由于磺化反应速率极快，大部分热量在此时放出，温度显著增加；随着反应的进行，反应速率逐渐降低，放热量也随之减少，温度也就逐渐下降。

d. 反应系统的黏度急剧增加。由于烷基苯磺酸的黏度远远高于烷基苯的黏度，同时，反应过程中没有水生成，因此，随着高黏度的烷基苯磺酸的生成，反应系统的黏度显著增加，使传质、传热阻力增加，引起局部过热和磺化现象。

由于该反应具有上述等突出特点，给工艺控制带来诸多困难。但是，三氧化硫磺化法生产出的烷基苯磺酸产品质量好、含盐量低、无废酸的生成，可节约大量的氢氧化钠，并且生产三氧化硫的原料丰富，生产成本低。因此，为了解决三氧化硫磺化反应的工艺控制问题，近年来国外围绕三氧化硫磺化的特点，开发出了多种新型的磺化装置。目前，已开发了两种类型的专用反应器：一种是罐组式反应器，另一种是降膜式反应器。两种装置的共同工艺特点是要求生产过程的反应投料比、气体浓度和反应温度保持稳定，物料在体系中停留时间短，并且气液两相接触状态良好，使反应热及时排出。特别是膜式磺化反应器在工业化装置中使用，使三氧化硫磺化技术得到了普遍应用，三氧化硫磺化工艺也日臻完善。目前，有以三氧化硫代替发烟硫酸作为磺化剂的趋势。

十二烷基苯用三氧化硫磺化属于气液非均相反应，化学反应速率很快，几乎在瞬间完成，总反应速率取决于气相 SO_3 分子至液相烷基苯的扩散速率，三氧化硫的浓度及扩散距离、气流速率、气液分布以及传热速率等是影响反应速率的重要因素。该磺化反应是一个强放热过程，反应热达到 710kJ/kg 烷基苯。为避免反应剧烈，减少反应热的产生，使磺化过程易于控制，工业上用干燥的空气将 SO_3 的体积分数稀释至 4%～7%，并采用双膜式磺化反应器强化气液相传质和传热。

膜式磺化原理是将烷基苯通过反应器上部的特制分布器使其均匀分布在套筒反应段的内外直管壁上，呈膜状自上而下流动，即为降膜。自反应器头部喷入的三氧化硫与空气混合气流以 20～30m/s 的速度与烷基苯在液膜上相遇，并发生反应。而 SO_3 磺化反应活化能极低，在几秒钟内，逐步完成磺化反应。夹层中的冷却水及时将反应产生的反应热排出，使反应温度控制在40℃。由于物料在反应区停留时间极短，因此，磺化副反应要少得多，此工艺的产品色泽、纯度质量优于罐组式工艺。

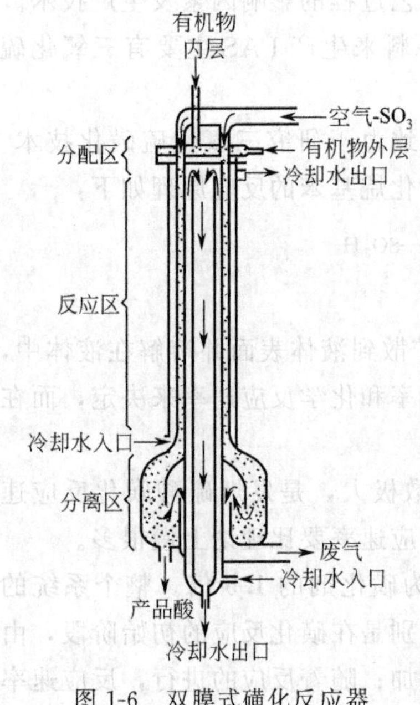

图 1-6 双膜式磺化反应器

膜式磺化反应器的形式分为两大类，即双膜式和多管式磺化反应器，其中以双膜式使用较多，图1-6是目前应用比较广泛的一种双膜式磺化反应器结构。此反应器由一套直立式并备有内、外冷却夹套的两个不锈钢同心圆筒组成。反应器有效高度6m，从上至下分为原料分配区、反应区和产物分离区三大区域。双膜反应器的内、外膜均用冷却水冷却，以有效地移除反应热。反应器对内外管同心度和椭圆度要求极高，反应面光洁度要求也接近镜面，制造、加工技术要求极高。

a. 原料分配区。也称头部，液相烷基苯经反应器顶部环形分布器的通道和缝隙被均匀分布后，沿内、外两个反应管壁自上而下流动，并形成均匀的内膜和外膜。与此同时，气态磺化剂（空气-SO_3 混合物）也被输送进双膜反应器上方，经分布器分配后进入两个同心圆管间的环隙反应区，一同与有机液膜并流下行，气液两相接触而发生反应。

b. 反应区。是指两个同心圆管之间的环隙区，SO_3 与液膜接触并发生反应，因 SO_3 浓度自上而下逐渐降低，上半段反应集中，烷基苯的磺化率逐渐增加，可达90%，液膜温度常超过100℃，温度达到峰值后随液膜下降而降低，磺化液的黏度逐渐增大，到反应区底部磺化反应基本完成。反应热由内、外夹套冷却水移除，至出口处液膜温度仅40℃左右。

c. 产物分离区。也称尾部，内装螺旋型导向板分离器，将废气与磺酸产物进行分离，分离后的磺酸产品和尾气由不同的出口排出。

目前主要使用的双膜式磺化器有Allied、T.O和Chemithon三种形式。Allied磺化器是美国联合化学公司开发的装置，是双膜磺化器的基本形式。Chemithon磺化器是美国Chemithon公司研制的，它与Allied磺化器的区别是物料分配部分采用了高速转子式分配器，从而使反应段可缩短到1m左右，气流速度增大1倍以上。T.O磺化器是日本狮子油脂公司开发的、技术最先进的双膜磺化器。其特点是采用了简易而有效的多孔板进料分配器，保证了成膜均匀，以及二次风（保护风）技术控制反应速度，使整个磺化反应过程放热较均匀，接近等温反应过程，显著地减少了副反应，改善了产品色泽，提高了质量。T.O反应器还具有广泛的适用性，能适合多种有机物料的磺化和硫酸化产品的生产制备，例如α-烯烃磺酸盐（AOS）、脂肪醇硫酸酯盐（AS）及脂肪醇醚硫酸酯盐（AES）等。

为了适应大规模的生产需要，又进一步设计了多管并立降膜式磺化器，以提高装置的处理量。该装置也可采用保护风技术来缓和 SO_3 与有机物料间接触，从而获得良好反应效果。

SO_3 气相薄膜磺化法的工艺流程如图1-7所示。其工艺过程如下：用比例泵将液态三氧化硫打入到汽化器，由汽化器出来的三氧化硫气体与来自鼓风机的干燥空气混合并稀释到规定的浓度，经除雾器后进入磺化反应器；烷基苯由另一比例泵从储罐送到磺化反应器顶部分配区，使其形成薄膜并沿着反应器壁向下流动，当流动的烷基苯薄膜与含 SO_3 气体接触时即刻发生磺化反应并流向反应器底部的气液分离器。反应后的磺化气液混合物经气液分离器分离，分出的尾气经除雾器除去酸雾，再经吸收后放空；分离得到的磺化产物经循环泵、冷却器后部分返回磺化反应器底部，用于磺酸的急冷，部分送至老化罐、水解罐。磺化产物在老化罐中老化 5～10min，以降低其中的游离硫酸酐和未反应原料的含量。然后进入水解罐中，加入约 0.5%的水以破坏少量残存的硫酸酐，之后再经中和罐中和，即制得十二烷基苯磺酸钠。

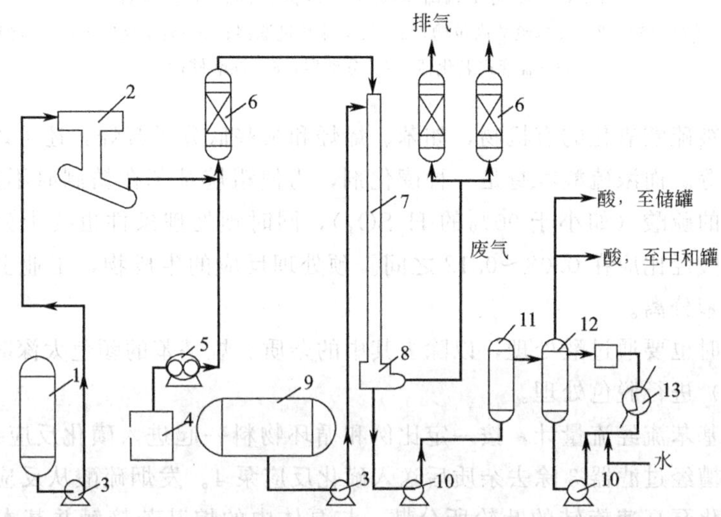

图 1-7　气体 SO_3 薄膜磺化连续生产十二烷基苯磺酸工艺流程

1—液体 SO_3 储罐；2—汽化器；3—比例泵；4—干空气；5—鼓风机；6—除沫器；7—薄膜反应器；8—分离器；9—十二烷基苯储罐；10—泵；11—老化罐；12—水解罐；13—热交换器

② 发烟硫酸磺化法。以发烟硫酸作为磺化试剂与烷基苯反应如下：

$$C_{12}H_{25}-\text{C}_6\text{H}_5 \xrightarrow{\text{发烟 } H_2SO_4} C_{12}H_{25}-\text{C}_6\text{H}_4-SO_3H$$

与三氧化硫磺化相比，发烟硫酸磺化反应速率更容易控制，反应放热量较小，但由于反应过程同时生产大量的废酸，故生产成本较高。

发烟硫酸磺化烷基苯的工艺根据烷基苯的质量和组成，以及对产品质量的要求不同而异。一般来说，精烷基苯可直接进行磺化；而粗烷基苯需经预处理后再磺化。由于使用发烟硫酸作为磺化剂，反应有废酸的产生，因此，磺化后生成的混酸（磺酸和硫酸的混合物）需要通过分酸过程以除去未反应的硫酸。

发烟硫酸磺化目前使用最普遍的是主浴式匀质连续磺化，又称为泵式磺化，如图 1-8 所示。此工艺优点较多，物料经高速旋转的反应泵混合后，分散均匀，反应也比较充分、安全，转化率可达 95%以上。反应热依靠物料循环带走，反应和传热迅速均匀，可有效防止副反应，设备体积小，成本较低，操作简便易控制。物料黏度低，且基本恒定，产品质量也较好，但废酸处理量大，难以除净，使 LAS 中带有一定量的硫酸钠。

粗烷基苯含有较多的杂质及非目的馏分，将对磺化工艺操作、产品质量及其稳定性等带来不良影响，因此，必须对粗烷基苯进行预处理。通常用硫酸预处理粗烷基苯。硫酸可以除

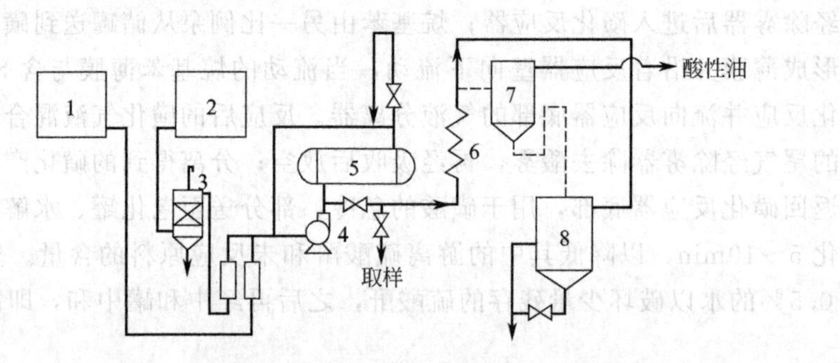

图 1-8 泵式发烟硫酸磺化（包括分油）工艺流程

1—烷基苯高位槽；2—发烟硫酸高位槽；3—发烟硫酸过滤器；4—磺化反应泵；5—冷却器；6—盘管式老化器；7—分油器；8—混酸储槽

去某些易磺化或被硫酸氧化的有机物，如苯、烯烃和某些低分子芳烃，还可以除去某些金属离子，如铁离子等。而浓硫酸本身是一种磺化剂，为使粗烷基苯在精制时不发生磺化反应，要使用浓度较稀的硫酸（如小于90%的 H_2SO_4），同时预处理条件也要十分缓和，一般在25℃以下进行。酸烃比应在0.08～0.12之间。预处理反应的生成物，工业上称为酸渣，可借助重力与烷基苯分离。

精烷基苯有时也要通过酸处理，以除去其中的杂质。烷基苯的颜色太深时，还可以用脱色剂（如活性炭）进行脱色处理。

精制后的烷基苯流经流量计，按一定比例和循环物料一起进入磺化反应泵 4 的入口处。发烟硫酸从高位槽经过滤器 3 除去杂质后送入磺化反应泵 4。发烟硫酸从反应泵的叶轮中心注入，立刻被磺化泵高速旋转的叶轮所分散，与泵体中的烷基苯接触并基本上完成磺化反应。反应物大部分经冷却循环回流，回流比控制在（1：20）～(1：25)，反应温度保持在23～45℃。另一部分进入盘管式老化器 6，停留 5～10min，进一步完成磺化反应，使转化率提高 2%～3%。然后送去中和或分酸。磺化率一般在98%以上，酸烃比为（1.1～1.2)：1。

发烟硫酸磺化烷基苯后，体系中除了有磺酸外，还有大量的硫酸。由于磺酸和浓硫酸都是黏稠的液体，且能互溶，短时间内难以分开。若此时直接进行中和，则会消耗大量的烧碱。因此，磺化后的磺酸要先进行分酸再中和。工业上，在混酸中加入少量水，由于硫酸比磺酸更易溶解于水中，这样既能降低磺酸与硫酸的互溶性，又使硫酸溶解于水而稀释，然后借相对密度差分离。

(2) 十二烷基苯磺酸的中和反应　由三氧化硫或发烟硫酸磺化后得到的烷基苯磺酸与氢氧化钠水溶液发生中和反应，得到浆状十二烷基苯磺酸钠，俗称单体。反应方程式如下：

$$R-C_6H_4-SO_3H + NaOH \longrightarrow R-C_6H_4-SO_3Na + H_2O \qquad \Delta H=-57.7kJ/mol$$

$$H_2SO_4 + 2NaOH \longrightarrow Na_2SO_4 + 2H_2O \qquad \Delta H=-115.5kJ/mol$$

烷基苯磺酸与硫酸的酸碱中和反应不同，是一个复杂的胶体化学反应。在高浓度下，烷基苯磺酸钠分子间有两种不同的排列形式：一种为胶束状排列，另一种为非胶束状排列。前者活性物含量高，流动性好；后者为絮状，稠厚，流动性差。磺酸的黏度很大，尤其是遇到水以后即结团成块。因此，中和反应是在磺酸料粒子的表面进行的。

中和后的产物，工业上称为单体，其组成恒定，有效物含量高。如果用发烟硫酸磺化，一般总固体物含量为40%～45%，活性物含量>32%，不皂化物<3%（以100%活性物计）。如果用三氧化硫磺化，中和后所得到的单体，总固体物含量约为40%或更高一些，活性物含量>36%，无机盐含量<2%，不皂化物含量<3%（以100%活性物计）。不皂化物指的是不与氢氧化钠反应的物质，主要是不溶于水、无表面活性的油类，如石油烃、高分子烷基及其衍生物砜类等。

中和过程应注意控制以下因素：

① 中和时需要加入一定量的水避免碱浓度过高而出现凝胶，使单体稠度适宜，一般控制单体含水量为55%～60%。

② 加入适量芒硝，调节单体的聚集状态和流动性，一般单体中含无机盐2%～5%。

③ 中和温度控制在40～50℃，使单体黏度适宜，流动性良好。

④ 控制单体pH值在7～10，防止局部过酸现象，造成溢锅或单体发松。

⑤ 强化搅拌手段，使磺酸相在碱液中分散均匀，充分接触，及时移走反应热。

⑥ 控制磺酸中未磺化物含量，一般按活性物100%计，未磺化物应小于2%，并避免中和过程其他无机杂质的带入，以免单体着色。

目前我国普遍采用半连续式的中和工艺，即进料连续、出料间歇，使单体经过pH值调整确保质量指标。此工艺比较适合发烟硫酸磺化工艺流程。而三氧化硫磺化流程一般采用主浴式连续中和工艺，以大量单体循环移走反应热，并采用pH自动调节系统，严格控制单体的pH值。因此，单体质量较好，是今后的发展方向。

三、硫酸盐阴离子表面活性剂

在阴离子表面活性剂中，除磺酸盐外，硫酸酯盐也是非常重要的一类阴离子表面活性剂。典型的硫酸酯盐型阴离子表面活性剂主要有以下几种。

1. 脂肪醇硫酸酯盐（AS）

脂肪醇硫酸酯盐通常称为烷基硫酸盐（alkyl sulfate）或脂肪醇硫酸盐（alcohol sulfate），缩写为AS。化学通式为$ROSO_3^- M^+$，其中R为烷基；M^+可以为碱金属离子或碱土金属离子，多为Na^+。脂肪醇（脂肪醇醚或脂肪醇单甘油酯）经硫酸酸化反应，然后用碱中和可制得这类阴离子表面活性剂。高级醇的碳原子数为12～18时最好。大规模工业化生产以SO_3作硫酸化剂，小规模生产可用氯磺酸作硫酸化剂。高级醇与硫酸反应时，按所用硫酸与醇的物质的量之比不同可得到单酯，也可以得到双酯。双酯的表面活性及水溶性都较差，不能用作表面活性剂。单酯易溶于水，且有较高表面活性。

$$ROH+SO_3 \longrightarrow ROSO_3H$$

$$ROSO_3H+NaOH \longrightarrow ROSO_3Na+H_2O$$

$$ROH+ClSO_3H \longrightarrow ROSO_3H+HCl$$

$$ROSO_3H+NaOH \longrightarrow ROSO_3Na+H_2O$$

十二烷基硫酸钠，也称月桂醇硫酸酯钠，结构式为$C_{12}H_{25}—SO_4Na$，为脂肪醇硫酸酯盐的典型代表。脂肪醇硫酸盐易溶于水，具有良好的去污、乳化、分散、润湿和优异的发泡能力，无毒，生物降解性能好。脂肪醇硫酸盐是合成洗涤剂、洗发香波、合成香皂、浴用品、剃须膏、化妆品等用品中的重要组分，也可以作纺织工业用助剂和聚合反应的乳化剂。

月桂基硫酸酯的重金属盐具有杀灭真菌和细菌的作用，可用作杀菌剂。高碳脂肪醇硫酸盐可用作工业清洗剂、纺织油剂组分、乳液聚合用乳化剂、柔软平滑剂等。它们的铵盐和三乙醇胺盐用于配制香波。

2. 脂肪醇聚氧乙烯醚硫酸酯盐（AES）

脂肪醇聚氧乙烯醚硫酸酯盐的商品名为 AES，结构式为 $RO(CH_2CH_2O)_nSO_3M$。R 是 $C_{12}\sim C_{18}$ 烃基，通常是 $C_{12}\sim C_{14}$ 烃基，聚合度 $n=3$，M 为钠、钾、胺或铵盐。从化学结构式中可以看出，脂肪醇硫酸酯盐的亲水基团为—OSO_3^-，脂肪醇聚氧乙烯醚硫酸酯盐的亲水基团则由—OSO_3^- 和—O—键两部分组成。因此，醇醚硫酸酯盐的溶解度比相应的醇硫酸酯盐高，并随接入的环氧乙烷的加成数的增加，其溶解度增大，但不改变其去污力。

脂肪醇聚氧乙烯醚硫酸酯盐的制备分为缩合、硫酸化和中和三步。

由高碳醇与环氧乙烷进行缩合，生成脂肪醇聚氧乙烯醚。

$$ROH + 3H_2C\underset{O}{\overset{}{—}}CH_2 \xrightarrow{KOH} RO(C_2H_4O)_3H$$

加成 3 个环氧乙烷的脂肪醇聚氧乙烯醚硫酸酯盐在低浓度下具有良好的去污性和抗硬水的能力。再选择适当的硫酸化试剂对脂肪醇聚氧乙烯醚进行硫酸化。

$$RO(C_2H_4O)_3H + H_2SO_4 \longrightarrow RO(C_2H_4O)_3SO_3H + H_2O$$

$$RO(C_2H_4O)_3SO_3H + NaOH \longrightarrow RO(C_2H_4O)_3SO_3Na + H_2O$$

脂肪醇聚氧乙烯醚硫酸酯盐具有优良的去污、乳化、发泡性能和抗硬水性能，温和的洗涤性质不会损伤皮肤。广泛应用于香波、浴液、餐具洗涤剂、复合皂等洗涤化妆用品；用于纺织工业润湿剂、清洁剂等。

【任务实施】

1. 请在生活中用到的精细化学品中找出其成分里哪些是阴离子表面活性剂，并且说明它们的主要用途。

2. 简述磺化反应和硫酸化反应的区别。

3. 请以小组为单位，选择一种典型的阴离子表面活性剂，通过互联网或相关书籍找出它的制备方法，并写出实验方案。

4. 用 CAD 绘出膜式反应器生产磺化或硫酸化产物工艺流程。

注：注明参考文献及网址。

【任务评价】

1. 知识目标的完成：

① 是否掌握阴离子表面活性剂的概念、分类及应用；

② 是否掌握典型阴离子表面活性剂的制备方法。

2. 能力目标的完成：

① 是否能对典型阴离子表面活性剂进行合成；

② 是否能在日常用品中判断其成分里的阴离子表面活性剂。

任务三　非离子表面活性剂的生产

【任务提出】

非离子表面活性剂，在水中不会解离成离子状态，它的亲水基是含有在水中不离解的羟基（—OH）和醚键（—O—）的一种表面活性剂。由于羟基和醚键在水中不离解，因而其亲水性极差。其水溶性取决于羟基、醚基氧原子通过氢键与水结合的能力。但是单凭一个羟基和醚键的结合，不可能将很大的疏水基溶解于水，因此必须要同时有几个这样的基团结合，非离子表面活性剂才能发挥其亲水性。疏水基上的羟基和醚键的数量越多，亲水性也越大，也就越易溶于水。因此，控制分子中羟基、醚氧原子的数目，就可以控制非离子表面活性剂的亲油和亲水的特征。

正是因为非离子表面活性剂在水中不电离，不形成离子这一特点，因此非离子表面活性剂稳定性高，不受酸碱影响，使得非离子表面活性剂在某些方面具有比离子表面活性剂更优越的性能，同时它与其他类型的表面活性剂相容性好。例如，非离子表面活性剂加到一般肥皂中，量少时起到防硬水作用，量多时可形成低泡洗涤配方，用于机械洗涤操作中。阴离子表面活性剂也常与非离子表面活性剂复配使用，可以获得比单一表面活性剂更优良的洗涤性质、润湿性质以及其他性质。非离子表面活性剂的这些特点使其应用越来越广泛，也加快了其发展的速度。

非离子型表面活性剂的水溶性与离子型表面活性剂相比要敏感得多，它在水中的溶解度随着温度的升高而降低，开始是澄清透明的溶液，当加热到一定温度时，溶液就开始变混浊，溶液刚刚开始变混浊时对应的温度称为浊点。浊点反映非离子表面活性剂亲水性大小，亲水性越大的，浊点也越高。为保证非离子表面活性剂处于良好的溶解状态，一般应控制在其浊点以下使用，HLB值以及使用性能都与非离子表面活性剂分子中加成的环氧乙烷分子数（n）有一定关系。例如，壬基酚中环氧乙烷的加成物质的量为8.5时，在20℃时能显示出十分优异的洗净力，但在100℃时则洗净力不足；十二烷基苯碳酸钠无论在20℃或100℃，都能发挥出相当好的洗净能力。因此，市售的非离子型表面活性剂往往都标有使用温度范围。

【相关知识】

非离子表面活性剂的品种很多，主要有以环氧乙烷为原料的聚氧乙烯型，又称聚乙二醇型和以多元醇为原料的多元醇酯型。

一、乙氧基化反应与聚氧乙烯类非离子表面活性剂

绝大部分非离子型表面活性剂是由含活泼氢的疏水性化合物和环氧乙烷等加成聚合的产品，得到的这类非离子表面活性剂称为聚氧乙烯类非离子表面活性剂。也即指羟基（—OH），羧基（—COOH）、氨基（—NH_2）和酰氨基（—$CONH_2$）等基团中的氢原子与含有活泼氢离子的化合物进行的加成反应制得的物质。它是非离子表面活性剂中品种最多、产量最大、应用最广的一类。

（一）乙氧基化反应

聚氧乙烯类非离子表面活性剂的制备是由含有活泼氢的化合物与环氧乙烷加聚得到，而这类反应称作乙氧基化反应。

环氧乙烷简称EO，分子式为C_2H_4O，相对分子质量为44.05，是带有乙醚气味的无色透明液体，能与水按任何比例混合。环氧乙烷具有三节环结构、易破裂而极易发生各种化学反应。它易燃、易爆，在空气中环氧乙烷的体积分数达到3%～100%时会引起爆炸。它的沸点是10.7℃，在液态时对爆炸剂是稳定的，但在常压下将炽热的白金丝引入100%的环氧乙烷蒸气中时，会立即引起爆炸分解。把环氧乙烷加热到571℃时，在无空气时也会引起爆炸。为防止环氧乙烷爆炸，通常采用稀释剂来稀释它的蒸汽，使其浓度保持在爆炸极限之下。

1. 乙氧基化的反应机理

高级醇在碱催化剂存在下与环氧乙烷的反应，随温度条件不同而异。

在反应温度较高时（135～190℃），反应速率不受催化剂的影响。催化剂的作用只是将起始剂ROH生成碱性更强（比OH^-）的RO^-，与环氧乙烷反应，生成一个负离子，起引发作用，所以其反应机理为离子机理：

$$ROH + KOH \rightleftharpoons ROK + H_2O$$

$$ROK \rightleftharpoons RO^- + K^+$$

$$RO^- + \underset{\diagdown O \diagup}{H_2C—CH_2} \longrightarrow ROCH_2CH_2O^-$$

$$ROCH_2CH_2O^- + ROH \longrightarrow ROCH_2CH_2OH + RO^-$$

此反应表现为SN_2亲核加成反应，反应是第三步所控制（阴离子RO^-亲核试剂进攻环氧乙烷）。

在反应温度较低时（<130℃），反应速率随催化剂的性质而变，其顺序为：烷基醇钾>丁醇钠>KOH>烷基醇钠>乙醇钠>CH_3ONa>NaOH。反应机理为离子对机理：

$$ROH + \underset{R}{\overset{Na}{O}} \longrightarrow R—O—H\cdots\underset{R}{\overset{Na}{O}}$$

$$R—O—H\cdots\underset{R}{\overset{Na}{O}} + \underset{\diagdown O \diagup}{H_2C—CH_2} \longrightarrow R—O—H\cdots\underset{R}{\overset{Na}{O}} \text{（O 下方以虚线连接环氧乙烷 } CH_2—O—CH_2 \text{）}$$

$$R—O—H\cdots\underset{R}{\overset{Na}{O}} \text{（O 下方以虚线连接环氧乙烷 } CH_2—O—CH_2 \text{）} \longrightarrow ROCH_2CH_2OH + RONa$$

因此，脂肪醇和环氧乙烷的反应，在150～200℃反应的工业条件，属于离子机理，而在较低温度（130℃以下）条件下，则属于离子对机理。

2. 影响乙氧基化的因素

(1) 反应物结构的影响　随脂肪醇碳链长度增加，反应速率降低，乙氧基化反应速率次序为伯醇>仲醇>叔醇。仲醇和叔醇的氧乙烯化相对分子质量分布较伯醇宽。

氧乙烯基加成速率与反应物的亲核性有关。例如，伯醇>酚>羧酸。这一顺序是反应物的共轭碱随其酸度增加而使其亲核性降低的缘故。

由于酸、酚的反应速率比伯醇慢，所以表现为酸、酚的乙氧基化有诱导期，而伯醇没有。

此现象可用取代酚乙氧基化时，取代基对反应速率的影响来说明。已经测得苯酚比对硝基苯酚的反应速率要快 17 倍。按不同取代基，其反应速率有如下次序：$—OCH_3 > —CH_3 > H > Br > —NO_2$，这与取代酚共轭酸酸性递增的趋势一致，也与其亲核性降低的趋势相一致。

(2) 催化剂的影响　碱性催化剂中较常用的有金属钠、甲醇钠、乙醇钠、氢氧化钾、氢氧化钠、碳酸钾、碳酸钠、醋酸钠等。

由反应温度 195～200℃，上述催化剂对反应速率影响的研究曲线（图 1-9）可以看出：碱性强的催化剂对反应速率增大越强；无催化剂存在时，反应几乎不进行；在 195～200℃ 以下，金属钠、甲醇钠、乙醇钠、氢氧化钾、氢氧化钠具有相同的活性，而碳酸钾、碳酸钠、醋酸钠催化活性很低，当温度进一步降低至 135～140℃时，后三种已无催化活性，并且氢氧化钠的活性也显著降低，仅有上述的前四种仍保持相应的活性（图 1-10）。

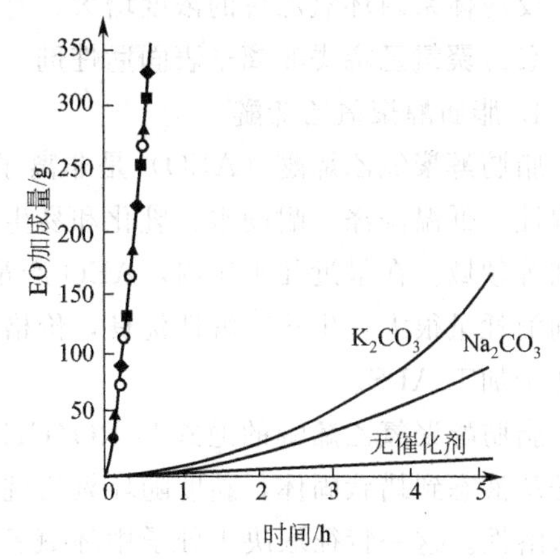

图 1-9　催化剂对 EO 加成速率的影响（195～200℃）

（十三醇物质的量＝1，催化剂物质的量＝0.036）

■ Na；▲ $NaOCH_3$；● $NaOC_2H_5$；◆ KOH；○ NaOH

酸催化剂可使乙氧基化反应具有较高的反应速率，但由于其副反应较多，因此一般只用于难反应的伯醇和初期氧乙烯基化。

(3) 温度的影响　乙氧基化反应的加成速率随温度的提高而加快，但不是呈线性关系，即在同一温度增值下，高温区反应速率的增加大于低温区，如图 1-11 所示。

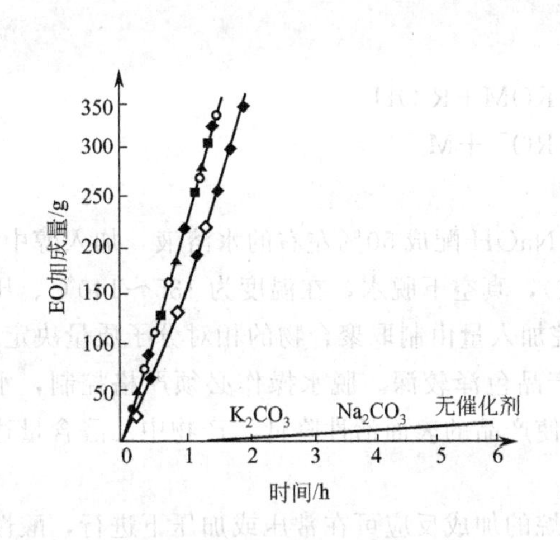

图 1-10　催化剂对 EO 加成速率的影响（135～140℃）

（十三醇物质的量＝1，催化剂物质的量＝0.036）

■ Na；▲ $NaOCH_3$；● $NaOC_2H_5$；◆ KOH；○ NaOH

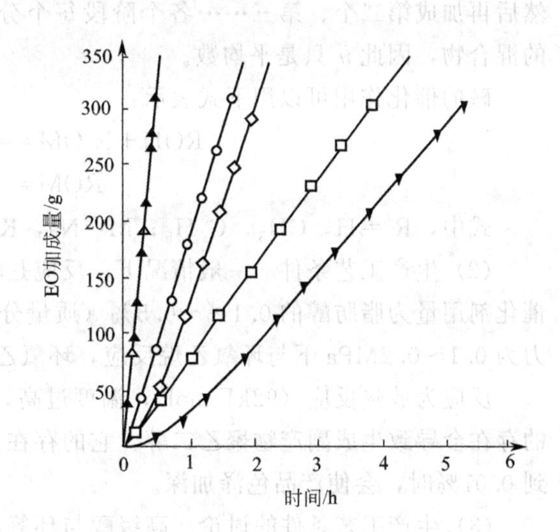

图 1-11　温度和催化剂对 EO 加成速率的影响

（十二醇物质的量＝1，催化剂物质的量＝0.036）

▲ $NaOCH_3$ 在 195～200℃；△ NaOH 在 195～200℃；
○ $NaOCH_3$ 在 135～140℃；◇ NaOH 在 135～140℃；
□ $NaOCH_3$ 在 105～110℃；▼ NaOH 在 105～110℃

(4) 压力的影响　压力对反应速率有影响，因为环氧乙烷的压力和其浓度成正比。压力大，反应体系内环氧乙烷的浓度增大，有利于反应的正向进行。

(二)聚氧乙烯类非离子表面活性剂

1. 脂肪醇聚氧乙烯醚

脂肪醇聚氧乙烯醚（AEO）是非离子表面活性剂中最重要的一类产品。它具有优良的润湿性、低温洗涤、耐硬水、乳化和易生物降解等性能，现已广泛用作洗涤剂、匀染剂、乳化剂等领域。在最近几十年内，AEO 产量的增长速度非常快，其原因主要有：家用重垢洗涤剂消耗量很大，生化降解性优良，价格低廉，几乎是所有表面活性剂中价格最低者，大量消耗于加工 AES。

脂肪醇聚氧乙烯醚的通式为 $RO(CH_2CH_2O)_nH$，R 为 C_{12}～C_{18} 的伯醇或仲醇。其形态是从液态到蜡状固体，黏度随环氧乙烷的含量增大而增大，溶解范围从完全油溶性直到完全水溶性。这一特征取决于分子中环氧乙烷加成的物质的量，含 1～5mol 环氧乙烷的产品是油溶性的，可完全溶解于烃中。当环氧乙烷物质的量增加到 7～10mol 时，能在水中分散或溶解于水。

(1) 生产原理　高碳脂肪醇是一种有活泼氢的物质，在碱性催化剂存在下，环氧乙烷能加成到醇的羟基上而形成醚，从而得到脂肪醇聚氧乙烯醚非离子表面活性剂。反应式如下：

$$ROH + \underset{\diagdown\,O\,\diagup}{H_2C{-}{-}CH_2} \longrightarrow ROC_2H_4OH$$

上式中的醚上的羟基继续同环氧乙烷加成反应生成脂肪醇聚氧乙烯醚：

$$ROC_2H_4OH + n\underset{\diagdown\,O\,\diagup}{H_2C{-}{-}CH_2} \longrightarrow RO(C_2H_4O)_nC_2H_4OH$$

因此，脂肪醇与环氧乙烷的加成反应是一个链增长反应，首先加成一个环氧乙烷分子，然后再加成第二个、第三……各个阶段每个分子链增长的速度不相等，实际是各种不同 n 的混合物，因此 n 只是平均数。

碱的催化作用可以用下式表示：

$$ROH + R'OM \rightleftharpoons ROM + R'OH$$

$$ROM \rightleftharpoons RO^- + M^+$$

式中，$R' = H, CH_3, C_2H_5$；$M = Na, K$。

(2) 生产工艺条件　一般情况下，反应是将 NaOH 配成 50%左右的水溶液，加入醇中，催化剂用量为脂肪醇的 0.1%～0.5%（质量分数），真空下脱水，在温度为 135～140℃、压力为 0.1～0.2MPa 下与环氧乙烷反应，环氧乙烷加入量由制取聚合物的相对分子质量决定。

反应为放热反应（92kJ/mol），温度过高，产品色泽较深。脱水操作必须严格控制，水的存在会导致生成副产物聚乙二醇，它的存在会使产品的表面活性降低，产物中乙醛含量达到 0.01%时，会使产品色泽加深。

(3) 生产工艺条件的讨论　高级醇与环氧乙烷的加成反应可在常压或加压下进行，酸性或碱性催化剂都可使用，但一般采用碱性催化剂（主要是钾或钠的氢氧化物），催化剂用量为起始物料质量的 0.25%～1.0%。

起始物料中添加催化剂后，加热到所定温度 120～200℃，在搅拌下加入定量的环氧乙烷，反应为放热反应，必须冷却。

最终合成出的产品是具有各种相对分子质量的高级醇聚氧乙烯醚的混合物。影响其相对分子质量分布的主要因素是原料醇的种类和所用的催化剂。催化剂的影响按下列顺序排列

（相对分子质量分布由宽到窄）：

$$LiOH > NaOH > KOH > BF_3 > SnCl_4 > SbCl_5$$

如果使用 BF_3、$SnCl_4$ 等路易斯酸为催化剂，所得产品的相对分子质量分布很窄，接近于泊松分布。

在实际生产中，环氧乙烷和高级醇的投料物质的量之比十分重要，环氧乙烷的加成物质的量越多，分子链中所得醚链就越多，亲水性就越大。但并不是说环氧乙烷加成物质的量越多越好。要根据使用目的、使用温度和亲油基的种类来确定环氧乙烷的加成物质的量。一般规律是浊点略高于室温的聚乙二醇型非离子表面活性剂，具有优异的渗透性；浊点较高的有较好的乳化分散性。在确定了亲油基的亲油性强弱和使用目的后，可根据浊点-环氧乙烷加成物质的量的关系曲线，查出所要求的环氧乙烷物质的量。

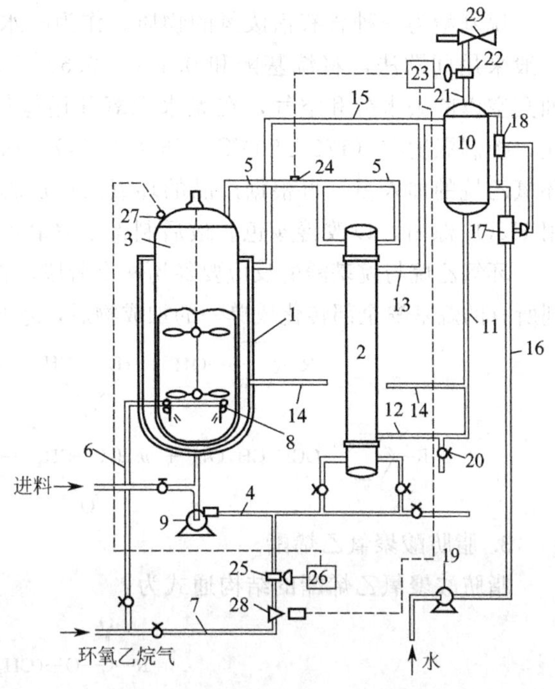

图 1-12　烷氧化反应设备（埃索公司）

1—反应器；2—热交换器；3—反应容器；4～7，11～16—管路；8—喷嘴；9—泵；10—锅炉；17—控制阀；18—控制装置；19—水泵；20，25—阀门；21—锅炉排气管；22，23—温度控制器；24—温度感受器；26—压力控制器；27—压力感受器；28—安全阀；29—真空系统

（4）生产工艺流程　工业上采用间歇法生产脂肪醇聚氧乙烯醚时，所有设备要防爆和正确地接地，以防止产生静电。如果对产品的质量，特别是色泽要求很高时，最好使用不锈钢或玻璃衬里的反应器，否则碳钢也可以使用。反应器的温度和压力通常采用自控装置，温度和压力控制器与环氧乙烷进料系统连接，当温度和压力超过预定范围时，环氧乙烷进料阀将自动关闭。在反应器与环氧乙烷料槽之间设有止逆阀，以防止反应器中的物料回流至环氧乙烷料槽而发生不能控制的反应。反应器必须具有适当的加热和冷却系统。其工艺流程如图 1-12 所示。

2. 聚氧乙烯烷基酚醚

聚氧乙烯烷基酚醚是非离子表面活性剂早期开发的品种，是用烷基酚与环氧乙烷加成聚合而制成的系列产品。聚氧乙烯烷基酚醚的结构为：

$$R-C_6H_4-O(C_2H_4O)_nH$$

式中，R 一般为辛基、壬基或十二烷基；n 为 4～25。聚氧乙烯烷基酚醚的化学性质很稳定，耐强酸、强碱，即使在温度较高时也稳定，因此，可用于强碱性和强酸性溶液中。聚氧乙烯烷基酚醚随环氧乙烷加成数的变化，可以制成油溶、弱亲水和强亲水性产物。当 n 为 1～6 时，加成物为油溶性，不溶于水；$n>8$ 时，则可得到溶于水的化合物。当 n 为 8～10 时，水溶液的表面张力降低很多，润湿性，去污力和乳化性能较强，广泛用之；之后随 n 变大则表面张力逐渐升高，而润湿性和去污性降低；$n>15$ 没有渗透性、润湿性及去污能力，则应用较少，但可在强电解质溶液中用作洗涤剂与乳化剂。聚氧乙烯烷基酚醚比其他非离子表面活性剂更不易生物降解，毒性也较大，特别是壬基酚对眼睛有相当严重的刺激作用。处理这类化学品时，必须有保护措施。烷基酚对皮肤有轻微刺激，接触后可用肥皂和水洗掉。

烷基酚为一种含有活泼氢的物质，作为疏水基原料，可用环氧乙烷发生加成聚合反应。一般采用间歇法，将烷基酚和0.1%～0.5%氢氧化钠或氢氧化钾作催化剂置于高压釜中，抽真空以除去水分和空气，在无水无氧并用氮气保护条件下通入环氧乙烷进行乙氧基化反应，控制温度在（170±50)℃。压力0.147～0.294MPa，直至所需环氧乙烷被加完为止。环氧乙烷的加入量，可根据产品的环氧乙烷加成数调节。冷却后，用醋酸或柠檬酸中和，再用 H_2O_2 漂白，以改善颜色。最后制得了聚氧乙烯烷基酚产品。

环氧乙烷与烷基酚的反应要经历两个阶段，首先烷基酚与等物质的量的环氧乙烷加成，直到所有的烷基酚全部转化成单一的加成物后，才开始环氧乙烷的聚合反应。其总反应式为：

$$R-C_6H_4-OH + H_2C\underset{O}{-}CH_2 \longrightarrow R-C_6H_4-OCH_2CH_2OH$$

$$R-C_6H_4-OCH_2CH_2OH + mH_2C\underset{O}{-}CH_2 \longrightarrow R-C_6H_4-OCH_2CH_2O(CH_2CH_2O)_mH$$

3. 脂肪酸聚氧乙烯酯

脂肪酸聚氧乙烯酯的结构通式为：

$$R-\overset{O}{\overset{\|}{C}}-O-(CH_2CH_2O)_nH$$

式中，R为烃基；n 为环氧乙烷加成数。由于该物质具有较好的去污力、较低的泡沫和较好的生物降解性，因此，广泛用于洗涤剂的主体基料。

这类表面活性剂在分子结构中存在酯基（—COOR)，由于酯基在酸、碱性热溶液中易水解，因此，脂肪酸聚氧乙烯酯的稳定性不及醚类表面活性剂。这种表面活性剂与脂肪醇聚氧乙烯醚和烷基酚醚相比，渗透性和洗涤性都较差。主要作乳化剂、分散剂、纤维助剂及染色助剂。

脂肪酸聚氧乙烯酯的合成方法主要有：脂肪酸与环氧乙烷酯化、脂肪酸与聚乙二醇酯化、脂肪酸酐与聚乙二醇反应、脂肪酸金属盐与聚乙二醇反应、脂肪酸酯与聚乙二醇酯交换等方法。其中，前两种方法原料价廉、工艺简单，在工业常用来合成脂肪酸聚氧乙烯酯。

(1) 脂肪酸与环氧乙烷酯化　工业上常采用脂肪酸与环氧乙烷反应来制造脂肪酸聚氧乙烯酯。它是在碱性条件下开环反应，进行脂肪酸的乙氧基化反应。经历引发与聚合两个阶段的反应历程，其反应式为：

$$RCOOH \xrightarrow{碱} RCOO^- \xrightarrow{H_2C\underset{O}{-}CH_2} RCOOCH_2CH_2O^- \xrightarrow{RCOOH} RCOOCH_2CH_2OH + RCOO$$

由于醇盐离子的碱度高于羧酸盐离子的碱度，导致脂肪酸与EO全面反应，直到游离脂肪酸完全耗尽，才迅速发生后段聚合反应：

$$RCOOCH_2CH_2O^- \xrightarrow{(n-1)H_2C\underset{O}{-}CH_2} RCOO(CH_2CH_2O)_n^- \xrightarrow{RCOOH} RCOO(CH_2CH_2O)_nH$$

$$2RCOO(CH_2CH_2O)_nH \rightleftharpoons RCOO(CH_2CH_2O)_nOCR + HO-(CH_2CH_2O)_nH$$

如同其他含EO的非离子表面活性剂一样，随着环氧乙烷加成数的增加，脂肪酸聚氧乙烯酯可由油溶型变成水溶型。通常 n 为 1～8 为油溶型；当 n 为 12～15，开始在水中分散或溶解。在盐溶液中溶解度降低，它易溶于极性溶剂，而仅微溶于非极性溶剂。

(2) 脂肪酸与聚乙二醇酯化　为了得到商业上特定相对分子质量的脂肪酸酯，常用脂肪酸与聚乙二醇酯化，生成酯和水，其反应式为：

$$RCOOH+HO(CH_2CH_2O)_nH \rightleftharpoons RCOO(CH_2CH_2O)_nH+H_2O$$

这是生成一种单酯的可逆反应。由于聚乙二醇有两个烃基同脂肪酸反应，也可生成双酯：

$$2RCOOH+HO(CH_2CH_2O)_nH \rightleftharpoons RCOO(CH_2CH_2O)_nOCR+2H_2O$$

一般酯化后的产品需进行脱色、脱臭处理，为了防止产品被空气氧化，往往需用氮气保护。目前，工业上用反应器和蒸馏柱联合使用的间歇法来生产脂肪酸聚氧乙烯酯。

二、多元醇酯类非离子表面活性剂

多元醇酯型非离子表面活性剂是指含有多个羟基作为亲水基团，同脂肪酸派生的疏水基团进行酯化反应得到的另一大类非离子表面活性剂。由于它们在性质上很相近，所以统称为多元醇型非离于表面活性剂。多元醇型非离子表面活性剂的主要亲水基原料为乙二醇、甘油、季戊四醇、山梨醇、失水山梨醇和糖类等。疏水基原料主要为脂肪酸。多元醇表面活性剂主要有乙二醇酯、甘油酯、聚甘油酯、山梨醇脂肪酸酯、失水山梨醇脂肪酸酯、聚氧乙烯多元醇酯和蔗糖酯等。

作为商业用品多元醇酯型非离子表面活性剂都是组分复杂的混合物。这些商品的组成取决于起始混合脂肪酸的组成，由酯化度和酯化位置变化而引起的。通过选择不同的多元醇和脂肪酸，可以合成具有宽范围的亲水与疏水特性的多元醇酯型非离子表面活性剂，使其具有不同的溶解特性、表面性质和其他物理性质、低毒和多功能性。

(一) 脂肪酸甘油酯

甘油与脂肪酸酯化成甘油酯是多元醇型非离子表面活性剂重要品种之一，它广泛用作食品乳化剂，其结构式为：

$$\alpha\text{型}\quad \begin{array}{l} CH_2OCOR \\ | \\ CHOH \\ | \\ CH_2OH \end{array} \qquad\qquad \beta\text{型}\quad \begin{array}{l} CH_2OH \\ | \\ CHOCOR \\ | \\ CH_2OH \end{array}$$

在 1mol 甘油中，加入 1mol 硬脂酸和氢氧化钠催化剂，不断搅拌，在温度 250℃左右的条件下经 2.5～3h 即可完成酯化反应，生成非离子表面活性剂。其反应式如下：

$$C_{17}H_{35}COOH+\begin{array}{l} CH_2—OH \\ | \\ CH—OH \\ | \\ CH_2—OH \end{array} \xrightarrow{\text{酯化}} \begin{array}{l} C_{17}H_{35}COOCH_2 \\ \qquad\qquad | \\ \qquad\quad CHOH \\ \qquad\qquad | \\ \qquad\quad CH_2OH \end{array} +H_2O\uparrow$$

从反应式来看，好像只生成了单酯。实际上，每一个羟基都有相同的反应能力，所以也产生大量的双酯，并伴有少量的三酯、甘油、游离脂肪酸和水。由于单甘酯对人体无害，因此在食品、化妆品中广泛应用。

甘油过量有利于使单酯产率提高，当在 100～225℃条件下，使甘油和脂肪酸反应，如果将惰性气体通入反应混合物中，水不断移出，将有利于酯化反应进行。酯化反应的催化剂有氢氧化钠和氢氧化钾等，还有磺酸等酸性催化剂及金属和金属氧化物催化剂。另外，像酚或二噁烷等溶剂，由于具有能溶解甘油和脂肪酸的性质，也能促进甘油单酯的生成。

工业上制取甘油酯主要以油脂和甘油在催化剂存在下的酯交换方法来制造。此法具有工艺简单、成本低廉等特点。此工艺的反应温度为180～250℃，常用碱性催化剂，如氢氧化钠、甲醇钠、甘油酸钠、脂皂、碳酸钾和磷酸三钠。反应产物为单甘酯、双酯和三酯的混合物。工业产品一般含单甘酯为40%～55%，经蒸馏处理可以获得单甘酯含量90%以上的产品。

$$\begin{array}{l} CH_2OCOR \\ | \\ CHOCOR \\ | \\ CH_2OCOR \end{array} + \begin{array}{l} CH_2OH \\ | \\ CHOH \\ | \\ CH_2OH \end{array} \longrightarrow \begin{array}{l} CH_2OH \\ | \\ CHOH \\ | \\ CH_2OCOR \end{array} + \begin{array}{l} CH_2OCOR \\ | \\ CHOH \\ | \\ CH_2OCOR \end{array}$$

(二)失水山梨醇脂肪酸酯

失水山梨醇脂肪酸酯，又叫做脱水己糖醇酯，20世纪初便开始研究合成该产品，到1945年开发成为商品，名称为Span。

山梨醇是由葡萄糖加氢制取的带有甜味的多元醇，它有6个羟基。由于分子中没有醛基，故对热和氧稳定。山梨醇在酸性条件下加热或者在脂肪酸酯化时，能从分子内脱掉一分子水，变成1,4-失水山梨醇，继而再脱一分子水，生成二脱水物，即1,4,3,6-二失水山梨醇。其反应式如下：

$$\begin{array}{l} H_2COH \\ HCOH \\ HCOH \\ HCOH \\ HCOH \\ H_2COH \end{array} \xrightarrow[\text{浓 } H_2SO_4,30min]{140℃} \begin{array}{l} H_2C - \\ HCOH \quad O \\ HOCH \\ HC - \\ HCOH \\ H_2COH \end{array} \text{1,4-失水山梨醇}$$

140℃ 浓 H_2SO_4 1h（由山梨醇直接）；140℃ 浓 H_2SO_4 1h（由1,4-失水山梨醇）→

$$\begin{array}{c} O \\ H_2C \quad HC - CH \\ HO \quad CH \quad HO \\ HOCH - CH \quad CH_2 \\ O \end{array} \text{异构山梨醇}$$

一般地说，温度越高，生成的内醚范围就越大；加热时间长，有利于生成1,4,3,6-二失水山梨醇。由于山梨醇羟基失水位置不定，所以，一般所说的失水山梨醇是各种失水山梨醇的混合物。脂肪酸同山梨醇酯化，其反应式如下：

$$RCOOH + \begin{array}{l} CH_2OH \\ | \\ CHOH \\ | \\ HO-CH \\ | \\ CHOH \\ | \\ CHOH \\ | \\ CH_2OH \end{array} \xrightarrow[NaOH]{190℃} \begin{array}{l} CH_2OOCR \\ | \\ CHOH \\ | \\ HOCH \\ | \\ CHOH \\ | \\ CHOH \\ | \\ CH_2OH \end{array} \xrightarrow{230\sim360℃}$$

CH_2OOCR
|
CHOH
|
CH
|
HO—CH
|
HO—CH
|
CH_2
（1,4-失水山梨醇脂肪酸单酯）⟶

CH_2
|
RCOOCH
|
CH
|
CH—
|
CHOH
|
CH_2
（1,4,3,6-二失水山梨醇脂肪酸单酯）

据报道，对于生成失水山梨醇脂肪酸酯，可使用酸性催化剂，如硫酸和磷酸。也可使用氢氧化钠等碱性催化剂，或使用脂肪酸钠盐、乙酸钠和氧化铅等催化剂。并且，失水山梨醇脂肪酸酯可由月桂酸、肉豆蔻酸、软脂酸、油酸、硬脂酸、亚麻子油脂肪酸和蓖麻油酸来制取。

欲制备二失水山梨醇酯，可继续进行分子内的脱水，在适当条件下，则可得到主成分为二失水山梨醇酯。当在120℃条件下，使用对甲苯磺酸为催化剂，使等物质的量甘露醇和月桂酸反应可得到大量异甘露醇双酯产品，还有使用硫酸作催化剂，将甘露醇与硬脂酸酯化，可获得异甘露双酯。其反应式如下：

H_2COH
|
HOCH
|
HOCH
|
HCOH
|
HCOH
|
HC—OH

$+2HOOCC_{17}H_{35} \xrightarrow{浓\ H_2SO_4}$ $C_{17}H_{35}COO$—（双环）—$OOCC_{17}H_{35}$

这样，在工业以山梨醇为原料，适当地调节温度和反应时间，就可以随意制出山梨醇酯、失水山梨醇酯、二失水山梨醇酯以及它们的混合物。

失水山梨醇酯型非离子表面活性剂，最早的商品名为司盘（Span），故称为斯盘型非离子表面活性剂。主要现有品种为Span-20（即失水山梨醇月桂酸单酯）、Span-40（即失水山梨醇棕榈酸单酯）、Span-60（即失水山梨醇硬脂酸单酯等）。

这些失水山梨醇脂肪酸酯具有低毒、无刺激等特性，在医药、食品、化妆品中广泛用作乳化剂和分散剂。由于它自身不溶于水，故很少单独使用。如果和其他水溶性表面活性剂复合，则可发挥出良好的乳化力。还有失水山梨醇酯也可作为纺织添加剂的复合材料使用。它对纤维表面具有良好的平滑作用。常见的失水山梨醇表面活性剂产品见表1-2。

表1-2 常见的司盘产品

名　称	性　能	用　途
失水山梨醇月桂酸单酯 Span-20	乳化、分散、渗透、去污	W/O乳化剂、食品乳化剂、润滑乳化剂
失水山梨醇棕榈酸单酯 Span-40	分散、乳化	化妆品乳化剂、油墨分散剂、助剂
失水山梨醇硬脂酸单酯 Span-60	乳化、增稠	乳化剂、增稠剂
失水山梨醇油酸单酯 Span-80	乳化、分散	W/O乳化剂、增稠剂、分散剂、防锈剂

失水山梨醇中多余的羟基能继续进行乙氧基化反应，即与环氧乙烷加成，得到的产品为吐温（Tween）系列，其反应为：

$$RCOOC_6H_8O(OH)_3 + n\underset{\diagdown O \diagup}{CH_2—CH_2} \longrightarrow RCOOC_6H_8O(C_2H_4O)_xH(C_2H_4O)_yH(C_2H_4O)_zH$$

式中：$x+y+z=n$。

常见的吐温（Tween）系列产品为吐温-20（聚氧乙烯失水山梨醇月桂酸单酯）；吐温-40［聚氧乙烯山梨醇酐棕榈酸单酯（乳化剂-40）］；吐温-60［聚氧乙烯山梨糖醇酐硬脂酸单酯（乳化剂-60）］；吐温-80［聚氧乙烯山梨醇酐油酸单酯（乳化剂-80）］。可见，吐温是相应的司盘系列的聚氧乙烯化产物。因此，吐温系列产品的水溶性较司盘系列产品大大改善。以吐温-60为例，它是琥珀色油状液体，有脂肪气味，能溶于水、稀酸、稀碱及多数有机溶剂，不溶于矿物油和植物油。用作O/W型乳化剂，也可作增溶剂、稳定剂、分散剂、抗静电剂和润湿剂。司盘系列产品和吐温系列产品复合使用，可发挥出良好的乳化力。吐温系列产品也是低毒产品。

(三)蔗糖脂肪酸酯

蔗糖脂肪酸酯又名蔗糖酯，是一种新的非离子表面活性剂。出于它对人体无害、不刺激皮肤和黏膜、无毒；易生物降解为人体可吸收的物质；有良好的乳化、分散、润湿、去污、起泡、黏度调节、防止老化、防止析晶等作用。现已用作食品乳化剂、食品水果保鲜剂、糖果润滑脱膜剂、快干剂等。并可用作日用化妆品，能促进皮肤柔软、滋润。还可用作洗涤剂，也可用作医药、农药、动物饲料等添加剂。

【任务实施】

1. 请在生活中用到的精细化学品中找出其成分里哪些是非离子表面活性剂，并且说明它们的主要用途。

2. 请说明乙氧基化反应的原理，并举例说明典型非离子表面活性剂通过乙氧基化反应制备的过程。

3. 简述非离子表面活性剂的特点。

4. 请说明浊点对于非离子表面活性剂性质的一些影响。

5. 请以小组为单位，选择一种典型的非离子表面活性剂，通过互联网或相关书籍找出它的制备方法，并写出实验方案。

注：注明参考文献及网址。

【任务评价】

1. 知识目标的完成：

① 是否掌握非离子表面活性剂的概念、特点及应用；

② 是否掌握典型非离子表面活性剂的制备方法。

2. 能力目标的完成：

① 是否能对典型非离子表面活性剂进行合成；

② 是否能在日常用品中判断其成分里的非离子表面活性剂。

任务四 阳离子表面活性剂的生产

【任务提出】

阳离子表面活性剂分子由疏水基和亲水基两个不同部分构成。阳离子表面活性剂溶于水的时候，在水中能电离出带负电的离子和一个带正电荷的亲水基团。其表面活性是由携带正电荷的表面活性离子体现的。例如：烷基三甲基氯化铵在水中离解为氯离子和复杂的阳离子基团，表示为：

$$CH_3\cdots CH_2-\overset{\overset{CH_3}{|}}{\underset{\underset{CH_3}{|}}{N^+}}\cdot CH_3\cdot Cl^- \xrightarrow{溶于水} CH_3\cdots CH_2-\overset{\overset{CH_3}{|}}{\underset{\underset{CH_3}{|}}{N^+}}-CH_3 \;(H_2O)\; + Cl^-$$

阳离子型表面活性剂很少用作洗涤剂，其原因是很多基质的表面都带有负电荷，在应用过程中，带正电荷的表面活性剂不去溶解碰到的污垢，反而吸附在基质的表面上，发生所谓的反洗涤作用。然而这一特性却引出了一系列特殊用途。首先是抗静电性，这种特性在于电性的中和作用；其次是它可在一定时间内靠离子的电性吸附在基质的表面，而把它的亲油基冲向外部，依靠这种作用产生的特殊用途之一就是用作织物的柔软剂。此外，脂肪胺及其季铵盐可定向在细菌半渗透膜与水或空气的界面上，紧密排列的界面分子膜阻碍了有机体的呼吸或切断了营养质的来源而致使它死亡，故阳离子型表面活性剂也可用于防霉和杀菌。由于杀菌作用很强而用作外科手术和医疗器械的杀菌消毒剂。在纤维处理方面，用作纤维防水柔软剂、浸润剂、防缩剂、防静电剂等。其他用作黏胶纤维纺丝浴液的添加剂、直接染料的固色剂、匀染剂、电镀液与电解研磨的添加剂、防锈剂、防腐剂、矿物浮选剂、发泡剂、化妆品、乳化剂、抗氧化剂、黏结剂、农业杀虫剂以及各种药物等。这类表面活性剂品种发展迅速，应用范围日益广泛，产量增长较快，其增长速度要比阴离子和非离子大得多。

【相关知识】

目前，应用较多的阳离子表面活性剂的亲水基大多是含氮化合物，少数是含磷、砷和硫的化合物。在含氮化合物中，氨上的氢原子可以被一个或两个长链烃取代而成为脂肪胺盐；也可以全部被烷烃取代成为季铵盐。而脂肪胺盐和季铵盐是主要的阳离子表面活性剂。另外还有高分子阳离子表面活性剂、杂环类阳离子表面活性剂等。

一、脂肪胺盐型阳离子表面活性剂

脂肪胺盐的通式为：

$$R-\overset{\overset{R'}{|}}{\underset{\underset{R''}{|}}{N^+}}-HX^-$$

式中，R 为 $C_{10}\sim C_{18}$ 烷基；R′、R″为低分子烷基、甲基、乙基、苄基或氢原子；X 为卤素、无机或有机酸酸根。

通常先由脂肪酸与氨共热生成脂肪酰胺，然后脱水形成脂肪腈，再经加氢还原，即可制得脂肪族伯胺、仲胺、叔胺。反应可表示如下：

$$RCOOH+NH_3 \longrightarrow RCONH_2 \xrightarrow{H_2O} RCN$$

$$RCN+H_2 \longrightarrow \begin{cases}(RCH_2)_2NH\\(RCH_2)_3N\\RCH_2NH_2\end{cases}$$

将脂肪胺与无机酸（例如盐酸）中和，即生成相应的伯胺盐、仲胺盐和叔胺盐。反应可以表示为：

$$\left.\begin{array}{l}RCH_2NH_2\\(RCH_2)_2NH\\(RCH_2)_3N\end{array}\right\}+HCl\longrightarrow\left\{\begin{array}{l}RNH_2\cdot HCl\\R_2NH\cdot HCl\\R_3N\cdot HCl\end{array}\right.$$

该类产物是弱酸的盐，在酸性条件下具有表面活性，在碱性条件下，胺游离出来而失去表面活性，因而使它的使用受到限制。

二、季铵盐类阳离子表面活性剂

在阳离子表面活性剂中，以 N-原子上直接连接有疏水基的季铵盐为最简单，它的应用也最广泛。这类阳离子表面活性剂在工业上多是由脂肪胺、高级醇、卤代烷等合成的。其通式如下：

$$\left[R-\overset{\displaystyle R^1}{\underset{\displaystyle R^2}{N}}-R^3\right]^+X^-$$

式中，R 为 $C_{10}\sim C_{18}$ 烷基；R^1、R^2、R^3 为甲基或乙基，其中一个也可以是苄基；X 为卤素或其他阴离子基团。

季铵盐与胺盐不同，它在碱性和酸性介质中都能溶解，且离解为带正电荷的表面活性离子。季铵盐在阴离子表面活性剂中的地位最为重要，产量也最大。

表 1-3 给出了季铵盐阳离子表面活性剂的名称、结构式和用途。该表面活性剂在抗静电、杀菌、柔软和印染等方面有广泛的应用。

季铵盐的品种很多，合成的方法也较多。通常最简单的方法为叔胺与烷基化剂反应。季铵化的烷基化剂有卤代烷、硫酸烷基酯和氯化苄等，例如下列反应：

$$R-\overset{\displaystyle R^1}{\underset{\displaystyle R^2}{N}}+CH_3Cl\longrightarrow\left[R-\overset{\displaystyle R^1}{\underset{\displaystyle R^2}{N}}-CH_3\right]Cl$$

$$R-\overset{\displaystyle R^1}{\underset{\displaystyle R^2}{N}}+(CH_3)_2SO_4\longrightarrow\left[R-\overset{\displaystyle R^1}{\underset{\displaystyle R^2}{N}}-CH_3\right]CH_3SO_4$$

表 1-3 季铵盐阳离子表面活性剂

名　称	结 构 式	用　途
1231 阳离子表面活性剂	$C_{12}H_{25}N(CH_3)_3Br$	抗静电、杀菌
乳胶防黏剂 DT	$C_{12}H_{25}N(CH_3)_3Cl$	乳胶防黏，杀菌
1631 阳离子表面活性剂	$C_{16}H_{33}N(CH_3)_3Br$	柔软、杀菌
1831 阳离子表面活性剂	$C_{18}H_{37}N(CH_3)_3Cl$	柔软、杀菌、抗静电、乳化、破乳
1227 十二烷基二甲基苄基氯化铵(洁尔灭)	$\left[C_{12}H_{25}\overset{\displaystyle CH_3}{\underset{\displaystyle CH_3}{N}}-CH_2-C_6H_5\right]Cl$	杀菌、抗静电、柔软、缓染
新洁尔灭	$\left[C_{12}H_{25}\overset{\displaystyle CH_3}{\underset{\displaystyle CH_3}{N}}-CH_2-C_6H_5\right]Br$	杀菌

续表

名　　称	结　构　式	用　　途
缓染剂 DC	$\left[C_{18}H_{37}\overset{CH_3}{\underset{CH_3}{N}}-CH_2-C_6H_5\right]Cl$	柔软、缓染
双十八烷基二甲基季铵盐	$\left[(C_{18}H_{37})_2N(CH_3)_2\right]Cl(Br,CH_3SO_4)$	柔软、抗静电
抗静电剂 SN	$\left[C_{18}H_{37}\overset{CH_3}{\underset{CH_3}{N}}-CH_2CH_2OH\right]NO_2(ClO_4,RCOO)$	合纤及塑料的抗静电
抗静电剂 TM	$\left[CH_3-N(CH_2CH_2OH)_3\right]CH_3SO_4$	合纤抗静电
抗静电剂 TN	$\left[HO-CH_2CH_2-\overset{CH_2CH_2OH}{\underset{CH_2CH_2OH}{N}}-CH_3\right]CH_3SO_4$	抗静电
杜灭芬	$\left[C_{12}H_{25}\overset{CH_3}{\underset{CH_3}{N}}-CH_2CH_2-O-C_6H_5\right]Br$	杀菌
固色剂	$\left[C_{16}H_{33}-NC_5H_5\right]Br$	染料，固色
拔染剂	$\left[C_6H_5-CH_2-\overset{CH_3}{\underset{CH_3}{N}}-C_6H_5\right]Cl$	拔染印花

在定量碱存在下，用水、有机溶剂（如异丙醇），以氯甲烷对脂肪胺进行烷基化，在高温高压下于碱性溶液中反应时，甲基化分阶段进行。因此，根据条件不同可产生单甲基化、二甲基化以及季铵化。

$$R-NH_2+CH_3Cl\xrightarrow{\text{于高压釜中加热}}\left[R-N(CH_3)_3\right]^+Cl^-$$

使用硫酸二甲酯时，可得到烷基铵的硫酸甲酯盐。

$$R-N(CH_3)_2+(CH_3)_2SO_4\longrightarrow\left[R-N(CH_3)_3\right]^+CH_3SO_4^-$$

表面活性剂的疏水基可由长链卤代烷提供。长链卤代烷可通过高级醇同卤化氢反应而获得。

$$R{-}OH + HX \longrightarrow R{-}X$$

【任务实施】

1. 请在生活中用到的精细化学品中找出其成分里哪些是阳离子表面活性剂，并且说明它们的主要用途。

2. 请说明两类阳离子表面活性剂的制备路线。并举例合成。

3. 请通过互联网或相关参考资料查找阳离子表面活性剂的应用领域。

注：注明参考文献及网址。

【任务评价】

1. 知识目标的完成：

① 是否掌握阳离子离子表面活性剂的概念及应用；

② 是否掌握胺盐型和季铵盐型阳离子表面活性剂的制备方法。

2. 能力目标的完成：

① 是否能对长碳链阳离子表面活性剂进行合成；

② 是否能在日常用品中判断其成分里的阳离子表面活性剂并了解其作用。

任务五　认识其他表面活性剂

【任务提出】

表面活性剂除了前面所述的阴离子、非离子、阳离子类型外，还有两种重要的类型，两性离子表面活性剂和特殊类型表面活性剂。

【相关知识】

一、认识两性离子表面活性剂

两性离子表面活性剂分子也是由亲油的非极性部分和亲水的极性部分构成，亲水的极性部分既包含阴离子，也包含阳离子。两性离子表面活性剂的亲油基为烷基、芳基或其他基团；亲水基的阳离子部分通常为胺盐或季铵盐；阴离子部分一般为羧酸基、磺酸基和磷酸基。例如，在同一分子中具有酰胺和羧基的咪唑啉类两性表面活性剂；还有用含季铵盐基和羧基的内盐制成的甜菜碱类两性表面活性剂等。两性表面活性剂通常含有酸性基团和碱性基团。因此，在水溶液中因 pH 值的不同，可以呈现三种状态，即阳离子、阴离子和两性状态。

以 β-氨基丙酸型两性表面活性剂为例：

$$\underset{pH>4}{RNHCH_2CH_2COO^-} \underset{OH^-}{\overset{H^-}{\rightleftharpoons}} \underset{pH=4}{RN^+H_2CH_2CH_2COO^-} \underset{OH^-}{\overset{H^+}{\rightleftharpoons}} \underset{pH<4}{R^+NH_2CH_2CH_2COOH}$$

在 pH＝4 附近时，它以内盐的形式存在，一般称为“两性离子”；而在 pH＞4 的溶液中，呈现阴离子表面活性剂的性质；在 pH＜4 的溶液中，呈现阳离子表面活性剂的性质。使这类表面活性剂呈两性状态的 pH 值或范围，称为等电点或等电区，在等电点或等电区，表面活性剂在水溶液中的溶解度最低，另外，它的发泡、润湿及洗涤能力也最低。

两性表面活性剂是在整个表面活性剂中开发较晚的一类，1937 年美国专利才开始有这类化合物的报道。20 世纪 70 年代前后，我国开始对两性表面活性剂进行研究。目前，甜菜碱系、氨基羧酸系和咪唑啉系等产品投入市场。两性表面活性剂目前之所以产量不大，主要是在制备方法上有一定困难，成本较高。两性表面活性剂虽然其产量仅占表面活性剂产量的 1%左右，但年增长率达 6%～8%，其年增长率远远超过其他类型的表面活性剂。两性表面活性剂易溶于水，在较浓的酸、碱中，甚至在无机盐的浓溶液中也能溶解；在水溶液中，能很好地吸附在皮肤、纺织品、纤维和金属表面上，使毛发与纺织品呈现出润滑、柔软和抗静电的性质；它们的杀菌作用比较柔和，刺激性小；在相当宽的 pH 值范围内都有良好的表面活性，且它与阴离子、阳离子、非离子型表面活性剂均能兼容，在一般情况下会有增效的协同效应，此外，两性表面活性剂还具有良好的生物降解性能。由于两性表面活性剂具有上述特性，特别是对皮肤、毛发等刺激性小、毒性低，故可用于香波、化妆品及液体洗涤剂中，也可用作杀菌剂、防蚀剂、分散剂、纤维柔软剂和抗静电剂、乳化剂等。

两性表面活性剂有氨基酸型、甜菜碱型、咪唑啉型、磷脂型等，也有杂元素代替 P、N，如 S 为阳离子基团中心的两性表面活性剂。下面介绍应用较多的几种。

(一) 氨基酸型

氨基酸型是由羧酸为阴离子、氨基为阳离子构成的两性离子表面活性剂。例如烷基亚氨基二丙酸盐，结构式为：

$$\mathrm{RNH}\begin{cases}\mathrm{CH_2CH_2COOM}\\ \mathrm{CH_2CH_2COOH}\end{cases}$$

(二) 甜菜碱型

甜菜碱是一种天然产物，最早是从甜菜中提取出来的含氮化合物，其化学名为三甲基乙酸铵，结构式为：

$$\begin{array}{c} \mathrm{CH_3} \\ | \\ \mathrm{CH_3{-}N^+{-}CH_2COO^-} \\ | \\ \mathrm{CH_3} \end{array}$$

天然甜菜碱不具有表面活性，只有当其中的一个甲基被一个 C_8～C_{20} 链的烷基取代后才具有表面活性，人们将具有表面活性剂性质的甜菜碱统称为甜菜碱型两性表面活性剂。甜菜碱型两性表面活性剂与其他两性表面活性剂不同，它在酸性溶液中显示阳离子的性质，但它在碱性溶液中不具有阴离子性质，在它的等电点也不降低水溶性，在较宽的 pH 范围内水溶性都很好，与其他阴离子表面活性剂的混溶性也不差。

甜菜碱型两性表面活性剂的基本分子结构一般是由季铵盐型阳离子和羧酸、磺酸、磷酸型阴离子所组成，其中，最有商业价值的是羧酸甜菜碱两性表面活性剂。

羧酸甜菜碱两性表面活性剂由烷基二甲基叔胺与一氯醋酸钠反应制得。

$$\mathrm{R{-}N}\begin{cases}\mathrm{CH_3}\\ \mathrm{CH_3}\end{cases} + \mathrm{ClCH_2COONa} \longrightarrow \begin{array}{c} \mathrm{CH_3} \\ | \\ \mathrm{R{-}N^+{-}CH_2COO^-} \\ | \\ \mathrm{CH_3} \end{array} + \mathrm{NaCl}$$

$$(\mathrm{R}=\mathrm{C_{12}} \sim \mathrm{C_{18}})$$

(三) 咪唑啉型

咪唑啉型两性表面活性剂是最近几十年开发的品种，在 1948 年实现工业生产。1954 年，成功地用于皮肤及眼睛等无刺激的香波与化妆品中，其结构式可以表示为：

$$
\begin{array}{l}
\qquad\quad H_2 \\
\qquad\quad\ \ C \\
\quad N \qquad CH_2 \\
\quad \| \qquad\quad CH_2CH_2OCH_2COONa \\
R-C \qquad N \\
\qquad\quad\ \ OH \quad CH_2COONa
\end{array}
$$

其中，R 为 $C_7 \sim C_{17}$ 饱和或不饱和烃。

制取咪唑啉型两性表面活性剂时，首先要生成咪唑啉中间体烷基羟乙基咪唑啉，然后再与氯乙酸在强碱溶液中反应而制成最终产品。

① $RCOOH + H_2NCH_2CH_2NH_2 \longrightarrow RCONHCH_2CH_2NH_2 \xrightarrow{-H_2O}$ R—C(=N—CH_2)(NH—CH_2) $\xrightarrow{CH_2—CH_2\ (O)}$ R—C(=N—CH_2)(N—CH_2)—CH_2CH_2OH

(烷基羟乙基咪唑啉)

或

② $H_2NCH_2CH_2NH_2 + CH_2—CH_2\ (O) \longrightarrow H_2NCH_2CH_2NHCH_2CH_2OH \xrightarrow{RCOOH}$

$RCONHCH_2CH_2NHCH_2CH_2OH \xrightarrow{-H_2O}$ R—C(=N—CH_2)(N—CH_2)—CH_2CH_2OH

R—C(=N—CH_2)(N—CH_2)—CH_2CH_2OH $+ ClCH_2COOH \xrightarrow{NaOH}$ R—C(=N—CH_2)($\overset{+}{N}$—CH_2)(HO)(CH_2CH_2OH)(CH_2COO^-) 或 R—C(=N—CH_2)(N—CH_2)(HO)($CH_2CH_2OCH_2COOH$)(CH_2COO^-)

(四) 磷酸酯型

卵磷脂是天然的两性表面活性剂。磷脂种类很多，磷酸基可在甘油基的中部或末端。

$$
\begin{array}{l}
CH_2OCOR \\
| \\
CHOCOR \qquad OH \\
| \qquad\qquad\quad | \\
CH_2O—P—OCH_2CH_2NH_2 \\
\qquad\qquad\ \ \| \\
\qquad\qquad\ \ O
\end{array}
$$

二、认识特殊类型表面活性剂

特种类型表面活性剂包括含氟表面活性剂，含硅表面活性剂，含硫、硼表面活性剂，冠醚型表面活性剂，高分子表面活性剂以及生物表面活性剂等。

(一) 含氟表面活性剂

含氟表面活性剂主要是指在碳氢链中，氢原子被氟取代了的表面活性剂。氢原子如果全部被氟原子取代，则称为全氟表面活性剂。近年来含氟表面活性剂发展很快，种类也多。这类表面活性剂与普通表面活性剂性能上的差异主要是由碳氟链与碳氢链的差异决定的。含氟表面活性剂中的碳氟链与一般碳氢链不同，含氟表面活性剂具有“三高”利“二憎”的特点，具有特殊的功能。

1. 高表面活性

氟表面活性剂的表面活性极高。一般碳氢表面活性剂水溶液的表面张力通常在 30～40mN/m，而碳氟表面活性剂的稀薄水溶液的表面张力可降低至 20mN/m，最低可以达到 10mN/m。高表面活性表现在一方面能使水的表面张力降低至很低，另一方面表现在用量很少。

一般碳氢表面活性剂在溶液中的质量分数为 0.1%～1.0%时才可使水的表面张力下降到 30～35mN/m。而碳氟表面活性剂在溶液中的质量分数为 0.005%～0.1%时，就可使水的表面张力下降至 20mN/m 以下。碳氢表面活性剂一般在 12 个碳原子以上才有好的表面活性，而碳氟表面活性剂在 6 个碳原子时就呈现出好的表面活性，一般在 8～12 个碳原子时为最佳。一般将阴离子型表面活性剂和阳离子型表面活性剂混合，由于不相容会发生沉淀，甚至失去表面活性；但将阴离子与阳离子型氟碳表面活性剂混合在一起时，不但不发生上述现象，而且其水溶液的表面张力比仅用一种要低得多。

2. 高耐热稳定性

碳氟链中碳氟键的键能大［485.67kJ/mol，大于 C—H 键能（416.31kJ/mol）］，碳氟键比碳氢键稳定，不易断裂。例如，$C_8F_{17}OC_6H_4SO_3K$ 的分解温度在 335℃以上，使用温度可在 300℃左右，这是一般碳氢表面活性剂所达不到的。

3. 高化学稳定性

由于氟原子的体积比氢原子大，因而被氟原子包围着的碳链不易受到外部的影响，使 C—C 键比原来更加稳定，碳氟表面活性剂有较好的化学稳定性。如 $RFSO_3K$（RF 表示全氟烷基），全氟烷基磺酸盐的热分解温度高达 420℃，在浓硫酸、浓硝酸中也不会被破坏（氧化）。

4. 憎水性

氟碳链间的作用力弱，憎水性强，排斥水的作用更强。因此，更容易在溶液表面吸附和在水中形成胶团，所以它不仅有很低的表面张力，而且有很低的临界胶束浓度。碳氟表面活性剂在水中的溶解度在 0.1%～0.01%（质量分数），即可把水的表面张力由 72mN/m 降至 20mN/m，甚至更低。

5. 憎油性

全氟表面活性剂不仅憎水，而且憎油，所以它在有机溶剂中也显示相当好的表面活性。例如，*N*-取代的全氟辛酰胺类能使烃类降低表面张力 5～15mN/m。

氟表面活性剂的价格较高，但因其具有高度稳定性和高表面活性，在很多有特殊需要的场合仍有广泛的应用。早期曾用作四氟乙烯乳液聚合的乳化剂，以后逐步用作润湿剂、铺展剂、起泡剂、浮选捕集剂、抗黏剂、防污剂和除尘剂等，广泛应用于纺织、皮革、造纸、选矿、农药、化工等领域。如在镀铬电解槽中加入含氟表面活性剂，在电解槽液面上可形成一层致密的泡沫，以防止铬酸雾的逸出，防止环境污染。

含有全氟聚氧丙烯链的氟表面活性剂通常采用如下的过程合成。

$$CF_3CF{=}CF_2 \xrightarrow{H_2O_2} CF_3\underset{\diagdown\,O\,\diagup}{CF{-}CF_2} \xrightarrow[\text{聚合}]{KF}$$

$$\underset{\text{（全氟聚氧丙烯）}}{C_3F_7O(\underset{CF_3}{\underset{|}{CF}}{-}CF_2O)_n{-}\underset{CF_3}{\underset{|}{CF}}{-}COF} \xrightarrow{+H_2N(CH_2)_3N(C_2H_5)_2}$$

$$C_3F_7O(\underset{CF_3}{\underset{|}{CF}}-CF_2O)_n\underset{CF_3}{\underset{|}{CF}}CONH(CH_2)_3N(C_2H_5)_2 \xrightarrow[\text{季铵化}]{CH_3I}$$

$$C_3F_7O(\underset{CF_3}{\underset{|}{CF}}-CF_2O)_n\underset{CF_3}{\underset{|}{CF}}CONH(CH_2)_3\overset{+}{N}(C_2H_5)_2CH_3I^-$$

（氟阳离子表面活性剂）

全氟聚氧丙烯直接水解，再用碱中和，可得到全氟羧酸盐表面活性剂。

$$C_3F_7O(\underset{CF_3}{\underset{|}{CF}}-CF_2O)_n-\underset{CF_3}{\underset{|}{CF}}-COF+H_2O\xrightarrow{-HF}$$

$$C_3F_7O(\underset{CF_3}{\underset{|}{CF}}-CF_2O)_n-\underset{CF_3}{\underset{|}{CF}}-COOH\xrightarrow{+NaOH}$$

$$C_3F_7O(\underset{CF_3}{\underset{|}{CF}}-CF_2O)_n-\underset{CF_3}{\underset{|}{CF}}-COONa$$

(二)含硅表面活性剂

含硅表面活性剂是20世纪60年代问世的一种新型特殊表面活性剂。它的分子结构与一般的碳氢链表面活性剂相似，也是由亲水基和疏水基构成。不同的是疏水部分是由硅烷基、硅亚甲基或硅氧烷基构成；而亲水基与碳氢表面活性剂相似，也有阴离子型、阳离子型和非离子型的各种基团。

由于含硅表面活性剂结构中既含有有机基团，又含有硅元素，因而除具有二氧化硅的耐高温、耐气候老化、无毒、无腐蚀及生理惰性等特点外，还具有碳氢表面活性剂的较高表面活性、乳化、分散、润湿、抗静电、消泡、稳泡等性能。含硅表面活性剂的表面活性较碳氢链表面活性剂高得多，但低于含氟表面活性剂。

硅表面活性剂可用于橡胶和塑料润滑剂，橡胶、塑料、食品等的脱膜剂，气溶胶和非气溶胶化妆品，织物柔软剂和调节剂等。

与烃系表面活性剂相似，含硅表面活性剂按亲水基的不同可分为阴离子、阳离子、非离子和两性离子四种主要类型。

1. 阴离子

$$(C_2H_5)_3Si(CH_2)_2COOM$$

$$[(CH_3)_3SiO]_2Si(CH_3)(CH_2)_3OSO_3M$$

2. 阳离子

$$[(RO)_3Si(CH_2)_3N(CH_3)_2R']^+X^-$$

其中，R为甲基、乙基等；R′为长链烷基

$$[(CH_3)_3SiO]_2Si(CH_3)(CH_2)_3N^+(CH_3)_2C_8H_{17}OSO_3^-$$

3. 非离子

最主要的为聚二甲基硅氧烷系列产品。该产品又有不同的类型。例如，亲水基接在聚二甲基硅氧烷支链上：

$$CH_3-\underset{CH_3}{\overset{CH_3}{\underset{|}{\overset{|}{Si}}}}-O\left(\underset{CH_3}{\overset{CH_3}{\underset{|}{\overset{|}{Si}}}}-O\right)_m\underset{O-(C_2H_4O)_x-(C_3H_6O)_yR}{\overset{CH_3}{\underset{|}{\overset{|}{Si}}}}-O-\underset{CH_3}{\overset{CH_3}{\underset{|}{\overset{|}{Si}}}}-CH_3$$

4. 两性离子

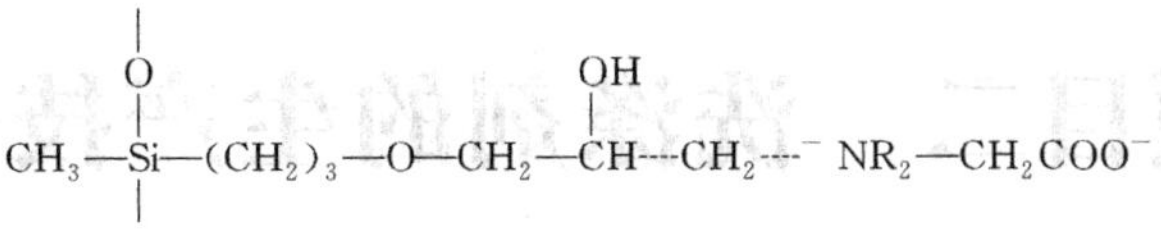

$$CH_3-\overset{\overset{|}{O}}{\underset{|}{\overset{|}{Si}}}-(CH_2)_3-O-CH_2-\overset{OH}{\overset{|}{CH}}-CH_2-NR_2-CH_2COO^-$$

(三)生物表面活性剂

生物表面活性剂是指由细菌、酵母和真菌等多种微生物合成的低相对分子质量、具有表面活性剂特征的化合物。用微生物来生产表面活性剂是20世纪70年代国际生物领域开发的一个新课题。微生物在代谢过程中常分泌出一些具有表面活性的代谢产物，如简单脂类、复杂脂类或类脂衍生物。在这些物质分子中存在着非极性的疏水基团和极性的亲水基团。非极性基大多为脂肪酸链或烃链，极性部分多种多样，如脂肪酸的烃基，单或双磷酸酯基团，多羟基基团或糖、多糖、缩氨酸等。这些物质是微生物细胞的组成部分，并在一定的条件下可以分泌于细胞体外。

与传统化学合成表面活性剂相比，用微生物制取的表面活性剂不仅合成过程及原料简单，在成本上占优势，而且表面活性、界面活性、破乳性等方面也有明显优势，同时产物选择性好、用量少、无毒、易于被生物完全降解，不会对环境造成污染，在生态学上是安全的。

生物表面活性剂根据亲水基的类别可分为糖脂系生物表面活性剂、酰基缩氨酸系生物表面活性剂、磷脂系生物表面活性剂、脂肪酸系生物表面活性剂和高分子生物表面活性剂。

【任务实施】

1. 简述两性离子表面活性剂的概念及应用。
2. 简述氟碳表面活性剂的特点。
3. 请通过互联网或相关参考资料查找特殊类型表面活性剂（氟碳表面活性剂、含硅表面活性剂、生物表面活性剂）的应用领域。

注：注明参考文献及网址。

【任务评价】

1. 知识目标的完成：

① 是否掌握两性离子表面活性剂的概念及应用；

② 是否了解特殊类型表面活性剂的特点。

2. 能力目标的完成：能否在日常用品中判断其成分里的两性离子表面活性剂、特殊类型表面活性剂并了解其作用。

项目二　洗涤剂的生产技术

教学目标

知识目标：

1. 熟悉洗涤剂的生产方法和工艺影响因素；
2. 熟悉洗涤剂生产装置的使用；
3. 认识洗涤剂的概念和生产基本规律；
4. 认识洗涤剂生产的安全技术规程。

能力目标：

1. 能利用图书馆资料和互联网查阅专业文献资料；
2. 能进行洗涤剂生产方案设计；
3. 能进行洗涤剂的生产操作；
4. 能进行洗涤剂产品的分析检测方案设计。

情感目标：

1. 通过创设问题、情境，激发学生的好奇心和求知欲；
2. 通过自主进行洗涤剂的生产方案设计及产品生产，增强学生的自信心和成就感，体验成功的喜悦，并通过项目的学习，培养学生互助合作的团结协作精神；
3. 养成良好的职业素养。

项目概述

中国20世纪初才建立真正生产肥皂的工厂，但讲究卫生、注重去垢却是历史悠久，早有传统。在科技不发达的古代，人们如何清洁和清洗衣物？随着科技的发展，现今又有哪些洗涤剂的品种？

早在几千年前，我国古代劳动人民就知道利用自然界的天然产物，如淘米水、草木灰、皂荚、茶籽饼、无患籽、马栗等来洗涤衣服。早在先秦汉时期，人们便已懂得"就地取材"，不需另花金钱便取得"清洁液"作洗面及洗发用。《礼记·内则》说："沐稷而靧粱"，唐孔颖达疏称："沐，沐发也；靧，洗面也。取稷粱之潘汗用"。原来古人简单地利用谷物的"潘汁"来洗面洗发，所谓"潘汁"其实并非什么特别的东西，乃是我们今天常见的淘米水。至于清洁衣服，古人就采用另一种"清洁剂"——灰水。即草木灰的水浸液。《考工记》曾提到，丝织品在染色之前必须"以水沤其丝"，注："水，以灰所水也。"《礼记·内则》说："冠带垢，和灰清漱；衣裳垢，和灰清。"古人洗涤衣裳冠带，所用的就是草木灰浸泡的溶液。因为草木灰中含有碳酸钾，所以能去污，这种易于取用的洗涤剂，在古时是十分常见常用的。直到近代，在中国一些较偏远的农村中仍有用草木灰水来洗涤衣物，它算得是中国古代使用最久的一种洗涤剂了。

皂角，也叫皂荚，是豆科植物皂荚树所结的果实。汉代的《神农本草经》早已把这种十分普遍的植物列入药用。皂角中含有皂苷，它的水溶液能生成泡沫，有去污性能。当时社会上已出现售卖皂荚的店铺，可见它颇受时人采用。各种皂荚中，以“猪牙皂荚”品质最低劣，去污能力弱，也毫不滋润；“肥皂荚”则去污能力强，气味也浓郁。后来，人们更进一步把去除了种子的皂荚捣烂，做成球状，如橘子般大小，供洗面、洗身之用，俗称“肥皂团”。明代李时珍的《本草纲目》中还记载了它的制作方法：“十月采荚，煮熟捣烂，和白面及诸香作丸，澡身面去垢而腻润胜于皂荚也。”和现在的香皂相比，形式上也颇相似了。

这些物质之所以能发挥清洁的作用，是因为其中含有的5%～30%的皂素，是中性高分子化合物。在硬水或软水中都能形成丰富的泡沫，对织物无损伤，丝、毛织物洗涤后还具有较好的手感和光泽。但是这些植物性洗涤剂的来源有局限性，而且皂素有一定毒性，故未能得到很好的发展。

随着油脂工业的发展，17 世纪末出现了肥皂，它是最早使用的由工业化生产的洗涤剂。肥皂在水中具有润湿、乳化、起泡、增溶、悬浮等性能，从而表现出显著的去污效力。但是，肥皂不能在硬水中使用。因为肥皂能和硬水中的钙离子、镁离子生成不溶性的钙皂和镁皂，使它失去洗涤能力，这不仅浪费了肥皂，而且在织物上形成钙皂和镁皂从而影响染色，还能使织物泛黄、变灰。同时，肥皂也不适合在酸性溶液中使用，否则会分解成脂肪酸和盐。

1925 年，德国波美化学厂生产了酯化油，将油类的羧基以醇酯化。1930 年欧洲出现了能耐硬水、强碱，具有高度净洗能力的洗涤剂迦定诺尔（Gondinal），但在强酸中很快被水解。后来大德化学公司（I.G）又从改进脂肪羧基出发，研制成脂肪酰基中胆黄素磺酸钠。到第二次世界大战前夕，菲许托罗伯许（Fischer Tropsch）以羧基合成法制得高级醇，并将其磺化成脂肪醇硫酸酯，又以不饱和烃（如石油）直接磺化制成洗涤剂提波尔（Teepol）。后来，随着高压氢化技术的发展，使脂肪酸还原成脂肪醇的方法获得成功，制成了脂肪醇硫酸钠。

尽管合成洗涤剂在1930 年前已被发现，但限于价格较贵，仅能小规模生产。作为合成洗涤剂工业，还是在第二次世界大战后逐步发展起来的。1941 年采用廉价的石油气中的丙烯为原料，经四聚和苯缩合制成十二烷基苯，再经发烟硫酸磺化、烧碱中和而制成烷基苯磺酸钠。从此合成洗涤剂才取得了很大的发展，并逐渐取代了肥皂。

合成洗涤剂的洗涤性能比肥皂好，遇硬水不会产生沉淀，在水中不会水解，不产生游离碱，不会损伤丝、毛织物和牢度。合成洗涤剂可在碱性、中性、酸性溶液中使用，溶解方便、使用时省时、省力，用量又少，有些还可在低温下使用。合成洗涤剂的发展还有一个重要原因，即可节省大量食用油脂，生产 100t 肥皂需要耗用 50t 油脂，而生产 100t 粉状合成洗涤剂只需要 20～25t 石油。随着石油工业的发展，轻油、重油、炼油厂废气、石油裂解产物的不断发展和合理利用，为洗涤剂提供原料和中间体，为多品种合成洗涤剂的发展开辟了广阔的前景，促进了合成洗涤剂的高速发展。

目前，世界洗涤剂市场的衣用洗涤剂主要由粉状、液体洗涤剂、洗衣皂和洗衣膏四种组成。前两种主要用于机器洗涤，后两种更适于手工洗涤。1994 年全世界粉状/液体洗涤剂占洗衣剂的 58.2%，皂/膏状占 41.8%。

然而在人们不能自拔地使用着化学洗涤剂的同时，化学污染便通过各种渠道对人类的健康进行着危害。化学洗涤剂的洗污能力主要来自表面活性剂，但也是因为表面活性剂有可以降低表面张力的作用，在渗入到连水都无法渗入的纤维空隙的同时，表面活性剂也可以渗入人体。沾在皮肤上的洗涤剂大约有0.5%渗入血液，皮肤上若有伤口则渗透力提高10倍以上。进入人体内的化学洗涤剂毒素可使血液中钙离子浓度下降，血液酸化，人容易疲倦。这些毒素还使肝脏的排毒功能降低。使原本该排出体外的毒素淤积在体内积少成多，使人们免疫力下降，肝细胞病变加剧，容易诱发癌症。

化学洗涤剂侵入人体后与其他的化学物质结合后，毒性会增加数倍。尤其具有很强的诱发癌特性。据有关报道，人工实验培养胃癌细胞时，注入化学洗涤剂基本物质LAS会加速癌细胞的恶化。LAS的血溶性也很强，容易引起血红蛋白的变化，造成贫血症。化学产品的泛滥是人类癌症越来越多的最大根源，而化学洗涤剂是人类最直接最密切的生活用品。

人们在广泛地使用化学洗涤剂洗头发、洗碗筷、洗衣服、洗澡的同时，化学毒素就从千千万万的毛孔渗入，人体就在夜以继日的吸毒，化学污染从口中渗入，从皮肤渗入，日积月累，潜伏集结。由于这种污染的危害在短时间内不可能很明显，因此，往往会被忽视。但是，微量污染持续进入体内，积少成多可以造成严重的后果，导致人体的各种病变。

人类生活对清洁剂的依赖也是不可避免的。所以，改善洗涤剂，使用不危害人体、不破坏生存环境、无毒无公害的洗涤剂就成为当务之急。20世纪80年代在日本的西药房里也可以买到医用海水洗涤剂，这种洗涤剂已接近无毒无公害的标准。在我国也曾有用鸡蛋清洗头发，用皂角泡水洗衣服等做法的记载，这也说明在天然资源中开发洗涤剂是前途宽广的。当人们逐步认识了解了化学洗涤剂的危害之后，一定会加速开发天然洗涤剂资源的步伐，为使人们更健康，社会更进步而努力奋斗。

课后小任务：超市小调查，网络搜索，了解市场上的洗涤剂品种及典型洗涤剂的配方构成。

推荐网站：www.baidu.com，www.google.com.hk，zh.wikipedia.org

任务一 认识洗涤剂

【任务提出】

洗涤剂是指洗涤物体时，能改变水的表面活性、提高去污效果的一类物质。

根据国际表面活性剂会议（CID）用语，所谓洗涤剂，是指以去污为目的而设计配合的制品，由必需的活性成分（活性组分）和辅助成分（辅助组分）构成。作为活性组分的是表面活性剂，作为辅助组分的有助剂、抗沉淀剂、酶、填充剂等，其作用是增强和提高洗涤剂的各种技能。

严格地讲，洗涤剂包括肥皂和合成洗涤剂两大类。

❓ 根据超市小调查和网络搜索的结果，请解释洗涤剂为什么能去污？在洗涤剂的配方中，除了表面活性剂之外还有哪些物质，它们的作用是什么？

【相关知识】

一、洗涤原理

1. 洗涤过程

洗涤过程可以简单定义为，自浸在某种介质中（一般为水中）的固体表面去除污垢的过程。在这个过程中，借助于某种化学物质（洗涤剂）以减弱污垢于固体表面（载体）的吸附作用并施以搅拌作用，使污垢与载体分离并悬浮于介质中，最后将污垢洗净冲走。

洗涤历史虽久，但洗涤过程及体系是高度复杂的，至今仍然只有一个模糊的概念。这是因为溶液体系是一个高度分散的多组体系，分散系又是含有各种各样物质的复杂溶液，体系中涉及的表面活性剂，以及污垢的性质都极其复杂。

洗涤剂是洗涤过程的主体。其作用一是去除物品表面的污垢；二是对污垢分散、悬浮，使之不易在物品上再沉积。可用下面两个过程说明洗涤过程。

（1）物品·污垢＋洗涤剂→物品·洗涤剂＋污垢·洗涤剂。

（2）溶解→湿润→洗脱→乳化→分散→排放。

整个洗涤过程是在介质（一般为水）中进行的。黏着污垢的物品（载体）和洗涤剂一起投入介质中，洗涤剂溶解在介质中，洗涤液将物品湿润，进而将污垢溶解，这时物品有洗涤剂浸润着，污垢被洗涤剂挟持着。在搅拌作用下，污垢被乳化而分散在介质中。随着介质一起被排放，物品表面带有洗涤剂可使污垢不会返回沉积在物品表面上。在这个过程中，关键作用来自洗涤剂。性能良好的洗涤剂可使洗涤过程朝正向进行到底，而品质低劣的洗涤剂不能很好地完成洗涤过程。实际上，表面活性剂的洗涤性，囊括了表面活性剂的湿润性、渗透性、乳化性、分散性、增溶性和发泡性等几乎全部基本特性。也可以说，洗涤性才是表面活性剂综合性能的表现。

2. 洗涤剂的洗涤原理

（1）降低水的表面张力，改善水对洗涤物品表面的湿润性　洗涤剂对洗涤物品的湿润是洗涤剂可否发生作用的先决条件，洗涤剂对洗涤物品必须具有较好的湿润性，否则洗涤剂的洗涤作用不易发挥。对人造纤维（如聚丙烯、聚酯、聚丙烯腈）和未经脱脂的天然纤维等，因其具有的临界表面张力低于水的表面张力，因而水在其上的湿润性都不能达到令人满意的程度。加入洗涤剂后一般都能使水的表面张力降至 30mN/m 以下（图 2-1）。因此除聚四氟乙烯外，洗涤剂的水溶液在物品的表面都会有很好的湿润性，促使污垢脱离其表面，而产生洗涤效果。

（2）洗涤剂能增强污垢的分散和悬浮能力　洗涤剂具有乳化能力，能将物品表面上脱落下来的液体油污乳化成小油滴而分散悬浮于水中，若是阴离子型洗涤剂还能使油-水界面带电而阻止油滴的集聚，增加其在水中的稳定性。对于已进入水相中的固体污垢也可使固体污垢表面带电，因污垢表面存在同种电荷，当其靠近时产生静电斥力而提高了固体污垢在水中的分散稳定性。对于非离子型洗涤剂可以通过较长的水化聚氧乙烯链产生空间位阻使油污和固体污垢分散并稳定于水中。因此洗涤剂可以起到阻止污垢再沉积于物品表面的作用。

洗涤剂去污过程如图 2-2 所示。

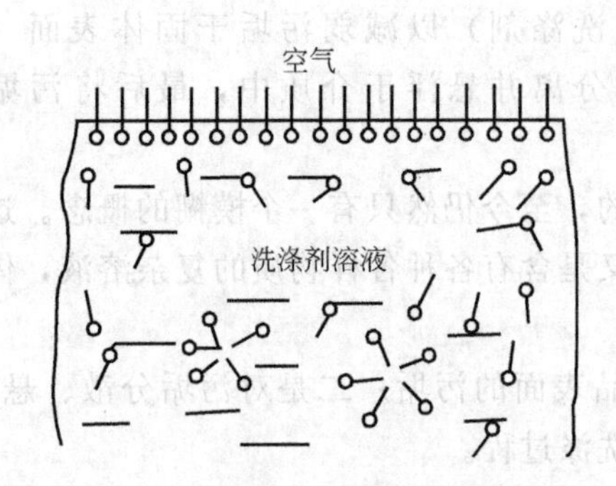

图 2-1　洗涤剂降低水的表面张力示意

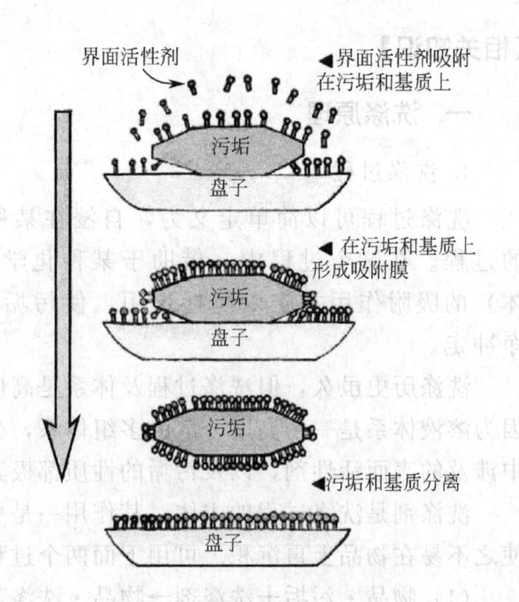

图 2-2　洗涤剂去污过程示意

二、洗涤剂的配方构成

按照我国国家标准 GB 5327—85 等同国际标准 ISO 862—1984 中的定义"洗涤剂是通过洗涤过程，用于清洗的专门配制的产品，洗涤剂通常包括主要组分表面活性剂和辅助组分助洗剂等。"由此可知，合成洗涤剂不是单一组分的化合物，是由多组分的混合物。习惯上，把洗涤剂中除表面活性剂以外的各种组分称为助剂，它们在洗涤过程中发挥助洗作用或赋予洗涤剂以某些特殊功能（如柔软、增白等）。助剂一般用量较少，但也有用量很大的，如洗衣粉中辅助原料硫酸钠的含量可达到 50%以上。在本节中主要阐述这些原料的主要性质及作用。

(一)表面活性剂

表面活性剂是洗涤剂的主要原料，很多品种都具有良好的去污、润湿、泡沫、分散、乳化和增溶能力。以前多以配方中含表面活性剂的多少来衡量洗涤剂的优劣。现在，生产洗涤剂的企业一般都采用两种以上的表面活性剂进行复配，有时在较低的表面活性剂含量下，由于多种表面活性剂相互间的协同效应，使洗涤剂也具有良好的洗涤去污能力。常用的表面活性剂主要有如下几种。

（1）阴离子表面活性剂　如烷基苯磺酸钠（LAS）、烷基磺酸钠、脂肪醇硫酸钠、脂肪醇聚氧乙烯醚硫酸钠（AES）、烷基磺酸钠（AOS）等。

（2）非离子表面活性剂　如烷基酚聚氧乙烯醚、脂肪醇聚氧乙烯醚（AEO）、烷醇酰胺等。

（3）聚醚　是近年来生产低泡洗涤剂的常用活性物，一般常用环氧乙烷和环氧丙烷共聚的产物，常与阴离子表面活性剂复配，主要用作消泡剂。

（4）两性表面活性剂　如甜菜碱等，一般用于低刺激的洗涤剂中。

(二)洗涤助剂

1. 磷酸盐

磷酸盐的种类很多，在合成洗涤剂中使用的磷酸盐主要是缩合磷酸盐。现介绍在洗涤剂中常用的几种缩合磷酸盐。

(1) 三聚磷酸钠　三聚磷酸钠俗称“五钠”，分子式为 $Na_5P_3O_{11}$，如图 2-3 所示，外观为白色粉末状。能溶于水，水溶液呈碱性，它对金属离子有很好的络合能力，不仅能软化硬水，还能络合污垢中的金属成分，在洗涤过程中起使污垢解体的作用，从而提高了洗涤效果。

三聚磷酸钠在洗涤过程中还起到“表面活性”的效果，对污垢中的蛋白质有溶胀和增溶作用；对脂肪类物质能起到促进乳化作用；对固体微粒有分散作用，防止污垢的再沉积；此外，它还能使洗涤溶液保持一定的碱性，具有缓冲作用。上述这些作用使三聚磷酸钠起到了很好的助洗效果。

三聚磷酸盐配伍在洗衣粉中，还能防止产品结块，保持产品成干爽的颗粒状，这对于产品的造型很重要。由于三聚磷酸钠具有上述种种效果，是一种很重要的助洗剂，多用于洗衣粉中，添加量可达 20%～40%。

(2) 焦磷酸钾　焦磷酸钾是由两个分子的 K_2HPO_4 脱水缩合而成，分子式为 $K_4P_2O_7$。焦磷酸钾很易吸湿，宜用在液体洗涤剂中。焦磷酸钾对钙镁等金属离子有络合能力，也有一定的助洗效果，但对皮肤有刺激性，只宜用于配制重垢型液体洗涤剂、金属清洗剂、硬表面清洗剂等清洁用品（图 2-4）。

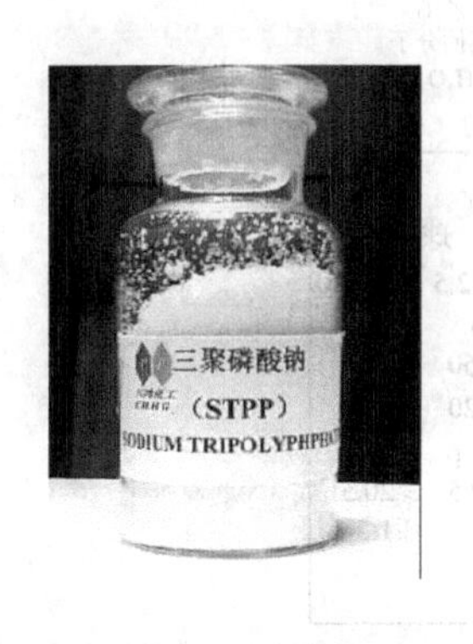

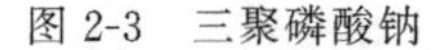
图 2-3　三聚磷酸钠

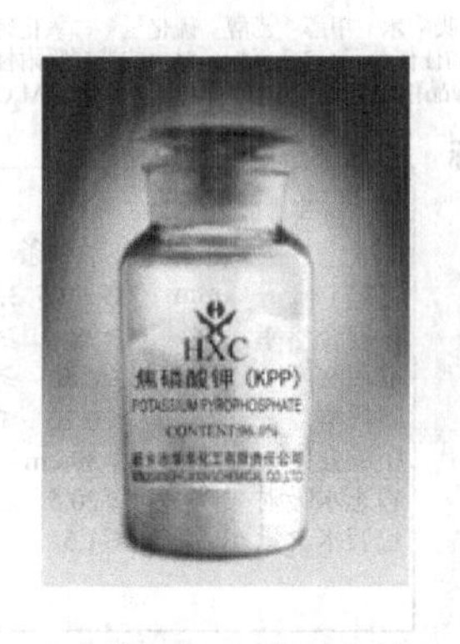

图 2-4　焦磷酸钾

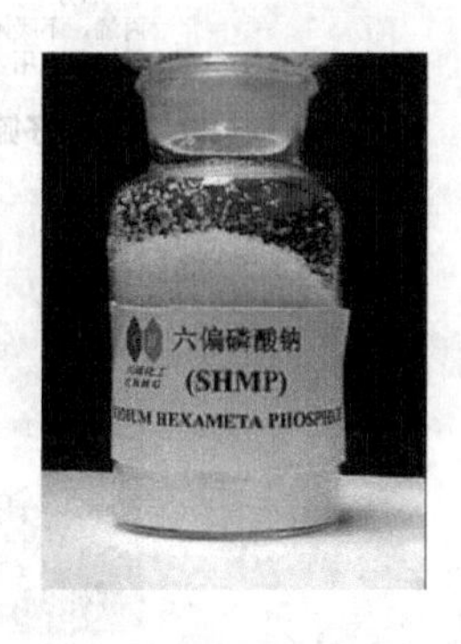

图 2-5　六偏磷酸钠

(3) 六偏磷酸钠　六偏磷酸钠由六分子的磷酸二氢钠脱水缩合而成，分子式为 $(NaPO_3)_6$。六偏磷酸钠的水溶液的 pH 值接近 7，对皮肤刺激性小，浓度较高时还有防止腐蚀的效果，在中性和弱碱性溶液中对钙离子、镁离子有很好的络合能力。它的缺点是吸湿和水解，一般仅用在工业清洗剂中（图 2-5）。

(4) 三聚磷酸钠的代用品　合成洗涤剂中最常用也是性能最好的螯合剂是三聚磷酸钠，三聚磷酸钠虽是一种优良的助洗剂，但是在液体洗涤剂中三聚磷酸钠较难加入，因为在一般情况下三聚磷酸钠在液体洗涤剂中会使产品变得混浊以致分层。此外它排放后会导致水质的过营养化（又称过肥现象）而污染水域，因此近 20 年来从事洗涤剂开发的科技工作者在三聚磷酸盐代用品方面做了大量工作。这些代用品主要是有机螯合物，高分子电解质和分子筛。

有机螯合剂是能与钙、镁等金属离子螯合的有机化合物，通过螯合作用将金属离子封闭在螯合剂分子中而使水软化。现代洗涤剂中广泛使用的有机螯合剂有羧甲基丙醇二酸钠（SCMT）、次氨基三乙酸钠（NTA）、乙二胺四乙酸二钠（EDTA-2Na）。其中最常用和最有效的是 EDTA-2Na。它在溶液中能与金属离子形成一个牢固的环状结构，使金属离子被牢固地束缚，此外，它还能使溶液提高透明度，并有一定的杀菌能力，使液体洗涤剂手感舒适。在香皂中它还是抗氧化剂，在香波中起稳定剂作用。有机螯合剂虽能软化硬水，但不像三聚磷酸盐那样对污垢具有乳化和分散的作用。

高分子电解质中被开发用于助剂的主要是聚丙烯酸钠，它对多价金属离子也有螯合作用，可以提高洗涤剂在硬水中的去污能力。聚丙烯酸钠还可以吸附于被洗物表面和污垢表面，增加被洗物与污垢之间的静电斥力，有利于污垢的去除。并能增加污垢的分散能力，防止污垢再沉积。聚丙烯酸钠与 STPP 复合使用有较好的助洗效果。

分子筛也是一种较有发展前景的助洗剂，可以部分代替 STPP，也称为人造沸石，它是硅铝酸盐的结晶。分子筛可按照孔径大小分为很多种类，作为助洗剂用的是“4A”沸石，其分子式为 $Na_2O \cdot Al_2O_3 \cdot 2.0SiO_2 \cdot 4.5H_2O$，分子筛能将其晶格中的 Na^+ 与水中的 Ca^{2+}、Mg^{2+} 等进行离子交换而使水软化。它除了软化硬水外，还能吸附洗脱的污垢，有助于去污。将分子筛与 STPP 共用，助洗效果很显著，若分子筛完全取代 STPP，则去污效果及抗污垢再沉积效果都不够理想。4A 分子筛如图 2-6 所示。

4A分子筛

4A分子筛的孔径为4Å。吸附水、甲醇、乙醇、硫化氢、二氧化硫、二氧化碳、乙烯、丙烯，不吸附直径大于4Å的任何分子（包括丙烷），对水的选择吸附性能高于任何其他分子。是工业上用量最大的分子筛品种之一。　　分子式：$Na_2O \cdot Al_2O_3 \cdot 2.0SiO_2 \cdot 4.5H_2O$

4A分子筛的技术指标

性能	单位	技术指标			
形状		条		球	
直径	mm	1.5～1.7	3.0～3.3	17～2.5	3.0～5.0
粒度合格率	%	≥98	≥98	≥96	≥96
堆积密度	g/mL	≥0.60	≥0.60	≥0.60	≥0.60
磨耗率	%	≤0.20	≤0.25	≤0.20	≤0.20
压缩强度	N	≥30/cm	≥45/cm	≥60/p	≥70/p
静态水吸附	%	≥20.5	≥20.5	≥20.5	≥20.5
包装水含量	%	≤1.5	≤1.5	≤1.5	≤1.5

图 2-6　4A 分子筛

2. 硅酸钠

硅酸钠俗称水玻璃或泡花碱，分子式可表示为：$Na_2O \cdot nSiO_2 \cdot xH_2O$（图 2-7）。商品硅酸钠为粒状固体或黏稠的水溶液，水玻璃的 Na_2O 和 SiO_2 的比值改变时，性质也随之变化，如果分子中 $Na_2O : SiO_2 = 1 : n$，则此比值 n 称为模数。模数愈低，碱性愈高，水溶性也愈好；反之模数愈高，碱性愈低，水溶性也愈差。在洗涤剂中所用水玻璃的模数为（1∶1.6）～（1∶2.4），它在水中能水解而形成硅酸的溶胶。

图 2-7　硅酸钠

水玻璃添加在洗衣粉中有显著的助洗效果，首先是硅酸钠对溶液的 pH 值有缓冲效果，使溶液的 pH 值保持在弱碱性，有利污垢的洗脱。其次是它水解产生的胶体溶液对固体污垢微粒有分散作用，对油污有乳化作用。在洗衣粉中加入水玻璃还能增加粉状颗粒的机械强度、流动性和均匀性。

水玻璃的缺点是水解生成的硅酸溶胶可被纤维吸附而不易洗去，织物干燥后会感到手感粗糙，故洗衣粉中水玻璃的添加量不宜过多。

3. 硫酸钠

无水硫酸钠为白色结晶或粉末，俗称元明粉（图 2-8）。含有 10 分子结晶水的硫酸钠俗称芒硝。

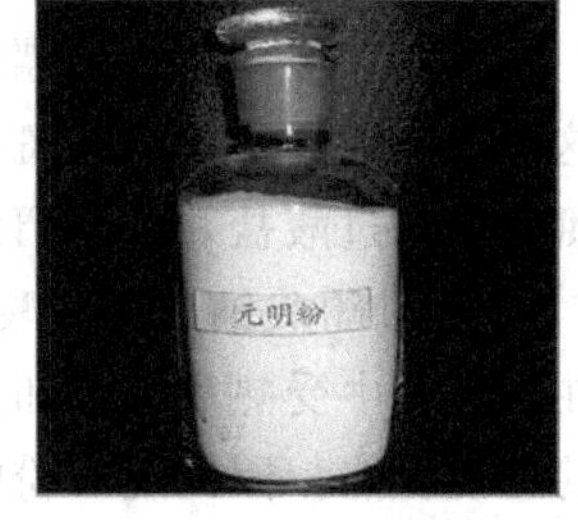

图 2-8 无水硫酸钠

硫酸钠常添加在洗衣粉中作为填充料，以降低成本。如果硫酸钠与阴离子表面活性剂配伍使用，由于溶液中 SO_4^{2-} 负离子的增加，使阴离子表面活性剂的表面吸附量增加，并促使在溶液中形成胶团，因而降低了洗涤液的表面张力，有利于润湿、去污等作用。硫酸钠的加入还可降低料液的黏滞性，便于洗衣粉成型，综合上述性能，硫酸钠是一种很好的填充剂，它在洗衣粉中的添加量一般可达到 20%～45%。

4. 碳酸钠

碳酸钠工业品俗称纯碱或苏打。在洗衣粉中作为碱剂和填充剂，能使污垢皂化，并保持洗衣粉溶液一定的 pH 值，有助于去污。碳酸钠具有软化水的作用，能与硬水中的 Ca^{2+}、Mg^{2+} 反应生成不溶性碳酸盐。但碳酸钠的碱性较强，只能用在低档洗衣粉中。洗涤丝、毛纺织品的高档洗涤用品中不可加入碳酸钠。

5. 抗污垢再沉积剂

在合成洗涤剂中常用的十二烷基苯磺酸钠等阴离子表面活性剂对纤维上黏附的污垢虽有脱除能力，但与肥皂相比，存在着脱落下来的污垢会重新附着在纤维上的缺点，即抗污垢再沉积能力差，洗后衣物表面泛灰、泛黄。为了克服这一缺点，必须在合成洗涤剂中加入抗污垢再沉积剂。

(1) 羧甲基纤维素钠盐 羧甲基纤维素钠盐（CMC）具有很好的抗污垢再沉积能力。其抗污垢再沉积作用的机理主要是 CMC 吸附在纤维的表面，从而减弱了纤维对污垢的再吸附，另外，CMC 能将污垢粒子包围起来使之稳定分散在洗涤液中。CMC 在棉纤维表面的吸附最显著，因此它对棉织物的抗污垢再沉积效果最好，而对毛织品及合成纤维织品的抗污垢再沉积能力则欠佳。

(2) 聚乙烯吡咯烷酮 聚乙烯吡咯烷酮是一种合成高分子化合物，英文缩写为 PVP (polyvinyl pyrrolidone)。用作抗污垢再沉积剂的 PVP 的平均分子量在 10000～40000，它对污垢有较好的分散能力，对棉织物及各种合成纤维织物均有良好的抗污垢再沉积效果。K-15 和 K-30 分别表示相对分子质量为 1 万和 4 万的 PVP。PVP 不仅抗污垢再沉积能力强，而且在水中溶解性能好，遇无机盐也不会凝聚析出，与表面活性剂配伍性能好。所以 PVP 是一种性能优良的抗污垢再沉积剂，其缺点是价格昂贵。

6. 漂白剂和荧光增白剂

(1) 漂白剂 对于织物及其他重垢物品洗涤，去污效果是至关重要的，加入漂白剂是一种有效的方法。漂白剂组分在洗涤过程中不但可以去除重垢污斑，还可以使洗过的衣物洁白、鲜艳。

常用的漂白剂有过氧化盐类，如过硼酸钠、过碳酸钠、过碳酸钾、过焦磷酸钠等。当用热水洗涤时，过氧化盐分解，放出活性氧，使污斑氧化便于去除，同时对织物进行了漂白。

在含有过氧化物漂白剂的洗涤剂中，应同时加入少量稳定剂，如硅酸镁、乙二胺硼乙酸二钠、硅酸钠及磷酸盐类。这种稳定剂可以减缓漂白剂的分解速度，不损伤织物，并保持良好的漂白效果。

添加在洗涤剂中的漂白剂一般为氧化剂，它在洗涤过程中能将有色的污物氧化而破坏，这样不仅能去除重垢污斑，而且可使衣物洁白，色彩鲜艳。洗涤剂中配入的漂白剂主要是次氯酸钠和过酸盐，现介绍常用的漂白剂。

① 过硼酸钠 过硼酸钠的分子式为 $NaBO_3 \cdot 4H_2O$，不易溶于冷水，可溶于热水。它在水溶液中受热后分解和释放出 H_2O_2 和 $NaBO_2$，H_2O_2 具有漂白功效，$NaBO_2$ 也有一定的助洗性能。因此洗衣粉中添加过硼酸钠具有提高去除污斑，增加白度的效果。

过硼酸钠的漂白作用与温度有很大关系，温度在80℃以上才能有漂白效果。为了使过硼酸钠在较低温度下发挥作用，只得添加某些活性剂，如在洗衣粉中添加少量的四乙酰二胺(TAED)，可使过硼酸钠的漂白温度下降到60℃。另外还有些活化剂可使活化温度下降得更多，如异壬酸苯酚酯磺酸钠可使活化温度下降到40℃，而且这种活化剂本身也是表面活性剂，也具有洗涤作用。

② 过碳酸钠 过碳酸钠的分子式为 $2Na_2CO_3 \cdot 3H_2O_2$，它在水溶液中分解为 Na_2CO_3 和 H_2O_2，因此它既有漂白作用，又可作为碱剂。过碳酸钠在50℃温度下就有漂白作用，不必加入活性剂，价格也比过硼酸钠低。过碳酸盐的分解温度较低，吸湿后更易分解，为了防止重金属对过碳酸盐的催化分解，在配方中应添加EDTA等金属螯合剂，以提高其储存稳定性。

③ 次氯酸钠 次氯酸钠由氯气通入氢氧化钠溶液中而制得，它是一种漂白能力很强的氧化剂，化学性质很不稳定，易分解释出游离氯，只有在强碱性条件下，次氯酸钠才较为稳定。因此民用洗涤剂中较少用它作为漂白剂。在工业生产中常用次氯酸钠作为纺织品的漂白剂。

(2) 荧光增白剂 为了增加衣物洗后的白度，以往的方法是在洗衣粉中加入少量蓝色染料，使织物上增加微量的蓝色，与原有的微黄色互为补色，从视觉上提高了表观白度，但织物反射的亮度却降低了，这种增白的方式叫作加蓝增白。

现代使用的荧光增白剂是一种荧光物质，它可将肉眼看不见的紫外线吸收，并释出波长为400～500nm的紫蓝色荧光，这种紫蓝色荧光与织物上原有的微黄色互为补色，增加了白度。与加蓝增白不同的是它不仅增加了白度，还增加了亮度，使织物能反射出更多的光。荧光增白剂在洗涤用品中的添加量很少，一般为洗涤剂活性物质的1%左右。

7. 酶制剂

酶是由菌种或生物活性物质培养而得到的生物制品，它本身是一种蛋白质，能对某些化学反应起催化作用。例如，蛋白酶能将蛋白质转化为易溶解于水的氨基酸。在洗涤剂中添加酶制剂能有效地促进污垢的洗脱。酶的品种很多，可用于洗涤剂中的主要有蛋白酶、脂肪酶、纤维素酶、淀粉酶等。

酶的催化作用不仅有很强的选择性，而且其活性作用受到温度、pH值及配伍的化学药品等因素的影响，酶适宜的工作温度一般在50～60℃，因此用含酶的洗涤剂洗涤衣物时宜用温水，如水温过高，酶将失去活性；各种不同的酶又有它们各自适宜的pH值，例如纤维素酶能发挥活性的pH值在5左右。洗涤溶液多数处于弱碱性，为了使酶适应洗涤的条件，有时需要对酶的品种进行筛选或改性处理。阳离子表面活性剂能迅速降低酶的活性；阴离子表面活性剂一般对酶的影响较小，脂肪醇聚氧乙烯醚类非离子表面活性剂不但不会影响酶的活性，反而对溶液中的酶有稳定作用。酶不能与次氯酸钠等含氯的漂白剂配伍，否则将丧失活性，过氧酸盐类氧化剂对酶的影响较小。

8. 抗静电剂和柔软剂

棉、麻纤维的织物洗涤干燥后往往有明显的粗糙手感，特别是棉织品的内衣、床单、毛巾等，如产生这种粗糙感，人的皮肤就会感到不舒适。为克服此缺点，可在洗涤制品中加入柔软剂。合成纤维由于绝缘性好，且摩擦系数大，由它们制成的衣服在摩擦时会产生静电，影响穿着舒适性。为了防止静电，可在洗涤制品中加入抗静电剂。

在设计配方时，主要考虑选用具有调理作用的表面活性剂，如氧化脂肪胺、两性表面活性剂、长链阳离子表面活性剂、氧化叔胺羊毛脂衍生物等。许多表面活性剂往往既具有柔软功能，又具有抗静电功能，如多数阳离子表面活性剂都具有柔软和抗静电的功能，但一般的阳离子表面活性剂不宜与洗涤剂中常用的阴离子表面活性剂配伍。需在织物洗涤和漂清之后才加入柔软剂或抗静电剂，这种洗涤和柔软处理的分步操作很不方便。

现在已经有了可以与阴离子表面活性剂共同使用的柔软、抗静电剂，使一种洗涤剂兼有洗涤、柔软、抗静电的效果，避免了分步操作的麻烦。具有这种特性的阳离子表面活性剂有二硬脂酸二甲基氯化铵、硬脂酸二甲基辛基溴化铵、高碳烷基吡啶盐、高碳烷基咪唑啉盐，这些表面活性剂不仅是柔软剂和抗静电剂，往往还具有抗菌性能。

非离子表面活性剂中的高碳醇聚氧乙烯醚和具有长碳链的氧化胺也具有柔软功能。

9. 稳泡剂和抑泡剂

因为作为洗涤剂，泡沫起携污作用，它也对漂洗过程起指示作用；作为洗发香波和沐浴液，丰富而稳定的泡沫使洗涤过程具有艺术魅力，成为一种享受。而且适当的泡沫可起携污作用，同时泡沫也对衣物的漂洗程度起到指示效果。在选择主表面活性剂和添加剂时，应综合考虑增泡和稳泡效果。但用洗衣机洗涤时，如果泡沫太多，就会妨碍洗衣机有效的工作，在配制洗涤剂时，要根据应用目的的不同来控制泡沫的多少，洗涤剂的泡沫可由选用不同品种表面活性剂及其配比的变化来加以调节，也可以用加入稳泡剂或抑泡剂的方法来控制。

在表面活性剂中，甜菜碱型两性表面活性剂和烷基醇酰胺是常用的稳泡剂，同时它们本身也有洗涤功能，特别是与磺酸盐型和硫酸酯盐型阴离子表面活性剂配伍时有很好的稳泡效果。氧化叔胺也具有很好的稳泡效果，常用的有月桂基二甲基氧化胺和豆蔻基二甲基氧化胺等。另外水溶性高分子化合物不但稳泡、增泡，还可作增稠剂，对头发、皮肤有较好的调理作用。

洗衣机应用的洗涤剂需要较低的发泡力，需在配方中加入少量泡沫抑制剂，如果在磺酸盐、硫酸酯盐及非离子表面活性剂配制的洗涤剂中添加脂肪酸皂，则能起到抑泡的效果。对泡沫的抑制程度是随脂肪酸的饱和度和碳数的增加而增大，如 C_{22} 脂肪酸皂是很好的泡沫抑制剂。聚醚和硅油也是常用的泡沫抑制剂，将这类物质配伍于洗涤剂中即成为低泡型洗涤剂。

10. 溶剂和助溶剂

制备液体洗涤剂、干洗剂和预去斑剂时，需要使用溶剂，溶剂的存在将有助于油性污垢从被洗物上除去。液体洗涤剂大部分以水作溶剂，干洗剂、预去斑剂等要使用有机溶剂配合洗涤，除低分子烷烃及其衍生物外，经常使用的溶剂有以下几种。①松油：本身不溶于水，但能使有机溶剂和水相混合，适用于制造溶剂-洗涤剂混合物，如不加松油，混合物便成两相；②醇、醚和脂：如低分子醇、乙二醇、乙二醇醚和脂等极性溶剂，有一定的水溶性，能使水和溶剂结合起来；③氯化溶剂：如三氯乙烯、四氯乙烯等，广泛用于干洗剂和特殊清洁剂。

就水而言，水质的好坏直接影响产品的质量和生产的成败。未经处理的天然水含有各种钙镁盐类、氯化钠及其他无机和有机杂质，不宜直接用于制作洗涤剂，必须进行处理。常用的处理方法有用螯合剂软化硬水，用活性炭吸附除去有机杂质和悬浮杂质；采用离子交换树脂或电渗析法除去钙、镁、钠、钾等正离子和Cl^-、SO_4^{2-}、HCO_3^-等负离子，得到去离子水；还可用蒸馏的方法得到纯净的去离子水。在一般液体洗涤剂中，使用软化水和去离子水即可，一些特殊用途液体洗涤剂才需使用蒸馏水。

洗涤剂中含有许多的无机盐，无机盐的存在会降低表面活性剂的溶解性，为了使全部组分保持溶解状态就必须添加助溶剂。常用的助溶剂有甲苯磺酸钠、二甲苯磺酸钠和尿素等。

除以上助剂外，根据洗涤剂的应用场合在进行配方设计时还需要加入其他一些助剂，如增稠剂、杀菌剂、消毒剂等。

在制造家用液体洗涤剂时，一般都要求产品具有一定的稠度或黏度，既能增加感官效果又能方便使用。对于有效物含量低的洗涤剂产品，保持产品有足够的黏度更为重要。因此，在确定对产品黏度有一定要求的洗涤剂配方时，表面活性剂应首先选用非离子表面活性剂，因为这类表面活性剂能赋予产品较高的黏度。为了增加黏度，有必要添加一些高分子水溶性物质、天然树脂和合成树脂、聚乙二醇酯类、长链脂肪酸等物质。在液体洗涤剂中加入1%～4%无机电解质（如氯化钠或氧化铵）可显著地提高产品的黏度，但在高温下效果不好。

缓冲剂也称pH调节剂，主要是用于调节洗涤剂的酸碱度，使pH值在所设计的范围内，满足产品或组成物的特定需要。pH调节剂一般都在产品配制后期使用。常用的品种有各种磺酸、柠檬酸、酒石酸、磷酸、硼酸钠、碳酸氢钠、磷酸二氢钠等。

在许多洗涤剂产品中必须使用杀菌剂，防止和抑制细菌的生长，保证产品在保质期内不至于腐败变质。凡是易受细菌破坏的产品均应使用杀菌剂。应选用无毒、无刺激、色浅价廉以及配伍性好的杀菌防腐剂。

常用的杀菌剂有对羟基苯甲酸酯类（俗称尼泊金酯），常用的是其甲酯、丙酯、丁酯等；季铵盐类表面活性剂；邻苯基苯酚；咪唑烷基脲。某些香料也具有防腐性。有机酸如苯甲酸及其盐类、水杨酸、石炭酸等也是杀菌剂。

在餐具洗涤剂和衣用液体洗涤剂中都要求具有消毒功能，目前大量使用的仍然是含氯消毒剂，如次氯酸钠、次氯酸钙、氯化磷酸三钠、二氯异氰尿酸及其盐类。今后将向非氯系列消毒剂发展。有些酸性消毒洗涤剂选用阳离子表面活性剂。

【任务实施】

1. 简述洗涤剂的作用原理及主要组成。
2. 选择3种类型以上的市售洗涤剂，分析其配方组成。
3. 查阅资料，简述天然皂粉与洗衣粉有什么区别？
4. 以小组为单位，讨论我们生活中常用洗涤剂的组成及各成分作用，并完成下列表格。

组　分	作　用	组　分	作　用
烷基苯磺酸钠		硫酸钠	
4A 沸石		羧甲基纤维素钠	
五水偏硅酸钠		荧光增白剂	
硅酸钠		香精	
碳酸钠		水分	

注：注明参考文献及网址。

【任务评价】

1. 知识目标的完成：

① 是否掌握洗涤剂的去污原理和主要组成；

② 是否了解常用洗涤助剂的种类和作用。

2. 能力目标的完成：能否正确识别日常洗涤用品的成分，并了解其作用。

任务二　粉状洗涤剂的配方设计与生产

【任务提出】

粉状洗涤剂是合成洗涤剂的一种。德国汉高在 1907 年以硼酸盐和硅酸盐为主要原料，首次发明了洗衣粉（washing powder）。洗衣粉是一种碱性的合成洗涤剂，洗衣粉的主要成分是阴离子表面活性剂：烷基苯磺酸钠，少量非离子表面活性剂，再加一些助剂，磷酸盐、硅酸盐、元明粉、荧光剂、酶等。经混合、喷粉等工艺制成。现在大部分用 4A 氟石代替磷酸盐。

> ？洗涤剂的泡沫越多，去污效果就越好吗？根据任务一中所介绍的洗涤剂的组成，收集资料，思考如何进行粉状洗涤剂的配方设计？

【相关知识】

一、粉状洗涤剂的配方设计

洗衣粉是粉末状或粒状的合成洗涤剂，其品种繁多，牌号成百上千，但它们的主要成分则所差无几。各种洗衣粉性能上的差异主要是由于配方中表面活性剂的搭配及助剂选择不同而产生的。

在洗衣粉中起主导作用的成分是表面活性剂，如烷基苯磺酸钠、烷基磺酸盐、烯基磺酸盐、脂肪酸聚氧乙烯醚、脂肪酸聚氧乙烯醚硫酸盐、烷基硫酸盐等。同时，为了降低洗衣粉的成本，进一步改善洗衣粉的综合洗涤去污效果，在洗衣粉中还要加入一些助洗剂及填充剂。

很多洗涤用品都是发泡的，因此，很长时间以来人们都习惯于使用泡沫丰富的洗涤剂来洗涤。甚至很多人误认为洗涤剂的泡沫越多，去污效果就越好。实际上并非如此，通过对洗涤去污机理的研究，洗涤剂的去污效果是由于表面活性剂具有润湿、加溶、分散、乳化、泡沫等特性，这些作用在洗涤过程中综合体现，才是影响去污力的直接因素。发泡只是洗涤过程的一种现象，虽然泡沫也有一定的携污能力，但泡沫与去污效果关系是不大的。而且在洗涤过程中泡沫过多，衣服在漂洗时还要费力、费水，并且带有大量洗涤剂的废水会造成环境问题。尤其在家庭洗衣机普及以后，洗涤时产生大量泡沫有时会溢出机外，影响正常洗涤。

低泡洗衣粉中，表面活性剂的协同作用一方面使原来容易发泡的肥皂、烷基苯磺酸钠等的发泡力受到抑制，使这类洗衣粉使用时不会产生那么多的泡沫；另一方面复配品的润湿、分散、乳化、加溶、去污等性能比单个表面活性剂有所增加，去污效果比高泡洗衣粉有增无减，因此，低泡洗衣粉是值得推荐使用的洗衣粉品种。

总之，配方是洗衣粉生产中很重要的一个环节，配方的好坏关系到整个生产过程和产品质量问题。世界各国洗衣粉配方差距很大，有些国家限制了配方中磷酸盐的用量，有些国家或地区禁止使用磷酸盐。另外，有些国家在配方中规定了漂白剂的含量。目前，还没有完整的理论依据来指导配方制订，只能依靠试验和实际经验来决定，以下几点配方原则可供参考。

(1) 活性物的选择　喷雾干燥成型时，由于温度较高，这类洗衣粉宜选择热稳定性好的活性物，如 LAS、AOS 和烷基磺酸钠等。非离子活性剂不耐热，宜在后配料时加入。目前复配型洗衣粉一般以烷基苯磺酸钠为主要活性剂，再配以脂肪醇硫酸钠、AES 等。

(2) 泡沫问题　手洗用的洗衣粉习惯泡沫多些，故在配方中应考虑加入增泡剂和稳泡剂。而机洗用的洗衣粉希望泡沫少些，可配入泡沫少的十八醇硫酸钠、非离子活性剂、肥皂或其他抑泡剂。

(3) pH 值　重垢型洗衣粉溶液 pH 值一般在 9.5～10.5 之间，碱性较强，不宜洗涤丝、毛等蛋白质纤维纺织品。如要洗涤丝、毛纺织品，最好用轻垢型的中性洗衣粉，配制中性洗衣粉的关键是不加入三聚磷酸钠和其他碱剂而仍需达到较好的洗涤效果。

(4) 根据需要加入适量的抗再沉积剂（如 CMC）、抗结块剂（如对甲苯磺酸钠）和荧光增白剂等。

另外在进行配方设计时，理想的洗衣粉还需具备以下性质：

① 堆密度恒定，因为用户一般以量勺计量，即以体积为准；

② 按一次使用量计算成分均一；

③ 良好的流动性，以利使用方便；

④ 从制造到使用这段时间，产品去污力应不损失；

⑤ 要有良好的溶解性以防洗衣粉随水排出；

⑥ 置于洗衣机粉盒内的洗衣粉要被水冲洗干净；

⑦ 在商店和家庭中储存时均不结块。

在中国洗衣粉标准 GB/T 13171—2009 中规定了洗衣粉的理化指标，如表 2-1 所示。

表 2-1　国家标准 GB/T 13171—2009

GB/T 13171—2009　各类型洗衣粉的物理化学指标

项　目		含磷洗衣粉(HL)		无磷洗衣粉(WL)	
		HL-A 型	HL-B 型	WL-A 型	WL-B 型
外观		不结团[①]的粉状或颗粒			
表观密度/(g/cm^3)	≥	0.30	0.60	0.30	0.60
总活性物含量/%	≥	10		13	
其中非离子表面活性剂的质量分数/%	≥	—	6.5[②]	—	8.5[②]
总五氧化二磷(P_2O_5)含量/%		≥8.0		≤1.1	
游离碱(以 NaOH 计)含量/%	≤	8.0		10.5	
pH 值(0.1%溶液,25℃)	≤	10.5		11.0	

续表

GB/T 13171—2009 各类型洗衣粉使用性能指标			
项 目		含磷洗衣粉(HL)	无磷洗衣粉(WL)
全部规定污布(JB-01、JB-02、JB-03)的去污力③	≥	标准粉去污力	
相对标准粉沉积灰分比值③	≤	2.0	3.0

① 如有结团，但用手轻压结团即松散，视为合格。

② 当总活性物质量分数≥20%时，非离子表面活性剂质量分数不作要求。

③ 试液溶液浓度：标准粉为0.2%，HL-A和WL-A型试样为0.2%；HL-B和WL-B型试样为0.1%。

下面介绍典型的配方实例（表2-2、表2-3）。

表2-2 普通洗衣粉的配方 单位：%

组 分	牌号			组 分	牌号		
	扇牌	五洲	上海		扇牌	五洲	上海
烷基苯磺酸钠	30	30	15	硫酸钠	25.5	38	44
烷基磺酸钠			10	硅酸钠	6	6	6
三聚磷酸钠	30	20	16	CMC	1.4	1.4	1.2
纯碱			4	荧光增白剂	0.1	0.1	0.08

表2-3 复配型洗衣粉的配方 单位：%

组 分	牌号			组 分	牌号		
	白猫	北京	美加净		白猫	北京	美加净
烷基苯磺酸钠	20	16	8	硫酸钠	22.9	38.8	20
AEO-9	1	3		硅酸钠	8	6	6
TX-10	1.5			CMC	1.4	1	1.4
聚醚			4	荧光增白剂	0.2	0.2	0.1
皂片			3	对甲苯磺酸钠	2.4		3
三聚磷酸钠	30	16	38	过硼酸钠		1	
纯碱		12					

这类洗衣粉主要采用烷基苯磺酸钠、脂肪醇聚氧乙烯醚作活性物，无机助剂以三聚磷酸钠、泡花碱、纯碱为主，产品的pH值控制在9.5～10.5之间，有机助剂中常配有1%～2%的CMC和0.1%的荧光增白剂，为改善料浆的流动性、增加成品的含水量，也可加入1%～3%的甲苯磺酸钠等助剂。重垢型洗衣粉配方见表2-4。

表2-4 重垢型洗衣粉配方

组 分	质量分数/%	组 分	质量分数/%
直链烷基苯磺酸钠	12.5	硫酸钠	46
脂肪醇聚氧乙烯醚	3	羧甲基纤维素	1
水玻璃	9	荧光增白剂	0.03
三聚磷酸钠	15	色浆蓝、香料	适量
纯碱	10		

另外，由于洗衣机的普及，人们在洗涤时并不喜欢过多泡沫，于是市场上出现了较多的低泡洗衣粉，表2-5为低泡型洗衣粉的典型配方。

表2-5 低泡型洗衣粉配方

组 分	质量分数/%	组 分	质量分数/%
C_{12}～C_{13}烷基$(EO)_5$醚	20	甲氨基乙磺酸	1
硅酸钠	5	C_{14}烯基琥珀酸酐1mol酰化物的钠盐	5
三聚磷酸钠	5	硫酸钠	余量

近年来，制造商、消费者及经销商对浓缩洗衣粉产生了很大的兴趣。所谓浓缩洗衣粉，是指密度较大、以非离子表面活性剂为主要活性物的洗衣粉，即洗衣粉国标（GB 13174—2008）中的B类洗衣粉。

浓缩洗衣粉无论从配方设计上、原材料选用上以及制造方法上，都与一般洗衣粉截然不同，因此其许多性质与普通洗衣粉不同。从组成上看，浓缩洗衣粉含有多种表面活性剂，一般是以非离子表面活性剂为主，与阴离子表面活性剂复配而成。它含有较多的三聚磷酸钠、纯碱、硅酸盐等洗涤助剂。有的产品中还另加入化学漂白剂或杀菌剂等功能性助剂。

浓缩洗衣粉属于低泡型洗衣粉，其泡沫低，易漂洗，特别适于洗衣机洗涤。从制造工艺看，普通洗衣粉是以高塔喷粉而得，一般是空心的颗粒，所以相对密度较小。而浓缩洗衣粉是用附聚成型等工艺制造的，为实心颗粒，因此视密度（表观密度）大，体积小。

因此，浓缩洗衣粉有效物更高一些，即去污力强，用量少，省时、省力、省水，效率高，其使用量为一般洗衣粉的1/4～3/4。

由于浓缩洗衣粉的视密度大，体积小，对制造商来说可以节省储存及运输费用；对商店来说，产品浓缩意味着为其他货品提供了更多的货架空间。浓缩洗衣粉对消费者的吸引力在于使用的方便和省时、省力、省水、省电带来的相对价格优惠。

浓缩洗衣粉是节能型产品，其生产过程比高塔喷粉要节省燃料、蒸汽、电及劳动力，而且在使用时，也具有省水、省电的节能优点。

浓缩型洗衣粉的配方与普通洗衣粉配方相比，一是活性物多是经过多元复配，并且非离子表面活性剂含量较高，使其去污性能大大提高。常用的阴离子表面活性剂有直链烷基苯磺酸钠、脂肪醇硫酸盐、脂肪醇聚氧乙烯醚硫酸盐、GC-烯基磺酸盐、肥皂、脂肪酸甲酯磺酸盐等。常用的非离子表面活性剂有脂肪醇聚氧乙烯醚、烷基酚聚氧乙烯醚、烷基糖苷等，非离子表面活性剂的含量一般在8%以上。日本将活性物含量超过40%的称为超浓缩粉。二是对助剂的要求有些不同。如要求固体助剂有一定的颗粒度、一定的表观密度，无机械杂质。因为基料粉的均匀性与表观密度直接影响着产品的颗粒与表观密度。如所用的纯碱应是比表面较大的轻质粉，对五钠则要求具有适当的密度，并含有较多的I型成分，使用沸石代替五钠时，沸石的颗粒要求平均粒径小于4μm。作为填充剂的硫酸钠，应减至最小量。表2-6为有代表性的浓缩粉配方。

表2-6 浓缩型洗衣粉配方

组　分	质量分数/%	组　分	质量分数/%
烷基苯磺酸钠	3.0	CMC-Na	1.0
C_{12} 烷基$(EO)_9$醚	7.0	硅酸钠	2.0
C_{12} 烷基$(EO)_3$醚硫酸钠	3.0	荧光增白剂	0.1
三聚磷酸钠	50.0	香精	适量
碳酸钠	25.0	水	余量
钠皂	3.0		

二、粉状洗涤剂的生产

粉状洗涤剂的成型方法随着市场上对产品质量、品种、外观的发展要求而不断地变化。从最初时的盘式烘干法，到20世纪40年代末喷雾干燥技术开始用于洗衣粉制造，开始用的是厢式喷粉法，以后改为高塔喷粉法。20世纪50年代中期高塔喷雾空心颗粒成型法开发成功，该法所得产品呈空心颗粒状态，易溶解，但不易吸潮、不飞扬，因而细粉产品随之被逐渐淘汰。近几年来由于消费者对加酶、加漂白剂、加柔软剂洗衣粉的需要日益增长，以及对浓缩、超浓缩无磷、低磷等多品种的要求，新兴起的无塔附聚成型方法备受欢迎。其他如高塔喷雾干燥成型技术、附聚成型-喷雾干燥组合工业也在不断发展中。

(一)高塔喷雾干燥成型技术

在全球洗涤剂市场，喷雾干燥法是当前生产空心颗粒合成洗衣粉最普遍使用的方法。喷雾干燥粉仍占主导地位。

高塔干燥法是先将活性物单体和助剂调制成一定黏度的料浆，用高压泵和喷射器喷成细小的雾状液滴，与200～300℃的热空气进行传热，使雾状液滴在短时间内迅速干燥成洗衣粉颗粒。干燥后的洗衣粉经过塔底冷风冷却，风送、老化、筛分制得成品。而塔顶出来的尾气经过旋风分离器回收细粉，除尘后尾气通过尾气风机而排入大气。

完整的高塔喷雾干燥成型工艺包括配料、喷雾干燥成型及后配料三个主要部分，其生产过程示意如图2-9所示。

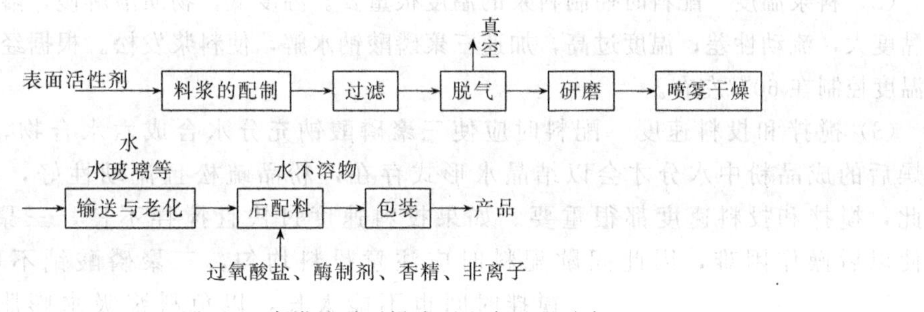

图2-9　高塔喷雾干燥成型生产过程示意

1．配料

洗衣粉生产中，一般需将各种洗衣粉原料与水混合成料浆，这个过程称为配料。料浆配制是否恰当对产品的质量和产量影响很大。洗涤剂活性物和各种助剂要严格按照配方中规定的比例和按一定的次序进行配料，不可颠倒。配料工艺有间歇配料和连续配料（如图2-10所示）两种。

配料工艺要求料浆的总固体含量要高而流动性要好，但总固体含量高时黏度大，流动性就受到一定影响，反之亦然，因此必须正确处理两者的关系，力求在料浆流动性较好的前提下提高总固体含量，应注意以下几个方面。

(1) 料浆浓度与投料次序　料浆浓度（总固体含量）要根据产品种类、工艺操作及助剂的来源和性质确定，一般为50%～60%。国外连续配料的料浆浓度较高，一般在60%～65%。

间歇配料的投料次序一般是先加入水和单体，当加到一定量时就升温，投入荧光增白剂、CMC和纯碱，然后再加入三聚磷酸钠、返工粉和硫酸钠，水玻璃和对甲苯磺酸钠可随时加入。在投料过程中，每投完一种物料，必须充分搅拌后才投入下一种料以保证料浆的均

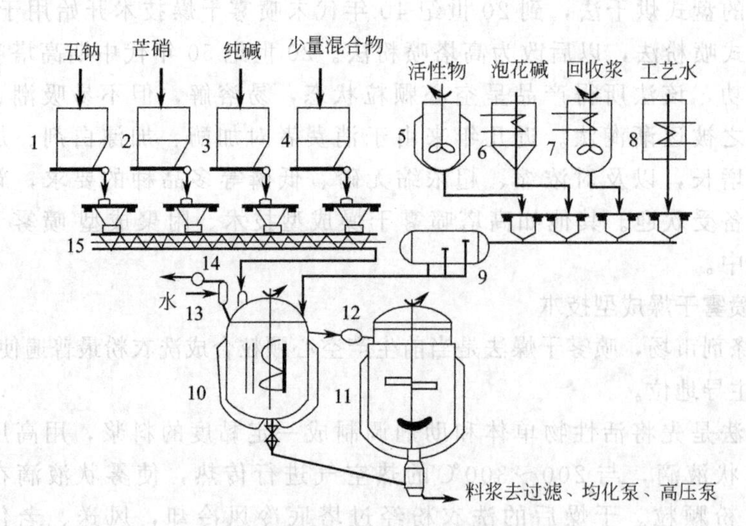

图 2-10 连续配料工艺流程示意

1～4—固体料仓及电子秤系统；5～8—液体料罐及电子秤系统；9—液料调整器；

10—配料罐；11—老化罐；12—磁滤器；13—水洗器；14—引风机；15—固料预混送料带

匀性。连续配料则无上述投料次序问题。

(2) 料浆温度　配料时控制料浆的温度很重要。温度低，物质溶解慢，溶解不完全，料浆黏度大，流动性差；温度过高，加速三聚磷酸钠水解，使料浆发松。根据经验，一般将料浆温度控制在60℃左右。

(3) 搅拌和投料速度　配料时应使三聚磷酸钠充分水合成六水合物，这样，喷雾干燥后的成品粉中水分才会以结晶水形式存在，粉品疏松且流动性好，不返潮结块。因此，搅拌和投料速度都很重要。如果投料速度过快且搅拌不良，三聚磷酸钠结块致使以后操作困难，因此间歇配料时应注意投料均匀，三聚磷酸钠不可投得太快。搅拌时间也不能太长，以免料浆吸水膨胀和吸进大量空气致使料浆发松，流动性差。

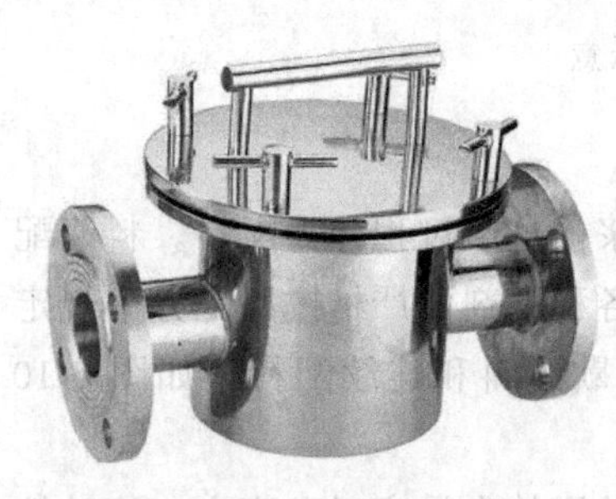

图 2-11　磁性过滤器

配制好的料浆需进行过滤、脱气和研磨处理，以使料浆符合均匀、细腻及流动性好的要求。

① 过滤。料浆配制过程中或多或少会有一些结块，一些原料中会夹杂一些水不溶物，需过滤除去。间歇配料可采用筛网过滤或离心过滤方式，连续配料一般采用磁性过滤器过滤（图 2-11）。

磁性过滤器：磁性过滤器主要适用于分离液体介质中含有细度铁屑成分之功能，使之达到液体介质所需工艺要求，因此被广泛用于食品工业、医药、化妆品、精细化工等行业。同时双滤桶磁性过滤器配有两个换向阀，工作时一组过滤装置投入运行，当清洗时改变换向阀位置，另一组可连续运行，以确保工艺管线连续化。

② 脱气。料浆中常夹带大量空气，使其结构疏松，影响高压泵的压力升高和喷雾干燥的成品质量，因此，必须进行脱气处理。目前国内大多数洗衣粉厂均采用真空离心脱气机进行脱气（图 2-12）。有些企业在采用复合配方时，由于加入了非离子表面活性剂，料浆结构紧密而不进行脱气处理。

真空离心脱气机：又名真空脱气罐，用于经均质后的果汁在真空状态下进行脱气，以防止果汁氧化，延长果汁储存期。真空脱气机组包括真空脱气机、真空泵和离心泵。它利用真空抽吸作用去除物料中的空气（氧气），抑制氧化和褐变，提高产品的品质。同时除去悬散微粒附着的气体，防止微粒上浮，有效地改善产品的外观，还可以减少灌装及高温灭菌时的起泡，减少容器内壁的腐蚀。

③ 研磨。脱气后的料浆，为了更加均匀，防止喷雾干燥时堵喷枪，常用的研磨设备是胶体磨（图 2-13）。

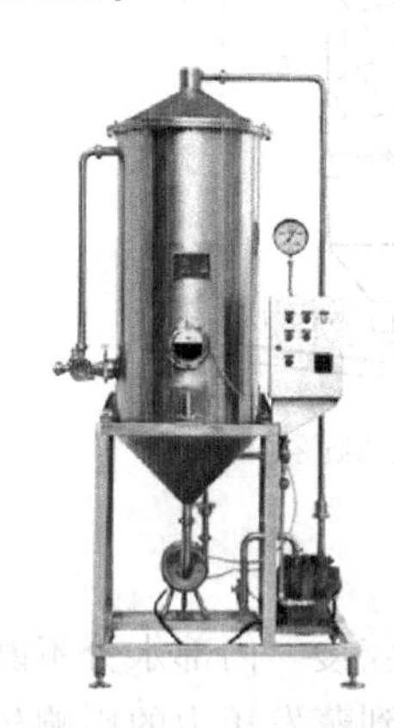

图 2-12 真空离心脱气机

图 2-13 胶体磨

胶体磨：胶体磨由不锈钢、半不锈钢胶体磨组成，基本原理是由电动机通过皮带传动带动转齿（或称为转子）与相配的定齿（或称为定子）作相对的高速旋转，其中一个高速旋转，另一个静止，被加工物料通过本身的重量或外部压力（可由泵产生）加压产生向下的螺旋冲击力，透过定、转齿之间的间隙（间隙可调）时受到强大的剪切力、摩擦力、高频振动、高速旋涡等物理作用，使物料被有效地乳化、分散、均质和粉碎，达到物料超细粉碎及乳化的效果。

2. 喷雾干燥成型

喷雾干燥法是先将原料配制成 60%～70%的浆料，然后经过喷雾干燥法变成粉状或颗粒状产品，喷雾干燥法包括喷雾和干燥两个过程。喷雾是将料液经雾化器喷洒成雾状液滴；干燥是将雾滴与热气流混合，使水分迅速蒸发而获得粉状或细粉状产品。

(1) 喷雾干燥法的类型　按照料浆的雾状液滴与热风接触的方式，可分为顺流式和逆流式 2 种方法，如图 2-14(a)、图 2-14(b) 所示。顺流式喷雾干燥法是指从热风炉出来的热空气从塔的上部旋转进入塔内，料浆同样也是从塔顶喷下来，喷下来的料浆通过迅速旋转的转盘产生离心力而成雾状液滴散落下来，与热风接触，同时从塔顶顺流而下，被干燥成粒子。逆流式喷雾干燥法是用高压泵将料浆送至塔顶，经喷嘴向下喷出，热风则是从塔底经过进热风口的导向板进入塔内，顺塔壁以旋转状态由下向上经过塔顶。因此，从喷嘴喷射出来的料浆液滴与来自塔下方的热风接触，在塔内徐徐下降，与热风形成逆流接触传热，并逐渐干燥成粒子。

顺流干燥法得到密度为 100～150g/L、水分含量 3%～10%的轻质粉。顺流干燥时雾滴在含水量最高时接触到热的空气，由于水分迅速蒸发，防止了液滴温度上升。但是雾滴在高温下急骤蒸发易膨胀而破碎，不易形成空心颗粒状产品，故成品细粉多，外观不好。

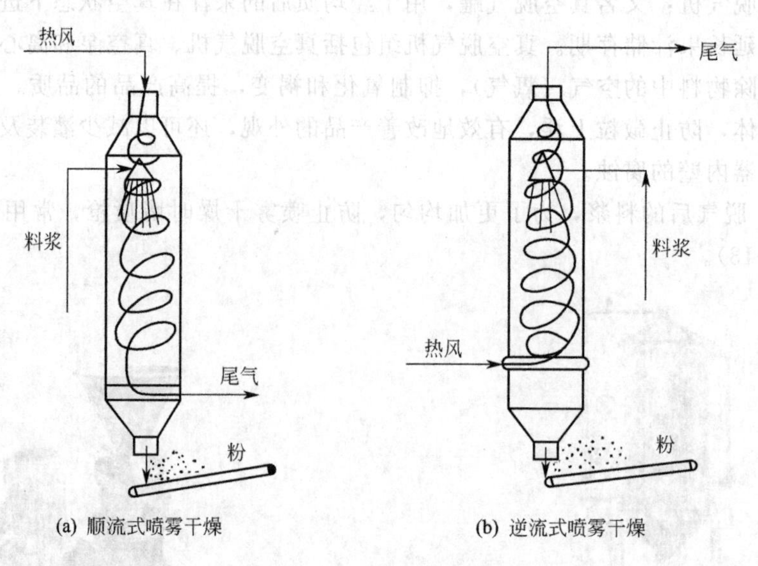

图 2-14 喷雾干燥法的类型

逆流干燥时液滴与温度较低的热风相遇，表面蒸发速度较慢，内部水分不断向外扩散直到内部只残留少量水分时表面才形成弹性膜，颗粒的膨胀受到蒸发压力的影响较小，所以粒径小而视密度高。由于干燥的颗粒与热空气逆流而行，故可使细小的粒子聚合成较大的粒子，从而降低了产品的细粉含量。而且逆流操作时，传热和传质的推动力较大，热能的利用率也较高。但应注意的是：成品粉以较高的温度离塔，老化、冷却需在塔外进行，如温度控制不当，易产生黄粉、湿粉。逆流干燥得到堆密度 300～500g/L、水含量 7%～15%（一般为 10%左右）的粉状产品。由于世界各地几乎都希望得到高密度洗衣粉，到目前为止，大多数洗衣粉的喷雾干燥都采用逆流方式。

（2）喷雾干燥工艺流程　料浆经高压泵以 5.9～11.8MPa 的压力通过喷嘴，呈雾状喷入塔内，与高温热空气相遇，进行热交换。料浆的雾化是实现高塔喷雾干燥效率的关键环节。料浆雾化后雾滴的状态决定于料浆原来的性状，高压泵的压力，喷枪的位置、数量，喷嘴的形式、结构、尺寸。

喷粉塔应有足够的高度，以保证液滴有足够的时间在下降过程中充分干燥，并成为空心粒状。目前我国的逆流喷雾干燥塔有效高度一般大于 20m。小于 20m 的塔，空心粒状颗粒形成不好，影响产品质量。如包括塔顶、塔底的高度在内，塔总高 25～30m。塔径有 4m、5m 及 6m 3 种，一般认为直径小于 5m 的不易操作，容易造成粘壁。大塔容易操作，成品质量好，但是塔过大而产量过小时，热量利用就小，不经济。一般直径 6m、高 20m 的喷粉塔能获得年产量 15～18kt 的空心粒状产品。

如图 2-15 所示，生产洗衣粉的喷雾干燥工艺车间包括下列主要单元。

① 液体和固体原料储运设备。

② 间歇式或连续式料浆配制设备。

③ 料浆后处理设备。

④ 料浆脱气和最终的通气设备，以控制基粉堆密度。

⑤ 低压泵和高压泵，用于将料浆输送至塔顶的雾化喷嘴。

⑥ 喷雾干燥塔。

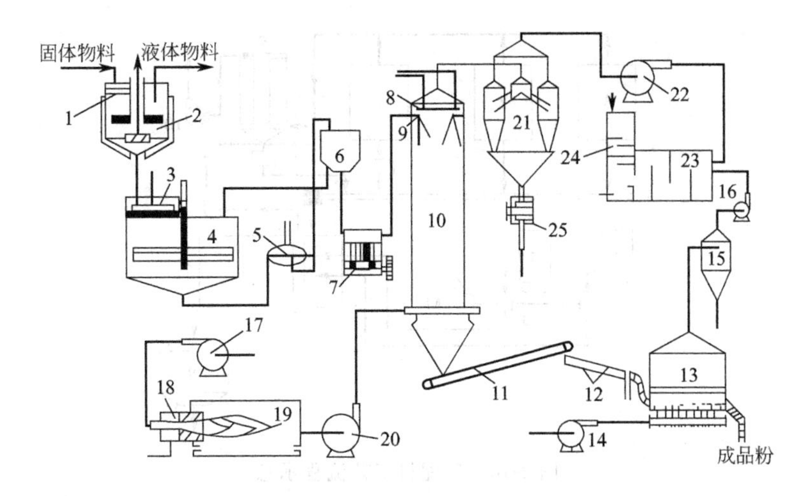

图 2-15　塔式喷雾干燥合成洗衣粉的工艺流程

1—筛子；2—配料缸；3—粗滤器；4—中间缸；5—离心脱气机；6—脱气后中间缸；7—三柱式高压泵；8—扫塔器；9—喷粉枪头；10—喷粉塔；11—输送带；12—振动筛；13—沸腾冷却；14—鼓风机；15—旋风分离器；16—引风机；17—煤气炉一次风机；18—煤气喷头；19—煤气炉；20—热风鼓风机；21—圆锥式旋风分离器；22—引风机；23—粉仓；24—淋洗塔；25—锁气器

⑦ 热空气发生器和驱使热气体流动并使整个体系维持一定压力的鼓风机。

⑧ 尾气中粉尘和挥发物的分离设备，回收细粉和收集粉尘的循环进料设备。

⑨ 基粉的收集、冷却、风化和输送设备。

⑩ 基粉和未经喷雾干燥的组分（如酶粒、过碳酸钠、过硼酸钠、TAED 等）的计量设备。

⑪ 洗衣粉的储存、输送和包装设备。

3. 成品的分离、包装及后处理

干燥后的产品颗粒降落到塔的锥形底部。为保持产品空心颗粒形态不受损坏，产品的传输要在一定的装置中进行，多采用风力输送装置。从喷雾塔排出的产品温度仍然较高（70～800℃），通过风送不仅使产品被空气逐渐冷却，同时也起到使产品进行老化的作用，以使成品颗粒更加坚实牢固并保持一定水分，滑爽易流动。从喷雾塔刚出来的产品还含有颗粒不整的产品及细粉，应在风进过程中再把它们分离、筛析出去。

从喷粉塔顶排出的尾气中一般还含有 1.5～3g/m^3 的粉尘、占产量 2%～3%的细粉，因此要经旋风分离器分离回收。为了保护环境，旋风分离器还应带有密封排粉装置。尾气经旋风分离器和湿式洗涤器两道处理达到排放标准后排空。

将一些不适宜在前配料加入的热敏性原料及一些非离子表面活性剂与喷雾干燥制得的洗涤剂粉混合，从而生产出多品种洗涤剂的过程叫后配料，后配料工艺流程如图 2-16 所示。

根据市场需要，一些洗衣粉中还需加入香精、漂白剂、柔软剂、酶制剂等。这些助剂多属于热敏性物质。因此这些物料可在洗衣粉冷却分离后加入或通过特定的后配料装置掺配进去，但酶制剂则需要采用颗粒酶混合法或酶直接黏结法才能加入。前一种方法是将酶附聚在一种载体上制成活性的颗粒酶，然后再与洗衣粉混合；后一种方法是将酶与有机溶剂或非离子表面活性剂混合调制成浆，然后再与洗衣粉黏附混合。一些漂白剂如过硼酸盐、过碳酸盐等只能在喷粉后用机械混合法加入到洗衣粉成品中。

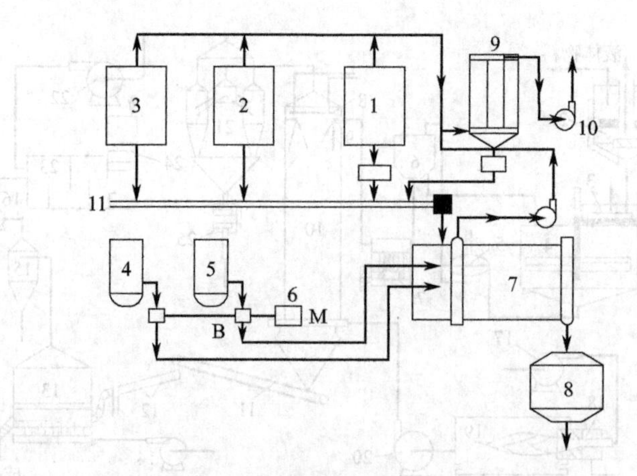

图 2-16　后配料工艺流程示意

1—基础粉料罐；2—过碳酸钠料罐；3—酶制剂料罐；4—非离子储罐；5—香精储罐；
6—比例泵；7—旋转混合器；8—成品粉料斗；9—袋式除尘器；10—引风机；11—固料预混输送带

以上经过加香或加酶后的成品即可送去包装。目前我国分为大袋和小袋包装 2 种，大袋 10～20kg/袋，采用人造革或厚塑料袋包装，小袋为一般零售商品，分 200g、300g、500g、1kg、3kg 等，采用复合型塑料袋。装袋时的粉温越低越好，以不超过室温为宜，否则容易反潮、变质和结块。

喷雾干燥法生产的粉剂具有下列优点：

① 配方不受限制，能掺入较多的表面活性剂。纯碱也不是必要的组分，故可制成中性的轻垢型的粉状洗涤剂。

② 喷雾干燥的粉剂不含粉尘，不易结块可自由流动，粉剂有较好的外观。粉剂的含水量和表观密度可在一定范围内变动。

③ 颗粒呈空心状，表面积大，溶解速度快，使用方便。

喷雾干燥法的缺点是设备投资费用大，操作时需耗用较大的能源。

(二) 附聚成型技术

用附聚成型法制造粉状洗涤剂是近 10 多年发展起来的新技术，所谓附聚是指固体物料和液体物料在特定条件下相互聚集，成为一定的颗粒状产品（附聚体）的一种工艺。工艺流程主要为预混合、附聚、老化、调理、筛分、后配料、包装工序，如图 2-17、图 2-18 所示。

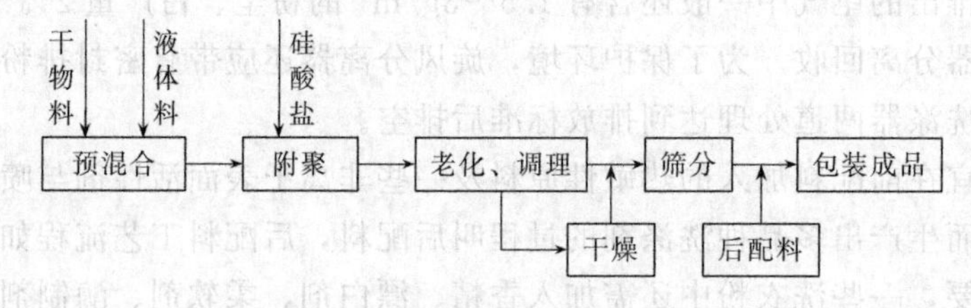

图 2-17　附聚成型工艺示意

附聚成型法是将料浆或液体物料喷入运动中的具有高吸附性能的粉状助剂混合物中，也可不经喷雾而将活性物与助剂通过特别强烈的搅拌混合器成型的方法。附聚成型法按液固混合方式的不同，可分为全喷雾混合法和半喷雾混合法。全喷雾混合法是将固体物料和液体物料均通过喷雾方法而混合的。半喷雾混合法是将配方中的液体雾化，而固体组分则借助它运动方式使两者混合，根据固体物料的运动方式不同，有连续回转式喷雾混合、流化床式和涡流干混成型法等。

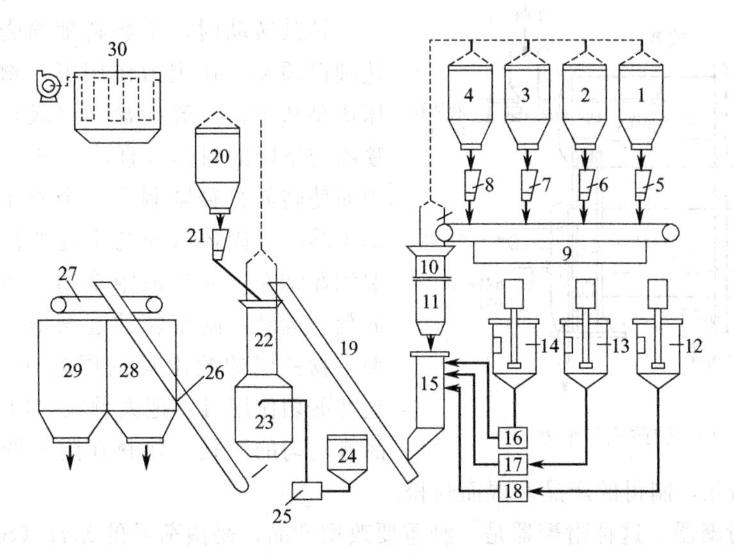

图 2-18　附聚成型工艺流程

1～4—洗衣粉原料粉仓；5—三聚磷酸钠流量计；6—纯碱（碳酸钠）流量计；7—芒硝（硫酸钠）流量计；8—少量粉料流量计；9—水平皮带输送机；10—粉体预混器；11—粉体混合器；12—非离子磺酸保温罐；13—液体硅酸钠或水保温罐；14—其他活性物保温罐；15—造粒成型机；16—其他活性物计量泵；17—液体硅酸钠计量泵；18—非离子磺酸计量泵；19—皮带输送机；20—酶仓；21—酶流量计；22—酶-洗衣粉混合器；23—加香器；24—香料罐；25—香料计量泵；26—成品皮带输送机；27—进料仓输送带（双向）；28,29—成品储槽；30—除尘器

预混合工序使液体物料分批加到干态物料上，保持一定接触时间，直至液体完全被干料吸附。在附聚器内物料保持恒速运动，硅酸盐作为胶黏剂喷洒到物料上，形成颗粒。在老化调理器内物料放置一定时间，以便水合完全，同时可减少游离水含量。后配料用于掺配一些对温度和湿度敏感的成分。

1. 附聚器

附聚成型生产过程中最关键的设备是附聚器及干燥器。也就是指固-液组分混合造粒机和使产品进一步老化或调解的干燥装置。先用不同的附聚设备和采用不同的老化或者调解混合产品的方法，可组成不同的成型工艺。附聚器有多种类型，如转鼓式附聚器、立式附聚器、Z 型附聚器等。

(1) 转鼓式附聚器　是美国使用最普遍的一种附聚器，O’Brien 工业设备公司生产的鼓式附聚器的装机容量为 100t/h，生产机用餐具洗涤剂和洗衣用洗涤剂的比例为 85∶15。该装置为一个大圆筒，水平安装在滚珠上，由电动机带动旋转。

图 2-19 是转鼓式附聚器的示意图。这种装置是一个水平安装在滚子上的大圆筒，用电动机带动。可以认为这是一种“鼓中鼓”。

内鼓是一个长形栅格圆筒，用圆条在轴向制成栅格结构。在大型装置里，这个栅格圆筒是可以浮动的。在粉料的进料端，圆条栅格较窄，并向着附聚物卸料端逐渐加宽。在筒壳和

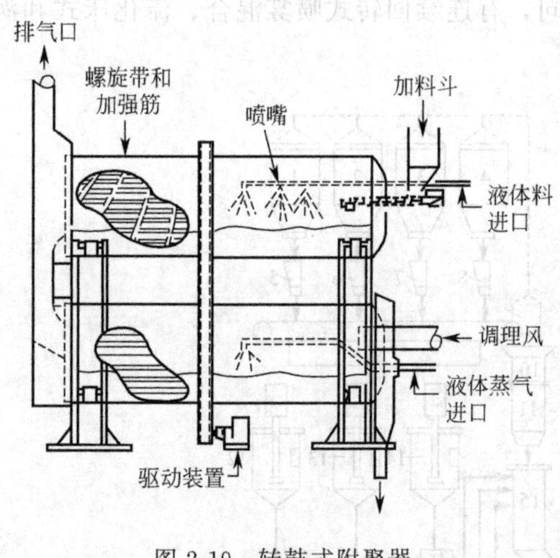

图 2-19 转鼓式附聚器

栅格圆筒间装有连续的螺旋带，用于将细料从侧面循环回到加料端。

转鼓转动时，干物料随筒壳运动半周，到达圆筒顶端，在重力作用下，物料层离开隔离床成幕状下落。硅酸盐和（或）表面活性剂的喷嘴与下降的料幕垂直，其安装部位要求很严，因而使转鼓直径限制在一个极小的范围里。料幕下落时，固体微粒与雾化的液滴相遇，并被湿润黏结在一起形成附聚物。随着物料在鼓内的翻滚运动，附聚颗粒逐渐增大，并被压紧成型。物料层的翻滚运动同时还具有剪切作用。这种剪切作用可以把大颗粒“切小”，从而使产品有均匀的颗粒。物料在附聚器内停留的时间平均为 20～30min，制得的产品潮湿而疏松。

（2）立式附聚器　这种附聚器是一种重要改型产品，是由荷兰的苏吉（Schugi）公司首创，但直至 1974 年才被美国洗涤剂厂家使用。生产能力为 91t/h，其中 95%为机用餐具洗涤剂，其余 5%为洗衣洗涤剂和特制品。立式附聚器是一种连有高速旋转轴的圆筒，有几组突出的刮板偏置安装在轴上，它们的冲角可单独变化，轴的转速可在 1000～2000r/min 之间调节。

立式附聚器的主要组成部分是一个圆柱形混合室。混合室中心装有高速转动的轴（见图 2-20），轴上装有几组叶片。安装时，叶片的位置要相互错开，叶片的迎角可以任意变化。轴的转速为 1000～3000r/min。这种附聚器靠物料的连续有序自流工作。加入混合室的粉料在向下流动时，受到叶片的激烈搅拌。液体物料用喷嘴喷入流动的粉料里。形成的混合料流沿混合室内壁向下作螺旋运动，直到机器出口。

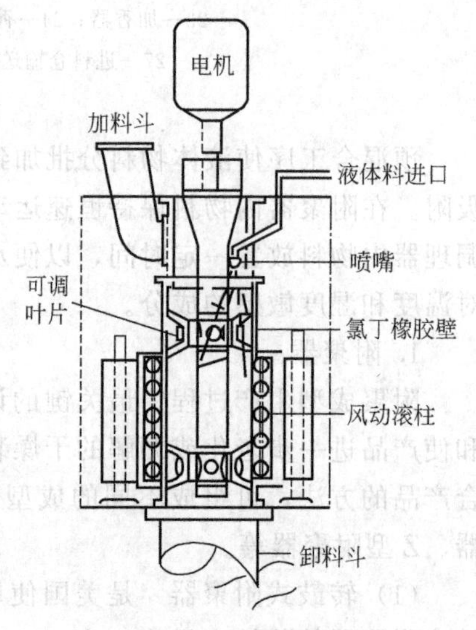

图 2-20 立式附聚器

物料在混合室内的停留时间平均为 1s 左右，因此，要很精确地控制物料的流量，使各组分混合均匀。混合室内壁使附聚的颗粒受阻降落，因而它对固体微粒的附聚起着重要作用。但是，在颗粒开始形成时，固体微粒往往会黏着在它的表面上，并逐渐堆积增多。为了解决这个问题，现在已采用挠性氯丁橡胶来做混合室的材料，并用压缩空气来驱动装在混合室外壁上的一组滚子，使挠性壁连续变形，这样对内壁就起到了自清扫的作用。

与其他附聚器比较，物料在立式附聚器内停留的时间很短，因而用这种附聚器生产的产品一般是相当潮湿而富有黏性的。所以，还必须作进一步的调理（老化）处理。

（3）Zig-Zag 型附聚器　Zig-Zag 型附聚器（Zig-Zag 即 Patterson-Kelly 公司的注册商标）是用于洗涤剂生产的一种相当普遍的附聚混合器，主要用于生产洗衣洗涤剂。它既有混合作用，也有附聚作用。这样的附聚器在美国已有 5 套，生产能力达 61234kg/h (135000lb/h)。这是唯一的一种洗衣洗涤剂产量大于机用餐具洗涤剂产量的家用产品附聚器。这种附聚器是由 Patterson-Kelly 公司制造的。

Zig-Zag 型附聚器由两部分组成（见图 2-21)。第一部分是一个圆筒，原料由这部分加入，第二部分是 V 形混合器。液体物料由一根转动的棒状分散器加入，液体靠离心力由分散棒射出，成雾状液滴进入大部分干物料里。附聚作用主要发生在圆筒里，二次附聚和颗粒均化则在 V 形混合器里完成。V 形部分每转半周，部分物料向前运动，而其余部分则向后运动。这样随机分离的结果，就使物料得到了均匀的混合。物料在"Zig-Zag"装置里停留的时间是恒定的，约 90s，与装置的大小无关。

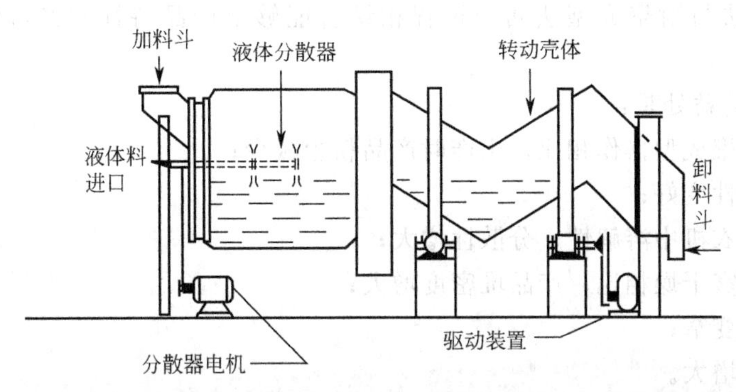

图 2-21　Zig-Zag 型附聚器

中国日用化学研究所于 20 世纪 80 年代末即已开发了附聚成型工艺装置，该装置最大生产能力为 3t/h，设备投资远低于国外同类设备。

2. 干燥（调理)器

各种附聚器生产的粒状产品都必须作进一步的老化，即调理处理，使水合反应达到平衡。如果不作这样的处理，附聚物就会结成硬块，使后面的设备难以工作。现在已有 3 种调理器可用于调理洗涤剂附聚物。

(1) 转鼓调理器　这种调理器是最常用的，它一般是与转鼓附聚器和"Zig-Zag"附聚器配用。这种调理器与转鼓附聚器很类似，其区别只在于转鼓附聚器里是长形的栅格圆筒，而转鼓调理器内则是提升条板，其调理操作是通过翻腾作用完成的。和转鼓附聚器比较，转鼓调理器要长些。因此，物料在里面停留的时间也就要长些。如果物料还需要干燥，只需向翻腾床里通入热空气即可。

(2) 流化床调理器　流化床技术近来已经用于附聚产品的调理和干燥。流化床装在立式附聚器后面通常只作调理器用，而用另外的方法作干燥处理。对老化附聚产品，流化床是一种很有效的设备。在作这一操作时，附聚物悬浮在湍流空气里，两者能进行充分的热交换，空气的温度和湿度可以稳定在有利于产品表面老化的范围里。

(3) 静态调理器　从历史上看，静态调理器早已用于大规模的机用餐具洗涤剂生产。由于它的效率低，劳动强度大，所以大多数静态老化装置已被转鼓或流化床技术取代。不过，有的静态调理器也仍然在某些工艺里使用。

在静态调理器里，附聚产品是在静止状态下老化的。从附聚器出来的产品卸到一台皮带运输机上，或者卸到一台料罐里。让它停放一定时间，就可达到老化目的，其效果决定于老化床的深度和暴露表面积的大小。在老化料罐的深处，常常会明显地发热，而且总会有某种程度的结块，因此，在包装以前必须进行脱浆操作。

洗涤剂附聚工艺近来已出现了几个明显的趋势。这些趋势对今后洗漂剂生产可能会有很大的影响。

总的说来，附聚成型的应用范围正在扩大。最初，附聚工艺只用于机用餐具洗涤剂的成型，现在，已经扩大到洗衣洗涤剂，最近又扩大到了专用产品的生产。在一些工业和公共设施用产品的生产也正在试用这项技术。

(三)喷雾干燥、附聚成型组合工艺

喷雾干燥、附聚成型组合法（Combox工艺）是生产高活性物和高堆密度洗衣粉的一种行之有效的工艺过程。

将喷雾干燥法与附聚成型法两个过程相结合能够给产品特性和经济性两方面都带来益处。

对产品特性的益处是：

① 与单纯附聚成型操作相比，生产时产品粉尘减少；

② 动态流动性变好；

③ 产品在洗衣机中溶解性、分散性增大；

④ 与单纯喷雾干燥相比，产品堆密度增大；

⑤ 粒度分布变窄；

⑥ 平均粒径增大。

对生产操作的益处是：

① 显著提高现有车间的生产潜力；

② 增大操作弹性；

③ 综合了两种基本工艺过程的优点。

该工艺的流程如图2-22所示。其主要过程如下。

(1) 由喷雾干燥制得含大量阴离子表面活性剂的基粉，喷粉条件如表2-7所示。

表2-7 喷雾干燥部分的操作条件

部位	条件
洗涤剂料浆浓度	65%～70%总固体
料浆中阴离子表面活性剂含量/%	20～25
热风进口温度/℃	250～350
喷雾压力/MPa	2.0～4.0
塔内平均气速/(m/s)	0.3～0.6
尾气温度/℃	90～95

(2) 附聚在第一级混合机MX1中进行、基粉与其他固体组分一起进到高剪切混合机中。MX1可以采用Ballestra Kettemix反应器、Lodige再循环器或Schugi Flexomix，非离子表面活性剂、聚合物溶液或硅酸盐溶液等液体配料从此处经安装好的喷嘴计量喷入。

(3) 造粒和涂布在第二级混合机MX2中进行，来自第一级的附聚产品在低剪切混合机中（MX2）进一步处理。MX2可采用Lodige犁桦混合机。在此处加入少量固体，如沸石作涂布剂。

第二级混合机所作的机械功以及加入的固体，有时也有加入的液体组分的共同作用使得产品发生造粒效应。换言之，已经发生附聚的产品得以增密而且外形更接近球状，而固体细粉的涂布使颗粒自由流动性增大。

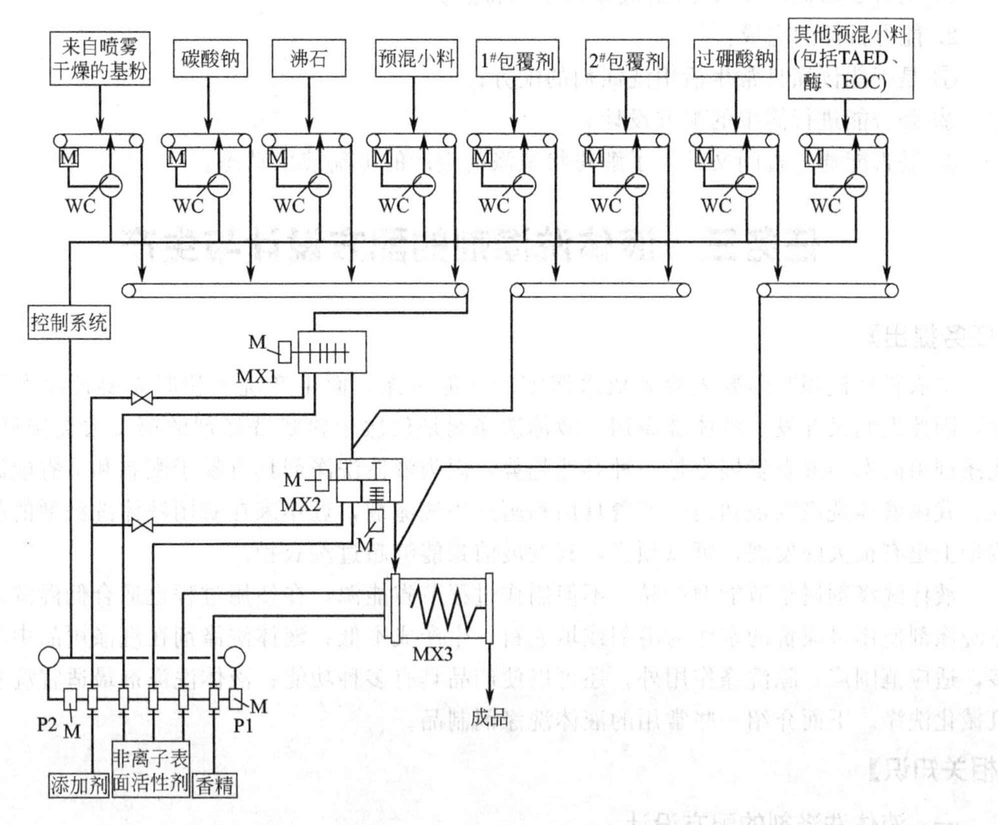

图 2-22　喷雾干燥、附聚成型组合工艺简图

(4) 热敏性配料如过硼酸钠、漂白活化剂如 TAED、酶粒和香精等在最后一步加入。该步骤在第三级混合机、滚动式混合机 MX3 中进行，采用大家熟悉的转鼓混合机。

【任务实施】

1. 简述粉状洗涤剂的生产方法有哪些？

2. 阐述洗涤剂的配制原则有哪些？

3. 什么是后处理工序？产品为什么要进行后处理？

4. 通过查阅资料解释空心洗衣粉是如何形成的？

5. 通过查阅资料，分析现阶段企业采用最多的洗衣粉生产技术。

6. 归纳比较高塔喷雾成型、附聚成型及高塔喷雾-附聚成型技术的特点。

注：注明参考文献及网址。

【任务评价】

1. 知识目标的完成：

① 是否掌握粉状洗涤剂配制的基本原则；

② 是否了解现阶段粉状洗涤剂的主要生产工艺；

③ 是否掌握高塔喷雾成型技术的生产过程；

④ 是否了解高塔喷雾设备的基本结构；

⑤ 是否了解附聚成型技术的原理与生产过程；

⑥ 是否了解高塔喷雾-附聚成型技术的特点。

2. 能力目标的完成：

① 是否能读懂日常生活用洗涤剂的配方；

② 是否能进行简单的配方设计；

③ 是否能通过查阅文献，了解粉状洗涤剂生产的最新技术动态。

任务三 液体洗涤剂的配方设计与生产

【任务提出】

洗衣粉在使用时需要先溶解成水溶液后才能洗涤，而生产洗衣粉时需要耗用大量的能量，因此人们又开发了液体洗涤剂。液体洗涤剂是仅次于粉状洗涤剂的第二大类洗涤制品。洗涤剂由固态向液态发展也是一种必然趋势，因为液体洗涤剂具有易于配制和节省能源的优点。我国液体洗涤剂最初是生产餐具用和厨房用洗涤剂，近年来在衣用液体洗涤剂的品种和数量上也有很大的发展，可以预言，其发展前景能够超过洗衣粉。

液体洗涤剂属于节能型产品，不但制作过程节省能源，在使用过程也适合低温洗涤，液体洗涤剂使用最廉价的水作为溶剂或填充料，生产成本低；液体洗涤剂在洗涤用品中品种最多，适应范围广，除洗涤作用外，还可以使产品具有多种功能；液体洗涤剂最适宜洗衣机等机械化洗涤。下面介绍一些常用的液体洗涤剂制品。

【相关知识】

一、液体洗涤剂的配方设计

1. 重垢型液体洗涤剂

弱碱性液体洗涤剂有时也称重垢液体洗涤剂，可以代替洗衣粉和肥皂，具有碱性高、去污力强的特点。重垢液体洗涤剂是20世纪70年代开始发展起来的。在美国和西欧，重垢液体洗涤剂的使用现在愈来愈多，目前，我国重垢型液体洗涤剂商品很少，使用亦很少。

重垢液体洗涤剂的洗涤对象是脏污较重的衣物，选用的表面活性剂应对衣服上的油质污垢、矿质污垢、灰尘、人体分泌物等都有良好的去污性。从配方结构看，重垢液体洗涤剂有两种类型：一种为不加助剂，活性物较高，可达30%～50%，多为复配型产品；另一种则加入20%～30%的助剂，而表面活性剂的含量通常为10%～15%。

重垢型液体洗涤剂配方中以阴离子表面活性剂为主体，产品的pH值一般呈碱性。这类洗涤剂配制技术的关键是助剂的加入，各种助剂加入后应保持透明或具有稳定的外观。液体洗涤剂中使用的表面活性剂一般是水溶性较好的，如烷基苯磺酸盐、醇醚硫酸盐、醇醚、烷醇酞胺、烷基磺酸盐等。因柠檬酸钠、焦磷酸钾的溶解性好，其是液体洗涤剂中最常用的助剂，用于水的软化，有时也可加入少量三聚磷酸钠。为了提高衣用液体洗涤剂的去污能力，不得不加入具有硬水软化作用等的助剂、pH缓冲剂，这些物质溶解度都有限，为了获得表面透明的均匀液体，还需加入增溶剂。弱碱性液体洗涤剂中常用的增溶剂有尿素、低碳醇、低碳烷基苯磺酸钠等。

重垢型液体洗涤剂中一般需加入抗再沉积剂。洗衣粉中常用的CMC在液体洗涤剂中遇到阴离子表面活性剂后会析出并下沉到底部，因此在液体洗涤剂中不宜选用CMC作为抗再沉积剂。即使加入 CMC 也是选用相对分子质量很低的品种。如果需配制透明度很好的液体洗涤剂，最好采用聚乙烯吡咯烷酮（PVP）作为抗再沉积剂。表 2-8 列出了几种典型的重垢型液体洗涤剂的配方。

表 2-8　重垢型液体洗涤剂的配方实例（质量分数）　　单位：%

组　成	配方一	配方二	配方三	组　成	配方一	配方二	配方三
十二烷基苯磺酸	10	10	9	椰子油酸		8	
二乙醇胺	3.6			氢氧化钾(40%)		5	
单乙醇胺		2.3		硅酸钾(100%)	4	4	
三乙醇胺			2	二甲苯磺酸钾	5	5	1.2
脂肪酸聚氧乙烯醚	1		30	荧光增白剂	0.1	0.2	
PVP(100%)	0.7			乙醇			11
$K_4P_2O_7$(10%)	12	12		加水到	余量	余量	余量
CMC		1					

其中配方一含有各种助洗剂，配方二为抑泡型液体洗涤剂，配方三中不添加助洗剂，而表面活性剂含量达 41%。

2. 轻垢型液体洗涤剂

洗衣用的轻垢型液体洗涤剂用于洗涤羊毛、羊绒、丝绸等柔软、轻薄织物和其他高档面料服装。这类洗涤剂并不要求有很高的去污力，因为轻垢型洗涤剂是以污垢较易去除的洗涤物为对象的。

又因轻垢液体洗涤剂主要洗涤对象为轻薄和贵重的丝、毛、麻等，其配方结构比较考究，这种液体洗涤剂应呈中性或弱碱性，脱脂力要弱一些，不应损伤织物，对皮肤刺激低，性能温和。洗后的织物应保持柔软的手感，不发生收缩、起毛、泛黄等现象。

不同牌号和不同用途的轻垢型液体洗涤剂通用性好，配方结构相似。各国的这类液体洗涤剂中的活性物含量不同，但平均在 12%左右，一般不超过 20%。

轻垢液体洗涤剂所用的主要是阴离子表面活性剂和非离子表面活性剂，LAS、AES、AEO 等是配制轻垢型洗涤剂常用的表面活性剂。LAS 浓度较高时，在室温下产品外观易混浊，为使产品成透明状，可用三乙醇胺中和烷基苯磺酸。但三乙醇胺的价格较贵，所以通常用 NaOH 部分中和，再用三乙醇胺中和其余的部分，以降低成本。

液体洗涤剂通常为透明溶液。洗涤剂的浊点是影响其商品外观的一个重要因素。好的配方产品要求其浊点不要太高或太低，以保证在正常储运及使用时，溶解良好，而呈透明的外观。为使洗涤剂产生另一种外观，即不透明性，可以在配方中加入遮光剂。遮光剂一般是碱不溶性的水分散液，如苯乙烯聚合物、苯乙烯-乙二胺共聚物、聚氯乙烯或偏聚二氯乙烯等。以上物料加入产品中，都能产生不透明性，这些产品则是不透明型的液体洗涤剂，不同于透明型液体洗涤剂的混浊变质现象。液体洗涤剂在储存时会变色或分层，一般是因为光的作用面产生的，如果不太严重时，不大影响其去污效果。为避免这种现象，在液洗制造中可通过添加紫外线吸收剂或将液洗用不透光的瓶子包装，另外，尽量避光保存。

轻垢型液体洗涤剂的洗涤对象为轻薄和贵重的丝、毛、绒、绸、麻等纤维织物。配方结构比较考究，低碱性或中性，脱脂力要弱，不损伤织物。去污力不要求太高，比较温和。表 2-9 为轻垢液体洗涤剂的典型配方。

表 2-9　轻垢液体洗涤剂的配方实例（质量分数）　单位：%

组　成	配方一	配方二	配方三
烷基苯磺酸	10		15
氢氧化钠	0.8		
三乙醇胺	1.5		3
AES(100%)	6	8	12
AEO-10		12	
6501	1	1.5	2
氯化钠	适量	适量	适量
色素、香精	适量	适量	适量
水	余量	余量	余量

3. 织物干洗剂

干洗剂是以有机溶剂为主要成分的液体洗涤剂。因为水基洗涤剂虽然使用方便，价格便宜，但许多天然纤维吸水后会膨胀，干燥时又会收缩，使衣物出现褶皱，变形缩水，尤其是羊毛织物更可能发生缩绒，手感变硬，色泽变灰暗等疵病。采用干洗就能避免这些缺点。随着人们生活水平的提高，丝毛织物更加流行，干洗剂的用量将不断增加。

(1) 干洗剂的组成

① 溶剂。溶剂是干洗剂的主要成分，用于干洗的溶剂应满足以下几点：

a. 不与纤维发生化学作用，不能损伤纤维；

b. 挥发性好，洗后能从衣物上迅速蒸发除去；

c. 不易着火燃烧或爆炸，使用安全；

d. 无难闻异味；

e. 不腐蚀干洗机器；

f. 去污力好；

g. 洗涤过程中溶剂损失少；

h. 价格便宜。

能基本满足上述条件的物质主要是卤代烃类，如氯乙烯、四氯乙烯、三氯乙烷等，其中以四氯乙烯使用较多。这些有机溶剂对人体均有一定的毒性，使用时须注意防止人体吸入。

② 水。衣物上的污垢不外乎油溶性污垢和水溶性污垢，还有一部分固体微粒吸附在织物上。采用干洗剂一般可将织物上的油垢和固体污垢除去，但不能将水溶性污垢除去。

如果采用增溶技术在有机溶剂中增溶少量水分，就可洗去水溶性污垢，又不会带来水洗的缺点。增溶技术就是在有机溶剂中加入适量表面活性剂，表面活性剂在干洗剂中也形成胶束，能将水增溶在胶束中，提高对水溶性污垢的去除能力。对于不同的干洗剂和不同的洗涤剂浓度应控制不同的水分含量。

③ 表面活性剂。干洗剂中加入表面活性剂的作用在于：

a. 使织物在有机溶剂中被润湿和浸透；

b. 促使固体污垢脱落和分散；

c. 将水增溶在有机溶剂中。

干洗剂中使用的表面活性剂的 HLB 值宜在 3～6 之间，常用的阴离子表面活性剂有二烷基磺基琥珀酸盐、烷基芳基磺酸盐、脂肪醇聚氧乙烯醚硫酸盐、脂肪醇聚氧乙烯醚磷酸酯盐等；非离子表面活性剂有脂肪醇聚氧乙烯醚、烷基酚聚氧乙烯醚等。在干洗的溶剂中需含有 0.2%～1%的表面活性剂。

④ 其他助剂。干洗剂中的卤代烃与水分作用可能产生对干洗设备有腐蚀作用的卤代氢，为防止这种作用，可加入1,4-二氧杂环己烷、苯并三唑等含氧或含氮化合物作为卤代烃的稳定剂。

为使被溶剂洗下的污垢不再沉积到织物上去，可加入柠檬酸盐、$C_4 \sim C_6$ 醇类、甜菜碱两性表面活性剂等作为抗再沉积剂。

为改善洗后织物的手感和防止静电可加入柔软和抗静电剂。常用的有季铵盐类、咪唑啉类、聚氧乙烯磷酸酯二乙醇胺盐等。

如果需保持白色织物的白度和有色织物的亮度，可加入少量过乙酸等过氧酸类漂白剂，活性氧的含量为干洗量的0.002%～0.04%，或者将过氧化物与活化剂混合后加到干洗液中，过氧化物可选用过硼酸钠、过碳酸钠等，活化剂可选用乙酸、苯甲酸酯等。

(2) 常用干洗剂配方　表2-10列出了干洗剂配方两则，供参考。

表2-10　干洗剂配方实例

配方一	质量分数/%	配方二	质量分数/%
AEO	25	羟乙基二甲基硬脂基对甲苯磺酸铵	14
脂肪醇聚氧乙烯醚磷酸酯钠盐	36	油酸	5
四氯乙烯	余量	6501	1
		异丙醇	10
		水	5
		四氯乙烯	余量

上述配方均需用有机溶剂按体积百分比稀释到0.5%再使用，配方一适用于重垢织物干洗，配方二含增溶的水。

4. 厨房用洗涤剂

最早用于厨房的洗涤剂是餐具洗涤剂。随着生产的发展和人们生活水平的提高，厨房用洗涤剂的数量和品种都有很大的发展。现在厨房用洗涤剂的用量仅次于洗衣用洗涤剂，在各类洗涤用品中占第二位。

(1) 手洗餐具用洗涤剂　手洗餐具用洗涤剂除用于洗涤餐具外，还可兼用于洗涤蔬菜、水果和锅、勺等炊具，目前国内生产的餐具洗涤剂多数是手洗餐具用洗涤剂。

① 组成和常用原料。

a. 表面活性剂。这类洗涤剂常采用阴离子和非离子表面活性剂配伍，表面活性剂的含量在15%～20%，常用的表面活性剂有LAS、AS、AES、AEO等。6501或氧化胺加入餐具洗涤剂中，既起到洗涤剂的作用，又起到增稠和稳泡作用。

b. 增稠剂。为使液体餐具洗涤剂具有适宜的黏度，可加入适当的增稠剂，羧甲基纤维素、硫酸钠、氯化钠是常用的增稠剂。氯化钠等电解质对AES溶液有较好的增稠效果，但当电解质用量过多时黏度反而会下降，用量以小于1.2%为宜。

c. 增溶剂。为了防止液体餐具洗涤剂在低温时结冻或变混浊，在配方中应加入适量的增溶剂。当配方中LAS含量较多时，增溶剂更是不可缺少的，餐具洗涤剂中常用的增溶剂有二甲苯磺酸钠、尿素、聚乙二醇、异丙醇、乙醇等。应当注意的是增溶剂的加入可能引起产品黏度的下降。

餐具洗涤剂一般以无色透明为宜。如需着色也以淡色为宜，并且需用食用色素。

② 配方实例。表2-11列出了手洗餐具用洗涤剂配方两则，供参考。

表 2-11　手洗餐具用洗涤剂配方实例

配方一	质量分数/%	配方二	质量分数/%
LAS	10	油酸钾	2.0
AES(70%活性物)	5	肉豆蔻酸钾	8.0
6501	4	BS-12	8.0
乙醇	0.2	乙醇	9
EDTA	0.1	丙二醇	8.0
食盐、柠檬酸	适量	香精、色素	适量
香精、色素、防腐剂	适量	色素	适量
去离子水	余量	水	余量

配方一是国产“洗洁精”常用的配方，其中食盐的加入量根据产品需要的黏度而定。原料中6501呈碱性，可加入柠檬酸（或其他酸类）调节产品的pH值为中性。

配方二的洗涤剂对油污有良好的去除作用而且发泡性好，适合于洗涤餐具或蔬菜。所选用的表面活性剂对皮肤的刺激性很小，适合于家庭手洗餐具用，其中的丙二醇对皮肤具有润湿和润滑作用。

(2) 机洗餐具用洗涤剂　餐具清洗机的类型有单槽式和多槽式。单槽式洗盘机是在同一槽中完成净洗和冲洗两步操作，而多槽式洗盘机的净洗和冲洗是在两个槽中完成的。机用餐具洗涤剂分为洗涤剂和冲洗剂两类，它们的配方是不同的。

① 洗涤剂。餐具洗涤剂运转过程中有水流的喷射作用，因此采用的洗涤剂应该是基本无泡的，即使低泡型的家用洗涤剂也不宜使用。在洗涤剂配方中常用聚醚作为抑泡组分。

为了防止泡沫产生，机用餐具洗涤剂中表面活性剂用量很少，而采用增加碱剂的方法来提高去污效果。常用的碱剂为磷酸盐、碳酸盐等，当无机盐含量较多时，产品可制成固体粉末状，表2-12列举了这类产品的配方两则，供参考。

表 2-12　机洗餐具用洗涤剂

配方一	质量分数/%	配方二	质量分数/%
三聚磷酸钠	30～40	AEO-9	1
无水硅酸钠	25～30	三聚磷酸钠	20
碳酸钠	15～20	硅酸钠	8
磷酸三钠水合物	10～15	二氯异氰脲酸钠	1.8
聚醚(pluronic L62)	1～3	碳酸钠	余量

配方一中起去污作用的主要是碱性无机盐类。硅酸钠在碱性介质中还可对金属器皿起到缓蚀作用。pluronic L62是环氧丙烷和环氧乙烷共聚物，用以防止泡沫的产生。

配方二中二氯异氰脲酸钠能对餐具起消毒作用。

② 餐具冲洗剂。冲洗剂加在冲洗的水中，使冲洗液易于从餐具表面流尽。这样可免去人工用布擦干餐具，符合卫生的要求。对冲洗剂还要求在冲洗液体蒸发后，餐具表面特别是玻璃器皿表面不留水纹。冲洗剂通常采用温和的表面活性剂配制而成，表2-13为一例冲洗剂配方。

表 2-13　机洗餐具冲洗剂配方实例

组　成	质量分数/%	组　成	质量分数/%
蔗糖酯	10	丙二醇	20
羧甲基纤维素	0.2	乙醇	1
甘油	7	水	余量

5. 蔬菜水果洗涤剂

这类洗涤剂主要用于洗涤蔬菜、瓜果、禽类、鱼类等农副食品。要求洗涤剂不仅能除去这类物品表面的污垢，而且对蔬菜、瓜果表面附着的农药和虫卵等也能有效地去除，并不影响它们的外观色泽和风味。由于洗涤的对象都是食品，因此配方中要求采用微毒或无毒的表面活性剂，脂肪酸蔗糖酯是这类洗涤剂中常用的表面活性剂。表2-14为这类洗涤剂的配方两则，供参考。

表2-14　蔬菜和水果洗涤剂配方实例

配方一	质量分数/%	配方二	质量分数/%
脂肪酸蔗糖酯	15	脂肪酸蔗糖酯	4
柠檬酸钠	10	山梨醇脂肪酸酯	3
葡萄糖酸	5	丙二醇	5
丙二醇	1	磷酸氢二钠	5
乙醇	9	磷酸二氢钠	1
羧甲基纤维素	0.15	水	余量
水	余量		

配方一用于洗涤蔬菜、瓜果类食品。配方二用于洗涤家禽、鱼类等，蔗糖酯与碱性无机盐类复配可以洗去表皮的脂肪和血污，还能使禽、鱼类表面所带的细菌除去。

6. 炊具及厨房设备清洗剂

炉灶、锅勺等炊具及灶台、排风扇等厨房设备的清洗对象主要是油污，排风扇上往往具有陈旧性油污。这些污垢都比较难以清除，因此这类清洗剂中有些含较多的表面活性剂，有些含有机溶剂，有些含较强的碱剂，必要时需配入磨料进行擦洗。炊具和厨房用具清洗剂配方实例见表2-15和表2-16。

表2-15　炊具和厨房用具清洗剂配方实例（Ⅰ）

配方一	质量分数/%	配方二	质量分数/%
OP-10	6	油酸单乙醇酰胺乙氧基化物	2
LAS	2	烷基苯磺酸钠	5
乙醇胺	5	二氧化硅	50
乙醇	20	水	余量
α-蒎烯	5		
水	余量		

以上两例配方均用于清洗铁制炊具上的油垢。配方一中含较多的溶剂，适宜于清洗炊具上的陈旧性油垢。配方二中含50%的二氧化硅，产品呈膏状，在炊具表面有较好的摩擦作用，有利于油膜的清除。

表2-16　炊具和厨房用具清洗剂配方实例（Ⅱ）

配方三	质量分数/%	配方四	质量分数/%
AEO	4	丙二醇	8
壬基酚聚氧乙烯醚硫酸钠	2	AEO	0.5
单乙醇胺	5	EDTA	0.2
乙二醇单丁醚	5	乳酸	1.6
乙醇	3	三乙醇胺	2.3
香料	0.1	乙醇	15
水	余量	丙烷	2
		水	余量

厨房中油脂污垢长期受热和空气的氧化作用后，形成黏性褐色树脂状物质，这类油垢极难除去。厨房排气风扇上往往存在这种黏性油垢。配方三的产品适宜清洗这类油垢，其中的乙二醇单丁醚对树脂状油膜有较好的溶胀作用。配方四可灌装成喷雾型产品，适宜用于清洗冰箱等塑料制品的表面，其中的乳酸具消毒作用，可对冰箱进行消毒，丙烷是抛射剂。

7. 居室用清洗剂

（1）门窗玻璃清洗剂　门窗玻璃是居室中首先需要经常清洁的部位，玻璃是硅酸盐的无定形固溶体，易受酸碱的侵蚀。在潮湿的空气中玻璃表面很容易吸附各种污垢。吸附的方式除物理吸附外，也可能由于硅酸盐骨架中的剩余键力而发生化学吸附，有些污垢较牢固地附着在玻璃表面。玻璃暴露在城市空气中，表面易吸附油污，如果不用清洗剂，这类污垢也难以去除。

对于玻璃清洗剂要求不损伤玻璃，将清洗剂喷洒于玻璃表面，用干布（或其他软质材料）擦拭即能去除污垢，使玻璃表面光洁明亮。表 2-17 列举了玻璃清洗剂参考配方两则。

表 2-17　玻璃清洗剂配方实例

配方一	质量分数/%	配方二	质量分数/%
脂肪醇聚氧乙烯醚	0.3	硅氧烷乳液	2.5
椰子油酸聚氧乙烯醚	3	乙二醇单丁醚	6
乙二醇单丁醚	3	二丙醇甲基醚	1.5
乙醇	3	异丙醇	3
氨水	2.5	30%月桂酰肌氨酸钠	0.3
防腐剂、色素、香精	适量	氨水	适量
水	余量	防腐剂、香精	适量
		水	余量

配方二中氨水的加入量以达到 pH 值等于 9 为宜。配方二含有硅氧烷乳液，用它擦拭后玻璃更光亮并有抗水效果。

（2）地面清洗剂　地面污垢主要是含有油垢的尘土，也可能有果汁等饮料的残留斑迹。地面清洗剂以表面活性剂的水溶液为主体。表 2-18 列举了地面清洁剂配方两则，供参考。

表 2-18　地面清洁剂配方实例

配方一	质量分数/%	配方二	质量分数/%
烷基苯磺酸钠	3	烷基苯磺酸钠	2.5
异丙醇	12	壬基酚聚氧乙烯醚	1
松油	2	高分子共聚物	0.5
水	余量	EDTA	0.1
		水	余量

配方一对地面上含油垢的尘土有较强的清洗能力。但产品属强碱性，仅适合对水泥、陶瓷等地面的清洗。配方二作用比较温和，可用于木质地板的清洗，地板清洗后还具有增亮效果，其中高分子共聚物是丙烯酸/丙烯酸乙酯/甲基丙烯酸甲酯/苯乙烯四元共聚物，单体的组成和聚合物的相对分子质量对清洗效果均有影响。

（3）地毯清洗剂　地毯不同于其他织物，地毯洗涤时很难漂清。为克服这一困难，专门创造了独特的清洗方式。这种方法是先使洗涤剂产生泡沫，然后用海绵将泡沫搓在地毯上。地毯上的污垢在洗涤剂和机械力的作用下，被吸取出来并包入泡沫中。泡沫具有很薄的壁和巨大的表面积，其中的水分能很快地挥发掉，污垢则干涸成松脆的灰尘粒子，随后被吸尘器吸走或刷子刷去。

有些表面活性剂，例如脂肪醇硫酸酯钠盐或镁盐在脱水干燥后变得很松脆，这样就很容易从地毯上除去，因此它们是配制地毯清洗剂的合适原料。尽管如此，一部分表面活性物仍可能被吸入纤维，干燥后遗留在地毯上，这些遗留下来的沉积物易吸附污垢，使清洗后的地毯很快又变脏了。为克服这一缺陷，可改用更易结晶的表面活性剂如磺化琥珀酸单酯钠盐，使吸附在地毯纤维上的表面活性剂更松脆而容易被吸走。还可在清洗剂中加入胶体二氧化硅、纤维素粉、树脂的泡沫粒子等多孔性固体粉末作为载体，将地毯上的洗出物吸附在载体上，然后被吸除。

如有必要，在地毯清洁剂中还可加入抗静电剂（如烷基磷酸酯盐）和杀菌剂。表 2-19 列举地毯清洗剂配方两则，供参考。

表 2-19　地毯清洗剂配方实例

配方一	质量分数/%	配方二	质量分数/%
氢氧化钠	5	脲醛树脂微粒	30
十二烷基苯磺酸钠	2	十二烷基硫酸钠	4
月桂醇聚氧乙烯醚	2	沉淀硅酸	15
1,3-二甲基-2-咪唑啉酮	10	水	余量
水	余量		

配方一呈碱性，该洗涤剂能除去聚酯地毯上的咖啡、饮料、番茄酱色渍和墨渍等。配方二中含吸附污垢的载体，喷洒于化纤或羊毛地毯上，然后真空吸去污垢，去污率高。

(4) 家具油漆表面清洗剂　这类清洗剂用于清除家具表面的污垢，不能损伤漆面，并具有增亮的作用。表 2-20 列举了这类清洗剂的配方两则，供参考。

表 2-20　家具油漆表面清洗剂配方实例

配方一	质量分数/%	配方二	质量分数/%
脂肪醇硫酸钠	10	亚麻油	47
6501	5	70%异丙醇	47
C_{10}～C_{18} 脂肪醇聚氧乙烯醚	4	乙酸	6
六偏磷酸钠	3		
二甲苯磺酸钠	4		
色素、香精	适量		
水	余量		

配方一中加入六偏磷酸钠可使 pH 值调节到 7～7.5。配方二中亚麻油为干性油，在家具表面能形成薄膜，使表面光亮并有持久效果。

(5) 浴室用清洗剂　浴室用清洗剂主要用于清洗浴室的瓷砖和浴缸，污垢主要是皂渣，要求清洗剂能清除皂垢，为了保护瓷釉，不宜采用强碱性的原料。表 2-21 列举了浴室用清洗剂的配方两则，供参考。

表 2-21　浴室用清洗剂配方实例

配方一	质量分数/%	配方二	质量分数/%
十二醇聚氧乙烯醚	7	新洁尔灭	10
C_4～C_6 多元羟基羧酸	5	TX-10	20
		EDTA	1
聚丙二醇	5	单乙醇胺	0.7
水	余量	水	余量

配方一中不含溶剂，因此无溶剂的气味，呈弱酸性，不刺激皮肤，不损伤釉面，适宜于清洗浴室中的瓷砖和浴缸的光滑表面。配方二中含阳离子表面活性剂，具有杀菌功能，用它清洗浴缸时可以起到消毒作用。该清洗剂也可用于清洗其他需要消毒的器皿。

(6) 厕所清洁剂　厕所用清洁剂是清除厕所卫生器具表面的污物及厕所间的臭味，达到去垢、除臭、杀菌的目的。厕所间及便池内的污物主要为尿碱、水锈和便溺物及水中污物附着在卫生器具表面形成的污垢，以及细菌分解尿素而产生氨气和硫化氢等有刺激性气味的气体。另外，还存在有害的细菌。针对上述这些污垢，厕所清洁剂中除洗涤剂外，还应有除垢剂、杀菌剂、除臭剂等组分。目前市场上供应的厕所清洁剂在使用方法上可分为人工清洗和自动清洗两大类。前者可用于清洗多种卫生器具，后者只能投放在抽水马桶的水箱中，使之起到自动清洗作用。

① 人工清洗用的厕所清洁剂。这类清洁剂可以是液体产品，也可以配制成固体粉末状。为了清除尿碱及锈斑，一般都含有强酸性物质。表 2-22 列举了这类清洁剂的配方两则，供参考。

表 2-22　人工清洗用的厕所清洁剂

配方一	质量分数/%	配方二	质量分数/%
硅铝酸镁	0.9	十二烷基苯磺酸钠	5
汉生胶	0.45	硫酸氢钠	75
EDTA 四钠盐	1	硫酸钠	14.9
1-羟乙基-2-油酸咪唑啉	1	二氧化硅	5
浓盐酸(37%)	20	香料、色素	适量
新洁尔灭	2		
水	余量		

配方一去污斑效果好，并有消毒作用。其中盐酸及络合剂 EDTA 协同作用起到去除尿碱及锈斑的作用，1-羟乙基-2-油酸咪唑啉起缓蚀作用。汉生胶是一种耐酸性的高分子物，起增稠剂的作用，延长清洗剂在器壁上停留的时间。该配方产品具有较强的腐蚀性，使用时必须带上乳胶手套，避免与皮肤接触。配方中虽然有缓蚀剂，但也要防止与金属器件接触，以免遭受腐蚀。如果以草酸、柠檬酸等有机酸取代配方中的盐酸，则腐蚀性大大降低，作用比较缓和，仍有较好的去污迹效果，但原料成本较高。

配方二为固体粉末状。可用此产品对厕所中污迹进行擦洗。其中硫酸氢钠为酸式盐，有助于去除污斑，二氧化硅作为磨料，起摩擦作用。

② 抽水马桶清洁剂。这类清洁剂往往制成块状固体，放在有孔的塑料盒中，投放入抽水马桶的水箱内，固体中的有效成分缓慢释放于水中，放水时即起到冲洗作用。清洗剂的配方中含有表面活性剂、除垢剂、杀菌剂等。可选用草酸、柠檬酸、水杨酸等有机酸或其他络合剂作为除垢剂。有些组分可兼顾数种功能，如酸类还可防止产生氨气；水杨酸同时具有除垢、除臭、消毒的功能；如加入硫酸铜，则兼有抑制 NH_3 及 H_2S 气体溢出的效果。

制作这类产品的关键是控制有效成分在水中释放的速度，使一块产品的使用期在一个月以上。为此需选用在水中溶解度较小的物质作为骨架，将有效组分包在里面，这样就减慢了块状清洁剂在水中的溶化崩解，因此这种骨架材料又称崩解速度调节剂。生产时先将骨架材料加热熔融，然后将有效组分加入调和均匀，香精等易挥发物或受热易分解的物质在温度稍低时加入。将拌匀的混合物压成块状即为成品。此时有效物质微粒的周围均被骨架材料包覆，而达到缓慢释放的效果。

据资料介绍，聚乙二醇脂肪酸酯、高碳醇的聚氧乙烯醚、环氧乙烷环氧丙烷共聚物等可作为骨架材料。它们分子结构中要求的EO数均较高，通过变化EO数及环氧乙烷与环氧丙烷的比例，可以达到在水中缓慢溶解的要求。

高碳脂肪酸及其钠盐的混合物也可用作骨架材料，这种混合物可在脂肪酸中加入少量NaOH而获得。如其中钠盐比例愈高则溶解愈快，因此可采用变化配方中NaOH用量的方法来调节产品在水中崩解的速度。

抽水马桶清洁剂配方实例见表2-23。

表2-23 抽水马桶清洁剂配方实例

配方一	质量分数/%	配方二	质量分数/%
羧乙基纤维素	12	次氯酸钙	35
水杨酸甲酯	3.5	硫酸镁	10
硫酸钠	8.5	AEO-7	10
精制水	1.5	硅酸钙	5
色素、防腐剂	适量	聚乙二醇(6000)双硬脂酸酯	40
EO-PO型聚醚	余量		

8. 汽车用清洗剂

(1) 汽车外壳清洗剂　汽车外壳的污染主要是尘埃、泥土和排出废气的沉积物，这类污染适宜用喷射型的清洗系统进行冲洗，在这种清洗系统中应采用低泡型清洗剂。另外，汽车面漆对清洗介质比较敏感，不宜使用溶剂型为主的清洗剂。参考配方如表2-24所示。

表2-24 汽车外壳清洗剂实例

组成	质量分数/%	组成	质量分数/%
K_{12}	2	聚醚	7
TX-10	3	聚磷酸盐	86
AEO-9	2		

上述配方为粉剂，应用时配成溶液。

(2) 具有上光效果的汽车用清洗剂　这类清洗剂常含有蜡类物质。用这类清洗剂擦洗汽车外壳，同时有清洗和上光功能，参考配方如表2-25所示。

表2-25 具有上光效果的汽车用清洗剂

组成	质量分数/%	组成	质量分数/%
氧化微晶蜡	4.2	辛基酚聚氧乙烯醚	5
油酸	0.7	脂肪酸聚氧乙烯醚	1.2
液体石蜡	2.5	甲醛	0.2
CMC	0.4	水	余量
聚二甲基硅氧烷	2.4		

(3) 汽车发动机清洗剂　发动机清洗剂是随汽车用的燃油同时注入油箱中，添加量为燃油量的0.1%～5%。随着燃油的运行，不断地除去燃料系统的零部件上附着的污垢（如油状、胶状物质和炭沉积等），发挥清洁作用。它对污垢去除速度快，不论是低温还是高温区域，都能彻底清除燃烧系统的污垢。配方如表2-26所示。

表 2-26 汽车发动机清洗剂配方实例

组成	质量分数/%	组成	质量分数/%
油酸	10	丁醇	10
异丙醇胺	4	煤油	35.5
28%氨水	5	机油	20
水	5	TX-10	0.5
丁基溶纤剂	10		

(4) 汽车窗玻璃抗雾剂 在冬季，汽车的窗玻璃易产生雾，如果挡风玻璃上有雾，则影响视线。抗雾剂施于玻璃上，可防止雾膜产生，有效期可维持数天。抗雾剂也可用于浴室镜面和眼镜玻璃的抗雾，表 2-27 列举了抗雾剂配方一例。

表 2-27 汽车窗玻璃抗雾剂配方实例

组成	质量分数/%	组成	质量分数/%
十二烷基硫酸钠	5	异丙醇	10
烷基磺基琥珀酸酯钠	2	丙二醇	20
月桂醇	1	蒸馏水	62

9. 金属清洗剂

在机械加工、机器维修和安装过程中须去除金属表面的各种污垢。清洗金属的传统方法是碱液清洗和溶剂清洗。碱液清洗是用氢氧化钠、碳酸钠、磷酸钠等碱剂的水溶液清洗，这种方法清洗成本低，但碱对某些金属有腐蚀性，而且对矿物油脂的清洗效果差；溶剂清洗是用汽油、煤油等有机溶剂清洗，虽然清洗效果好，但溶剂易着火很不安全，且浪费了油料。因此相继开发了以表面活性剂为主要原料的各种水基金属清洗剂，代替了传统的清洗剂。这类金属清洗剂既有很好的清洗效果，又无溶剂清洗剂的弊端，在现代机械工业中已获得广泛应用。

对水基金属清洗剂的基本要求是：能迅速清除附于金属表面的各种污垢；对金属无腐蚀，清洗后金属表面洁净光亮，并对金属有一定的缓蚀防锈作用；不污染环境，对人体无害，使用过程安全可靠，原料价格便宜。表 2-28 列举了这类清洗剂配方两则，供参考。

表 2-28 金属清洗剂配方实例

配方一	质量分数/%	配方二	质量分数/%
脂肪醇聚氧乙烯醚	24	85%磷酸	3
月桂酰二乙醇胺	18	无水柠檬酸	4
油酸三乙醇胺	25	甲基乙基酮	3
油酸钠	5	辛基酚聚氧乙烯醚	2
水	余量	水	88

配方一产品是常用的一种金属清洗剂，对金属具有一定的缓蚀防锈效果。配方二的产品用于清洗不锈钢表面的污垢。

二、液体洗涤剂的生产

液体洗涤剂的生产设备一般只需复配混合或均质乳化，相对来讲，比较简单一些。对一般的产品，仅需一个搅拌设备即可生产，但对原料组分多、生产工艺要求苛刻、产品用途有较高要求的中高档产品，生产液体洗涤剂应采用化工单元设备、管道化密闭生产，以保证工艺要求和产品质量。

液体洗涤剂生产工艺所涉及的化工单元操作和设备主要是：带搅拌的混合罐、高效乳化或均质设备、物料输送泵和真空泵、计量泵、物料储罐、加热和冷却设备、过滤设备、包装和灌装设备。把这些设备用管道串联在一起，配以恰当的能源动力即组成液体洗涤剂的生产工艺流程。

生产过程的产品质量控制非常重要，主要控制手段是物料质量检验、加料配比和计量、搅拌、加热、降温、过滤、包装等。

液体洗涤剂的生产流程如图 2-23 所示，主要包括以下过程。

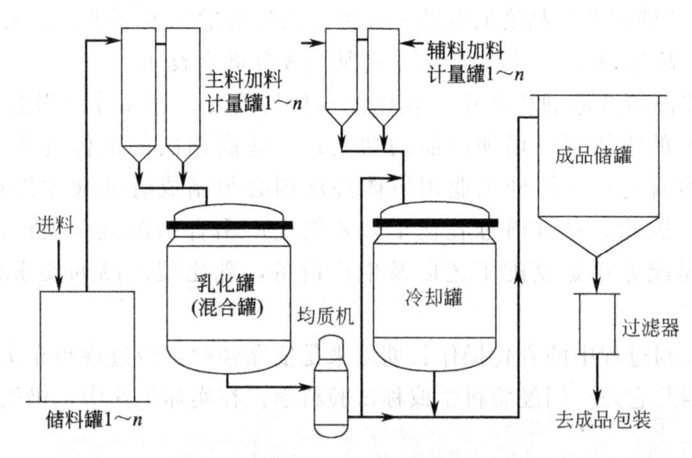

图 2-23　液体洗涤剂的生产流程示意

1. 原料准备

液体洗涤剂的原料种类多，形态不一，使用时，有的原料需预先熔化，有的需溶解，有的需预混，然后才加到混配罐中混合。用量较多的易流动液体原料多采用高位计量槽，或用计量泵输送计量。有些原料需滤去机械杂质，水需进行去离子处理。液体洗涤剂生产设备的材质多选用不锈钢、搪瓷玻璃衬里等材料，其中若含有重金属、铁等杂质都可能对产品带来有害的影响。

2. 混合或乳化

为了制得均相透明的溶液型或乳液型液体洗涤剂产品，物料的混配或乳化是关键工序。对一般透明或乳状液体洗涤剂，可采用带搅拌的反应釜进行混合，一般选用带夹套的反应釜。可调节转速，可加热或冷却。对较高档的产品，如香波、浴液等，则可采用乳化机配制。乳化机又分真空乳化机和普速乳化机。真空乳化机制得的产品气泡少，膏体细腻，稳定性好。大部分液体洗涤剂是制成均相透明混合溶液，也可制成乳状液，但是不论是混合，还是乳化，都离不开搅拌，只有通过搅拌操作才能使多种物料互相混溶成为一体，把所有成分溶解或分散在溶液中。可见搅拌器的选择是十分重要的。一般液体洗涤剂的生产设备仅需要带有加热和冷却用的夹套并配有适当的搅拌配料锅即可。液体洗涤剂的主要原料是极易产生泡沫的表面活性剂，因此加料的液面必须没过搅拌桨叶，以避免过多的空气混入。

(1) 混合　液体洗涤剂的配制过程以混合为主，但各种类型的液体洗涤剂有不同的特点，一般有两种配制方法：一是冷混法，二是热混法。

① 冷混法。首先将去离子水加入混合锅中，然后将表面活性剂溶解于水中，再加入其他助洗剂，待形成均匀溶液后，就可加入其他成分如香料、色素、防腐剂、配位剂等。最后

用柠檬酸或其他酸类调节至所需的 pH 值，黏度用无机盐（氧化钠或氯化铵）来调整。若遇到加香料后不能完全溶解，可先将它同少量助洗剂混合后，再投入溶液。或者使用香料增溶剂来解决。冷混法适用于不含蜡状固体或难溶物质的配方。

② 热混法。当配方中含有蜡状固体或难溶物质时，如珠光或乳浊制品等，一般采用热混法。

首先将表面活性剂溶解于热水或冷水中，在不断搅拌下加热到 70℃，然后加入要溶解的固体原料，继续搅拌，直到溶液呈透明为止。当温度下降至 25℃左右时，加色素、香料和防腐剂等。pH 值的调节和黏度的调节一般都应在较低的温度下进行。采用热混法，温度不宜过高（一般不超过 70℃），以免配方中的某些成分遭到破坏。

(2) 乳化　在液体洗涤剂生产中，乳化技术相当重要。一部分民用液体洗涤剂中希望加入一些不溶于水的添加剂以增加产品的功能；一些高档次的液体洗涤剂希望制成彩色乳浊液以满足顾客喜爱；一部分工业用液体洗涤剂必须制成乳浊液才能使其功能性成分均匀分散在水中。因此，只有通过乳化工艺才能生产出合格的乳化型产品。在液体洗涤剂生产中，无论是配方还是复配工艺以及生产设备，乳化型产品的要求最高，工艺也最复杂。

液体洗涤剂配制过程中的乳化操作长期以来是依靠经验，经过逐步充实理论，正在逐步依靠理论指导，因此它是一门经验科学或称试验科学。在实际工作中，仍然有赖于操作者的经验。

① 乳化方法。乳化工艺除乳化剂选择外，还包括适宜的乳化方法，如乳化剂的添加法、油相和水相添加方法以及乳化温度等。

a. 转相乳化法。这是一种非常方便而且应用广泛的乳化方法。假如要制备 O/W 型乳状液，则可将加有乳化剂的油类加热，制成液体状，然后一边搅拌，一边徐徐加入热水。加入的热水开始分散成细小的颗粒，首先形成 W/O 型乳化液，然后按上述方法继续加水，随着水量的增加，乳状液渐渐变稠，最后黏度又急剧下降，当水量加完 60%之后，即发生转相，形成 O/W 型乳液，余下的水可快速加入。在这个过程中应充分进行搅拌，在转相时，油相则很快分散成又细又均匀的粒子。一旦转相结束，再强有力的搅拌也不会使分散相粒子再变小，所以转相乳化法要充分理解转相原理并认真操作。

b. 自然乳化法。将乳化剂加入油相中，混匀后一起投入水中，油就会自然乳化分散，再加上良好的搅拌，则乳化得更好。像矿物油之类容易流动的液体时常采用这种做法。自然乳化是由于水的微滴进入油中并形成通道，然后将油分散开来。如果要使高黏度的油能够自然乳化，则应在较高温度（40～60℃）下进行。使用多元醇酯类乳化剂不容易实现自然乳化。

c. 机械强制乳化法。均化器和胶体磨都是用于强制乳化的机械，这类机器用相当大的剪切力将被乳化物撕成很细很匀的粒，形成稳定的乳化体，所以用上述转相法和自然乳化法不能制备的乳化体，采用机械强制乳化法就能很好地制出合格的产品。反之，用自然乳化法可完成的乳化过程，没有必要也不适宜采用机械乳化法。现代科学技术的进步，已发明了许多种用于强制乳化的机械。

② 乳化工艺流程。国内外大部分乳化工艺仍然采用间歇式操作方法，以便控制产品的质量，方便更换产品，适应性强，但间歇操作方法的辅助时间较长，操作比较烦琐，设备利用率低。只有每年上万吨规模的生产装置推荐采用连续化生产方式。

图 2-24 是乳化工艺流程框图，是典型间歇式通用乳化流程。它是将油相和水相分别加热到一定温度，然后按一定顺序分别投入搅拌釜中，保温搅拌一定时间，再逐步冷却至 60℃以下，加入香精等热敏性物料，继续搅拌至 60℃左右，放料包装即可。

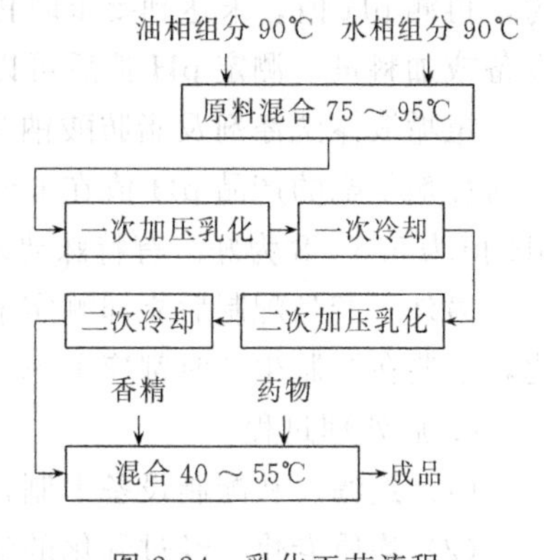

图 2-24 乳化工艺流程

连续式乳化工艺是将预先加热的各种物料分别由计量泵打入带搅拌的乳化器中，原料在乳化器中滞留一定时间后溢流到换热器中，快速冷却至 60℃以下，然后流入加香罐中，同时将香精由计量泵加入，最终产品由加香罐中放出，整个工艺为连续化操作。

半连续化工艺是乳化工段为间歇式，而加香操作为连续进行。对于难乳化的物料，一般可以采用两次加压机械乳化。而自然乳化和转相乳化只在一个带搅拌的乳化釜中就能完成。具体工艺条件视不同物料和质量要求而定。

3. 调整

在各种液体洗涤剂制备工艺中，除上述已经介绍的一般工艺设备外，还有一些典型的工艺问题如加香、加色、调黏度、调透明度、调 pH 值等，有必要分别叙述，便于实际操作者参考。

(1) 加香 许多液体洗涤剂都要在配制工艺后期进行加香，以提高产品的档次。洗发香波类、沐浴液类、厕所清洗剂等一般都要加香。个别织物清洗剂、餐具清洗剂和其他液体洗涤剂有时也要加香。

(2) 产品黏度的调整 液体洗涤剂都应有适当的黏度，为满足这一要求，除选择合适的表面活性剂等主要组分外，一般都要使用专门调整黏度的组分——增稠剂。

大部分液体洗涤剂配方中都加有烷基醇酰胺，它不但可以控制产品的黏度，还兼有发泡和稳泡作用。它是液体洗涤剂中不可缺少的活性组分。

对于一些乳化产品，可以加入亲水性高分子物质，天然的或合成的都可以使用。不但可以作为增稠剂，还是良好的乳化剂。但是同时应考虑与其他组分的相容性。

对于一般的液体洗涤剂，加入氯化钠（或氯化铵）等电解质，可以显著地增加液体洗涤剂的黏度。乳化型香波还可以加入聚乙二醇酯类。聚乙二醇（相对分子质量为 400～1000）脂肪酸酯是很好的黏结剂、增稠剂和乳化剂。

肥皂型产品，即以脂肪酸钠（钾）为主要活性物的液体洗涤剂一般都有较高的黏度，如果加入长链脂肪酸，可以进一步提高产品黏度。

当然也有希望低黏度的产品，可以加入稀释剂，如酒精、二甲苯磺酸等。反过来说，要求较高黏度的产品，配方中尽可能不加或少加酒精和二甲苯磺酸等。为了提高产品的黏度，尽量选择非离子表面活性剂作为活性物成分。

(3) pH 值的调节 在配制液体洗涤剂时，大部分活性物呈碱性。一些重垢型液体洗涤剂是高碱性的，而轻垢型碱性较低，个别产品如高档洗发香波、沐浴液及其他一些产品要求具有酸性。因此，液体洗涤剂配制工艺中，调整 pH 值带有共性。

pH 调节剂一般称为缓冲剂。主要是一些酸和酸性盐，如硼酸钠、柠檬酸、酒石酸、磷酸和磷酸氢二钠，还有某些磺酸类都可以作为缓冲剂。选择原则主要是成本和产品性能。

pH 调节过程中各种缓冲剂大多在液体洗涤剂配制后期加入。将各主要成分按工艺条件混配后，作为液体洗涤剂的基料，测定其 pH 值，估算缓冲剂加入量，然后投入，搅拌均匀，再测 pH 值。未达到要求时再补加，就这样逐步逼近，直到满意为止。对于一定容量的设备或加料量，测定 pH 值后可以凭经验估算缓冲剂用量，指导生产。

重垢液体洗涤剂及脂肪酸钠为主的产品 pH＝9～10 最有效，其他液体洗涤剂以各种表面活性剂复配的产品 pH 值在 6～9 为宜。洗发和沐浴产品的 pH 值最好为中性或偏酸性，pH 值为 5.5～8 为好。有特殊要求的产品应单独设计。

另外，产品配制后立即测定 pH 值并不完全真实，长期储存后产品 pH 值将发生明显变化，这些在控制生产时都应考虑到。

4. 后处理过程

（1）过滤　从配制设备中制得的洗涤剂在包装前需滤去机械杂质。

（2）均质老化　经过乳化的液体，其稳定性往往较差，如果再经过均质工艺，使乳液中分散相中的颗粒更细小、更均匀，则产品更稳定。均质或搅拌混合的制品放在储罐中静置老化几小时，待其性能稳定后再进行包装。

（3）脱气　由于搅拌作用和产品中表面活性剂的作用，有大量气泡混于成品中，造成产品不均匀，性能及储存稳定性变差，包装计量不准确。可采用真空脱气工艺快速将产品中的气泡排出。

5. 灌装

对于绝大部分液体洗涤剂，都使用塑料瓶小包装。因此，在生产过程的最后一道工序，包装质量是非常重要的，否则将前功尽弃。正规生产应使用灌装机包装流水线。小批量生产可用高位槽手工灌装。严格控制灌装量，做好封盖、贴标签、装箱和记载批号、合格证等工作。袋装产品通常应使用灌装机灌装封口。包装质量与产品内在质量同等重要。

6. 产品质量控制

液体洗涤剂产品质量控制要强调生产现场管理，确定几个质量控制点，找出关键工序，层层把关。

首先把好原料关。对于不符合要求的原料，应不进入生产过程，或者调整配方，保证产品质量。检验时至少要分批抽样。

关键工序是配料工段。应严格按配比和顺序投料。计量要准确，温度、搅拌条件和时间等工艺操作要严格，中间取样分析要及时、准确。

成品包装前取样检测是最后一道关口，不符合产品标准绝不灌装出厂。

国内洗涤剂相关标准见表 2-29。

表 2-29　国内洗涤剂相关标准

GB 9985—2000 手洗餐具用洗涤剂	JB/T 4323—1986 水基金属清洗剂
GB 14930.1—94 食品工具、设备用洗涤剂卫生标准	MH/T 6007—1998 飞机清洗剂
GB 19877.1—2005 特种洗手液	QB 1994—2004 沐浴剂
GB 19877.2—2005 特种沐浴剂	QB 2654—2004 洗手液
GB/T 13171—2009 洗衣粉	QB/T 1224—2007 衣料用液体洗涤剂
GB/T 15818—2006 表面活性剂生物降解度试验方法	QB/T 1645—2004 洗面奶(膏)
GJB 2841—1997 燃气涡轮发动机燃气通道清洗剂规范	QB/T 1974—2004 洗发液(膏)
GJB 4080—2000 军用直升机机体表面清洗剂通用规范	QB/T 2116—2006 洗衣膏
HB 5226—1982 金属材料和零件用水基清洗剂技术条件	QB/T 2850—2007 抗菌抑菌型洗涤剂
HB 5334—1985 飞机表面水基清洗剂	HJBZ 8—1999 环境标志技术要求　洗涤剂
	洗涤用品、表面活性剂行业清洁生产指标评价体系(待发布)

【任务实施】

1. 查阅资料，利用 LAS、AEO、6501 等表面活性剂混配成洗涤剂，用氯化钠调节黏度。设计家庭餐具清洗剂配方和生产方案。

2. 请根据所学的知识拟订一种洗衣粉配方和一种手洗餐具洗涤剂配方。

3. 配制液体洗涤剂时，如果透明度不好或黏度低，应如何处理和如何调整配方？

4. 参考国标，编制洗手液的产品质量分析检测方案。

【任务评价】

1. 知识目标的完成：

① 是否掌握液体洗涤剂配制的基本原则；

② 是否了解液体洗涤剂的生产工艺；

③ 是否掌握液体洗涤剂的生产过程；

④ 是否了解液体洗涤剂生产设备的基本结构及原理；

⑤ 是否了解液体洗涤剂的相关质量标准。

2. 能力目标的完成：

① 是否能读懂日常生活中的液体洗涤剂的配方；

② 是否能进行简单的配方设计；

③ 是否能通过查阅文献，确定某种液体洗涤剂的生产方案。

项目三　化妆品的生产技术

教学目标

知识目标：

1. 了解化妆品的分类及功能；
2. 了解化妆品的开发程序与质量特性；
3. 熟悉典型化妆品的配方和生产技术。

能力目标：

1. 能利用图书馆资料和互联网查阅专业文献资料；
2. 能进行化妆品应用配方的配制；
3. 能进行化妆品的生产操作。

情感目标：

1. 通过创设问题、情境，激发学生的好奇心和求知欲；
2. 通过对化妆品生产方案设计、生产及化妆品应用配方的配制，增强学生的自信心和成就感，体验成功的喜悦，并通过项目的学习，培养学生互助合作的团结协作精神；
3. 养成良好的职业素养。

项目概述

化妆品已经是日常生活中最常见的物品之一了，它不再是女人的专用品，几乎每个人每天都要用到它。它的功效也不仅仅是化妆那么简单了。从普通的清洁、保养、美容、修饰作用，到防晒、美白、抗衰老等新奇的作用，那么化妆品为何有这么多神奇的功能？它含有哪些成分？又是如何生产制造的呢？

化妆品的发展是时代的需求。这些年来我国国民经济高速发展，人民生活水平大大改善，人们的消费观念发生了新的变化，开始追求享受型的非必需品的消费，化妆品首当其冲。为了满足人们在化妆品方面越来越高的要求，近年来化妆品的品种不断增多，功能性越来越强，同时科技含量也越来越高。这使得化妆品的研究人员和生产厂家面临着新的挑战。

任务一　认识化妆品

【任务提出】

“爱美之心，人皆有之”。人类对美化自身的化妆品，自古以来就有不断的追求。化妆品的发展历史大约可分为以下五个阶段。

(1) 古代化妆品时代　在公元前 5 世纪到公元 7 世纪，各国已经有不少关于制作和使用化妆品的传说和记载，如古埃及皇后用铜绿描画眼圈等，还出现了许多化妆用具。中国古代也有胭脂抹腮的习惯，以此衬托容颜的美丽和魅力。

(2) 矿物油时代　早期护肤品、化妆品起源于化学工业，那个时候从植物中天然提炼还很难，而石油、石化、合成工业很发达，很多护肤品、化妆品的原料来源于化学工业，价格低廉，原料相对简单，成本低。

(3) 天然成分时代　从 20 世纪 80 年代开始，有人发现在护肤品中添加各种天然原料，对肌肤有一定的滋润作用。这个时候大规模的天然萃取分离工业已经成熟，此后，市场上护肤品成分中慢慢能够找到天然成分。

(4) 零负担时代　以往过于追求植物，也为了满足更多人特殊肌肤的要求，护肤品中添加剂越来越多，给护肤行业敲响了警钟，追寻零负担即将成为现阶段护肤发展史中最实质性的变革。

(5) 基因时代　随着人体基因的完全破译，其中也有些与皮肤、衰老有关，许多药厂已经介入其中收购基因科技，还有很多企业开始以基因为概念的宣传，更有企业已经进入产品化。

可见，发展永无止境，化妆品行业的发展也不会停止，它很可能会与其他许多学科如医学、生物工程与农业等，一起奔向纳米时代。

【相关知识】

一、化妆品的定义及分类

1. 化妆品的定义

化妆品是清洁、美化人体面部，皮肤以及毛发等处的日常用品，它有令人愉快的香气，能充分显示人体的美，给人们以容貌整洁，讲究卫生的好感，并有益于人们的身心健康。

关于化妆品的定义，世界各国化妆品法规中均有论述。希腊“化妆品”的词义是“装饰的技巧”，意思是把人体自身的优点多加发扬，而把缺陷加以补救。欧盟化妆品规程中规定：化妆品系指用于人体外部或牙齿和口腔黏膜的物质或制品，主要起清洁、香化或保护作用，以达到健康、改变外形或消除体臭的目的。我国《化妆品卫生监督条例》是生产、储运、经销和安全使用化妆品的基本法规，该条例对化妆品的定义是：化妆品是指以涂擦、喷洒或其他类似的方法，散布于人体表面任何部位，以达到清洁、消除不良气味、护肤、美容和修饰为目的的日用化学工业产品。化妆品的作用可以概括如下。

(1) 清洁作用　除去面部、皮肤及毛发脏污物质，如清洁霜、清洁面膜、浴液和洗发香波等。

(2) 保护作用　保护面部，使皮肤、毛发柔软光滑，用以抵御风寒、裂口、紫外线辐射，并防止皮肤开裂，如雪花膏、冷霜、防晒霜、防裂膏、发乳等。

(3) 美化作用　美化面部、皮肤以及毛发或散发香气的，如香粉、胭脂、唇膏、定型发膏、卷发剂、指甲油、眉笔等。

(4) 营养作用　营养面部、皮肤及毛发，以增加细胞组织活力，保持表间角质层的含水量、减少皮肤细小皱纹以及促进毛发生机，如丝素霜、珍珠霜、维生素霜、金华素等。

(5) 治疗作用　用于卫生或治疗，如雀斑霜、粉刺霜、祛臭剂、痱子粉、药性发乳（蜡）等。

2. 化妆品的分类

化妆品种类繁多，其分类方法也五花八门，可按目的、内含物成分、剂型等分类，也可按使用部位、年龄、性别等分类，按其使用部位和目的分为如下种类。

(1) 皮肤用化妆品类护肤化妆品 用于清洁皮肤，补充皮脂不足，滋润皮肤，促进皮肤的新陈代谢等。

① 清洁皮肤用化妆品：如清洁霜、清洁奶液香皂、香波、沐浴液、洗面奶、洁肤乳、清洁水、清洁霜、磨面膏等。

② 保护皮肤用化妆品：如雪花膏、冷霜、奶液、防裂膏、化妆水等。

③ 营养皮肤用化妆品：如人参霜、维生素霜、荷尔蒙霜、珍珠霜、丝素霜、胎盘膏等。

(2) 毛发用化妆品类 用于使头发保持天然、健康、美观的外表，以及修饰和固定发型，包括护发、洗发和剃须用品。

① 清洁毛发用化妆品：如洗发香波、洗发膏等。

② 保护毛发用化妆品：如发油、发蜡、发乳、爽发膏、护发素等。

③ 美发用化妆品：如烫发剂、染发剂、发胶、摩丝、定型发膏等。

④ 营养毛发用化妆品：如营养头水、人参发乳等。

⑤ 药性化妆品：如去屑止痒香波、奎宁头水、药性发乳等。

(3) 口腔卫生用品 用于清洁口腔和牙齿，防龋消炎，祛除口臭。

① 牙膏（包括普通牙膏和药物牙膏）。

② 牙粉。

③ 含漱水。

(4) 美容化妆品 用于修饰容貌，发挥色彩和芳香效果，增进美感。如香粉、胭脂、唇膏、唇线笔、眉笔、眼影膏、鼻影膏、睫毛膏等。

(5) 特殊用途化妆品 用于育发、染发、烫发、脱毛、丰乳、健美、除臭、祛斑、防晒等。

日本学者垣原高志根据化妆品使用部位和用途将其分为8类，即皮肤用化妆品、头发用化妆品、指甲用化妆品、口腔用化妆品、清洁化妆品、基础化妆品、美容化妆品、芳香化妆品。

另外还可按剂型分为如下种类。

水剂类：如香水、花露水、化妆水等。

油剂类：如发油、发蜡、防晒油、浴油、按摩油等。

乳剂类：如清洁霜、清洁奶液、润肤霜、营养霜、雪花膏、冷霜、发乳等。

粉状类：如香粉、爽身粉、痱子粉、粉饼、胭脂等。

锭状化妆品：如唇膏、防裂膏等。

笔状化妆品：如唇线笔、眉笔等。

蜡状化妆品：如发蜡等。

气雾状化妆品：如喷发胶、摩丝等。

薄膜状化妆品：如湿布面膜等。

胶囊状化妆品：如精华素胶囊等。

纸状化妆品：如香粉纸、香水纸等。

二、化妆品的开发程序及行业现状

1. 化妆品的开发程序

目前，化妆品已成为人们广泛使用的一类日化产品，它在人们的日常生活中占有重要的地位，因此，对产品的质量要求也愈来愈高。如何向消费者提供高品质的产品呢？这需要从产品的研发谈起。

化妆品的开发程序大致有以下环节：产品创意→市场需求、科技动态→产品配方设计→剂型、基质、添加剂、生产工艺→产品研制实验→产品质量控制→产品包装设计→产品→市场销售。

首先是要有一个产品创意。这个创意一般是由企业经过广泛的市场调查，了解目前国内外化妆品市场最热销最流行的产品行情后，向研发部门提出建议。企业的研发部门要充分调研和了解当前国内外化妆品的科技发展动态和信息，最后确立近期要开发的新产品，并进一步制订出企业的中、长期研发计划，即生产一代、研制一代、储备一代。

在化妆品配方设计过程中，首先要考虑剂型问题。比如开发防晒化妆品，先要确定其剂型，是防晒油、防晒霜还是防晒凝胶。剂型确定之后，就要确定基质（化妆品就是由其基质和多种添加剂组成，添加剂在基质中发挥它的功能作用），如确定防晒产品为膏霜剂型，则要进一步确定此膏霜剂型基质的乳化体形式：O/W、W/O、W/O/W、微乳液和液晶结构等，然后据此选择油相原料和水相原料及乳化剂。

在剂型、基质和添加剂部分都设计好之后，便进入生产工艺设计环节。化妆品不是化学反应的产物，故配制工艺并不复杂，但这其中有许多复配的原则和经验，如乳化原则、溶剂极性相容原则和化学惰性原则（即切忌原料组分在生产和长期储存过程中，在光、热和氧作用下发生化学反应），原料的添加顺序及溶解顺序、加入的温度和搅拌速度及时间等都会影响最终产品的综合质量，所以，生产工艺是相当重要的一个环节，不可忽视。

经配制形成产品后，产品还需要经过质量检测，包括理化检测和卫生检测（特殊用途化妆品还需通过安全性评价，甚至功效检测），合格后，再经灌装、包装（在生产配制和包装过程中应避免一次污染），最后是形成商品进入市场。

2. 化妆品行业的现状及发展趋势

化妆品不仅是人们日常生活的必需品，而且也是衡量一个国家的文明程度和生活水平的标志，在保护人民身体健康以及精神文明建设方面都起着十分重要的作用。我国化妆品工业自改革开放以来，得到了迅速发展，生产企业有2000多家，品种已逾万种，北京、上海、广东、江苏、天津等成为我国化妆品主要生产基地。我国的化妆品大市场已不再只属于中国人自己，而是汇集国内外先进技术、特色品牌于一处的化妆用品大熔炉。国外优质产品的大量涌入，无疑增加了市场压力。世界顶级化妆品企业从高端到低端，全面覆盖我们的市场，以绝对的竞争优势和庞大的市场份额引导消费潮流，使本已竞争激烈的化妆品市场更加白热化。目前这个行业仍保持着较快的发展速度，据业内人士预测，今后几年化妆品市场的销售额将以年均15%左右的速度增长。

随着化妆品市场的逐渐扩大，从前的产品已不能很好满足发展需要，更不能满足消费者日益增多的需求。面对经济的进步和大环境的变化，当今日用化妆品有以下几个明显的发展趋势。

化妆品产品的高科技化。近十年来，科学技术高速发展，所有的高新技术不同程度地影响和渗透到化妆品产业，如生物工程技术、生物化学技术、医药科学技术、电子计算机技术等，这些先进的高新技术引入到化妆品产业后，使化妆品的产品结构、功能、品质发生了巨大变化，为化妆品的竞争赢得了一个制高点。

化妆品新产品更新的速度越来越快。根据国际50家知名化妆品企业的统计，20世纪70年代一个企业开发新的化妆品系列一年不到一个，80年代1～2个。90年代前期为2～3个，而近几年来，每一年的开发已经达到5个以上，这些数字说明产品的开发周期越来越短，新产品进入市场的速度越来越快，其竞争也越来越激烈。国外化妆品新产品的开发从基础开始到产品上市一般需要2～3年的周期，在人力和资金方面都需要做很大的投入，在欧洲和美国一个系列新产品的开发需要投入几百万美元，远远大于我国化妆品企业的科技投入。

化妆品的绿色浪潮。全球性的环境恶化，正威胁着大自然生态平衡和人类生存，保护环境的浪潮已席卷整个世界。为了人类自身安全及种族繁衍，国际有关环保组织已要求化工企业对一些有害化学合成物限用甚至禁用。化妆品企业也考虑从环保角度控制氧化剂、防晒剂及色素等的应用。由此而开发的绿色化妆品成为市场上的热点产品。

化妆品既是一个产业也是一种文化，产品文化和企业形象是化妆品品牌竞争的焦点所在。未来的化妆品市场将会是机遇多，前景广阔。

三、化妆品原料及助剂的选择

化妆品是由各种不同作用的原料，经配方加工制得的产品。化妆品质量的好坏，除了受配方、加工技术及制造设备条件影响外，主要还是决定于所采用原料的质量。化妆品所用原料品种虽然很多，但按其用途和性能，可分成两大类：基质原料和辅助原料。

1. 基质原料

组成化妆品基体的原料称为基质原料，它在化妆品配方中占有较大的比例。由于化妆品种类繁多，采用原料也很复杂，随着研究工作的深入，新开发的原料日益增多，现选择有代表性的原料介绍如下。

(1) 油性原料　油性原料是组成膏霜类化妆品以及发蜡、唇膏等油蜡类化妆品的基本原料。

作用：护肤、柔滑、滋润等。

分类：从动植物中取得的油性物质；矿物（如石油）中取得的油性物质；化学合成的油性物质。

动植物的蜡，其主要成分是脂肪酸和脂肪醇化合而成的酯，蜡是习惯名称。

① 椰子油、蓖麻油及橄榄油。它们分别由椰子果肉、蓖麻子及橄榄仁中提取而得，主要成分分别是月桂酸、蓖麻油酸及油酸的三甘油酯，比较适合制造化妆皂、香波、发油、冷霜等化妆品。

② 羊毛脂。它是从羊毛中提取的，内含胆甾醇、虫蜡醇和多种脂肪酸酯。它是性能很好的原料，对皮肤有保护作用，具有柔软、润滑及防止脱脂的性能。但由于它的气味和色泽，应用时往往受到限制。目前通常把羊毛脂加工成它的衍生物，不但保持了羊毛脂特有的理想功能，又改善了它的色泽和气味，如羊毛醇已被大量用于护肤膏霜及蜜中。

③ 蜂蜡。它由蜜蜂的蜂房精制而得，主要成分是棕榈酸蜂蜡酯、虫蜡酸等，是制造冷霜、唇膏等美容化妆品的主要原料。由于有特殊气味，不宜多用。

④ 鲸蜡。它从抹香鲸脑中提取而得，主要含有月桂酸、豆蔻酸、棕榈酸、硬脂酸等的

鲸蜡脂及其他脂类，是制造冷霜的原料。

⑤ 硬脂酸。从牛脂、硬化油等固体脂中提取而得，其工业品通常是硬脂酸和棕榈酸的混合物，是制造雪花膏的主要原料。

⑥ 白油。它是石油高沸点馏分（330～390℃），经去除芳烃或加氢等方法精制而得，是制造护肤霜、冷霜，清洁霜、蜜，发乳、发油等化妆品的原料。

除了上述油性原料外，还有杏仁油、山茶油、水貂油、巴西棕榈蜡、虫胶蜡、凡士林、角鲨烷等在化妆品中都具有广泛的应用。

（2）粉类原料　粉类原料是组成香粉、爽身粉、胭脂等化妆品基体的原料，主要起遮盖、滑爽、吸收等作用。如：滑石粉是制造香粉、粉饼、胭脂、爽身粉的主要原料；高岭土是制造香粉的原料，它能吸收、缓和及消除由滑石粉引起的光泽；钛白粉具有极强的遮盖力，用于粉类化妆品及防晒霜中；氧化锌有较强的遮盖力，同时具有收敛性和杀菌作用；云母粉用于粉类制品中，使皮肤有一种自然的感觉，主要用于粉饼和唇膏中。

（3）香水类原料　香水类原料是组成香水、发油等液体化妆品基体的原料，主要起溶解、稀释作用，在化妆品中常用的是乙醇。

2. 辅助原料

使化妆品成型、稳定或赋予化妆品以色、香及其他特定作用的原料称辅助原料。它虽然在产品配方中比重不大，但极为重要。

（1）乳化剂　乳化剂是使油性原料与水制成乳化体的原料。在化妆品中有很大一部分制品，如冷霜、雪花膏、奶液等都是水和油的乳化体。乳化剂是一种表面活性剂，其主要作用，一是起乳化效能，促使乳化体的形成，使乳化体稳定；二是控制乳化类型，即水包油型或油包水型。

（2）香精　香精是赋予化妆品以一定香气的原料。香精选用得当，不仅受消费者的喜爱，而且还能掩盖产品介质中某些不良气味。香精是由多种香料调配混合而成，且带有一定类型的香气，即香型。化妆品在加香时，除了选择合适的香型外，还要考虑所选用的香精对产品质量及使用效果有无影响。因此不同制品对加香要求不同。

（3）色素　色素是赋予化妆品一定颜色的原料。人们选择化妆品往往凭视、触、嗅等感觉，而色素是视觉方面的重要一环，因此色素用得是否适当对制品好坏也起决定作用。

① 合成色素。从化工合成制得的色素称合成色素。化妆品用的色素纯度要求较高，类同食用色素。此种色素能溶于水，适合于护发水、花露水、蜜类和香波等产品。

② 无机色素。常用的无机色素有氧化铁、炭黑、氧化铬绿等，它们具有良好的耐光性，不溶于水。

③ 天然色素。常用的天然色素有胭脂树红、胭脂虫红、叶绿素、姜黄素和叶红素等，它的特点是无毒。

（4）防腐剂和抗氧剂

① 防腐剂。由于大多数化妆品均含有水分，且含有胶质、脂肪酸、蛋白质、维生素及其他各种营养成分等，在产品制造、储运及消费者使用过程中可能引起微生物繁殖而使得产品变质，所以在制品配方中必须加入防腐剂。用于化妆品的防腐剂要求是：不影响产品的色泽，不变色，无气味；在用量范围内应无毒性、对皮肤无刺激性；不会对产品的黏度、pH值有影响。为了获得广谱的抑菌效果，往往采用2～3种防腐剂配合使用。

化妆品防腐剂的品种较多，如对羟基苯甲酸酯类（商品名称“尼泊金”），它稳定性好，无毒性，气味极微，在酸、碱介质中都有效，在化妆品中广泛应用。Dowicil-200是20世纪70年代出现的一种抑菌剂，对皮肤无刺激，无过敏而被广泛应用，其在膏霜、香波中使用含量一般为0.05%～0.1%，与尼泊金类互相配合使用效果更好。另外防腐剂的品种还有：如山梨酸、脱氢醋酸、乙醇等在化妆品中也得到应用。

② 抗氧剂。许多化妆品含有油脂成分。尤其是含有不饱和油脂的产品，日久后，因为空气、光等因素使油脂发生酸败而变味，酸败的过程实际上是油脂的氧化过程。抗氧剂的作用是阻滞油脂中不饱和键的氧化或者本身能吸氧，从而防止油脂酸败使制品质量得到保证，其用量一般为0.02%～0.1%。

抗氧剂的种类很多，按照化学结构可分为五类：

a. 酚类。如没食子酸丙酯、二叔丁基对甲酚（BHT）、叔丁羟基茴香醚（BHA）等。

b. 醌类。如维生素E（生育酚），广泛用于膏霜类、蜜类等制品。

c. 胺类。如乙醇胺等。

d. 有机酸、醇及酯。如抗坏血酸、柠檬酸等。

e. 无机酸及其盐类。如磷酸及其盐类。

在化妆品配方中作为辅助性原料的还有：胶黏剂。它是使固体粉质原料黏合成型的辅助原料，如阿拉伯树胶、果胶、甲基纤维素等；滋润剂。使产品在储存与使用时能保持湿度，起滋润作用的原料，如甘油、丙二醇等；助乳化剂。如氢氧化钾、氢氧化钠、硼砂等；收敛剂。使皮肤毛孔收敛的原料，如碱性氧化铝、硫酸铝等；其他配合原料。如营养成分、防晒原料、中草药成分等。

四、化妆品的质量特性

化妆品的质量特性主要包括安全性、稳定性、使用性和功能性等。

(1) 安全性　是指无皮肤刺激性、无过敏性、无毒性等。化妆品大多是涂擦在人体的皮肤表面，直接与人的皮肤长时间地、连续地接触，因此，化妆品的安全性尤为重要。许多国家对化妆品原料及制品有一系列法规。化妆品的安全性检验项目包括：眼刺激性等。急性（一次）皮肤刺激试验报告、多次连续（重复刺激）试验报告、过敏性（应变性）试验报告、光毒性试验报告、光变性（光过敏性）试验报告、眼刺激性试验报告、致诱变性试验报告和人体斑贴试验报告等。上述材料均符合标准，才能获准生产。影响化妆品安全性的因素主要有：配方的组成、原料的选择及纯度和原料组分之间的相互作用。选择生产化妆品的原料必须符合药典的规定，因为不符合要求的化学合成原料或不纯物质，如重金属元素存在于化妆品中，长期使用会引起癌症或生育畸形等；又如发现含丙二醇高的产品，可引起皮肤湿疹。

(2) 稳定性　化妆品作为一类商品，其质量稳定性同样也很重要。必须在其有效期内，确保质量的稳定。主要包括：化学稳定性、物理稳定性。化妆品在储存、运输及使用过程中，从产品到使用完毕而要一定的时间，在此期间，不应该由于温度、光照、细菌、氧气等作用而发生霉变、油水分离、氧化、酸化、降解等现象致使其失效。

(3) 使用性　主要指化妆品的使用感、易使用性及嗜好性。使用感是与皮肤的融合度、湿润度及润滑度；易使用性是指化妆品的形状、大小、重量、结构功能性和携带性等；嗜好性是指香味、颜色、外观设计等。

(4) 功能性　指化妆品具有护肤美容等功能，还可以根据人们的需要具有一些特殊的功能，如防晒、增白、抗衰老、保湿、抗氧化等。人们使用化妆品，是为了保持皮肤正常的生理功能，并产生一定的美化修饰效果。某些特殊的化妆品还应该具有特殊功能，如抗紫外线、治疗狐臭、汗脚、粉刺等，此类化妆品具备普通化妆品的功能及一定的药物功能，所以它必须具有一定的效力，即具有有效性。

(5) 舒适性　化妆品除了满足一定的安全性、稳定性及有效性外，在使用时必须使人产生舒适感，人们才乐意使用。否则再好的化妆品也无人问津。

【任务实施】

1. 查找《化妆品安全国家标准》(GB 7916)，了解我国化妆品的分类方法、功能和命名。

2. 了解化妆品的基本原料及其作用。

3. 简要说明化妆品的开发程序。

4. 论述化妆品的质量要求。

注：以上任务的完成请注明参考文献及网址。

【任务评价】

1. 知识目标的完成：

① 是否了解化妆品种类及其原料；

② 是否了解我国化妆品行业的现状及发展趋势。

2. 能力目标的完成：是否能利用图书馆资料和互联网查阅相关文献资料？

任务二　乳剂类化妆品的生产

【任务提出】

乳剂类化妆品的最基本的作用是能在表面形成一层护肤薄膜，可以保护或者缓解因气候的变化、环境的影响等因素所造成的直接刺激，并直接提供或者适当弥补其正常生理过程中的营养性组分，其特点是不仅能保持水分的平衡，使其润泽，而且还能补充重要的油性成分、亲水性保湿成分和水分，并能作为活性成分的载体，使之为人体所吸收，达到调理和营养的目的。同时预防某些疾病的发生，增进美观和健康。

乳剂类化妆品按其产品的形态可分为：产品呈半固体状态，不能流动的固体膏霜，如雪花膏、香脂；产品呈液体状态，能流动的液体膏霜，如各种乳液。

而按乳化类型来分，常见的乳剂类化妆品基本可以分为两大类：O/W（水包油型）乳化体和 W/O（油包水型）乳化体。

【相关知识】

一、典型的乳剂类化妆产品

乳剂类化妆品的作用是清洁皮肤表面，补充皮脂的不足，滋润皮肤，促进皮肤的新陈代谢。表皮上的皮脂膜是皮脂和汗混合在一起，以一种乳化体的形式保护皮肤，而不妨碍汗和皮脂的分泌，不妨碍皮肤的呼吸。因此，其成分最好能配制得和皮脂十分接近，既能起到对外界物理、化学刺激的保护作用和抵御细菌的感染，又不影响皮肤的正常生理功能。

雪花膏，有的还称作润肤膏或香霜。其字的由来是由于它的膏体洁白，涂在皮肤上能像“雪花”一样立即消失。它是水和硬脂酸在碱的作用下进行乳化的产物。雪花膏的膏体应洁白细密，无粗颗粒，不刺激皮肤，香气宜人，主要用作润肤、打粉底和剃须后用化妆品（图3-1）。

润肤霜和蜜是用来保护皮肤，防止和改善皮肤的干燥。皮肤的水分含量决定于皮肤的干燥程度，润肤霜最大的作用在于用作水分的封闭剂，能在皮肤表面形成连续的薄膜，减少或阻止水分从皮肤挥发，促使角质再水合，使皮肤回复弹性。此外还有润滑皮肤的作用，补充皮肤中的脂类物质，使皮肤表现为光滑、柔软。润肤霜和蜜中加入各种营养成分则构成营养润肤霜和蜜（图3-2）。

图 3-1 雪花膏图片

图 3-2 润肤霜图片

二、典型的乳剂类化妆品的配方

在化妆品的开发过程中，配方设计至关重要，因为配方设计是否科学合理将决定产品的品质，它是化妆品技术的核心。因此，化妆品的产品配方在化妆品行业中具有一种神秘色彩，各企业都把产品的配方视为企业的技术机密加以保护。

乳剂类化妆品的配方设计原则如下。

（1）乳化类型的选定　首先应选定所设计膏霜的乳化体类型，是O/W型还是W/O型，制作O/W型，油相乳化所需要的HLB值和乳化剂提供的HLB值应在8～18之间，这样才能制作出稳定的膏体；若制作W/O型乳化体，油相乳化所需要的HLB值和乳化剂提供的HLB值则应在3～6之间。

（2）选定油相组分　选定油相的各种组分，查出其各自的HLB值，并按其质量分数计算油相乳化所需要的HLB值。

（3）选定乳化剂　根据油相所需的HLB值，选定乳化剂。O/W型的乳化体，其乳化剂应以HLB>6为主，HLB<6为辅；制作W/O型的乳化体，其乳化剂应以HLB<6的乳化剂为主，以HLB>6的乳化剂为辅。乳化剂的添加量一般在10%～20%，用量太多，增加成本，用量太少，则膏体不稳定。另外，乳化剂一定要和被乳化物的亲油基有很好的亲和力，两者的亲和力越强，其乳化效果就越好。

（4）选定水相组分　选定出水相的各种组分，计算出纯水的加入量。

根据以上原则，通过实验确定乳化剂的配方。

雪花膏配方举例见表3-1～表3-5。

表 3-1 典型雪花膏配方 1

组分	硬脂酸	混合醇	单硬脂酸甘油酯	白油	羊毛脂	甘油	氢氧化钾	去离子水	防腐剂	香精
质量分数/%	8.0	4.0	4.0	8.0	0.35	4.5	0.4	余量	适量	适量

表 3-2 典型雪花膏配方 2

组分	硬脂酸	异硬脂酸单甘油酯	十六醇	三乙醇胺	聚乙二醇二壬酸酯	甘油	尼泊金甲酯	去离子水	尼泊金丙酯	香精
质量分数/%	20.0	4.0	2.0	1.0	5.0	8.0	适量	余量	适量	适量

表 3-3 典型雪花膏配方 3

组分	白油	橄榄油	斯盘-83	凡士林	羊毛脂	大豆磷脂	硬脂酸丁酯	甘油	叔丁基羟基苯甲醚	尼泊金甲酯	去离子水	香精
质量分数/%	25.0	28.0	3.0	2.0	2.0	2.2	8.0	3.0	适量	适量	余量	适量

表 3-4 典型芦荟润肤霜配方

组分	山梨醇钠	山梨醇溶液(70%)	斯盘-20	十六醇	微晶蜡	十四醇异丙酯	羊毛脂	尼泊金乙酯	去离子水	香精
质量分数/%	0.1	5.0	1.0	5.0	2.0	3.0	1.0	适量	余量	适量

表 3-5 典型 W/O 型润肤乳配方

组分	Arlacel P135	Arlamol HD	液体石蜡	棕榈酸异丙酯	硬脂酸镁	维生素 E 乙酸酯	甘油	水合硫酸镁	乳酸(90%溶液)	乳酸钠(50%溶液)	防腐剂	去离子水
质量分数/%	2.0	10.0	4.0	3.0	0.3	1.0	3.0	0.7	0.02	0.3	适量	余量

三、乳剂类化妆品的生产技术

1. 乳剂类化妆品生产工艺

乳液配制长期以来是依靠经验建立起来的，逐步充实完善了理论，正在走向依靠理论指导生产。但在实际工作中，仍然有赖于操作者的经验。至今，研究和生产乳化产品的专家，仍然承认经验的重要性，这是因为乳液制备时涉及的因素很多，还没有哪一种理论能够定量地指导乳化操作。即使经验丰富的操作者，也很难保证每批都乳化得很好。

经过小试选定乳化剂后，还应制订相应的乳化工艺及操作方法，以实现工业化生产。制备乳状液的经验方法很多，各种方法都有其特点，选用哪种方法全凭个人的经验和企业具备的条件，但必须符合化妆品生产的基本要求。

在实际生产过程中，有时虽然采用同样的配方，但是由于操作时温度、乳化时间、加料方法和搅拌条件等不同，制得的产品的稳定度及其他物理性能也会不同，有时相差悬殊。因此根据不同的配方和不同的要求，采用合适的配制方法，才能得到较高质量的产品。

(1) 生产程序

① 油相的制备。将油、脂、蜡、乳化剂和其他油溶性成分加入夹套溶解锅内，开启蒸汽加热，在不断搅拌条件下加热至 70～75℃，使其充分熔化或溶解均匀待用。要避免过度加热和长时间加热以防止原料成分氧化变质。容易氧化的油分、防腐剂和乳化剂等可在乳化之前加入油相，溶解均匀，即可进行乳化。

② 水相的制备。先将去离子水加入夹套溶解锅中，水溶性成分如甘油、丙二醇、山梨醇等保湿剂，碱类，水溶性乳化剂等加入其中，搅拌下加热至 90～100℃，维持 20min 灭菌，然后冷却至 70～80℃待用。如配方中含有水溶性聚合物，应单独配制，将其溶解在水

中，在室温下充分搅拌使其均匀溶胀，防止结团，如有必要可进行均质，在乳化前加入水相。要避免长时间加热，以免引起黏度变化。为补充加热和乳化时挥发掉的水分，可按配方多加3%～5%的水，精确数量可在第一批制成后分析成品水分而求得。

③ 乳化和冷却。上述油相和水相原料通过过滤器按照一定的顺序加入乳化锅内，在一定的温度（如70～80℃）条件下，进行一定时间的搅拌和乳化。乳化过程中，油相和水相的添加方法（油相加入水相或水相加入油相）、添加的速度、搅拌条件、乳化温度和时间、乳化器的结构和种类等对乳化体粒子的形状及其分布状态都有很大影响。均质的速度和时间因不同的乳化体系而异。含有水溶性聚合物的体系、均质的速度和时间应加以严格控制，以免过度剪切，破坏聚合物的结构，造成不可逆的变化，改变体系的流变性质。如配方中含有维生素或热敏的添加剂，则在乳化后较低温下加入，以确保其活性，但应注意其溶解性能。

乳化后，乳化体系要冷却到接近室温。卸料温度取决于乳化体系的软化温度，一般应使其借助自身的重力，能从乳化锅内流出为宜。当然也可用泵抽出或用加压空气压出。冷却方式一般是将冷却水通入乳化锅的夹套内，边搅拌，边冷却。冷却速率、冷却时的剪切应力、终点温度等对乳化剂体系的粒子大小和分布都有影响，必须根据不同乳化体系，选择最优条件。特别是从实验室小试转入大规模工业化生产时尤为重要。

④ 陈化和灌装。一般是储存陈化1天或几天后再用灌装机灌装。灌装前需对产品进行质量评定，质量合格后方可进行灌装。

(2) 乳化剂的加入方法

① 乳化剂溶于水中的方法。乳化体化妆品的生产工艺流程见图3-3。

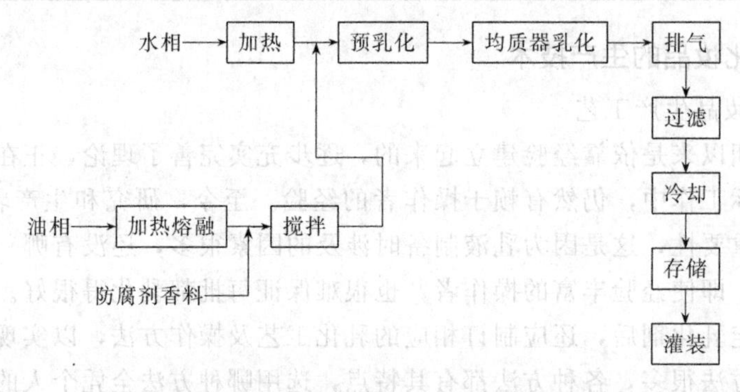

图3-3 乳化体化妆品的生产工艺流程

这种方法是将乳化剂直接溶解于水中，然后在激烈搅拌作用下慢慢地把油加入水中，制成油/水型乳化体。如果要制成水/油型乳化体，那么就继续加入油相，直到转相变为水/油型乳化体为止，此法所得的乳化体颗粒大小很不均匀，因而也不很稳定。

② 乳化剂溶于油中的方法。将乳化剂溶于油相（用非离子表面活性剂作乳化剂时，一般用这种方法），有两种方法可得到乳化体。

a. 将乳化剂和油脂的混合物直接加入水中形成油/水型乳化体。

b. 将乳化剂溶于油中，将水相加入油脂混合物中，开始时形成水/油型乳化体，当加入多量的水后，黏度突然下降，转相变为油/水型乳化体。

这种制备方法所得乳化体颗粒均匀，其平均直径约为0.5μm，因此常用此法。

③ 乳化剂分别溶解的方法。这种方法是将水溶性乳化剂溶于水中，油溶性乳化剂溶于油中，再把水相加入油相中，开始形成水/油型乳化体，当加入多量的水后，黏度突然下降，

转相变为油/水型乳化体。如果做成 W/O 型乳化体，先将油相加入水相生成 O/W 型乳化体，再经转相生成 W/O 型乳化体。

这种方法制得的乳化体颗粒也较细，因此常采用此法。

④ 初生皂法。用皂类稳定的 O/W 型或 W/O 型乳化体都可以用这个方法来制备。将脂肪酸类溶于油中，碱类溶于水中，加热后混合并搅拌，两相接触在界面上发生中和反应生成肥皂，起乳化作用。这种方法能得到稳定的乳化体。例如硬脂酸钾皂制成的雪花膏，硬脂酸铵皂制成的膏霜、奶液等。

⑤ 交替加液的方法。在空的容器里先放入乳化剂，然后边搅拌边少量交替加入油相和水相。这种方法对于乳化植物油脂是比较适宜的，在食品工业中应用较多，在化妆品生产中此法很少应用。

以上几种方法中，第①种方法制得的乳化体较为粗糙，颗粒大小不均匀，也不稳定；第②、第③、第④种方法是化妆品生产中常采用的方法，其中第②、第③种方法制得的产品一般讲颗粒较细，较均匀，也较稳定，应用最多。

(3) 转相的方法　所谓转相的方法，就是由 O/W（或 W/O）型转变成 W/O（或 O/W）型的方法。在化妆品乳化体的制备过程中，利用转相法可以制得稳定且颗粒均匀的制品。

① 增加外相的转相法。当需制备一个 O/W 型的乳化体时，可以将水相慢慢加入油相中，开始时由于水相量少，体系容易形成 W/O 型乳液。随着水相的不断加入，使得油相无法将这许多水相包住，只能发生转相，形成 O/W 型乳化体。当然这种情况必须在合适的乳化剂条件下才能进行。在转相发生时，一般乳化体表现为黏度明显下降，界面张力急剧下降，因而容易得到稳定、颗粒分布均匀且较细的乳化体。

② 降低温度的转相法。对于用非离子表面活性剂稳定的 O/W 型乳液，在某一温度点，内相和外相将互相转化，变型成为 W/O 乳液，这一温度叫做转相温度。由于非离子表面活性剂有浊点的特性，在高于浊点温度时，使非离子表面活性剂与水分子之间的氢键断裂，导致表面活性剂的 HLB 值下降，即亲水力变弱，从而形成 W/O 型乳液；当温度低于浊点时，亲水力又恢复，从而形成 O/W 型乳液。利用这一点可完成转相。一般选择浊点在 50～60℃的非离子表面活性剂作为乳化剂，将其加入油相中，然后和水相在 80℃左右混合，这时形成 W/O 型乳液。随着搅拌的进行乳化体系降温，当温度降至浊点以下不进行强烈的搅拌，乳化粒子也很容易变小。

③ 加入阴离子表面活性剂的转相法。在非离子表面活性剂的体系中，如加入少量的阴离子表面活性剂，将极大地提高乳化体系的浊点。利用这一点可以将浊点在 50～60℃的非离子表面活性剂加入油相中，然后和水相在 80℃左右混合，这时易形成 W/O 型的乳液，如此时加入少量的阴离子表面活性剂，并加强搅拌，体系将发生转相变成 O/W 型乳液。

在制备乳液类化妆品的过程中，往往这 3 种转相方法会同时发生。如在水相加入十二烷基硫酸钠，油相中加入十八醇聚氧乙烯醚（EO10）的非离子表面活性剂，油相温度在 80～90℃，水相温度在 60℃左右。当将水相慢慢加入油相中时，体系中开始时水相量少，阴离子表面活性剂浓度也极低，温度又较高，便形成了 W/O 型乳液。随着水相的不断加入，水量增大，阴离子表面活性剂浓度也变大，体系温度降低，便发生转相，因此这是诸因素共同作用的结果。

应当指出的是，在制备 O/W 型化妆品时，往往水含量在 70%～80%之间，水油相如快速混合，一开始温度高时虽然会形成W/O型乳液，但这时如停止搅拌观察的话，会发现往往得到一个分层的体系，上层是W/O的乳液，油相也大部分在上层，而下层是O/W型的。这是因为水相量太大而油相量太小，在一般情况下无法使过少的油成为连续相而包住水相，另一方面这时的乳化剂性质又不利于生成O/W型乳液，因此体系便采取了折中的办法。

总之在需要转相的场合，一般油水相的混合是慢慢进行的，这样有利于转相的仔细进行。而在具有胶体磨、均化器等高效乳化设备的场合，油水相的混合要求快速进行。

④ 初生皂法。用皂类稳定的O/W型或W/O型乳化体都可以用这个方法来制备。将脂肪酸类溶于油中，碱类溶于水中，加热后混合并搅拌，两相接触在界面上发生中和反应生成肥皂，起乳化作用。这种方法能得到稳定的乳化体。例如硬脂酸钾皂制成的雪花膏，硬脂酸铵皂制成的膏霜、奶液等。

⑤ 交替加液的方法。在空的容器里先放入乳化剂，然后边搅拌边少量交替加入油相和水相。这种方法对于乳化植物油脂是比较适宜的，在食品工业中应用较多，在化妆品生产中此法很少应用。

以上几种方法中，第①种方法制得的乳化体较为粗糙，颗粒大小不均匀，也不稳定；第②、第③、第④种方法是化妆品生产中常采用的方法，其中第②、第③种方法制得的产品一般讲颗粒较细，较均匀，也较稳定，应用最多。

(4) 低能乳化法　在通常制造化妆品乳化体的过程中，先要将油相、水相分别加热至75～95℃，然后混合搅拌、冷却，而且冷却水带走的热量是不加利用的，因此在制造乳化体的过程中，能量的消耗是较大的。如果采用低能乳化，大约可节约50%的热能。

低能乳化法在间歇操作中一般分为2步进行。

第1步先将部分的水相（B相）和油相分别加热到所需温度，将水相加入油相中，进行均质乳化搅拌，开始乳化体是W/O型，随着B相水的继续加入，变型成为O/W型乳化体，称为浓缩乳化体。

第2步再加入剩余的一部分未经加热而经过紫外线灭菌的去离子水（A相）进行稀释，因为浓缩乳化体的外相是水，所以乳化体的稀释能够顺利完成，此过程中，乳化体的温度下降很快，当A相加完之后，乳化体的温度能下降到50～60℃。

这种低能乳化法主要适用于制备O/W型乳体，其中A相和B相水的比率要经过实验来决定，它和各种配方要求以及制成的乳化体稠度有关。在乳化过程中，例如选用乳化剂的HLB值较高或者要乳状液的稠度较低时，则可将B相压缩到较低值。

低能乳化法的优点：

① A相的水不用加热，节约了这部分热能；

② 在乳化过程中，基本上不用冷却强制回流冷却，节约了冷却水循环所需要的功能；

③ 由75～95℃冷却到50～60℃通常要占去整个操作过程时间的1/2，采用低能乳化大大节省了冷却时间，加快了生产周期，节约整个制作过程总时间的1/3～1/2；

④ 由于操作时间短，提高了设备利用率；

⑤ 低能乳化法和其他方法所制成的乳化体质量没多大差别。

乳化过程中应注意的问题：

① B相的温度，不但影响浓缩乳化体的黏度，而且涉及相变型，当B相水的量较少时，一般温度应适当高一些；

② 均质机搅拌的速率会影响乳化体颗粒大小的分布，最好使用超声设备、均化器或胶

体磨等高效乳化设备；

③ A 相水和 B 相水的比率（见表 3-6）一定要选择适当，一般，低黏度的浓缩乳化体会使下一步 A 相水的加入容易进行。

表 3-6　A 相和 B 相水的比率

乳化剂 HLB 值	油脂比率	搅拌条件	选择 B 值	选择 A 值
10～12	20～25	强	0.2～0.3	0.7～0.8
6～8	25～35	弱	0.4～0.5	0.5～0.7

（5）搅拌条件　乳化时搅拌愈强烈，乳化剂用量可以愈低。但乳化体颗粒大小与搅拌强度和乳化剂用量均有关系，一般规律如表 3-7 所示。

表 3-7　搅拌强度与颗粒大小及乳化剂用量之关系

搅拌强度	颗粒大小	乳化剂用量
差(手工或桨式搅拌)	极大(乳化差)	少量
差	中等	中量
强(胶体磨)	中等	少至中量
强(均质器)	小	少至中量
中等(手工或旋桨式)	小	中至高量
差	极细(清晰)	极高量

过分的强烈搅拌对降低颗粒大小并不一定有效，而且易将空气混入。在采用中等搅拌强度时，运用转相办法可以得到细的颗粒，采用桨式或旋桨式搅拌时，应注意不使空气搅入乳化体中。

一般情况是，在开始乳化时采用较高速搅拌对乳化有利，在乳化结束而进入冷却阶段后，则以中等速度或慢速搅拌有利，这样可减少混入气泡。如果是膏状产品，则搅拌到固化温度为止。如果是液状产品，则一直搅拌至室温。

（6）混合速度　分散相加入的速度和机械搅拌的快慢对乳化效果十分重要，可以形成内相完全分散的良好乳化体系，也可形成乳化不好的混合乳化体系，后者主要是内相加得太快和搅拌效力差所造成。乳化操作的条件影响乳化体的稠度、黏度和乳化稳定性。研究表明，在制备 O/W 型乳化体时，最好的方法是在激烈的持续搅拌下将水相加入油相中，且高温混合较低温混合好。

在制备 W/O 型乳化体时，建议在不断搅拌下，将水相慢慢地加到油相中去，可制得内相粒子均匀、稳定性和光泽性好的乳化体。对内相浓度较高的乳化体系，内相加入的流速应该比内相浓度较低的乳化体系为慢。采用高效的乳化设备较搅拌差的设备在乳化时流速可以快一些。

但必须指出的是，由于化妆品组成的复杂性，配方与配方之间有时差异很大，对于任何一个配方，都应进行加料速度试验，以求最佳的混合速度，制得稳定的乳化体。

（7）温度控制　制备乳化体时，除了控制搅拌条件外，还要控制温度，包括乳化时与乳化后的温度。由于温度对乳化剂溶解性和固态油、脂、蜡的熔化等的影响，乳化时温度控制对乳化效果的影响很大。如果温度太低，乳化剂溶解度低，且固态油、脂、蜡未熔化，乳化效果差；温度太高，加热时间长，冷却时间也长，浪费能源，加长生产周期。一般常使油相温度控制高于其熔点 10～15℃，而水相温度则稍高于油相温度。通常膏霜类在 75～95℃条件下进行乳化。

最好水相加热至 90～100℃，维持 20min 灭菌，然后再冷却到 70～80℃进行乳化。在制备W/O型乳化体时，水相温度高一些，此时水相体积较大，水相分散形成乳化体后，随着温度的降低，水珠体积变小，有利于形成均匀、细小的颗粒。如果水相温度低于油相温度，两相混合后可能使油相固化（油相熔点较高时），影响乳化效果。

冷却速率的影响也很大，通常较快的冷却能够获得较细的颗粒。当温度较高时，由于布朗运动比较强烈，小的颗粒会发生相互碰撞而合并成较大的颗粒；反之，当乳化操作结束后，对膏体立刻进行快速冷却，从而使小的颗粒“冻结”住，这样小颗粒的碰撞、合并作用可减少到最低的程度。但冷却速率太快，高熔点的蜡就会产生结晶，导致乳化剂所生成的保护胶体被破坏，因此冷却的速度最好通过试验来决定。

（8）香精和防腐剂的加入

① 香精的加入。香精是易挥发性物质，并且其组成十分复杂，在温度较高时，不但容易损失掉，而且会发生一些化学反应，使香味变化，也可能引起颜色变深。因此一般化妆品中香精的加入都是在后期进行。对乳液类化妆品，一般待乳化已经完成并冷却至50～60℃时加入香精。如在真空乳化锅中加香，这时不应开启真空泵，而只维持原来的真空度即可，吸入香精后搅拌均匀。对敞口的乳化锅而言，由于温度高，香精易挥发损失，因此加香温度要控制低些，但温度过低使香精不易分布均匀。

② 防腐剂的加入。微生物的生存是离不开水的，因此水相中防腐剂的浓度是影响微生物生长的关键。乳液类化妆品含有水相、油相和表面活性剂，而常用的防腐剂往往是油溶性的，在水中溶解度较低。有的化妆品制造者，常把防腐剂先加入油相中然后去乳化，这样防腐剂在油相中的分配浓度就较大，而水相中的浓度就小。更主要的是非离子表面活性剂往往也加在油相，使得有更大的机会增溶防腐剂，而溶解在油相中和被表面活性剂胶束增溶的防腐剂对微生物是没有作用的，因此加入防腐剂的最好时机是待油水相混合乳化完毕后（O/W）加入，这时可获得水中最大的防腐剂浓度。当然温度不能过低，不然分布不均匀，有些固体状的防腐剂最好先用溶剂溶解后再加入。例如尼泊金酯类就可先用温热的乙醇溶解，这样加到乳液中能保证分布均匀。

配方中如有盐类、固体物质或其他成分，最好在乳化体形成及冷却后加入，否则易造成产品的发粗现象。

（9）黏度的调节　影响乳化体黏度的主要因素是连续相的黏度，因此乳化体的黏度可以通过增加外相的黏度来调节。对于O/W型乳化体，可加入合成的或天然的树胶和适当的乳化剂（如钾皂，钠皂等）。对于W/O型乳化体，加入多价金属皂和高熔点的蜡和树胶到油相中可增加体系黏度。

2. 雪花膏的生产

生产雪花膏的主要原料为硬脂酸、碱、水和香精。但为了使其有良好的保湿效果，常常添加甘油、山梨醇、丙二醇和聚乙二醇等。

（1）原料加热

① 油脂类原料加热。甘油、硬脂酸和单硬脂酸甘油酯投入设有蒸汽夹套的不锈钢加热锅内。总油脂类投入量的体积，应占不锈钢加热锅有效容积的70%～80%。例如500L不锈钢加热锅，油脂类原料至少占有350L体积，这样受热面积可充分利用，加热升温速度较快。油脂类原料溶解后硬脂酸相对密度小，浮在上面，甘油相对密度高，沉于锅底，硬脂酸和甘油互不相溶，油脂类原料加热至90～95℃，维持30min灭菌。如果加热温度超过110℃，油脂色泽将逐渐变黄。夹套加热锅蒸汽不能超过规定压力。如果采用耐酸搪瓷锅加

热，则热传导性差，不仅加热速度慢，而且热源消耗较多。

② 去离子水加热。去离子水和防腐剂尼泊金酯类在另一不锈钢夹套锅内加热至90～95℃，加热锅装有简单涡轮搅拌机，将尼泊金酯类搅拌溶解，维持30min灭菌，将氢氧化钾溶液加入水中搅拌均匀，立即开启锅底阀门，稀淡的碱水流入乳化搅拌锅。水溶液中尼泊金酯类与稀淡的碱水接触，在几分钟内不致被水解。

如果采用自来水，因含有Ca^{2+}、Mg^{2+}，在氢氧化钾碱性条件下，生成钙、镁的氢氧化合物，是一种絮状的凝聚悬浮物，当放入乳化搅拌锅时，往往堵住管道过滤器的网布，致使稀淡碱水不能畅流。

因去离子水加热时和搅拌过程中的蒸发，总计损失2%～3%，为做到雪花膏制品收得率100%，往往额外多加2%～3%水分，补充水的损失。

雪花膏生产工艺流程如图3-4所示。

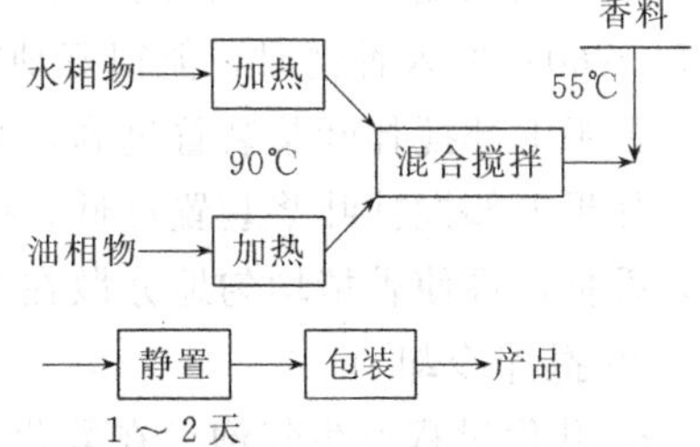

图3-4 雪花膏生产工艺流程

(2) 乳化搅拌和搅拌冷却

① 乳化搅拌。

a. 乳化搅拌锅。乳化搅拌锅有夹套蒸汽加热和温水循环回流系统，500L乳化搅拌锅的搅拌桨转速约50r/min较适宜（图3-5）。密闭的乳化搅拌锅使用无菌压缩空气，用于制造完毕时压出雪花膏。

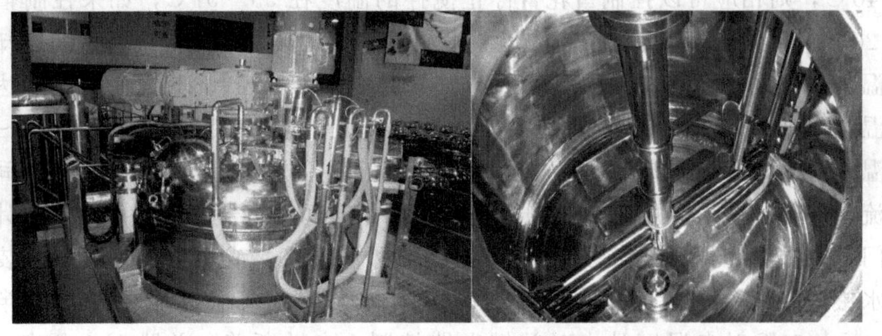

图3-5 乳化设备——1000L/2000L锅及其主锅结构

预先开启夹套蒸汽，使乳化搅拌锅预热保温，目的使放入乳化搅拌锅的油脂类原料保持规定范围的温度。

b. 油脂加热锅操作。测量油脂加热锅油温，并做好记录，开启油脂加热锅底部放料阀门，使升温到规定温度的油脂经过滤器流入乳化搅拌锅，油脂放完后，即关闭放油阀门。

c. 搅拌乳化和水加热锅操作。启动搅拌机，开启水加热锅底部放水阀门，使水经过油脂同一过滤器流入乳化搅拌锅，这样下一锅制造时，过滤器不致被固体硬脂酸所堵塞，稀淡的碱溶液放完后，即关闭放水阀门。

应十分注意的是：油脂和水加热锅的放料管道，都应装设单相止逆阀。当乳化搅拌锅用无菌压缩空气压空锅内雪花膏后，可能操作失误，未将锅内存有0.1～0.2MPa的压缩空气排放，当下锅开启油或水加热底部放料阀门时，乳化搅拌锅的压缩空气将倒流至油或水加热锅，使高温的油或水向锅外飞溅，造成人身事故。

d. 雪花膏乳液的轴流方向。乳化搅拌叶桨与水平线成45°。安装在转轴上，叶桨的长度尽可能靠近锅壁，使之搅拌均匀和提高热交换效率。搅拌桨转动方向，应使乳液的轴流方向往上流动，目的使下部的乳液随时向上冲散上浮的硬脂酸和硬脂酸钾皂，加强分散上浮油脂效果。不应使乳液的轴流方向往下流动，否则埋入乳液的搅拌叶桨，不能将部分上浮的硬脂酸、硬脂酸钾皂和水混在一起的半透明软性蜡状混合物往下流动分散，此半透明软性蜡状物质浮在液面，待结膏后再混入雪花膏中，必然分散不良，有粗颗粒出现。

e. 雪花膏乳液与上部搅拌叶桨的位置关系。在搅拌雪花膏乳液时，因乳液旋转流动产生离心力，使锅壁的液位略高于转轴中心液位，中心液面下陷。一般应使上部搅拌叶桨大部分埋入乳液中，使离转轴中心的上部搅拌叶桨有部分露出液面，允许中心露出叶桨长度不超过整个叶桨长度的1/5，在此种情况下不会产生气泡。待结膏后，整个搅拌叶桨埋入液面，当58～60℃加入香精时，能很好地将香精搅拌均匀。

如果上部搅拌叶桨装置过高，半露半埋于乳液表面，必然将空气搅入雪花膏内，产生气泡。如果上部搅拌叶桨装置过低，搅拌叶桨埋入雪花膏乳液表面超过5cm，待雪花膏结膏后加入香精，难使香精均匀地分散在雪花膏中，香精浮于雪花膏表面。

② 搅拌冷却。

a. 乳化过程产生气泡。在乳化搅拌过程中，因加水时冲击产生的气泡浮在液面，空气泡在搅拌过程中会逐渐消失，待基本消失后，乳液为70～80℃才能进行温水循环回流冷却。

b. 温水循环回流冷却。乳液冷却至70～80℃，液面空气泡基本消失，夹套中通入60℃温水使乳液逐渐冷却，用原输送循环回流水的温度，要控制回流水在1～1.5h内由60℃逐渐下降至40℃，则相应可以控制雪花膏停止搅拌的温度在55～57℃，如果控制整个搅拌时间为2h±20min，重要的因素是控制回流温水的温度。尤其是雪花膏结膏后的冷却过程，应维持回流温水的温度低于雪花膏的温度10～15℃为准，则可控制2h内使雪花膏达到需要停止搅拌的温度。如果是1000kg投料量，则回流温水和雪花膏的温差可控制在12～25℃。

如果温差过大，骤然冷却，势必使雪花膏变粗。温差过小，势必延长搅拌时间，所以强制温水回流，在每一阶段温度必须控制好，一般可用时间继电器和两根触点温度计自动控制自来水阀门，每根触点温度计各控制60℃和40℃回流温水，或用电子程序控制装置。此触点温度计水银球浸入温水桶，开始搅拌0.5h后，水泵将60℃温水强制送入搅拌桶夹套回流，30min后，60℃触点温度计由时间继电器控制，自动断路，并跳至40℃触点温度计，触点温度计的线路与常开继电器接通，当雪花膏的热量传导使温水的温度升高时，则触点温度计使继电器闭合，电磁阀自动打开自来水阀门，使水温下降到40℃时，触点温度计断路，继电器常开，电磁阀门自动关闭自来水阀门，使温水维持在40℃，回流冷却水循环使雪花膏达到所需的温度为止，触点温度计的温度可根据需要加以调节，维持60℃或40℃的时间继电器也可以加以调整，找到最适宜温水的温度范围和维持此温度时间的最佳条件，然后固定操作，采用这种操作方法使雪花膏的细度和稠度比较稳定。

c. 内相硬脂酸颗粒分散情况。乳化过程中，内相硬脂酸分散成小颗粒，硬脂酸钾皂和单硬脂酸甘油酯存在于硬脂酸颗粒的界面膜，乳化搅拌后，硬脂酸许多小颗粒凝聚在一起，用显微镜观察，犹如一串串的葡萄，随着不断搅拌，凝聚的小颗粒逐渐解聚分散，搅拌冷却至61～62℃结膏和61℃以下，解聚分散速率较快，所以要注意雪花膏55～62℃冷却速率应缓慢些，使凝聚的内相小颗粒很好分散，制成的雪花膏细度和光泽都较好。

如果雪花膏在55～62℃冷却速率过快，凝聚的内相小颗粒尚未很好解聚分散，已冷却成为稠厚的雪花膏，就不容易将凝聚的内相小颗粒分散，制成的雪花膏细度和光泽度都较差，而且可能出现粗颗粒，发现此种情况，可将雪花膏再次加热至80～90℃重新溶解加以补救，同时搅拌冷却至所需温度，能改善细度和光泽。

如果搅拌时间过长，停止搅拌温度偏低，50～52℃，雪花膏过度剪切，稠度降低，制得的雪花膏细度和光泽都很好，用显微镜观察硬脂酸分散颗粒也很均匀，但硬脂酸和硬脂酸钾皂的接触面积增大，容易产生硬脂酸和硬脂酸钾皂结合成酸性皂的片状结晶，因而产生珠光，当加入少量十六醇或中性油脂，能阻止产生珠光。

③ 静止冷却。乳化搅拌锅停止搅拌以后，用无菌压缩空气将锅内制成的雪花膏由锅底压出。雪花膏压完后，将锅内压力放空，雪花膏盛料桶用沸水清洗灭菌，过磅后记录收得率。取样检验耐寒、pH 值等主要质量指标。料桶表面用塑料纸盖好，避免表面水分蒸发，料桶上罩以清洁布套，防止灰尘落入，让雪花膏静止冷却。

一般静置冷却到 30～40℃然后进行装瓶，装瓶时温度过高，冷却后雪花膏体积略微收缩；装瓶时温度过低，已结晶的雪花膏，经搅动剪切后稠度会变薄。制品化验合格后，隔天在 30～40℃下包装较为理想，也有制成后的雪花膏在 35～45℃时即进行热装罐，雪花膏装入瓶中刮平后覆盖塑料薄片，然后将盖子旋紧。

④ 包装与储存条件。雪花膏含水量 70%左右，所以水分很容易挥发而发生干缩现象，因此如何长期加强密封程度是雪花膏包装方面的关键问题，也是延长保质期的主要因素之一。防止雪花膏干缩有下列几种措施：

a. 盖子内衬垫用 0.5～1mm 有弹性的塑片，或塑纸复合垫片；

b. 瓶口覆以聚乙烯衬盖；

c. 传统方法是在刮平的雪花膏表面浇一层石蜡；

d. 用紧盖机将盖子旋紧。

以上防止干缩措施，主要是瓶盖和瓶口要精密吻合，将盖子旋紧，在盖子内衬垫塑片上应留有整圆形的瓶口凹纹，如果凹纹有断线，仍会有漏气。

包装时应注意与雪花膏接触的容器和工具，用沸水冲洗或蒸汽灭菌，每天检查包装质量是否符合要求，做到包装质量能符合产品质量标准。

储存条件应注意下列几点：

a. 不宜放在高温或阳光直射处，以防干缩。冬季不宜放在冰雪露天，以防雪花膏冰冻后变粗；

b. 不可放置在潮湿处，防止纸盒商标霉变；

c. 雪花膏玻璃瓶经撞击容易破碎，搬运时注意轻放。

3. 润肤霜及蜜类化妆品的生产

(1) 润肤霜的生产　润肤霜是一种乳剂制品，其作用是使所含的润肤物质补充皮肤中天然存在的游离脂肪酸、胆固醇、油脂的不足，也就是补充皮肤中的脂类物质，使皮肤中的水分保持平衡。经常涂用润肤霜能使皮肤保持水分和健康，逐渐恢复柔软和光滑，水分是皮肤最好的柔软剂，能保持皮肤的水和健康的物质是天然调湿因子，简称 NMF，如果要使水分从外界补充到皮肤中去是比较困难的，行之有效的方法是防止表皮角质层水分的过量损失，天然调湿因子有此功效。天然调湿因子存在于表皮角质层细胞壁及脂肪部分。表皮角质层含脂肪 11%和天然调湿因子 30%，表皮透明层含有磷脂，它是一种良好的天然调湿因子。

润肤霜应控制 pH 值在 4～6.5，和皮肤的 pH 值相近，如果 pH 值大于 7，偏于微碱性，会使表皮的天然调湿因子及游离脂肪酸遭到破坏，虽然使用乳剂后过一些时间，皮肤 pH 值又恢复平衡，但使用日久，必然会引起皮肤干燥，得到相反的效果。

下面介绍油/水型润肤霜的生产。油/水型润肤霜的生产技术适用于：润肤霜、清洁霜、夜霜、调湿霜、按摩霜等产品。

① 原料加热。

a. 油脂类原料加热。投入不锈钢夹套水蒸气加热锅，按配方和质量需要加热至规定温度，加热油脂的温度有两种不同要求。

乳化前油脂温度维持在70～80℃，先将所有油脂类原料加热至90℃，维持20min灭菌，但尚不能杀灭微生物孢子。加热锅装有简单涡轮搅拌机，目的是将各种油脂原料搅拌均匀，同时加速传热速度。油脂加热锅在高位，油脂靠重力经过滤器流入保温的乳化搅拌锅，使油脂维持70～80℃。惯用方法主张规定油脂温度为72～75℃。

乳化前油脂温度维持85～95℃，先将所有油脂类原料加热至90～95℃，维持20min灭菌，加热锅装有简单涡轮搅拌机，油脂加热锅在高位，借重力作用油脂经过滤器流入保温的均质乳化搅拌锅，使油脂维持85～95℃。梅索认为乳化时提高温度，有利于降低两相间的界面张力，因此可减少内相分散所剪切和分散的能量，提高温度有利乳化剂分子适合地排列在界面膜，因此制造乳剂时规定所需的最佳温度很重要，在乳剂冷却前决定均质搅拌时间也是很重要的，可稳定乳剂质量。

b. 去离子水加热。防腐剂加入去离子水中，水在另一不锈钢夹套水蒸气加热锅内加热至90～95℃，维持20min灭菌，加热锅装有简单涡轮搅拌机，使防腐剂加速溶解，加速传热，使水升温。如果油脂温度维持在72～75℃，加热至90℃的水相也应冷却至72～75℃，然后流入油相进行乳化，同时均质搅拌。如果油脂温度维持在85～95℃，水相也应加热至接近油脂规定的温度，然后流入油相进行乳化，同时均质搅拌。

② 油/水型乳剂的加料方法。某种乳剂虽然采用同样配方，由于操作时加料方法和乳化搅拌机械设备不同，乳剂的稳定性及其他物理现象也各异，有时相差悬殊，制备乳剂时的加料制造方法归纳以下4种。

a. 生成肥皂法（初生皂法）。脂肪酸溶于油脂中，碱溶于水中，分别加热水和油脂，然后搅拌乳化，脂肪酸和碱类中和成皂即是乳化剂，这种制造的方法，能得到稳定的乳剂，例如硬脂酸和三乙醇胺制成的各种润肤霜、蜜类；硬脂酸和氢氧化钾制成的雪花膏；蜂蜡和硼砂为基础制成的冷霜即是。

b. 水溶性乳化剂溶入水中，油溶性乳化剂溶入油中。例如阴离子乳化剂十六烷基硫酸钠溶于水中，单硬脂酸甘油酯和乳化稳定剂十六醇溶于油中制造乳剂的方法，将水相加入油脂混合物中进行乳化，开始时形成水/油乳剂，当加入多量的水，变型成油/水乳剂，这种制造方法所得内相油脂的颗粒较小，常被采用。

c. 水溶和油溶性乳化剂都溶入油中。该法适宜采用非离子型乳化剂，例如非离子乳化剂斯盘-80和吐温-80都溶于油中制造乳剂的方法，这种方法大都是指非离子型乳化剂，然后将水加入含有乳化剂的油脂混合物中进行乳化，开始时形成水/油乳剂，当加入多量的水，黏度突然下降，这种制造方法所得内相油脂的颗粒也很小，常被采用。

d. 交替加入法。在空的容器里先加入乳化剂，用交替的方法加入水和油，即边搅拌，边逐渐加入油-水-油-水的方法，这种方法以乳化植物油脂为适宜，在化妆品领域中很少采用。

③ 油/水型乳剂的制造方法。制造油/水型乳剂大致有4种方法：均质刮板搅拌机制造方法；管型刮板搅拌机半连续制造法；锅组连续制造法；低能乳化制造法。

目前大多采用均质刮板搅拌机制造法，适用于少批和中批量生产。管型刮板机半连续制造法，适用于大批量生产，欧美等国家某些大型化妆品厂采用。

均质刮板搅拌机制造法是将水溶性及油性乳化剂都溶入油中，这大多是指非离子型乳化剂，如果采用阴离子和非离子型合用的乳化剂，则要将阴离子乳化剂溶于水中，非离子乳化剂溶于油中，将水和油分别加热至指定温度后，油脂先放入乳化搅拌锅内，然后去离子水流入油脂中，同时启动均质搅拌机，开始是形成水/油乳剂，黏度逐步略有提高，当加入多量的水，黏度突然下降，变型成油/水型乳剂，用此法所得的内相颗粒较细，当水加完后，再维持均质机搅拌数分钟，整个均质搅拌时间为 3～15min。当水加完后，即使延长均质搅拌时间，要使内相颗粒分散的作用已很小，停止均质搅拌机后，是冷却过程，启动刮板搅拌机，此时乳剂 70～80℃，搅拌锅内蒸气压不能使真空度升高，维持真空 26.66～53.33kPa，夹套冷却水随需要温度加以调节，待 40～50℃，搅拌锅内蒸气压降低，真空度升至 66.66～93.324kPa，应略降低转速，500～2000L 搅拌锅，维持 30r/min 已足够，低速搅拌减少了对乳剂的剪切作用，不致使乳剂稠度显著降低。

(2) 蜜类化妆品的生产　蜜类产品为乳化液体。分为油/水型和水/油型两种。

油/水型蜜类用于皮肤时，水分蒸发，蜜的分散相（即油相）颗粒聚集起来，形成油脂薄膜留于皮肤，它的优点是乳化性能较稳定，敷用于皮肤少油性感，因为配方中油脂含量较低。

水/油型蜜类的油相直接和皮肤接触，由于乳剂不能形成双电层，所以乳化的稳定性很成问题，只有坚固的界面膜和密集的分散相两个因素，可维持蜜类乳剂的乳化稳定度，因此这种类型的液状蜜类的乳化稳定度较难维持。水/油型乳剂富含油脂，感觉非常润滑。

为使蜜类产品的稠度稳定，可以将亲水性乳化剂加入油相中，例如胆固醇或类固醇原料，加入少量聚氧乙烯胆固醇醚，可以控制变稠厚趋势，加入亲水性非离子表面活性剂，能使脂肪酸皂型乳剂稳定和减少存储期的增稠问题。

对蜜类的主要质量要求是：保持长时间货架寿命的黏度稳定性和乳化稳定性；敷用在皮肤上很快变薄，很容易在皮肤上层开；黏度适中，流动性好，在保质期内或更长时间，黏度变化较少或基本没有变化；有良好的渗透性。

① 原料加热。油相加热温度要高于蜡的熔点，为 70～80℃，如果采用以铵皂为乳化剂的蜜类，油相和水相的温度至少要加热至 75℃，即可形成有效的界面膜。硬脂酸钾皂则需要更高的温度，即油和水要加热至 80～90℃。采用非离子乳化剂，油和水加热的温度不像阴离子乳化剂那样严格，一般制造方法是将油相和水分别加热至 90℃，维持 20min，水和防腐剂共同加热，然后冷却至所需要的温度进行乳化搅拌。

② 加料方法。专家认为所有非离子表面活性剂都加入油相的做法，能得到较好的乳化稳定度。亲水性乳化剂溶在油中，在开始加料乳化搅拌时需要均质搅拌，乳剂接近变型时，黏度增高，变型成油/水型时黏度突然下降，如果“乳化剂对”是亲油性的，当水加入油中，没有变型过程，就会得到水/油乳剂。

③ 搅拌冷却。均质搅拌 5～15min 已足够，如果延长均质搅拌时间，使内相油脂分散成更细小颗粒的作用已很小。停止均质搅拌后即是搅拌冷却过程，要使乳剂慢慢冷却，可避免乳剂黏度过分增加，如果快速冷却，在搅拌效果差的情况下，锅壁结膏，蜜类中可能结成一团团膏状。香精在 40～50℃时加入，如果希望蜜类维持相当黏度，则于 30～40℃停止搅拌，如果希望蜜类降低黏度，则于 25～30℃时停止搅拌，冷却过程的过分搅拌，因剪切过度会使蜜类黏度降低。

加水的速度，开始乳化的温度，冷却水回流的冷却速率，搅拌时间和停止搅拌温度，每一阶段都必须做好原始记录，因为这些操作条件直接影响蜜类产品的稳定度和黏度，同时便于查考，积累经验，仔细观察，以便找到最好的操作条件。

④ 胶质。加入的胶质，应事先混合均匀，如果采用无机增稠剂，如膨润土、硅酸镁铝等，必须加入水中加热至85～90℃维持约1h，使它们充分调和，使得有足够的黏度和稳定度，加入到乳剂后，有增稠现象，如果过分搅拌，剪切过度，将降低黏度而不会恢复。

⑤ 低能乳化法。制造乳剂过程中，水和油都要分别加热至75～90℃，然后水和油经均质机乳化搅拌或一般搅拌乳化，为了冷却乳剂，必须用夹套搅拌锅循环冷却水或热交换器中的介质排除余热。如果采用低能乳化法，可节约40%热能，此法由美籍华人约瑟夫·林所创造，即在间歇制造乳剂时，分两个步骤。

第1步，先将部分的水（β相）和油分别加热至所需的温度，水加入油中，进行均质乳化搅拌，开始加入水时的乳剂是水/油型，随着β相继续加入乳剂中，变型成油/水型乳剂，称为浓缩乳剂。

第2步，再加入剩余一部分未经加热而经过紫外线灭菌的去离子水（α相）进行稀释。因为浓缩乳剂外相是水，所以浓缩乳剂的稀释能顺利完成，此时乳剂的温度下降很快，当α相加完后，乳剂的温度即下降至50～60℃。

蜜类产品含水量高，用低能乳化法制造比较有利。其低能乳化法的制备方法如下。

将油相与乳化剂共同加热至80℃，待油相完全溶解后，加热至80℃的水（一部分未加热的水是α相，一部分加热至80℃的水是β相，$\alpha+\beta=1$）慢慢加入油中，同时用均质机搅拌，水加完后，均质搅拌机再搅拌5min，然后加入经紫外线灭菌而未经加热的α相去离子水。α相水的重量可在β相锅内半量或用计量泵计量。乳剂的冷却过程是通过刮板搅拌机搅拌和夹套冷却水回流实现的，采用离心泵-冷却塔强制循环回流方式效果好。刮板搅拌机的转速尽可能缓慢，1000L乳化搅拌锅的刮板搅拌机转速，20～30r/min已足够，在均质搅拌机开始乳化搅拌时，会产生很多气泡，缓慢搅拌的目的是使上升的气泡逐步消失。此种方法适用于制造油/水乳剂，α相和β相的比率要经过实验决定，它与各种配方及制成的乳剂稠度有关，在乳化过程中，选用乳化剂HLB值较高或乳剂稠度较低者，例如蜜类产品，则可将β相压缩至较低值，$\beta=0.2\sim0.3$，α相可提高至0.7～0.8。

【任务实施】

1. 是否熟悉乳剂类化妆产品及其特点？
2. 设计一个乳剂类化妆品的配方，是否合理？
3. 根据2题设计的乳剂类化妆品配方来设计其制备方法（含原理、原料、操作步骤）。

注：注明参考文献及网址。

【任务评价】

1. 知识目标的完成：

① 是否了解乳剂类化妆品的品种、配方及制备方法？

② 是否掌握了乳化理论？

2. 能力目标的完成：

① 是否能利用图书馆资料和互联网查阅相关文献资料？

② 是否能设计乳剂类化妆品的配方？

③ 是否了解各种不同的乳剂类化妆品的生产工艺的异同？

任务三 水剂化妆品的生产

【任务提出】

水剂类化妆品主要有香水、古龙水和花露水等制品，主要是以酒精溶液为基质的透明液体，这类产品必须保持清晰透明，香气纯净无杂味，即使在5℃左右的低温，也不能产生混浊和沉淀。因此，对这类产品所用原料、包装容器和设备的要求是极严格的。特别是香水用酒精，不允许含有微量不纯物（如杂醇油等），否则会严重损害香水的香味。包装容器必须是优质的中性玻璃，与内容物不会发生作用。所用色素必须耐光，稳定性好，不会变色，或采用有色玻璃瓶。设备最好用不锈钢或耐酸搪瓷材料。

香精的香型有以天然花香为基调的花香型和以调香师美妙的想象创造出来的幻想型。近代国际上流行的香型有醛香百花型、木香百花型、清香百花型、东方百花型等，这些大都属于幻想香型。

初调制的香精，其香气往往不够协调，须经熟化。为缩短香水类化妆品的生产周期，有必要将香精预处理。其方法如下。

① 先在香精中加入少量乙醇，然后移入玻璃瓶中，在25～30℃和无光条件下储存几周后再配制产品，香精应储存在铝制或玻璃容器内。

② 新鲜的和陈旧的同一种香精混合，有利于加速香气的协调。香水中香精的用量相差较大，一般在15%～20%的范围，也有在8%～30%范围的。乙醇浓度为90%～95%。香水中存在少量的水，可使香气效果发挥得更好。如制造浓度较淡的香水，则香精用量可降至7%～10%的范围。若在香水中加0.5%～1.2%的肉豆蔻酸异丙酯，能使香水搽用的部位或喷洒的衣物上形成一层膜，使其留香持久。

【相关知识】

一、典型的水剂类化妆产品

香水是化妆品中较高贵的一类芳香佳品，它的品级高低，除与调配技术有关外，还和所含的香精量及用料好坏有关。高级香水里的香精，多选用天然花、果的芳香油及动物香料（如麝香、灵猫香）来配制。应用花香、果香和动物香浑然一体、留香持久的特点。低档香水所用的香精，多用人造香料来配制。香精含量一般5%左右。香气稍劣而留香时间也短。

香水的香型大致有以下几种：清香型；草香型；花香型；醛香、花香型；粉香型；苔香型；素馨兰型；果香型；东方型；烟草、皮革香型；馥奇香型。

古龙水，又称“科隆水”，它是世界上最有名的香水之一，传说拿破仑喜欢用这种香水，每到战场都要携带很多。古龙水含有乙醇、去离子水、香精和微量色素等。香气不如香水浓郁，香精用量一般在3%～8%之间。一般古龙水的香精中含有香柠檬油、柠檬油、薰衣草油、橙叶油等。古龙水的乙醇含量为75%～80%。传统的古龙水其香型是柑橘型的；香精用量1%～3%，乙醇含量65%～75%；其他香型可以根据具体情况而定。

花露水制作方法和制造原理基本与香水和古龙水相似。花露水用乙醇、香精、蒸馏水（或去离子水）为主体，辅以少量螯合剂柠檬酸钠、抗氧剂二叔丁基对甲酚0.02%（防止香精被氧化）和耐晒的水（醇）溶性颜色，颜色以淡湖蓝、绿、黄为宜，以使有清凉的感觉，价格较香水低廉。香精用量一般在2%～5%之间，酒精浓度为70%～75%，习惯上也是以清香的薰衣草油为主体（薰衣草香型）。

花露水含乙醇70%～75%，对于细菌的细胞膜渗透力最高，乙醇渗入细胞膜，原形质及细胞核中蛋白质成为不可逆的凝固状态，达到杀菌的目的，故花露水具有杀菌的作用，是沐浴后祛除体臭的夏季良好的卫生用品。

花露水一般都用95%的乙醇，而不能采用正丙醇及甲醇，因为正丙醇和甲醇都有较高的毒性。

化妆水是一种低黏度、流动性好的液体状护肤化妆品，在众多的化妆品中，化妆水以其独特的功效，方便的使用功能而独树一帜。此类产品具有清洁、润肤、柔软和收敛作用。化妆水按其使用的目的和功能可分为：洁肤化妆水、收敛化妆水和柔软化妆水。

润肤化妆水兼有去垢作用和柔软作用，去垢剂的主要成分是非离子表面活性剂、两性表面活性剂，也添加甘油、丙二醇、低分子聚乙二醇等保湿剂，以帮助去垢并吸收空气中的水分使皮肤柔软。

收敛性化妆水是用于减少皮肤的过量油分，使毛孔收缩，防止皮肤粗糙而使用的化妆水。适用于多油型皮肤，也可用于非油性皮肤化妆前的修饰。通常是在晚上就寝前，早上化妆前和剃须后使用，起绷紧皮肤、收缩毛孔和调节皮肤的新陈代谢作用，用后有清凉舒适感。

柔软性化妆水，这是给予皮肤适度的水分和油分，使皮肤柔软，保持光滑湿润的透明化妆水。添加成分甚多，用作保湿剂的有甘油、丙二醇等多元醇及山梨糖醇、木糖醇等；使用的胶质有天然的植物性胶质如黄蓍胶、纤维素及其衍生物，合成的胶质有聚丙烯酸酯类、聚乙烯吡咯烷酮、聚乙烯醇等。与天然胶质相比，合成胶质应用广泛，这是最近化妆品发展的特征。

二、典型水剂类化妆品的配方

香水、古龙水和花露水的主要原料是香精、酒精和水，有时根据需要可以加入极少量的色素、抗氧剂和表面活性剂等添加剂。

(1) 香精　香精是香水、古龙水、花露水等产品的主体和灵魂，此类产品中使用的香精是天然的及合成的单体香料经调配混合而成。为了使香气协调，香精通常要进行预处理，并经过多次调配才能使用。香精最好多存放在铝制或玻璃制的器皿中，把新调配的香精和陈旧的香精混合在一起，有利于加速香精的协调。

(2) 酒精　酒精对香水的质量影响很大，由于酒精来源的不同会带来各种不同的气味。一般酒精在使用前要进行醇化以使其气味醇和、减少刺鼻的酒精气味。醇化的方法有多种，如活性炭过滤法、香料陈化法、氢氧化钠陈化法等。

(3) 水　香水、古龙水和花露水所用水质，要求采用新鲜蒸馏水或经灭菌的去离子水，不允许有微生物存在。水中的微生物虽然会被加入的乙醇杀灭而沉淀，但此有机物对芳香物质的香气有影响。如果有铁质，则对不饱和芳香物质发生诱导氧化作用。含有铜也是如此。所以需加入柠檬酸钠或EDTA等螯合剂，且可增加防腐作用。包装瓶子最后的水洗，也最好用去离子水，可以除掉痕量的金属离子，以保护香气组分，防止金属催化氧化，稳定色泽和香气。

(4) 添加剂　添加剂包括金属螯合剂、抗氧剂和肉豆蔻酸异丙酯。金属螯合剂可螯合生产过程中带入的金属离子。加入0.5%～1.2%的肉豆蔻酸异丙酯，它使搽用的部位或喷洒的衣服上形成一层薄膜，使香气持久。

典型水剂类化妆品的配方举例见表 3-8～表 3-10。

表 3-8　典型茉莉香水配方

组分	酒精(95%)	苯乙醇	茉莉精油	香叶醇	羟基香草醛	戊基桂醛	乙酸苄酯	松油醇	肉豆蔻酸异丙酯	EDTA 二钠
质量分数/%	79.3	0.9	2.0	0.4	1.1	8.0	7.2	0.4	0.7	适量

表 3-9　典型古龙水配方

组分	橙花油	柠檬油	迷迭香油	橙叶油	酒精(85%)	去离子水
质量分数/%	0.7	1.4	0.9	0.5	80.0	16.5

表 3-10　花露水配方

组分	酒精	薰衣草油	丙醇	BHT	EDTA 二钠	色素	去离子水
质量分数/%	75.0	5.0	3.0	适量	适量	适量	20.0

化妆水配方的主要组成：

① 营养剂。营养剂在化妆水中主要起润肤、护肤作用，它可以补充皮肤新陈代谢所需的营养，调节皮肤的水分和油分。常用的营养剂是各种酯类、醇类及一些植物油类。

② 保湿剂。保湿剂可以给皮肤以润湿感，帮助皮肤恢复弹性和光泽，并能适当保持皮肤的水分，使皮肤保持柔软细腻。

③ 表面活性剂。可帮助除去皮肤表面的污物，在体系中还可以起到一定的增溶作用，使体系澄清透明。

④ 增黏剂。可以调节产品的流变性和黏度，增加产品的稳定性，改善使用感并具有一定的保湿性。

⑤ 醇类。醇类在产品中起增溶作用，可溶解其他成分，同时可以使产品具有清凉感，还具有收敛和杀菌作用。由于醇类对皮肤具有一定的刺激性，现在一些产品也开始不使用醇类，称为无醇化妆水。

⑥ 缓冲剂。缓冲剂调节产品的酸碱度，平衡皮肤的酸碱度。常用柠檬酸、乳酸和乳酸钠等。

⑦ 辅助添加剂。包括收敛剂（起到对皮肤的收敛作用）以及杀菌剂、赋活剂、消炎剂等。

⑧ 稳定剂。包括防腐剂、抗氧剂和金属螯合剂。

⑨ 去离子水。化妆水中的水分可以补充角质层的水分，并可以溶解配方中的某些成分。

⑩ 香精、色素、防褪色剂等。

化妆水配方举例见表 3-11～表 3-14。

表 3-11　典型含醇洁肤化妆水配方

组分	丙二醇	聚乙二醇	吐温-80	氢氧化钾	羟乙基纤维素	乙醇	香精	防腐剂	色素	去离子水
质量分数/%	8.0	5.0	2.0	0.05	0.1	20.0	适量	适量	适量	余量

表 3-12　典型无醇收敛化妆水配方

组分	丙二醇	甘油	丝氨酸	金缨梅提取物	椰油酸甘油酯	聚氧乙烯油醇醚	薄荷醇	芦荟粉	防腐剂	香精	去离子水
质量分数/%	2.0	2.0	1.0	2.0	1.0	0.75	0.05	0.1	适量	适量	余量

表 3-13 典型无醇柔软化妆水配方

组分	水溶性羊毛脂	SP-465	山梨醇	Carcopol941	三乙醇胺	香精	防腐剂	色素	去离子水
质量分数/%	4.0	1.0	2.0	0.2	0.2	适量	适量	适量	余量

表 3-14 典型无醇润肤化妆水配方

组分	Cremophor Np-14	芦荟原汁	丙二醇	黄原胶	防腐剂	香精	色素	去离子水
质量分数/%	0.8	30.0	2.0	0.3	适量	适量	适量	余量

三、典型水剂类化妆品的生产

1. 香水、古龙水、花露水的生产

香水、古龙水、花露水的制造操作技术基本上相似，主要包括：生产前准备工作；配料混合；储存；冷冻过滤；灌水等。

(1) 生产前准备工作　首先检查机器设备动转是否正常，管道、阀门等是否畅通。然后按当天生产数量，根据配方比例领取定量的各种所需原料，然后按规定操作程序过磅配料。水剂类化妆品的生产工艺流程如图 3-6 所示。

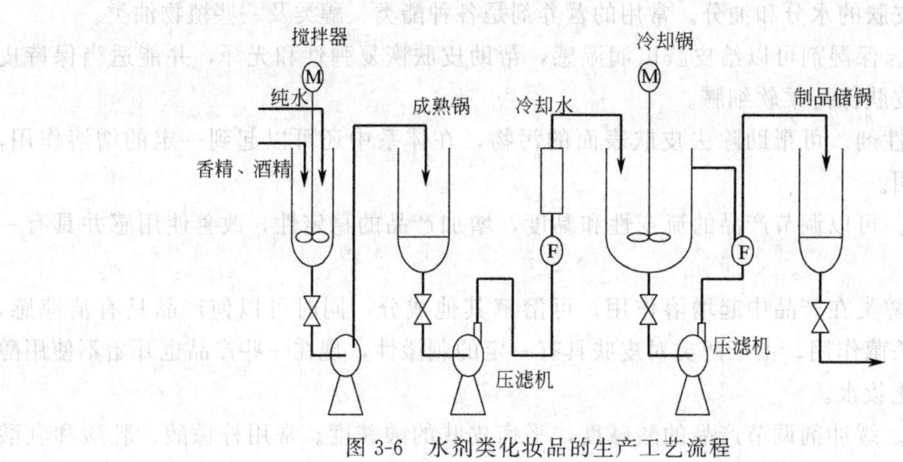

图 3-6 水剂类化妆品的生产工艺流程

色基应事先按规定浓度，用蒸馏水配好溶解过滤，密封备用，以保证色基的稳定性，色基应放在玻璃瓶或不锈钢桶内，以防止金属离子混入而影响产品质量。

(2) 配料混合　按规定配方以重量为单位进行配制，配制前必须严格检查所配制香水、古龙水或花露水与需要的香精名称是否相符。

先称乙醇放入密闭的容器内，同时加入香精、颜料，搅拌（也可用压缩空气搅拌），最后加入去离子水（或蒸馏水）混合均匀，然后开动泵把配制好的香水或花露水输送到储存罐。

(3) 储存成熟　为了保证香气质量，将配制好的香水或花露水先要进行静置储存。花露水、古龙水在配制后需要静置 24h 以上；香水至少一个星期以上，高级香水静置一个月以上。

(4) 冷冻过滤　过滤一般用板框式压滤机，以碳酸镁作助滤剂，其最大压力一般不得超过 (1.5～2) $\times 10^5$ Pa。根据滤板的多少和受压面积大小，规定适量的碳酸镁用量。先用适量的碳酸镁混合一定量的香水或花露水，均匀混合后吸入压滤机，待滤出液达到清晰度要求后进行压滤。

香水压滤出来时温度不超过5℃，花露水、古龙水压滤出来时的温度不得超过10℃，这样才能保证香水水质清晰度5℃的指标和花露水、古龙水水质清晰度10℃的指标。

使用冷冻机时必须遵守冷冻机的安全操作要求，不得违反。

(5) 灌水 装灌前必须对水质清晰度进行检查，对瓶子清洁度进行检查。按品种产品的灌水标准（指高度）进行严格控制，不得灌得过高或过低。

对特种规格产品和香水按照特定的要求装灌的，灌水前必须检查水质清晰度和瓶子内外清洁度。

2. 化妆水类化妆品的生产

生产前的准备工作与香水相同。化妆水生产时，先在精制水中溶解甘油、丙二醇、聚乙二醇（400）为代表性的保湿剂及其他水溶性成分。另在乙醇中溶解防腐剂、香料，作为增溶剂的表面活性剂以及其他醇溶性成分，将醇体系与水体系混合，增溶溶解，然后加染料着色，再过滤（瓷器滤、滤纸滤、滤筒滤任取一种方法），除去灰尘、不溶物质，即得澄清化妆水。对香料、油分等被增溶物较多的化妆水，用不影响成分的助滤剂，可完全除去不溶物质，较常用的化妆水有润肤化妆水、收敛性美容水、柔软性化妆水等。

3. 水剂类化妆品质量控制

香水、化妆水类制品的主要质量问题是混浊、变色、变味等现象，有时在生产过程中即可发觉，但有时需经过一段时间或不同条件下储存后才能发现，必须加以注意。

(1) 混浊和沉淀 香水、化妆水类制品通常为清晰透明的液状，即使在低温（5℃左右）也不应产生混浊和沉淀现象。引起制品混浊和沉淀的主要原因可归纳为如下两个方面。

① 配方不合理或所用原料不合要求。香水类化妆品中，酒精的用量较大，其主要作用是溶解香精或其他水不溶性成分，如果酒精用量不足，或所用香料含蜡等不溶物过多都有可能在生产、储存过程中导致混浊和沉淀现象。特别是化妆水类制品，一般都含有水不溶性的香料、油脂类（润肤剂等）、药物等，除加入部分酒精用来溶解上述原料外，还需加入增溶剂（表面活性剂），如加入水不溶性成分过多，增溶剂选择不当或用量不足，也会导致混浊和沉淀现象发生。因此应合理配方，生产中严格按配方配料，同时应严格原料要求。

② 生产工艺和生产设备的影响。为除去制品中的不溶性成分，生产中采用静置陈化和冷冻过滤等措施。如静置陈化时间不够，冷冻温度偏低，过滤温度偏高或压滤机失效等，都会使部分不溶解的沉淀物不能析出，在储存过程中产生混浊和沉淀现象。应适当延长静置陈化时间；检查冷冻温度和过滤温度是否控制在规定温度以下；检查压滤机滤布或滤纸是否平整，有无破损等。

(2) 变色、变味

① 酒精质量不好。由于在香水、化妆水类制品中大量使用酒精，因此，酒精质量的好坏直接影响产品的质量，所用酒精应经过适当的加工处理，以除去杂醇油等杂质。

② 水质处理不好。古龙水、花露水、化妆水等制品除加入酒精外，为降低成本，还加有部分水，要求采用新鲜蒸馏水或经灭菌处理的去离子水，不允许有微生物或铜、铁等金属离子存在。因为铜、铁等金属离子对不饱和芳香物质会发生催化氧化作用，导致产品变色、变味；微生物虽会被酒精杀灭而沉淀，但会产生令人不愉快的气息而损害制品的气味，因此应严格控制水质，避免上述不良现象的发生。

③ 空气、热或光的作用。香水、化妆水类制品中含有易变色的不饱和键，如葵子麝香、洋茉莉醛、醛类、酚类等，在空气、光和热的作用下会致色泽变深，甚至变味。因此在配方

时应注意原料的选用或增用防腐剂或抗氧剂，特别是化妆水，可用一些紫外线吸收剂；其次应注意包装容器的研究，避免与空气的接触；再之对配制好的产品应存放在阴凉处，尽量避免光线的照射。

④ 碱性的作用。香水、化妆水类制品的包装容器要求中性，不可有游离碱，否则与香料中的醛类等起聚合作用而造成分离或混浊，致使产品变色、变味。

(3) 刺激皮肤 发生变色、变味现象时，必然导致制品刺激性增大。另外，香精中含有某些刺激性成分较高的香料或这些有刺激性成分的香料用量太高等，或者是含有某些对皮肤有害的物质，经长期使用，皮肤产生各种不良反应。应注意选用刺激性低的香料和选用纯净的原料，加强质量检验。对新原料的选用，更要慎重，要事先做各种安全性试验。

(4) 严重干缩甚至香精析出分离 由于香水、化妆水类制品中含有大量酒精，易于气化挥发，如包装容器密封不好，经过一定时间的储存，就有可能发生因酒精挥发而严重干缩甚至香精析出分离，应加强管理，严格检测瓶、盖以及内衬密封垫的密封程度。包装时要盖紧瓶盖。

【任务实施】

1. 是否熟悉水剂类化妆产品及其特点？
2. 设计一个水剂类化妆品的配方，是否合理？
3. 根据2题设计的水剂类化妆品配方来设计其制备方法（含原理、原料、操作步骤）。

注：注明参考文献及网址。

【任务评价】

1. 知识目标的完成：是否了解水剂类化妆品的品种、配方及制备方法？
2. 能力目标的完成：

① 是否能利用图书馆资料和互联网查阅相关文献资料？

② 是否能设计水剂类化妆品的配方？

③ 是否了解各种不同的水剂类化妆品的生产工艺的异同？

任务四 粉类化妆品的生产

【任务提出】

粉类化妆品是美容化妆品中历史最悠久的一类产品，它可以调节皮肤色调，消除面部油光，防止油腻皮肤过分光滑和过黏，吸收汗液和皮脂，增强化妆品的持续性，产生滑嫩、细腻、柔软绒毛的肤感，这就要求粉类制品应有良好的滑爽性、黏附性、吸收性和遮盖力，它的香气应该芳馥醇和而不浓郁，以免掩盖香水的香味。

(1) 滑爽性 粉类原料常有结团、结块的倾向，当香粉敷施于面部时易发生阻曳现象，因此必须具有滑爽性，使香粉保持流动性。粉类制品的滑爽性是依靠滑石粉的作用实现的。滑石粉的种类很多，它的色泽柔软而滑爽，有的粗糙而较硬。对滑石粉等主要原料的品质做谨慎的选择是制造粉类制品成功的要诀。适用于粉类制品的滑石粉必须很白、无臭，对手指的感觉柔软光滑，因为滑石粉的颗粒有平滑的表面，颗粒之间的摩擦力很小。优质滑石粉能赋予香粉一种特殊的半透明性，能均匀地黏附在皮肤上。

(2) 黏附性 粉类制品最忌在涂敷后脱落，因此要求能黏附在皮肤上，硬脂酸镁、硬脂酸锌和硬脂酸铝盐在皮肤上有很好的黏附性，能增加香粉在皮肤上的附着力。此种硬脂酸金属盐或棕榈酸金属盐常作为香粉的黏附剂，这种金属盐的相对密度小、色白、无臭，粉类制品中常采用硬脂酸镁或硬脂酸锌盐，硬脂酸铝盐比较粗糙，硬脂酸钙盐则缺少滑爽性。十一烯酸锌也有很好的黏附性，但成本较高。硬脂酸的金属盐类是质轻的白色细粉，加入粉类制品就包裹在其他粉粒外面，使香粉不易透水，黏附剂的用量随配方的需要而决定，一般在5%～15%。

(3) 吸收性　吸收性是指对香料的吸收，也是指对油脂和水分的吸收。粉类制品一般以沉淀碳酸钙、碳酸镁、胶性陶土、淀粉或硅藻土等作为香精的吸收剂。碳酸钙所具有的吸收性是因为颗粒有许多气孔的缘故，它是一种白色无光泽的细粉，所以它和胶性陶土一样有消除滑石粉闪光的功效。碳酸钙的缺点是它呈碱性反应，如果在粉类制品中用量过多，热天敷用，吸汗后会在皮肤上形成条纹，因此，粉类产品中碳酸钙的用量不宜过多，用量一般不超过15%。

(4) 遮盖力　粉类制品一般带有色泽，接近皮肤的颜色，能遮盖黄褐斑或小疵。常用的白色颜料有氧化锌、二氧化钛，这些原料称为“遮盖剂”，遮盖力是以单位重量的遮盖剂所能遮盖的黑色表面来表示，例如1kg二氧化钛约可遮盖黑色表面$12m^2$。

【相关知识】

一、 典型的粉类化妆产品

香粉是一类不含油相，而全由粉体原料配合构成的化妆产品，也称面粉，是脸部的重要化妆品，涂敷时使用粉扑。香粉必须对正常的皮肤无害，应该容易涂敷，分布均匀，去除脸上的油光，掩盖面部的某些小疵。香粉还应有良好的附着力，敷后无不舒服的感觉。

粉饼是由粉状香粉加入胶黏剂，混合均匀后用压饼机压制而成。其基本功能与粉状香粉相同，其配方组成相近，但由于剂型不同，在产品使用性能、配方组成和制造工艺上有差别。

胭脂是涂于面颊适宜部位呈现立体感和健康气色的化妆品。好的胭脂质地柔软细腻，色泽均匀，涂层性好，在涂敷粉底后施用胭脂，易混合协调，遮盖力强，对皮肤无刺激，香味纯正、清淡，易卸妆。

古代，胭脂是用天然红色原料，如朱砂、散沫花、红花、胭脂虫等配成；现代的胭脂有粉状、块状、膏状和液状等多种。胭脂粉和胭脂块的原料与香粉大致相同，不使用表面活性剂。膏状胭脂分为油膏型和乳化霜膏型2种。油膏型胭脂主要是用油、脂、蜡和颜料以及粉类制成。也有的加表面活性物质。霜膏型胭脂是用油、脂、蜡、颜料、水和表面活性剂制成的乳化膏体。霜膏型胭脂按使用原料又分为雪花膏型和冷霜型，胭脂水分悬浮体和乳化体2种，它们都使用表面活性剂做分散剂和乳化剂。

二、典型的粉类化妆品的配方

1. 香粉的配方

香粉的配方主要组成包括：粉料、色素和香精。

(1) 粉料　使香粉具有应有的特性，如滑石粉使香粉具有滑爽性；钛白粉、锌白粉使香粉具有遮盖力；高岭土、硬脂酸镁具有良好的黏附性；碳酸镁、碳酸钙在粉料中具有很好的吸收汗液和皮脂的性质。

(2) 色素　使香粉具有各种色泽，调和皮肤颜色。常用的色素有铁红、铁黄、铁黑等无机颜料。

(3) 香精　通常选用留香效果好的香精，使香粉具有宜人的芳香。

典型香粉配方见表3-15～表3-17。

表3-15　典型香粉配方1

组分	钛白粉	锌白粉	高岭土	轻质碳酸钙	碳酸镁	滑石粉	硬脂酸锌	香精	色素
质量分数/%	5.0	14.5	10.0	5.0	9.0	48.0	8.0	适量	适量

表3-16　典型香粉配方2

组分	滑石粉	硬脂酸锌	碳酸镁	合成珍珠粉颜料	氧化铁颜料	香精
质量分数/%	65.0	8.0	1.0	25	适量	适量

表3-17　典型香粉配方3

组分	高岭土	淀粉	滑石粉	硬脂酸镁	钛白粉	碳酸镁	香精
质量分数/%	43.0	22.0	12.0	10.0	6.2	6.0	0.8

2. 粉饼的配方

粉饼的配方主要组成部分包括如下几部分。

(1) 粉料、色素、香精　等同香粉。

(2) 水溶性胶黏剂　加强粉质的胶合性能，常用阿拉伯树胶、CMC，通常添加少量的保湿剂如甘油、丙二醇、山梨醇等。

(3) 油溶性胶黏剂　包括单甘酯、十六醇、羊毛脂及其衍生物、地蜡、蜂蜡等。

(4) 防腐剂、抗氧化剂　防止粉饼变质。

典型粉饼配方举例见表3-18～表3-20。

表3-18　典型粉饼配方1

组分	滑石粉	高岭土	锌白粉	硬脂酸锌	碳酸钙	碳酸镁	色素	白油
质量分数/%	50.0	10.0	8.0	5.0	10.0	5.0	适量	4.0
组分	羊毛脂	十六醇	CMC	海藻酸钠	防腐剂	香精	去离子水	
质量分数/%	0.5	1.5	0.06	0.03	适量	适量	余量	

表3-19　典型粉饼配方2

组分	丝云母	钛白粉	硬脂酸镁	液蜡	硅油	氧化铁黄	氧化铁黑	氧化铁红	香精
质量分数/%	91.54	1.5	1.2	3.0	2.0	0.1	0.01	0.15	0.5

表3-20　典型粉饼配方3

组分	CMC	水	海藻酸钠	丝蛋白	乙醇	对羟基苯甲酸丙酯	没食子丙酯
质量分数/%	0.2	15.0	0.1	1.0	2.0	0.2	0.1
组分	香精	滑石粉	高岭土	氧化锌	碳酸钙	碳酸镁	硬脂酸锌
质量分数/%	0.4	40.0	13.0	12.0	8.0	4.0	4.0

3. 块状胭脂的配方

块状胭脂的配方组成与粉饼类似。

(1) 滑石粉　胭脂的主要原料，应选择无闪耀发光现象，粉质颗粒在5～15μm的滑石粉，用量要适当，过多时会使胭脂略呈半透明状，半透明的胭脂不适宜于皮肤过分白皙者，但适宜用于深色皮肤者使用。

(2) 高岭土　压制粉块时能增强块状胭脂的强度，但一般用量不超过10%。

(3) 碳酸镁　在制造胭脂时，应先将香精和碳酸镁混合均匀，再加入所有粉质原料中混合。香精与滑石粉、高岭土等亲和性能较差。

(4) 脂肪酸锌　一般用量3%～10%，使粉质易黏附于皮肤，并使之光滑。

(5) 胶黏剂　过去多采用水溶性天然胶黏剂，这些天然胶黏剂易受细菌污染，或带有杂质，因此后来又采用合成胶黏剂，如羟甲基纤维素钠、聚乙烯吡咯烷酮等，各种胶黏剂的用量为0.5%～2.0%。而现在多采用油性胶黏剂，即白油、脂肪酸酯、羊毛脂及其衍生物。胶黏剂在压制胭脂时，能增强块状的强度和使用时的润滑性。

块状胭脂配方举例见表3-21和表3-22。

表3-21　典型胭脂配方1

组分	滑石粉	高岭土	硬脂酸锌	碳酸镁	凡士林	白油	羊毛脂	颜料	防腐剂	香精
质量分数/%	60.0	10.0	5.0	5.0	2.1	1.9	1.0	5.0	适量	适量

表3-22　典型胭脂配方2

组分	滑石粉	高岭土	硬脂酸锌	氧化钛	色素	米淀粉	白油	香精
质量分数/%	60.0	20.0	5.0	4.0	2.0	5.0	3.0	1.0

三、粉类化妆瓶的生产工艺

1. 香粉的生产

香粉（包括爽身粉和痱子粉）的生产过程主要有混合、磨细、过筛、加香、加脂、包装等。

(1) 准备工作　配料前要查看领用原料是否经检验部门检验合格，校正好磅秤。

制造前必须检查机器。球磨机、高速混合机、超微粉碎机和过筛机运转是否正常，制造的容器、球磨机、超微粉碎机的尼龙袋、筛子和铝桶，在制造不同色泽的香粉时，应做到专料专用。在调换不同色泽香粉时，应将高速混合机、超微粉碎机等设备和容器彻底清洗。

(2) 混合、磨细及过筛　制造香粉的方法主要是混合、磨细及过筛。有的是混合、磨细后过筛，有的是磨细、过筛后混合。

① 混合。混合的目的是将各种原料用机械进行均匀的混合，混合香粉用机械主要有4种形式，即卧式混合机、球磨机、V形混合机和高速混合机。

粉末化妆品生产工艺流程如图3-7所示。

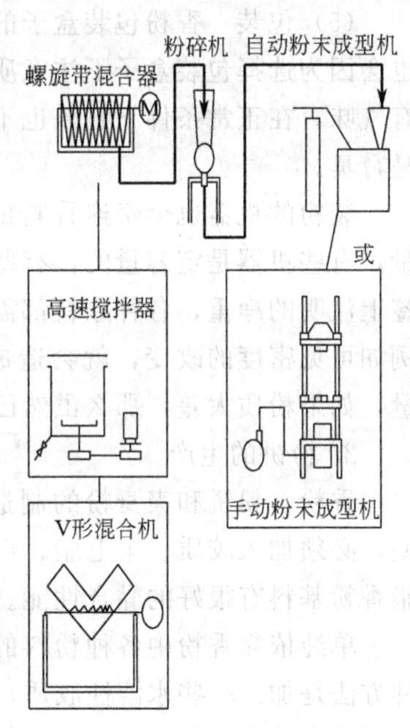

图3-7　粉末化妆品生产工艺流程

高速混合机是近几年采用的高效率混合机，整个香粉搅拌混合时间约5min，搅拌转速达1000～1500r/min。高速混合机有夹套装置，可通冷却水进行冷却。

② 磨细。磨细的目的是将粉料再度粉碎，使得加入的颜料分布得更均匀，显出应有的色泽，不同的磨细程度，香粉的色泽也略呈不同，磨细机主要有3种。即球磨机、气流磨、超微粉碎机。

③ 过筛。通过球磨机混合、磨细的粉料要通过卧式筛粉机，其形状和卧式混合机相同，转轴装有刷子，筛粉机下部有筛子，刷子将粉料通过筛子落入底部密封的木箱，将粗颗粒分开，如果采用气流磨或超微粉碎机，再经过旋风分离器得到的粉料，则不一定再进行过筛。

④ 加香。一般是将香精预先加入部分的碳酸钙或碳酸镁中，搅拌均匀后加入V形球磨机中混合，如果采用气流磨或超微粉碎机，为了避免油脂物质的黏附，提高磨细效率，同时避免粉料升温后对香精的影响，应将碳酸钙和香精混合加入磨细后经过旋风分离器的粉料中，再进行混合的方法。

(3) 加脂香粉　一般香粉的pH值是8～9，而且粉质比较干燥，为了克服此种缺点，在香粉内加入脂肪物，这种香粉称为加脂香粉。

操作的方法是将混合、磨细的粉料，加入乳剂，乳剂内含有硬脂酸、蜂蜡、羊毛脂、白油、乳化剂和水，粉料和乳剂的比例按不同的配方有变化，充分搅拌均匀，100份粉料加入80份乙醇搅拌均匀，过滤除去乙醇，在60～80℃的烘箱内烘干，使粉料颗粒表面均匀地涂布着脂肪物，经过干燥的粉料含脂肪物6%～15%，通过筛子过筛就成为香粉制品。如果脂肪物过多，将使粉料结团，结块。加脂香粉不致影响皮肤的pH值，而且香粉黏附于皮肤性能好，容易敷施，粉质柔软。

(4) 粉料灭菌装置　由于对香粉和粉饼的杂菌数有规定，所以要将粉料进行灭菌。目前通常采用环氧乙烷气体灭菌法。

将粉料加入灭菌器内，密封后抽真空，环氧乙烷在夹套加热器内加热到50℃汽化，然后在灭菌器内通入50℃的水保温，维持2～7h，灭菌，用真空泵抽出灭菌器内的环氧乙烷气体，排入水池内，再在灭菌器内通入经过滤的无菌空气，将粉料储存在无菌的容器内，再送往包装。环氧乙烷沸点11℃，常温时为气体，用专用钢瓶储存，因易燃、易爆、有毒，故应妥善保管。

(5) 包装　香粉包装盒子的质量也是重要的一环，虽然香粉在其他各方面都很正常，但也会因为选择包装盒子不注意质量而产生问题。除了包装盒的美观外，最主要的是盒子不能有气味，在正常条件下日久也不会产生气味，因为有些盒子的糨糊在热天和潮湿的气候下容易霉臭。

装粉的机器也会牵连香粉的质量问题，各种不同式样的装粉机会影响香粉在盒子的容量，有些机器是定容量的，有些是定重量的，有些则是利用真空装粉。为了使产品能符合标签上注明的净重，各种原料都需要有规定的标准，各厂要按定点供货单位的具体情况而定，例如可见密度的改变，就会造成装粉重量变化的困难，如果粉质太轻，就不能装足标定重量，如果粉质太差，那么虽然已达到了标定重量，但盒内的粉装得很浅。

2. 粉饼的生产

香粉、粉饼和爽身粉的制造设备类同，要经过混合、磨细和过筛，为了使粉饼压制成型，必须加入胶质、羊毛脂、白油，以加强粉质的胶合性能，或用加脂香粉压制成型，因加脂香粉基料有很好的黏合性能。

单纯依靠香粉中各种粉料的胶合性是不够的，为了使粉料有足够有胶合性，最普通的一种方法是加入一些水溶性胶质，不论是天然或合成的胶质，如黄蓍胶粉、阿拉伯树胶、羧甲基纤维素、羟乙基纤维素、羧基聚亚甲基胶粉，使用这些胶质是先溶化在含有少量吸湿剂的水溶液中，如甘油、丙二醇、山梨醇或葡萄糖的水溶液，同时加入一些防腐剂，乳化的脂肪混合物也可和胶水混合在一起加入香粉中，胶质的用量必须按香粉的组分和胶质的性质而定。

用烧杯或不锈钢容器称量胶粉，加入去离子水或蒸馏水搅拌均匀，加热至90℃，加入安息香酸钠或其他防腐剂，在90℃保持20min灭菌，用沸水补充蒸发的水分后备用。所用羊毛脂、白油等油脂必须事先熔化，加入少量抗氧剂，用尼龙布过滤、备用。加羊毛脂、白油、香精和胶质水溶液混合。

按配方称取滑石粉、陶土粉、玉米粉、二氧化钛、硬脂酸锌、云母粉、丝素粉、颜料等，在球磨机中混合，磨细 2h，粉料与石球的比例是 1∶1，球磨机转速是 50～55r/min。加羊毛脂和白油混合 2h，再加香精继续混合 2h，再加入胶水混合 15min。在球磨机混合过程中，要经常取样检验是否混合均匀，色泽是否与标准样相同。

混合好的粉料加入超微粉碎机中进行磨细，超微粉碎后的粉料在灭菌器内用环氧乙烷灭菌，将粉料装入清洁的桶内，用桶盖盖好，防止水分挥发，并检查粉料是否有未粉碎的颜料色点、二氧化钛白色点或灰尘杂质的黑色点。

在压制粉饼前，粉料先要过 60 目的筛，还要做好压制粉饼的检查工作，运转情况是否正常，是否有严重漏油现象，所用木盘（放置粉饼用）必须保持清洁。

按规定重量的粉料加入模具内压制，压制时要做到平、稳，不求过快，防止漏粉和压碎，根据配方适当调节压力。压制粉饼所需要的压力大小和压粉机的形式、香粉中的水分和吸湿剂的含量以及包装容器的形状等都有关系，如果压力太大，制成的粉饼就会太硬，使用时不易擦开；如果压力太小，制成的粉饼就会太松易碎。

压制好的粉饼，必须检查不得有缺角、裂缝、毛糙、松紧不匀等现象。压制好的粉饼排列在木盘上保持清洁，准备包装。

3. 胭脂的生产

（1）混合磨细　混合磨细是胭脂制造操作重要的环节之一，磨得越细，颜色越明显，粉料也越细腻。混合磨细是使白色粉料和红色粉料混合均匀，使颜色均匀一致。

由于制造胭脂的数量相对较少，现在混合磨细的方法多数是采用球磨机，用石球来滚磨粉料，球磨机的种类很多，有金属制的，也有瓷器制的，为了防止金属对胭脂中某些成分的影响，采用瓷制的球磨机较为安全。称取粉料和颜料倒入球磨机旋转，使粉料和颜料在球磨机里面上下翻动，石球相互撞击，研轧，从而达到磨细粉料和颜料的目的。

因为粉料和颜料性质关系，每当变动配方，应预先做好试验，在球磨机进行工作时，每隔一定时间取出粉样，核对色泽，直至色泽均匀，颗粒细腻，前后两次取出样品对比色泽，基本上没有区别为止，这时，可以停止球磨机动转。制订的配方应当留有标准色样，以便制造时每次核对。一般混合磨细的时间是 3～5h，在混合磨细时为了加速着色，可加入少量水分或乙醇润湿粉料，滚磨时如果粉料潮湿，应当每隔一定时间开启容器，用棒翻搅球磨机桶壁，以防粉料黏附于桶的角落造成死角。

每批制品保持色泽一致性是很重要的，因此每批产品的色泽必须和标准色样比较，如果色泽和标准色样有区别，就需要加以调整，比色的方法是取少量的干粉，用少量水或胶合剂润湿后压制成小样，然后比较色泽的深浅。

（2）加胶合剂、香精、过筛　粉料和颜料混合磨细后，下一工序是加胶合剂，加胶合剂可以在球磨机内进行，要间歇用棒翻搅桶壁，因为粉料受到沉重的石球滚压，会把部分受潮粉料黏附在桶壁上，所以应当时时翻搅黏附在桶壁的粉料。将混合磨细的粉料放入卧式搅拌机里进行，加胶合剂和香料更为适宜，着色的粉料放入卧式搅拌机里不断搅拌，同时将胶合剂用喷雾器喷入，这样可使胶合剂均匀地拌入粉料中。

加入香精要按压制方法决定，一般分为湿压和干压 2 种。湿压法是胶合剂和香精同时加入，干压法是将潮湿的粉料烘干后再混入香精，这样做主要是避免香精受到焙烘而保持原有香气。

胶合剂的用量应当适量，用量过少，在压制胭脂时的黏合力差，容易碎；用量过多，胭脂表面就坚硬难擦涂。加胶合剂、香精后就是过筛，过筛次数能够连续两次或两次以上，那么对粉料的细腻度，颜料的均匀度和最后压制的胭脂块质量都有很大帮助，分布均匀，磨的细，筛的透，胭脂的质量就得以保证。

加入胶合剂和香精的胭脂粉料，经过筛后，就应当压制成块，否则就要放入密闭的盛器里，以防止水分蒸发，这样，可保证压制胭脂时的黏合力。

(3) 压制胭脂 压制胭脂是将加入胶黏剂和香精的粉料，经过筛后放入胭脂底盘上，用模子加压，制成粉块。一般胭脂底盘是用铁皮或铝皮冲成圆形底盘。金属底盘上轧有圆形凹凸槽，这样可使压制的胭脂在圆形底盘上轧得牢，粘得紧。压制胭脂的机器有手扳式和脚踏式等数种，手扳式压机大多用轧硬印机改制，因为精小便利，所以多采用它，模子是圆形的钢模，厚约 1cm，直径比胭脂底盘略小，中部有些凹入，胭脂底盘盛满一定量粉料后即可覆上模子，再放在压机上压制成块。

压制粉块时，要注意压力适度，如果压力过大，会使胭脂变硬；如果压力过小，会使压制的粉块很松。此外，粉料水分过多，要沾模子；水分过少，黏合力就差，胭脂块容易碎，在整个压制粉块过程中，应当保持粉料一定湿度，不使水分过量蒸发。

胭脂压制成块后，就一块块放在木盘上，堆放在通风干燥的房间内，静置干燥 1～2d，就可以装盒，干燥温度不必过高，温度过高会使水分过量蒸发，干燥过度会使胭脂块收缩，但是冬季气候冷，室内温度过低，水分不易蒸发，也会影响胭脂质量，不易擦下胭脂。

装盒时，应在外包装盒上涂抹一层不干胶水，不干胶水有黏胶弹性作用，既能黏胶胭脂底盘，又能在运输过程受震时避免胭脂震动而碎裂。胭脂底盘放入外包装盒子后，上面覆盖一片透明纸，再放上胭脂粉扑，加上盖，即为胭脂成品。

四、粉类化妆品质量控制

1. 香粉的质量问题和控制方法

(1) 香粉黏附性差

原因：主要是硬脂酸镁或硬脂酸锌用量不够或质量不纯，含有其他杂质，粉质颗粒粗也会使黏性差。

控制方法：适当调整硬脂酸镁或硬脂酸锌的用量，选用色泽洁白的质量较纯的硬脂酸镁或硬脂酸锌；如果采用微黄色的硬脂酸镁或硬脂酸锌，容易酸败而且有油耗气味。将香粉尽可能磨得细一些，这对增加皮肤的黏附性有好处。

(2) 香粉吸收性差

原因：主要是碳酸镁或碳酸钙用量不足。

控制方法：适当调整碳酸镁或碳酸钙的用量，但用量过多会使香粉 pH 值上升，可采用陶土粉或天然丝粉代替碳酸镁或碳酸钙，降低香粉 pH 值。

(3) 加脂香粉成团、结块

原因：加入香粉中的乳剂油脂含量过多或烘干程度不够，使香粉内残留少量乙醇或水分。

控制方法：适当控制乳剂的油脂含量，并将香粉烘干些。

(4) 有色香粉色泽不均匀

原因：在混合、磨细过程中，采用机器的效能不好，或混合、磨细的时间不够。

控制方法：采用较先进的设备，用高速混合机混合，超微粉碎机磨细，效果好，制造速度快。

2. 粉饼的主要质量问题和控制方法

（1）粉饼过于坚实

原因：选择胶黏剂品种不恰当或胶合剂用量过多或压制粉饼时的压力过高。

控制方法：选用恰当的胶合剂及适宜的用量，调整压制时的油泵压力。

（2）粉饼疏松容易碎裂

原因：胶合剂用量过少，滑石粉用量过多，压制粉饼时的压力过低。

控制方法：调整粉饼配方，适当增加压制粉饼的油泵压力。

（3）压制加脂香粉时粘模子和涂擦时起油块

原因：乳剂中的油脂成分过多。

控制方法：减少乳剂中的油脂含量，将香粉烘得干些。

3. 胭脂的主要质量问题和控制方法

（1）胭脂表面有不易擦开的油块

原因：压制时压力过大，使胭脂过于结实，或因胶合剂用量过多。

控制方法：严格按照配方，小心掌握胶合剂的加入量。在压制时，加压强度控制适当，过松过紧都不好。

（2）表面碎裂

原因：胶合剂使用不当，或者运输时因包装不当震碎，或震动过于强烈。

控制方法：调节配方，得到最佳胶合剂配伍及用量，改进包装，尽量减轻运输过程中的震动。

（3）不易涂擦

原因：缺少亲油性胶合剂，故不够润滑。

控制方法：调节配方，也可通过加入乳化剂，改变胭脂形式来增加润滑性。

【任务实施】

1. 是否熟悉乳剂类化妆产品及其特点。
2. 设计一个粉剂类化妆品的配方，是否合理？
3. 根据2题设计的粉类化妆品配方来设计其制备方法（含原理、原料、操作步骤）。

注：注明参考文献及网址。

【任务评价】

1. 知识目标的完成：是否了解粉类化妆品的品种、配方及制备方法？
2. 能力目标的完成：

① 是否能利用图书馆资料和互联网查阅相关文献资料？

② 是否能设计粉类化妆品的配方？

③ 是否了解各种不同的粉类化妆品的生产工艺的异同？

项目四　涂料的生产技术

教学目标

知识目标：

1. 熟悉涂料的组成、作用、质量标准；
2. 了解涂料产品的分类、命名和固化机理；
3. 了解涂料用合成树脂；
4. 熟悉典型涂料的生产技术。

能力目标：

1. 能利用图书馆资料和互联网查阅专业文献资料；
2. 能进行涂料的配方设计、生产操作和质量检测；
3. 能进行涂料的施工。

情感目标：

1. 通过创设问题、情境，激发学生的好奇心和求知欲；
2. 通过对涂料生产方案设计、生产及涂料的应用配方的设计以及涂料的施工，增强学生的自信心和成就感，体验成功的喜悦，并通过项目的学习，培养学生互助合作的团结协作精神；
3. 养成良好的职业素养。

项目概述

涂料，大家不应该陌生。房屋、日常用品涂上涂料使人感到美观舒适；交通运输需要不同色彩的涂料来表示警告、停止、前进等信号；钢结构的桥梁，用涂料保护并维修得当，可以有百年以上的寿命；飞机外壳涂上特种涂料，可以躲避雷达的检测与跟踪。看似普通的涂料，为何有这么多神奇的功能？它含有哪些成分？又是如何生产制造的呢？

涂料工业是一个“两头大中间小”的加工工业，说它两头大，是因为它使用的原料品种繁多，涂料产品服务范围遍及各行各业，品种性能变化多端；说它中间小，是指涂料本身的生产工艺较为简单，仅仅是一个混合分散过程而已。在20世纪80年代以前，涂料制造工厂不仅生产涂料，还要自己制造树脂、吹干剂，甚至精炼植物油和生产某些颜料。如今的涂料厂，大都采购颜料、树脂、溶剂和助剂，按照一定的配方分散混合后包装而成为涂料产品。

任务一　认 识 涂 料

【任务提出】

涂料（coating）又叫油漆（painting），涂料应用开始于史前时代。

在20世纪20年代以前，涂料的应用与生产是以一种技艺的形式相传，而不能进入科学领域。科学时代的涂料经历了八个阶段。

第一个阶段：20世纪20年代，杜邦公司开始使用硝基纤维素作为喷漆，它的出现为汽车提供了快干、耐久和光泽好的涂料。

第二个阶段：20世纪30年代，随着高分子化学和高分子物理的兴起，开始有了醇酸树脂，后来它发展成为涂料中最重要的品种——醇酸漆。

第三个阶段：20世纪40年代，Ciba化学公司等发展了环氧树脂涂料，它的出现使防腐蚀涂料有了突破性的发展。

第四个阶段：20世纪50年代，开始使用聚丙烯酸酯涂料，聚丙烯酸酯涂料具有优良的耐久性和高光泽性。

第五个阶段：20世纪60年代，聚氨酯涂料得到较快的发展。

第六个阶段：20世纪70年代，粉末涂料得到很大发展。

第七个阶段：20世纪80年代，涂料发展的重要标志曾被认为是杜邦公司发现的基团转移聚合方法，基团转移聚合可以控制聚合物的相对分子质量和分布以及共聚物的组成，是制备高固体分涂料用的聚合物的理想聚合方法。

第八个阶段：20世纪90年代，关于纳米材料的研究，特别是聚合物基纳米复合材料的研究是材料科学的前沿，有关研究在涂料中也成为研究热点，其他高性能的涂料如氟碳涂料的研究和使用也取得了重要进展。

【相关知识】

一、涂料产品的概况

1. 涂料的定义

涂料是一种借助一定的施工方法涂于物体表面，能形成具有保护、装饰或特殊性能（如绝缘、防腐等）固态涂膜的一类液体或固体材料的总称。我国最早的涂料所用原料主要是天然的桐油和大漆。因此涂料被称为油漆。现在合成树脂已大部分或全部取代了植物油，故称为涂料。目前，全世界涂料产品近千种，产量超过2000万吨，并且以年增长率为3.4%的速度增长，以合成树脂涂料占主导地位，形成了醇酸、丙烯酸、乙烯、环氧、聚氨酯树脂涂料为主体的系列产品。

2. 涂料的功能

涂料涂覆在物体表面，通过形成涂膜发挥作用，涂料功能主要有以下几个方面。

（1）保护功能　它可以保护材料免受或减轻各种损害和侵蚀，还可以保护各种贵重设备在严冬酷暑和各种恶劣环境下正常使用，可以防止微生物对材料的侵蚀。

（2）装饰功能　现代生活中，从房屋建筑、厂房设备、交通工具到居室、电器、文具等，都需要涂料装饰。使人感到美观舒适、焕然一新，生活变得丰富多彩。

（3）标志功能　在交通道路上，通过涂料醒目的颜色可以制备各种标志牌和道路分离线，它们在黑夜里依然清晰明亮，在工厂中，各种管道、设备、槽车、容器常用不同颜色的涂料来区分其作用和所装物的性质。

（4）赋予物体一些特殊功能　电子工业中使用的导电、导磁涂料；航空航天工业上的烧蚀涂料、温控涂料；军事上的伪装与隐形涂料等，这些特殊功能涂料对于高技术的发展有着重要的作用。高科技的发展对材料的要求愈来愈高，而涂料是对物体进行改性最便宜和最简便的方法，不论物体的材质、大小和形状如何，都可以在表面上覆盖一层涂料，从而得到新的功能。

3. 涂料面临的挑战

（1）涂料的污染和毒性问题　涂料工业近百年的发展中，从天然植物油和松香为基本成分的涂料逐渐演化成以化学合成物为基本成分的合成树脂漆，但同时伴随而来的是空气污染日益严重。涂料中大量使用溶剂，它们是大气污染的重要来源，因此发展低污染的涂料是环境保护的需要。铅颜料是涂料中广泛使用的颜料，1971 年美国环保局规定，涂料中含铅量不得超过总固体含量的 1%，1976 年又将指标提高到 0.06%，乳胶漆中常用的有机汞也受到了限制，其含量不得超过总固体量的 0.2%，因此研究和发展高固体分涂料、水性涂料、无溶剂涂料（粉末涂料和光固化涂料）成为涂料科学的前沿研究课题。

（2）对涂料性能上的要求越来越高　随着生产和科技发展，涂料被用于条件更为苛刻的环境中，因此要求涂料在性能上要有进一步的提高，例如石油工业中所用石油海上平台和油田管道的重防腐涂料，各种表面能很低的塑料用涂料等。

（3）对节能要求越来越高　由于很多高性能的涂料经常需要高温烘烤，能量消耗很大，为了节约能量，特别是电能，降低烘烤温度和烘烤时间也是涂料发展的一个方向。

4. 涂料的研究特点

（1）涂料研究的实用性　不管是涂料的基础研究还是应用研究都一定有其实用背景，研究成果比较容易转化为生产力。由于涂料必须具备一些最基本的要求，如成膜性、必需的物理和化学性能，因此研究课题开始的时候，便有明确的边界条件，且要求用多因子的统计的实验方法，最终效果则应由实用效果来判断，一般学科常用的单因子实验法以及强化模拟条件的实验，其结果往往是不可靠的。

（2）涂料研究遍布许多行业　由于涂料品种的多样性，原料来源广泛和使用的普遍性，因此涂料的研究不仅在生产涂料的各大公司和高等学校的涂料专业中进行，实际上很多其他行业和研究机构都直接或间接地进行有关涂料的研究。

（3）涂料研究中各种学科的多交叉性　涂料科学是建立在多学科发展的基础上的，因此涂料的研究必然和这些学科是相互关联的，特别是新产品的研究一般多是交叉性的研究。

（4）组合配方研究　涂料研究开发中，最大量的工作是配方研究，通过对组分及其含量的调节组合，同时配制大量的样品，利用快捷的测试技术，在短时间内从数目庞大的样品中优选出满意的配方。

二、涂料组成、分类及命名

1. 涂料的组成

涂料是由成膜物质、溶剂、颜料和助剂组成。

（1）成膜物质　成膜物质又称基料、漆料，是能黏着于物体表面并形成涂膜的一类物质，决定着涂料的基本性质。成膜物质可以是油脂、天然树脂、合成树脂。

用作成膜物质的天然油类一般是动植物油，以植物油为主。

用作成膜物质的天然树脂有松香、纤维素、天然橡胶、虫胶和天然沥青等。

用作成膜物质的合成树脂有酚醛树脂、沥青、醇酸树脂、氨基树脂、纤维素、过氯乙烯树脂、烯类树脂、丙烯酸类树脂、聚酯树脂、聚氨酯树脂、环氧树脂、元素有机化合物、橡胶等。

（2）溶剂　溶剂是挥发成分，包括有机溶剂和水。常见的有机溶剂有脂肪烃、芳香烃、醇、酯、醚、酮、氯烃类等。溶剂的主要作用是使基料溶解或分散成黏稠的液体，以便涂料的施工。在涂料施工过程中和施工完毕后，这些有机溶剂和水挥发，使基料干燥成膜。基料和挥发成分的混合物称为漆料。

在一般的液体涂料中，溶剂的含量相当大，在热塑性涂料中，一般占50%以上，在热固性涂料中，占30%～50%。

涂料中的有机挥发物（volatile organic compound）可造成光化学污染和臭氧层破坏，对自然环境和人类自身健康都产生不利影响。

（3）颜料和填料　颜料能赋予涂料以颜色和遮盖力，提高涂层的力学性能和耐久性。颜料的颗粒大小为 0.2～100μm，其形状可以是球状、鳞片状和棒状，不溶于溶剂、水和油类。

颜料按成分可分为无机颜料和有机颜料，常用的无机颜料有钛白（分金红石型和锐钛型）、锌白、锌钡白（又称立德粉）、硫化锌、铁红、铬黄、炭黑、群青、铝粉等；常用的有机颜料有偶氮颜料、酞菁颜料、喹吖啶酮等。

颜料按性能可分为着色颜料、体质颜料和功能性颜料，着色颜料品种非常多。体质颜料又称填料，一般是用来提高着色颜料的着色效果和降低成本，常见的有硫酸钡、硫酸钙、碳酸钙、二氧化硅、滑石粉等。功能性颜料有防锈颜料、消光颜料、防污颜料等。

（4）助剂　助剂在涂料配方中所占的份额较小，但对涂料的储存、施工、所形成膜层的性能起着重要作用，常见助剂有以下几种。

① 流平剂。涂料在涂装后有一个流动及干燥成膜的过程。涂膜能达到平整光滑的特性称为流平性。流平性不好的涂膜易出现缩孔、橘皮、针孔留挂等缺陷，通过添加流平剂可以改变流平性。常见的液体涂料流平剂有芳烃、酮类等高沸点溶剂类。粉末涂料常用的流平剂有高级丙烯酸酯与低级丙烯酸酯的共聚物、环氧化豆油和氢化松香醇。

流平剂的作用原理是降低涂料与底材之间的表面张力，调整黏度、延长流平时间。

② 增稠剂。涂料中加入增稠剂后，黏度增加，形成触变型流体或分散体，从而达到防止涂料在储存过程中已分散颗粒的聚集、沉淀，防止涂装时流挂现象发生。增稠剂在溶剂型涂料中称为触变剂，在水性涂料中称为增稠剂。制备乳胶涂料，增稠剂的加入可控制水的挥发速度，延长成膜时间，从而达到涂膜流平的作用。

水性涂料使用的增稠剂主要有水溶性和水分散型高分子化合物。早期有树胶类、淀粉类、蛋白类和羧甲基纤维素钠，目前常用的主要有聚丙烯酸钠、聚甲基丙烯酸钠、聚醚等。

③ 消光剂和增光剂。消光剂可以使涂膜表面产生一定的粗糙度，降低其表面光泽。常用的消光剂有金属皂、改性油、蜡、硅藻土、合成二氧化硅等。增光剂能降低涂膜的表面粗糙度，提高光泽，如有机胺类和一些非离子表面活性剂。

④ 分散剂。颜料在涂料体系以悬浮体的形式存在，不能溶于溶剂，加入分散剂能使颜料均匀分散，分散剂可以吸附在颜料颗粒表面，产生电荷斥力或空间位阻，防止颜料的絮凝，使分散体处于稳定状态。常用无机分散剂主要有聚磷酸钠、硅酸盐，表面活性剂类分散

剂主要有烷基硫酸钠、油酸钠、烷基季铵盐、脂肪醇聚氧乙烯醚、大豆卵磷脂、聚醋酸盐、聚乙烯吡咯烷酮等。

⑤ 增塑剂。改善涂膜的柔韧性，降低成膜温度。常用增塑剂为邻苯二甲酸二丁酯、邻苯二甲酸二辛酯。

⑥ 催干剂。催干剂又称干燥剂，是能加速漆膜氧化、聚合交联、干燥的有机金属皂化合物，主要用于油性漆。常用的有环烷酸锰、环烷酸钴、环烷酸铅、环烷酸锌类催干剂。

另外，在涂料中根据需要还需加入的助剂有固化剂、稳定剂、防腐剂、防潮剂、防冻剂、消泡剂等。

2. 涂料分类

涂料的品种繁多，在我国市场上出现的涂料品种有一千多种，国际上分类极不一致。我国1959年确定涂料按成膜物分为18大类，48个小类，在国家标准GB/T 2705—92《涂料产品分类、命名和型号》中有具体表述。2003年又颁布了国家标准GB/T 2705—2003《涂料产品分类和命名》，以下介绍几种主要的分类方法。

(1) 以用途为主线辅以主要成膜物分类　新的国家标准GB/T 2705—2003《涂料产品分类和命名》中将涂料产品划分为三个主要类别：建筑涂料、工业涂料、通用涂料及辅助材料，详见表4-1。

表4-1　涂料分类

主要产品类型			主要成膜物类型
建筑涂料	墙面涂料	合成树脂乳液内墙涂料，合成树脂乳液外墙涂料，溶剂型外墙涂料，其他涂料	丙烯酸酯类及其改性共聚乳液；乙酸乙烯及其改性共聚乳液；聚氨酯、氟碳等树脂；无机黏合剂等
	防水涂料	溶剂型树脂防水涂料，聚合物乳液防水涂料，其他防水涂料	EVA、丙烯酸酯类乳液；聚氨酯、沥青、PVC胶泥、聚丁二烯等树脂
	地平涂料	水泥基等非木质地面用涂料	聚氨酯、环氧等树脂
	功能性建筑涂料	防火涂料，防霉(藻)涂料，保温隔热涂料，其他功能性建筑涂料	聚氨酯、环氧、丙烯酸酯类、乙烯类、氟碳等树脂
工业涂料	汽车涂料(含摩托车涂料)	汽车底漆(电泳漆)，汽车中涂漆，汽车面漆，汽车罩光漆，汽车修补漆，其他汽车专用漆	丙烯酸酯类、聚酯、聚氨酯、醇酸、环氧、氨基、硝基、PVC等树脂
	木器涂料	溶剂型木器涂料，水性木器涂料，光固化木器涂料，其他木器涂料	聚酯、聚氨酯、丙烯酸酯类、醇酸、硝基、氨基、酚醛、虫胶等树脂
	铁路、公路涂料	铁路车辆涂料，道路标志涂料，其他铁路、公路设施用涂料	丙烯酸酯类，聚氨酯、环氧、醇酸、乙烯类等树脂
	轻工涂料	自行车涂料，家用电器涂料，仪器、仪表涂料，塑料涂料，纸张涂料，其他专用轻工涂料	聚氨酯、聚酯、环氧、醇酸、丙烯酸酯类、酚醛、氨基、乙烯类等树脂
	船舶涂料	船壳及上层建筑物漆，船底防污漆，水线漆甲板漆，其他船舶漆	聚氨酯、醇酸、丙烯酸酯类、环氧、乙烯类、酚醛、氯化橡胶、沥青等树脂
	防腐涂料	桥梁涂料，集装箱涂料，专用埋地管道及设施涂料，耐高温涂料，其他防腐涂料	聚氨酯、丙烯酸酯类、环氧、醇酸、酚醛、氯化橡胶、乙烯类、沥青、有机硅、氟碳等树脂
	其他专用涂料	卷材涂料，绝缘涂料，机床、农机、工程机械等涂料，航空、航天涂料，军用器械涂料，电子元器件涂料，以上未涵盖的其他专用涂料	聚酯、聚氨酯、环氧、丙烯酸酯类、醇酸、乙烯类、氨基、有机硅、氟碳、酚醛、硝基等树脂

续表

主要产品类型			主要成膜物类型
通用涂料及辅助材料	调和漆，清漆，磁漆，底漆，腻子，稀释剂，防潮剂，催干剂，脱漆剂，固化剂，其他通用涂料及辅助材料	以上未涵盖的无明确应用领域的涂料产品	改性油脂，天然树脂，酚醛、沥青、醇酸等树脂

（2）以主要成膜物为基础辅以产品用途分类　除建筑涂料外，主要以涂料产品的主要成膜物为主线，并适当辅以产品主要用途，将涂料产品分为两个主要类别：建筑涂料、其他涂料及辅助材料。建筑涂料中，主要产品类型和成膜物类型与表 4-1 中建筑涂料部分内容相同，此处略。其他涂料及辅助材料的情况，详见表 4-2 和表 4-3。

表 4-2　其他涂料

主要成膜物类型		主要产品类型
1. 油脂类漆	天然植物油、动物油(脂)、合成油等	清油、厚漆、调和漆、防锈漆、其他油脂类
2. 天然树脂漆	松香、虫胶、乳酪素、动物胶及其衍生物等清漆、调和漆、磁漆、底漆、绝缘漆、生漆、其他天然树脂漆	清漆、调和漆、磁漆、底漆、绝缘漆、生漆、其他天然树脂漆
3. 酚醛树脂漆	酚醛树脂、改性酚醛树脂等	清漆、调和漆、磁漆、底漆、绝缘漆、船舶漆、防锈漆、耐热漆、黑板漆、防腐漆、其他酚醛树脂漆
4. 沥青漆	天然沥青、(煤)焦油沥青、石油沥青等	清漆、磁漆、底漆、绝缘漆、防腐漆、船舶漆、耐酸漆、防腐漆、锅炉漆、其他沥青漆
5. 醇酸树脂漆	甘油醇酸树脂、季戊四醇醇酸树脂、其他醇类的醇酸树脂、改性醇酸树脂等	清漆、调和漆、磁漆、底漆、绝缘漆、防锈漆、船舶漆、汽车漆、木器漆其他醇酸树脂漆
6. 氨基树脂漆	三氯氰胺甲醛树脂、脲(甲)醛树脂及其改性树脂等	清漆、磁漆、绝缘漆、美术漆、闪光漆、汽车漆、其他氨基树脂漆
7. 硝基漆	硝基纤维素(酯)等	清漆、磁漆、铅笔漆、木器漆、汽车修补漆、其他硝基漆
8. 过氯乙烯树漆	过氯乙烯树脂等	清漆、磁漆、机床漆、防腐漆、可剥漆、胶液、其他过氯乙烯树脂漆
9. 烯类树脂漆	聚乙烯醇缩醛树脂漆、氯化聚烯烃树脂漆、其他烯类树脂漆	聚二乙烯乙炔树脂、聚多烯树脂、氯乙烯-乙酸乙烯共聚物、聚乙烯醇缩醛树脂、石油树脂等
10. 丙烯酸酯类树脂漆	热塑性丙烯酸酯类树脂、热固性丙烯酸酯类树脂等	清漆、透明漆、磁漆、汽车漆、工程机械漆、摩托车漆、家电漆、塑料漆、标志漆、电泳漆、乳胶漆、木器漆、汽车修补漆、粉末涂料、船舶漆、绝缘漆、其他丙烯酸酯类树脂漆
11. 聚酯树脂漆	饱和聚酯树脂、不饱和聚酯树脂等	粉末涂料、卷材涂料、木器漆、防锈漆、绝缘漆、其他聚酯树脂漆
12. 环氧树脂漆	环氧树脂、环氧酯、改性环氧树脂等	底漆、电泳漆、光固化漆、船舶漆、绝缘漆、划线漆、罐头漆、粉末涂料、其他环氧树脂漆
13. 聚氨酯树脂漆	聚氨(基甲酸)酯树脂等	清漆、磁漆、木器漆、汽车漆、防腐漆、飞机蒙皮漆、车皮漆、船舶漆、绝缘漆、其他聚氨酯树脂漆
14. 元素有机漆	有机硅、有机钛、氟碳树脂等	耐热漆、绝缘漆、电阻漆、防腐漆、其他元素有机漆

续表

主要成膜物类型		主要产品类型
15. 橡胶漆	氯化橡胶、环化橡胶、氯丁橡胶、氯化氯丁橡胶、丁苯橡胶、氯磺化聚乙烯橡胶等	清漆、磁漆、底漆、船舶漆、防腐漆、划线漆、可剥漆、其他橡胶漆
16. 其他成膜物涂料	无机高分子材料、聚酰亚胺树脂、二甲苯树脂等以上未包括的主要成膜材料	

表 4-3 辅助材料

主要品种	稀释剂、防潮剂、催干剂、脱漆剂、固化剂、其他辅助材料

(3) 按施工顺序　分为底漆、中涂漆、二道漆、面漆、罩光漆等。底漆是作为漆膜底层的涂料，一般直接涂覆于物体表面；中涂一般是涂覆于底漆与面漆之间的一层涂料，可分为腻子和二道漆；面漆则是与外界直接接触的最外层涂膜所用的涂料。

(4) 按施工方法分　刷用涂料、喷涂涂料、静电喷涂涂料、电泳漆、烘漆、浸渍漆等。

(5) 以涂料的形态分类　液态涂料和固体涂料。液态涂料主要是溶剂型涂料，包括油性涂料、水性涂料；固体涂料主要指无溶剂型涂料，如粉末涂料、光固化涂料和紫外线固化涂料等。

(6) 按涂膜光泽度分　罩光漆、半光漆和无光漆。

(7) 按是否含颜料分　清漆、色漆、厚漆和腻子。清漆是不含颜料的溶液型涂料；色漆是含有颜料的有色不透明涂料；厚漆是含有颜料的有色不透明、含少量溶剂的涂料；腻子则是一种高固体含量的涂覆物质，又称填充剂。

(8) 按固化机理分　室温自干涂料、热反应型涂料、辐射固化涂料等。

(9) 按成膜机理分　非转化型涂料和转化型涂料。非转化型涂料包括挥发干燥型涂料、热熔型涂料和水乳胶型涂料；转化型涂料包括氧化聚合型涂料、热固化型涂料、缩聚反应型涂料、加成聚合型涂料、自由基聚合型涂料和酶催化固化型涂料等。

3. 涂料的命名

目前，世界上没有统一的涂料命名方法。我国国家标准 GB/T 2705—92《涂料产品分类、命名和型号》中对涂料的命名原则有如下规定。

(1) 全名　一般由颜色或颜料名称加上成膜物质名称，再加上基本名称（特性或专业用途）而组成。对于不含颜料的清漆，其全名一般是由成膜物质名称加上基本名称而组成。

(2) 颜色名称　通常有红、黄、蓝、白、黑、绿、紫、棕灰等颜色，有时再加上深、中、浅（淡）等词构成。若颜料对漆膜性能起显著作用，则可用颜料名称代替颜色名称，例如铁红、锌黄、红丹等。

(3) 成膜物质名称　可做适当简化，例如聚氨基甲酸酯简化成聚氨酯；环氧树脂简化成环氧；硝酸纤维素（酯）简化为硝基等。漆中含有多种成膜物质时，选取起主要作用的一种成膜物质命名。必要时也可以选取两或三种成膜物质命名，主要成膜物质名称在前，次要成膜物质名称在后，例如红环氧硝基磁漆。

(4) 基本名称　表示涂料的基本品种、特性和专业用途。具体见表 4-4。

表 4-4　涂料基本名称

基本名称	基本名称	基本名称	基本名称	基本名称	基本名称
1. 清油	14. 斑纹漆、裂纹漆、橘纹漆	27. 车间（预涂）底漆	40. 铅笔漆	53. 电容器漆	66. 外墙涂料
2. 清漆	15. 锤纹漆	28. 耐酸漆、耐碱漆	41. 罐头漆	54. 电阻漆、电位器漆	67. 防水涂料
3. 厚漆	16. 皱纹漆	29. 防腐漆	42. 木器漆	55. 半导体漆	68. 地板漆、地坪漆
4. 调和漆	17. 金属漆、闪光漆	30. 防锈漆	43. 家用电器涂料	56. 电缆漆	69. 锅炉漆
5. 磁漆	18. 防污漆	31. 耐油漆	44. 自行车涂料	57. 可剥漆	70. 烟囱漆
6. 粉末涂料	19. 水线漆	32. 耐水漆	45. 玩具涂料	58. 卷材涂料	71. 黑板漆
7. 底漆	20. 甲板漆、甲板防滑漆	33. 防火涂料	46. 塑料涂料	59. 光固化涂料	72. 标志漆、路标漆、马路划线漆
8. 腻子	21. 船壳漆	34. 防霉（藻）涂料	47. 浸渍绝缘漆	60. 保温隔热涂料	73. 汽车底漆、汽车中途漆、汽车面漆、汽车光漆
9. 大漆	22. 船底防锈漆	35. 耐热（高温）涂料	48.（覆盖）绝缘漆	61. 机床漆	74. 汽车修补漆
10. 电泳漆	23. 饮水船舱漆	36. 示温涂料	49. 抗弧（磁）漆、互感器漆	62. 工程机械用漆	75. 集装箱涂料
11. 乳胶漆	24. 油舱漆	37. 涂布漆	50.（黏合）绝缘漆	63. 农机用漆	76. 铁路车辆涂料
12. 水溶性漆	25. 压载舱漆	38. 桥梁漆、输电塔漆及其他（大型露天）钢结构漆	51. 漆包线漆	64. 发电、输配电设备用漆	77. 胶液
13. 透明漆	26. 化学品舱漆	39. 航空、航天用漆	52. 硅钢片漆	65. 内墙涂料	78. 其他未列出的基本名称

（5）专业用途和特性表达　成膜物质名称和基本名称之间，必要时可插入适当词语来标明专业用途和特性等，例如白硝基台球磁漆、绿硝基外用磁漆、红过氯乙烯静电磁漆等。

（6）需烘烤干燥的漆　名称中（成膜物质名称和基本名称之间）应有“烘干”字样，例如银灰氨基烘干磁漆、铁红环氧聚酯酚醛烘干绝缘漆。如名称中无“烘干”词，则表示该漆是自然干燥，或自然干燥、烘烤均可。

（7）多组分涂料　凡双（多）组分的涂料，在名称后应增加“（双组分）”或“（三组分）”字样，例如聚氨酯木器漆（双组分）。

三、涂料的固化机理

涂料被涂于物件表面后形成了可流动的液态薄层，通称为“湿膜”，湿膜通过不同的变化才可能形成连续的“干膜”，这个过程称为干燥或固化。在干燥或固化过程中发生了流动性和黏度的变化，通常施工时黏度约为 0.051Pa·s，而涂膜实干后，黏度达到 107 Pa·s 以上。在由湿膜转化为干膜的过程中，涂料中的主要成膜物在结构上的变化情况称为成膜机理。成膜固化机理分为两类，一类是物理方式成膜，另一类是化学方式成膜。

（1）物理成膜机理　包括溶剂的挥发成膜和聚合物离子凝聚成膜两种形式。溶剂的挥发成膜是指主要成膜物质在湿膜和干膜中结构未发生变化，涂膜的干燥速度直接与所用溶剂的挥发度相关，同时也与溶剂在涂料中的扩散程度及成膜物质的化学结构、相对分子质量和玻璃化温度有关。聚合物粒子凝聚成膜是指成膜物质的高聚物粒子在一定的条件下相互凝聚而成为连续的固态涂膜。在分散介质挥发的同时产生高聚物粒子的接近、接触、挤压变形而聚集起来，最后由粒子状态的聚集变为分子状态的聚集。

(2) 化学成膜机理　化学成膜又称转化性成膜，是指在成膜过程中发生了化学反应。化学成膜一般是通过链锁聚合反应和逐步聚合反应来实现的。

链锁聚合反应有以下几种方式。

① 氧化聚合。涂抹中的成膜物质通过空气中的氧将成膜分子双键之间的亚甲基氧化从而使分子不断增大，最终生成聚合度不等的高分子的过程。

② 引发剂引发聚合。涂抹中引发剂产生的自由基将不饱和双键打开，产生链式反应而形成大分子涂膜。

③ 能量引发聚合。共价化合物或聚合物在外界能量激发下，生成单体或自由基，在短时间内完成加聚反应，使涂料固化成膜。

逐步聚合反应有以下几种方式。

① 缩聚反应成膜。在成膜反应中按缩聚反应进行。

② 氢转移聚合反应成膜。通过氨基、酰氨基、羟甲基、环氧基、异氰酸基发生氢转移聚合反应成膜。

现代涂料大多不是以单一的方式成膜，而是以多种方式最终成膜，不同的成膜方式需要不同的固化成膜条件。主要有下面几种方式。

① 自然干燥型。涂膜自然干燥简称室温自干，不需要加热，可以分为室温自干、室温气干和室温反应型干燥。室温自干涂料主要是依靠溶剂或水的挥发而干燥成膜的非转化型涂料，如硝基纤维素漆、过氯乙烯树脂漆等；靠自动氧化聚合固化型涂料属于室温气干型，室温反应型干燥的涂料主要为双组分聚氨酯涂料、湿固化聚氨酯涂料等。

② 烘干型。涂料的固化成膜需要在100℃以上的温度，经一定的烘烤时间，产生交联反应固化成膜或熔融流平成膜，一般采用远红外烘干技术。

③ 辐射固化型。辐射固化包括紫外光固化和电子束固化，都属于自由基聚合固化成膜。紫外光固化是在涂料中添加光敏引发剂，光敏引发剂在紫外线照射下产生自由基，进一步引发固化树脂活性稀释剂产生自由基，从而进行自由基聚合反应而固化成膜。电子束固化涂料与紫外光固化涂料的配制基本上相同，只是电子束固化不需要加自由基光引发剂，由电子束直接引发树脂和活性稀释剂产生自由基，从而进行自由基聚合而固化成膜。辐射固化涂料的能量利用率高，适用于热敏基材，无污染，成膜速度快，涂膜质量高，是新一代绿色化工产品。

④ 红外线固化型。红外固化是利用红外线提供能量的一种固化技术。红外加热技术具有高能量、高强度、全波段、瞬时启动、强力红外辐射加热等特点，它源于美国的航天工业，在20世纪90年代末期才开始应用于粉末涂料的固化，该技术能够缩短固化时间，并且对涂膜固化及固化后涂层的性能产生作用。

四、涂料的施工

涂料施工即涂装，是涂料在物体表面形成涂膜的过程。从涂料制造厂出厂的涂料产品只能算半成品，经过涂覆在物体表面，固化成的薄膜才是成品。正确施工对于保证涂料的质量具有非常重要的作用。影响施工质量的因素主要有涂料品种的选择与确定，被涂物体表面的处理，施工方法的选择，涂料固化方式的选择，涂料与涂膜病态的防治。

1. 涂料品种的选择

涂料品种的选择与确定，首先要确定被涂物体的材质，材质主要有金属和非金属。其次是根据被涂物体所处的工作环境对涂膜性能的要求来选择涂料类型。有时候单一涂料品种还不能够达到应用的要求，往往选择两种或两种以上不同性能或作用的涂料配合使用以达到最佳应用效果。

2. 物面的处理

在确定了涂料的类型后，为了保证涂层的质量，在涂装前需要对物体表面进行处理，以提高涂料的附着力和表面的光洁性。对于不同的材料有不同的处理方法，具体见表4-5。

表4-5 常见物面的处理方法

材质	处理方法
钢铁	除油、除锈、氧化、磷化、钝化
木材	新木材：干燥、清洗、打磨、染色；旧木材：去油、水洗、刮平、打磨
水泥墙面	新墙面：去油、干燥、腻子填平；旧墙面：去油、打磨、腻子填平
普通墙面	刮平、打磨
塑料	打磨、化学处理
玻璃	去油、水洗、干燥

3. 内墙面涂料施工工艺

（1）工艺流程　基层处理→修补腻子→刮腻子→施涂第一遍乳液薄涂料→施涂第二遍乳液薄涂料→施涂第三遍乳液薄涂料。

（2）层处理　首先将墙面等基层上起皮、松动及鼓包等清除凿平，将残留在基层表面上的灰尘、污垢、溅沫和砂浆流痕等杂物清除扫净。

（3）修补腻子　用水石膏将墙面等基层上磕碰的坑凹、缝隙等处分遍找平，干燥后用1号砂纸将凸出处磨平，并将浮尘等扫净。

（4）腻子　刮腻子的遍数可由基层或墙面的平整度来决定，一般情况为三遍，腻子的配合比为质量比，其配合比为：聚醋酸乙烯乳液（即白乳胶）∶滑石粉或大白粉∶2%羧甲基纤维互溶液=1∶5∶3.5。具体操作方法为：第一遍用胶皮刮板横向满刮，一刮板紧接着一刮板，接头不得留茬，每刮一刮板最后收头时，要注意收得要干净利落。干燥后用1号砂纸磨，将浮腻子及斑迹磨平磨光，再将墙面清扫干净。第二遍用胶皮刮板竖向满刮，所用材料和方法同第一遍腻子，干燥后用1号砂纸磨平并清扫干净。第三遍用胶皮刮板找补腻子，用钢片刮板满刮腻子，将墙面等基层刮平刮光，干燥后用细砂纸磨光，注意不要漏磨或将腻子磨穿。

（5）涂第一遍乳液薄涂料　施涂顺序是先刷顶板后刷墙面，刷墙面时应先上后下。先将墙面清扫干净，再用布将墙粉尘擦净。乳液涂料一般用排笔涂刷，使用新排笔时，注意将活动的排笔毛理掉。乳液薄涂料使用前应搅拌均匀，适当加水稀释，防止头遍涂料施涂不开。干燥后复补腻子，待复补腻子干燥后用砂纸磨光，并清扫干净。

（6）涂第二遍乳液薄涂料：操作要求同第一遍，使用前要充分搅拌，如不很稠，不宜加水或尽量少加水，以防露底。漆膜干燥后，用细砂纸将墙面小疙瘩和排笔毛打磨掉，磨光滑后清扫干净。

（7）涂第三遍乳液薄涂料：操作要求同第二遍乳液薄涂料。由于乳胶漆膜干燥较快，应连续迅速操作，涂刷时从一头开始，逐渐涂刷向另一头，要注意上下顺刷互相衔接，后一排笔紧接前一排笔，避免出现干燥后再处理接头。

【任务实施】

1. 写出涂料各种组成物质的具体名称，用实物演示这些组成物质，认知、感受它们的性状，说明它们的作用。

2. 查找《涂料产品分类和命名》(GB/T 2705—2013)，了解我国涂料的分类方法、功能和命名，列举几种涂料的性能指标和用途。

3. 图解说明涂料的固化成膜机理。

4. 按《涂料产品分类和命名》(GB/T 2705—2013)，用3种类型以上的市售涂料进行涂饰施工练习，分析涂料技术指标，并对施工后涂膜性质进行初步评价。

注：注明参考文献及网址。

【任务评价】

1. 知识目标的完成：

① 是否了解涂料各组分的作用；

② 是否了解涂料的组成、分类及功能；是否了解涂料各组分的作用。

2. 能力目标的完成：

① 是否能掌握涂料施工工艺；

② 是否能完成涂料涂饰施工。

任务二 涂料生产设备

【任务提出】

涂料制造一般按：预分散—研磨—混合调整—调色—检测—过滤罐装流程进行，除粉末涂料外，其他各类涂料生产中，所用设备的功能和结构基本相同或接近，现以色漆生产工艺介绍其生产设备。

【相关知识】

一、预分散设备

预分散可使颜料与部分漆料混合，变成颜料色浆半成品，是色浆生产的第一道工序。目的：①使颜料混合均匀；②使颜料得到部分湿润；③初步打碎大的颜料聚集体。以混合为主，起部分分散作用，为下一步研磨工序做准备。预分散效果的好坏，直接影响研磨分散的质量和效率。采用的设备主要是高速分散机。

高速分散机除用来做分散设备外，同时可作色漆生产设备，比如生产色漆的颜料属于易分散颜料，或者色漆细度要求不高，这时，可直接用高速分散机分散生产色漆。

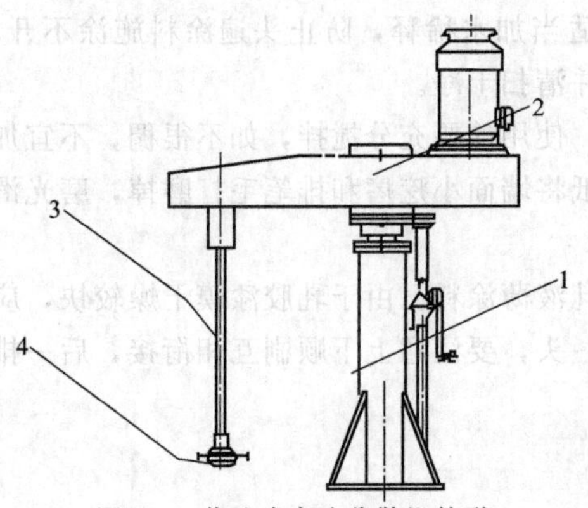

图 4-1 落地式高速分散机外形

1—机身；2—传动装置；3—主轴；4—叶轮

落地式高速分散机的结构见图 4-1，由机身、传动装置、主轴和叶轮组成。

机身装液压升降和回转装置，液压升降由齿轮油泵提供压力油使机头上升，下降时靠自重，下降速度由行程节流阀控制。回转装置可使机头回转360°，转动后由手柄锁紧定位。传动装置由电机通过V形带传动，电机可三速或双速，或带式无级调速、变频调速等。转速由几百转/分到上万转/分，功率几十至上百千瓦不等。

高速分散机的关键部件是锯齿圆盘式叶轮，如

图 4-2 所示。

叶轮直径与搅拌槽选用大小有直接关系，经验数据表明，搅拌槽直径为 $\phi=2.8\sim4.0D$（D：叶轮直径）时，分散效果最理想。

叶轮的高速旋转使漆浆呈现滚动的环流，并产生一个很大的旋涡。在叶轮边缘 2.5～5cm 处，形成一个湍流区，在这个区域，颜料粒子受到较强的剪切和冲击作用，使其很快分散到漆浆中。

叶轮的转速以叶轮圆周速度达到大约 20m/s 时，便可获得满意的分散效果。过高，会造成漆浆飞溅，增加功率消耗。$v_{max}=20\sim30$m/s。

分散机的安装方式分：落地式，适合于拉缸作业，另一种安装在架台上，可以一个分散机供几个固定罐使用。

现阶段，高速分散机出现了不少改型产品，有其各自特点，使得分散机的应用范围更广。如：双轴双叶轮高速分散机（见图 4-3）；双速高速分散机（双轴单叶轮分散机、双轴双速搅拌机）等。

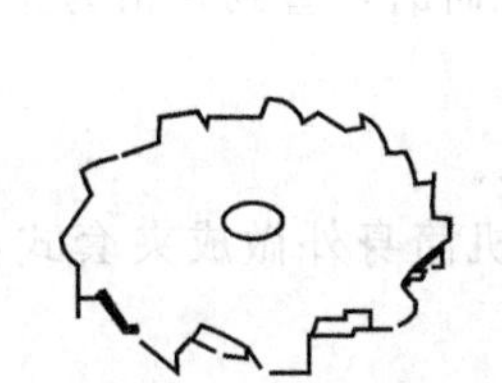

图 4-2　高速分散机叶轮示意

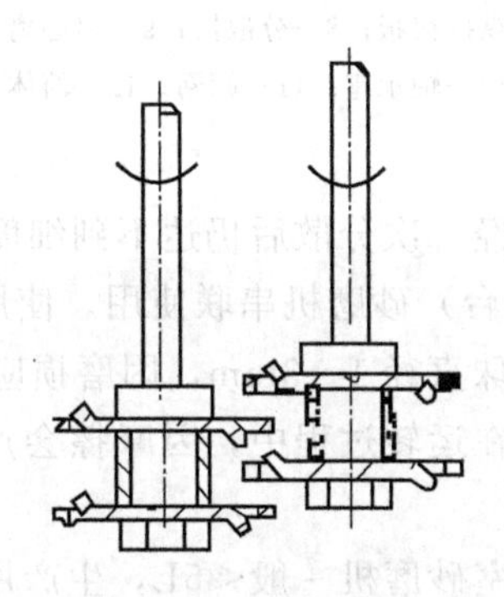

图 4-3　双轴双叶轮高速分散机

二、研磨分散设备

研磨设备是色漆生产的主要设备，基本形式分两类，一类带研磨介质，如砂磨机、球磨机，另一类不带研磨介质，依靠抹研力进行分散，像三辊机、单辊机等。

带研磨介质的设备依靠研磨介质（如玻璃珠、钢珠、卵石等）在冲击和相互滚动或滑动时产生的冲击力和剪切力进行研磨分散。通常用于流动性好的中、低黏度漆浆的生产，产量大，分散效率高。不带研磨介质的研磨分散设备，可用于黏度很高，甚至成膏状物料的生产。现分别介绍立式砂磨机、三辊机。

1. 立式砂磨机

立式砂磨机外形结构如图 4-4 所示，由机身、主电机、传动部件、筒体、分散器、送料系统和电器操纵系统组成。

常规砂磨机的工作原理见图 4-5，经预分散的漆浆由送料泵从底部输入，流量可调节，底阀 8 是个特制的单向阀，可防止停泵后玻璃珠倒流。当漆料送入后，启动砂磨机，分散轴带动分散盘 5 高速旋转，分散盘外缘圆周速度达到 10m/s 左右（分散轴转速在 600～1500r/min 之间）。靠近分散盘周围的漆浆和玻璃珠受到黏度阻力作用随分散盘运转，抛向砂磨机的筒壁，又返回到中心，颜料粒子因此受到剪切和冲击，分散在漆料中。分散后的漆浆通过筛网从出口溢出，玻璃珠被筛网截流。

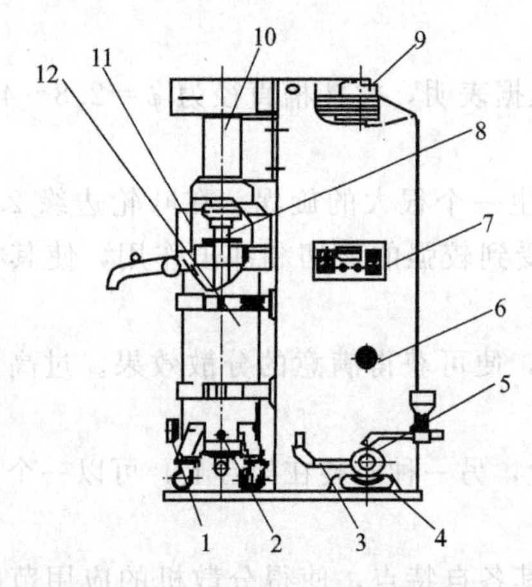

图 4-4　立式砂磨机结构简图

1—放料放砂口；2—冷却水进口；3—进料管；
4—无级变速器；5—送料泵；6—调速手轮；
7—操纵按钮板；8—分散器；9—离心离合器；
10—轴承座；11—筛网；12—筒体

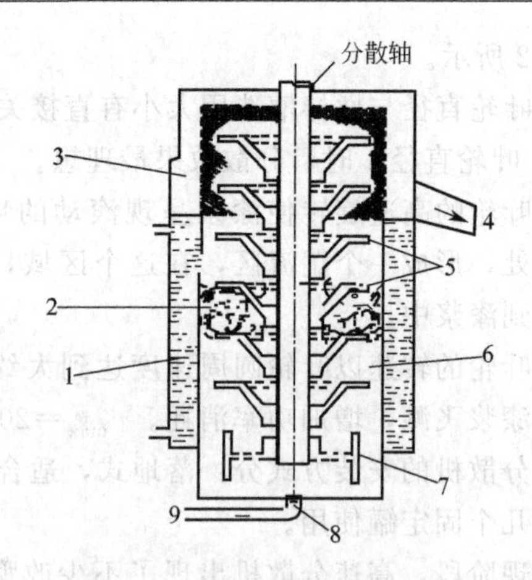

图 4-5　常规砂磨机原理示意图

1—水夹套；2—夹在两分散盘之间漆浆
的典型流型（双圆环形滚动研磨作用）；3—筛网；
4—分散后漆浆出口；5—分散盘；
6—漆浆和研磨介质混合物；7—平衡轮；
8—底阀；9—预混漆浆入口

漆浆经一次分散后仍达不到细度要求，可再次经砂磨机研磨，直到合格为止。也可将几台（2～5 台）砂磨机串联使用。使用砂磨可达 20μm 左右。

玻璃珠直径 1～3mm，因磨损应经常清洗、过筛、补充。

砂磨在运转过程中，因摩擦会产生大量的热，因此在机筒身外做成夹套式，通冷却水冷却。

实验室砂磨机一般＜5L，生产用砂磨机为 40～80L，是以筒体有效容积来衡量上述值，其生产能力，像 40L 砂磨机一般每小时可加工 270～700kg 色浆。

砂磨机在使用时应注意：

① 在筒体内没有物料和研磨介质时严禁启动，否则像分散盘、玻璃珠的磨损会很剧烈。

② 开车时应先开送料泵，待出料口见到漆浆后再启动主电机。

③ 停车时间较长后，应检查分散盘是否被卡住，不可强行启动。

④ 停车时间较长后，应检查顶筛是否干涸结皮，以防开车后漆浆从顶筛溢出（冒顶）。

⑤ 清洗砂磨时，分散器只能点动，以减少分散盘和研磨介质的磨损。

⑥ 使用新研磨介质时，应先过筛清除杂质。

2. 三辊机

三辊机（见图 4-6）由电动机、传动部件、滚筒部件、机体、加料部件、冷却部件、出料部件、调节部件、电器仪表及操纵系统组成。

滚筒部件是二辊机的主要部件，研磨是通过三辊的转动来实现的（见图 4-7）。

三辊以平放居多，可斜放或立放，辊间距离可调节，调节一般调整前后辊，中辊固定不动，通过转动手轮丝杆来实现，有的用液压调节。三辊转动时，速度并不一致，前辊快，后辊慢，前、中、后辊的速比大多采用 1∶3∶9。

辊筒一般用冷硬低合金铸铁制成，要求表面有很高的硬度，耐磨。辊筒中心是空的，在工作中通冷却水冷却，以降低辊筒工作温度，尽量减少由于温升引起的漆浆黏度降低和溶剂挥发，并防止辊筒变形。

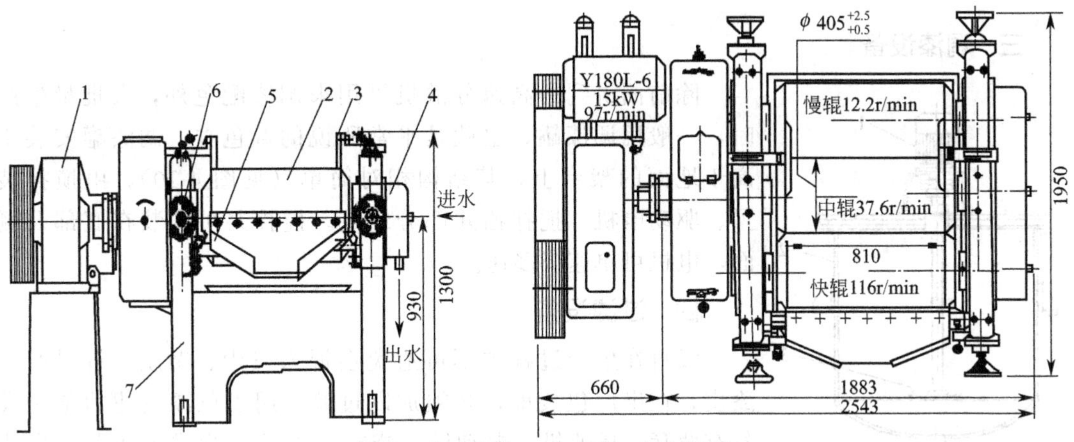

图 4-6　三辊机（S405 型）结构简图

1—传动部件；2—辊筒部件；3—加料部件；

4—冷却部件；5—出料部件；6—调节部件；7—机体

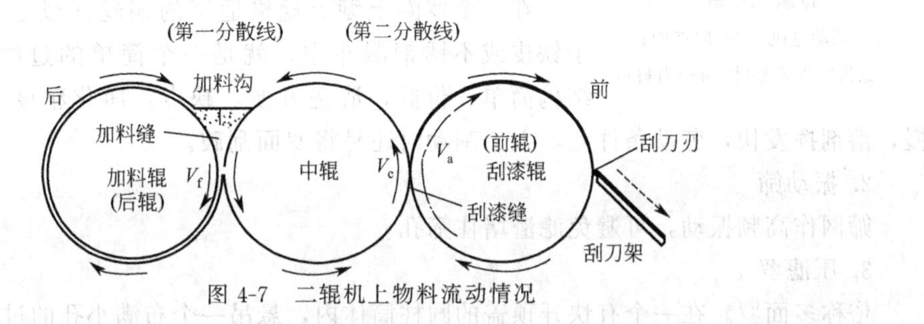

图 4-7　二辊机上物料流动情况

漆浆在后辊和中辊之间加入，后辊与中辊间隙很小，为 10～50μm，漆浆在此受到混合和剪切，颜料团被分散到漆浆中。通过前辊与中辊的间隙时，因间隙更小，加上前辊和中辊速度差更大，漆浆受到更强烈的剪切，颜料团粒被再一次分散，最后被紧贴安装于前辊上的刮刀刮下到出料斗，完成一个研磨循环。若细度不够，可再次循环操作，直到合格为止。

除上述讲到的立式砂磨机、三辊机外，生产中常用的研磨设备还有卧式砂磨机、篮式砂磨机等。外形图见图 4-8、图 4-9。

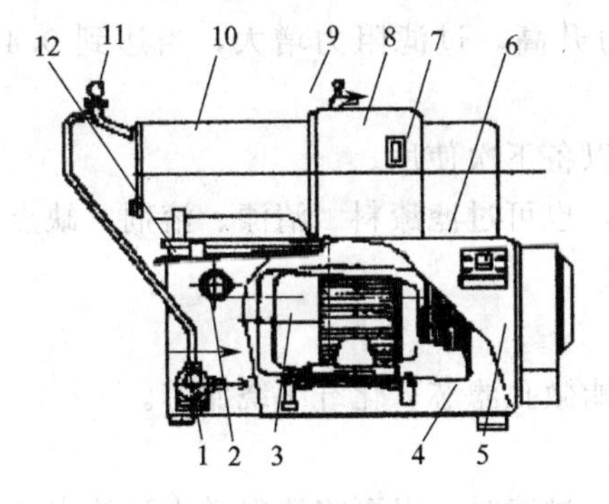

图 4-8　卧式砂磨机外形

1—送料泵（与无级变速器连接）；2—调速手轮；

3—主电动机；4—支脚；5—电器箱；6—操作按钮板；

7—轴承座；8—油位窗；9—电接点温度表；10—筒体；

11—电接点压力表；12—机座

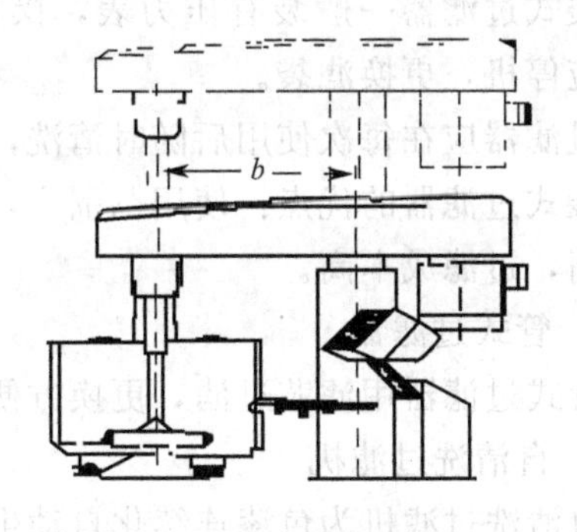

图 4-9　篮式砂磨机外形

三、调漆设备

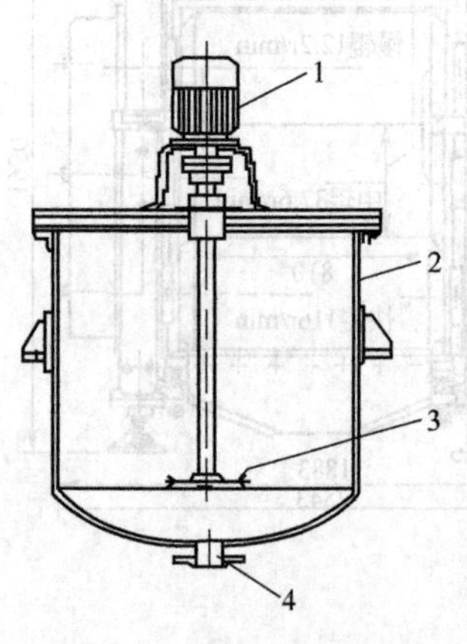

图 4-10　电动机直联的高速调漆罐

1—驱动电机；2—搅拌槽；3—锯齿圆盘式桨叶；4—出料口

除前面讲到的高速分散机可用来调漆配色外，大批量生产时，一般用调漆罐，也就是平常所说的调色缸。调漆罐安装于高于地面的架台上，其结构相对简单（见图 4-10），由搅拌装置、驱动电机、搅拌槽几部分组成。搅拌桨可安装在底部及侧面，电机可单速或多速。

四、过滤设备

漆料在生产过程中不可避免会混入飞尘、杂质，有时产生漆皮，在出厂包装前，必须加以过滤。用于色漆过滤的常用设备有罗筛、压滤机、振动筛、袋式过滤器、管式过滤器和自清洗过滤机等。

1. 罗筛

在一个罗圈上绷上规格适当的铜丝网或尼龙丝绢，将它置于铁皮或不锈钢漏斗中，就是一个简单的过滤用罗筛。优点：结构简单、价低，清洗方便。缺点：净化精度不高，过滤速度慢，溶剂挥发快，劳动条件差，人工刮动时还易将罗面刮破。

2. 振动筛

筛网作高频振动，可避免滤渣堵住筛孔。

3. 压滤罗

俗称多面罗。在一个有快开顶盖的圆柱筒体内，悬吊一个布满小孔的过滤筒，在过滤筒内铺满金属丝网或绢布，被过滤油漆用泵送入过滤器上部，进入网篮，杂质被截留，滤液从过滤器底部流出。

压滤罗清洗、更换网篮不方便。

4. 袋式过滤器

袋式过滤器为涂料过滤常用设备，滤袋装于细长筒体内，有金属网袋作支撑。工作时，依靠泵将漆料送入滤袋，滤渣留在袋内，合格的漆浆从出口流出。

袋式过滤器一般装有压力表，操作时，当压力升高，过滤阻力增大，当达到 0.4MPa 时，应停机，更换滤袋。

过滤器应在每次使用后随时清洗，保持整洁，以备下次使用。

袋式过滤器的优点：使用范围广，可过滤色漆，也可过滤漆料、清漆、溶剂。缺点，滤袋价高，过滤成本高。

5. 管式过滤器

管式过滤器用滤芯过滤，更换方便。滤芯有聚酯微孔滤芯、化纤缠绕滤芯。

6. 自清洗过滤机

自清洗过滤机为色漆连续化自动生产创造条件。过滤时，以泵将漆料送入过滤室，过滤室竖直装有滤板，滤液由出料泵抽出，其中一部分反冲洗滤板，滤渣被冲下沉到底部，可排出。因反冲洗使滤网始终保持良好的过滤性能。但过滤细度只能达到 40μm，用作粗过滤。

7. 旋转过滤机

滤网用不锈钢梯形断面钢丝绕制而成，间隙 0.1～1.5mm，滤网做成圆柱形，缓慢旋转，滤网外侧装有刮刀，刮下滤渣。用于粗过滤，过滤能力大，缺点为制造难，结构复杂。

【任务实施】

1. 你知道涂料生产预分散的目的吗？请回答。

2. 分析落地式高速分散机的结构及其工作原理。指出高速分散机的关键部件及其工作原理。

3. 举例说明研磨设备的基本形式及各自用途。

4. 说明立式砂磨机的工作原理及使用注意事项。

5. 简述三辊机的组成及工作原理。

6. 介绍3种色漆过滤的常用设备，指出其优缺点。

7. 用CAD绘出3种典型涂料生产设备外形图。

8. 通过查阅文献，介绍粉末涂料的生产设备。

注：注明参考文献及网址。

【任务评价】

1. 知识目标的完成：

① 是否掌握涂料生产预分散的目的；

② 是否了解落地式高速分散机的结构及其工作原理；

③ 是否掌握研磨设备的基本形式及各自用途；

④ 是否掌握立式砂磨机的工作原理及使用注意事项；

⑤ 是否掌握三辊机的组成及工作原理；

⑥ 是否了解色漆过滤的常用设备。

2. 能力目标的完成：

① 是否能用CAD绘出3种典型涂料生产设备外形图；

② 是否能使用并维护立式砂磨机；

③ 是否能通过查阅文献，读懂粉末涂料的生产设备图。

任务三　涂料产品的质量标准及检测仪器

【任务提出】

涂料虽然也是一种化工产品，但就其组成和使用来说和一般化工产品不同。所以，涂料产品的质量检查和一般化工产品相比，具有不同特点。

① 涂料产品的质量检测主要体现在涂膜性能上，应以物理方法为主，化学方法为辅。涂料是由多种原料组成的高分子胶体混合物，用来作为一种配套性工程材料使用的。不像一般化工产品，从它们的化学组成上检查后，就能断定质量好坏。涂料产品主要是检查它作为一种材料涂在物体上所形成的涂膜性能如何，所以，在评定涂料产品质量时，既要检查涂料产品本身，更要检查涂膜的性能，并应以此为主。检查涂膜性能也是以物理方法检查为主，很少分析涂膜的化学组成。在检查涂膜性能时，必须事先按照严格的要求制备试样板，否则是得不到正确结果的。所以，在每一涂料产品的质量标准中，都规定了制备其涂膜样板的方法，作为涂料质量检查工作标准条件之一。

② 涂料产品的质量检测应包括施工性能的检测，涂料产品品种繁多，应用面极为广泛，

同一涂料产品可以在不同的方面应用。每一涂料产品只有通过施工部门，将它施涂在被涂物上，形成牢固附着的连续涂膜后，才能发挥它的装饰和保护作用。这就要求每种涂料必须具有良好的施工性能，否则是达不到预期效果的，所以，在进行涂料的质量检查时，必须对它的施工性能进行检查。

③ 涂料产品质量检测范围包括如下三个方面：

a. 涂料产品性能的检测；

b. 涂料施工性能的检测；

c. 涂膜一般使用性能的检测。

【相关知识】

一、涂料产品性能的检测

1. 对涂料产品物理形态的检测项目

(1) 外观　外观是检查涂料的形状、颜色和透明度的。特别是对清漆的检查，外观更为重要，检查方法参见 GB/T 3186—2006（色漆、清漆和色漆与清漆用原材料取样），GB/T 1721—2008（清漆、清油及稀释剂外观和透明度测定法），GB/T 1722—92（清漆、清油及稀释剂颜色测定法）。

(2) 细度　细度是检查色漆中颜料颗粒大小或分散均匀程度的标准，以微米（μm）表示之。测定方法，GB/T 1724—79（涂料细度测定法）。

细度不合格的产品，多数是颜料研磨不细或外界（如包装物料、生产环境）杂质混入及颜料返粗（颜料粒子重产凝聚的一种现象）所引起的。

(3) 黏度　这项指标主要是检测涂料应稀释的程度，以使之适合使用要求。通过黏度测定可观察漆料的聚合程度及溶剂的使用情况。有些涂料产品出厂后，黏度增大，甚至成胶，通过黏度的测定，可及时发现问题，进行适当处理。

黏度测定的方法很多。涂料中通常是在一定温度下，测量定量的涂料从仪器孔流出所需的时间，以秒表示。常用黏度计有两种，一是涂料-1 黏度计，主要用来测定黏度大的硝基漆。另一种是涂料-4，用于测定大多数涂料产品的黏度。具体操作见 GB/T 1723—93（涂料黏度测定法）。

(4) 密度　测定方法见 GB/T 6750—2007（色漆和清漆密度的测定比重瓶法）。

2. 对涂料组成的检测项目

(1) 固体分　固体分是涂料中除去溶剂（或水）之外的不挥发物（包括树脂、颜料、增塑剂等）占涂料的质量分数。用以控制清漆和高装饰性磁漆中固体分和挥发分的比例是否合适。一般固体分低，涂膜薄，光泽差，保护性欠佳，施工时易流挂。通常油基清漆的固体分应在 45％～50％。

固体分与黏度互相制约，通过这两项指标，可将漆料、颜料和溶剂（或水）的用量控制在适当的比例范围内，以保证涂料既便于施工，又有较厚的涂膜。

测定方法见 GB/T 1725—2007（色漆、清漆和塑料不挥发物含量的测定）。

(2) 水分　测定方法见 GB/T 16777—2008（涂料水分含量测定方法）。

(3) 灰分　测定方法见 GB/T 16777—2008（涂料灰分测定方法）。

(4) 挥发分　测定方法见 GB/T 18582—2001（室内装饰装修材料、内墙涂料中有害物质限量测定方法）。

二、涂料施工性能的检测

涂料施工性能是评价涂料产品质量好坏的一个重要方面，反映涂料施工性能的检测项目很多，现摘要介绍如下。

（1）黏度　如前已述。

（2）遮盖力　色漆涂布于物体表面，能遮盖物面原来底色的最小用量，称为遮盖力。以每平方米用漆量的质量（g）表示之（g/m^2）。如 C04-2 黑醇酸磁漆，遮盖 $1m^2$ 的最小用量是 40g，所以它的遮盖力是 $40g/m^2$。

不同类型和不同颜色的涂料，遮盖力各不相同，一般说来高档品种比低档品种遮盖力好，深色的品种比浅色的品种遮盖力好，如表 4-6 所示。

表 4-6　高、低档品种遮盖力比较　　单位：g/m^2

T04-1 的遮盖力		C04-2 的遮盖力
白色	200	110
红、黄	160	140～150
灰	100	55
蓝、绿	80	80(蓝)、55(绿)
铁红	60	
黑	40	40

测定遮盖力时应将漆料和颜料搅匀，否则不能得到准确结果。所用颜料数量不足或质量有问题，常常引起遮盖力不合格。

测定方法见 GB 1726—79（涂料遮盖力测定法）。

（3）使用量　涂料在正常施工情况下，涂覆单位面积所需要的数量称为使用量。不同类型和不同颜色的涂料，其使用量各有不同，被涂物面的质量和施工方法也是决定使用量的重要因素。

测定方法见 GB/T 16777—2008。

（4）涂刷性　测定涂料在使用时涂料刷便利与否的性能，与漆料性质、黏度和溶剂有关。测定方法可参考 GB/T 9266—2009 涂布漆涂刷性测定法。

（5）流平性　涂料施工后形成平整涂膜的能力称为流平性。影响流平性的因素很多，除漆料性能之外，喷涂施工黏度过高，压力过大、喷嘴过小，喷距不适宜，低沸点溶剂过多等都将影响涂料的流平性。改换溶剂，加入硅油或其他流平剂等均可改善其流平性。

测定方法见 GB/T 3998—1999 测定流平性测定法。

（6）干燥时间　涂料施工以后，从流体层到全部形成固体涂膜这段时间，称为干燥时间以小时或分钟表示。一般分为表干时间和实干时间。通过这个项目的检查，可以看出油基性涂料所用油脂的质量和催干剂的比例是否合适，挥发性漆中的溶剂品种和质量是否符合要求，双组分漆的配比是否适当。

涂料类型不同，干燥成膜的机理各异，其干燥时间也相差很大。靠溶剂挥发成膜的涂料如硝基、过氯乙烯漆等，一般表干 10～30min，实际干燥时间 1～2h。靠氯化聚合干燥成膜的涂料如油脂漆、天然树脂漆、酚醛和醇酸树脂漆等，一般表干 4～10h，实干 12～24h。靠烘烤聚合面膜的涂料如氨基烘漆、沥青烘漆、有机硅烘漆等，在常温下是不会交联成膜的，一般需在 100～150℃烘 1～2h 才能干燥成膜。靠催干固化成膜的涂料如可常温干燥，亦可低温烘干，视固化剂的种类和用量不同，其干燥时间各异，一般在4～24h干燥。

测定方法见GB/T 1728—79（涂膜、腻子干燥时间测定法）。

（7）打磨性　测定涂膜干后，用砂纸打磨成平坦表面时的难易程度。与涂膜结构、硬度、韧性等有关。不仅是底漆、腻子的重要检测项目，而且也是装饰性轿车漆、木器漆等的重要检验项目之一。

测定方法见GB/T 1770—2008（涂膜、腻子膜打磨性测定法）。

三、涂膜性能的检测

涂膜性能的优劣是涂料产品质量的最终表现，在涂料产品质量检测中占有重要位置。因此，这是工作做的是否符合要求，对其检测结果能否正确反映涂料产品质量起着主导作用。例如，被涂钢板的表面状态和洁净程度不同，涂膜的物理机械性能和耐化学腐蚀性能等就相差很大，涂膜的厚度对其检测性能影响很大。为了获得正确的检测结果，在检测时必须对涂膜的制备工艺作出严格的规定。不同涂料产品和不同检测项目，对其制备涂膜的要求是不同的，因此在涂料产品的质量标准中，都规定了待测项目的涂膜制备方法，作为质量检测工作的标准之一。为了比较不同涂料产品质量好坏，对涂膜一般性能的检测都必须在相同的条件下进行，因此对涂膜的制备也作了统一的规定，具体方法见国家标准GB 1727—92（涂膜一般制备法）和部标HG/T 3334—2012（电泳涂料通用试验方法）。

对涂膜性能的检测项目很多，包括两个大方面。即对涂膜一般使用性能和特殊使用性能的检测。

一般使用性能的检测项目如下。

（1）涂膜外观　按规定指标测定涂膜外观，要求表面平滑、光亮；无皱纹、针孔、刷痕、麻点、发白、发污等弊病。涂膜外观的检查，对美术漆更为重要。影响涂膜外观的因素很多，包括涂料质量和施工各个方面，应视具体情况具体分析。

涂膜的外观包括色漆涂膜的颜色是否符合标准，用它与规定的标准色（样）板作对比，无明显差别者为合格。有时库存色漆的颜色标准不同，大多是没有搅拌均匀（尤其是复色漆如草绿、棕色等），或者是在储存期内颜料与漆料发生化学变化所致。

测定方法见JGJ/T 29—2003和GB/T 1722—92涂膜颜色外观测定法。

（2）光泽　光泽是指漆膜表面对光的反射程度，检验时以标准板光泽作为100%，被测定的漆膜与标准板比较，用百分数表示。

涂料品种除半光、无光之外，都要求光泽越高越好，特别是某些装饰性涂料，涂膜的光泽是最重要的质量指标。但墙壁、黑板漆则要半光或无光（亦称平光）。

影响涂膜光泽的因素很多，通过这个项目的检查，可以了解涂料产品所用树脂、颜填料以及和树脂的比例等是否适当。

涂料的光泽视品种不同，分为三挡。有光漆的光泽一般在70%以上，磁漆多属此类。半光漆的光泽为20%～40%，室内乳胶漆多属此类。无光漆的光泽不应高于10%，一般底漆即属此类。

测定方法见GB/T 9754—2007涂膜光泽测定法。

（3）涂膜厚度　它将影响涂膜和各项性能，尤其是涂膜和物理机械性能受厚度的影响最明显，因此测定涂膜性能时都必须在规定的厚度范围内进行检测，可见厚度是一个必测项目。

测定涂膜厚度的方法很多，玻璃板上的厚度可用千分卡测定，钢板上的厚度可用非磁性测厚仪测定。干膜往往是由湿膜厚度决定的，因此近年常进行湿膜厚度的测定，用以控制干膜厚度，测定湿膜厚度的常用方法有湿膜轮规法和湿膜厚梳规法。干膜厚度测定方法见GB/T 13452.2—2008 涂膜厚度测定法。

（4）硬度 涂膜的硬度是指涂膜干燥后具有的坚实性，用以判断它受外来摩擦和碰撞等的损害程度。测定涂膜硬度的方法很多，一般用摆杆硬度计测定，先测出标准玻璃板的硬度，然后测出涂漆玻璃样板的硬度，两者的比值即为涂膜的硬度。常以数字表示之，如果漆膜的硬度相当玻璃硬度值的一半，则其硬度就是 0.5，这时涂膜已相当坚硬。常用涂料的硬度在 0.5 以下。

通过漆膜硬度的检查，可以发现漆料的硬树脂用量是否适当。漆膜的硬度和柔韧性相互制约，硬树脂多，漆膜坚硬，但不耐弯曲；反之软树脂或油脂多了，就耐弯曲而不坚硬。要使涂膜既坚硬又柔韧，硬树脂和软树脂（或油脂）的比例必须恰当。

测定涂膜硬度的标准方法有 GB/T 1730—2007（色漆和清漆摆杆阻尼试验）。

（5）附着力 涂膜附着力是指它和被涂物表面牢固结合的能力。附着力不好的产品，容易和物面剥离而失去其防护和装饰效果。所以，附着力是涂膜性能检查中最重要的指标之一。通过这个项目的检查，可以判断涂料配方是否合适。

附着力的测定方法有划圈法、划格法和扭力法等，以划圈法最为常用，它分为 7 级，1 级圈纹最密，如果圈纹的每个部位涂膜完好，则附着力最佳，定为一级。反之，7 级圈纹最稀，不能通过这个等级的，附着力就太差而无使用价值了。通常比较好的底漆附着力并没有达 1 级，面漆的附着力是 2 级左右。

测定方法见 GB 1720—79（涂膜附着力测定法）。

除此以外，GB/T 6753.3—86 规定了涂料稳定性试验方法。

四、典型涂料的质量标准示例

1. 油性调和漆（Y03-1，ZB/T G51013—87）质量标准

油性调和漆质量标准见表 4-7。

表 4-7 油性调和漆（Y03-1，ZB/T G51013—87）质量标准

漆膜颜色及外观			符合标准样板及其色差范围，漆膜平整
遮盖力/(g/m²)		≤	
黑色			40
绿，灰色			80
蓝色			100
白色			240
红色，黄色			180
黏度(涂-4 黏度计)/s		≥	70
细度/μm		≤	40
干燥时间/h	表干	≤	10
	实干		24
光泽/%		≥	70
柔韧性/mm		≤	1
闪点/℃		≥	35

2. 酯胶清漆（T01-1，ZB/T G51014—87）质量标准

酯胶清漆质量标准见表 4-8。

表 4-8　酯胶清漆（T01-1，ZB/T G51014—87）质量标准

项目			指标
原漆颜色(铁钴比色计)/号		≤	14
原漆外观和透明度			透明，无机械杂质
黏度(涂-4 黏度计)/s			60～90
酸价/(mgKOH/g)		≤	10
固体含量/%		≥	50
硬度		≥	0.30
干燥时间/h	表干	≤	6
	实干		18
柔韧性/mm		≤	1
耐水性/h			24
回黏性/级		≤	2

3. 水性建筑涂料（HQ-2）质量标准

水性建筑涂料质量标准见表 4-9。

表 4-9　水性建筑涂料（HQ-2）质量标准

项目	指标
涂料外观	易分散无结块现象
黏度(涂-4 黏度计)/s	30～50
固体含量/%	30～35
表面干燥时间/min	60
实干时间/h	24
白度/%	85
遮盖力/(g/cm^2)	270～300
附着力/%	100
耐水力/%	15
耐擦拭性/次	2500

4. 洗衣机外壳用涂料

洗衣机外壳用涂料质量标准见表 4-10。

表 4-10　洗衣机外壳用涂料质量标准

项目		指标
粉末外观		干燥，无结块，无杂质和单色粉末
粉末细度(180 目筛余物)/%	≤	5
粉末胶化时间(180℃±2℃)/min	≤	20
粉末熔融水平流动性(180℃±2℃)/min		22～30
漆膜颜色及外观		平整光滑，允许有轻微橘皮
光泽/%	≥	80
附着力/级	≤	2
柔韧性/mm	≤	3
耐水性(浸 30d)		无变化
耐盐水性(浸 72h)		无变化
耐硫酸性(浸于 20% H_2SO_4 溶液中 168h)		无变化
耐盐酸性(浸于 20% HCl 溶液中 168h)		无变化
耐碱性(浸于 20% NaOH 溶液中 168h)		无变化
耐湿热性(30d)		无变化

五、常用涂料检测仪器

1. 数显黏度计

数显黏度计又称斯托默黏度计（图 4-11）。是适用于测定涂料和其他用 KU 值表示黏稠度的

测试仪器。该仪器遵循的设计依据为 ASTM 标准及 GB/T 9269—2009 标准。一般采用单片微机控制，操作者不用查表可以从仪器上直接读数，KU 值范围：53～141。另外，还有涂-4 黏度计(QND-4，图 4-12)，测定流出时间在 150s 以下的涂料黏度，执行 GB/T 1723—93 标准。

2. 刮板细度计

刮板细度计（图 4-13）的作用主要是用于涂料及油墨颗粒细度的测量，但由于使用者的操作及评判标准的主观性，一般只能用于粗略的测量。但由于其操作的简单、方便、快速，仍在涂料、油墨的颗粒测量中起到重要作用。使用方法如下。

图 4-11　斯托默黏度计

图 4-12　涂-4 黏度计

图 4-13　刮板细度计

① 将符合产品标准黏度的试样，用小调漆刀充分搅匀，取出数滴，滴入沟槽最深部位，即刻度值最大部位。

② 以双手持刮刀，横置于刻度值最大部位（在试样边缘处）使刮刀与刮板表面垂直接触。在 3s 内，将刮刀由最大刻度部位向刻度最小部位拉过。

③ 立即（不得超过 5s）使视线与沟槽平面成 15°～30°角，对光观察沟槽中颗粒均匀显露处，并记下相应的刻度值。在楔形槽较深的一端倒入足够的测试物料，小心不要产生气泡，手持刮板，垂直于细度板与槽，将物料平滑地刮向槽较窄的一端，该行程需 1～2s 内完成。评估应该在刮完后 3s 内进行，观察时视线要垂直于槽，视角为 20°～30°，找出颗粒聚集或划痕出现的位置，该位置相对应的槽深即为该测试材料的细度。

3. 线棒涂布器

线棒涂布器（图 4-14）主要用于涂布规定厚度的湿膜，以测定试样的遮盖力、色泽或制备样板等。

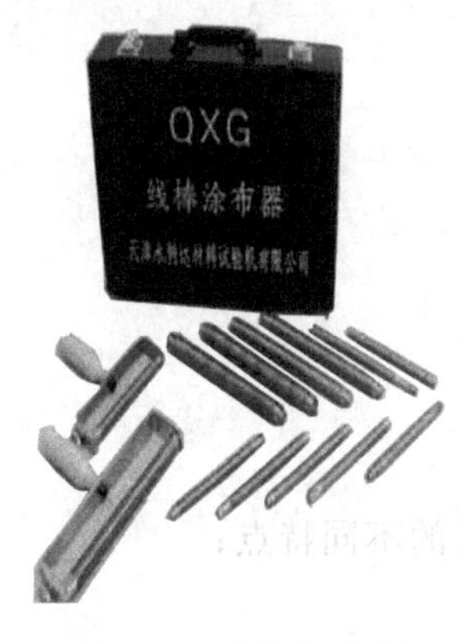

图 4-14　线棒涂布器

图 4-15　冲击试验仪

4. 冲击试验仪

利用重物从高处落下，冲击漆膜，以测定漆膜的耐冲击强度，以重量与其落于样板上而不引起漆膜破坏的最大高度的冲击（kg·cm）表示。冲击试验仪如图 4-15 所示。

5. 耐擦洗测定仪

测定建筑涂料涂层的耐刷洗性能试验技术特征。在规定试验条件下，通过投定、变更毛刷往复运动的洗刷次数，测定建筑涂料涂层表面的抗擦洗性能。耐擦洗测定仪如图 4-16 所示。

6. 柔性测定仪

柔性测定仪（图 4-17）通过在规定的条件下，漆膜随其底材一起变形而不发生损坏的能力，来评价漆膜的柔韧性试验技术特征。

7. 附着力测定仪

通过十字切割法测定漆膜附着力的性能试验技术特征：以格阵图形切割并穿透漆膜，按六级分类评价漆膜从底材分离的抗性。附着力测定仪如图 4-18 所示。

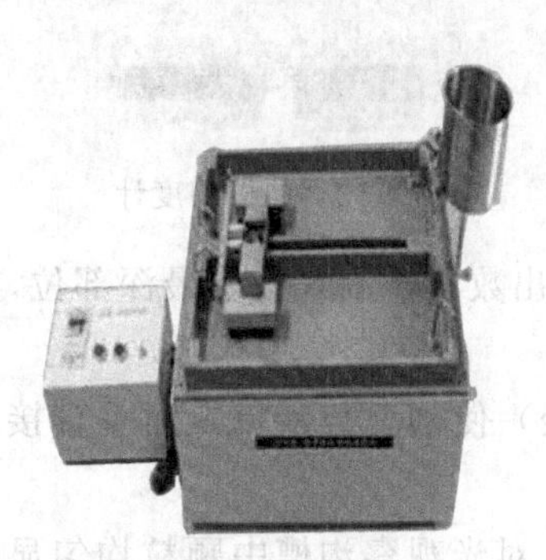

图 4-16　耐擦洗测定仪

图 4-17　柔性测定仪

图 4-18　附着力测定仪

【任务实施】

1. 涂料产品的质量检查和一般化工产品相比有何不同特点？
2. 涂料产品质量检测范围包括几个方面？
3. 简述对涂料产品物理形态的检测项目。
4. 简述对涂料组成的检测项目。
5. 对涂料施工性能的检测有哪些？
6. 再介绍两种黏度计的测量原理及使用方法。
7. 给出刮板细度计的使用方法。
8. 再介绍两种涂料检测仪器的测量原理及使用方法。

注：注明参考文献及网址。

【任务评价】

1. 知识目标的完成：

① 是否了解涂料产品的质量检查和一般化工产品相比的不同特点；

② 是否了解涂料产品质量检测范围包括哪些方面；

③ 是否掌握涂料产品物理形态、组成和施工性能的检测项目；

④ 是否掌握各种黏度计的测量原理及使用方法；

⑤ 是否掌握各种涂料检测仪器的测量原理及使用方法。

2．能力目标的完成：

① 是否能用黏度计、刮板细度计、线棒涂布器、冲击试验仪、耐擦洗测定仪、柔性测定仪、附着力测定仪等测定涂料相关性能指标；

② 是否能通过查阅文献，读懂各种涂料的国标或企标。

任务四　溶剂型涂料的生产

【任务提出】

溶剂型涂料（solvent coating）是以有机溶剂为分散介质而制得的涂料。虽然溶剂型涂料存在着污染环境、浪费能源以及成本高等问题，但溶剂型涂料仍有一定的应用范围，还有其自身明显的优势。从性能比较来看，溶剂型涂料仍占很大优势，主要表现以下四方面。

① 涂膜的质量　在有高装饰性要求的场合，水性涂料的丰满度通常达不到人们的要求，高光泽涂料多使用溶剂型涂料来实现。

② 对各种施工环境的适应性　对于水性涂料则无法调节其挥发速率，要想获得高性能的水性乳胶涂料涂膜，就必须控制施工环境的温度、湿度。在一些条件较为苛刻的环境，如外墙面、桥梁上的施工，无法人工营造一个温湿度可控的条件，因此水性涂料的应用可能会受到限制；相反，采用溶剂型涂料，可随地点、气候的变化进行溶剂比例的控制，以获得优质涂膜。

③ 溶剂型涂料对树脂的选择范围较广　在溶剂型涂料中，各种树脂几乎都可溶解在溶剂中，选择余地较宽。不同的树脂具有各自独特的性能，如聚氨酯具有优异的耐候及耐化学性、高光泽、耐磨性等，有机硅树脂具有极优秀的耐热性，可用作耐热、耐候涂料的基料。

④ 清洗问题　溶剂型涂料的施工工具必须用溶剂来清洗，对人体及环境均有害。

涂料溶剂主要包括两大类产品，第一类是烃类溶剂，根据不同沸点进行分级；第二类，也是应用最为广泛、最为主流的一类，是含氧溶剂类。以下对这两类进行具体的说明。

烃类溶剂：通常是不同相对分子质量材料的混合物，并且通过沸点不同进行分级，包括脂肪族烃、芳香烃、氯化烃和萜烃等产品。

含氧溶剂：分子中含有氧原子的溶剂。它们能提供范围很宽的溶解力和挥发性，很多树脂不能溶于烃类溶剂中，但能溶于含氧溶剂。常见的包括醇、酮、酯和醇醚等产品。

【相关知识】

一、典型涂料成膜物树脂

涂料用合成树脂的品种很多，性能各异，主要包括醇酸树脂、酚醛树脂、氨基树脂、聚酯树脂、环氧树脂、聚氨酯树脂、丙烯酸树脂、氟树脂、有机硅树脂等。选择涂料用树脂主要基于树脂的结构和性能，被涂覆基材大的种类和使用环境以及性能价格比等因素。

1．醇酸树脂

（1）分类方法　醇酸树脂发展最早，产量最大，是美国通用公司于1927年开发的，它是以多元醇与植物油和脂肪酸经酯化缩聚而形成的树脂。合成醇酸树脂常用的植物油有豆油、亚麻油、红花油、蓖麻油、葵花籽油、桐油、椰子油等；多元醇常用的有甘油、季戊四醇和三羟基丙烷等；多元酸常用苯酐、间苯二甲酸、己二酸、马来酸、偏苯三酸、对苯二甲酸和顺丁烯二酸酐等；单元酸常用植物油脂肪酸、合成脂肪酸等。醇酸树脂的分类如下。

① 按醇酸树脂的固化方式分。可以分为自干型醇酸树脂、烘干型醇酸树脂。自干型醇酸树脂主要用于自干或低温烘干的各种醇树脂清漆和磁漆，自干型醇酸树脂所制得的漆膜具有较好的光泽度、柔韧性、硬度、耐油性、附着力、耐候性等。如果低温烘干，还可以进一步提高硬度、耐磨性和抗水性等性能。烘干型可以分为半干性和不干性醇酸树脂。半干性醇酸树脂可以与氨基树脂配制成氨基清漆和烘干漆等；不干性醇酸树脂可以与氨基树脂配制成清烘漆。

② 按油品种类分。分为干性油酸树脂和不干性油酸树脂。干性油酸树脂是由不饱和脂肪酸或碘值在 $125gI_2/100g$ 以上的干性油、半干性油为主改性制得的树脂，这种醇酸树脂能在室温或低温下干燥，能溶于脂肪烃或芳香烃溶剂中。碘值高的油类制成的醇酸树脂干燥快，硬度较大，光泽较强，但是容易变色。不干性油酸树脂是由饱和脂肪酸或碘值低于 $125gI_2/100g$ 的不干性油为主改性制得的醇酸树脂，这种醇酸树脂不能在室温下干燥，需要与其他树脂加热发生交联才能固化成膜；其主要用途是与氨基树脂并用，制得各种氨基醇树脂漆。

③ 按油量不同分。根据醇酸树脂中油脂（或脂肪酸）或苯二甲酸苷含量的多少，可以分为长油度醇酸树脂、中油度醇酸树脂和短油度醇酸树脂。长油度醇酸树脂中含油量为60%～70%（或苯二甲酸含量为20%～30%）；中油度醇酸树脂中含油量为46%～60%（或苯二甲酸酐含量为30%～34%）；短油度醇酸树脂中含油量为35%～45%（或苯二甲酸酐含量>30%）；另外，还有超长油度醇酸树脂（油度>70%）和超短油度醇酸树脂（油度<35%或苯二甲酸酐含量<20%）。醇酸树脂的性能主要决定于用油的类型和油的长度。

(2) 制备方法　醇酸树脂主要是通过脂肪酸、多元酸和多元醇之间的酯化反应制备。根据使用原料的不同，醇酸树脂的合成方法主要有三种：醇解法、酸解法和脂肪酸法。从制备工艺上看，又可以分为溶剂法和熔融法两种。在生产工艺上，英国公司和日本关西公司的白醇酸磁漆所用醇酸树脂是采用脂肪酸法生产的；而我国涂料行业大部分醇酸树脂采用的是醇解酯化法的一釜法或两釜法工艺，脂肪酸法国内很少采用。由于溶剂法能够提高酯化速度，在改善产品质量方面均优于熔融法，所以一般采用溶剂法。以下介绍醇解法制备醇酸树脂的过程。

① 碱性条件下醇解法制备醇酸树脂。

醇解反应反应式：

$$\begin{array}{l} CH_2OCOR^1 \\ | \\ CHOCOR^2 \\ | \\ CH_2OCOR^3 \\ \text{油脂} \end{array} + \begin{array}{l} CH_2OH \\ | \\ CHOH \\ | \\ CH_2OH \\ \text{甘油} \end{array} \xrightarrow[220\sim240^{\circ}C]{LiOH} \begin{array}{l} CH_2OH \\ | \\ CHOH \\ | \\ CH_2OCOR^3 \\ \text{单甘油酯} \end{array} + \begin{array}{l} CH_2OCOR^1 \\ | \\ CHOCOR^2 \\ | \\ CH_2OH \\ \text{二元甘油酯} \end{array}$$

操作工艺过程如图4-19所示。

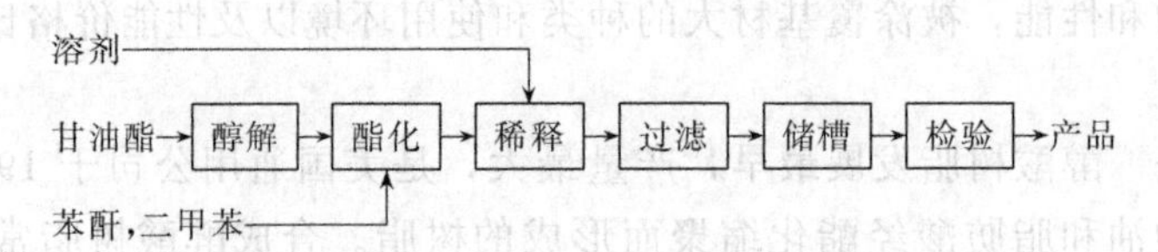

图4-19　碱性条件下醇解法制备醇酸树脂工艺流程

② 酸性条件下制备醇酸树脂。

醇解反应反应式：

$$\begin{array}{l}CH_2OCOR^1\\ |\\ CHOCOR^2\\ |\\ CH_2OCOR^3\end{array} + HOH_2C-\begin{array}{c}CH_2OH\\ |\\ C\\ |\\ CH_2OH\end{array}-CH_2OH + C_6H_5COOH \xrightarrow{H^+} \begin{array}{l}CH_2OH\\ |\\ CHOCOR^2\\ |\\ CH_2OCOR^3\end{array} + R^1-\overset{\displaystyle O}{\overset{\|}{C}}-OH_2C-\begin{array}{c}CH_2OH\\ |\\ C\\ |\\ CH_2OH\end{array}-CH_2O-\overset{\displaystyle O}{\overset{\|}{C}}-C_6H_5 + H_2O$$

操作工艺过程如图 4-20 所示。

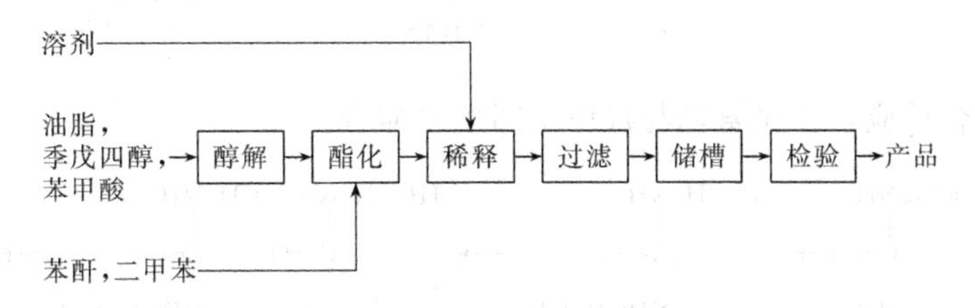

图 4-20　酸性条件下醇解法制备醇酸树脂工艺流程

2. 酚醛树脂

(1) 分类方法　由酚类与甲醛缩聚反应得到的产物称为酚醛树脂，分为如下五类。

① 热缩性醇溶酚醛树脂。一般是在酸性催化剂存在下酚类与甲醛按物质的量之比>1∶1反应得到的产物属于热缩性酚醛树脂。

② 热固性醇溶酚醛树脂。一般是在碱性催化剂存在下酚类与甲醛按物质的量之比<1∶1反应得到产物属热固性酚醛树脂。

③ 丁醇醚化酚醛树脂。在丁醇或者丁醇与二甲苯混合溶剂中酚类与甲醛在碱性催化剂存在下先反应成为羟甲基酚低聚物，然后在酸性催化剂存在下丁醇与羟甲基产生醚化反应而得。

④ 油溶性纯酚醛树脂。对叔丁基酚、对苯基苯酚等烷基取代酚与甲醛在催化剂存在下反应而得。

⑤ 松香改性油溶酚醛树脂。

(2) 制备方法

① 一步法。200 号酚醛树脂：将松香 100 质量份缓慢加热熔化到 120℃，加入已经熔化的苯酚 17 质量份，降到 110℃加入六亚甲基四胺 0.8 质量份，在搅拌下滴加甲醛 16.5 质量份，并在 110℃保持 4h，然后升温到 200℃加入氧化锌 0.2 质量份，再升温到 280℃保持不超出 285℃，直到酸值降低到±≥20mgKOH/g 为止。

② 两步法。苯酚和甲醛在碱性催化剂存在下加热到 60℃，此后的步骤类似一步法。

用甲酚、二甲酚、二酚基丙烷或者对苯基苯酚等取代苯酚，配方略做调整，得到性能相近而各有特色的树脂。

3. 氨基树脂

由尿素、三氯氰胺、苯代三氯氰胺（苯鸟粪胺）等含氨基或酰氨基化合物与甲醛缩聚反应而得的含有羟甲基的纯水可溶性固性树脂称为氨基树脂。此种树脂必须经过醇类醚化才能用于涂料。氨基树脂很少单独使用，一般作为交联固化树脂与醇酸、丙烯酸、聚酯和环氧树脂等配合使用，得到较高硬度的漆膜，因品种不同而不泛黄或泛黄倾向小。

常用涂料用氨基树脂有以下几种。

(1) 脲醛树脂　脲醛树脂是一种由尿素和甲醛在一定条件下缩聚，然后用醇进行改性得到的树脂。根据醇的不同可以分为丁醇醚化脲醛树脂、甲醇醚化脲醛树脂等。在碱或酸的作用下，尿素与甲醛加成，生成羟甲基脲。在酸的作用下羟甲基脲醚化、缩聚形成脲醛树脂。

第一步是加成反应，生成各种羟甲基脲的混合物。

$$H_2NCONH_2 + HCHO \longrightarrow \underset{\text{一羟甲基脲}}{HOCH_2NH{-}C({=}O){-}NH_2} \quad \text{或} \quad \underset{\text{二羟甲基脲}}{HOCH_2NH{-}C({=}O){-}NHCH_2OH}$$

第二步是缩合反应，在亚氨基与羟甲基间脱水缩合。

$$HOCH_2NH{-}C({=}O){-}NH_2 + HOCH_2NH{-}C({=}O){-}NHCH_2OH \longrightarrow HOCH_2N(C({=}O)NH_2){-}CH_2NH{-}C({=}O){-}NHCH_2OH + H_2O$$

也可以在羟甲基与羟甲基间脱水缩合：

$$NH_2{-}C({=}O){-}NHCH_2OH + HOCH_2NH{-}C({=}O){-}NHCH_2OH \longrightarrow NH_2{-}C({=}O){-}NHCH_2OCH_2NH{-}C({=}O){-}NHCH_2OH + H_2O \longrightarrow NH_2{-}C({=}O){-}NH{-}CO{-}NH{-}C({=}O){-}NHCH_2OH + HCHO$$

此外，还有甲醛与亚氨基间的缩合均可生成低分子量的线型和低交联度的脲醛树脂：

$$\begin{matrix}\text{---}NHCH_2\text{---}\\ \\ \text{---}NHCH_2\text{---}\end{matrix} + HCHO \longrightarrow \begin{matrix}\text{---}NCH_2\text{---}\\ |\\ CH_2\\ |\\ \text{---}NCH_2\text{---}\end{matrix}$$

$$HN{-}CH_2{-}N{-}CH_2{-}N{-}CH_2{-}N{-}CH_2{-}N{-}CH_2{-}N{-}CH_2{-}N\text{---}$$

（各 N 上依次连接：$C({=}O)NHCH_2OH$、$C({=}O)NH_2$、$C({=}O)NH_2$、$C({=}O)NHCH_2OH$、$C({=}O)NH_2$、$C({=}O)NH_2$、$C({=}O)NHCH_2OH$）

(2) 三聚氰胺甲醛树脂　根据改性醇的不同可以分为丁醇醚化三聚氰胺甲醛树脂、异丁醇醚化三聚氰胺甲醛树脂、甲醇醚化三聚氰胺甲醛树脂和混合醚化三聚氰胺甲醛树脂，其中丁醇醚化三聚氰胺甲醛树脂是氨基树脂涂料中最主要的品种。反应步骤如下。

第一步：三聚氰胺（Ⅰ）与过量甲醛反应，在碱性条件下生成六羟甲基三聚氰胺（Ⅱ，简称 HM_3）。

$$\underset{(\text{Ⅰ})}{C_3N_3(NH_2)_3} + \underset{(\text{过量})}{HCHO} \xrightarrow{pH=9\sim10} \underset{(\text{Ⅱ})}{C_3N_3[N(CH_2OH)_2]_3}$$

第二步：在酸性条件下（Ⅱ）与过量的醇和甲醇反应可得六甲氧基甲基三聚氰胺（Ⅲ）。

$$\underset{(\mathrm{II})}{C_3N_3[N(CH_2OH)_2]_3} + \underset{(过量)}{CH_3OH} \xrightarrow{pH=2\sim3} \underset{(\mathrm{III})}{C_3N_3[N(CH_2OCH_3)_2]_3}$$

(3) 共缩聚树脂 可以分为三氯氰胺尿素甲醛共聚树脂、三氯氰胺苯代三聚氰胺甲醛共聚树脂。

(4) 烃基三氯氰胺甲醛树脂 可分为苯基三氯氰胺甲醛树脂、*N*-苯基三氯氰胺甲醛树脂、*N*-丁基三氯氰胺甲醛树脂等。

4. 环氧树脂

环氧树脂是指分子中含有两个以上的环氧基团的一类聚合物，是一种重要的热固性树脂，具有优良的物理机械性能、电绝缘性能、与各种材料的黏结性能以及工艺的灵活性。环氧树脂最大的用途是作保护涂料，例如汽车底漆、面漆，船舶涂料，各种储藏及其他产品的内涂层和面漆，在国民经济的各个领域中得到广泛的应用。

环氧树脂涂料的类型主要有双酚 A 型环氧树脂、非双酚 A 型环氧树脂和脂环族环氧树脂三类，其中涂料工业中常见的环氧树脂涂料为双酚 A 型环氧树脂。其结构通式如下：

$$\underset{\backslash O/}{H_2C-CH}-CH_2-\left[O-C_6H_4-C(CH_3)_2-C_6H_4-O-CH_2-\underset{OH}{CH}-CH_2\right]_n-O-C_6H_4-C(CH_3)_2-C_6H_4-O-CH_2-\underset{\backslash O/}{CH-CH_2}$$

环氧树脂作为成膜物质的涂料具有广泛的应用，环氧树脂最大的用途是作防腐涂料。环氧树脂作为涂料应用的主要方面是：

① 相对分子质量较低的固态树脂（相对分子质量 1000），用脂肪族多胺或低相对分子质量聚酰胺于室温或稍加热交联固化，用于石油炼化厂、化工厂和船舶维修。

② 酯化环氧涂料，它是中等相对分子质量固态树脂（相对分子质量 1500～2000），与各种脂肪酸进行酯化，其产物依脂肪酸性质的不同，或靠空气干燥或加热固化，性能优于醇酸树脂涂料，生产成本降低，主要用于汽车底漆。

③ 较高相对分子质量的固态树脂（相对分子质量 3000～4000），与醛的缩合物（如酚醛、脲醛、三聚氰胺甲醛树脂）混合，醛的缩合物作为固化剂和改性剂，靠加热固化，主要用途之一是饮料罐内涂层。

5. 聚氨酯树脂（或称多异氰酸酯）

多数涂料用聚氰酯都是用多异氰酸酯与多羟基化合物反应或者多异氰酸酯自身反应而得，少数是多异氰酸酯与多氨基化合物反应而得。聚氨酯树脂的通式如下：

$$n\,OCN-R-NCO+n\,HO-R'-OH \longrightarrow \left[R-NH-\overset{O}{\overset{\|}{C}}-O-R'-O-\overset{O}{\overset{\|}{C}}-NH\right]_n$$

下面提供几种类型聚氨酯的生产方法。

(1) 甲苯二异氰酸酯与三羟甲基丙烷和 1,3-丁二醇的预聚物 L-75 这是使用最多的预聚物，按三羟甲基丙烷（TMP）11.1 份，1,3-丁二醇 4.7 份，甲苯二异氰酸酯（TDI）60.4 份，乙酸乙酯 26.8 份投料，反应在真空系统下进行，真空度为 533.3～6.6Pa(4～5mmHg)。

先以过量的 TDI 与混合多元醇反应，然后经过薄膜蒸发器蒸发回收量的 TDI，并回入反应釜中。蒸去游离 TDI 的加成物，用乙酸乙酯稀释成固体 75%。反应连续进行如下。

在两个 4400L 罐中分别装进 TDI 或多元醇混合物。多元醇混合物已经先在预热罐中加热熔融。多元醇加料罐保持 65～70℃，TDI 加料罐保持 20～25℃。

混合多元醇经过管道加热器加热 75℃进入装料量 50%的 150L 带搅拌器的反应釜中，而加料罐的 TDI 与回收的 TDI 都进入一个装料量 50%的 500L 中转罐并通过管道加热器加热到 48℃反应釜中。反应釜中的混合物保持 91～92℃，装料量不超过 50%。

反应产物经过 182℃闪蒸后进入薄膜蒸发器。薄膜蒸发器的上九段温度控制在 180℃，下两段为 160℃，底部为 125℃。出料后配制成 75%的乙酸乙酯溶液黏度为 2.0～2.5Pa·s。

(2) 封闭型异氰酸酯 AP　将苯酚 311.14kg 逐渐加入甲苯二异氰酸酯（TDI）260.13kg 中，与 TDI 在 170℃反应 1h。然后逐渐加入三羟甲基丙烷 102.47kg 与 1,3-丁二醇 43.68kg 的混合物，在 170℃反应 7h。产物通过一个长的冷却隧道，经过 24h 逐渐冷却成固体。产品游离—NCO 为痕量，总—NCO 为 11%。

(3) HDI（1，6-己二异氰酸酯）缩二脲 N-75　3mol HDI 与 1mol 水反应生成三官能异氰酸酯 HDI 缩二脲，实际生产时是在 HDI 过量的情况下与水反应，然后高真空膜蒸发去除多余的 HDI，产物缩二脲溶于乙酸乙酯或其他的适当溶剂中即成。N-75 的游离 HDI 低于 0.5%，游离—NCO 为 16.5%。

6. 丙烯酸树脂

由丙烯酸、甲基丙烯酸的脂类或其衍生物均聚或共聚，以及丙烯酸类单体与乙烯基类单体共聚而成的树脂都属于丙烯酸树脂。

(1) 分类　丙烯酸树脂的基础分类见表 4-11，形态分类见表 4-12。

表 4-11　基础分类

类别	主要特点	主要用途
热塑性	不含活性官能团或虽含少量活性官能团但不足以固化的树脂	挥发性干燥涂料
热固性	含活性官能团可自身反应固化或与其他固化剂交联固化的树脂	烘烤涂料或者异氰酸酯交联固化涂料
射线固化	光敏剂引发聚合固化的树脂	光固化或电子束固化涂料

表 4-12　形态分类

类别	主要用途	类别	主要用途
无溶剂型	光固化和电子束固化涂料	水溶型	热固性烘烤干燥
溶剂型	热塑性挥发干燥、热固性烘烤干燥	水分散型(乳液)	自干或烘干乳胶漆
非水分散型	热固性烘烤干燥	粉末型	热固化烘烤干燥

(2) 树脂制法要点　丙烯酸单体在引发剂存在下加热反应形成聚合物，可以在溶剂中反应形成树脂溶液，在水介质悬浮聚合成为细粒，也可以加入表面活性剂在水中反应成为乳液。

(3) 特性　透明度好，色浅、耐过烘烤，耐腐蚀性好，户外保色保光性极好。

二、溶剂型涂料的配方及生产工艺

溶剂型涂料的主要品种有醇酸树脂涂料、酚醛树脂涂料、丙烯酸类树脂涂料、环氧树脂涂料和聚氨酯类涂料等，以下对它们相应的配方及生产工艺分别加以介绍。

1. 醇酸树脂涂料

(1) 醇酸清漆　醇酸清漆的配方见表 4-13。

表 4-13 醇酸清漆的配方

亚麻油	25.17%	环烷酸钴	0.5%
甘油	6.56%	环烷酸锰	0.5%
黄丹	0.01%	环烷酸铅	2%
邻苯二甲酸酐	15.96%	环烷酸锌	0.5%
200# 溶剂汽油	26.8%	环烷酸钙	2%
二甲苯	20%		

生产过程为：将亚麻油和甘油在反应釜内混合，加热至160℃，加黄丹，升温至240℃，保温1h左右至醇解完全，降温至180℃，加苯酐和回流二甲苯（5%），继续升温酯化，回流脱水，酯化温度最高不超过230℃，至酸价和黏度合格时，降温至160℃，加溶剂汽油和二甲苯稀释，然后加催化剂，充分调匀，过滤包装。生产工艺流程如图4-21所示。

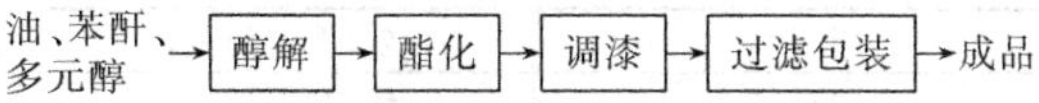

油、苯酐、多元醇 → 醇解 → 酯化 → 调漆 → 过滤包装 → 成品

图 4-21 醇酸清漆生产工艺流程

消耗定额见表4-14。

表 4-14 消耗定额 单位：kg/t

原料名称	指标	原料名称	指标
植物油	280	催化剂	60.5
甘 油	73	溶 剂	520
苯 酐	177		

（2）醇酸磁漆 醇酸磁漆的配方见表4-15。

表 4-15 醇酸磁漆的配方 单位：%

原料	红	白	黑	绿
大红粉	4.2	—	—	—
钛白粉	—	5	—	—
立德粉	—	25	—	—
炭黑	—	—	2	—
中铬黄	—	—	—	2
柠檬黄	—	—	—	11
铁蓝	—	—	—	2
沉淀硫酸钡	6.5	—	10	5
轻质碳酸钙	4.5	—	6	5
醇酸调和漆料	65	55	65	60
200# 溶剂汽油	14.8	10	11.5	10
环烷酸钴(2%)	0.5	0.5	1	0.5
环烷酸锰(2%)	0.5	0.5	0.5	0.5
环烷酸铅(10%)	2	2	2	2
环烷酸锌(4%)	1	1	1	1
环烷酸钙(2%)	1	1	1	1

生产过程为：将颜料、填料和一部分醇酸调和漆料，搅拌均匀，经磨漆机研磨至细度合格，加入其余的醇酸调和漆料、溶剂汽油和催化剂，充分调匀，过滤包装。生产工艺流程如图4-22所示。

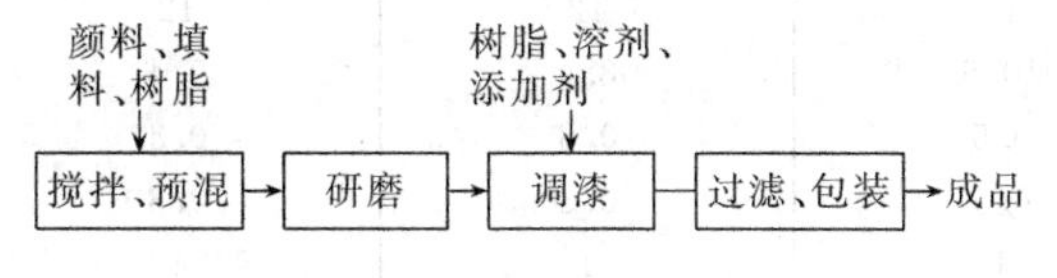

图 4-22 醇酸磁漆生产工艺流程

消耗定额见表 4-16。

表 4-16 消耗定额 单位：kg/t

原料名称	红	白	黑	绿
醇酸树脂	782.5	557.5	682.5	630
颜料、填料	159.6	315	189	262.5
溶剂	155.4	105	120.7	105
催干剂	52.5	52.5	57.5	52.5

2. 酚醛树脂涂料

(1) 酚醛清漆 酚醛清漆配方见表 4-17。

表 4-17 酚醛清漆配方

松香改性酚醛树脂	13.5%	200# 溶剂汽油	44%
桐油	27%	环烷酸钴(2%)	0.5%
亚酮聚合油	14%	环烷酸锰(2%)	0.5%
醋酸铅	0.5%		

生产过程为：将树脂和桐油混合，加热至 190℃，在搅拌下加入醋酸铅，继续加热至 270～280℃保温至黏度合格，降温，加亚酮聚合油，冷却至 150℃，加溶剂汽油和催干剂，充分调匀，过滤包装。生产工艺流程如图 4-23 所示。

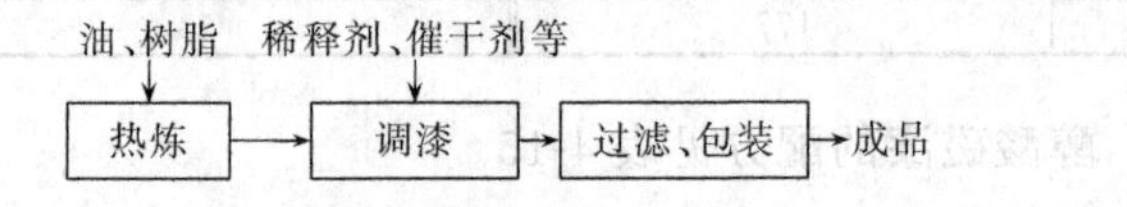

图 4-23 酚醛清漆生产工艺流程

消耗定额见表 4-18。

表 4-18 消耗定额 单位：kg/t

原料名称	指标	原料名称	指标
树脂	147	溶剂	468
催干剂	16	植物油	436

(2) 酚醛调和漆 酚醛调和清漆配方见表 4-19。

表 4-19 酚醛调和清漆配方 单位：%

原料	红	黄	蓝	黑
大红粉	6.5	—	—	
中铬黄	—	20	—	
铁蓝	—	—	5	—
立德粉	—	—	12	—
炭黑	—	—	—	3
沉淀硫酸钡	30	20	20	30
轻质碳酸钙	5	5	5	5
酚醛调和漆料	34	33	35	37
亚酮聚环烷合油	12	12	12	12
200# 溶剂汽油	10.5	8.4	9.4	11
2%环烷酸钴	0.5	0.3	0.3	0.5
2%环烷酸锰	0.5	0.3	0.3	0.5
10%环烷酸铅	1	1	1	1

生产过程为：将颜料、填料、聚合油和一部分调和漆料混合，搅拌均匀，研磨至细度合格，加入其余的漆料，溶剂汽油和催干剂，充分调匀，过滤包装。生产工艺流程如图 4-24 所示。

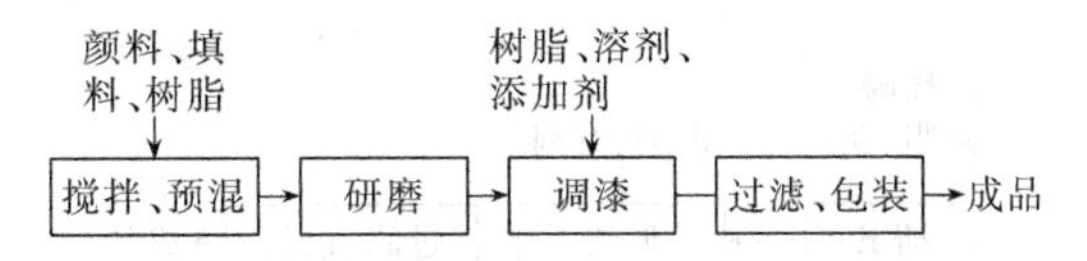

图 4-24　酚醛调和清漆生产工艺流程

消耗定额见表 4-20。

表 4-20　消耗定额　　单位：kg/t

原料名称	指标	原料名称	指标
5%酚醛树脂	800～1000	颜填料	380～500
催干剂	11	溶剂	350～460

3. 丙烯酸类树脂涂料

(1) 丙烯酸清漆　丙烯酸清漆配方见表 4-21。

表 4-21　丙烯酸清漆配方

热塑性丙烯酸树脂	8%	丙酮	9%
磷酸三甲酚酯	0.2%	甲苯	50%
苯二甲酸二丁酯	0.2%	丁醇	4.5%
醋酸丁酯	28.1%		

生产过程为：将丙烯酸树脂、磷酸三甲酚酯、二丁酯溶解于有机溶剂中，充分混合调匀，过滤包装。生产流程如图 4-25 所示。

丙烯酸树脂、溶液→配漆→过滤、包装→成品

图 4-25　丙烯酸清漆生产流程

消耗定额见表 4-22。

表 4-22　消耗定额　　单位：kg/t

丙烯酸树脂	82	溶剂	941
助剂	5		

(2) 丙烯酸磁漆　丙烯酸磁漆配方见表 4-23。

表 4-23　丙烯酸磁漆配方　　单位：%

原料	红	黄	蓝	白	黑
甲苯胺红	2	—	—	—	—
中铬黄	—	8	—	—	—
铁蓝	—	—	1	—	—
钛白粉	—	—	2	2	—
立德粉	—	—	5	10	—
炭黑	—	—	—	—	2
丙烯酸共聚树脂(15%)	93	87.5	87.5	83.5	93
三聚氰胺甲醛树脂	5	4.5	4.5	4.5	5
丙烯酸漆稀释剂	适量	适量	适量	适量	适量

将颜料和一部分丙烯酸共聚树脂液混合，搅拌均匀，经磨漆机研磨至细度达 20μm 以下，再加入其余的丙烯酸共聚树脂和三氯氰胺甲醛树脂，充分调匀，过滤包装。丙烯酸磁漆生产流程如图 4-26 所示。

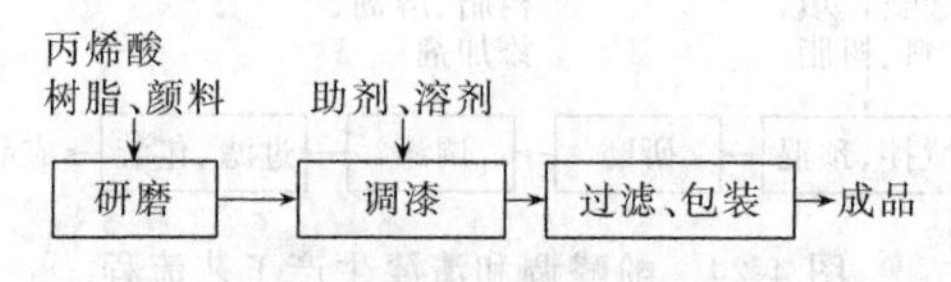

图 4-26 丙烯酸磁漆生产流程

消耗定额见表 4-24。

表 4-24 消耗定额 单位：kg/t

原料名称	红	黄	蓝	白	黑
树脂	195	181.5	181.5	175.3	195
颜料	20.6	82.4	72.1	123.6	20.6
溶剂、增塑剂	835	766	776	731	835

4. 环氧树脂涂料

(1) 环氧清漆 环氧清漆配方如表 4-25 和表 4-26 所示。

表 4-25 甲组分 单位：%

601 环氧树脂	40	丁醇	12
醋酸乙酯	12	甲苯	36

表 4-26 乙组分 单位：%

己二胺	50	95%酒精	50

生产工艺路线与流程如下。

甲组分：将 601 环氧树脂加热熔化，升温至 150℃，加入醋酸乙酯、丁醇和甲苯等有机溶剂，在搅拌下使之完全溶解，过滤包装。

乙组分：将己二胺溶解于 95%酒精中，充分调匀，过滤包装。

生产工艺流程如图 4-27 所示。

601 环氧树脂、增塑剂、溶剂 → 调漆 → 过滤包装 → 清漆

图 4-27 环氧清漆生产工艺流程

消耗定额见表 4-27。

表 4-27 消耗定额 单位：kg/t

原料名称	指标	原料名称	指标
601 环氧树脂	408	固化剂	28
溶剂	618		

(2) 环氧磁漆 环氧磁漆配方如表 4-28 和表 4-29 所示。

表 4-28 甲组分 单位：%

原料名称	白	绿	铝色
钛白粉	20	—	—
氧化铬绿	—	19	—

续表

原料名称	白	绿	铝色
滑石粉	—	7	—
铝粉浆	—	—	15
601环氧树脂液(50%)	73	67	78
三聚氰胺甲醛树脂	2	2	2
二甲苯	4	4	4
丁醇	1	1	1

表 4-29　乙组分/%

己二胺	50	95%酒精	50

生产工艺流程如下。

甲组分：将颜料、填料和一部分环氧树脂液混合，搅拌均匀，经磨漆机研磨至细度合格，再加入其余的环氧树脂液、三聚氰胺甲醛树脂、合适量的稀释剂，充分调匀，过滤包装。生产流程如图 4-28 所示。

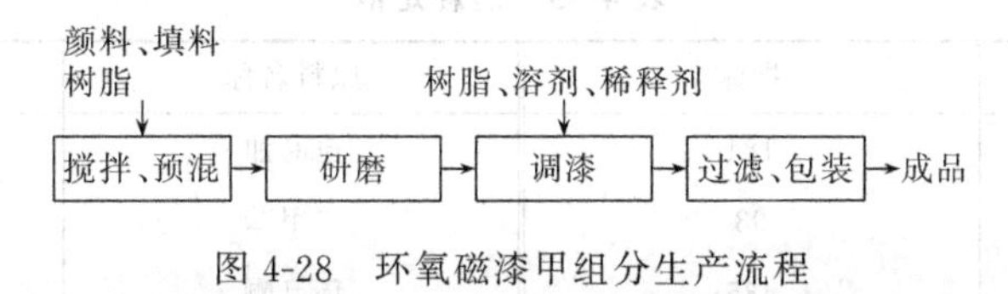

图 4-28　环氧磁漆甲组分生产流程

乙组分：将己二胺和酒精投入溶料锅，搅拌至完全分解，过滤包装。生产流程如图 4-29 所示。

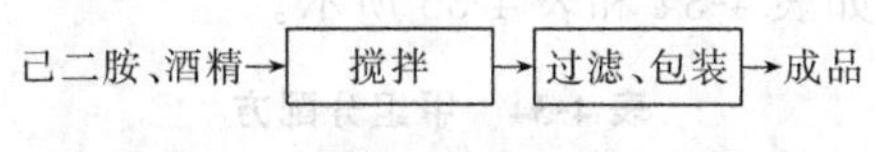

图 4-29　环氧磁漆乙组分生产流程

消耗定额见表 4-30。

表 4-30　消耗定额（按甲、乙两组分混合后的消耗量计）　　单位：kg/t

原料名称	白	绿	铝色	原料名称	白	绿	铝色
树脂	418	387.6	433.5	溶剂	403	372	438
颜料	204	256	153	固化剂	25.5	23	28

5. 聚氨酯类涂料

(1) 聚氨酯清漆　配方如表 4-31 和表 4-32 所示。

表 4-31　甲组分配方　　单位：%

苯酐	16.6	蓖麻油	26.5
甘油	8.5	二甲苯	48.4

生产过程为将苯酐、甘油、蓖麻油投入反应锅混合，搅拌，加入 5%二甲苯，加热，升温至 200～210℃进行反应，保持 2～2.5h 至酸值达 10mgKOH/g 以下，降温至 150℃，加入其余二甲苯，充分调匀，过滤包装。生产工艺流程如图 4-30 所示。

苯酐、甘油、蓖麻油→反应→过滤→甲组分

图 4-30　聚氨酯清漆甲组分生产流程

表 4-32 乙组分配方 单位：%

甲苯二异氰酸酯(TDI)	41.3	环己酮	49.5
三羟甲基丙烷	9.2		

生产过程为首先将三羟甲基丙烷和环己酮混合，投入蒸馏锅，加热脱水。然后再将 TDI 投入反应锅中，慢慢加入三羟甲基丙烷脱水液，加热至 40℃保持 1h，用 0.5～1h 升温至 (60±2)℃，保持 2h，再用 0.5h 升温至（80±2)℃，保温 2h，再用 15min 升至 90～95℃，保持 4～5h，测异氰基（—NCO）含量至 8.5%～9.2%为终点，降温至室温出料，过滤包装。生产工艺流程如图 4-31 所示。

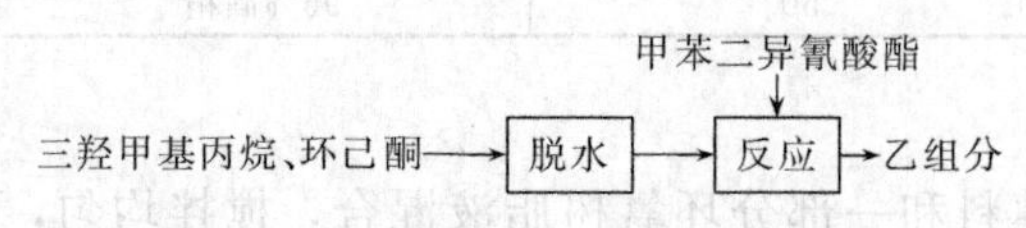

图 4-31 聚氨酯清漆乙组分生产流程

消耗定额见表 4-33。

表 4-33 消耗定额 单位：kg/t

原料名称	指标	原料名称	指标
甲组分：苯酐	184	蓖麻油	291
甘油	93	二甲苯	533
乙组分：甲苯二异氰酸酯	435	环己酮	521
三羟甲基丙烷	97		

(2) 聚氨酯清漆 配方如表 4-34 和表 4-35 所示。

表 4-34 甲组分配方 单位：%

原料名称	红	黑	绿	灰
大红粉	8	—	—	
炭黑	—	4	—	1.5
钛白粉	—	—	—	27
氧化铬绿	—	—	25	—
沉淀硫酸钡	14	18	—	—
滑石粉	10	10	7	3.5
中油度蓖麻油醇酸树脂	63	63	63	63
二甲苯	5	5	5	5

生产方法是将颜料、填料和一部分醇酸树脂、二甲苯混合，搅拌均匀，经磨漆机研磨至细度合格，再加其余原料，充分调匀，过滤包装。生产工艺流程图与聚氨酯清漆甲组分类似。

表 4-35 乙组分配方 单位：%

甲苯二异氰酸酯(TDI)	39.8	无水环己酮	50
三羟甲基丙烷	10.2		

生产过程为首先将甲苯二异氰酸酯投入反应锅，三羟甲基丙烷和部分环己酮混合，在温

度不超过40℃时，在搅拌下慢慢加入反应锅内，然后将剩余的环己酮洗净，加入反应锅中，在40℃保持1h，升温至60℃，保持2～3h，升温至85～90℃，保温5h，测异氰基（—NCO）含量至11.3%～13%时，降温至室温出料，过滤包装。生产工艺流程图与聚氨酯清漆乙组分类似。

消耗定额见表4-36。

表4-36　消耗定额（按甲、乙组分混合后的总消耗量计）　　单位：kg/t

醇酸树脂	465	甲苯二异氰酸酯	126

【任务实施】

1. 列举溶剂型涂料的优、缺点，比较美国与我国溶剂型涂料对VOC的限量，指出溶剂型涂料的发展方向。

2. 制订两种常用涂料用树脂的制备工艺，在实验室做出小样并计算小样成本。

3. 分别设计一种醇酸（清）磁漆、酚醛树脂（清）磁漆、丙烯酸类树脂（清）磁漆、环氧树脂（清）磁漆和聚氨酯类（清）磁漆的配方，给出制备工艺，在实验室做出小样并计算小样成本。

4. 对市售醇酸磁漆、酚醛树脂（清）磁漆、丙烯酸类树脂（清）磁漆、环氧树脂（清）磁漆和聚氨酯类（清）磁漆的质量标准进行验证性实验。

注：以上任务的完成请注明参考文献及网址。

【任务评价】

1. 知识目标的完成：

① 是否了解溶剂型涂料的优缺点以及溶剂型涂料的发展方向；

② 是否掌握熟悉常用涂料用树脂及其制备工艺；

③ 是否熟悉醇酸磁漆、酚醛树脂（清）磁漆、丙烯酸类树脂（清）磁漆、环氧树脂（清）磁漆和聚氨酯类（清）磁漆的配方；

④ 是否了解醇酸磁漆、酚醛树脂（清）磁漆、丙烯酸类树脂（清）磁漆、环氧树脂（清）磁漆和聚氨酯类（清）磁漆的质量标。

2. 能力目标的完成：

① 是否能在实验室做出涂料用树脂小样并计算小样成本；

② 是否能在实验室做出醇酸磁漆、酚醛树脂（清）磁漆、丙烯酸类树脂（清）磁漆、环氧树脂（清）磁漆和聚氨酯类（清）磁漆并计算小样成本；

③ 是否能对醇酸磁漆、酚醛树脂（清）磁漆、丙烯酸类（清）磁漆、环氧树脂（清）磁漆和聚氨酯类（清）磁漆的质量标准进行验证性实验。

任务五　水性涂料的生产

【任务提出】

第二次世界大战之后，传统的涂料组成发生了重大的变化。人们由橡胶的生产过程中得知如何制备苯乙烯-丁二烯胶乳，而这种乳液中加入颜料之后就可以用作水性涂料。不久之后，水性涂料就占了内墙涂料的市场。现在90%内墙涂料是水性涂料，而苯乙烯-丁二烯胶乳又被更易洗、更易颜料化的聚醋酸酯、聚丙烯酸酯、乙烯-丙烯酸酯、苯乙烯-丙烯酸酯的共聚物高分子乳液所代替。

水性涂料用于外墙配方时，存在几个问题。首先是难于得到高光泽度，但是在美国并不追求高光泽度，所以这个问题不大。而在欧洲内墙和外墙的光泽度都重要；其次，水性涂料缺乏溶剂性涂料中提供的薄膜的完整性。加入聚合剂（如己烯乙二醇）和低分子量的增塑剂溶剂（如聚乙烯乙二醇和它们的酯）能改善这种性能，它们能使高分子的疵点聚合生成保护性薄膜。但对内墙涂料来说，保护性并不是很重要；再者，水性涂料中的乳化剂和胶体稳定剂必然降低抗水性；最后是水性涂料黏结性不佳，但在多孔隙的内墙上应用，常是不成问题的。上述诸问题在某种程度上已获得解决，其证据是在1976年美国市售外墙涂料的50%以上是水性涂料。在英国水性有光涂料也普遍应用并开始取代传统的醇酸树脂涂料。内墙和外墙乳胶涂料有两个重要的不同点，前者颜料的用量约为后者的两倍。而后者的树脂含量较高，从而具有抗气候所要求的薄膜完整性。为了使能在有光泽的白垩化的面上都能黏结，醇酸树脂和油在水性载体中要配成乳液，其含量为5%～10%。

水性涂料的特点是以水为溶剂，具有以下特点：

① 水来源丰富，成本低廉，净化容易；

② 在施工中无火灾危险；

③ 无毒；

④ 工件经除油、除锈、磷化等处理后，可不待完全干燥即可施工；

⑤ 涂装的工具可用水进行清洗；

⑥ 可采用电沉积法涂装，实现自动化施工，提高工作效率；

⑦ 用电沉积法涂出的涂膜质量好，没有厚边、流挂等弊病，工件的棱角、狭缝、焊接、边缘部位基本上涂膜厚薄一致。

由于有这些优良性能和经济效果，水溶性涂料发展速度较快，建筑上应用范围越来越广。目前除了在建筑行业大量使用水性涂料外，在工业上主要应用阳极电泳法涂装底漆，广泛用于汽车工业和轻工业。

但水溶性涂料也还存在许多问题：

① 以水做溶剂，蒸发潜热高，干燥时间较长；

② 使用有机胺做中和剂，对人体有一定的毒性，排除的污水会造成污染；

③ 采用电沉积法时，对底材表面处理要求较高。

胶乳涂料的配方和溶剂性涂料不同点是用水代替了有机溶剂，而颜料颗粒必须改成在水中可分散地形成。由于颜料不易在水中分散，所以必须加入颜料分散剂，例如焦磷酸四钠以及卵磷脂。保护性胶体和增稠剂能降低颜料沉降的速度。聚丙烯酸钠、羧甲基纤维素、羟乙基纤维素都属于这类助剂。它们也可以使涂层触变。消泡剂是水性涂料中很重要的组成部分。水性涂料的成分易于在罐头中以及于表面应用时发泡，所以常加三丁基磷酸酯、正十醇以及其他高级醇作消泡剂。聚合剂前面已经提过。防冻剂能防止涂料在运输和储存时变质，常用的防冻剂有乙二醇，其作用和水箱防冻是一样的。最后还加入各种防霉剂和防腐剂。例如外墙乳胶涂料中颜料总量的10%～20%是氧化锌，这是为了防霉。

【相关知识】

一、乳液聚合原理

乳液聚合是将单体用机械搅拌及在乳化剂的作用下，分散在介质中进行聚合。乳液聚合是在乳浊液的胶粒中进行聚合反应，因而它具有自己的特征。憎水型单体乳液聚合的简单描绘如图 4-32 所示。

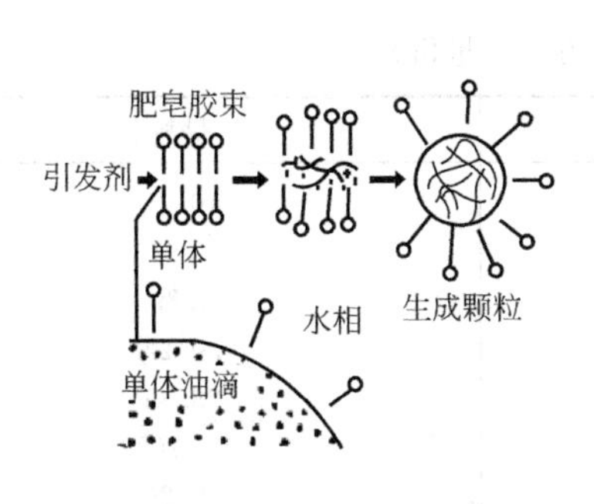

图 4-32 单体乳液聚合示意

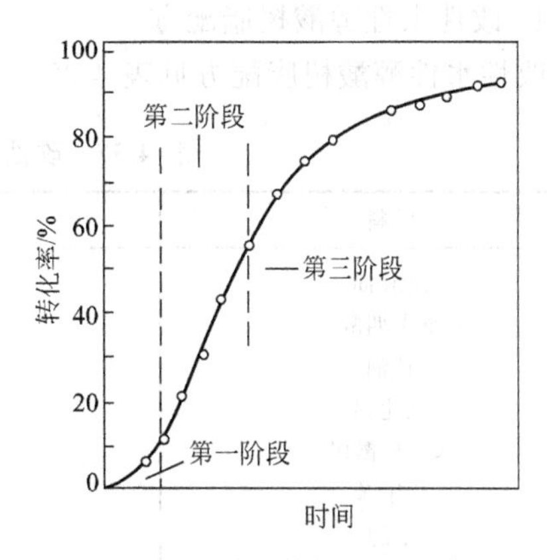

图 4-33 反应速率与时间的关系

Harkins 把乳液聚合分成三个阶段，阶段Ⅰ：乳胶粒生成阶段。在液滴中，聚合物颗粒数在增加。阶段Ⅱ：乳胶粒长大阶段。胶束消失，聚合物颗粒数不变。阶段Ⅲ：聚合完成阶段。无单体液滴，聚合物颗粒数不变。这三个阶段的反应速率（转化率）与时间的关系如图 4-33 所示。

乳液聚合体系一般包括下列组分。

(1) 分散介质 通常用水，占体系质量的 60%～80%，乳液聚合用水，必须纯净而无杂质，一般需用蒸馏水或去离子水，同时应除去水中存在的氧气。

(2) 单体 是聚合反应的主要成分，占体系质量的 15%～30%，单体必须是纯的。一般采用不溶于水或微溶（不超过 10%）于水的单体。

(3) 引发剂 通常是水溶性的，如 $K_2S_2O_3$、$(NH_4)_2S_2O_3$、H_2O_2 等。也有用油溶性的，如：过氧化甲酰等。一般用量为单体质量的 0.1%～1%。

(4) 调节剂 用以调节聚合物的相对分子质量。用量为单体质量的 0.1%～1%。常用的调节剂有四氧化碳、硫醇等。

(5) pH 缓冲剂 常用的缓冲剂是磷酸盐、碳酸盐和醋酸盐。用量为单体质量的 0.5%～4%。因为介质的 pH 值对胶乳的稳定性和引发剂的分解速率都有极大的影响，因此必须保持介质的一定 pH 值。

(6) 乳化剂 乳化剂的分子结构特点是一端亲水，另一端亲油的极性化合物。它能包围单体液滴，使单体分散在介质中成为稳定的乳状液，可用做乳化剂的物质有：肥皂、油酸钠、烷基硫酸钠、烷基苯磺酸钠等。一般用量为单体质量的 0.2%～2%。

乳液聚合最主要的优点是：用水作介质，既便宜，又不易出危险；用大量水作介质，易于散热，使整个聚合反应容易控制，适用于大规模的工业生产；聚合速度快，产物相对分子质量高；聚合后的乳液可以直接用作涂料、织物处理剂等。其缺点是：聚合物的纯度不及本体与悬浮法所得的高，常带有乳化剂和电介质，从而影响成品的透明度以及电性能等。尽管如此，它仍然是工业上广泛采用的聚合方法之一。

二、典型水性涂料的配方

以水为溶剂或分散介质的涂料，均称为水性涂料。它包括水溶性涂料和分散型两大类。在水性涂料中，以乳胶涂料占绝对优势。乳胶中最大的品种是聚醋酸乙烯和丙烯酸酯两类。

1. 改性水性醇酸树脂配方

改性水性醇酸树脂配方见表 4-37。

表 4-37 改性水性醇酸树脂配方（质量份）

原料	规格	投料
蓖麻油	土漂	40.75
季戊四醇	工业品	9.82
甘油	工业品(98%)	5.89
氧化铅	化学纯	0.01223
苯二甲酸酐	工业品	28.45
二甲苯	工业品	5.70
丁醇	工业品	12.20
异丙醇	工业品	12.20
一乙醇胺	工业品	7.95

2. 水溶性氨基改性聚酯灰阳极电沉积漆配方

水溶性氨基改性聚酯灰阳极电沉积漆配方见表 4-38。

表 4-38 水溶性氨基改性聚酯灰阳极电沉积漆配方

原料	规格	投料量/kg
聚酯树脂	树脂(70%)	214.5
钛白粉	金红石型	28.95
炭黑	硬质	1.05
无离子水		114.6

该漆的技术指标是细度＜25μm，不挥发分：50%，pH 值：6.5～7.0。

3. 醋酸乙烯乳液涂料配方

醋酸乙烯乳液涂料配方见表 4-39。

表 4-39 醋酸乙烯乳液涂料配方（体积分数） 单位：%

物料	配方 1	配方 2	配方 3
聚醋酸乙烯-顺丁烯二酸二丁酯共聚乳液	35.5	44	40
钛白粉	17.8	14.6	11.5
硫酸钡	8.8	7.4	4.2
羟甲基纤维素	0.07	0.07	0.14
聚甲基丙烯酸钠(增稠)	0.04	0.04	0.14
六偏磷酸钠	0.3	0.3	0.2
乳化剂 OP-10	0.16	0.12	加至 100
醋酸苯汞(防霉剂)	0.4	0.4	
松油醇	0.16	0.16	
水	加至 100	加至 100	

4. 丙烯酸酯乳液涂料的配方

丙烯酸酯乳液涂料的配方见表 4-40。

表 4-40　丙烯酸酯乳液涂料的配方

原料	质量份
聚甲基丙烯酸丁酯乳液(30%)	100
聚乙烯醇溶液(10%)(增稠)	20
水	9
钛白粉	18
滑石粉	3
硫酸钡	2
磷酸三丁酯(消泡剂)	0.8
OP-10(乳化剂)	0.1
六偏磷酸钠	1.2

三、水性涂料的生产工艺

1. 水溶性树脂涂料调制生产工艺流程

水溶性树脂涂料调制生产流程如图 4-34 所示。

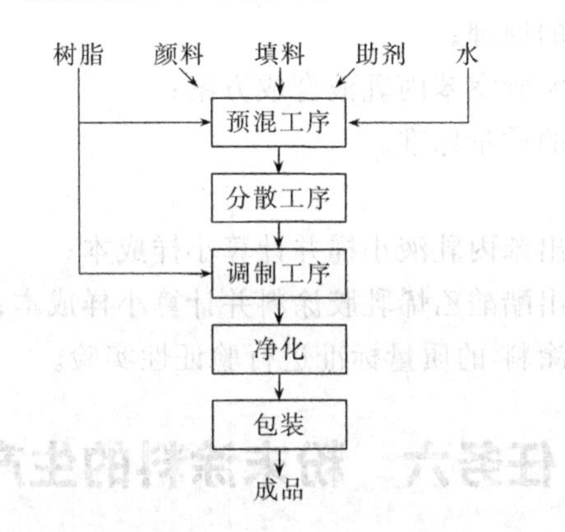

图 4-34　水溶性树脂涂料调制生产工艺流程

2. 乳胶漆的生产

乳胶漆的生产包括乳胶制备和乳胶漆的制备两个工序。

(1) 乳胶制备　乳胶制备是在带有搅拌装置、蒸汽加热和冷却装置、蒸汽冷凝器的搪瓷衬里或不锈钢反应釜中进行。按表 4-41 配方投料。

表 4-41　乳胶配方　　单位：kg

原料	配比	原料	配比
甲基丙烯酸甲酯	33	去离子水	125
丙烯酸丁酯	65	烷基苯聚醚磺酸钠	3
甲基丙烯酸	2	过硫酸铵	0.4

工艺操作是先将乳化剂在水中溶解，然后加热升温至 60℃，加入过硫酸铵和 10%的单体，升温至 70℃。若无显著放热，反应逐步升温直至放热反应开始，温度升至 80～82℃时，缓慢而均匀地将剩余的混合单体于 2～2.5h 内，滴入釜中，以滴加速度控制回流量和温度。加完单体后在 0.5h 内将温度升至 97℃，保持 0.5h，冷却、降温，用氨水调节其 pH 至 8～9 即可。

(2) 乳胶漆的制备　乳胶漆是由聚合物乳液、颜料及助剂制配制而成，其中助剂包括分散剂、润湿剂、增稠剂、防冻剂、消泡剂、防霉剂、防锈剂等。乳胶漆的主要生产设备有高速分散机、球磨机和砂磨机等。在生产工艺中，作为成膜物质的聚合物乳液通常在最后加入，其他工序与水溶性树脂涂料调制生产工艺流程相似。

【任务实施】

1. 列举水性涂料的优缺点，指出水性涂料的类别及发展方向。
2. 用图示说明乳液聚合的原理。
3. 设计实验室苯丙乳液合成方案，实施此方案并计算成本。
4. 设计实验室醋酸乙烯乳胶涂料配制方案，实施此方案并计算成本。
5. 对市售水性涂料的质量标准进行验证性实验。

注：以上任务的完成请注明参考文献及网址。

【任务评价】

1. 知识目标的完成：

① 是否了解水性涂料的优缺点以及水性涂料的发展方向；

② 是否掌握乳液聚合的原理；

③ 是否能设计并实施实验室苯丙乳液合成方案；

④ 是否了解水性涂料的质量标准。

2. 能力目标的完成：

① 是否能在实验室做出苯丙乳液小样并计算小样成本；

② 是否能在实验室做出醋酸乙烯乳胶涂料并计算小样成本；

③ 是否能对市售水性涂料 的质量标准进行验证性实验。

任务六　粉末涂料的生产

【任务提出】

粉末涂料技术成熟，生产工艺简单，容易掌握，在我国已得到普及和推广，几乎在所有金属涂装领域都能发现粉末涂料的身影。粉末涂料在目前的市场非常广泛，其应用范围涵盖从汽车行业一直到玩具、活动铅笔。电器工业为了避免使用溶剂漆大都转为使用粉末涂料。概括起来，粉末涂料有以下优势：

① 省能源、省资源、低污染和高效能（常说的4E涂料）；

② 无溶剂，减少公害污染；

③ 简化涂装工序；

④ 粉末涂料损耗少，在喷枪和回收系统完善的基础上，粉末几乎能100%被利用；

⑤ 相对于液体涂料，粉末涂料的涂膜性能好，坚固耐用；

⑥ 可实现一次性涂装，通常一次涂装的涂层厚度在50～100μm，远高于液体涂料的一次性涂装厚度；

⑦ 涂抹具有一定的外观水平，涂膜的流平性较好，同时由于固化时不产生任何副产物，一次易于得到平整的涂膜。涂膜的物理力学性能及耐化学品性能好，并具有良好的电器绝缘性。

粉末涂料的主要局限性如下：

① 生产新色和喷涂换色比较费时，而且容易造成不良品；

② 不易得到涂薄层，这一点相对削弱粉末涂料高效能的说法；

③ 涂膜的装饰性通常不如液体涂料，在许多领域如汽车外表、高档自行车等由粉末涂料代替液体涂料还为时尚早。

粉末涂料呈固体粉末状，多采用静电喷涂法施工。粉末生产方法有干法和湿法两类。干法是以固体粉末为原料，分干混法和熔融混合法；湿法以有机溶剂或水为介质，有喷雾干燥法、沉淀法和蒸汽法。

粉末涂料生产的主要设备有双螺杆混料挤出机、空气分级磨（ACM 磨）和预混器等。生产工艺主要包括预混合、熔融混合挤出、细粉碎、粉末收集及过筛等。

在粉末涂料中，最早开发的是环氧粉末涂料，此外，还有聚酯粉末涂料和丙烯酸酯粉末涂料等。环氧粉末涂料的附着力和耐腐蚀性能优良，但保光性和耐候性较差，改性品种有聚酯环氧粉末涂料、丙烯酸酯-环氧粉末涂料等。

【相关知识】

一、典型粉末涂料产品及配方

1. 环氧粉末涂料

环氧粉末涂料的组成是环氧树脂、固化剂、颜料以及各种助剂。常用环氧树脂为高相对分子质量的固体树脂，如环氧值为 0.1 当量/100g 左右，熔点为 90℃左右的双酚 A 型环氧树脂。固化剂也是固体的，并要求在涂料的制造过程和储存期内稳定，在喷涂后高温烘烤时发挥固化作用，常用的固化剂为双氰胺、邻苯二甲酸酐、三氟化硼乙胺配合物。固化促进剂有咪唑、多元胺锌盐和铳胺镉盐的配合物，适用于酸酐的有辛酸亚锡、羟基吡啶等；流平剂有聚乙烯醇缩丁醛、醋丁纤维素、低分子量的聚丙烯酸酯等。环氧粉末涂料配方举例如表 4-42 所示。

表 4-42　环氧粉末涂料配方

原料	质量比	原料	质量比
环氧树脂	58	双氰胺	2.5
颜料	36	聚乙烯醇缩丁醛	3.5

注：固化条件为 180～200℃，20～30min。

2. 聚酯粉末涂料

建筑型材，如铝框架、门窗、阳台、隔墙板等高防腐蚀性铝型材，大多数采用聚酯粉末涂料。其选用的聚酯树脂为饱和型的，按其端基分为端羧基型（—COOH）和端羟基型（—OH）两类。低酸值（20～45mgKOH/g）的聚酯用异氰尿酸三缩水甘油酯（TGIC）、羟基酰胺作固化剂（Primid 或 HAA），端羟基（—OH）聚酯采用已内酰胺封闭的异佛尔酮二异氰酸酯（IPDI）多元醇预聚物作固化剂，制备耐候性卓越的纯聚酯粉末涂料。典型白色和灰色聚酯粉末涂料配方见表 4-43。

表 4-43　白色和灰色聚酯粉末涂料配方

组分	质量份	组分	质量份
羧基聚酯 P9335	300	羧基聚酯 P5200	610
固化剂 PT710	22.5	固化剂 PT710	46
流平剂 PV88	3.9	流平剂 PV88	8
安息香 Benzion	2.6	安息香 Benzion	5

续表

组分	质量份	组分	质量份
酰胺改性聚乙烯蜡 9615A	0.7	$BaSO_4$ 10HB	72
金红石型钛白粉 CR828	165	酰胺改性聚乙烯蜡 9615A	3
$BaSO_4$ 5HB	28.6	金红石型钛白粉 CR828	220
氧化铁黄 4920	5	酞菁绿 GNX GREEN	0.4
—	—	中铬黄 103	1.5
—	—	黄 45-SQ	1
合计	528.3	合计	966.9

3. 丙烯酸酯粉末涂料

主要成膜物有缩水甘油醚型、羟基型、羧基型和酰氨基型丙烯酸树脂等，固化剂常采用多元羧酸、封闭型多异氰酸酯、氨基树脂、TGIC、聚酯树脂和环氧树脂等，丙烯酸酯粉末涂料特点为烘烤不易泛黄，对金属附着力好，保光保色性和户外耐候性都优于其他类型，但漆膜平整性较差。常见配方见表 4-44。

表 4-44 丙烯酸酯粉末涂料配方

组分	质量份	组分	质量份
二元固化丙烯酸(环氧值 0.107 当量/100g)	86	流平助剂	2
十二碳二羧酸	10	钛白粉	33
流平剂	1	沉淀硫酸钡	10

二、典型粉末涂料的生产工艺

1. 热固性粉末涂料生产工艺

热固性粉末涂料通常分成四个程序：即原材料预混、熔融挤出、粗破碎、细粉碎。

(1) 预混　预混的主要目的是将按既定配方称量的每批次原辅材料经过一定的机械搅拌混合均匀，以适和第二步挤出操作。常用的设备有高速混料罐、三维均混机、滚筒混合机、翻斗式预混合机、V 形混合机等。

(2) 挤出　所有的粉末产品必须经过挤出工序，以确定其基本性质。如光泽、流平、颜色和力学性能等。粉末产品一经挤出，其基本性能即得以确定。所有挤出工序应是粉末涂料整个生产流程中最重要的。

(3) 压片　成熟的工艺都是熔融挤出和压片冷却。压片多是采用相对旋转的两只不锈钢滚筒通常经过镜面抛光，里面通冷却水，挤出熔体落入两只滚筒之间，由于滚筒表面温度低，熔体瞬间即在冷却和压力的作用下凝固和变硬成薄片，薄片在钢带或履带牵引下移动数米，然后经对辊挤压成瓜片料，薄片移动过程可以用风吹降温，也有不锈钢带下喷冷冻水。总体来说，片料尽量薄，冷却水的温度越低越好。

(4) 粉碎　挤出片料的粉碎要求主要是控制粉末颗粒的粒径分布和达到一定的流动性，以利于静电喷涂。空气分级磨（“ACM”是英文 Air Classify Mill 的简称）是最适合热固性粉末涂料的粉碎设备。

下面给出聚氨酯粉末涂料的生产工艺实例：按表 4-45 配方，把各组分加入混合器进行熔融，然后加入双螺杆挤出机挤出，挤出温度为 115～125℃，冷却后在气流粉碎机中粉碎至 90μm 以下，制得粉末涂料。

表 4-45　聚氨酯粉末涂料配方

组分	质量份	组分	质量份
封闭异氰酸酯固化剂	18～25	安息香	0.8～1.0
聚酯树脂	100	二氧化钛	50～60
流平剂	12～20		

2. 热塑性粉末涂料生产工艺

热塑性粉末涂料生产工艺主要有 3 种：

① 树脂粉末⟶配色、加入助剂⟶球磨均匀⟶过筛；

② 树脂颗粒⟶配色、加入助剂⟶预混合⟶挤出造粒⟶粉碎⟶过筛；

③ 大型装置中加入颜料和助剂以及溶剂，通过合适的工艺，直接制得近似球形的粉末。

第一种方法应用较早，由于热缩性树脂有遇热易软化的特性，不易破碎，故选用粉状基料，再加入配方组分，通过研磨、过筛、包装而得。因为用这种方法得到的粉末涂料粒子，都以原料各自的状态存在，所以当静电喷涂时，由于各种成分的静电效应不同，无法控制粉末涂料回收成分的组成，回收的粉末涂料不好使用。另外，由于涂料中各种成分的分散性和均匀性不好，喷涂的涂膜外观差，所以现在一般不采用。不过，随着近年来的发展，该工艺有望获得新生。

第二种生产工艺，是目前国内普遍采用的一种生产工艺，熔融混合法在制造过程中不用液态的溶剂或水，直接熔融混合液态原料，经冷却、粉碎、分级制得。在熔融工序中，可以采用熔融混合法和熔融挤出混合法，前者不易连续生产，较少采用。后者可连续生产，具有以下优点：易连续化生产，生产率高；可直接使用固体原料，不用有机溶剂或水，无溶剂或废水排放问题；生产涂料的树脂品种和花色品种的适用范围宽；颜料、填料和助剂在树脂中的分散性好，产品质量稳定，可以生产高质量的粉末涂料；这种方法的缺点是换树脂品种和换颜色麻烦。另外，粉碎一般采用机械粉碎，但对于过细的粉末涂料，由于颗粒形态不好，影响粉末涂料的粉体流动性，不利于粉末涂料的涂装应用。

第三种生产工艺，采用特殊工艺，直接制得近似球形的粉末涂料。该工艺具有如下优点：以溶剂状态分散涂料成分，所以颜料、填料的分散性比熔融混合法好，涂膜光泽好、颜色鲜艳；因为不采用熔融混合工艺，在制造过程中不会发生部分胶化，可以得到质量稳定的产品；可以控制粉末涂料粒子形状（球形至无定形），粒子形状接近，粒度分布窄，静电喷涂效果和涂膜流平效果好；不经熔融挤出和粉碎，容易制造金属闪光粉末涂料。近年来发展起来的二氧化碳超临界制备技术，适用于所有的热塑性粉末涂料，随着技术的不断改进，该技术在热塑性粉末涂料制备方面潜力巨大，但目前仍处于实验阶段。

下面给出聚乙烯粉末涂料的生产工艺实例：聚乙烯粉末涂料配方的设计主要是根据其用途、颜色、物理和化学性能来选择聚乙烯树脂、颜填料和其他助剂。例如，自行车网篮、食品架等，可选用熔融流动指数 5～40g/10min，相对密度 0.906～0.925 的高压聚乙烯，配方如下。

（1）白色高压聚乙烯粉末配方见表 4-46。

表 4-46　白色高压聚乙烯粉末配方

组分	质量份	组分	质量份
高压聚乙烯	1000	颜料	0.2
钛白粉	34	增塑剂	15
抗氧剂	5	其他助剂	2

（2）黑色高压聚乙烯粉末配方见表4-47。

表4-47　黑色高压聚乙烯粉末配方

组分	质量份	组分	质量份
高压聚乙烯	1000	炭黑	5
填料	3	增塑剂	15
抗氧剂	5	其他助剂	2

接上表配方将聚乙烯树脂、颜填料、增塑剂、抗氧剂、紫外线吸收剂等在高速混合机中预混，然后用挤出机熔融挤出、冷却、造粒，接着用风水双冷热塑性树脂粉碎机（或者深冷粉碎机）进行粉碎，最后经过分级（旋风分离）、过筛得到产品。

【任务实施】

1. 简述粉末涂料的优势和局限性。
2. 指出热固性和热塑性粉末涂料的主要性质差别。
3. 写出4种以上粉末涂料的品种及其特征。
4. 设计热固和热塑性粉末涂料的配方并计算成本。
5. 对市售热固性和热塑性涂料的质量标准进行验证性实验。

注：以上任务的完成请注明参考文献及网址。

【任务评价】

1. 知识目标的完成：

① 是否了解粉末涂料的优势和局限性；

② 是否掌握热固性和热塑性粉末涂料的主要性质差别；

③ 是否能了解粉末涂料的品种及其特征；

④ 是否熟悉热固性和热塑性粉末涂料的配方；

⑤ 是否了解水性涂料的质量标准。

2. 能力目标的完成：

① 是否能设计热固性和热塑性粉末涂料的配方并计算成本；

② 是否能对市售热固性和热塑性涂料的质量标准进行验证性实验。

项目五　胶黏剂的生产技术

教学目标

知识目标：

1. 掌握胶黏剂的主要特点、分类方法；
2. 了解胶黏剂的应用领域和发展趋势；
3. 掌握胶黏剂的胶接原理；
4. 熟悉胶黏剂的主要组成及其作用；
5. 掌握热固性胶黏剂的性能、组成、配制方法、使用条件及应用范围；
6. 了解热塑性树脂胶黏剂的类型、组成、配制方法及使用对象。

能力目标：

1. 能利用图书馆资料和互联网查阅专业文献资料；
2. 能进行聚醋酸乙烯乳液、聚乙烯醇缩甲醛、丙烯酸、酚醛树脂、环氧树脂、脲醛树脂和氯丁橡胶胶黏剂等配方设计、制备工艺路线选择，以及上述各种胶黏剂的生产操作和质量检测。

情感目标：

1. 通过创设问题、情境，激发学生的好奇心和求知欲；
2. 通过对黏合剂生产方案设计、制备、生产及胶黏剂的应用配方的设计，增强学生的自信心和成就感，体验成功的喜悦，并通过项目的学习，培养学生互助合作的团结协作精神和自主学习的能力；
3. 养成良好的职业素养。

项目概述

胶黏剂的应用领域十分广泛，制作鞋子、箱包离不开胶黏剂；商品的包装也离不开胶黏剂；家具板材是靠胶黏剂粘接而成的；交通工具由于使用了一定数量的胶黏剂代替铆接、焊接，结构强度不减，质量反而变轻，达到节能减排的效果。胶黏剂给人们的衣、食、住、行带来了便利和快捷，让我们走进胶黏剂的世界吧！

用胶进行各种材料的连接工艺就是胶接技术，简称胶接。胶黏剂的开发与应用离不开胶接技术，胶接技术是在合成化学、物理化学及材料力学等学科基础上发展起来的边缘科学。金属材料结构胶黏剂开始用于飞机制造业，并以它独特的性能，成为传统连接工艺所不能替代的一种新型连接工艺。美国 B-52 型轰炸机机身的 85%表面是粘接的，英国“三叉戟”的粘接面积占全机表面的 2/3。现在，各种火箭、宇宙飞船、人造卫星，无一不采用粘接技术。阿波罗飞船的隔热板就是用环氧酚醛胶黏剂粘接的；波音飞机每架用胶量达 2260kg。现在飞机使用胶黏剂的数量，常常代表一个国家飞机制造工业的水平。

任务一　认识黏合剂

【任务提出】

几千年以前，人类已用黏土、淀粉、松香和动物血等天然物质作胶黏剂，我国是使用胶黏剂最早的国家之一，其制造与使用方法均有记载。在1900年以前，除橡胶和火棉胶黏剂外，胶黏剂的品种并不多。自20世纪30年代，由于高分子科学的发展，胶黏剂开始了以合成树脂为主的新阶段，近几十年，相继开发出酚醛-缩醛胶、脲醛树脂胶、不饱和聚酯胶、环氧树脂胶、聚氨酯胶、橡胶树脂胶、氰基丙烯酸树脂胶、厌氧胶和热熔胶等。目前我国胶黏剂产品处于发展中，并存在合格率不高、污染较严重等问题。随着我国环保法规的日趋健全和人们自身健康意识的增强，质量好、无污染、与国际标准接轨的环保型胶黏剂将逐渐成为胶黏剂的主流产品。

【相关知识】

一、胶黏剂产品概况

胶黏剂是一类具有优良黏合性能，能将各种材料紧密胶接一起的物质。黏合剂与电焊、铆接等传统连接方式相比具有如下优点：

① 能连接同类或不同类的、软的或硬的、脆的或韧性的、有机的或无机的各种材料，特别是异性材料的连接。

② 简化机械加工工艺。

③ 表面光滑，气动性良好，这些对于飞机、导弹等高速运载工具尤为重要。

④ 密封性能良好，可以减少密封结构，提高产品结构内部的器件耐介质性能。

⑤ 减轻结构质量，用胶接可以得到绕度小、质量轻、强度大、装配简单的结构。

⑥ 应力分布均匀，延长结构件寿命。

⑦ 制造成本低。

⑧ 非导电胶有绝缘、绝热和抗震性能。

⑨ 生产效率高。快速固化，胶黏剂可能在几分钟甚至几秒钟内就将复杂的结构件牢固地速接在一起，无须专门设备。

由于胶黏剂大都是高分子化合物，所以也有一些不足之处：

① 有些胶黏剂的胶接过程较复杂，要加温加压，固化时间长，被黏合物胶接前必须对胶接面进行处理和保持清洁。

② 受光、氧、水等环境因素作用而老化，同时，导热、导电性能不良。

③ 一些胶黏剂具有毒性、易燃。

④ 对黏结质量目前尚缺乏完整的无损检验方法。

胶黏剂的分类方法很多，按应用方法可分为热固型、热熔型、温室固化型、压敏型等；按应用对象分为结构型、非结构型或特种胶；按形态分为水溶型、水乳型、溶剂型以及各种固态型等。合成化学工作者常喜欢将胶黏剂按黏料的化学成分来分类（见表5-1）。

表 5-1 胶黏剂按黏料化学成分分类

<table>
<tr><td rowspan="5">无机胶黏剂</td><td colspan="2">硅酸盐</td><td>硅酸钠(水玻璃)硅酸盐水泥</td></tr>
<tr><td colspan="2">磷酸盐</td><td>磷酸钠氧化铜</td></tr>
<tr><td colspan="2">硼酸盐</td><td>熔接玻璃</td></tr>
<tr><td colspan="2">陶瓷</td><td>氧化铅 氧化铝</td></tr>
<tr><td colspan="2">低熔点金属</td><td>锡-铅合金</td></tr>
<tr><td rowspan="3">天然胶黏剂</td><td colspan="2">动物胶</td><td>皮肤、骨胶、虫胶、酪素胶、血蛋白胶、鱼胶等类</td></tr>
<tr><td colspan="2">植物胶</td><td>淀粉、糊精、松香、阿拉伯树胶、天然树胶、天然橡胶等类</td></tr>
<tr><td colspan="2">矿物胶</td><td>矿物蜡、沥青等类</td></tr>
<tr><td rowspan="4">合成胶黏剂</td><td rowspan="2">合成树脂</td><td>热塑性</td><td>纤维素酯、烯烃聚合物(聚乙酸乙烯酯、聚乙烯醇、聚氯乙烯、聚异丁烯等)、聚酯、聚醚、聚酰胺、聚丙烯酸酯、α-氰基丙烯酸酯、聚乙烯醇缩醛、乙烯-乙酸乙烯酯共聚物等类</td></tr>
<tr><td>热固性</td><td>环氧树脂、酚醛树脂、脲醛树脂、三聚氰胺-甲醛树脂、有机硅树脂、不饱和聚酯、丙烯酸树脂、聚酰亚胺、聚苯并咪唑、酚醛-聚乙烯醇缩醛、酚醛-聚酰胺、酚醛-环氧树脂、环氧-聚酰胺等类</td></tr>
<tr><td colspan="2">合成橡胶型</td><td>氯丁橡胶、丁苯橡胶、丁基橡胶、丁钠橡胶、异戊橡胶、聚氨酯橡胶、氯磺化聚乙烯弹性体、硅橡胶等类</td></tr>
<tr><td colspan="2">橡胶树脂剂</td><td>酚醛-丁腈胶、酚醛-氯丁胶、酚醛-聚氨酯胶、环氧-丁腈胶、聚硫胶等类</td></tr>
</table>

二、胶黏剂的组成

胶黏剂组成不固定，有简单的，也有复杂的，品种很多。但无论什么类型的黏合剂，黏料是不可缺少的主要组分，再配合一种或多种其他组分。

1. 黏料

黏料也称为主剂或基料。它是胶黏剂主要而又必需的成分，也是胶黏剂的骨架，它对胶黏剂的性能起着主要作用和决定性影响。对黏料的要求是：具有良好的黏附性和润湿性。常见的作为黏料的物质有：天然高分子物质如淀粉、纤维素、动物皮胶、鱼胶、骨胶、天然橡胶等以及无机化合物如硅酸盐、磷酸盐等；合成聚合物包括热塑性树脂、热固性树脂、合成橡胶（如聚醋酸乙烯酯、酚醛树脂、聚硫橡胶）等。有时合成树脂和合成橡胶互配可以改善胶黏剂的性能。

2. 固化剂与促进剂

固化剂又称硬化剂、熟化剂或变形剂。在黏合过程中，视其所起的作用，又可称为交联剂、催化剂或活化剂。固化剂是胶黏剂中最主要的配合材料，它直接或通过催化剂与黏料进行交联反应，使低分子化合物或线性高分子化合物交联成网状结构。

固化剂的种类较多，按固化剂所需固化温度的不同，分为常温固化剂和加温固化剂；按固化剂的化学结构及其性能可分为胺类固化剂、酸酐类固化剂、高分子类固化剂、潜伏型固化剂及其它类型固化剂。

固化剂选择的依据是根据黏料结构中特征基团的反应特征，例如，环氧树脂的固化剂主要是能使环氧基开环的化合物。通常，环氧树脂在酸性或碱性固化剂作用下均可固化。不同的黏料选用不同的固化剂，即使同种黏料，当固化剂种类或用量不同时，粘接性也可能差异很大。

3. 增塑剂

增塑剂的作用是削弱分子间的作用力，增加胶层的柔韧性，提高胶层的冲击韧性，增加胶黏剂体系的流动性及浸润、扩散和吸附能力。增塑剂的适宜用量为不超过黏料的20%，否则会影响到胶层的机械强度和耐热性能。增塑剂大多是黏度低、沸点高的液体或低熔点的固体化合物，与黏料有混溶性，但不参与化学反应，因此可以认为它是一个惰性的树脂状或单体状的“添加物”。一般要求无色、无臭、无毒、挥发性小、不燃和具有良好的化学稳定性。

4. 稀释剂

稀释剂主要用于降低胶黏剂黏度，提高胶黏剂的浸透力。稀释剂可分为活性稀释剂和非活性稀释剂两种。活性稀释剂分子中含有活性基团，它在稀释胶黏剂的过程中又参与反应。它多用于环氧型胶黏剂中；非活性稀释剂中不含活性基团，不参与固化反应，除了降低黏度外，对力学性能、热变形温度、耐介质及老化破坏等影响。在选用活性稀释剂时应考虑与黏料的相容性，使胶液尽可能地混合均匀；选用非活性稀释剂时，应考虑其挥发性，否则会增加胶黏剂体系固化时的收缩性，从而降低胶接强度。

5. 填料

根据胶液的物理性质可加入适量的填料以降低热膨胀系数和收缩率，改善黏结性和操作性，从而提高硬度、机械强度、耐热性和导电性等，并可降低产品成本。胶黏剂对所用填料在粒度、湿含量、用量及酸价等方面都有严格要求，否则会使黏结性能下降。

填料的种类很多，无机物、有机物、金属、非金属粉末均可，只要不含水和结晶水，不与固化剂及其他组分起不良作用。一般来说，金属及其氧化物填料可以增加硬度，改进力学性能。纤维填料可以增加抗冲击强度、抗压屈服强度、降低抗张强度等。云母、石棉等可以改进电性能。铝粉可以提高热导率。一些填料还有着色性能。

6. 增黏剂

增黏剂也称偶联剂，是黏合剂的主要成分之一，不但用于提高难黏合或不黏合的两个表面间的黏合能力，而且能使黏合剂的耐老化及韧性提高，其结构与品种依所黏合的材料而不同，常见有硅烷和松香树脂及其衍生物等。

7. 其他助剂

为了满足某些特殊要求，改善胶黏剂的某一性能，需要在黏合剂中加入一些其他助剂，如防老剂、增塑剂、增稠剂、防霉剂、稳定剂、着色剂、阻燃剂等。

三、胶黏剂的胶接原理

胶接接头通常是由两个被粘物之间夹一层胶黏剂所构成，如图 5-1 所示。

胶接接头的强度取决于胶黏剂的内聚强度、被粘材料强度和胶黏剂与被粘材料之间的黏合力，而最终强度又受三者中最弱的所控制。

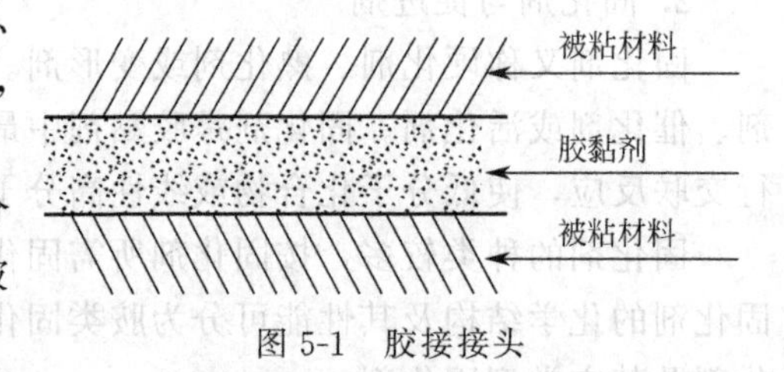

图 5-1　胶接接头

黏合力的形成主要包括表面湿润，胶黏剂分子向被粘物表面移动、扩散和渗透，胶黏剂与被粘材料形成物理化学和机械结合等过程。

1. 湿润

所谓湿润，就是液态物质在固态物质表面分子间力作用下均匀分布的现象。不同液态物质对不同固态物质的湿润程度也不同。在日常生活中可以看到，水在荷叶或石蜡表面呈球状，水珠很容易从荷叶上滚落下来而不留痕迹；油或水在钢铁表面则呈薄膜状，要完全从钢铁表面去掉油膜或水膜是不容易的。前者是湿润程度小的例子，后者是湿润程度大的例子。粘接是用液态胶黏剂（后转变为固态）把固态的被粘工件粘在一起。胶黏剂只是与被粘工件有良好的湿润，才能真正接触，并为它们之间产生物理化学结合创造条件。

为了了解胶黏剂与被粘工件的湿润条件，首先讨论一下液体与固体润湿的一般情况。

液体与固体接触表面处都会呈现接触胶 θ（见图 5-2），其值大小可以表示润湿程度。接触角越小，说明润湿状态越好。当 θ 为 0°时，表明固体表面处于完全润湿状态；在 0°～90°之间，表示呈润湿状态；大于 90°，为不润湿状态；当为 180°时，为绝对不润湿状态。固体表面的不同润湿程度如图 5-2 所示。

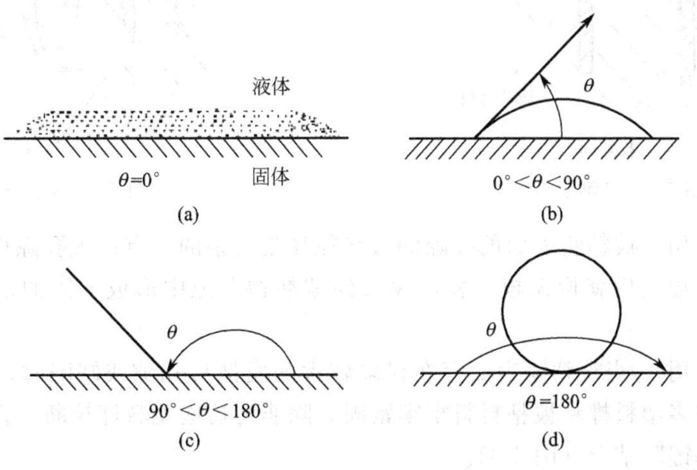

图 5-2 不同润湿状态

液体对固体的润湿程度主要取决于它们的表面张力大小。表面张力小的物质能够很好地润湿表面张力大的物质；而表面张力大的物质不能润湿表面张力小的物质。根据表面张力小的物质容易润湿表面张力大的物质的这一原理，可以在胶黏剂中加入适量表面活性剂以降低胶黏剂的表面张力，提高胶黏剂对被粘材料的润湿能力，为更好地形成物理化学结合创造条件。

2. 胶黏剂分子的移动和扩散

被粘材料表面为胶黏剂所润湿仅是产生黏合力的必要条件。要使胶黏剂与被粘材料产生机械和物理化学结合，胶黏剂分子与被粘材料分子之间的距离必须小到一定程度［一般在 10Å（1Å＝0.1nm，下同）以下］。这就要借助胶黏剂分子的移动和扩散。

在使用前，胶黏剂体系的分子热运动处于杂乱无序状态。胶黏剂与被粘物接触后，对胶黏剂分子将产生一定的吸引作用。胶黏剂分子，有其是分子带有极性基团的部分，会向被粘物表面移动，并向极性键靠拢。当它们的距离小于 5Å 时，便产生物理化学结合。

3. 胶黏剂的渗透

实际上，任何被粘物表面都有很多不易察觉的孔隙和缺陷，而胶黏剂大多是流动性液体，胶接时胶黏剂将向被粘物的孔隙渗透。这种渗透作用可以增大胶黏剂与被粘物接触面积，使胶黏剂与被粘物之间产生机械结合力。胶黏剂渗入被粘物孔隙的深度与接触角大小成反比，与孔径的大小成反比，与压力成正比，另外，还与孔隙的形状有关。

4. 胶黏剂与被粘物的机械结合

胶黏剂与被粘物的机械结合力，是胶黏剂渗入被粘物孔隙内部固化后，在孔隙中产生机械键合的结果。这种键合，通常有以下几种方式。

（1）钉键作用　在胶接过程中，由于胶黏剂渗透到被粘物的直筒形孔隙中，固化后就形成了很多塑料钉子（图 5-3）。就是这些塑料钉子群，使胶黏剂与被粘物之间产生了很大的摩擦力，增加了彼此之间的结合力，这种现象称为“钉键”作用。

(2) 钩键作用　在被粘物表面的孔隙中，有许多是呈钩状的。当渗入其中的胶黏剂固化之后形成许多塑料钩，称为“钩键”(图 5-4)。若使它们分开，除非施以很大的力量使这些塑料钩断裂才行。这种“钩键”的强度取决于胶黏剂本身的强度。

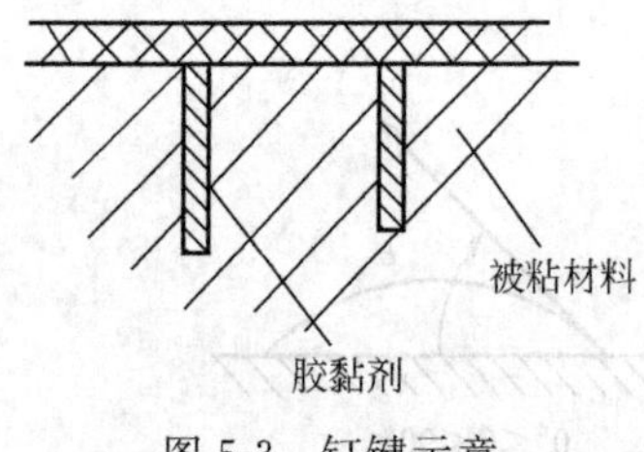

图 5-3　钉键示意

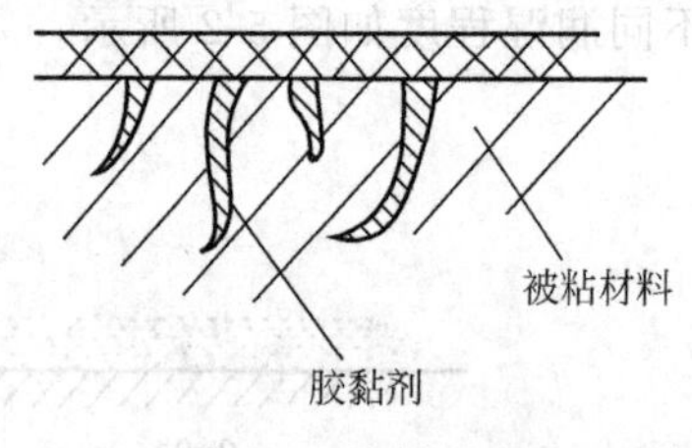

图 5-4　钩键示意

(3) 根键作用　被粘物表面的孔隙的形状往往是复杂的。有些大孔隙里面还延伸着很多小孔隙。胶黏剂渗入后就像树根一样，深入到被粘物孔隙中形成牢固的结合力，称为“根键”(图 5-5)。

(4) 榫键作用　当被粘物表面存在很多较大的发散形孔隙或缺陷时，渗入其中的胶黏剂固化后形成许多塑料榫将被粘材料牢牢紧固，除非将这些塑料榫拉断，否则不能拔出，这种结合称为“榫键”结合（图 5-6)。

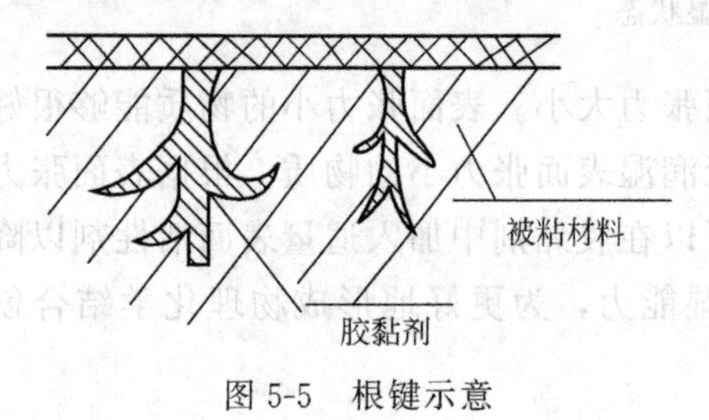

图 5-5　根键示意

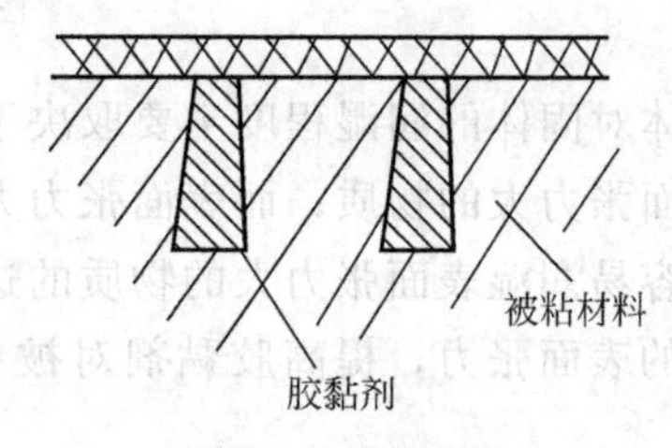

图 5-6　榫键示意

机械结合力对总胶接强度的贡献与被粘材料表面状态有关。对于金属、玻璃等表面缺陷小的物体，这种机械结合力在总黏合力中占的比重甚微，而对海绵、泡沫塑料、织物、纸张等多孔性材料，机械结合力则占主导地位。对非极性多孔材料，机械结合力常起决定性作用。

5. 胶黏剂与被粘物的物理化学结合

在胶接过程中，胶黏剂分子经过润湿、移动、扩散和渗透等作用，逐渐向被粘物表面靠近。当胶黏剂分子与被粘物表面分子之间的距离小于 5Å 时，胶黏剂就能与被粘物产生物理化学结合。这种结合的形式主要有离子键、共价键、配位键、氢键和范德华力。在这些物理化学结合中，普遍存在和起主要作用的是配位键和范德华力结合。

胶黏剂与被粘材料形成牢固接头，往往是产生上述机械结合力和物理化学结合的综合结果。

【任务实施】

1. 写出胶黏剂各种组成物质的具体名称，用实物演示这些组成物质，认知、感受它们的性状，说明它们的作用。

2. 查找《胶黏剂术语》(GB/T 2943-2008)，了解我国胶黏剂的一般术语、成分术语、分类名词、胶接工艺术语和性能及测试术语，列举几种胶黏剂的性能指标和用途。

3. 图解说明胶接接头的几种机械结合方式。

4. 进一步举例说明胶黏剂与被粘物的物理化学结合过程。

5. 用 3 种类型以上的市售胶黏剂进行胶接施工练习，分析胶接技术指标，并对施工后接头性质进行初步评价。

注：注明参考文献及网址。

【任务评价】

1. 知识目标的完成：

① 是否了解胶黏剂的组分及其作用；

② 是否了解胶黏剂的分类、特点及其应用范围；

③ 是否掌握胶黏剂的胶接原理。

2. 能力目标的完成：

① 是否能掌握胶接施工工艺；

② 是否能完成基材的施工任务。

任务二　合成树脂胶黏剂的生产

【任务提出】

用合成树脂制成的胶黏剂，种类很多，应用很广，是对国民经济和科学技术发展影响最大的胶黏剂。一般可分为热固性树脂胶黏剂和热塑性树脂胶黏剂两类。

【相关知识】

一、典型合成树脂与胶黏剂配方

1. 酚醛树脂

酚醛树脂是最早用于胶黏剂工业的合成树脂之一，它是由苯酚（或甲酚、二甲酚、间二甲酚）与甲醛在酸性或碱性催化剂存在下缩聚而成。随着甲醛用量配比和催化剂的不同，可生成热固性酚醛树脂和热塑性酚醛树脂两大类。热固性酚醛树脂是用苯酚与甲醛以物质的量之比小于 1 的用量在碱性催化剂存在下（氨水、氢氧化钠等）反应制成。它一般能溶于酒精和丙酮中。为了降低价格、减少污染，可配制成水溶性酚醛树脂，另外也可以和其他材料改性配制成油溶性酚醛树脂。热固性酚醛树脂经加热可进行进一步交联固化成不熔不溶物。热塑性酚醛树脂（又称线性酚醛树脂）是用苯酚与甲醛以物质的量之比大于 1 的用量，在酸性催化剂（如盐酸）存在下反应制得的。可溶于酒精和丙酮中。由于它是线型结构，所以虽经加热也不固化，使用时必须加入六业甲基四胺等固化剂，才能使之发生交联变为不溶不熔物。二者结构式如图 5-7 和图 5-8 所示。

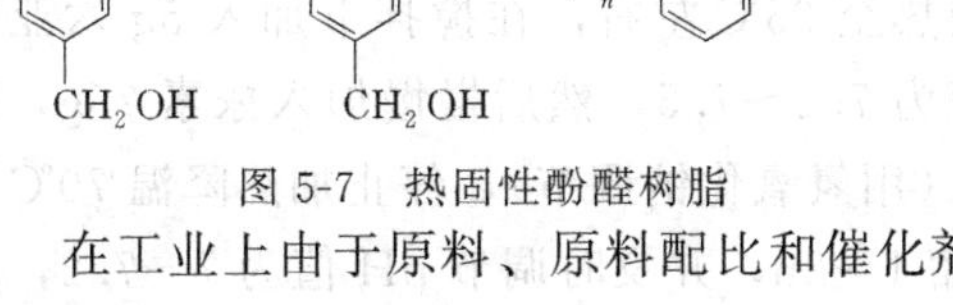

图 5-7　热固性酚醛树脂 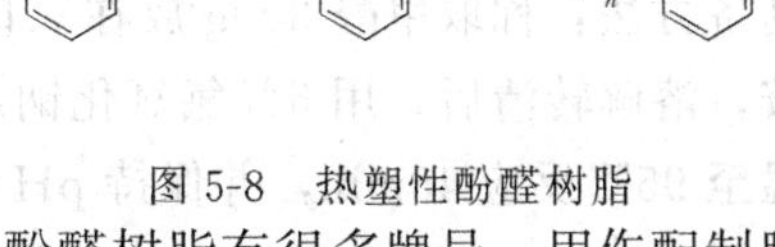　　　图 5-8　热塑性酚醛树脂

在工业上由于原料、原料配比和催化剂的不同，酚醛树脂有很多牌号。用作配制胶黏剂的酚醛树脂，一般制备方法如下。

(1) 热固性酚醛树脂　用苯酚 100 份，甲醛（37%）100 份，氨水（25%）5～6 份或氢氧化钠 1 份，加入三口烧瓶或反应釜中，缓慢升温至 60℃升温 45min 左右停止加热，反应自动放热，至沸腾后保持 92～95℃反应 40～50min 后，冷却在 60～70℃温度下减压脱去水分及反应的醛、酚，必要时先用水洗两次。产物进行冷却配成 50%酒精溶液。

(2) 热塑性酚醛树脂　把苯酚 100 份甲醛（37%）74～75 份加入到三口瓶中搅拌，用盐酸调节 pH＝2 左右，待升温到 85℃停止加热，自动升温到 95～100℃回流稳定后再加入浓盐酸（35%）0.5～0.8 份，保持反应 30～45min。减压脱水除去甲醛。酚及盐酸必要时可先用水洗两次，然后出料冷却。

(3) 水性酚醛树脂　把 100 份苯酚和 26.5 份 40%氢氧化钠水溶液加入三口瓶中（或反应釜）开动搅拌，加热至 40～50℃，保持 20～30min，在 0.5h 内慢慢加入 107.6 份 37%甲醛，在 1.5h 内升温至 87℃，在 20～25min 内升至 90～92℃然后继续反应直到符合要求为止。

以酚醛树脂为黏料的胶黏剂配方见表 5-2。

表 5-2　酚醛树脂胶黏剂配方

牌号	配方(质量比)
214# 酚醛树脂胶黏剂	214# 酚醛树脂 100;氯苯磺酸　9-15(或石油磺酸,苯甲酸)
酚钡树脂胶黏剂	酚钡树脂 100;石油磺酸 20;丙酮(或乙醇)10
2123# 酚醛树脂胶黏剂	2123# 酚醛树脂 100;六亚甲基四胺 10～15;乙醇适量
203# 酚醛树脂胶黏剂	203# 酚醛树脂 90;六亚甲基四胺 10;乙醇适量
GF-3 水溶性酚醛树脂胶黏剂	酚醛树脂溶液

2. 氨基树脂

脲醛树脂和三聚氰胺甲醛树脂是用途较广的两类氨基树脂。

(1) 脲醛树脂　脲醛树脂的制备如下，第一步是加成反应：

$$H_2NCONH_2 + H{-}\overset{\displaystyle H}{\overset{|}{C}}{=}O \longrightarrow \underset{\underset{\displaystyle NH_2}{|}}{\underset{|}{C{=}O}}\text{(HOCH}_2\text{NH}{-}) + \text{HOH}_2\text{C}{-}\text{NH}{-}\underset{|}{C}{=}O{-}\text{NHCH}_2\text{OH}$$

$$H_2NCONH_2 + HCHO \longrightarrow HOCH_2NH{-}CO{-}NH_2 + HOH_2C{-}NH{-}CO{-}NHCH_2OH$$

第二步是缩合反应：

$$HOCH_2NH{-}CO{-}NH_2 + HOCH_2NH{-}CO{-}NHCH_2OH \xrightarrow{-H_2O} {+}CH_2{-}\overset{H}{N}{-}\overset{O}{\overset{\|}{C}}{-}NH{+}_n$$

作为胶黏剂使用的脲醛树脂，为低分子量脲醛树脂。尿素与甲醛配方物质的量比为 1∶(1.8～2.5)，相对分子质量 300～400。由于含有大量羟甲基、酰氨基等，所以不能溶于水。一般制成 50%的水溶液，也可以喷雾干燥制成固体树脂。

制备方法：称取甲醛 300g 放在三口瓶中，加热至 35℃左右，在搅拌下加入 5g 六亚甲基四胺，溶解转清后，用 5%氢氧化钠调节 pH 值为 7.2～7.5，然后慢慢加入尿素 75g，同时升温至 95℃反应 45min，并保持 pH 值 7～7.2（用氢氧化钠调节），停止加热降温 70℃左右恒温脱水 1～2h，再升温到 90～95℃，保温浓缩 1～2h，并及时调节 pH 值为 7～7.2，然后冷却到室温即可。

脲醛树脂常用的固化剂是氯化铵，用量为树脂 1%～2%(配成水溶液)。除氯化铵外还可以用草酸乙酯（加热固化用）、草酸、石油磺酸、氯化钙和氯化锌等。

（2）三聚氰胺甲醛树脂　三聚氰胺与甲醛反应和尿素大致相同，但它是六官能单体，所以可得到多种羟基甲基化合物，其反应式如下：

$$\text{三聚氰胺（2,4,6-三氨基-1,3,5-三嗪，}C_3N_3(NH_2)_3\text{）} + HCHO \longrightarrow \left[-CH_2-HN-C_3N_3(-NH-CH_2-)-NH-CH_2- \right]_n$$

配制胶黏剂常用的三聚氰胺甲醛树脂通常是由 1mol 三聚氰胺与 3～4mol 甲醛在 pH 值 5～8 的条件下反应而成的。粘接用三聚氰胺甲醛树脂可用下面方法制备。

称取 250g 甲醛溶液（37%）加水 30g 稀释，加入 1g 六亚甲基四胺溶化，调节 pH 至中性，升温至 40℃，加入 100g 三聚氰胺，升温至 55℃，停止加热，自动升温并保持在 75～80℃以下反应。溶液透明并观察水分离器中的水分不再增加时即为终点，调整 pH 为 9～10，冷却备用。

三聚氰胺甲醛胶反应加热固化，一般不需要加入固化剂，也可以加入少量草酸等加速固化。

以氨基树脂为黏料的胶黏剂配方见表 5-3。

表 5-3　氨基树脂胶黏剂配方

牌号	配方（质量比）
脲醛树脂胶黏剂	脲醛树脂 100（尿素和甲醛物质的量比为 1∶2.35）；固化剂 8～10 （固化剂组成：氯化铵 20、氯化钙 20、水 60）
301 尿醛胶黏剂	301 脲醛树脂 100；固化剂 5-10（固化剂组成：氯化铵 20、水 80）
RC-1 脲醛胶黏剂	RC-1 脲醛树脂 100；固化剂 10-12 （固化剂组成：氯化铵 8、氨水 40、尿素 46、水 50）
GNS-1	脲醛树脂 100（尿素和甲醛物质的量比为 1∶1.75）；固化剂 15～20 （固化剂组成：氯化铵 15、六亚甲基四胺 5、水 80）
GNS-50 脲醛胶黏剂	脲醛树脂 100（尿素和甲醛物质的量比为 1∶1.65）；氨水 13

3. 环氧树脂

目前国产环氧树脂品种已达几十种之多，这些环氧树脂虽然性能各有千秋，特点不一，但大多数都可作为胶黏剂原料。

在所有环氧树脂胶黏剂当中，目前产量最大、应用范围最广的是双酚 A 缩水甘油醚型环氧树脂（如 E-55、E-51、E-44 等）。下面介绍单低分子双酚 A 型环氧树脂制备方法。

在三口瓶（反应釜）中加入 1mol(228g) 双酚 A、10mol(925g) 环氧氯丙烷和 5mL 水，将 2.05mol(82g) 的固体氢氧化钠分成小份加入，先加入 13g，将混合物加热搅拌，当温度达到 80℃时停止加热，并控制冰浴冷却，使反应不超过 100℃，当反应温度降至 95℃时再加入 13g 氢氧化钠，仍照上面方法控制温度，将剩余的氢氧化钠如上分次加入，每次为 13～14g。最后一次加入氢氧化钠，不要再冷却。当反应完成后，减压至 50mmHg（1mmHg＝133.322Pa，下同）以下，蒸出过量环氧氯丙烷，此时不要使温度超过 150℃，然后冷却至 70℃再次加入 50mL 苯，使其中的盐沉淀析出，用吸滤法将盐滤出，并用 50mL 苯洗涤，将苯溶液合并蒸出苯。当瓶内温度达到 125℃时，减压至 25mmHg，继续蒸馏至 170℃为止，即得到黏稠透明的环氧树脂，其相对分子质量为 370 左右。环氧值大于 0.5 当量/100g（相当于 E-51）。

以环氧树脂为黏料的胶黏剂配方见表 5-4。

表 5-4 环氧树脂胶黏剂配方

牌 号	配方(质量比)
室温固化环氧胶 1 号	618 环氧树脂 100；二亚乙基三胺(AR)8；邻苯二甲酸二丁酯 20；氧化铝粉(20 目)100
室温固化高温使用环氧胶黏剂	618 环氧树脂 100；间苯二胺 18；cco 稀释剂 10；间苯二酸 10
芳胺环氧胶黏剂	618 环氧树脂 100；气溶胶 5，二氨基二苯甲烷 30
室温环氧胶 2 号	618 环氧树脂 100；二乙氨基丙烷 8；邻苯二甲酸二丁酯 20；氧化铝粉 100
HYJ-6 环氧胶黏剂	618 环氧树脂 100；邻苯二甲酸二丁酯 15；氧化铝粉 25；气相二氧化硅 2～5；四亚乙基五胺 12

4. 聚氨酯树脂

聚氨酯树脂是由多异氰酸酯与多元羟基化合物反应而成的。配制胶黏剂往往需要加入某些催化剂和溶剂。如果原料是二异氰酸酯和二元羟基化合物反应，在不同物质的量比下可得到不同端不同长短的分子链。

CH_3-苯环(NCO)(NCO) + HOROH —(2∶1)→ OCN-(CH_3)苯环-NHCOOROOCNH-苯环(CH_3)-NCO (1)

—(2∶3)→ HOROOCNH-(CH_3)苯环-NHCOOROOCNH-苯环(CH_3)-NHCOOROH (2)

—(1∶1)→ $[$-OROOCN-(CH_3)苯环-NHCOOROOCNH-苯环(CH_3)-NHCO-$]_n$ (3)

产物（1）或相对分子质量更大一些的产物，一般称为预聚体，它可以和产物（2）或其他多羟基化合物进一步反应生成高分子的聚氨酯树脂。而产物（3）则本身就是聚氨酯树脂。若含羟基或含异氰酸酯组分的官能团数是三或三以上，则生成具有支链或交链的聚氨酯树脂。如：

$$OCN-R(NCO)-NCO + HO-R(OH)-OH \longrightarrow HO-R(OH)-O-\overset{O}{\overset{\|}{C}}HNCR(CH_2NH\overset{O}{\overset{\|}{C}}-OR'-OH)(CH_2NH\overset{O}{\overset{\|}{C}}-OR'(OH)-OH) \longrightarrow -NH-\overset{O}{\overset{\|}{C}}-O-R(O-\overset{O}{\overset{\|}{C}}-NH-)-O-\underset{O}{\underset{\|}{C}}-NH-$$

以上反应一般在 120～140℃下迅速进行，而室温或低温下则往往需要加入某些催化剂加速反应。

以聚氨酯树脂为黏料的胶黏剂配方见表 5-5。

表 5-5　聚氨酯树脂胶黏剂配方

牌号	配方(质量比)
JQ-1 胶黏剂	对-三异氰酸三苯甲烷 20;氯苯 80
JQ-2 胶黏剂	24# 聚酯 4;2,4-TDI 4;400# 水泥 1;丙酮 4
JQ-4 胶黏剂	对-三异氰酸三苯基硫代磷酸酯 20;氯苯 80
S01-3 聚氨酯漆	蓖麻油聚酯 100;TDI 预聚体
101# 胶黏剂	甲组分:端羟基线型聚酯丙酮溶液 100;乙组分:聚酯改性二异氰酸酯醋酸乙酯溶液 10～50

5. 不饱和聚酯树脂

（1）不饱和聚酯树脂的制备　不饱和聚酯树脂是一种浅黄色黏稠液体。它是由不饱和二元酸（或酸酐）、饱和二元酸与二元醇或多元醇在高温下缩聚制成的线型高聚物。一般反应式如下：

$$n\,\mathrm{HO{-}R{-}OH} + \frac{1}{2}n\,\mathrm{R'}\!\begin{array}{c}\mathrm{C{=}O}\\ \diagup\;\;\diagdown\\ \mathrm{O}\\ \diagdown\;\;\diagup\\ \mathrm{C{=}O}\end{array} + \frac{1}{2}n\,\mathrm{R''}\!\begin{array}{c}\mathrm{C{=}O}\\ \diagup\;\;\diagdown\\ \mathrm{O}\\ \diagdown\;\;\diagup\\ \mathrm{C{=}O}\end{array} \longrightarrow$$

$$\mathrm{H}{-}\left(\mathrm{O{-}R{-}O{-}\overset{O}{\overset{\|}{C}}{-}R'{-}\overset{O}{\overset{\|}{C}}}\right)_x\left(\mathrm{O{-}R{-}O{-}\overset{O}{\overset{\|}{C}}{-}R''{-}\overset{O}{\overset{\|}{C}}}\right)_y\mathrm{OH} + (2n-1)\mathrm{H_2O}$$

式中，HO—R—OH——饱和二元醇，如乙二醇，丙二醇等；

$\mathrm{R'}$(CO)$_2$O（环状酸酐结构）——不饱和二元酸（或酐），如顺丁烯二酸（酐）等；

$\mathrm{R''}$(CO)$_2$O（环状酸酐结构）——用来改性的饱和酸（或酐），如邻苯二甲酸（酐）等。

一般制备树脂所用的酸或者酸酐及醇中的 R 和 R′碳链越长所得的树脂的韧性越好。制备不饱和聚酯树脂常用的二元酸和酸酐有：顺丁烯二酸酐，反丁烯二酸酐，邻苯二甲酸酐，邻苯二甲酸，己二酸，癸二酸，丙二酸，甲基丙二酸等；常用的二元醇有：乙二醇，丙二醇，一缩二乙醇、二缩三乙二醇等。典型的不饱和聚酯树脂配方和制备方法见表 5-6。

表 5-6　不饱和聚酯树脂配方

项目	相对分子质量	质量比	质量分数/%
丙二醇	70.00	167.10	
顺酐	98.06	88.06	
苯酐	148.11	148.11	
理论缩水量	18.02	36.01	
聚酯产量		377.53	64.6
苯乙烯	104.14	208.23	35.5

（2）操作步骤

① 按配方投入各种原料加热升温至 100℃左右，开动搅拌器，通入惰性气体（或者不通惰性气体）。

② 液体升至 150～160℃酯化反应开始，蒸汽浴分馏柱柱温上升。保温反应 0.5h，柱温控制在 103℃以下。

③ 继续升温至（195±5)℃，保温反应直至酸值达到要求（一般是 75mgKOH/g 以下），缩水量已达理论缩水量的 2/3～3/4 以上时，可以减压蒸馏，迫使水分蒸出。

④ 当酸值降至60mgKOH/g附近，反应基本上完成，停止抽真空，准备与苯乙烯混溶。

⑤ 树脂温度控制在 130℃左右（低于苯乙烯的沸点 145℃），与苯乙烯混溶。釜的温度控制在 95℃以下，不要低于聚酯的软化点 60～70℃。高于 95℃会引起聚酯与苯乙烯的热交换作用，发生凝胶现象，造成树脂报废，低于聚酯的软化点，聚酯成团，混溶性不好。

以不饱和聚酯树脂为黏料的胶黏剂配方见表 5-7。

表 5-7 不饱和聚酯树脂胶黏剂配方

牌号	配方(质量比)
307# 不饱和聚酯胶黏剂	307# 不饱和聚酯 100;过氧化环已酮(50% DBP 溶液)3～4;环烷酸钴(2%)2;苯乙烯石蜡液(0.5%)2～4(修补时加入)
306# 不饱和聚酯胶黏剂	306# 不饱和聚酯 50;3193# 不饱和聚酯 50;过氧化环已酮(50% DBP 溶液)3～4;环烷酸钴(2%)2;苯乙烯石蜡液(0.5%)2～4(修补时加入)
199# 不饱和聚酯胶黏剂	199# 不饱和聚酯 100;过氧化二甲苯甲酰 1～2
195# 不饱和聚酯胶黏剂	195# 不饱和聚酯 100;过氧化环已酮(50% DBP 溶液)3～4;环烷酸钴(2%)2;苯乙烯石蜡液(0.5%)2～4(修补时加入)
301# 不饱和聚酯胶黏剂	301# 不饱和聚酯 100;过氧化环已酮(50% DBP 溶液)3～4;环烷酸钴(2%)2;苯乙烯石蜡液(0.5%)2～4

6. 丙烯酸树脂

丙烯酸树脂制备：将甲基丙烯酸 361g、二缩三乙二醇 300g、对苯二酚 3g、苯 982g、浓硫酸 24.6g，在搅拌下按次序投入三口瓶中，然后升温至沸腾（83℃左右）。用分离器放水，观察出水量，反应需要 12h 左右（以计算出水量为准，理论出水量为 75.5mL）停止反应，用物料质量 1/6 的 5%碳酸钠水溶液和同等质量的 7%氯化钠水溶液洗 4 次，再用蒸馏水洗 6 次，最后用硝酸银和硫酸钡水溶液检测，减压脱苯，即得树脂液。

以丙烯酸树脂为黏料的胶黏剂配方见表 5-8。

表 5-8 丙烯酸树脂胶黏剂配方

牌号	配方(质量比)
372# 有机玻璃胶黏剂	307# 不饱和聚酯 100;过氧化环已酮(50% DBP 溶液)3～4;环烷酸钴(2%)2;苯乙烯石蜡液(0.5%)2～4(修补时加入)
306# 不饱和聚酯胶黏剂	306# 不饱和聚酯 50;3193# 不饱和聚酯 50;过氧化环已酮(50% DBP 溶液)3～4;环烷酸钴(2%)2;苯乙烯石蜡液(0.5%)2～4(修补时加入)
199# 不饱和聚酯胶黏剂	199# 不饱和聚酯 100;过氧化二甲苯甲酰 1～2
195# 不饱和聚酯胶黏剂	195# 不饱和聚酯 100;过氧化环已酮(50% DBP 溶液)3～4;环烷酸钴(2%)2;苯乙烯石蜡液(0.5%)2～4(修补时加入)
301# 不饱和聚酯胶黏剂	301# 不饱和聚酯 100;过氧化环已酮(50% DBP 溶液)3～4;环烷酸钴(2%)2;苯乙烯石蜡液(0.5%)2～4

7. 有机硅树脂

配制胶黏剂用的有机硅树脂一般是由甲基氯硅烷、苯基氯硅烷等（R/Si＝1.3～1.5 的比例）在醇、水等介质作用下经过水解缩聚而成的。例如二甲基二氯硅烷和苯基三氯硅烷以 1∶0.7 物质的量比在丁醇、甲苯、水介质作用下经过水解后将生成的盐酸洗掉，即可制得 941 有机硅树脂。其化学反应式如下：

$$(CH_3)_2SiCl_2 + C_6H_5SiCl_3 \xrightarrow[H_2O]{C_4H_9OH} \left[\begin{array}{c} CH_3 \\ | \\ -Si-O- \\ | \\ CH_3 \end{array} \right]_m \left[\begin{array}{c} C_6H_5 \\ | \\ -Si-O- \\ | \\ H \end{array} \right]_n$$

为了改善有机硅树脂某些性能，可加入一些其他树脂如环氧树脂、聚酯树脂和酚醛树脂等进行改性，其改性的方法一种是共混改性，即一般是由有机硅树脂和其他树脂混合而成，另一种是共聚改性，它是由低分子树脂中的羟基、烷氧基官能团发生缩合反应或由有机硅树脂的单体与其他树脂的单体进行共聚而成的。

粘接用有机硅树脂可由下述方法制得：首先将 27g 二甲苯，1.77mol 甲基三氯硅烷，3.52mol 二甲基二氯硅烷，2.94mol 苯基三氯硅烷和 1.77mol 的二苯基二氯硅烷进行混合搅拌均匀。然后在反应器中加入 9g 二甲苯和 73g 水，在滴加上诉混合单体，在 30℃温度下滴加 4～5h。加完后静置分层，除去酸水，再水洗到中性，待静置分层后再除去水分。以高速离心机过滤，除去杂质即得到硅醇溶液。然后将硅醇放入浓缩釜内，在搅拌下缓慢加热并开动真空泵，在不超过 90℃，真空度控制在 40mmHg 下浓缩硅醇溶液，使固体含量稳定在 55%～65%之间。

将上述硅醇加入缩聚釜内，开动搅拌，然后在反应物质量 0.05%～0.08%的辛酸催化剂下充分搅拌，开始抽真空并升温，使之在 165～170℃温度下进行缩聚，取样化验，使胶化时间达到 1～2min/200℃时，即为反应终点，这时立即加入二甲苯，然后迅速搅拌均匀后冷却即可。

以有机硅树脂为黏料的胶黏剂配方见表 5-9。

表 5-9　有机硅树脂胶黏剂配方

牌号	配方(质量比)
JG-1 胶黏剂	K-56 有机硅树脂 9；E-44 环氧树脂 1；癸二酸(或草酸)2
JG-2 胶黏剂	甲组分：947 有机硅树脂(含量＞60%)100；乙组分：正硅酸乙酯 10；二月桂酸二丁基锡 5；甲：乙＝100：13
JG-3 胶黏剂	甲组分：947 有机硅树脂(75%)100；8-羟基喹啉 10；钛白粉 7；铝粉 3；乙组分：硼酐 1；甲：乙＝120：1
J-09 胶黏剂	聚硼有机硅氧烷 1；酚醛树脂 3；酸洗石棉 1；氧化锌 0.3；丁腈-40 0.45；丁酮 适量

二、热固性树脂胶黏剂的生产

热固性树脂黏合剂由热固性树脂为基料（或黏料）配制而成，是通过加入固化剂和加热时液态树脂经聚合反应交联成网状结构，形成不溶、不熔的固体而达到粘接目的的合成树脂黏剂。热固性树脂黏附性较好，具有较好的机械强度、耐热性和耐化学性；但耐冲击性和耐弯曲性差些。它是产量大应用最广泛的一类合成胶黏剂，主要包括酚醛树脂、三聚氰胺-甲醛树脂、脲醛树脂、环氧树脂等。表 5-10 列出了常用热固性树脂胶黏剂的特性及用途。

表 5-10　常用热固性树脂胶黏剂

胶黏剂	特性	用途
酚醛树脂	耐热、室外耐久，但有色、有脆性，固化时需高温加热	胶合板、层压板、砂纸、纱布
间苯二酚-甲醛树脂	室温固化、室外耐久，但有色、价格高	层压材料
脲醛树脂	价格低廉，但易污染、易老化	胶合板、木材
三聚氰胺-甲醛树脂	无色、耐水、加热粘接快速，但储存期短	胶合板、织物、纸制品
环氧树脂	室温固化、收缩率低，但剥离强度较低	金属、塑料、橡胶、水泥、木材
不饱和聚酯	室温固化、收缩率低，但接触空气难固化	水泥结构件、玻璃钢
聚氨酯	室温固化、耐低温，但受湿气影响大	金属、塑料、橡胶
芳香环聚合物	耐 250～500℃，但固化工艺苛刻	高温金属结构

从表5-10中已看到，热固化性树脂胶黏剂分常温固化和加热固化两种。两者固化均需较长时间，但加热可使固化时间缩短。在多数情况下用作胶黏剂组成的是预聚物和低相对分子质量化合物，故连接部分需要压紧。以下介绍几种常见的热固化性树脂胶黏剂。

1. 环氧树脂胶黏剂

环氧树脂是指能交联聚合物的多环氧化合物。由这类树脂构成的胶黏剂既可以胶接金属材料，又可以胶接非金属材料，俗称“万能胶”。

早期的环氧胶黏剂主要在胺类固化的环氧树脂中添加铝粉等填料制成。为了降低脆性，发展了用低相对分子质量的聚酰胺类固化剂和聚硫橡胶改性的环氧胶黏剂的品种，后来又出现了酚醛树脂固化的耐高温胶黏剂和聚酰胺改性的高剥离度的环氧胶黏剂。20世纪60年代发展了丁腈橡胶增韧的环氧树脂结构胶黏剂。随后，橡胶增韧的环氧胶黏剂成为结构胶黏剂的主流，它们不仅在次承力结构中得到了极其广泛的应用，也已应用于某些主承力结构中，如现代航空和航天飞行器的制造。

大多数环氧树脂胶不像其他化工产品的生产有专用设备和固定的场地，都是使用者在使用之前现场自己配制，胶液配制的好坏对黏结强度、耐水性等关系很大。因为环氧树脂胶中成分很多，大多数又都是黏稠液体或固体，不易搅拌均匀，稍不注意就会造成胶液中某些区域树脂过量，而另外一些地方固化剂过量。这样固化后的胶层各种性能很差。所以配胶时不但要称量准确，而且要充分搅拌。另外，室温固化环氧胶配好以后一般会发生放热现象，如不及时使用，则造成凝胶。夏季配制的胺固化环氧胶，一般使用期只有几分钟至几十分钟。以下介绍3种环氧胶制备方法。

（1）常温固化环氧胶

配方：环氧树脂618#　　100份

邻苯二甲酸二丁酯（或线型聚酯）　　20份

二亚乙基三胺　　8份

氧化铝粉（200目以上）　　50～100份

配制：按比例称取环氧树脂、线型聚酯、氧化铝粉混合并搅拌后称取二亚乙基三胺，混合均匀后备用。

（2）高温固化环氧胶

配方：环氧树脂618#　　100份

线型聚酯树脂　　20份

邻苯二甲酸酐　　40份

氧化铝粉（200目以上）　　50～100份

配制：按比例称取环氧树脂、线型聚酯、氧化铝粉在容器中混合加热至120～140℃，用另一容器称取邻苯二甲酸酐加热溶化，然后倒入上面的环氧树脂混合物中迅速搅拌，即可使用。

（3）高强度环氧胶

配方：环氧树脂618#　　100份

聚砜　　80份

双氰胺　　12份

三氯甲烷　　200份

二甲基酰胺　　50份

配制：将称量的环氧树脂和聚砜树脂粉混合加热至140～150℃，搅拌至聚砜全溶后冷却，也可以先将聚砜溶解于三氯甲烷，然后混入环氧树脂（如果配制无溶剂胶黏剂，可以加热将三氯甲烷除去），最后加入三氯甲烷、二甲基甲酰胺和双氰胺后备用。

2. 聚氨酯胶黏剂

按化学特性可将聚氨酯胶黏剂分成3种类型：多异氰酸类、预聚体胶黏剂类和用多异氰酸酯改性的聚合物类；按使用形态分类聚氨酯胶黏剂又分成：无溶剂型、溶剂型、热熔型、水基型等。聚氨酯胶黏剂因原料品种和配比不同，可制得各种性能的品种。现以101聚氨酯胶黏剂为例加以说明。

101聚氨酯胶黏剂是由线型聚酯与异氰酸酯共聚，生成端羟基的线型聚氨基弹性体与适量溶剂配成A组分，再由羟基化合物与异氰酸酯的反应物作为交联剂组分，即B组分。根据A、B两组分的不同配合，可使用于不同材料的胶接，见表5-11。其使用方法是：将胶液按配比混合均匀，涂于材料晾干片刻后贴合。在室温下固化需5～6d；加温固化可缩短时间，100℃时固化1.5～2h；130℃时固化0.5h。

表5-11　101聚氨酯胶黏剂的品种

胶液配比A∶B	用途
(100∶10)～(100∶15)	纸张、皮革、木材的胶接
100∶20	一般使用
(100∶20)～(100∶50)	金属胶接

3. 脲醛树脂胶黏剂

脲醛树脂与三聚氰胺-甲醛树脂又称氨基树脂，在胶黏剂中脲醛树脂是用量最大的品种之一。脲醛胶配方中，除树脂外，一般还需要加入固化剂、缓冲剂及填料等。固化剂可以是酸，但更常用的是强酸的铵盐，如氯化铵，它跟树脂混合后，能与游离甲醛或缩合过程放出的甲醛反应而释放出酸来，温度越高释放得越快：

$$NH_4Cl+CHO \longrightarrow HCl+(CH_2)_6N_4+H_2O$$

为了避免NH_4Cl与甲醛作用过快而使胶液酸性不断增加，可在胶液中加入缓冲剂来调节胶液的pH值，一般采用氨水和六亚甲基四胺。有些配方还同时加入一些尿素，其作用是与胶液中的游离甲醛及树脂固化过程中的游离甲醛及树脂固化过程中放出的甲醛起反应。脲醛树脂固化时发生收缩现象，产生内应力，还需加入填料及增塑剂，填料通常是木粉、泥粉、谷粉和矿物粉等。

RC-1脲醛胶黏剂的制备，配方（质量比）：RC-1脲醛树脂100；固化剂10～12（固化剂组成：氯化铵8、氨水40、尿素46、水50），将氯化铵、尿素等研磨至500目以上细粉，40～60℃均匀分散于水中，得固化剂，然后将制得的固化剂加到上述脲醛树脂中，搅拌均匀，即可使用。

三、热塑性树脂胶黏剂的生产

热塑性树脂胶黏剂常为一种液态胶黏剂，通过溶液挥发、熔体冷却，有时也通过聚合反应，使之变成热塑性固体而达到胶接目的。其力学性能、耐热性和耐化学性均比较差，但其使用方便，有较好的柔韧性。表5-12列出了常用的热塑性树脂黏合剂的特征及用途。

表 5-12　常用的热塑性树脂黏合剂的特征及用途

胶黏剂	特性	用途
聚醋酸乙烯酯	无色、快速粘接，初期黏度高，但不耐碱和热，有蠕变性	木材、纸制品、书籍、无纺布、发泡聚乙烯
乙烯-醋酸乙烯酯树脂	快速粘接，蠕变性低，用途广，但低温下不能快速粘接	簿册贴边、包装封口、聚氯乙烯板
聚乙烯醇	价廉，干燥好，挠性好	纸制品、布料、纤维板
聚乙烯醇缩醛	无色、透明，有弹性、耐久，但玻璃强度低	金属、安全玻璃
丙烯酸树脂	无色、挠性好、耐久，但略有臭味、耐热性低	金属、无纺布、聚氯乙烯板
聚氯乙烯	硬质聚氯乙烯板和管	硬质聚氯乙烯板和管
聚橡胶	剥离强度高，但不耐热和水	金属、蜂窝结构
α-氰基丙烯酸酯	室温快速粘接，用途广，但不耐久，粘接面积不易大	机电部件
厌氧性丙烯酸双酯	隔绝空气下快速粘接，耐水、耐油，但剥离强度低	螺栓紧固、密封

按固化机理，热塑性树脂胶黏剂又可分为：靠溶剂挥发而固化的溶剂型胶黏剂；靠分散介质而凝聚固化的乳液型胶黏剂；靠熔体冷却而固化的热熔型胶黏剂；靠化学反应而快速固化的反应型胶黏剂。以下重点讨论热塑性树脂胶黏剂中的两个品种的生产。

1. 聚醋酸乙烯酯胶黏剂

聚醋酸乙烯酯是醋酸乙烯的聚合物，其结构为：

$$-\!\!\left(-CH(OCOCH_3)-CH_2-\right)_n$$

（其中 $OCOCH_3$ 即 $O-C(=O)-CH_3$）

聚醋酸乙烯酯胶黏剂是合成树脂乳液中生产最早、产量最大的品种。大部分聚醋酸乙烯酯胶黏剂是以乳液的形式来使用的，它具有一系列明显的优点：乳液聚合物的相对分子质量可以很高，因此机械强度很好；与同浓度溶液胶黏剂相比，黏度低，使用方便；以水为分散介质，成本低、无毒、不燃。

(1) 技术路线　在水介质中，以聚乙烯醇（PVA）作保护胶体，加入阴离子或非离子型表面活性剂，在一定的 pH 值时，采用自由基引发系统，将醋酸乙烯进行乳液聚合，反应式如下：

$$n\,H_2C{=}CH(O-C(=O)-CH_3) \xrightarrow{\text{乳液聚合}} -\!\left(CH_2-CH(O-C(=O)-CH_3)\right)_x\!- + -\!\left(CH_2-CH(O-C(=O)-CH_2-\left(CH_2-CH(O-C(=O)-CH_3)\right)_z-)\right)_y\!-$$

(2) 工艺流程　先将引发剂配剂槽中加入一定量的甲醇搅拌溶解，完全后停止搅拌，与溶剂甲醇、单体醋酸乙烯酯按比例连续通过预热器，达 60℃后进入第一聚合器反应 110min，聚合转化率达 20%。

在第二聚合反应器中，反应 160min 左右，聚合转化率增加到 50%。

由第二聚合反应器出来的物料有甲醇、聚醋酸乙烯酯、未反应的醋酸乙烯酯单体等，进入第一精馏塔，塔底得到 25%左右浓度的产物，加入少量甲醇达 22%左右浓度的产物，供醇解使用。

塔顶出来物料进入有水的萃取塔，使水和醋酸乙烯酯在塔顶共沸蒸出，进入分层器，下层为水层循环作萃取塔萃取水，上层的醋酸乙烯酯去进工段，塔顶回收甲醇。

聚醋酸乙烯酯生产工艺流程如图 5-9 所示。

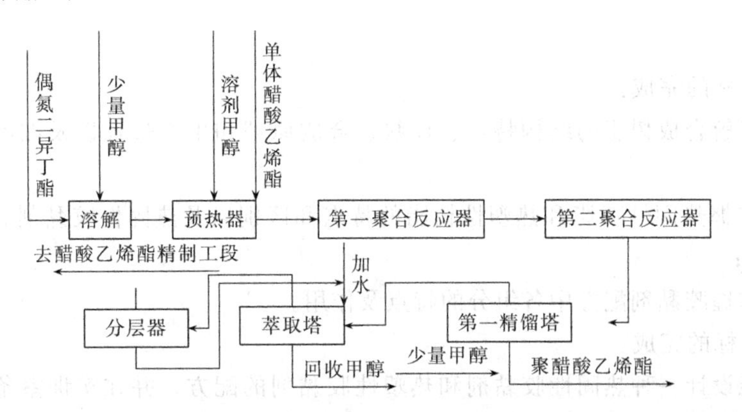

图 5-9　聚醋酸乙烯酯生产工艺流程

2. 聚乙烯醇缩醛胶黏剂

聚乙烯醇与醛类进行缩醛化反应即可得到聚乙烯醇缩醛。反应式如下：

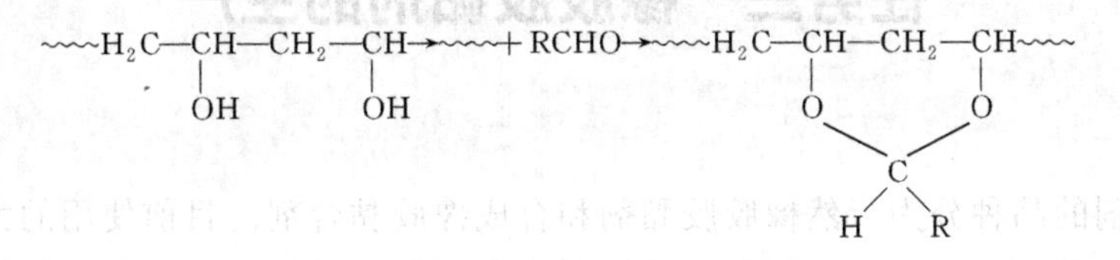

工业上最重要的缩醛品种是聚乙烯醇缩丁醛和聚乙烯醇缩甲醛。

聚乙烯醇缩醛的溶解性能决定于分子中羟基的含量。缩醛度为 50%时，可溶于水并配制成水溶液胶黏剂，市售的 106 和 107 胶黏剂就属于这种类型。缩醛度很高时不溶于水，而溶于有机溶剂中。以下给出聚乙烯醇缩甲醛的制备方法。

(1) 聚乙烯醇的溶解　在装有搅拌器、球形冷凝管、温度计和滴液漏斗的四口烧瓶中加入 13.5mL 聚乙烯醇和 150mL 去离子水，开动搅拌，逐渐加热升温到 90℃，直到聚乙烯醇完全溶解。

(2) 聚乙烯醇缩醛化反应　在不断搅拌下用滴管加浓盐酸于上述聚乙烯醇溶液中，调节 pH＝2～2.5，量取 5mL 甲醛，用滴液漏斗将其慢慢滴加到四口烧瓶内，约 30min 内滴完，继续搅拌 30min。停止加热，滴加配制好的 10%的氢氧化钠溶液，调节 pH＝8～9，即得到聚乙烯醇缩甲醛胶（107 胶）。

【任务实施】

1. 列举典型合成树脂，描述它们的结构特点、性状，简述它们的合成原理和生产过程以及在黏合剂配方中的应用情况。

2. 比较热固性树脂和热塑性树脂的特点和区别。从配方组成、使用方法和应用范围等几个方面比较热固性胶黏剂和热塑性胶黏剂的特点和区别。

3. 分别提供或设计一种固性胶黏剂和热塑性胶黏剂的配方，解释各组分的作用，了解各组分原料的市场价格，计算上述胶黏剂的原材料成本。

4. 分别提供或设计一种热固性胶黏剂和热塑性胶黏剂的配方，在实训室条件下完成它们的制备及指标检测。

5. 调研乳白胶的工业生产过程，简述其生产操作规程。

注：注明参考文献及网址。

【任务评价】

1. 知识目标的完成：

① 是否了解合成树脂的结构特点、性状、合成原理和生产过程以及在黏合剂配方中的应用情况；

② 是否掌握热固性树脂和热塑性树脂的特点和区别以及热固性胶黏剂和热塑性胶黏剂的特点和区别；

③ 是否掌握胶黏剂配方中各组分的特点及作用。

2. 能力目标的完成：

① 是否能设计一种热固性胶黏剂和热塑性胶黏剂的配方，并在实训室条件下完成它们的制备及指标检测；

② 是否能按乳白胶的生产操作规程，完成乳白胶的生产任务。

任务三 橡胶胶黏剂的生产

【任务提出】

橡胶胶黏剂的品种分为天然橡胶胶黏剂和合成橡胶黏合剂。目前使用的大多数是经过合成改性的橡胶胶黏剂，它又分为两类：结构型胶黏剂和非结构型胶黏剂。结构型又分溶液胶液型和薄膜胶带型，它们多为并用体系，如橡胶-环氧胶黏剂。非结构型又分溶剂型（硫化和非硫化）、压敏薄膜型、水乳胶液型，非结构型胶黏剂多为单体橡胶体系。

合成橡胶胶黏剂具有许多重要的特性，为其他高分子胶黏剂所不及。这些特性可概述如下。

(1) 有良好的黏附性。胶接时只要较低的压力，一般均可在常温固化。

(2) 由于主体材料本身富有高弹性和柔韧性，因此，能赋予接头具有优良的挠曲性、抗震性和较低的蠕变性，适用于动态下的胶接和不同膨胀系数材料之间的黏合。

(3) 由于橡胶具有较高强度，较高内聚力，为胶接接头提供了必要的强度和韧性。

(4) 由于橡胶具有优良的成膜性，因此，胶黏剂的工艺性能良好。

【相关知识】

一、典型橡胶胶黏剂产品

1. 氯丁橡胶胶黏剂

氯丁橡胶胶黏剂是合成橡胶胶黏剂中产量最大、应用最广的品种。它是直接在乳液聚合产物中加入各种配合剂而制成的乳液型胶黏剂。作为氯丁橡胶胶黏剂黏料的氯丁橡胶由氯丁二烯经乳液聚合制得：

$$n\mathrm{H_2C{=}CH{-}\underset{}{\overset{Cl}{\overset{|}{C}}}H{-}CH_2} \longrightarrow \mathrm{{-}\!\!\left(H_2C{-}CH{=}\overset{Cl}{\overset{|}{C}}{-}CH_2\right)\!\!{-}_n}$$

在聚合物分子链中1，4-反式结构占80%以上，结构比较规整，加之链上极性原子的存在，故结晶性大，在-35～32℃之间皆能结晶（以0℃为最快）。这些特性使氯丁橡胶在室温下即使不硫化也具有较高的内聚度和较好的黏附性能，非常适宜作胶黏剂使用。此外，由于氯原子的存在，使氯丁胶膜具有优良的耐燃、耐臭氧和耐大气老化的特性，以及良好的耐油、耐溶剂和耐化学试剂的性能。其缺点是储存稳定性较差及耐寒性不够。

2. 丁腈橡胶胶黏剂

丁腈橡胶胶黏剂是由丁二烯与丙烯腈经乳液共聚制得：

$$n\mathrm{CH_2{=}CH{-}CN} + m\mathrm{CH_2{=}CH{-}CH{=}CH_2} \longrightarrow \mathrm{{-}\!\left(CH_2{-}CH{=}CH{-}CH_2\right)\!_m{-}\!\left(CH_2{-}\underset{\underset{CN}{|}}{C}H\right)\!_n}$$

根据丙烯腈的含量不同，如丁烯-18、丁烯-26和丁腈-40等几种类型。作为胶黏剂，一般最为常用的是丁腈-40。如前所述，丁腈橡胶不仅可用来改变酚醛树脂、环氧树脂以制取性能结构很好的金属胶黏剂，而本身可作为主体材料胶黏剂，用于耐油产品中橡胶与橡胶、橡胶与金属、织物等黏结。

3. 丁苯橡胶胶黏剂

作为丁苯橡胶胶黏剂的黏料丁苯橡胶是由丁二烯、苯乙烯在乳液或溶液中，在引发剂的作用下共聚而成的，其反应式为：

$$\mathrm{CH_2{=}CH{-}CH{=}CH_2} + \mathrm{C_6H_5CH{=}CH_2} \longrightarrow \mathrm{\left(CH_2{-}CH{=}CH{-}CH_2\right)_x\left(CH_2{-}\underset{\underset{\underset{\underset{CH_2}{\|}}{CH}}{|}}{C}H\right)_y\left(CH_2{-}\underset{\underset{C_6H_5}{|}}{C}H\right)_z}$$

丁苯橡胶胶黏剂是由丁苯橡胶和各种烃类溶剂所组成。由于它的极性小，黏性差，因而其应用不如氯丁橡胶胶黏剂和丁腈橡胶胶黏剂那样广泛。丁苯橡胶胶黏剂可用于橡胶、金属、织物、木材、纸张等材料的胶接。

二、典型橡胶胶黏剂的配方

1. 氯丁橡胶胶黏剂的配方

氯丁橡胶胶黏剂主要有填料型、树脂改性型和室温硫化型3种。主要由氯丁橡胶、硫化剂、促进剂、防老剂、补强剂、填充剂及溶剂等配制而成。

（1）填料型氯丁橡胶胶黏剂　填料型氯丁橡胶胶黏剂成本较低，一般适用于那些对性能要求不太高而用量比较大的交接场合。例如，用于PVC地毯与水泥的胶接。该胶室温下储存期为1个月，室温剪切强度为0.42MPa；剥离强度为1.53kN/m。配方（以质量计）见表5-13。

表5-13　填料型氯丁橡胶胶黏剂配方

组分	质量份	组分	质量份
氯丁橡胶(通用型)	100	氧化锌	10
氧化镁	8	汽油	136
碳酸钠	100	乙酸乙酯	272
防老剂D	2		

（2）树脂改性型氯丁橡胶胶黏剂　能有效地改善氯丁橡胶胶黏剂的耐热性、对常温胶接

性能也无明显影响的树脂是热固性烷基酚醛树脂。由于这种树脂的极性较大，加入后能明显增加对金属等被粘材料的黏附能力。

2. 丁腈橡胶胶黏剂的配方

丁腈橡胶有两类硫化剂：一类是硫黄和硫载体（如秋兰姆二硫化物）；另一类是有机过氧化物。硫黄/苯并噻唑二硫化物/氧化锌（2/1.5/5，质量比）是一个常用的硫化体系。丁腈橡胶结晶小，必须用补强剂（有炭黑、氧化铁、氧化锌、硅酸盐、二氧化硅、二氧化钛、陶土等）。其中以炭黑（尤以槽黑）的补强作用最大，用量一般为40～60质量份。增塑剂常用硬脂酸、邻苯二甲酸酯、磷酸三甲酚酯、醇酸树脂、液体丁腈橡胶等，以提高耐寒性并改进胶料的混炼性能。有时还加如酚醛树脂、过氧乙烯等树脂为增黏剂，以提高初黏力。没食子酸丙酯是最常用的防老剂。常用的溶剂为丙酮、甲乙酮、甲基异丁酮、醋酸乙酯、醋酸丁酯、甲苯、二甲苯等。

表5-14列举了3种丁腈橡胶胶黏剂的配方。丁腈橡胶与上诉各配合剂混炼后用乙酸乙酯、乙酸丁酯、甲乙酮、氯苯等溶剂溶解，就可制得含量为15%～30%的丁腈橡胶溶液。使用时，将这种胶液涂于未硫化的橡胶制品上，晾干并黏合后，与制品一起加热加压硫化，硫化温度一般为80～150℃。若使用促进剂MC（环已胺和二硫化碳的反应）、TMTD（二硫化四甲基秋兰姆）等，可以制得能在室温下硫化双组分耐油丁腈胶黏剂见表5-14。

表5-14 3种丁腈橡胶胶黏剂的双组分耐油丁腈胶黏剂（以质量份计）

组分	配方		
	1	2	3
丁腈橡胶	100	100	100
氧化锌	5	5	5
硬脂酸	0.5	1.5	1.5
硫黄	2	2	1.5
促进剂M或DM	1	1.5	0.8
没食子酸丙酯	1	—	—
炭黑		50	45
适应性	一般通用	适用于丁腈-18	适用于丁腈-26或丁腈-40

3. 丁苯橡胶胶黏剂配方

丁苯橡胶胶黏剂是将丁苯胶与配合剂混炼，再溶于溶剂中制得的。用于胶接橡胶与金属的丁苯液（以质量计），配方见表5-15。

表5-15 丁苯橡胶胶黏剂配方

组分	质量份	组分	质量份
丁苯橡胶	100	炭黑	适量
氧化锌	3.2	邻苯二甲酸二丁酯	32
硫黄	8	二甲苯	1000
促进剂DM	3.2	硫化条件为148℃	
防老剂D	3.2		

三、典型橡胶胶黏剂的生产工艺

1. 氯丁橡胶胶黏剂的生产

氯丁橡胶胶黏剂的制造包括橡胶的塑炼、混炼以及混炼胶的溶解等基本过程。塑炼能显著改变胶的相对分子质量和相对分子质量的分布，从而影响胶黏剂的内聚强度和黏附性能。生胶的塑炼在炼胶机上进行，滚筒温度一般不超过40℃。塑炼后在胶料中依次加入防老剂、氧化镁、填料等配合剂进行混炼，混炼的目的是借助炼胶机滚筒的机械力量将各种固体配合剂粉碎并均匀地混合到生胶料中去。为了防止混炼过程中发生烧焦（早期硫化）和黏滚筒的现象，氧化锌和硫化促进剂应该在其配合剂与橡胶混炼一段时间后再加入。混炼温度不宜超过 40℃。在混炼均匀的前提下混炼时间应尽可能短。混炼胶的溶解一般在带搅拌的密封式溶解器中进行，先将混炼胶剪成细碎的小块，放入溶解器中，倒入部分溶剂，待胶料溶解后搅拌使之溶解成均匀的溶液，再加入剩余的溶剂调配成所需浓度的胶液。也可将塑炼了的生胶和各种配合剂不经混炼而直接加入溶剂中溶解（直接溶解法），但这样制成的胶液储存稳定性差，一般不宜采用。

2. 丁腈橡胶胶黏剂的制备

使用丁腈橡胶制备胶黏剂时，常用的硫化剂是硫黄（1.5%～2%），促进剂为 DM（1%～1.5%）和氧化锌（5%）。如使用超促进剂 MC、PX、TMTD 等，则可制得室温硫化的双组分胶黏剂。没食子酸丙酯是丁腈橡胶胶黏剂最常使用的防老剂。常用的填料是炭黑和氧化铁，增塑剂（软化剂）是硬脂酸、邻苯二甲酸酯（DOP、DBP）等。将这些材料经混炼、溶于醋酸乙酯、醋酸丁酯和丙酮等。即可制得丁腈橡胶胶黏剂。

3. 丁苯橡胶胶黏剂的配制

将丁二烯 7.5g、苯乙烯 2.5g、十二烷基硫醇 0.05g、过硫酸钾 0.03g、皂片 0.5g、新煮沸的蒸馏水 18 克加入反应瓶中，置于 50℃恒温浴中，用机械方法翻滚搅动，转化率每小时约为 6%，当聚合转化率达到 75%时加入 0.1%的氢醌终止聚合反应。将得到的胶乳倒入容积适宜的烧杯中，通过水蒸气赶走未反应的单体；加入防老剂，再加氯化钠溶液使之凝结，然后加入稀硫酸使凝结作用完全，最后水洗干燥。注意反应为热反应，该法不能大量制造丁苯橡胶，以免发生危险。反应器必须与空气隔绝，容器盖盖前应使少量丁二烯单体至沸以排出容器中的空气。

丁苯橡胶加上配合剂用溶剂溶解即成为丁苯橡胶胶黏剂。其配制过程与氯丁橡胶胶黏剂的生产类似。如果加入一些异氰酸酯如列克钠，可以大大提高黏结强度。

【任务实施】

1. 简述橡胶胶黏剂分类及特性。
2. 写出典型橡胶胶黏剂产品黏料及辅料的名称、结构及特点。
3. 设计典型橡胶胶黏剂的配方并说明各成分的作用。
4. 简述典型橡胶胶黏剂的生产或配制工艺。
5. 设计乳白胶和 107 胶的制备路线并实施。

注：注明参考文献及网址。

【任务评价】

1. 知识目标的完成：

① 是否了解橡胶黏合剂分类及特性；

② 是否了解橡胶黏合剂产品黏料及辅料的名称、结构及特点；

③ 是否掌握典型橡胶黏合剂的生产或配制工艺。

2. 能力目标的完成：

① 是否能掌握典型橡胶黏合剂的生产或配制工艺；

② 是否能完成乳白胶和 107 胶的制备任务。

项目六 食品添加剂的生产技术

教学目标

知识目标：

1. 了解食品添加剂的分类及功能；
2. 了解食品添加剂的使用标准以及安全性毒理学评价；
3. 熟悉典型食品添加剂的生产技术。

能力目标：

1. 能利用图书馆资料和互联网查阅专业文献资料；
2. 能进行食品添加剂的生产操作；
3. 能进行食品添加剂应用配方的配制。

情感目标：

1. 通过创设问题、情境，激发学生的好奇心和求知欲；
2. 通过对食品添加剂生产方案设计、生产及食品添加剂应用配方的配制，增强学生的自信心和成就感，体验成功的喜悦，并通过项目的学习，培养学生互助合作的团结协作精神；
3. 养成良好的职业素养。

项目概述

超市货架上的食品五颜六色，罐头里的水果常年色泽鲜亮，这些食品如此的诱人色泽、香甜口味，可它们都是天然的吗？其中有食品添加剂吗？那么，为什么一定要在食物中添加这些东西，又有哪些食物里含有食品添加剂呢？

食品添加剂是食品科学的一部分，没有食品添加剂，就没有现代食品工业。近十年来，我国食品添加剂学科取得了突飞猛进的发展。食品添加剂现在广泛被用于各种食品中，虽然它只在食品中添加微量的，但对改善食品色、香、味，强化营养、改善食品加工条件，延长食品保质期等方面，均发挥着重要的作用，大大缓解了人口增长对食品的需求，也丰富了食品的种类和花色，对现代食品加工有着决定性的影响，是食品添加剂的使用才使我们现在的食品丰富多彩和易于接受。

由于食品添加剂种类繁多，其原料来源、制造技术、应用等涉及多学科、多领域。因此，食品添加剂生产技术不是单一的技术，而是多学科、多领域交叉和聚集的技术，而其中每一种食品添加剂的生产也往往涉及多门学科。

食品添加剂的研究、生产和使用水平是一个国家整体科技实力的一个缩影，也是一个国家现代化程度的重要标志之一。美国是食品添加剂品种最多、产值最高的国家。美国食品药品管理局（FDA）所列食品添加剂有 2922 种，中国 2012 年已公布批准使用的食品添加剂有2448种。中国允许使用的品种数量以及能够生产的品种数量与世界先进水平还有很大差距。

食品添加剂的使用大大促进了食品工业的发展，并被誉为现代食品工业的灵魂，合理使用食品添加剂可以防止食品腐败变质，保持或增强食品的营养，改善或丰富食物的色、香、味等，其主要作用大致如下。

1. 防止食品腐败变质

防腐剂可以防止由微生物引起的食品腐败变质，延长食品的保存期，同时还可以防止由微生物污染引起的食物中毒。抗氧化剂则可阻止或推迟食品的氧化变质，不仅提供食品的稳定性和耐藏性，还可用来防止食品，特别是水果、蔬菜的酶促褐变与非酶褐变。这些对食品的保藏都是具有一定意义的。

2. 改善食品感官质量

食品的色、香、味、形态和质地等是衡量食品质量的重要指标。适当使用着色剂、漂白剂、护色剂、食用香料以及乳化剂、增稠剂等食品添加剂，可以明显提高食品的感官质量，满足人们的不同需要。乳化剂可以使食品多相体系中各组分相互融合，形成稳定、均匀的形态，改善内部结构，简化和控制加工过程，提高食品质量。

3. 增加食品的品种、提供食品的方便性

现在市场上已拥有多达数万种以上的食品可供消费者选择，尽管这些食品的生产大多通过一定包装及不同加工方法处理，但在生产工程中，一些色、香、味俱全的产品，大都不同程度地添加了着色、增香、调味等食品添加剂，正是这些众多的食品，尤其是方便食品的供应，给人们的生活和工作带来极大的方便。

4. 方便食品加工

在食品加工中使用消泡剂、助滤剂、稳定和凝固剂等，可有利于食品的加工操作。例如可以使用葡萄糖酸-δ-内酯作为豆腐凝固剂来实现豆腐生产的机械化和自动化。如氯化钙、乳化钙等，它能使可溶性果胶成为凝胶状果胶酸钙，以保持果蔬加工制品的脆度和硬度，防止果蔬软化。

5. 提高食品的营养价值

在食品加工时适当地添加某些属于天然营养范围的食品营养强化剂，可以补充食物中缺乏的营养物质或微量元素，大大提高食品的营养价值，这对防止营养不良和营养缺乏、促进营养平衡、提高人们健康水平具有重要意义。

6. 满足其他特殊需要

食品应尽可能满足人们的不同需求。例如可用无营养甜味剂或低热能甜味剂，如用蔗糖素或阿斯巴甜制成无糖食品来满足糖尿病人、肥胖病人的需求。

任务一　认识食品添加剂

【任务提出】

食品添加剂一词尽管提出不久，但人们实际使用食品添加剂的历史久远。中国传统点制豆腐所使用的凝固剂盐卤，在东汉时期就有应用，并一直流传至今。公元6世纪时北魏末年农业科学家贾思勰所著《齐民要术》中就曾记载从植物中提取天然色素予以应用的方法。大约在800年前的南宋，就有将亚硝酸盐用于生产腊肉作为防腐和护色用，并于公元13世纪传入欧洲。在国外，公元前1500年埃及墓碑上就描绘有糖果的着色。葡萄酒也已在公元前4世纪进行了人工着色。这些大都是天然食品添加剂的应用。

食品添加剂作为食品中的添加物应具有以下三个特征：一是为加入到食品中的物质，因此，它一般不单独作为食品来食用；二是既包括人工合成的物质，也包括天然物质；三是加入到食品中的目的是为改善食品品质和色、香、味以及为防腐、保鲜和加工工艺的需要。

【相关知识】

一、食品添加剂的定义及分类

1. 食品添加剂的定义

根据《中华人民共和国食品卫生法》的规定：食品添加剂是指“为改善食品品质和色、香、味，以及为防腐和加工工艺的需要而加入食品中的化学合成或者天然物质”。《食品添加剂使用标准》(GB 2760—2011) 中规定：食品添加剂是为改善食品品质和色、香、味，以及为防腐、保鲜和加工工艺的需要而加入食品中的人工合成或者天然物质。营养强化剂、食品用香料、胶基糖果中基础剂物质、食品工业用加工助剂也包括在内。在我国，食品营养强化剂也属于食品添加剂。食品卫生法明确规定：食品营养强化剂是指“为增强营养成分而加入食品中的天然的或者人工合成的属于天然营养素范围的食品添加剂”。

此外，在食品加工和原料处理过程中，为使之能够顺利进行，还有可能应用某些辅助物质。这些物质本身与食品无关，如助滤、澄清、吸附、脱模、脱色、脱皮、提取溶剂、发酵用营养物质等，它们一般应在食品成品中除去而不应成为最终食品的成分，或仅有残留，对于这类物质特称为食品加工助剂。

联合国粮农组织(FAO)和世界卫生组织(WHO)联合组成的食品法规委员会(CAC)在1983年规定：“食品添加剂是指本身不作为食品消费，也不是食品特有成分的任何物质，而不管其有无营养价值。它们在食品的生产、加工、调制、处理、充填、包装、运输、储存等过程中，由于技术（包括感官）的目的，有意加入食品中或者预期这些物质或其副产物会直接或间接成为食品的一部分，或者改善食品的性质。它不包括污染物或者为保持、提高食品营养价值而加入食品中的物质。”此定义既不包括污染物也不包括食品营养强化剂。中国规定的食品添加剂则包括食品营养强化剂。

2. 食品添加剂的分类

食品添加剂可按其来源、功能和安全性来分类。

（1）按来源分　食品添加剂可分为天然食品添加剂（如动植物的提取物、微生物的代谢产物等）和人工化学合成品。人工化学合成品又可细分为一般化学合成品和人工合成天然同等物（如天然同等香料、色素等)。

（2）按功能分　根据中国2011年颁布的《食品安全国家标准 食品添加剂使用标准》(GB 2760—2011）规定，按其主要功能作用的不同分为：酸度调节剂、抗结剂、消泡剂、抗氧化剂、漂白剂、膨松剂、胶基糖果中基础剂物质、着色剂、护色剂、乳化剂、酶制剂、增味剂、面粉处理剂、被膜剂、水分保持剂、营养强化剂、防腐剂、稳定剂和凝固剂、甜味剂、增稠剂、食品用香料、食品工业用加工助剂和其他共23类。

（3）按安全性分　CCFA（联合国食品添加剂法规委员会）曾在JECFA（FAO/WHO联合食品添加剂专家委员会）讨论的基础上将食品添加剂分为A、B、C三类，每类再细分为①、②两类。

A 类：①已制定人体每日容许摄入量（ADI）；②暂定 ADI 者。

B 类：①曾进行过安全评价，但未建立 ADI 值；②未进行过安全评价者。

C 类：①认为在食品中使用不安全；②应该严格限制作为某些特殊用途者。

二、食品添加剂的使用标准

食品添加剂质量指标是各种食品添加剂能否使用和能否保证消费者安全及健康的关键，而编制各种食品添加剂的质量指标则是成立各种法定组织的主要目的。

联合国的“食品添加剂法规委员会（CCFA）”和联合国的“FAO/WHO 食品添加剂专家委员会（JECFA）”，至 1993 年共编有标准 565 种。

美国则由食品和药物管理局（FDA）制定法规，然后通过《食品化学法典（FCC）》予以公布，至 1993 年共编制公布标准 924 种。

中国由“中国食品添加剂标准化技术委员会”审定，相应地由各部委批准后再报国家标准局编制国家标准的编号（GB）。在质量指标中一般分为三个方面：外观、含量和纯度，有的还包括微生物指标和黄曲霉毒等毒物指标。

绝大部分食品生产的配料，都包括主要原料、辅料及食品添加剂，对于营养强化的食品还要添加营养强化剂。我国对于食品添加剂的使用应符合《食品添加剂使用标准》（GB 2760—2011）和《食品营养强化剂使用卫生标准》（GB 14880—2012）的规定，并符合相关产品标准的规定，所生产食品的理化指标也应符合 GB 2760—2011 和 GB 14880—2012 的规定。

《食品添加剂使用标准》（GB 2760—2011）（节选）如下。

1. 前言

本标准代替 GB 2760—2007《食品添加剂使用卫生标准》。

本标准与 GB 2760—2007 相比，主要变化如下：

——修改了标准名称；

——增加了 2007 年至 2010 年第 4 号卫生部公告的食品添加剂规定；

——调整了部分食品添加剂的使用规定；

——删除了表 A.2 食品中允许使用的添加剂及使用量；

——调整了部分食品分类系统，并按照调整后的食品类别对食品添加剂使用规定进行了调整；

——增加了食品用香料、香精的使用原则，调整了食品用香料的分类；

——增加了食品工业用加工助剂的使用原则，调整了食品工业用加工助剂名单。

2. 范围

本标准规定了食品添加剂的使用原则、允许使用的食品添加剂品种、使用范围及最大使用量或残留量。

3. 术语和定义

3.1 食品添加剂

为改善食品品质和色、香、味，以及为防腐、保鲜和加工工艺的需要而加入食品中的人工合成或者天然物质。营养强化剂、食品用香料、胶基糖果中基础剂物质、食品工业用加工助剂也包括在内。

3.2 最大使用量

食品添加剂使用时所允许的最大添加量。

3.3 最大残留量

食品添加剂或其分解产物在最终食品中的允许残留水平。

3.4 食品工业用加工助剂

保证食品加工能顺利进行的各种物质，与食品本身无关。如助滤、澄清、吸附、脱模、脱色、脱皮、提取溶剂、发酵用营养物质等。

3.5 国际编码系统（INS)

食品添加剂的国际编码，用于代替复杂的化学结构名称表述。

3.6 中国编码系统（CNS)

食品添加剂的中国编码，由食品添加剂的主要功能类别（见附录 E）代码和在本功能类别中的顺序号组成。

4. 食品添加剂的使用原则

4.1 食品添加剂使用时应符合以下基本要求：

a）不应对人体产生任何健康危害；

b）不应掩盖食品腐败变质；

c）不应掩盖食品本身或加工过程中的质量缺陷或以掺杂、掺假、伪造为目的而使用食品添加剂；

d）不应降低食品本身的营养价值；

e）在达到预期目的前提下尽可能降低在食品中的使用量。

4.2 在下列情况下可使用食品添加剂：

a）保持或提高食品本身的营养价值；

b）作为某些特殊膳食用食品的必要配料或成分；

c）提高食品的质量和稳定性，改进其感官特性；

d）便于食品的生产、加工、包装、运输或者储藏。

4.3 食品添加剂质量标准

按照本标准使用的食品添加剂应当符合相应的质量规格要求。

4.4 带入原则

在下列情况下食品添加剂可以通过食品配料（含食品添加剂）带入食品中：

a）根据本标准，食品配料中允许使用该食品添加剂；

b）食品配料中该添加剂的用量不应超过允许的最大使用量；

c）应在正常生产工艺条件下使用这些配料，并且食品中该添加剂的含量不应超过由配料带入的水平；

d）由配料带入食品中的该添加剂的含量应明显低于直接将其添加到该食品中通常所需要的水平。

5. 食品分类系统

食品分类系统用于界定食品添加剂的使用范围，只适用于本标准，见附录 F。如允许某一食品添加剂应用于某一食品类别时，则允许其应用于该类别下的所有类别食品，另有规定的除外。

6. 食品添加剂的使用规定

食品添加剂的使用应符合附录 A 的规定。

7. 营养强化剂

营养强化剂的使用应符合 GB 14880—2012 和相关规定。

8. 食品用香料

用于生产食品用香精的食品用香料的使用应符合附录B的规定。

9. 食品工业用加工助剂

食品工业用加工助剂的使用应符合附录C的规定。

10. 胶基糖果中基础剂物质及其配料

胶基糖果中基础剂物质及其配料的使用应符合附录D的规定。

【任务实施】

1. 查找《食品安全国家标准 食品添加剂使用标准》(GB 2760—2011)，了解我国食品添加剂的种类及最大使用量。

2. 指出以下食品配方中的食品添加剂以及作用。

(1) 菠萝汽水配方　菠萝汁、苹果酸钠 、白砂糖、菠萝香精、柠檬酸、柠檬黄、苹果酸、柠檬酸钠、水等。

(2) 方便面面饼配方　水、碘盐、醋酸酯化淀粉、纯碱、谷朊粉、白砂糖、复合磷酸盐、茶多酚等。

3. 结合生活实际，举一例生活中我们食用食品的配方，并指出该配方中的食品添加剂及其作用。

注：以上任务的完成请注明参考文献及网址。

【任务评价】

1. 知识目标的完成：是否了解食品添加剂的种类及功能。

2. 能力目标的完成：是否能利用图书馆资料和互联网查阅相关文献资料。

任务二　防腐剂的生产技术

【任务提出】

食品除少数物品如食盐等以外,几乎全都来自动植物。各种生鲜食品,在植物采收或动物屠宰后,若不能及时加工或加工不当,往往造成败坏变质,带来很大损失。而防腐剂可以防止由微生物引起的食品腐败变质,延长食品的保存期,同时它还具有防止由微生物污染引起的食物中毒作用。

【相关知识】

防腐剂就是能够杀灭微生物或抑制其繁殖作用,减轻食品在生产、运输、销售等过程中因微生物而引起腐败的食品添加剂。防腐剂可以有广义和狭义之不同。狭义的防腐剂主要指山梨酸、苯甲酸等直接加入食品中的化学物质;广义的防腐剂除包括狭义防腐剂所指的化合物质外,还包括那些通常认为是调味料而具有防腐作用的物质,如食盐、醋等,以及那些通常不直接加入食品,而在食品储藏过程中应用的消毒剂和防腐剂等。作为食品添加剂应用的防腐剂是指为防止食品腐败、变质,延长食品保存期,抑制食品中的微生物繁殖的物质,但在食品中具有同样作用的调味品如食盐、糖、醋、香辛料等不包括在内。食品容器消毒灭菌的消毒剂亦不在此列。为了很好地防止食品腐败变质,除了应选择适当的防腐剂外,还应注意发挥综合的食品防腐作用,诸如食品的加工工艺、包装材料及其功能作用,以及食品的储藏、运输、销售条件等。而重要的则是不断发展、应用更为安全、有效和经济的防腐剂品种。由于科学技术的发展,特别是分析检测方法的进步，人们认识到过去使用的某些防腐剂，如硼砂、甲醛、水杨酸和焦碳酸二乙酯等，在对食品防腐的同时还可对人体带来一定的危害而被相继禁用。另一方面某些新的防腐剂，由于其安全性更高且有效而被人们进一步扩大使用。与此同时人们还在不断寻求发展新的更好的品种。

防腐剂一般分为酸型防腐剂、酯型防腐剂和生物防腐剂。

酸型防腐剂是指能在水溶液中发生离解作用的酸及其盐类。这类防腐剂的抑菌效果主要取决于它们未解离的酸分子，其效力随 pH 而定，酸性越大，效果越好，在碱性环境中几乎无效。GB 2760—2011 中酸型防腐剂包括苯甲酸及其钠盐，山梨酸及其钾盐，丙酸及其钠、钙盐，脱氢乙酸及其钠盐，双乙酸钠，二氧化碳共 11 种物质。

酯型防腐剂是指在水溶液中不会发生分子解离作用的一类有机酯类防腐剂，这类防腐剂成本较高，对霉菌、酵母与细菌有广泛的抗菌作用，抗菌 pH 范围广，可用于低酸性食品的防腐。GB 2760—2011 中酯型防腐剂包括对羟基苯甲酸酯类及其钠盐、单辛酸甘油酯共 6 种物质。

生物型防腐剂主要是乳酸链球菌素和纳他霉素，乳酸链球菌素是乳酸链球菌属微生物的代谢产物，可用乳酸链球菌发酵提取而得。乳酸链球菌素的优点是在人体的消化道内可为蛋白水解酶所降解，因而不以原有的形式被吸收入体内，是一种比较安全的防腐剂，但是由于担心滥用抗生素会产生各种耐药性微生物，所以各国绝大多数抗生素均不许可用于食品，只有乳酸链球菌素和纳他霉素是仅有的两种经过安全评价准许用于食品保藏的生物防腐剂。

下面重点介绍山梨酸及其盐和对羟基苯甲酸酯类的生产方法及应用技术。

一、山梨酸及其盐

山梨酸由于在水中的溶解度有限，故常使用其钾盐。山梨酸是一种不饱和脂肪酸，被人体的代谢系统吸收而迅速分解为二氧化碳和水，在人体内无残留，目前的资料显示对人体是无害的。山梨酸钾是国际防腐剂产业最大的部分，是国际粮农和卫生组织推荐的防腐剂，苯甲酸钠次之，主要用于软饮料、果汁和沙司。

山梨酸又称花楸酸，其化学结构为： $CH_3—CH═CH—CH═CH—COOH$ 。其纯品为无色单斜晶或结晶性粉末，具有特殊气味和酸味，熔点 133～135℃，沸点 228℃（分解），对光、热均稳定，但长期置于空气中易被氧化着色。微溶于水，在 20℃ 水中溶解度为 0.16%，100℃时是 3.8%，易溶于乙醇。水溶液加热时，与水蒸气一起挥发。

山梨酸是一种国际公认安全（GRAS）的防腐剂，安全性很高。联合国粮农组织、世界卫生组织、美国 FDA 都对其安全性给予了肯定。山梨酸适用于 pH 为 5.5 以下的食品防腐，是一种新型的食品防腐剂，能有效地抑制霉菌、酵母菌和好气菌的生长，并能保持食品的原有风味。山梨酸作为一种不饱和脂肪酸，如食品中存在的其它不饱和脂肪酸一样，能参加人体正常的新陈代谢，最后分解成二氧化碳和水，故山梨酸可看作是食品的成分，对人体无害，其毒性为苯甲酸的 1/4，食盐的 1/2，防腐效果却是苯甲酸的 5～10 倍。

山梨酸钾为白色鳞片状结晶，稍有臭味。在空气中放置会吸湿，也会被氧化着色，易溶于水。对光、热稳定，相对密度 1.363，熔点为 270℃（分解），其 1% 溶液的 pH 值为 7～8。

山梨酸钾为酸性防腐剂，具有较高的抗菌性能，抑制霉菌的生长繁殖；其主要是通过抑制微生物体内的脱氢酶系统，从而达到抑制微生物的生长和起防腐作用，对细菌、霉菌、酵母菌均有抑制作用；其效果随 pH 值的升高而减弱，pH 值达到 3 时抑菌达到顶峰，pH 值达到6时仍有抑菌能力。在我国可用于酱油、醋、面酱类、果酱类、酱菜类、罐头类和一些酒类等食品的防腐。

1. 生产方法

(1) 巴豆醛和乙烯酮法　巴豆醛和乙烯酮在催化剂（等物质的量三氟化硼、氯化锌、氯化铝以及硼酸和水杨酸在150℃加热处理所得）存在下，于0℃反应生成已烯酸内酯。然后加入硫酸酸解，在80℃加热3h，冷却析出山梨酸粗结晶，再用水重结晶精制得产品。其化学反应式为：

$$CH_3CH{=}CHCHO + H_2C{=}C{=}O \xrightarrow{\text{催化剂}} \xrightarrow{\text{酸解}} CH_3CH{=}CH{-}\overset{H}{C}{=}CHCOOH$$

该法原料易得，成本低，收率较高，具有较好的经济效益。是目前国内生产普遍采用的方法。但是乙烯酮不稳定，有毒，沸点低，难以运输，催化剂具有腐蚀性，由于采用酸水解，所以还存在废水污染和腐蚀问题。此工艺可以通过改变催化剂来提高产率。

(2) 巴豆醛和丙酮法　巴豆醛与丙酮以$Ba(OH)_2 \cdot 8H_2O$为催化剂，于60℃缩合生成巴豆基丙酮，再经过次氯酸钠和氢氧化钠处理得山梨酸钠，再经硫酸中和，水洗，重结晶制得山梨酸。其化学反应式如下：

$$CH_3CH{=}CHCHO + H_3C{-}\overset{\overset{\large O}{\|}}{C}{-}CH_3 \xrightarrow[\text{缩合}]{Ba(OH)_2 \cdot 8H_2O}$$

$$CH_3CH{=}CHCH{=}CH\overset{\overset{\large O}{\|}}{C}CH_3 \xrightarrow[NaOH]{NaClO} CH_3CH{=}CHCH{=}CH\overset{\overset{\large O}{\|}}{C}ONa$$

$$\xrightarrow{H_2SO_4} CH_3CH{=}CHCH{=}CHCOOH$$

本工艺简单，原料及催化剂便宜，但副产品多，有三废污染，路线较长，收率较低，对收率影响最大的是第一步反应，收率为70%。有报道用专门合成的特殊催化剂来提高收率，并中试成功。目前我国多采用此法生产山梨酸和山梨酸钾（钠）。

(3) 乙酸、丁二烯法　乙酸和丁二烯为原料，制备出乙烯基-γ-丁内酯，酸化得山梨酸。

$$CH_3COOH + H_2C{=}CHCH{=}CH_2 \xrightarrow[140℃,\text{加压}]{Mn(Ac)_2}$$

$$\begin{array}{l} H_2C{=}CHCH{-}CH_2 \\ \quad\quad\ \ | \quad\quad\ \ | \\ \quad\quad\ O \quad\ \ CH_2 \\ \quad\quad\quad \diagdown\ \diagup \\ \quad\quad\quad\ \ C \\ \quad\quad\quad\ \ \| \\ \quad\quad\quad\ \ O \end{array} \xrightarrow[\text{盐酸}]{100℃} CH_3CH{=}CHCH{=}CHCOOH$$

此工艺合成路线短，原料来源丰富，价格低廉，工艺条件温和，无三废污染。我国在这方面的研究取得一定进展。该法收率较高，是合成山梨酸的新途径。

(4) 乙炔、烯丙基氯和一氧化碳合成法　用烯丙基氯、乙炔、一氧化碳和水反应，得到2，5-己二烯酸，然后在四羰基镍作用下重排为山梨酸。

$$CH{\equiv}CH + H_2C{=}CHCH_2Cl + CO + H_2O \longrightarrow$$

$$H_2C{=}CHCH_2CH{=}CHCOOH \xrightarrow{Ni(CO)_4} CH_3CH{=}CHCH{=}CHCOOH$$

该法优点是在室温下即可进行，并且产率也较高。但四羰基镍和一氧化碳有毒，使用时须注意安全。

山梨酸钾可由碳酸钾或氢氧化钾和山梨酸反应而制备得到。

2. 应用技术

（1）质量指标　山梨酸的质量指标应符合 GB 1905—2000 技术要求，见表 6-1。山梨酸钾的质量指标应符合 GB 13736—2008 技术要求，见表 6-2。出口到欧美发达国家的产品，还应同时符合 FCCIV 等相关标准。

表 6-1　山梨酸的质量指标

项　目	指　标
色泽及外形	白色结晶粉末
熔点/℃	132～135
含量(以干基计)/%	99.0～101.0
灼烧残渣/%　　≤	0.2
重金属(以 Pb 计)/%　　≤	0.001
砷(以 As 计)/%　　≤	0.0002
水分/%　　≤	0.5

表 6-2　山梨酸钾的质量指标

项　目	指　标
色泽及外形	白色或类白色粉末或颗粒
熔点/℃	270(分解)
含量(以干基计)/%	98.0～101.0
澄清度	通过试验
游离碱试验	通过试验
干燥减量/%　　≤	1.0
氯化物(以 Cl 计)/%　　≤	0.018
硫酸盐(以 SO_4 计)/%　　≤	0.038
醛(以 HCHO 计)/%　　≤	0.1
重金属(以 Pb 计)/(mg/kg)　　≤	10
砷(以 As 计)/(mg/kg)　　≤	3
铅(Pb)/(mg/kg)　　≤	2

（2）安全性　对山梨酸的安全性毒理学评价为：ADI（每日允许摄入量）为 0～25mg/(kg·d)（以山梨酸计，FAO/WHO 1994）；LD_{50}（经口半致死量）为 10.5g/kg(大鼠，经口)；GRAS（FDA，1994），GRAS 是 generally recognized as safe 的缩写，其含义是一般认为安全，是美国食品药物管理局使用的检验标记，表示食品安全可用。

对山梨酸钾的安全性毒理学评价为：ADI(每日允许摄入量)为 0～25mg/(kg·d)(FAC/WHD)；LD_{50}（经口半致死量)为 4.2～6.17g/kg(大鼠，经口)。因此，山梨酸（钾）是国际公认的高效、低毒、安全的食品防腐剂。

（3）应用　在食品的防腐防霉保鲜方面，山梨酸的具体应用如下。

① 鱼肉制品类。抑制霉菌的致腐作用，保持食品长期不腐败。最大使用量为 1.0g/kg。

② 肉制品类。当 pH 为 6 时，山梨酸防腐效果等同于高浓度亚硝酸盐或更佳，同时减少致癌性物质亚硝酸铵的生成。为此，普通肉类防腐保鲜常选用山梨酸（钾）。最大使用量为 0.075g/kg。

③ 水产品类。能抑制鱼类及制品中因霉菌而致霉变。最大使用量为 0.075g/kg。

④ 豆制品类。豆酱内添加山梨酸后能抑制霉变。最大使用量为 1.0g/kg。

⑤ 乳制品类。山梨酸喷涂、浸渍天然奶干酪，可维护其鲜质度。最大使用量为 1.0g/kg。

⑥ 果子酱与番茄沙司。添加山梨酸能控制霉变。番茄沙司添加山梨酸能收到防治腐败

变质的效果。最大使用量为1.0g/kg。

⑦ 烘焙食品类。将山梨酸添加或喷洒在烘焙食品上，可明显延长保存(质)期。最大使用量为1.0g/kg。

山梨酸还广泛应用于复配型防腐剂，如山梨酸钾、焦磷酸钠、酸式焦磷酸钠、聚磷酸钠、葡萄糖酸-δ-内酯、富马酸、蔗糖酯、*dl*-苹果酸等复配成适用于不同食品的复配型防腐剂。

二、对羟基苯甲酸酯类

对羟基苯甲酸酯俗称尼泊金酯（结构通式为：HO—⟨苯环⟩—$COOC_nH_{2n+1}$，其中$n=1\sim12$)，包括其甲酯、乙酯、丙酯、异丙酯、丁酯、异丁酯、戊酯、庚酯、辛酯等。尼泊金酯是无色细小的晶体或结晶性粉末，几乎无臭，稍有涩味，对光和热均稳定，无吸湿性，微溶于水，易溶于乙醇，所以通常将它们先溶于氢氧化钠、乙酸、乙醇中，然后使用。为更好发挥防腐作用，最好是两种或两种以上的该酯类混合使用。它是目前国际上采用的安全有效的抑菌剂和防腐剂，广泛地应用于食品、医药及化妆品等行业。随着尼泊金酯中烷基碳链的增大，尼泊金酯的毒性降低，抑菌性增大。我国主要使用对羟基苯甲酸甲酯钠和对羟基苯甲酸乙酯及其钠盐。尼泊金酯与传统的苯甲酸、山梨酸等防腐剂相比，具有高效、低毒、易配伍、使用pH范围宽等特点，是我国重点发展的食品防腐剂之一。

对羟基苯甲酸乙酯为白色结晶或结晶性粉末，有特殊香味，味微苦、稍有涩味。熔点116～118℃，沸点297～298℃（分解），密度1.168g/cm^3。几乎不溶于冷水［25℃时为0.17%（质量体积浓度），80℃时为0.86%（质量体积浓度)］，易溶于乙醇、乙醚、丙酮或丙二醇等。pH=3～6的水溶液在室温稳定，能在120℃灭菌20min不分解，pH>8时水溶液易水解。

对羟基苯甲酸甲酯钠为白色或类白色结晶性粉末，分子式为$C_8H_7NaO_3$，在水中易溶，在乙醇中微溶，在二氯甲烷中几乎不溶。

1. 制备方法

工业上以苯酚为原料，加入氢氧化钾或碳酸钾，加热反应生成苯酚钾。将苯酚钾移入高压釜内，进行脱水干燥。在130～140℃和405.3～709.5kPa压力下，通入足量的CO_2，升温至180～220℃，反应6～8h。将反应产物溶解在热水中，用活性炭和锌粉脱色，趁热过滤，加入盐酸析出对羟基苯甲酸。

$$C_6H_5OK + CO_2 \xrightarrow[405.3\sim709.5\text{kPa}]{180\sim220℃} HO\text{—}C_6H_4\text{—}COOK \xrightarrow{HCl} HO\text{—}C_6H_4\text{—}COOH$$

对羟基苯甲酸与相应的醇（如乙醇、丙醇、丁醇等）在硫酸催化下进行酯化反应，温度为70～80℃。析出的酯经脱色后，用乙醇进行重结晶。以对羟基苯甲酸乙酯为例。

反应器中加入对羟基苯甲酸、无水乙醇及催化剂，在搅拌条件下加热至回流，回流液经4A分子筛脱水后返回反应器，连续反应2h，当温度上升至115～135℃时，保温1h，反应完毕，趁热过滤，滤液倒入适量冷水中，固体粗产物即从水中析出。将粗酯与乙醇、水及活性炭按一定比例进行脱色和重结晶处理，干燥得产品。

2. 应用技术

(1) 质量指标　对羟基苯甲酸乙酯的质量指标应符合GB 8850—2005的技术要求，见表6-3。

表 6-3　对羟基苯甲酸乙酯技术指标

项　　目		指　标
对羟基苯甲酸乙酯(以干基计)的质量分数/%		99.0～100.5
熔点/℃		115～118
游离酸(以对羟基苯甲酸计)的质量分数/%	≤	0.55
硫酸盐的质量分数/%	≤	0.024
干燥减量的质量分数/%	≤	0.50
灼烧残渣的质量分数/%	≤	0.05
砷的质量分数/(mg/kg)	≤	1
重金属/(mg/kg)	≤	10

注：砷的质量分数和重金属（以铅计）的质量分数为强制性要求。

(2) 安全性　对羟基苯甲酸甲酯的安全性毒理学评价为：LD_{50}＞500mg/kg（大鼠皮下）、LC_{50}＞8mg/kg（小鼠经口）、LD_{50} 为 960mg/kg（小鼠腹膜腔）、小鼠皮下 LC_{50} 为 1200mg/kg、兔子经口 LD_{50} 为 6mg/kg、豚鼠经口 LD_{50} 为 3mg/kg。

对羟基苯甲酸乙酯其 LD_{50} 为 5000mg/kg，ADI 为 0～10mg/kg。

(3) 应用　我国已将对羟基苯甲酸甲酯钠和对羟基苯甲酸乙酯及其钠盐列入食品添加剂使用标准，规定对羟基苯甲酸甲酯钠和对羟基苯甲酸乙酯及其钠盐在果酱（罐头除外）最大使用量为 0.25g/kg，醋最大使用量为 0.25g/kg，酱油最大使用量为 0.25g/kg，碳酸饮料最大使用量为 0.20g/kg，风味饮料（包括果味饮料、乳味、茶味、咖啡味及其他味饮料等）(仅限果味饮料）最大使用量为 0.25g/kg，经表面处理的鲜水果最大使用量为 0.012g/kg，热凝固蛋制品（如蛋黄酪、松花蛋肠）0.2g/kg（以对羟基苯甲酸计)。

【任务实施】

1. 我国列入食品添加剂使用标准的防腐剂有哪些？常用防腐剂的制备方法有哪些？
2. 说明苯甲酸钠的性质和用途。
3. 设计苯甲酸钠的制备方法（含原理、原料、操作步骤）。
4. 设计一个复配防腐剂配方。

注：注明参考文献及网址。

【任务评价】

1. 知识目标的完成：是否了解食品防腐剂的品种及制备方法？
2. 能力目标的完成：

① 是否能利用图书馆资料和互联网查阅相关文献资料？

② 是否能设计化合物的制备方法？

③ 是否能完成配方的设计？是否合理？

任务三　抗氧化剂的生产技术

【任务提出】

食品变质除了微生物引起的之外，还有一个重要的原因就是氧化。氧化不仅会使食品中的油脂变质，而且还会使食品变色、退色和破坏维生素等，从而降低食品的感官质量和营养价值，甚至产生有害物质，引起食物中毒。为防止这种食品变质的产生，可在食品中使用抗氧化剂。

【相关知识】

能够阻止或延缓食品氧化，以提高食品的稳定性和延长储存期的食品添加剂称为抗氧化剂。抗氧化剂按来源分为天然抗氧化剂和合成抗氧化剂。按溶解性分类为油溶性抗氧化剂、水溶性抗氧化剂和兼溶性抗氧化剂。油溶性抗氧化剂有丁基羟基茴香醚（BHA）、二丁基羟基甲苯（BHT）和没食子酸丙酯（PG）等人工合成的油溶性抗氧化剂以及混合生育酚浓缩物及愈创树脂等天然的油溶性抗氧化剂。水溶性抗氧化剂包括抗坏血酸及其钠盐、钙盐等人工合成品，从米糠、麸皮中提制的天然品植酸即肌醇六磷酸。兼溶性抗氧化剂有抗坏血酸棕榈酸酯等。

目前，食品中常用的抗氧化剂有：二丁基羟基甲苯（BHT）主要用于食用油脂、干鱼制品；叔丁基对羟基茴香醚（BHA）主要用于食用油脂；没食子酸丙酯（PG）主要用于油炸食品、方便面和罐头；维生素 E 主要用于婴儿食品、奶粉；维生素 C 和异维生素 C 主要用于鱼肉制品、冷冻食品等。茶多酚类即从茶叶中提取的抗氧化物质，含有 4 种组分：表没食子儿茶素、表没食子儿茶素没食子酸酯、表儿茶素没食子酸酯以及儿茶素，它的抗氧化能力比维生素 E、维生素 C、BHT、BHA 强几倍，因此茶多酚类抗氧化剂已经商品化生产。

一、维生素 E

维生素 E（vitamin E）又称生育酚，是指具有 α-生育酚生物活性的一类物质，广泛存在于绿色植物中，具有抑制植物组织中脂溶性成分氧化的功能。自然界中共有 8 种：α-T，β-T，γ-T，δ-T 4 种生育酚，α-TT，β-TT，γ-TT，δ-TT 4 种生育三烯酚，α-生育酚是自然界中分布最广泛、含量最丰富、活性最高的维生素 E 形式。维生素 E 溶于脂肪和乙醇等有机溶剂中，不溶于水，对热、酸稳定，对碱不稳定，对氧敏感，对热不敏感，但油炸时维生素 E 活性明显降低。

维生素 E 不仅可作为抗氧化剂，还可以作为食品强化剂提高人体的免疫功能，具有一定延缓人体衰老的功能。维生素 E 的抗氧化能力较丁基羟基茴香醚、二丁基羟基甲苯弱，但安全性高。但摄食过多也会出现维生素过剩症状，影响人体类固醇激素的代谢。

1. 制备方法

（1）天然维生素 E 的提取　天然维生素 E 一般以含有丰富维生素 E 的玉米油、麦胚芽油、豆油及棉籽油加工后的副产物（如油渣、油脚或脱臭馏出物）为提取原料，通过酯化-冷析和蒸馏法提取。

将小麦胚芽油碱炼时所得的皂角用氢氧化钠乙醇溶液再进行皂化，然后用溶剂（甲醇、乙醇等）萃取，将所得的不皂化溶液冷冻分离，溶液经脱色可得维生素 E 溶液，再将其蒸馏可得浓度更高的产品。流程如图 6-1 所示。

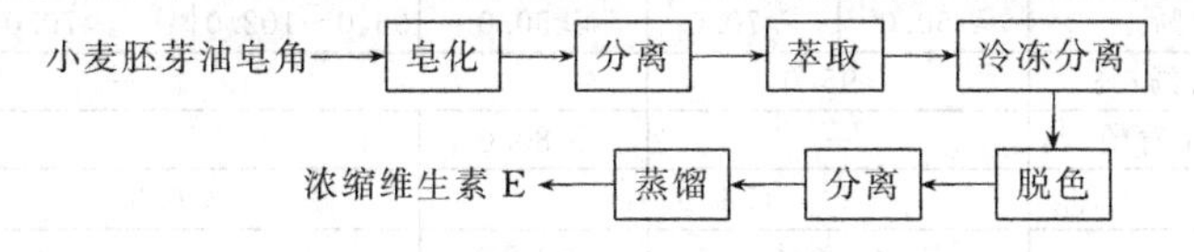

图 6-1　皂角中提取浓缩维生素 E 工艺流程

油渣中提取的天然维生素 E 浓度可达到 50%左右，而脱臭馏出物获得的维生素 E 浓度可达到 80%左右。往脱臭所得馏出物中加入甲醇，待全部溶解后，用浓硫酸作催化剂，加热回流进行酯化反应，反应完毕用碱液中和，将溶液冷却，过滤除去结晶物，将溶液先蒸馏回收溶剂，再进行真空蒸馏得产品。优点是工艺简单，条件温和，能耗低，缺点就是溶剂回收困难，会带有少许杂质。

（2）维生素 E（*dl*-α-醋酸生育酚）的制备 工业合成的维生素 E 基本上是非光学纯的混合物，其基本合成工艺是以 2,3,5-三甲基氢醌和异植醇为原料合成的。反应式如下：

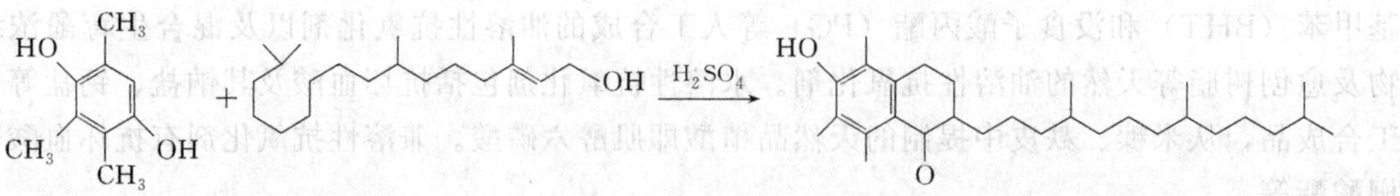

因为 α-生育酚不稳定，一般将 α-生育酚用醋酐进行酯化，得到比较稳定的 α-醋酸生育酚。

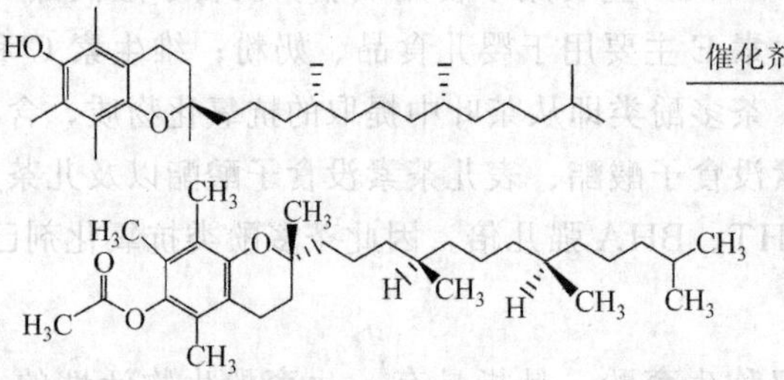

三甲基氢醌即 2,3,5-三甲基氢醌，又名 2,3,5-三甲基对苯二酚。工业化合成三甲基氢醌主要有 1,2,4-三甲苯及间甲酚两条路线。目前，1,2,4-三甲苯法由于工艺路线复杂，流程长，产品收率低，使用大量的高强度酸与碱，环境污染严重，已基本淘汰。而间甲酚法因其工艺路线具有流程短、产品收率较高、污染小等优点，是目前三甲基氢醌的主要合成工艺路线。

2. 应用技术

（1）质量指标 维生素 E（*dl*-α-醋酸生育酚）的质量指标应符合 GB 14756—2010 的技术要求，见表 6-4。天然维生素 E 的质量指标应符合 GB 19191—2003 的技术要求，见表 6-5。

表 6-4 维生素 E（*dl*-α-醋酸生育酚）质量指标

项 目	指 标
含量(以 $C_{31}H_{52}O_3$ 计)/%	96.0～102.0
酸度试验	通过试验
重金属(以 Pb 计)/(mg/kg)≤	10

表 6-5 食品添加剂天然维生素 E 理化指标

项 目	指 标	*d*-α-生育酚浓缩液 E50 型	*d*-α-生育酚浓缩液 E70 型	混合生育酚浓缩液	*d*-α-醋酸生育酚	*d*-α-醋酸生育酚浓缩液	*d*-α-琥珀酸生育酚
含量	总生育酚/%	≥50.0	≥70.0	≥50.0	96.0～102.0	≥70.0	96.0～102.0
含量	其中，*d*-α-生育酚/%	≥95.0		—			
含量	*d*-β,*d*-γ-和 *d*-δ-生育酚/%	—		≥80.0	—		
酸度/mL		≤1.0			≤0.5		18.0～19.3
比旋度$[\alpha]_{D25℃}$		≥+24°		≥+20°	≥+24°		
重金属(以 Pb 计)/(mg/kg)		≤10					

注：含量也可以用国际单位表示（IU/g），1mg *d*-α-生育酚＝1.49IU，1mg *d*-α-醋酸生育酚＝1.36IU，1mg *d*-α-琥珀酸生育酚＝1.21IU。

（2）安全性 天然维生素 E 和合成维生素 E 的区别主要在于生理及毒性方面：经鼠口

服试验发现，合成维生素 E 的 LD_{50} 为 5g/kg，而天然维生素 E 则是安全的，美国 FDA 也将之列入 GRAS。用作营养强化剂的天然 *α*-维生素 E 的生理活性是合成产品的 1.49 倍，生物利用率是合成维生素 E 的 5～7 倍。

（3）应用　我国已将维生素 E（*dl*-*α*-生育酚，*d*-*α*-生育酚，混合生育酚浓缩物）列入食品添加剂使用标准，规定熟制坚果与籽类（仅限油炸坚果与籽类）最大使用量为 0.2g/kg（以油脂计），油炸面制品最大使用量为 0.2g/kg（以油脂中的含量计），即食谷物，包括碾轧燕麦（片）最大使用量为 0.085g/kg，果蔬汁（肉）饮料（包括发酵型产品等）最大使用量为 0.2g/kg，蛋白饮料类最大使用量为 0.2g/kg，其他型碳酸饮料最大使用量为 0.2g/kg，非碳酸饮料（包括特殊用途饮料、风味饮料）最大使用量为 0.2g/kg，茶、咖啡、植物饮料类最大使用量为 0.2g/kg，蛋白型固体饮料最大使用量为 0.2g/kg，膨化食品最大使用量为 0.2g/kg（以油脂中的含量计）。

二、丁基羟基茴香醚（BHA）

丁基羟基茴香醚分子式为 $C_{11}H_{16}O_2$，白色或微黄色结晶状物，带有酚类的特异臭气和有刺激性的气味，通常为 3-BHA 和 2-BHA 的混合物。熔点 48～63℃，随混合比不同而异。沸点 264～270℃（98kPa），高浓度时略有酚味，易溶于乙醇（25g/100mL，25℃）、丙二醇和油脂，不溶于水。

3-BHA 的抗氧化效果比 2-BHA 强 1.5～2 倍，两者混用有增效作用。丁基羟基茴香醚（BHA）对热较稳定，在弱碱性条件下不容易被破坏，因此是一种良好的抗氧化剂。BHA 对动物性脂肪的抗氧化作用较之对不饱和植物油更有效。尤其适用于使用动物脂肪的焙烤制品。BHA 因有与碱土金属离子作用而变色的特性，所以在使用时应避免使用铁、铜容器。将有螯合作用的柠檬酸或酒石酸等与本品混用，不仅起增效作用，而且可以防止由金属离子引起的呈色作用。BHA 具有一定的挥发性和能被水蒸气蒸馏，故在高温制品中，尤其是在煮炸制品中易损失。BHA 也可用于食品的包装材料。

1. 制备方法

（1）对羟基苯甲醚法　使用对羟基苯甲醚制 BHA 是常用的一种方法，其通过对羟基苯甲醚与叔丁醇在催化剂磷酸的作用下进行烷基化反应而制得。其化学反应式如下：

OH、OCH_3（对羟基苯甲醚）$+ (CH_3)_3COH \xrightarrow{催化剂}$ OH、$C(CH_3)_3$、OCH_3 + OH、$C(CH_3)_3$、OCH_3

（2）对苯二酚法　对苯二酚与叔丁醇在催化剂磷酸或硫酸的作用下，反应制得 2-叔丁基对苯二酚，再将 2-叔丁基对苯二酚与硫酸二甲酯进行单甲基反应制得 BHA。其化学反应式如下：

OH、OH（对苯二酚）$+ (CH_3)_3COH \xrightarrow{催化剂}$ OH、$C(CH_3)_3$、OH + $(CH_3)_3C$、OH、$C(CH_3)_3$、OH

OH、$C(CH_3)_3$、OH $+ (CH_3)_2SO_4 \longrightarrow$ OH、$C(CH_3)_3$、OCH_3 + OH、$C(CH_3)_3$、OCH_3

2. 应用技术

(1) 质量指标 丁基羟基茴香醚的质量指标应符合 GB 1916—2008 的理化指标，见表 6-6。

表 6-6 丁基羟基茴香醚理化指标

项 目		指 标
色泽及外形		白色或微黄色结晶或蜡状固体，具有轻微特征性气味
含量($C_{11}H_{16}O_2$)/%	≥	98.5
熔点/℃		48～63
硫酸灰分/%	≤	0.05
重金属(以 Pb 计)/(mg/kg)	≤	2
砷(以 As 计)/(mg/kg)	≤	2

(2) 安全性 丁基羟基茴香醚的安全性毒理学评价为：LD_{50} 为小鼠经口 1100mg/kg (bw)（雄性），小鼠经口 1300mg/kg(bw)（雌性）；大鼠经口 2000mg/kg(bw)，大鼠腹腔注射 200mg/kg（bw）；兔经口 2100mg/kg（bw）。ADI 为 0～0.5mg/kg（FAO/WHO，1994）。BHA 对食品安全的影响一般认为毒性很小，较为安全。日本于 1981 年用含 2% BHA 料喂大白鼠两年，发现其前胃发生扁平上皮癌，故自 1982 年 5 月限令只准用于棕榈油和棕榈仁油中，其他食品禁用。美国将 BHA 从 GRAS（公认安全）类食品添加剂的名单中删除。

(3) 应用 我国将丁基羟基茴香醚（BHA）列入食品添加剂使用标准，规定脂肪、油和乳化脂肪制品最大使用量为 0.2g/kg，基本不含水的脂肪和油最大使用量为 0.2g/kg，熟制坚果与籽类（仅限油炸坚果与籽类）最大使用量为 0.2g/kg，坚果与籽类罐头最大使用量为 0.2g/kg，胶基糖果最大使用量为 0.4g/kg，油炸面制品最大使用量为 0.2g/kg，方便米面制品最大使用量为 0.2g/kg，饼干最大使用量为 0.2g/kg，膨化制品最大使用量为 0.2g/kg，以上均以油脂中的含量计。

三、茶多酚

茶多酚又称茶鞣或茶单宁，是茶叶中多酚类物质的总称，包括黄烷醇类、花色苷类、黄酮类、黄酮醇类和酚酸类等。其中以黄烷醇类物质（儿茶素）最为重要，占多酚类总量的 60%～80%。儿茶素类主要由 EGC、DLC、EC、EGCG、GCG、ECG 等几种单体组成。茶多酚在茶叶中的含量一般在 15%～20%。茶多酚在常温下呈浅黄或浅绿色粉末，易溶于温水（40～80℃）和乙醇溶液；稳定性极强，在 pH 值 4～8、250℃左右的环境中，1.5h 内均能保持稳定，在三价铁离子下易分解。

茶叶的许多作用都是因为茶叶中的茶多酚在起作用。比如茶叶能够保存较长的时间而不变质，这是其他的树叶、菜叶、花草所达不到的。茶多酚可用于食品保鲜防腐，无毒副作用，食用安全。茶多酚渗入其他有机物（主要是食品）中，能够延长储存期，防止食品退色，提高纤维素稳定性，有效保护食品各种营养成分。

1. 制备方法

茶多酚以茶叶为原料制备，可以从绿茶、红茶、乌龙茶等中提取，绿茶中茶多酚含量最高，占其干重的 15%～25%，因此，一般采用绿茶茶末提取茶多酚。提取方法有有机溶剂提取法、离子沉淀提取法和吸附分离提取法。使用较多的方法是有机溶剂提取法。

(1) 有机溶剂提取法 将绿茶茶末加入热水浸提，过滤，减压浓缩滤液后加入氯仿萃取脱除咖啡碱和色素等，水层用乙酸乙酯进行萃取，乙酸乙酯层经浓缩、干燥得茶多酚粗品，再精制得产品。其工艺流程如图 6-2 所示。

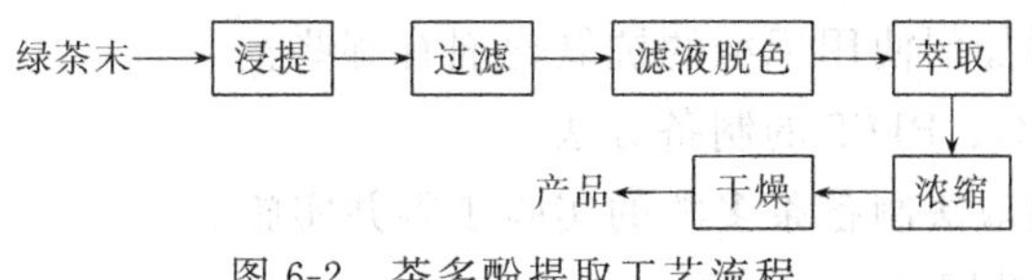

图 6-2　茶多酚提取工艺流程

此法收率较低，溶剂消耗量大，但工艺简单，是目前使用较广的一种工业方法。

(2) 离子沉淀提取法　将茶末加入沸水搅拌浸提，过滤，在滤液中加入沉淀剂，使茶多酚沉淀完全，离心分离沉淀。在沉淀中加稀酸溶解，溶液用乙酸乙酯萃取，萃取液经真空浓缩干燥制得茶多酚。此工艺所得产品纯度高，但工艺操作严格，三废处理量大。

2. 应用技术

(1) 质量指标　茶多酚的质量指标应符合 GB 2154—1995 的理化指标，见表 6-7。

表 6-7　茶多酚理化指标

项　目		指　标			
		粉　状			浸膏
		TP-Ⅰ	TP-Ⅱ	TP-Ⅲ	TP-Ⅳ
茶多酚含量/%	⩾	90	60	30	20
水分/%	⩽	6.0	6.0	6.0	40.0
总灰分/%	⩽	0.3	2.0	2.0	2.0
砷/%	⩽	0.0002	0.0002	0.0002	0.0002
重金属(以铅计)/%	⩽	0.0010	0.0010	0.0010	0.0010
咖啡碱/%	⩽	4.0	—	—	—

(2) 安全性　茶多酚 LD_{50} 为 2.499g/kg。动物长期服用茶多酚未出现体重、血常规、肝肾功能及脏器组织的毒性变化。所以茶多酚属低毒性，对大鼠 0.8g/(kg·d)的剂量相当于成人用量的 100 倍以上，提示临床用药量是安全的。

(3) 应用　茶多酚可用于食品保鲜防腐，无毒副作用，食用安全。其广泛用于动植物油脂、水产品、饮料、油杂食品、调味品等的抗氧化、防腐保鲜、消除异味、改善食品风味。

① 糕点。对高脂肪糕点及乳制品，加入茶多酚不仅可保持其原有的风味，防腐败，延长保鲜期，防止食品退色，抑制和杀灭细菌，提高食品卫生标准，延长食品的销售寿命。最大使用量为 0.4g/kg（以油脂中儿茶素计）。

② 饮料。茶多酚不仅可配制果味茶、柠檬茶等饮料，还能抑制豆奶、汽水、果汁等饮料中的维生素 A、维生素 C 等多种维生素的降解破坏，从而保证饮料中的各种营养成分。植物蛋白饮料最大使用量为 0.1g/kg（以油脂中儿茶素计），蛋白性固体饮料最大使用量为 0.8 g/kg（以油脂中儿茶素计）。

③ 果蔬。在新鲜水果和蔬菜上喷洒低浓度的茶多酚溶液，就可抑制细菌繁殖，保持水果、蔬菜原有的颜色，达到保鲜防腐的目的。

④ 肉类。用于畜肉制品茶多酚对肉类及其腌制品如香肠、肉食罐头腊肉等，具有良好的保质抗损效果，尤其是对罐头类食品中耐热的芽孢菌等具有显著的抑制和杀灭作用，并有消除臭味、腥味，防止氧化变色的作用。最大使用量为 0.4g/kg（以油脂中儿茶素计）。

⑤ 食用油。在食用油储藏中加入茶多酚，能阻止和延缓不饱和脂肪酸的自动氧化分解，从而防止油脂的质变，使油脂的储藏期延长一倍以上。最大使用量为 0.4g/kg（以油脂中儿茶素计）。

【任务实施】

1. 我国列入食品添加剂使用标准的抗氧化剂有哪些？

2. 写出抗氧化剂 PG、BHT 的制备方法。

3. 设计有机溶剂提取法制备茶多酚的实验步骤并实施。

注：注明参考文献及网址。

【任务评价】

1. 知识目标的完成：是否了解典型食品抗氧化剂的品种及制备方法？

2. 能力目标的完成：

① 是否能利用图书馆资料和互联网查阅相关文献资料？

② 是否能完成实验步骤的设计？

③ 是否按照设计的实验步骤做出合格的产品？

3. 情感目标的完成：

① 实验步骤操作中是否体现 HES 的相关要求？

② 是否体现互助合作的团结协作精神？

③ 是否有良好的职业素养？

任务四　乳化剂的生产

【任务提出】

在食品加工过程中，食品加工除需乳化、分散、悬浮、起泡、润湿、增溶、助溶、破乳等外，在食品中还需增稠、润滑、保护、抑泡、消泡等，同时还需要能与食品中的类脂、蛋白质、碳水化合物相互作用，改进和提高食品质量，对此起着重要作用的就是食品乳化剂。

【相关知识】

食品乳化剂是一类多功能的高效食品添加剂，添加于食品后可显著降低油水两相界面张力，使互不相溶的油（疏水性物质）和水（亲水性物质）形成稳定乳浊液的食品添加剂。乳化剂分子具有亲水和亲油两种基团，易在水和油的界面形成吸附层而将二者联结起来。乳化剂属于表面活性剂。食品乳化剂是最重要的食品添加剂之一，它不但具有典型的表面活性作用以维持食品稳定的乳化状态，还表现出许多特殊功能，因而在食品工业中占有重要地位，并得到越来越广泛的应用。

食品乳化剂分为天然和合成两大类。天然食品添加剂主要是由蛋黄制取的卵磷脂和由大豆制取的磷脂。目前，使用的合成食品添加剂主要是脂肪酸多元醇及其衍生物。到目前为止，我国已经批准使用的食品乳化剂有司盘（Span）、吐温（Tween）类、硬脂酰乳酸钠、硬脂酰乳酸钙、蔗糖脂肪酸酯、卡拉胶、可溶性大豆多糖、磷脂、麦芽糖醇和麦芽糖醇液、木糖醇单硬脂酸酯等四十多个产品。

世界上生产和使用食品乳化剂共约 65 类，全世界每年总需求约为 8 亿美元，耗用量 25 万吨以上。消费量较大的 5 类乳化剂中，最多的是甘油脂肪酸酯，约占总量的 53%；居第二位的是大豆磷脂及其衍生物，约占 20%，蔗糖脂肪酸酯和失水山梨醇脂肪酸酯约各占 10%，丙二醇脂肪酸酯约占 6%。

一、甘油单脂肪酸酯

甘油单脂肪酸酯又称硬脂肪酸甘油酯、甘油一酸酯。由脂肪酸和甘油酯化，或用油脂和甘油进行丙三醇解而得到，工业上多用后者。在碱催化剂的作用下，并在200～260℃进行反应所得。工业产品含单酯约50%，其余为二酯和三酯，但不妨碍使用。用分子蒸馏可得到含量90%以上的产品。采用的脂肪酸，可以是硬脂酸、棕榈酸、肉豆蔻酸、油酸、亚油酸等。但在多数情况下采用以硬脂酸为主要成分的混合脂肪酸。甘油单脂肪酸酯是重要的食品用乳化剂。

甘油单脂肪酸酯是由甘油与硬脂酸精制而成，产品为乳白色或浅黄色蜡状或粉状固体，无臭无味。不易溶于水，可分散在热水中，溶于乙醇等溶剂。本品属非离子界面活性剂，兼有亲水和亲油的双重特性，并具有耐高温、耐酸的特点。其HLB值为7.2，无毒，可安全用于食品、药品及化妆品等行业。

1．制备方法

甘油单脂肪酸酯制备方法很多，如直接酯化法、酯交换法、基团保护法、缩水甘油法、生物化学法等，但工业生产方法一般采用硬脂酸与甘油直接酯化，或者酯交换法两种合成路线。

（1）直接酯化法　硬脂酸与甘油在催化剂的作用下，加热到180～200℃，在搅拌下反应2～4h，可得40%～60%（质量分数）的单甘酯。若反应中选用脱水剂进行直接酯化，可得到含量更高的甘油单脂肪酸酯。若不用脱水剂，则需在真空或较高温度（230～250℃），惰性气体流作用下脱去水分。由于反应产物具有较高和相近的沸点，一般需采用高真空蒸馏或分子蒸馏才能将单甘酯的含量提到90%（质量分数）。反应式如下。

$$
\begin{array}{l} CH_2OH \\ | \\ CHOH \\ | \\ CH_2OH \end{array} + C_{17}H_{35}COOH \rightleftharpoons \begin{array}{l} CH_2OH \\ | \\ CHOH \\ | \\ CH_2OOCC_{17}H_{35} \end{array} + \begin{array}{l} CH_2OH \\ | \\ CHOOCC_{17}H_{35} \\ | \\ CH_2OH \end{array} +
$$

$$
\begin{array}{l} CH_2OOCC_{17}H_{35} \\ | \\ CHOH \\ | \\ CH_2OOCC_{17}H_{35} \end{array} + \begin{array}{l} CH_2OOCC_{17}H_{35} \\ | \\ CHOOCC_{17}H_{35} \\ | \\ CH_2OH \end{array} + \begin{array}{l} CH_2OOCC_{17}H_{35} \\ | \\ CHOOCC_{17}H_{35} \\ | \\ CH_2OOCC_{17}H_{35} \end{array}
$$

（2）酯交换法　直接将食用油脂与甘油在催化剂的作用下，在180～250℃温度下发生酯交换反应，反应2～4h，可得约40%（质量分数）的单甘酯，经分子蒸馏获得更高纯度（90%）的单甘酯。反应式如下。

$$
\begin{array}{l} CH_2OH \\ | \\ CHOH \\ | \\ CH_2OH \end{array} + \begin{array}{l} CH_2OOCC_{17}H_{35} \\ | \\ CHOOCC_{17}H_{35} \\ | \\ CH_2OOCC_{17}H_{35} \end{array} \rightleftharpoons \begin{array}{l} CH_2OH \\ | \\ CHOH \\ | \\ CH_2OOCC_{17}H_{35} \end{array} + \begin{array}{l} CH_2OH \\ | \\ CHOOCC_{17}H_{35} \\ | \\ CH_2OH \end{array} +
$$

$$
\begin{array}{l} CH_2OOCC_{17}H_{35} \\ | \\ CHOH \\ | \\ CH_2OOCC_{17}H_{35} \end{array} + \begin{array}{l} CH_2OOCC_{17}H_{35} \\ | \\ CHOOCC_{17}H_{35} \\ | \\ CH_2OH \end{array} + \begin{array}{l} CH_2OOCC_{17}H_{35} \\ | \\ CHOOCC_{17}H_{35} \\ | \\ CH_2OOCC_{17}H_{35} \end{array}
$$

2．应用技术

（1）质量指标　甘油单脂肪酸酯的质量指标应符合GB 15612—1995的理化指标，见表6-8。

表 6-8 甘油单脂肪酸酯的理化指标

项目		指标
单硬脂酸甘油酯含量/%	≥	90.0
碘值/(gI_2/100g)	≤	4.0
凝固点/℃		60.0～70.0
游离酸(以硬脂酸计)/%	≤	2.5
砷(As)/%	≤	0.0001
重金属(以Pb计)/%	≤	0.0005

(2) 安全性 FAO/WHO(1985)规定，ADI不作限制性规定。美国食品和药物管理局(1985)将本品列为一般公认安全物质。因为甘油单脂肪酸酯经人体摄取后，在体内完全水解，形成正常的代谢物质，对人体无害。

(3) 应用 甘油单脂肪酸酯常作为蛋糕油、奶油、咖啡伴侣、冷食、液固体饮料、乳制品、奶糖、饴糖、水果糖、巧克力、面包、饼干、奶制品、米面制品等食品的添加剂。

① 饮料和速溶食品。分子蒸馏单甘酯加入到含油脂和蛋白质饮料（椰子奶、花生奶、豆奶等）中可以显著提高其稳定性和溶解性，防止沉淀、分离，并具有赋香着色作用。

② 冰淇淋。分子蒸馏单甘酯是制作优质冰淇淋最理想的乳化剂和稳定剂，可改进脂肪分散性，使脂肪粒子微细均匀；促进脂肪和蛋白质的互相作用；防止和控制粗大冰晶形成，使组织细腻嫩滑；提高产品保型性和储存性；改善口融性。

③ 油脂。单甘酯可以调整油脂结晶作用，防止析油分层现象发生，提高制品质量；应用于炼奶、麦乳精、乳酪、速溶全脂奶粉等乳制品，可提高速溶性，防止制品沉淀、结块结粒；同时也可以应用于粉末油脂制品，如咖啡伴侣作乳化剂。

④ 面包类制品。单甘酯能促进面包快速发酵，增大面包体积，改善面团组织结构，延长面包保鲜期。

⑤ 糖果、巧克力。单甘酯不仅可使糖和脂肪类原料迅速均匀混合，而且冷却后也不分离，从而防止了起纹、粒化和走油等现象。还能防止制品黏牙、黏附和变形，提高制品的防潮性。

二、蔗糖脂肪酸酯

蔗糖脂肪酸酯，又名脂肪酸蔗糖酯，蔗糖酯。蔗糖脂肪酸酯是蔗糖与正羧酸反应生成的一大类有机化合物的总称，属多元醇酯型非离子表面活性剂，简称为蔗糖酯。它以其无毒、易生物降解及良好的表面性能，广泛应用于食品、医药、化妆品等行业，是世界粮农和卫生组织（FAO /WHO）推荐使用的食品添加剂。蔗糖酯的分类方法有两种：按构成蔗糖酯的脂肪酸种类不同，一般可分为硬脂酸蔗糖酯、软脂酸蔗糖酯、棕榈酸蔗糖酯、月桂酸蔗糖酯等；按蔗糖羟基与脂肪酸生成酯的取代数不同，可分为单酯、二酯、三酯及多酯。由于蔗糖分子有 8 个羟基，除取代数有 1～8 个外，取代位置上还有不同，亦会有多种异构体。控制蔗糖酯中脂肪酸残基的碳数和酯化度，或对不同酯化度的蔗糖酯进行混配，可获得任意HLB值的产品。商品蔗糖酯一般是单酯、二酯、三酯及多酯、各种异构体的混合物。日本是世界上蔗糖酯的生产大国。

蔗糖酯是白色至黄色的粉末，或无色至微黄色的黏稠液体或软固体，无气味或稍有特殊的气味，有旋光性，易溶于乙醇和丙酮。蔗糖酯单酯含量高，亲水性强，可溶于热水，但双酯和三酯难溶于水。蔗糖酯双酯和三酯含量越高，亲油性越强，溶于水时有一定的黏度，有润湿性，对油和水有良好的乳化作用，软化点 50～70℃，HLB 值为 3～16，亲水亲油平衡值范围宽，高亲水性产品能使水包油乳状液体非常稳定。蔗糖酯分解温度为 233～238℃，在120℃以下稳定，145℃开始分解。蔗糖酯耐高温性较弱，在受热条件下酸值明显增加，蔗糖基团可发生焦糖化作用，从而使颜色加深。酸、碱酶都会导致蔗糖酯水解，但在20℃以下时水解作用很小，随温度的增高而加强。

1. 制备方法

蔗糖酯的合成方法很多，按反应方式可分为溶剂法、无溶剂法和微生物法。但工业上仍采用酯交换法，只是在溶剂和酯化剂方面做了改进。

酯交换是目前工业上应用最广泛的生产路线。该路线按是否应用溶剂又可分为溶剂法和无溶剂法，按所用的脂肪酸低级醇酯不同，又可分为甲酯法和乙酯法。酯交换反应式如下：

$$C_{12}H_{22}O_{11}+RCOOCH_3 \xrightleftharpoons{催化剂} C_{12}H_{21}O_{11}OCR+CH_3OH$$

酯交换生产工艺一般用碱性催化剂，如碳酸钾、硬脂酸钾、碳酸氢钾、氢氧化钠、碳酸氢钠等，以碳酸钾催化剂的综合性能最好。早起研究中最常用的溶剂是二甲基甲酰胺、二甲基亚砜等，其溶解性好，但价格昂贵、易燃、有毒，不易从产品中除去；现在，倾向于用丙二醇、水等作溶剂来生产蔗糖酯。

在反应过程中，可以通过采用控制脂肪酸与蔗糖投料的质量比和反应程度，控制蔗糖单酯、双酯、三酯等的生成量。

(1) 水溶剂酯交换法　以适量的水为溶剂加入反应器中，加入约5%的中性软脂肪酸皂以及原料蔗糖和脂肪酸甲酯，加热搅拌形成均匀的乳状液，然后再减压加热将大部分水蒸发出去，再加入硬脂酸甲酯和约1%的催化剂，继续升温反应，在150℃、减压下反应2h，控制达到反应所要求的程度得粗品，然后经过分离和精制得到产品。

(2) 丙二醇酯交换法　以丙二醇作溶剂、无水碳酸钾为催化剂，借助脂肪酸皂的乳化作用，使蔗糖和脂肪酸酯在微乳化状态下进行酯交换反应。先将蔗糖、乳化剂和脂肪酸乙酯（或脂肪酸甲酯）于丙二醇溶剂中混合，在约100℃下使之成为微乳状液。然后，加入催化剂无水碳酸钾，缓慢减压至0.02MPa进行酯交换反应，生成蔗糖酯。反应中不断蒸出溶剂丙二醇，蒸馏过程中需保持乳状液状态和蔗糖的微分散。

这是目前工业上常用的生产路线。优点是丙二醇无毒，蔗糖过量不需太多，但是，丙二醇沸点较高，在回收时约有10%的蔗糖会被焦化。

(3) 无溶剂法　脂肪酸甲酯加热到100℃后加入过150目筛的蔗糖粉，在100～120℃、3.33～6.67Pa下脱水30min，然后加入少量蔗糖酯和碳酸钾，加热混合物到150℃，在0.6kPa下反应3h即可。

该工艺反应时间短，产品着色度小，但不易控制条件，采用中性皂作催化剂和乳化剂还可以缩短时间。

2. 应用技术

(1) 质量指标　蔗糖酯的质量指标应符合GB 8272—2009的理化指标，见表6-9。丙二醇法制备的蔗糖酯的质量指标应符合GB 10617—2005的技术要求，见表6-10。

表6-9　蔗糖脂肪酸酯的理化指标

项　目		指　标
酸值(以KOH计)/(mg/g)	≤	6.0
游离糖(以蔗糖计)/%	≤	10.0
水分/%	≤	4.0
灰分/%	≤	4.0
砷(以As计)/(mg/kg)	≤	1.0
铅(以Pb计)/(mg/kg)	≤	2.0

表 6-10　蔗糖脂肪酸酯（丙二醇法）的技术要求

项　　目		指　标
酸值[①]/(mg/g)	≤	6.0
游离蔗糖的质量分数/%	≤	5.0
干燥减量的质量分数/%	≤	4.0
灰分的质量分数/%	≤	2.0
砷(As)的质量分数[②]/(mg/kg)	≤	2
重金属(以 Pb 计)的质量分数[②]/%	≤	0.0020

① 中和 1g 样品中游离的脂肪酸所需要的氢氧化钾的质量（mg）。

② 砷（As）和重金属（以 Pb 计）的质量分数为强制性要求。

（2）安全性　蔗糖脂肪酸酯为无毒、无味的物质，当进入人体后经过消化可转变为脂肪酸和蔗糖，所以使用安全。大鼠经口 $LD_{50}>39g/kg$（GRAS FDA-21CFR 172. 859）。ADI 暂定为 0～20mg/kg（FAO/WHO，1995）。

（3）应用　蔗糖酯的 HLB 值可通过单酯、二酯和三酯的含量来调整，应用范围广，几乎可用于所有的含油脂食品，具体应用如下。

① 肉制品、鱼糜制品。可改善水分含量及制品的口感。

② 焙烤食品。可增加面团韧性，增大制品体积，使气孔细密、均匀，质地柔软，防止老化。

③ 饼干、糕点。可使脂肪乳化稳定，防止析出，改善制品品质。

④ 巧克力。可抑制结晶，防止起霜。

⑤ 冰淇淋。增加乳化及分散性，提高比体积，改进热稳定性、成形性和口感。

⑥ 人造奶油。可改善奶油和水的相溶性，对防溅有效。

⑦ 禽、蛋、水果、蔬菜的涂膜保鲜。具有抗菌作用，保持果蔬新鲜，延长储存期。

此外也可用于豆奶、冷冻食品、沙司、饮料、米饭、面条、方便面、饺子等。

三、山梨醇酐脂肪酸酯

山梨醇酐脂肪酸酯又叫山梨糖醇酐脂肪酸酯，其商品名为 Span，中译为“司盘”。其结构通式是：

```
            O
          /   \
       H2C     CH—CH2O—R(R为脂肪酰基)
        |       |
   HO—CH       HC—OH
          \   /
           CH
           |
           OH
```

山梨醇酐脂肪酸酯是山梨醇首先脱水形成已糖醇酐与己糖二酐，然后再与脂肪酸酯化，它一般是脂肪酸与山梨醇酐或脱水山梨醇的混合酯。因失水位置不同而产生多种异构体，结合不同的脂肪酸形成多种不同系列产品。最著名的是美国 ICI 公司的 Span 产品。

由于分子中长链烷基碳数的差异而形成一系列产品。其共同的特点是均为油溶性液状或蜡状物，能溶于热油和多种有机溶剂，不溶于水，均具有优良的乳化能力和分散力，适于用作油包水型（W/O）乳化剂，且易生物降解；而且都无毒无臭，可用作安全的食品添加剂。

山梨醇酐单月桂酸酯（司盘-20），山梨醇酐单棕榈酸酯（司盘-40），山梨醇酐单硬脂酸酯（司盘-60），山梨醇酐三硬脂酸酯（司盘-65），山梨醇酐单油酸酯（司盘-80）被列入我国食品添加剂使用标准 。

司盘-20 为琥珀色至棕褐色油状液体，无毒、无臭，稍溶于异丙醇、四氯乙烯、二甲苯、棉籽油、矿物油中，微溶于液体石蜡，难溶于水，分散后呈乳状溶液，HLB是8.6。司盘-40是微黄色蜡状固体，凝固温度在45～51℃，溶于油及有机溶剂，热水中呈分散状。司盘-60是淡黄色粉状或块状固体，熔点49～52℃，不溶于水，热水中呈分散状，是良好的W/O型乳化剂。司盘-80为黄色油状液体，相对密度1.029，熔点10～12℃，闪点210℃，有脂肪气味，不溶于水，溶于热油及有机溶剂，不溶于异丙醇、四氯乙烯、二甲苯、棉籽油、矿物油等，属高级亲油型乳化剂。

司盘系列乳化能力优异，但风味差，故一般与其他乳化剂合并使用。司盘系列乳化剂可用于冰淇淋、面包、蛋糕、巧克力、乳脂糖、蛋黄酱和维生素等，应用量较大的主要是司盘-60。

1. 制备方法

司盘是由葡萄糖在一定压力下还原而成的山梨糖醇与脂肪酸直接加热进行酯化反应制得，其中山梨糖醇的脱水与脂肪酸的酯化同时进行，或者山梨糖醇先脱水成山梨醇酐后，再与脂肪酸酯化生成山梨醇酐脂肪酸酯。司盘-20、司盘-40和司盘-60的生产路线基本一样。

（1）一步法　将等物质的量的山梨醇和脂肪酸及一定量的氢氧化钠加入反应器，在氮气保护下搅拌加热，于200～220℃反应，或者在86.66～89.32kPa的真空度下反应一定时间，至混合物酸值达到要求后，冷却到90℃左右，加入双氧水脱色，可得色泽较浅的产品。此法所得产品质量略差。

（2）两步法

① 脱水。山梨醇的脱水也称醚化，反应时向山梨醇中加入少量的酸性催化剂，如磺酸、磷酸等，在120℃及在一定真空度下反应3～4h，至羟值符合要求为止，用碱中和催化剂，得失水山梨醇。

② 酯化。向失水山梨醇中加入定量的脂肪酸和催化剂，在200℃和真空条件下反应4h，然后中和，得到产品，色泽呈黄棕色。为了得到浅色产品，可加入双氧水进行脱色，所得产品质量优于一步法。

（3）分步催化法　山梨醇在反应器中进行加热熔化后，加入适量的脱水剂，充氮气并进行搅拌，于210℃左右使山梨醇脱水，待脱水至一定时间后，加入脂肪酸和适量的催化剂，在210℃左右保温反应一定时间，得到产品。此法具有一步法和两步法的优点，省去了传统的后处理脱色工序，操作简单，所得产品在指标、色度和流动性上与国外产品相当。

2. 应用技术

（1）质量指标　山梨醇酐单硬脂酸酯（司盘-60）的质量指标应符合GB 13481—2011的理化指标，见表6-11。

表6-11　山梨醇酐单硬脂酸酯（司盘-60）的理化指标

项　目		指　标
脂肪酸(质量分数)/%		71～75
多元醇(质量分数)/%		29.5～33.5
酸值(以KOH计)/(mg/g)	≤	10
皂化值(以KOH计)/(mg/g)		147～157
羟值(以KOH计)/(mg/g)		235～260
水分(质量分数)/%	≤	1.5
砷(As)/(mg/kg)	≤	3
铅(Pb)/(mg/kg)	≤	2

（2）安全性　山梨醇酐单硬脂酸酯（司盘-60）LD_{50}为31g/kg(大鼠经口)，ADI

0～25mg/kg（FAO/WHO，2001），可安全用于食品（FDA，2000）。

(3) 应用 山梨醇酐单硬脂酸酯（司盘-60）在食品工业中用作乳化剂，用于饮料、奶糖、冰淇淋、面包、糕点、麦乳精、人造奶油、巧克力等生产中。

① 用于面包。在面包制作过程中，本品溶解后直接加入面团中，也可和起酥油混配，用量为面粉的0.35%～0.5%。加入后可使面包柔软，延缓老化。由于油脂均匀分散，气泡均一化，明显地提高焙烤制品质量。最大使用量为3.0g/kg。

② 用于糕点。与其他乳化剂复配使用，可使糕点原料中的水分、奶油等分布均匀，形成细密的气孔结构，改善蛋糕的质量。最大使用量为3.0g/kg。

③ 冰淇淋制作。加入0.2%～0.3%的本品，可使冰淇淋制品坚硬，成形稳定，不出现“化汤”现象。最大使用量为3.0g/kg。

④ 用于巧克力。添加总物料的0.1%～0.3%的本品，可防止脂肪晶体浮于表面而形成“起霜”现象，致使表面失去光泽，同时还防止油脂酸败，改善光泽，增强风味和柔软性。最大使用量为10.0g/kg。

⑤ 用于口香糖、糖果。加入总量为0.5%～1%的本品，可使物料均匀分散，防止黏牙。最大使用量为3.0g/kg。

⑥ 人造奶油制作。本品可作为晶体改良剂，减少人造奶油的“沙粒”，促使奶油成形，改善口感。最大使用量为10.0g/kg。

【任务实施】

1. 我国列入食品添加剂使用标准的乳化剂有哪些？
2. 写出琥珀酸单甘油酯、聚氧乙烯木糖醇酐单硬脂酸酯（吐温）的制备方法。
3. 设计无溶剂法制备蔗糖脂肪酸酯的实验步骤并实施。

注：注明参考文献及网址。

【任务评价】

1. 知识目标的完成：是否了解典型食品乳化剂的品种及制备方法？
2. 能力目标的完成：

① 是否能利用图书馆资料和互联网查阅相关文献资料？

② 是否能完成实验步骤的设计？

③ 是否按照设计的实验步骤做出合格的产品？

3. 情感目标的完成：

① 实验步骤操作中是否体现HES的相关要求？

② 是否体现互助合作的团结协作精神？

③ 是否有良好的职业素养？

任务五 调味剂的认识

【任务提出】

在饮食、烹饪和食品加工中为了改善食物的味道并要求具有去腥、除膻、解腻、增香、增鲜等作用，这就需要调味剂。通常这类物质能改善食品的感官性质，使食品更加美味可口，并能促进消化液的分泌和增进食欲，其包括咸味剂、甜味剂、酸味剂、增味剂及辛香剂等。

【相关知识】

食品调味剂是指赋予食品甜、酸、苦、辣、咸、鲜、麻、涩等特殊味感的一类添加剂，又称为风味增强剂。其作用主要有改善食品的感官和基本性状，使食品更加美味可口；能促进消化液的分泌和促进食欲；并具有一定营养价值。

食品调味剂根据功能分为甜味剂（如糖、糖醇、蛋白糖、糖精等）；酸味剂（如柠檬酸、酒石酸、乙酸等）；苦味剂（如可可碱、啤酒花等）；辣味剂（如辣椒素等）；咸味剂（如食盐）；增味剂（如味精、肌苷酸等）；辛香剂（如多属香辛料及精油）。

一、酸味剂

酸味剂即酸度调节剂，用以维持或改变食品酸碱度的物质。主要有用以控制食品所需的碱剂、酸剂及具有缓冲作用的盐类。

酸味给味觉以爽快的刺激，能增进食欲；另外酸还具有一定的防腐作用，又有助于钙、磷等营养物质的消化吸收；酸味剂能赋予食品酸味；有时可调节食品的pH值；可作抗氧化剂的增效剂；防止食品氧化褐变；抑制微生物生长及防止食品腐败等功能。

我国已批准许可使用的酸度调节剂有：柠檬酸及其钠盐、钾盐、乳酸、L(＋)-酒石酸、苹果酸、偏酒石酸、磷酸、乙酸、盐酸、己二酸、富马酸、富马酸一钠、氢氧化钙、氢氧化钾、乳酸钙、乳酸钠、K_2CO_3、Na_2CO_3、碳酸镁、$KHCO_3$ 等品种。它广泛应用于各种汽水、饮料、果汁、水果罐头、蔬菜罐头等。

酸味剂的用途十分广泛，其主要作用有：①调节食品体系的酸碱度。比如果胶要凝胶，必须在一定的pH值条件下才能进行；酸型防腐剂必须在偏酸性条件下才能起作用等。②作香味的辅助剂。如酒石酸可辅助葡萄的香味；磷酸可辅助可乐饮料的香味。③作螯合剂。如作为抗氧化剂的增效剂。④作化学膨松剂。酸味剂遇碳酸盐可产生二氧化碳气体，这是产气的基础。⑤具有还原性。如在果蔬产品中作护色剂。

下面介绍食品添加剂使用标准中几个常见的酸度调节剂。

1. 柠檬酸

柠檬酸是一种重要的有机酸，别名枸橼酸，其结构式是：

$$\begin{array}{c} CH_2COOH \\ | \\ HO—C—COOH \\ | \\ CH_2COOH \end{array}$$

。柠檬酸广泛存在于各种水果和蔬菜中，是柠檬、柑橘、柚子等水果天然酸味的主要成分，在动物的骨骼、血液、肌肉中也有分布。柠檬酸具有强酸味，发味柔和爽快，后味延续时间较短。与柠檬酸钠复配使用，酸味更美。

(1) 性状　柠檬酸是无色透明晶粒或白色结晶性粉末，常含一分子结晶水，熔点100～130℃，相对密度1.542；无臭，有很强的酸味，易溶于水(59.2g/100mL)和乙醇，1%水溶液pH值为2.31。在空气中放置易风化，失去结晶水，变成无水物。无水柠檬酸为无色晶粒或白色粉末，熔点153～154℃，相对密度1.67，在潮湿空气中吸潮能形成一水合物。

(2) 安全　柠檬酸是人体三羧酸循环的重要中间体，参与体内正常代谢，无蓄积作用。其大鼠经口 LD_{50} 为11.7g/kg；小白鼠经口 LD_{50} 为5040～5790mg/kg。被美国列入GRAS物质，ADI无需规定（FAO/WHO，1994）。

(3) 应用　因为柠檬酸有温和爽快的酸味，普遍用于各种饮料、汽水、葡萄酒、糖果、点心、饼干、罐头果汁、乳制品等食品的制造。在所有有机酸的市场中，柠檬酸市场占有率

70%以上。一分子结晶水柠檬酸主要用作清凉饮料、果汁、果酱、水果糖和罐头等的酸性调味剂，也可用作食用油的抗氧化剂。

① 改善食品的风味和糖酸比。柠檬酸是功能最多、用途最广的酸味剂。酸味圆润、滋美，入口即可达最强味感，但后味持续时间较短，与其它酸如酒石酸、苹果酸等复配，可使产品风味丰满，模拟天然水果、蔬菜的酸味。

② 调整产品酸味。许多食品原料常因品种、产地、收获期的不同，造成成熟程度不同。常用柠檬酸来调整产品的酸度，使其达到适当的标准来稳定产品的质量。

③ 螯合作用。在食品工业中，柠檬酸是使用最广泛的螯合剂，尤其对铁、铜具有较强的螯合作用。Fe^{3+}、Cu^{2+}是含类脂物食品（含油食品）的氧化变质、果蔬褐变、色素变色的因素之一。

④ 杀菌防腐。一般有害微生物在酸性环境中不能存活或繁殖，对一些高温杀菌会影响质量的食品，如果汁、水果及蔬菜制品，常添加柠檬酸以减少杀菌温度和时间，从而达到保证质量的杀菌效果。

食品添加剂使用标准规定柠檬酸可在各类婴幼儿配方食品和辅助食品中按生产需要适量使用。

2. 乳酸

乳酸即α-羟基丙酸、2-羟基丙酸。分子式是$C_3H_6O_3$。结构式是：

```
        H
        |
CH3—C—COOH
        |
        OH
```

乳酸存在腌渍物、果酒、酱油和乳酸菌饮料中。左旋的乳酸在汗、血、肌肉、肾和胆中出现。混合的乳酸来自酸奶制品、番茄汁、啤酒、鸦片和其他高等植物。

(1) 性状　乳酸通常是乳酸和乳酰乳酸或称乳酸酐（$C_6H_{10}O_5$）的混合物。乳酸为无色或浅黄色黏稠液体，几乎无臭，或略带脂肪酸臭，味酸。右旋体和左旋体的熔点为53℃，外消旋体的熔点为18℃，沸点122℃（1.87～2.0kPa），相对密度1.2060（25℃），折射率1.49392。能与水、醇、甘油混溶，微溶于乙醚，不溶于氯仿和二硫化碳。能随过热水蒸气挥发，常压蒸馏则分解。有强烈的吸潮性，耐光、耐寒。

(2) 安全　乳酸大鼠经口LD_{50}为3.73g/kg体重；ADI无限制规定。乳酸有3种同分异构体：DL-型、D-型和L-型。将大鼠分为三组，每组投药剂量为1.7g/kg体重的DL-型、D-型和L-型乳酸，口服3h后解剖检测，DL-型乳酸可使肝中肝糖增高，40%～95%在3h内吸收转化；D-型和L-型乳酸使血中乳酸盐增高，有尿液排出体外。

(3) 应用　我国食品添加使用标准规定乳酸作为酸度调节剂在婴幼儿食品中按生产需要适量使用。乳酸有很强的防腐保鲜功效，可用在果酒、饮料、肉类、食品、糕点制作、蔬菜（橄榄、小黄瓜、珍珠洋葱）腌制以及罐头加工、粮食加工、水果的储藏，具有调节pH值、抑菌、延长保质期、调味、保持食品色泽、提高产品质量等作用。

调味料方面，乳酸独特的酸味可增加食物的美味，在色拉、酱油、醋等调味品中加入一定量的乳酸，可保持产品中的微生物的稳定性、安全性，同时使口味更加温和；由于乳酸的酸味温和适中，还可作为精心调配的软饮料和果汁的首选酸味剂。

3. 酒石酸

酒石酸即2,3-二羟基丁二酸，是一种羧酸，结构简式为：HOOCCH(OH)CH(OH)COOH。

酒石酸存在于多种植物中，如葡萄和罗望子，也是葡萄酒中主要的有机酸之一。酒石酸氢钾存在于葡萄汁内，此盐难溶于水和乙醇，在葡萄汁酿酒过程中沉淀析出，称为酒石，酒石酸的名称由此而来。酒石酸主要以钾盐的形式存在于多种植物和果实中，也有少量是以游离态存在的。酒石酸分子中有 2 个不对称的碳原子，存在 D-酒石酸、L-酒石酸、内消旋酒石酸和外消旋酒石酸 4 种异构体。内消旋酒石酸和外消旋酒石酸的溶解性不及 D-型和 L-型异构体，所以用作酸味剂时主要是 D-酒石酸和 L-酒石酸。右旋酒石酸存在于多种果汁中，工业上常用葡萄糖发酵来制取。左旋酒石酸可由外消旋体拆分获得，也存在于西非马里的一种植物里。

(1) 性状　D-酒石酸为无色至半透明结晶，或白色微细至颗粒状结晶粉末，无臭、味酸；熔点 168～170℃；在空气中稳定，易溶于水 (139.44g/100mL) (20℃)，可溶于乙醇 (33g/100mL)，难溶于氯仿、乙醚；稍有吸湿性，较柠檬酸弱。酒石酸的酸味较强，为柠檬酸的 1.2～1.3 倍，稍有涩感，但酸味爽口。

(2) 安全　酒石酸 ADI 规定为 0～30mg/kg (FAO/WHO，1994)；小鼠经口 LD_{50} 为 4360mg/kg。列入 GRAS (FDA-21CFR 184.1099) 物质。

(3) 应用　酒石酸可用于果酱类、饮料、罐头和糖果。按正常生产需要添加。用于果酱、果冻时，其用量是以保持产品的 pH 值为 2.8～3.5 较合适。对浓缩番茄制品则以保持 pH 值不高于 4.3 为好，一般用量为 0.1%～0.3%。清凉饮料中用量为 0.1%～0.2%，葡萄汁、葡萄酒中用量为 0.12%～0.3%。酒石酸还可用作螯合剂、抗氧化增效剂、速效性膨松剂。我国食品添加剂使用标准中规定酒石酸铵生产需要适量使用。

4. 苹果酸

苹果酸又名羟基丁二酸、羟基琥珀酸。分子式为 $C_4H_6O_5$。结构式如下：

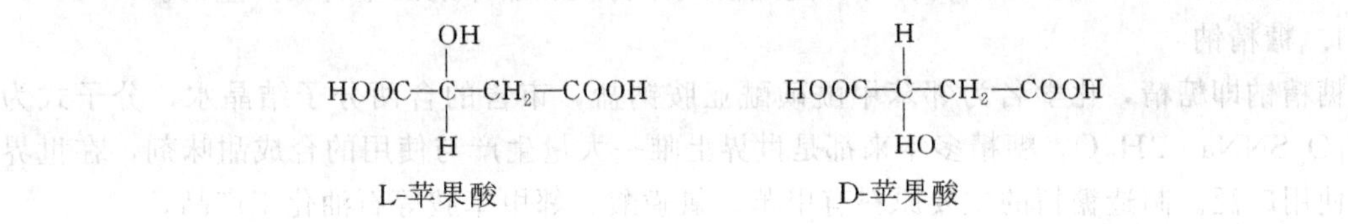

自然界存在的苹果酸是 L-苹果酸，存在于不成熟的山楂、苹果和葡萄果实的浆汁中。未成熟苹果中含 0.5%左右的有机酸，其中 L-苹果酸占 97.2%以上，苹果酸因此而得名。

(1) 主要性状　苹果酸是一种白色或银白色粉状，粒状或结晶状固体。无臭或稍有特异臭味，有特殊愉快的酸味。熔点 130～132℃，沸点 150℃，180℃分解。易溶于水，溶解度 55.5g/100mL (20℃)，比旋光度 $[\alpha]_D^{20}$ −1.6°～−2.6°，溶于乙醇，不溶于苯和乙醚。有吸湿性，1%水溶液的 pH 值为 2.34。苹果酸的酸味较柠檬酸强，酸味爽口，微有涩苦；苹果酸在口中呈味缓慢，维持酸味时间长于柠檬酸，效果好；苹果酸与柠檬酸合用，有强化酸味的效果。

(2) 安全　苹果酸是人体内部循环的重要中间产物，易被人体吸收，因此作为性能优异的食品添加剂被广泛使用。苹果酸 LD_{50} 为 1.6～3.2g/kg 体重 [大鼠经口 (1%水溶液)]。ADI 无需规定 (FAO/WHO，1994)。列入 GRAS (FDA−21CFR 184.1069) 物质。

(3) 应用　我国规定苹果酸可在各类食品中按“正常生产需要”添加。可用于酸奶、酒类、冷冻点心、口香糖、泡泡糖、硬糖、果酱、番茄酱、食酱、人造奶油、腌制食品等。在果汁中特别适用于苹果汁。

FAO/WHO 规定苹果酸可用于番茄、苹果沙司、芦笋、梨和草莓罐头、果汁、含果肉的果汁饮料、冷饮等中，用量为 0.1%～0.3%。用作果酱，果冻，橘皮果冻和番茄浓缩物等的pH值调节剂。还可用作软饮料、冷饮、糖果和焙烤食品的香料。此外，也可用作天然果汁色泽的保持剂、人造奶油、蛋黄酱等的乳化稳定剂，用量为0.08%～0.15%，以及提高无盐酱油、食醋和腌制菜的风味，用量为0.05%～0.1%。

二、甜味剂

甜味是人们喜欢的味觉刺激之一。但有些食品在制造和加工后，因本身不具有甜味，或者因甜味不足，或为了满足一些特殊人群多甜味的需求，需要添加一些甜味物质来满足消费者的需要，而甜味剂就是赋予食品甜味为主要目的的食品添加剂。

甜味剂按来源分为天然甜味剂和人工合成甜味剂。按营养性分为营养性和非营养性甜味剂，按化学结构和性质分为糖类和非糖类甜味剂。通常所指的甜味剂是指糖醇类甜味剂、非糖天然甜味剂、人工合成甜味剂3类。至于葡萄糖、果糖、麦芽糖和乳糖等，虽然都是天然甜味剂，但因长期为人食用，且是重要的营养素，通常被视为食品原料，不作为食品添加剂。

合成甜味剂指的是以化学物质为原料合成的高甜度无营养甜味剂，如糖精钠、甜蜜素、蔗糖素、A-K糖、阿斯巴甜等，这些物质的安全性经过严格审查，但对糖精钠仍有争议，已不准用于婴儿食品。目前，合成甜味剂因低价格甜度高而被大量使用，但天然甜味剂的甜味较为纯正，有些还有特殊功能，是甜味剂今后发展的方向和重点。

甜味剂的作用一是提供适口的感觉，为了使食品、饮料具有适口的感觉，需要加入一定量的甜味剂；二是调节和增强风味，“糖酸比”是调整饮料风味的重要一项，酸味和甜味相互作用，可使产品获得新的风味，又可保留新鲜的味道；三是掩蔽不良风味，甜味与许多食品的风味是互补的，许多产品的特殊味道是由风味物质和甜味剂的结合而产生的。

1. 糖精钠

糖精钠即糖精，化学名为邻苯甲酰磺酰亚胺钠盐，市售的含两分子结晶水，分子式为$C_7H_4O_3SNNa \cdot 2H_2O$。糖精多年来都是世界上唯一大量生产与使用的合成甜味剂，在世界各国使用广泛。制造糖精的主要原料有甲苯、氯磺酸、邻甲苯胺等石油化工产品。

(1) 性状　糖精为无色结晶或稍带白色的结晶性粉末，一般含有两个结晶水，易失去结晶水而成无水糖精，呈白色粉末，无臭或微有香气，熔点226～231℃。易溶于水（20℃，99.8g），溶解度随温度升高而迅速增加。味浓甜带苦，甜度是蔗糖的500倍左右。可溶于乙醇。在空气中慢慢风化失去结晶水而成为白色粉末。糖精耐热及耐碱性弱，酸性条件下加热甜味渐渐消失，溶液浓度大于0.026%则味苦。

糖精作为甜味剂具有以下特点。①不参与体内代谢，无营养价值，不提供能量，不影响人的口腔卫生，不引起牙齿龋变；②糖精钠分解出来的阴离子有强的甜味，而在分子状态下没有甜味，反感到苦味，水溶液浓度高时也会感到苦味；③甜度高，在稀溶液中甜度约为蔗糖的500倍；④单独使用有苦味和金属味，可与甜蜜素按1∶10的比例混合使用，改善不良风味；⑤性质稳定，价格便宜，但毒性大。所以糖精是一种有悠久历史的食用甜味剂。

(2) 安全　糖精小鼠经口LD_{50}为17.5g/kg体重；兔经口LD_{50}为4g/kg体重；大鼠经口最大无作用量0.5g/kg。FAO/WHO（1984）暂定ADI为0～0.0025g/kg。JECFA规定糖精的ADI值为每日每千克体重0～5mg。

1997年加拿大的一项实验发现大剂量的糖精钠可导致雄性大鼠膀胱癌；1993年JECFA（FAO/WHO联合食品添加剂专家委员会）认为现有的流行病学资料显示糖精钠的摄入与

人膀胱癌无关；2001年5月美国国家环境健康研究所的报告显示“糖精钠导致老鼠致癌的情况不适用于人类”。但是美国等国家规定，食物中若添加了糖精钠，必须在标签上标明“糖精能引起动物肿瘤”的警示。我国也采取了严格限制糖精使用的政策，并规定婴儿食品中不得使用糖精钠。

(3) 应用 我国食品添加剂使用标准规定：水果干类（仅限芒果干、无花果干）最大使用量5.0g/kg；果酱最大使用量0.2g/kg；蜜饯凉果最大使用量1.0g/kg；果丹（饼）类最大使用量5.0g/kg；熟制豆类（五香豆、炒豆）最大使用量1.0g/kg；面包最大使用量0.15g/kg；糕点最大使用量0.15g/kg；饼干最大使用量0.15g/kg，以上均以糖精计。

2. 甜蜜素

甜蜜素化学名为环己基氨基磺酸钠，分子式是$C_6H_{12}NSO_3Na$，它们不像糖精有明显的苦味，其风味良好，不带异味，还能掩盖如糖精钠的苦涩味，但是浓度高时有一定的后苦味。与糖精钠以10∶1混合使用，可相互改善风味。相对于蔗糖，甜蜜素甜味来得较慢，但持续时间较长。

甜蜜素是较普遍使用的非营养人工合成甜味剂。在人体内不被吸收，不产生热量，不致龋齿。

(1) 性状 甜蜜素是白色结晶性粉末，无臭，水溶性好，甜度约为蔗糖的30倍。稀释1∶10000仍可感觉到甜味。微溶于丙二醇（1g/25mL），不溶于乙醇、氯仿、苯和乙醚。10%的水溶液pH值为6.5。甜蜜素化学性质稳定，不吸潮，耐碱、耐热（分解温度280℃）、耐光。

(2) 安全 甜蜜素小白鼠经口LD_{50}为18000mg/kg，ADI值是0～11mg/kg（FAO/WHO，1994）。摄入后由尿（40%）和粪便（60%）排出，无营养作用。

1970年因用糖精-甜蜜素喂养的白鼠发现患有膀胱癌，故美国、日本相继禁止使用。但在随后的继续研究中，发现本品没有致癌作用。1986年，美国国家科学研究会和国家科学院（NRC/NAS）报告显示甜蜜素有促进和可能致癌性的可能。我国于1987年批准使用甜蜜素。

(3) 应用 甜蜜素是目前我国食品行业中应用最多的一种甜味剂。其口感接近蔗糖，常与糖精钠（10∶1）混用，可掩盖糖精钠的苦味。使用浓度不宜超过0.4%，以缓和苦味。可用于凉果类、话化类（甘草制品）、果丹类，最大使用量8.0g/kg；在蜜饯凉果、果酱中最大使用量1.0g/kg；在水果罐头、腌渍的蔬菜、腐乳类、面包、糕点、饼干、复合调味料、饮料类中最大使用量0.65g/kg；带壳熟制坚果与籽类中最大使用量6.0g/kg；脱壳熟制坚果与籽类中最大使用量1.2g/kg。

3. 安赛蜜

安赛蜜的化学名称为乙酸磺胺酸钾，又称为A-K糖，分子式：$C_4H_4KNO_4S$。风味好，没有不愉快的后味。甜味感觉快，味觉停留时间短。能增加食品甜味，无营养，口感好，无热量，具有在人体内不代谢、不吸收的特点，是中老年人、肥胖病人、糖尿病患者理想的甜味剂。安赛蜜的生产工艺不复杂、价格便宜、性能优于阿斯巴甜，被认为是最有前途的甜味剂之一。

(1) 性状 安赛蜜为白色结晶或结晶性粉末，无臭，有强甜味，持续期略长于蔗糖。甜度为蔗糖的200～250倍。易溶于水，20℃时溶解度为27g，溶解度随温度升高增加很快。难溶于乙醇。熔点为225℃（分解）。在pH=2～10范围内稳定，使用时不与其他食品成分或添加剂发生反应，是目前世界上稳定性最好的甜味剂之一，在空气中不吸湿，对光、热稳定。

(2) 安全 安赛蜜的安全性高，联合国FAO/WHO联合食品添加剂专家委员会同意安赛蜜用作A级食品添加剂，并推荐日均摄入量（ADI）为0～15mg/kg（FAO/WHO，2001）。可安全用于食品（FDA，§172.800，2000）。小白鼠经口LD_{50}大于10g/kg。

(3) 应用 安赛蜜是第四代人工合成甜味剂，单独使用有一定的苦味，与甜蜜素、阿斯巴甜等有协同增效作用，且可掩盖后苦味。安赛蜜不影响人的正常功能，不参与人体的代谢作用，而且毫不改变的排出体外，适合特殊需求的使用。我国食品添加剂使用标准规定安赛蜜可用于水果罐头、果酱、蜜饯类、腌渍的蔬菜、加工食用菌和藻类、八宝粥罐头、焙烤食品等，最大使用量为0.3g/kg；熟制坚果与籽类最多使用量是3.0g/kg；糖果最多使用量为2.0g/kg；胶基糖果最大使用量是4.0g/kg；酱油最大使用量是1.0g/kg。

4. 阿斯巴甜

阿斯巴甜的化学名称为天门冬氨酰苯丙氨酸甲酯，又称甜味素。分子式为$C_{14}H_{18}N_2O_5$。结构式如下：

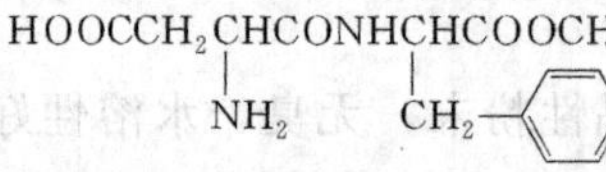

$$HOOCCH_2CH(NH_2)CONHCH(CH_2C_6H_5)COOCH_3$$

阿斯巴甜甜度为蔗糖的150～200倍，具有清爽的、类似蔗糖的甜感，没有一般人工合成的甜味剂的苦涩味和金属味。与甜蜜素或糖精有协同增效作用，对酸性水果香味有增强作用。是市售的蛋白糖的主要成分。苯丙酮酸尿症患者，代谢苯丙氨酸的能力很有限，必须控制膳食中的苯丙氨酸的数量，是不能使用这种甜味剂的。阿斯巴甜不产生热量，因此适合用于糖尿病、肥胖症等患者食品的甜味剂。

(1) 性状 阿斯巴甜为白色结晶性粉末，无臭，有强甜味，甜味纯正。熔点235℃（分解）。具有氨基酸的一般性质。在水溶液中不稳定，易分解而失去甜味，低温时和pH值2～5较稳定。用时现配或在冷冻食品中使用较为理想。0.8%的水溶液pH值为4.5～6。对热、酸的稳定性差，高温、高酸条件下易分解而失去甜味。在焙烤、油炸、强酸食品中的应用受到限制。

(2) 安全 阿斯巴甜安全性高，被联合国食品添加剂委员会列为GRAS级。ADI为0～40mg/kg（FAO/WHO，1994）。小白鼠经口LD_{50}大于10g/kg。

(3) 应用 因为阿斯巴甜在人体胃肠道酶作用下可分解为苯丙氨酸、天冬氨酸和甲醇，不适用于苯丙酮尿患者，要求在标签上标明"苯丙酮尿患者不宜使用"的警示。我国于1986年批准在食品中应用，我国食品添加剂使用标准规定阿斯巴甜可在各类食品中按生产需要适量使用，并要求添加阿斯巴甜之食品应标明："阿斯巴甜（含苯丙氨酸）"。

5. 三氯蔗糖

三氯蔗糖的化学名称为4,1,6-三氯-4′,1′,6′-三脱氧半乳蔗糖，又称为三氯半乳蔗糖、蔗糖素。分子式$C_{12}H_{19}Cl_3O_8$。结构式如下：

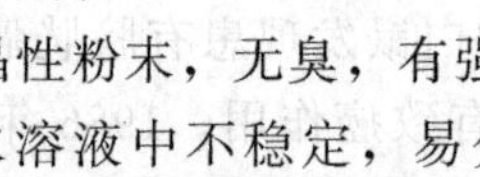

三氯蔗糖甜度为蔗糖的400～800倍，甜味特性与蔗糖十分相似，甜味纯正，没有任何

后苦味。三氯蔗糖在保健方面，由于其热值为零，不会引起肥胖，可供肥胖病人、心血管病患者与老年人以及渴望控制体重的人士食用；摄入后不会引起血糖波动，可供糖尿病人食用；在口腔中不被微生物代谢，也不会酶解，故不会引起龋齿，对牙齿健康十分有利。所以三氯蔗糖在许多保健食品中应用，是迄今为止开发出来的一种最理想的强力甜味剂，也是一种综合性能非常理想的强力甜味剂。但三氯蔗糖的价格较昂贵，如何降低其生产成本，是一个值得研究的课题。

（1）性状　三氯蔗糖为白色或近白色结晶性粉末，无臭，味甜。相对密度 1.66（20℃），熔点 125℃，对光、热、酸均稳定，无吸湿性。易溶于水，乙醇，甲醇。10%水溶液 pH 值为 5～8，水溶液 pH 值为 5 时最稳定。三氯蔗糖没有化学活泼基团，它与其他食品组分发生反应的可能性很小，因此可在任何食品配料系统和加工过程中使用。

（2）安全　几十年来，三氯蔗糖经受了严格而又广泛的安全性评估。100 多份科学研究报告得出的安全数据表明，食用蔗糖素甜味剂是安全可靠的。环境学研究报告进一步证实了蔗糖素甜味剂对鱼类和水生生物均无害处，并可生物降解。联合国粮农组织与世界卫生组织食品添加剂联合专家委员会（JECFA）经过多次环境和安全研究确定每日允许摄入量（ADI）为 15mg/kg。

（3）应用　三氯蔗糖是蔗糖分子中的三个羟基被氯原子选择性地取代而得到的高甜度甜味剂，1991 年加拿大首先批准用于食品，我国 1999 年批准使用。我国食品添加剂使用标准规定三氯蔗糖可用于冷冻饮品、水果罐头、腌渍的蔬菜、八宝粥罐头类、焙烤食品、醋、酱油、酱及酱制品、复合调味料、饮料类等产品中。最大使用量为 0.25g/kg。

三、增味剂

增味剂又称风味增强剂，是补充或增强食品原有风味的物质，中国历来称为鲜味剂。鲜味不影响任何其他味觉刺激，而只是增强其各自的风味特征，从而改进食品的可口性。有些鲜味剂与味精合用，有显著的协同作用，可大大提高味精的鲜味强度。在食品工业中，增味剂广泛用于液体调料、特鲜酱油、粉末调料、肉类加工、鱼类加工、饮食业等行业。

增味剂按照化学性质的不同分为氨基酸类（L-谷氨酸钠、甘氨酸、L-丙氨酸）、核苷酸类（5′-肌苷酸二钠、5′-鸟苷酸二钠）、有机酸类（琥珀酸二钠盐）、复合类。应用最广、用量最大的是 L-谷氨酸钠。

作为食品增味剂要同时具有 3 种呈味特性：一是本身具有鲜味，而且呈味阈值较低，即使在较低浓度时也可以刺激感官而显示出鲜味；二是对食品原有的味道没有影响，即食品增味剂的添加不会影响酸、甜、苦、咸等基本味道对感官的刺激；三是能够补充和增强食品原有的风味，能给予一种令人满意的鲜美的味道，尤其是在有食盐存在的咸味食品中有更加显著的增味效果。

我国食品添加剂使用标准规定允许使用的增味剂有：5′-呈味核苷酸二钠、5′-肌苷酸二钠、5′-鸟苷酸二钠、谷氨酸钠、琥珀酸二钠、甘氨酸（氨基乙酸）、L-丙氨酸共 7 种。前 4 种可在各类食品中按生产需要适量使用。

近年来人们对许多天然鲜味提取物很感兴趣，并开发了许多有如肉类抽提物、酵母抽提物、水解动物蛋白和水解植物蛋白等，将其和谷氨酸钠、5′-肌苷酸钠和 5′-鸟苷酸钠等以不同的组合与配比，制成适合不同食品使用的复合鲜味料。这类鲜味剂不仅风味多样，而且富含蛋白质肽类、氨基酸、矿物质等营养功能成分。

1. L-谷氨酸钠

L-谷氨酸钠，俗称味精，简称MSG。分子式$C_5H_8NNaO_4 \cdot H_2O$，结构式如下：

$$\begin{array}{l} HOOCCHCH_2CH_2COONa \cdot H_2O \\ \quad\quad\quad\; | \\ \quad\quad\quad NH_2 \end{array}$$

L-谷氨酸钠最早由小麦面筋水解、提取所得，目前世界各国均采用淀粉或糖蜜为原料发酵而得。日本曾用化学法合成L-谷氨酸钠。谷氨酸钠具有缓和咸、酸、苦味的作用，并能引出食品中本身所具有的鲜味。

(1) 性状　L-谷氨酸钠为白色棱柱形或结晶性粉末，无臭，微有甜味或咸味，具有强烈的肉类鲜味，特别是在微酸性食品中鲜味更佳。熔点195℃，在232℃时解体熔化。相对密度1.635。易溶于水，5%的水溶液pH值为6.7～7.2，谷氨酸钠的呈味能力与其离解度有关：pH=3.2（等电点），呈味能力最低；pH=6～7，几乎全部电离，鲜味最高；pH＞7时，形成二钠盐，鲜味消失。难溶于乙醇。不吸潮，120℃开始失去结晶水，150～160℃开始分子内脱水生成焦谷酸钠，失去鲜味。

(2) 安全　谷氨酸钠小白鼠经口LD_{50} 16.2g/kg，ADI无需特殊规定（FAO/WHO，1994）。

(3) 应用　我国食品添加剂使用标准规定谷氨酸钠可在各类食品中按生产需要适量使用。谷氨酸钠还可与核苷酸钠、琥珀酸二钠、柠檬酸、磷酸氢二钠、磷酸二氢钠、水解植物蛋白、水解动物蛋白及动植物氨基酸提取液等进行不同的配合，可制成不同特点的复合鲜味料，如表6-12所示。

表6-12　复合鲜味料配方　　单位：%

配料	配方1	配方2
谷氨酸钠	14.7	98
5′-肌苷酸钠	0.3	1
食盐	85	
5′-鸟苷酸钠	—	1
合计	100	100

2. 5′-肌苷酸二钠

5′-肌苷酸二钠化学品为次黄嘌呤核苷酸二钠，别名肌苷酸钠，简称IMP。分子式$C_{10}H_{11}N_4Na_2O_8P \cdot 7.5H_2O$。5′-肌苷酸二钠广泛存在于自然界的各类新鲜肉类和海鲜中，有特异的鲜鱼味，呈味作用稳定持久，且价格相对便宜。与谷氨酸钠混合使用，其呈味作用比单用味精高数倍，有"强力味精"之称。鲜味强度低于5′-鸟苷酸钠，但二者并用具有协同作用，增鲜效果更加显著。

(1) 性状　5′-肌苷酸二钠为无色至白色结晶或结晶性粉末，无臭，有鱼鲜味。熔点不明显，40℃开始失去结晶水，120℃以上成无水物，180℃褐变，230℃分解。对酸、碱、盐、热均稳定，稍有吸潮性，易溶于水，5%的水溶液pH值为7.0～8.5，在酸性溶液中加热易分解，失去呈味力。微溶于乙醇和乙醚。在一般食品的pH值4～6范围内，于100℃加热1h几乎不分解。

(2) 安全　5′-肌苷酸二钠小白鼠经口LD_{50}为12g/kg，大鼠经口LD_{50}为14.4g/kg体重，ADI无需特殊规定（FAO/WHO，1994）。

(3) 应用　我国食品添加剂使用标准规定5′-肌苷酸二钠可在各类食品中按生产需要适

量使用。5′-肌苷酸二钠单独使用较少，多与味精复配使用，其鲜味显著提高；添加 5′-肌苷酸二钠的食品有肉质类的鲜味；罐头类食品中添加 5′-肌苷酸二钠能抑制淀粉味和铁腥味；酱类中添加能改善酱味；风味小吃如牛肉干、鱼片干中添加能减少涩味。

3. 琥珀酸二钠

琥珀酸二钠又名丁二酸钠，商品名干贝素。分子式 $C_4H_4Na_2O_4 \cdot nH_2O$（$n=0$ 或 6）。主要存在于鸟、兽、鱼类的肉中，尤其在贝壳、水产类中含量甚多，为贝壳肉质鲜美之所在。味觉阈值 0.03%。与谷氨酸钠、呈味核苷酸钠复配使用效果更好。

（1）性状　琥珀酸二钠六水物为结晶颗粒，无水物为结晶性粉末，无色至白色，无臭、无酸味。易溶于水（35g/100mL，25℃），水溶液呈微碱性或中性，pH＝7～9。不溶于乙醇。在空气中稳定，六水物加热至 120℃失去结晶水成为白色粉末。

（2）安全　琥珀酸二钠小白鼠经口 LD_{50} 大于 10g/kg。

（3）应用　琥珀酸二钠作为调味料、复合调味料，常用于酱油、水产制品、调味粉、香肠制品、鱼干制品，用量为 0.01%～0.05%；用于方便面、方便食品的调味料中，具有增鲜及特殊风味的作用，用量 0.5%左右。我国食品添加剂使用标准规定调味品中最大使用量为 20g/kg。

【任务实施】

1. 我国列入食品添加剂使用标准的调味剂有哪些？

2. 写出柠檬酸、阿斯巴甜、三氯蔗糖、谷氨酸钠的制备方法。

3. 实验：制作低热量明胶凝胶食品。

（1）配方

序号	原料	用量/%	序号	原料	用量/%
1	明胶	5	4	阿斯巴甜	0.5
2	柠檬酸	0.4	5	色素、香精	适量
3	山梨酸	0.08	6	水	余量

（2）制作方法　将明胶均匀分布于其重 3～4 倍的冷水中溶胀（粉状：15～30min；粗粒状：1～2h；片状：4h 以上）。冻胶形成后置于 60～65℃热水浴中搅拌至完全溶化待用。将阿斯巴甜溶于水加热至沸，再冷至 80℃，缓慢搅拌加入明胶溶液，并依次加入制备好的酸液、色素溶液及香精，待混合均匀后静置，除去浮沫，65℃即可注模。将模盘放入干燥箱，控制温度 25℃左右，经 4h 后在室温干燥 12～24h 即得成品。

【任务评价】

1. 知识目标的完成：是否了解典型食品调味剂的品种及制备方法？

2. 能力目标的完成：

① 是否能利用图书馆资料和互联网查阅相关文献资料？

② 是否按照制作方法做出合格的产品？

3. 情感目标的完成：

① 实验步骤操作中是否体现 HES 的相关要求？

② 是否体现互助合作的团结协作精神？

③ 是否有良好的职业素养？

项目七 农药的生产技术

知识目标：

1. 认识农药的主要类别、剂型与加工；
2. 熟悉典型杀虫剂和除草剂的化学性质、分类和用途；
3. 认识典型杀虫剂和除草剂的合成方法及其生产工艺。

能力目标：

1. 能利用图书馆资料和互联网查阅专业文献资料；
2. 能正确合理使用农药；
3. 能根据已有合成步骤，进行典型农药的合成，并对步骤进行改进。
4. 能进行农药的生产操作。

情感目标：

1. 通过创设问题、情境，激发学生的好奇心和求知欲；
2. 养成良好的职业素养。

项目概述

农药有哪些重要作用呢？农药从农药原料到真正起防治作用需经过几个过程？

农业是国民经济的基础，农药在农业现代化进程中具有非常重要的地位。2000 年世界人口已经超过 60 亿，据联合国粮农组织统计，2050 年世界人口将达到 98 亿，可见如何才能生产出足够的粮食，以满足世界人口不断增长的迫切需要，是全球面临的一个严峻问题。而我国人口占世界总人口 22%，耕地面积只占世界耕地 7%，且耕地面积日益缩小，人均耕地面积仅 1.4 亩（1 亩=1.15hm^2，下同），故而农业增产问题已成为我们现代化进程中一个极为重要的问题。

农业增产主要依赖肥料、机械化、杂交品种、灌溉等农业技术的革新。近年来虽然利用生物工程使农作物具备抵抗病虫害的基因，然而挽回病虫害对农业造成的损失，必不可少地要用到农药，它在农业生产中的作用不容低估。农药防治作用快，可以快速控制病虫害灾情的蔓延和发展；可以根据防治的对象不同选择对口的农药；可以对应使用高效的喷洒机械等。故而农药可以节省劳动力、便利了收获、降低了农产品的成本，提高了经济效益。同时，农药在农产品的储运、保鲜、运输、销售和加工等过程中也发挥着非常重要的作用。此外，农药在林业、畜牧业及防治卫生虫害，特别是控制对人类危害严重的传染病（疟疾、血吸虫、鼠疫等）中也起了十分重要的作用。可以说农药在国计民生中有着巨大作用，因而作为化学科研队伍的一员，了解农药的相关知识是非常有必要的。农药从原料到制成药剂与防治对象发生作用，通常需要经过四个过程：第一步，结合不同防治对象，将农药原料加工制造成不同的原药；第二步，将原药加工成一定的剂型，经稀释使之成为可供一定施药方法应用的制剂；第三步，用一定的施药方法（如喷雾法、喷粉法、拌种法、熏蒸法、毒饵法等）将稀释后的制剂，均匀散布于作物、土壤等目的物上；第四步，制剂中的有效成分经溶解、气化、吸收、传导，渗入昆虫、植物、微生物体内的作用靶位，从而产生防治效果。

在该项目中，先从认识农药基本的概念、分类和剂型出发，然后再依次介绍杀虫剂、除草剂这两种主要农药种类之原药生产工艺和剂型加工方法。

课后小任务：调查一下，市场上正在销售的农药品种；选取两种农药，记下它们主要的配方构成。

推荐网站：http://www.agrichem.cn/,http://www.chinapesticide.gov.cn/,
http://www.nongyao168.com/,http://www.nongyao001.com/.

任务一 认识农药

【任务提出】

根据调查的结果，可归纳出农药主要用于哪些方面？有哪些分类？市面出售的农药有的是粉剂，有的是乳剂，那还有什么其他剂型呢？各种剂型的优缺点分别是什么？

【相关知识】

一、农药的概念和分类

农药是指那些具有杀灭农作物病、虫、草害和鼠害以及其他有毒生物或能调节植物或昆虫生长，从而使农业生产达到增产、保产作用的化学物质。农药可以来源于人工合成的化合物，也可以源于自然界的天然物，可以是单一的一种物质，也可以是几种物质的混合物及其制剂。

农药根据不同的分类标准，有着多种多样的分类。最常见的也是最被寻常百姓接受的分类方式是按照防治对象不同来分类的。因为害虫、病菌和杂草等害物，在形态、行为、生理代谢等方面均有着非常大的差异，因此一种药剂往往仅能够防治一类害物，一种药剂能够防治多种害物的尚属少数。根据防治对象的不同，我们将对昆虫机体有直接毒杀作用，或通过其他途径控制其种群形成继而减轻和消除虫害的农药称为杀虫剂；防治叶螨（红蜘蛛）和其他植食性害螨的药剂称为杀螨剂；对病原菌能起到杀死、抵制或中和其有毒代谢物，从而可使植物及其产品免受病菌为害或可消除症状的药剂称为杀菌剂；防治并去除杂草的药剂称为除草剂；毒杀各种害鼠类药剂称为杀鼠剂；还有防治农作物线虫病的杀线虫剂，对植物生长发育有控制、促进或调节作用的植物生长调节剂等。

这些防治虫、病、草害的化学物质基本上都是通过化学方法合成，只有个别的从植物中提取和用微生物培养。故而根据农药来源的差异，又可以将农药分为化学农药（如敌百虫和乐果等）、植物农药（如从除虫菊中提取的除虫菊素和从烟叶中提取的烟碱等）、微生物农药（如春雷霉素、井冈霉素等抗生素，苏云金杆菌等细菌杀虫剂）等。

通常一种化学物质都有确定的组成和化学结构，作为农药的化学物质也不例外。因此，根据化学组成和结构对农药进行分类也是常用的分类方法。该种分类方法对农药化学工作者更为方便和一目了然。从大的方面可分为无机农药和有机农药。无机农药主要由天然矿物原料加工、配制而成的农药。其有效成分都是无机的化学物质，常见的有石灰、硫黄、砷酸钙、磷化铝、硫酸铜等。有机农药主要由碳、氢元素构成的一类农药，多数可用有机合成方法制得。其中，有机农药又包括元素有机化合物（如有机磷、有机砷、有机硅、有机氟等）、金属有机化合物（如有机汞、有机锡等）和一般有机化学物（如醛、酮、酸、酯、酰胺、脲、腈、杂环、卤代烃）等。

原药生产出来以后，加工成一定剂型，如何与害物作用来达到防治害物的目的，也是一种很重要的分类方法。通常杀虫、杀螨剂中按作用分类可分为胃毒剂（如敌百虫），即通过消化系统进入害虫体内使害虫中毒死亡的药剂；触杀剂（如杀灭菊酯和溴氰菊酯等），即通过接触表皮透入害虫体内使害虫中毒死亡的药剂；熏蒸剂（如溴甲烷和磷化铝等），即以气体状态通过呼吸系统进入害虫体内使之中毒死亡的药剂；内吸杀虫剂（如氧化乐果，久效磷等），即通过植物根茎叶的吸收进入植物体内，并传导至植物其他部位，害虫取食植物组织汁液时，中毒死亡的药剂；忌避剂（如避蚊油等）能使害虫不敢接近，以保护人畜作物不受危害的药剂；除此以外，根据作用方式还可分为引诱剂、拒食剂、不育剂、激素干扰剂等。杀菌剂中按作用分类可分为保护剂（如：波尔多液），即在病菌还没有接触到作物或在病菌侵入作物以前，施用在作物上保护作物不受病菌的侵害；治疗剂（如：托布津，多菌灵等），即是在病原菌侵入植物以后或植物已经感病，用来处理植物使其不再受害的药剂；铲除剂，即于植物感病以后施药，直接杀死已侵入植物的病原物；根据能否被植物吸收并在体内传导的特性又分为内吸性和非内吸性杀菌剂。除草剂按照作用方式可分为触杀性除草剂（如敌稗和百草枯等），内吸性除草剂（如稳杀得和草甘膦等）。

除上所述以外，农药还给根据施用时间、使用方法、防止原理等其他许多种方法分类农药，在此就不再赘述。

在此，根据以上叙述，可将农药分类，如表 7-1 所示。

表 7-1 农药分类

<table>
<tr><th>按防治对象</th><th>分类根据</th><th colspan="2">类别</th></tr>
<tr><td rowspan="5">杀虫剂</td><td>作用方式</td><td colspan="2">胃毒剂、触杀剂、熏蒸剂、内吸剂、引诱剂、趋避剂、拒食剂、不育剂、几丁质抑制剂、昆虫激素(保幼激素、蜕皮激素、信息素)</td></tr>
<tr><td rowspan="4">来源及化学组成</td><td rowspan="2">合成杀虫剂</td><td>无机杀虫剂(无机砷、无机氟)</td></tr>
<tr><td>有机杀虫剂(有机氯、有机磷、氨基甲酸酯、拟除虫菊酯等)</td></tr>
<tr><td colspan="2">天然产物杀虫剂(鱼藤酮、除虫菊素、烟碱、沙蚕毒等)</td></tr>
<tr><td colspan="2">微生物杀虫剂(细菌毒素、真菌毒素、抗生素)</td></tr>
<tr><td>杀螨剂</td><td>化学组成</td><td colspan="2">有机氯、有机磷、有机锡、氨基甲酸酯、偶氮及肼类、甲脒类、杂环类等</td></tr>
<tr><td rowspan="3">杀鼠剂</td><td>作用方式</td><td colspan="2">速效杀鼠剂、缓效杀鼠剂、熏蒸剂、驱避剂、不育剂</td></tr>
<tr><td rowspan="2">化学组成</td><td colspan="2">无机杀鼠剂</td></tr>
<tr><td colspan="2">有机杀鼠剂(硫脲类、脲类、香豆素类、杂环类、有机硅类等)</td></tr>
<tr><td rowspan="2">杀软体动物剂</td><td rowspan="2">化学组成</td><td colspan="2">无机药剂</td></tr>
<tr><td colspan="2">有机药剂</td></tr>
<tr><td>杀线虫剂</td><td>化学组成</td><td colspan="2">卤代烃、氨基甲酸酯、有机磷、杂环类</td></tr>
<tr><td rowspan="7">杀菌剂</td><td>作用方式</td><td colspan="2">内吸剂、非内吸剂</td></tr>
<tr><td>防治原理</td><td colspan="2">保护剂、铲除剂、治疗剂</td></tr>
<tr><td>使用方法</td><td colspan="2">土壤消毒剂、种子处理剂、喷洒剂</td></tr>
<tr><td rowspan="4">来源及化学组成</td><td rowspan="2">合成杀菌剂</td><td>无机杀菌剂(硫制剂、铜制剂)</td></tr>
<tr><td>有机杀菌剂(有机汞、铜、锡;二硫代氨基甲酸类;取代苯类;酰胺类;取代醌类;硫氰酸类;取代甲醇类;杂环类等)</td></tr>
<tr><td colspan="2">细菌杀菌剂(抗生素)</td></tr>
<tr><td colspan="2">天然杀菌剂及植物防卫素</td></tr>
</table>

续表

按防治对象	分类根据	类　别
除草剂	作用方式	触杀剂、内吸传导剂
	作用范围	选择性除草剂、非选择性(灭生性)除草剂
	使用方法	土壤处理剂、叶面喷洒剂
	使用时间	播种除草剂、芽前除草剂、芽后除草剂
	化学组成	无机除草剂
		有机除草剂(有机磷、砷;氨基甲酸酯类;脲类;羧酸类;酰胺类;醇、醛、酮、醌类;杂环类;烃类等)
植物生长调节剂	来源及化学组成	合成植物生长调节剂(羧酸衍生物、取代醇类、季铵盐类、杂环类、有机磷等)
		天然的植物激素(赤霉素、吲哚乙酸、细胞分裂素、脱落酸等)

二、农药剂型

农药剂型是指农药原药经过加工使之成为可为适当的器械应用的制成品。这种将原药变成使用形态的过程称为农药加工或农药制剂学。根据原药的性能和欲防治害物的性质来设计农药的施用方式、配方组成、生产工艺、质量指标是农药制剂学的重要内容。在此笔者就只从化学角度和加工工艺角度，对农药剂型和助剂两方面进行介绍。

如前面农药概述里面所说从农药原料到真正防治对象，要经过四个过程，概括起来可以分为：合成过程、稀释过程、撒布过程、扩散过程，合成的过程即从化学原料合成生产农药原药；再将农药原药加工成一定剂型，经过稀释后可成为适合一定施药方法应用的制剂即为稀释过程；用合适的施药方法将稀释后的制剂均匀撒布在作物、土壤、水面或空气中，称为撒布过程；最后有效成分渗入昆虫、植物、微生物体表或内部组织，称为扩散过程。可表示成图 7-1。

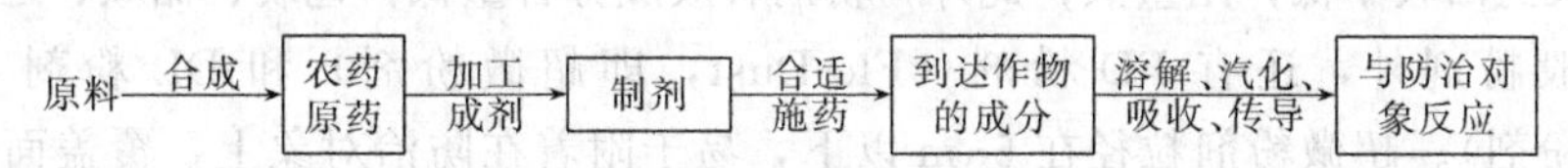

图 7-1　自原料至防治对象的过程示意

根据原药的性质和使用对象设计制造不同剂型的农药制剂，满足撒布需求的同时，又要有良好的渗透效果。故农药剂型分类按有效成分释放特性分类，可分为自由释放型和控制释放型。大多数常规农药剂型如粉剂、粒剂、乳剂、油剂、水剂等均属自由释放型，而控制释放型主要是指缓释剂，通常包括物理和化学两类，我们后面做介绍。按施药过程分类，可分为直接施用、用水稀释后施用和特殊施用三类。直接施用的剂型有粉剂、粒剂、化学型缓释剂、大部分物理型缓释剂、油剂、毒饵以及超低容量喷雾剂等。稀释后施用的剂型有可湿性粉剂、悬浮剂、乳剂、水剂等。特殊施用的剂型，有借助于加热使用的烟剂、蚊香，有借助于压缩气体使用的气雾剂以及某些物理型缓释剂、各种熏蒸性片剂、蜡块剂等。最简单的分类方法是按照制剂的物态来分类，分为固态和液态。常见剂型和剂型代码如表 7-2 所示。

表 7-2　常见剂型和剂型代码

剂型	剂型代码	剂型	剂型代码
粉剂	DP	可湿性粉剂	WP
可溶性粉剂	SP	水分散粒剂	WDG/WG
水溶性粒剂	SG	乳油	EC
可溶性液剂	SL	微乳剂	ME
水乳剂	EW	悬浮剂	SC
悬浮乳剂	SE	悬浮种衣剂	FS
油悬浮剂	OF	泡腾片剂	PP
颗粒剂	GR	水剂	AS
蚊香片剂	MC	毒饵剂	RB

世界上已有农药剂型就有50多种，但应用广泛、工艺成熟、产量大的剂型还是乳剂、粉剂、可湿性粉剂和粒剂。其他制剂比如缓释剂、悬浮剂、烟雾剂、种衣剂等，适用的原药有一定局限，正处于发展之中。

(一)固态剂型

固态剂型可分为粉剂（一般粉剂、超微粉剂、粗粉剂）、可分散性粉剂（可湿性粉剂、固体乳剂）、粒剂（大粒剂、细粒剂、微粒剂等）、缓释剂（物理型、化学型）、悬浮剂（干悬浮剂、水分散粒剂）、烟雾剂（烟熏剂、蚊香）等；

1. 粉剂（DP：dustable powder）

粉剂是将一种或多种原药和大量的填料或载体（如滑石粉）与适量的稳定剂混合粉碎制得。粉剂助剂除填料和稳定剂外，有时还要加抗结块剂、防静电剂和防尘防飘移剂。粉剂含有效成分大多数在0.5%～5%，不超过10%，在施用方法上，它可以直接用器械喷粉或用飞机撒布。考查粉剂最重要的性能指标是细度、均匀度、稳定性和吐粉性（吐粉性是指在一定条件下，喷粉器的喷粉能力，要求一般粉剂的吐粉性大于1100mL/min）。一般粉剂的粒径为5～74μm。粒径在10～30μm的粉剂不仅附着力好，也跟生物体有较好的接触；小于2μm的，或粒径过大的粉剂，附着力均较差。粉剂的优点是使用方便、较能均匀分布、散布效率高、节省劳动力和加工费用较低，特别适宜于供水困难地区和防治暴发性病虫害。一般不宜加水稀释，多用于喷粉和拌种。浓度较高的可用作毒饵和用于处理土壤。例如六六六粉剂、滴滴涕粉剂等。粉剂的缺点是需要特殊的喷粉设备，易漂流损失，污染环境，沉降性和黏着性差，农药回收率低，用量大；此外，粉剂有效成分含量低，包装、储藏、运输费用高。

除了一般粉剂外，还有FD粉剂（Flo-Dust，即超微粉剂）和DL粉剂（Drift-Less Dust，即粗粉剂）。超微粉剂粒径在5μm以下，易于附着在防治对象上，覆盖面积大，防治效果好，主要用于温室防治病虫害。粗粉剂粉径为44～105μm，颗粒比一般粉剂大，漂流损失少，一般在农作物后期喷洒，污染范围小。

通常粉剂的加工工艺为直接气流粉碎法（即原药、填料和助剂按比例混合粉碎而成）和母粉法（即原药和载体混合成高浓度粉剂，到使用地再与载体混合成低浓度粉剂使用）。

2. 可湿性粉剂（WP：wettable powder）

可湿性粉剂是含有原药、载体或填料、表面活性剂（润湿剂、分散剂等）、辅助剂（稳定剂、警色剂等）并粉碎得很细的农药干剂型。此种制剂在用水稀释成田间使用浓度时，能形成一种稳定的、可供喷雾的悬浮液。从形状上看，与粉剂无区别，但含量较高（25%～90%），一般粒径为5～44μm。由于加入了湿润剂、分散剂等助剂，加到水中后能被水湿润、分散、形成悬浮液，在使用上类似于乳剂，可喷洒施用。因分散成稳定的悬浮液，也称为可分散性粉剂。它的优点是生产成本低，可用纸袋或塑料袋包装，储运方便、安全，包装材料比较容易处理；粉剂不使用溶剂和乳化剂，对植物较安全，在果实套袋前使用，可避免有机溶剂对果面的刺激。有效成分含量高，污染少。可湿性粉剂的主要加工工艺是超微粉碎和气流粉碎，使制剂达到要求细度。其中用到的主要设备是气流粉碎流化床。可湿性粉剂向可分散性、可乳化性、高悬浮性的粉粒状新剂型发展，是今后研究开发的主要方向。

3. 粒剂

粒剂是将原药与载体、黏着剂、分散剂、润湿剂、稳定剂等助剂混合造粒所得到的一种固体剂型。造粒工艺主要有浸渍法、包衣法、捏合法。根据粒径大小和使用特性，将粒剂分为若干种（见表7-3）。

表 7-3 粒剂类型

剂型名称	剂型特征	粒径大小/μm
大粒径	利用水溶性农药施用的大型粒剂	2000～6000
颗粒剂	直接使用的流动性颗粒	297～2500
细粒剂	直接使用的流动性颗粒	297～1860
微粒剂	利于均匀撒布的小型粒剂	100～600
超微粒剂	细致划分的粒剂	63～210
可溶性粒剂	有效成分可溶于水中的粒状制剂	
水分散粒剂	加水后可崩解,分散成悬浮液的粒状制剂	

粒剂的有效成分含量一般为5%～20%，可直接施撒或喷撒于水面或土壤中。常用于防治地下害虫及宿根性杂草等。粒剂的特点是方向性强，便于降落，施撒时无粉尘，对环境和作物污染小，对植物茎叶不附着，避免了直接接触而产生要害。同时粒剂在一定程度上可以控制药剂的释放速度，变高毒原药为低毒制剂，使用安全，并使药剂的残效期延长。尽管粒剂的加工成本比粉剂高，但由于其性能和防治效果比粉剂好，因此受到广泛重视，已经成为主要的农药剂型之一。

4. 缓释剂

将原药储存于一种高分子物质中，控制药剂必要剂量，在特定的时间内，持续稳定的到达需要放置的目标物上，这种技术称为控制释放技术。由原药、高分子化合物及其他助剂组成的，能控制药剂缓慢释放的剂型称为缓释剂。缓释剂的优点在于：减少环境中的光、空气、水和微生物对原药的分解，减少挥发、流失的可能性，并改变了释放性能，从而使残效期延长，用药量减少，施药间隔拉大，省工省药；由于缓释剂的控制释放措施，使高毒农药低毒化，降低了急性毒性，减轻了残留及刺激气味，减少了对环境的污染和对作物的药害，从而扩大了农药的应用范围；通过缓释技术处理，改善了药剂的物理性能，减小漂移，使液体农药固体化，储存、运输和最后处理都很简单。缓释剂分为物理型和化学型，如图 7-2 所示。物理型中又分为不均匀系统的储存体和整体系统的均一体。利用包裹、掩蔽、吸附等原理，将原药储存于高分子化合物之中的不均一体系如微胶囊剂，包结化合物、多层制品等有外层保护的，称为控制膜系统；而空心纤维、吸附性载体及发泡体等多孔性制品无控制膜包覆，故称为开放式系统。所谓均一体，是指在适宜温度条件下，将原药均匀溶解或分散于高分子或弹性基制中，形成固溶体（凝胶体）和分散体，或者将原药与高分子化合物混为一体，制成高分子化合物与原药的复合体。上述缓释剂的形成主要依靠高分子化合物与原药的物理结合来完成，所以统称为物理型缓释剂。如果原药与高分子化合物之间是通过化学结合形成的缓释剂，则称为化学性缓释剂。缓释剂可用喷撒施药（如微胶囊状制剂和粉剂等）方法，也可以用类似于片、块、粒剂的施药方法，放置于防除场所，密闭空间及埋于土壤、粮食中等。

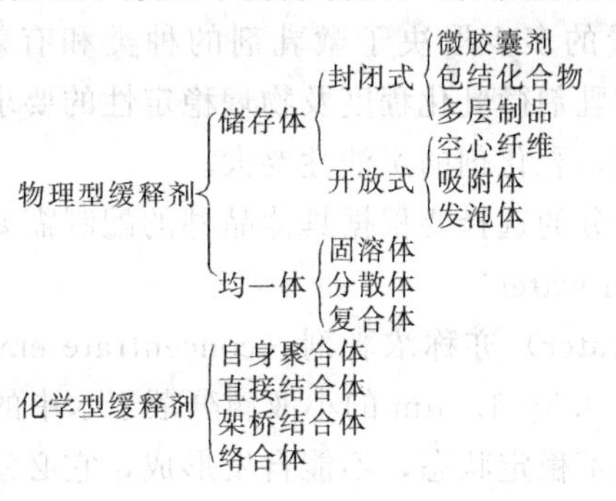

图 7-2 缓释剂的分类

(二)液态剂型

液态剂型可分为乳剂、悬浮剂（水悬剂、油悬剂、乳悬剂）、油剂（超低容量喷雾剂、静电喷雾剂）、水剂、泡沫喷雾剂等

1. 乳油（emulsifiable concentrate）

乳油是将原药按一定比例溶解在有机溶剂中，再加入一定量的农药专用乳化剂与其他助剂，配制成的一种均相透明的油状液体，与水混合后能形成稳定的乳状液。乳油加工是一个物理过程，它是按照一定配比，将原药溶解于有机溶剂中，再加入乳化剂等其他助剂，在搅拌作用下混合溶解，形成单相透明的液体。常用加工设备为搅拌釜、过滤器。乳油有很多优点：①有效成分含量高。②组成简单，加工容易，设备成本低。③储藏稳定性好。④使用方便。⑤药效高。但乳油中的易燃有机溶剂使其在加工、储运时安全性较差，同时溶剂会对环境产生污染。

2. 可溶性液剂（SL）、水剂（AS）

可溶性液剂（SL）是均一、透明的液体制剂，用水稀释后，形成真溶液，也就是说，药剂亦是由分子或离子状态分散在介质中。

水剂（AS）是有效成分或其盐的水溶液制剂，药剂（分散相、溶质）以分子或离子状态分散在水（介质、溶剂）中的真溶液制剂。

两种药剂都是以分子或离子状态分散在介质中，而不同的是AS的介质是水，而SL的介质是水与有机物的混合物或只有有机物而已，SL包括了水剂和可溶性液剂，而AS是SL中的一种特例。

可溶性液剂（SL）和水剂（AS）均具有渗透性、润湿性好，加工工艺简单可行的优点。

3. 微乳剂（micro-emulsion）

微乳剂又被称为水基乳油、可溶乳油，是借助于乳化剂的作用，将不溶于水的液态或固态原药均匀分散在水中形成的透明或半透明的一种农药制剂。它是一个自发形成的热力学稳定之分散体系。狭义的微乳剂定义为由油组分-水-表面活性剂构成的透明或半透明的均相体系，是热力学稳定的，胀大了的胶团体系。

一般地，微乳剂对各组分的要求如下。

(1) 农药有效成分　配制微乳剂，要求原药在水中的稳定性要好，且生物活性要高，最好是液态，这样便于配制，储存也较稳定。一般农用微乳剂中农药有效成分的含量为5%～50%。

(2) 乳化剂　微乳的形成主要依赖于表面活性剂的作用，选择合适的乳化剂是制备微乳剂的关键。

(3) 水　微乳剂中水量的多少取决于微乳剂的种类和有效成分，含量一般为18%～70%。另外水质也是影响微乳剂微乳化程度及物理稳定性的要求，水硬度高时，要选择亲水性强的乳化剂，水硬度低时，乳化剂的亲油性要大。

(4) 其他成分　其他成分的选择要根据具体品种的配制需要来决定。

4. 水乳剂（emulsion in water）

水乳剂（emulsion in water）亦称浓乳剂（concentrate emulsion）。是将液体或与溶剂混合制得的液体农药原药以0.5～1.5μm的小液滴分散于水中的制剂，外观为乳白色牛奶状液体。水乳剂处于热力学的不稳定状态，不能自发形成，它必须借助特定的外力作用，以形成均匀的乳化液粒，因此，生产过程的控制相对复杂。

水乳剂的优点在于不含或只含少量有毒易燃的苯类等溶剂，无着火危险，无难闻气味，减少了对环境的污染，提高了安全性；以廉价水为基质，经济成本低；药效与同剂量相应乳油相当，对温血动物毒性低。不足之处在于属热力学不稳定体系，配方开发难度大，不成熟，应用推广慢；加工设备要求高，生产过程控制相对复杂，生产成本较高。

5. 悬浮剂（suspension concentrate）

悬浮剂是农药原药和载体及分散剂混合，利用湿法进行超微粉碎而成的黏稠可流动的悬浮体。是由不溶或微溶于水的固体原药借助某些助剂，通过超微粉碎比较均匀地分散于水中，形成一种颗粒细小的高悬浮、能流动的稳定的液固态体系。悬浮剂通常是由有效成分、分散剂、增稠剂、抗沉淀剂、消泡剂、防冻剂和水等组成。有效成分的含量一般为5%～50%。平均粒径一般为3μm左右。是农药加工的一种新剂型。它的优点在于完全不用有机溶剂的剂型，是加工固态原药的一种好剂型，其性能介乎于乳油与可湿性粉剂之间。

【任务实施】

通过调查，目前市面上销售的用于杀虫的主要有哪些产品？用于除草的主要有哪些产品？它们分别以什么剂型为主？

注：注明参考文献及网址。

【任务评价】

1. 知识目标的完成：

① 是否了解农药的概念、分类和常见剂型；

② 是否了解农药自原料至防治对象的过程。

2. 能力目标的完成：是否能够根据所需选用正确的农药类型和剂型。

任务二　认识杀虫剂

【任务提出】

杀虫剂主要有哪些分类？按化学结构分类时，每类杀虫剂里面的典型代表有哪些？

【相关知识】

一、杀虫剂概述

用于杀灭或控制害虫危害水平的农药，统称为杀虫剂。早先的杀虫剂多为无机化合物，到了20世纪40年代已基本淘汰，进入了有机合成农药的新时代。因为采用有机合成的方法可以合成出无数高效的杀虫剂，并且有机合成杀虫剂的作用方式和原理比无机化合物更为多元化和多样化，剂型和制剂的加工方法也更是变化无穷。前面已经介绍过农药的基本分类，下面结合典型例子来对杀虫剂进行分类。

1. 按杀虫剂的作用方式分类

（1）胃毒剂　药剂通过害虫的口器及消化系统进入体内，引起害虫中毒或死亡，具有这种胃毒作用的杀虫剂称为胃毒剂。如敌百虫、白砒等。此类杀虫剂适用于防治咀嚼式口器害虫，如黏虫、蝼蛄、蝗虫等；另外，对防治舐吸式口器的害虫（蝇类）也有效。

（2）触杀剂　药剂接触害虫的表皮或气孔渗入体内，使害虫中毒或死亡，具有这种触杀作用的药剂称为触杀剂，如对硫磷（1605）、辛硫磷等。目前使用的大多数杀虫剂属于此类。可用于防治各种类型口器的害虫。

（3）熏蒸剂　药剂在常温下以气体状态或分解为气体，通过害虫的呼吸系统进入虫体，使害虫中毒或死亡，具有这种熏蒸作用的药剂称为熏蒸剂，如磷化铝、氯化苦、棉隆、溴甲烷等。熏蒸剂一般应在密闭条件下使用。

（4）内吸杀虫剂　药剂通过植物的叶、茎、根部或种子被吸收进入植物体内，并在植物体内疏导、扩散、存留或产生更毒的代谢物。当害虫刺吸带毒植物的汁液或食带毒植物的组织时，使害虫中毒死亡，具有这种内吸作用的杀虫剂为内吸杀虫剂，如内吸磷（1059）、甲拌磷（3911）、涕灭威等。此类药剂一般只对刺吸式口器的害虫有效。

（5）驱避剂　药剂本身没有杀虫能力，但可驱散或使害虫忌避远离施药的地方，具有这种驱避作用的药剂为驱避剂，如樟脑丸、避蚊油等。

（6）引诱剂　能将害虫诱引集中到一起，以便集中防治，一般可分食物引诱、件引诱、产卵引诱3种，如糖醋液、性诱剂等。

（7）拒食剂　药剂被害虫取食后，破坏了虫体的正常生理功能，使其消除食欲而不能再取食以致饿死，如拒食胺、杀虫脒、吡蚜酮等。

（8）不育剂　药剂通过害虫体壁或消化系统进入虫体后，正常的生殖功能受到破坏，使害虫不能繁殖后代，这种不育作用一般又可分为雄性不育、雌性不育、两性不育3种，如噻替派、六磷胺等。

（9）激素干扰剂　由人工合成的拟昆虫激素，用于干扰首次本身体内激素（是一类体内特殊腺体分泌物，控制和调节昆虫的正常代谢，生长和繁殖）的消长，改变体内正常的生理过程，使之不能正常的生长发育（包括阻止正常变态、打破滞育、甚至导致不育），从而达到消灭害虫的目的。此类杀虫剂又称为昆虫生长调节剂。包括类保幼激素（如IR-515）、抗保幼激素（早熟素）、几丁质合成抑制剂（灭幼脲类）等。

（10）黏捕剂　用于黏捕害虫并使其致死的药剂。可用树脂（包括天然树脂和人工合成树脂等）与不干性油（如棕榈油、蓖麻油等）加上一定量的杀虫剂混合配制而成。上述各类杀虫剂中，目前大量生产使用的主要是前四类。其余几类又统称为特异性杀虫剂，目前国内还处于试验阶段，但都很有发展前途。对于绝大多数有机合成的杀虫剂来讲，它们的杀虫作用往往是多种方式，如乐果具有较强的内吸作用及触杀作用；对硫磷除有很强的触杀作用、胃毒作用外，还有一定的熏蒸作用；杀虫脒除具有胃毒、触杀作用外，还有拒食作用。

2. 按杀虫剂的原料来源分类

（1）有机合成杀虫剂　是通过人工合成的方法制成的有机化合物杀虫剂。这类杀虫剂用途广、效果高，所以发展很快，是目前和今后农药使用最主要的一类杀虫剂。这类农药在国内外生产的品种很多，如敌敌畏、溴氰菊酯等。这一类杀虫剂按照化学组成的不同又可分为下列4种。

① 有机氯杀虫剂：有机氯杀虫剂的分子中部含有氯元素，如毒杀芬等。

② 有机磷杀虫剂：有机磷杀虫剂的分子中都含有磷元素，如杀螟松、敌百虫等。

③ 有机氮杀虫剂：主要是氨基甲酸酯类有机氮杀虫剂，如西维因、叶蝉散、螟蛉畏等。

④ 拟除虫菊酯类杀虫剂：拟除虫菊酯类杀虫剂是人工合成类似天然除虫菊酯的化合物，是一类发展最快的杀虫剂，如杀灭菊酯、溴氰菊酯等。

（2）无机杀虫剂　是指有机化合物的杀虫剂，如亚砷酸（白砒）、氟化钠等。

（3）微生物杀虫剂　微生物杀虫剂用于防治害虫的病原体（真菌、细菌、病毒等），如青虫菌、白僵菌、7216 等。

(4) 植物性杀虫剂　植物性杀虫剂是用天然植物加工制造的杀虫剂。它含的有效成分是天然有机化合物，除虫菊素、烟草、沙蚕毒及各种植物性农药。

二、有机磷杀虫剂

有机磷化合物具有强烈的生物活性，这一特性在第二次世界大战前后被发现，也促使有机磷化学由实验室基础研究转向大批的应用研究。1932 年，Lange 首先在二烷基磷酰氟上发现有机磷化合物异常的生理作用。同时英国的 Saunders 也发现二异丙基磷酰氟（DFP）1 有较好的神经致毒性。英国的 Schraderd 等于 1937 年发现若干具有通式 2 结构的化合物对昆虫有触杀作用，于 1941 年发现了内吸杀虫剂八甲磷（OMPA）3 和具有一定杀虫作用的焦磷酸酯（特普，TEPP）4，并于 1944 年在德国商品化。随后在 1944 年 Schrader 等发现 605 号化合物，即对硫磷 5。这是农药研究上的一大成就，他开创了有机磷杀虫剂结构域活性关系的研究。虽然对硫磷（E-605）有很高的毒性，但只要结构上稍加变化就可获得低毒杀虫剂，比如 1952 年发现的氯硫磷 6、1958 年的倍硫磷 7 和 1959 年的杀螟松 8 等。

$$(i\text{-}C_3H_7O)_2P(=O)F \quad \mathbf{1}$$

$$R^1R^2N-P(=O)(A)-OR^3 \quad \mathbf{2}$$

R^1,R^2,R^3＝烷基；A＝酰基、Cl、F、SCN、CH_3COO

$$[(CH_3)_2N]_2P(=O)-O-P(=O)[N(CH_3)_2]_2 \quad \mathbf{3}$$

$$(C_2H_5O)_2P(=O)-O-P(=O)(OC_2H_5)_2 \quad \mathbf{4}$$

$$(C_2H_5O)_2P(=S)-O-C_6H_4-NO_2 \quad \mathbf{5}$$

$$(CH_3O)_2P(=S)-O-C_6H_3(Cl)-NO_2 \quad \mathbf{6}$$

$$(CH_3O)_2P(=S)-O-C_6H_3(CH_3)-SCH_3 \quad \mathbf{7}$$

$$(CH_3O)_2P(=S)-O-C_6H_3(CH_3)-NO_2 \quad \mathbf{8}$$

所有上述化合物都含有一个酸酐键，因此 Schrader 对有机磷生物活性化合物提出了如下通式：

$$R^1R^2P(=O(S))A$$

R^1,R^2＝烷基、烷氧基、氨基；A＝酰基（酸根）

1950 年美国氰胺公司推出重要的低毒杀虫剂马拉硫磷 9，1951 年德国 Bayer 公司开发具有植物内吸作用的杀虫剂内吸磷 10，这两个化合物在有机磷杀虫剂的发展过程中具有重要意义。

$$(CH_3O)_2P(=S)-S-CH(CO_2C_2H_5)CH_2CO_2C_2H_5 \quad \mathbf{9}$$

$$(C_2H_5O)_2P(=S)-O-CH_2CH_2SC_2H_5 \quad \mathbf{10}$$

1952 年 Perkow 反应的出现，为乙烯基磷酸酯类杀虫剂的合成提供了一个便利的方法，促进了这类化合物的开发和应用，如 DDV11、久效磷 12 等。

$$(CH_3O)_2\overset{O}{\overset{\|}{P}}-OCH{=}CCl_2 \qquad (CH_3O)_2\overset{O}{\overset{\|}{P}}-O\underset{CH_3}{\underset{|}{C}}{=}CHCONHCH_3$$

11 12

20世纪70年代以来，出现含手性磷原子的丙硫基磷酸酯类杀虫剂，这类化合物毒性较低，且对抗害虫效果较好，如丙硫磷13、甲丙硫磷14、丙溴磷15等。

13：$(C_2H_5O)(C_3H_7S)P(=S)-O-C_6H_3Cl_2$（2,4-二氯苯基）

14：$(C_2H_5O)(C_3H_7S)P(=S)-O-C_6H_4-SCH_3$

15：$(C_2H_5O)(C_3H_7S)P(=O)-O-C_6H_3(Cl)Br$（2-氯-4-溴苯基）

有机磷化合物的优点在于它可以通过改变磷原子上的取代基团和基团之间的互相搭配，来寻找具有各种可贵生物活性的化合物。这种变化的可能性是非常巨大的。除此以外，有机磷杀虫剂由于药效高，易于被水、酶及微生物所降解，很少残留毒性等，因而从20世纪40年代到70年代得到飞速发展，在世界各地被广泛应用，有140多种化合物正在或曾被用作农药。但是有机磷杀虫剂存在抗性问题，即某些品种存在急性毒性过高和迟发型神经毒性问题。这些问题的存在，特别是近20年来拟除虫菊酯杀虫剂的异军突起，使得从20世纪70年代以后，有机磷杀虫剂的研究和开发速度大大放慢了。但是目前在杀虫剂的使用方面，它仍然起着主力军的作用。

有机磷杀虫剂已经商品化的估计在200个左右，欲了解有机磷杀虫剂品种的全貌，读者可以进一步参考有关手册和专著。下面按照化合物的结构类型对国内外已有或已停产的一些影响较大的有机磷品种作以简单叙述。

(一)磷酸酯类杀虫剂

1. 敌敌畏（DDV）

$$(CH_3O)_2\overset{O}{\overset{\|}{P}}OCH{=}CCl_2$$

O,*O*-二甲基-*O*-(2,2-二氯）乙烯基磷酸酯

1948年首先由Shell公司合成，1951年由Ciba公司发展成杀虫剂。DDV为一种无色液体，有芳香味，20℃时的蒸气压为1.6Pa，沸点74℃（133Pa）。在水中约能溶解1%，能与大部分有机溶剂互溶。在pH=7的水中半衰期为8h，遇碱液分解更快。DDV是一种触杀和胃毒性杀虫剂，也有熏蒸和渗透作用，残留极小，对蝇、蚊、飞蛾等击倒速度很快，广泛用作卫生害虫防治剂，也用于田间防治刺吸口器害虫。

合成方法有两种：一种是亚磷酸三甲酯与三氯乙醛发生Perkow重排，另一种是敌百虫发生碱解重排：

$$(CH_3O)_3P+Cl_3CCHO \longrightarrow (CH_3O)_2\overset{O}{\overset{\|}{P}}-OCH{=}CCl_2 \ +CH_3Cl$$

$$(CH_3O)_2\overset{O}{\overset{\|}{P}}-\underset{OH}{\underset{|}{C}}HCCl_3 \ +NaOH \longrightarrow (CH_3O)_2\overset{O}{\overset{\|}{P}}-OCH{=}CCl_2 \ +NaCl$$

2. 二溴磷

$$(CH_3O)_2\overset{O}{\overset{\|}{P}}OCHBrCBrCl_2$$

O,*O*-二甲基-*O*-(1,2-二溴-2,2-二氯)乙基磷酸酯

二溴磷是 1956 年 Chevron 公司发展的品种。其工业品为黄色液体，有辣味，沸点 110℃（56.5Pa），20℃时的蒸气压为 0.27Pa。不溶于水，微溶于脂肪族溶剂，易溶于芳香族溶剂。阳光能引起降解。在有金属和还原剂存在时，易脱去溴生成 DDV。

二溴磷可作为短残留的杀虫剂，用于蔬菜、果树害虫的防治。它是一种速效、触杀和胃毒性杀虫剂，并有一定的熏杀作用，无内吸性。

二溴磷可以用 DDV 与溴加成制备。

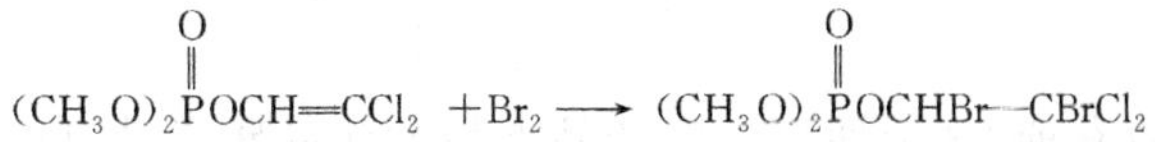

$$(CH_3O)_2\overset{O}{\overset{\|}{P}}OCH{=\!=}CCl_2 + Br_2 \longrightarrow (CH_3O)_2\overset{O}{\overset{\|}{P}}OCHBr{-}CBrCl_2$$

3. 久效磷

$$(CH_3O)_2\overset{O}{\overset{\|}{P}}{-}O{-}\underset{CH_3}{\underset{|}{C}}{=}CH\overset{O}{\overset{\|}{C}}NHCH_3$$

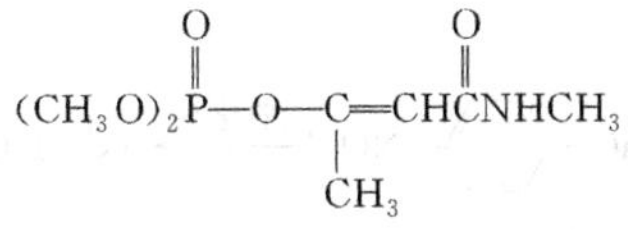

O,*O*-二甲基-*O*-(1-甲基-3-甲氨基-3-氧)丙烯基磷酸酯

久效磷是 1965 年由 Ciba 和 Shell 两公司分别发展的品种。其纯品为固体，有轻微的酯味，能与水混溶，也溶于极性溶剂，不溶于非极性溶剂（如石油醚、煤油）。在碱性条件下水解速度增加，因此不能与碱性农药混用。久效磷是一种速效杀虫剂，兼有内吸及触杀活性；用于各种作物防止螨类、刺吸口器害虫、棉铃虫和其他鳞翅目幼虫。

久效磷可以用双乙烯酮为起始原料合成的氯代乙酰乙酰甲胺与亚磷酸三甲酯发生。

4. 杀螟威

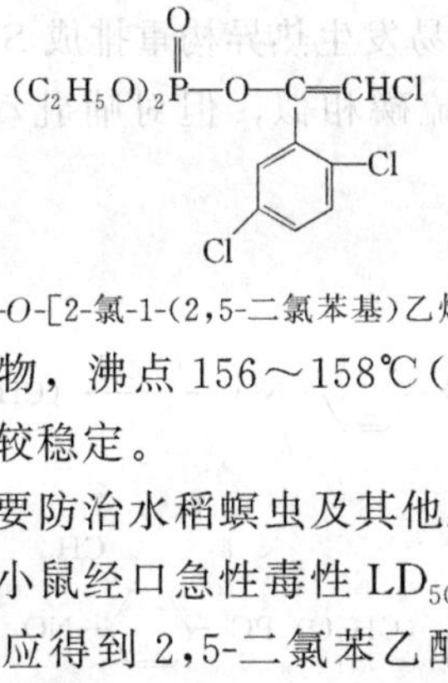

$$(C_2H_5O)_2\overset{O}{\overset{\|}{P}}{-}O{-}\underset{\text{2,5-二氯苯基}}{C}{=}CHCl$$

O,*O*-二乙基-*O*-[2-氯-1-(2,5-二氯苯基)乙烯基]磷酸酯

杀螟威为无色透明或黄色油状物，沸点 156～158℃(33.3Pa)，不溶于水，易溶于有机溶剂，存放稳定性良好，对水解也较稳定。

杀螟威为广谱高效杀虫剂，主要防治水稻螟虫及其他水稻害虫，如叶蝉、飞虱等，对棉花、蔬菜害虫也有较好的效果。对小鼠经口急性毒性 LD_{50} 为 56mg/kg。

乙酰氯与对二氯苯发生付氏反应得到 2,5-二氯苯乙酮，在光照下氯化，然后与亚磷酸三乙酯发生 Perkow 反应，得到杀螟威：

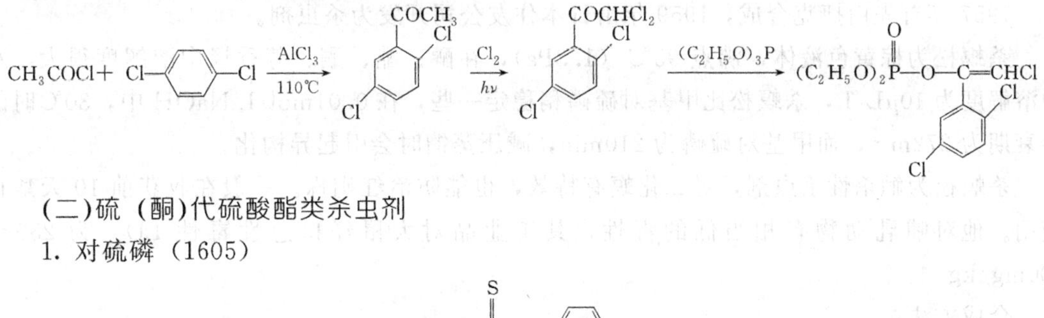

$$CH_3COCl + Cl{-}C_6H_4{-}Cl \xrightarrow[110℃]{AlCl_3} \text{2,5-}Cl_2C_6H_3COCH_3 \xrightarrow[h\nu]{Cl_2} \text{2,5-}Cl_2C_6H_3COCHCl_2 \xrightarrow{(C_2H_5O)_3P} (C_2H_5O)_2\overset{O}{\overset{\|}{P}}{-}O{-}C(C_6H_3Cl_2){=}CHCl$$

(二)硫（酮)代硫酸酯类杀虫剂

1. 对硫磷（1605）

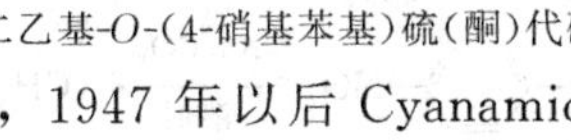

$$(C_2H_5O)_2\overset{S}{\overset{\|}{P}}{-}O{-}C_6H_4{-}NO_2$$

O,*O*-二乙基-*O*-(4-硝基苯基)硫(酮)代磷酸酯

1944 年首先由 Schrader 合成，1947 年以后 Cyanamide 公司及 Bayer 公司相继投入生

产。对硫磷纯品为浅黄色液体，沸点113℃(6.7Pa)，熔点6℃，易溶于大多有机溶剂，在水中的溶解度约24μL/L。在中性及弱酸性介质中比较稳定，但在碱性溶液中很快水解。在130℃以上产生热异构化作用，生成*O*,*S*-二乙基*O*-对硝基苯硫(酮)代磷酸酯。其异构化产物抗胆碱酯酶活性比对硫磷大，而杀虫效果却差。

对硫磷是一种广谱高效杀虫剂，具有很强的胃毒和触杀作用，对螨类也很有效。其缺点是对温血动物毒性太高，大鼠经口急性毒性 LD_{50} 为 7mg/kg，这使它在应用上受到一定的限制。

对硫磷最迟应在收获前28天使用，农产品上最大允许残留量应小于1mg/kg。

合成方法：

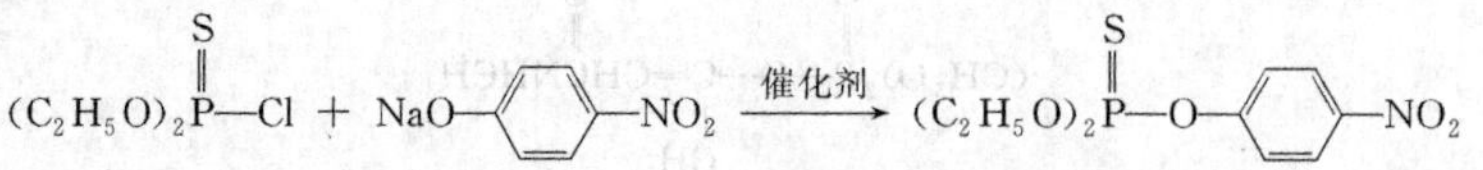

$$(C_2H_5O)_2P(=S)-Cl + NaO-C_6H_4-NO_2 \xrightarrow{\text{催化剂}} (C_2H_5O)_2P(=S)-O-C_6H_4-NO_2$$

2. 甲基对硫磷（甲基1605）

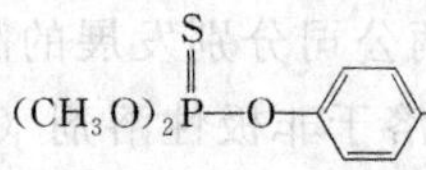

$$(CH_3O)_2P(=S)-O-C_6H_4-NO_2$$

O,*O*-二甲基-*O*-对硝基苯基硫(酮)代磷酸酯

1944年首先由Bayer公司合成，后来前苏联也开发了这个品种。

甲基对硫磷为一白色结晶物，熔点36℃，沸点109℃（6.7Pa），溶于烷烃以外的大部分有机溶剂，微溶于水（55mg/L）。它不如对硫磷稳定，在碱性介质中水解速度比对硫磷高4.3倍。它易发生去甲基作用，也易发生热异构重排成*S*-甲基产物。

甲基对硫磷的杀虫活性与对硫磷相似，但对哺乳动物毒性小些，大鼠经口急性毒性 LD_{50} 为3550mg/kg。

合成方法也与对硫磷类似：

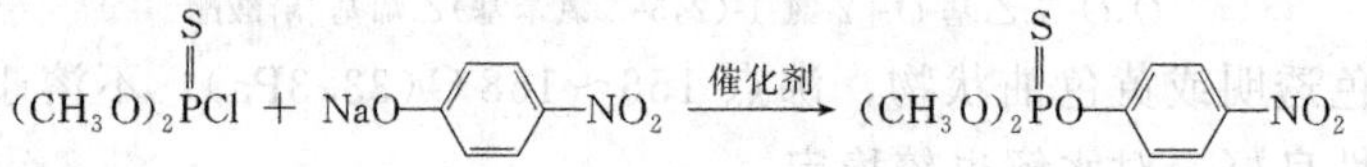

$$(CH_3O)_2P(=S)Cl + NaO-C_6H_4-NO_2 \xrightarrow{\text{催化剂}} (CH_3O)_2P(=S)O-C_6H_4-NO_2$$

3. 杀螟松

$$(CH_3O)_2P(=S)O-C_6H_3(CH_3)-NO_2$$

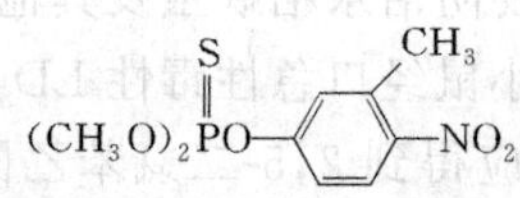

O,*O*-二甲基-*O*-(4-硝基-3-甲基)苯基硫(酮)代磷酸酯

1957年首先由捷克合成，1959年由日本住友公司开发为杀虫剂。

杀螟松为棕黄色液体，沸点95℃（1.3Pa），在醇、酯、酮、芳香烃中溶解度很大，水中溶解度为10μL/L，杀螟松比甲基对硫磷稍稳定一些，在0.01mol/L NaOH中，30℃时的半衰期为272min，而甲基对硫磷为210min，减压蒸馏时会引起异构化。

杀螟松为触杀性杀虫剂，对二化螟有特效，也能防治红蜘蛛。一般在收获前10天禁止使用。他对哺乳动物有相当低的毒性，其工业品对大鼠经口急性毒性 LD_{50} 为250～500mg/kg。

合成方法：

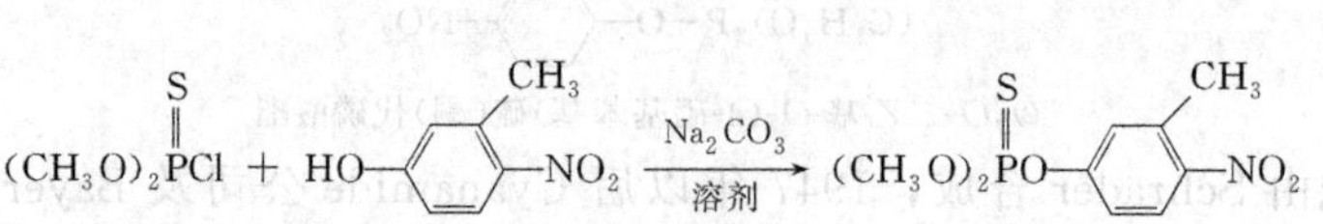

$$(CH_3O)_2P(=S)Cl + HO-C_6H_3(CH_3)-NO_2 \xrightarrow[\text{溶剂}]{Na_2CO_3} (CH_3O)_2P(=S)O-C_6H_3(CH_3)-NO_2$$

4. 倍硫磷

$$(CH_3O)_2P(=S)O-C_6H_3(CH_3)-SCH_3$$

O,*O*-二甲基-*O*-(4-甲硫基-3-甲基)苯基硫(酮)代磷酸酯

它是 1957 年 Bayer 公司发展的品种。其纯品为无色液体，沸点 87℃（1.3Pa）。它在烷烃以外的有机溶剂中溶解度很大，在水中溶解度为 54μL/L。倍硫磷对酸或碱介质的水解作用比甲苯对硫磷更稳定，热稳定性比较好。

倍硫磷是一种触杀性和胃毒性杀虫剂，渗透作用强，对水解稳定，并且有低挥发性和特效长的特点。它能有效地防治果蝇、叶蝉科及谷物害虫，对蚊蝇特别有效。

合成方法：

$$CH_3S-SCH_3 + HO-C_6H_4(CH_3) \xrightarrow{H_2SO_4} HO-C_6H_3(CH_3)-SCH_3$$

$$(CH_3O)_2P(=S)-Cl + HO-C_6H_3(CH_3)-SCH_3 \xrightarrow{20\%\ NaOH} (CH_3O)_2P(=S)O-C_6H_3(CH_3)-SCH_3$$

5. 杀螟腈

$$(CH_3O)_2P(=S)O-C_6H_4-CN$$

O,*O*-二甲基-*O*-(对氰基苯基)硫(酮)代磷酸酯

1960 年由日本住友公司开发，1966 年商品化：杀螟腈为透明琥珀色液体，熔点 14～15℃。30℃时水中的溶解度为 46mg/L，但易溶于大多有机溶剂。通常条件下至少在 2 年内是稳定的。

杀螟腈是一种毒性较低的杀虫剂，大鼠经口急性毒性 LD_{50} 为 610mg/kg。用于防治果树、蔬菜、观赏植物上的鳞翅目害虫，也可用来防治蟑螂、苍蝇、蚊子等卫生害虫。

合成方法：

$$(CH_3O)_2P(=S)Cl + HO-C_6H_4-CN \xrightarrow[\text{甲苯}]{K_2CO_3} (CH_3O)_2P(=S)O-C_6H_4-CN$$

6. 双硫磷

$$(CH_3O)_2P(=S)-O-C_6H_4-S-C_6H_4-O-P(=S)(OCH_3)_2$$

O,*O*,*O'*,*O'*-四甲基 *O*,*O'*-硫联双对亚苯基硫(酮)代磷酸酯

1965 年 Cyanamid 公司作为杀蚊幼虫药剂首先推出。其纯品为白色固体，熔点为 30℃。不溶于水及脂肪烃，可溶于醚、酮、芳烃及卤代烃。常温下，pH＝5～7 时稳定性最好。其水解速度取决于温度和酸碱度。在强酸（pH＜2）或强碱（pH＞9）介质中会加速水解。

双硫磷对哺乳动物的毒性极低，大鼠经口急性毒性 LD 为 2000～4000mg/kg。人在每天按体重取食该药 LD_{50} 为 64mg/kg 四周后，未观察到中毒现象。双硫磷以 0.005mg/L 的浓度防治蚊幼虫，效果非常好。它用于卫生害虫的防治，如各种蚊子、人体虱子、动物身上的跳蚤等，也可用于田间防治老虎、柑橘上的蓟马和牧草盲蝽属害虫。

合成方法：

$$C_6H_5OH + SCl_2(\text{或} SOCl_2) \longrightarrow HO-C_6H_4-S-C_6H_4-OH \xrightarrow[1\%\ NaOH]{(CH_3O)_2P(S)Cl} [(CH_3O)_2P(S)O-C_6H_4-]_2S$$

7. 皮蝇磷

$$(CH_3O)_2P(S)-O-C_6H_2Cl_3\text{(2,4,5-三氯苯基)}$$

O,*O*-二甲基-*O*′-(2,4,5-三氯苯基)硫(酮)代磷酸酯

Dow公司于1954年首先将皮蝇磷用作杀虫剂，它也是第一个动物内吸杀虫剂。

皮蝇磷为白色晶体，熔点40～42℃，沸点97℃(1.5Pa)，在大多数有机溶剂中溶解度较高，在水中的溶解度为41mg/L。在强碱中水解能使P—O—C键断裂，在弱碱中能发生去甲基作用，在中性和酸性介质中稳定。

皮蝇磷可用经口施药方法防治牛身上的牛皮蝇、角蝇及螺旋维蝇的幼虫，也能防治猪、羊及家畜身上的虱子，以及作为防治家蝇、蟑螂等害虫的触杀药剂。它对湿血动物的毒性很低。

合成方法：

$$(CH_3O)_2P(O)Cl + NaO-C_6H_2Cl_3 \xrightarrow{\text{溶剂}} (CH_3O)_2P(S)O-C_6H_2Cl_3$$

8. 二嗪农（地亚农）

$$(C_2H_5O)_2P(O)O-\text{(6-甲基-2-异丙基-4-嘧啶基)}\ [CH_3,\ CH(CH_3)_2]$$

O,*O*-二乙基-*O*′-(2-异丙基-4-甲基-6-嘧啶基)硫(酮)代磷酸酯

二嗪农于1952年被Gysin发现。其纯品为无色液体，沸点为83～84℃（0.027Pa）。它易溶于大多数有机溶剂，20℃水中只能溶40μL/L，二嗪农为弱碱性，pK值为2.5，它在酸性介质中稳定性不如类似的芳基硫代磷酯（如对硫磷等）。

二嗪农纯品毒性相当低。它的残效较长，可用于防治土壤害虫，以及果树、蔬菜和水稻害虫。二嗪农在稻田水中使用，可被稻秆、叶片吸收传导。二嗪农也可用于家庭和家畜害虫的防治。

9. 辛硫磷

$$(C_2H_5O)_2P(S)-O-N=C(CN)-C_6H_5$$

O,*O*-二乙基-*O*′-(*α*-氰基苯甲醛肟基)硫(酮)代磷酸酯

1965年由Bayer公司开发，它为一黄色液体，熔点为5～6℃，蒸馏时易分解，它在水中的溶解度为7μL/L，易溶于醇、醚、酮、芳烃等有机溶剂。对水和酸性介质较稳定，室温下pH=11.5时，半衰期为170min；pH为7时，半衰期为700h。

辛硫磷有触杀和胃毒作用，是一种光谱杀虫剂。对叶蝉、蚜虫、地老虎、东方蚌蟒等有效。它特别适用于仓储害虫、卫生害虫等的防治。它对哺乳动物的毒性极低。

合成方法：

$$\text{C}_6\text{H}_5\text{CH}_2\text{CN} + \text{C}_5\text{H}_{11}\text{CNO} \xrightarrow{\text{C}_2\text{H}_5\text{ONa}} \text{C}_6\text{H}_5\text{C(CN)}{=}\text{NONa} \xrightarrow{(\text{C}_2\text{H}_5\text{O})_2\text{P(S)Cl}} (\text{C}_2\text{H}_5\text{O})_2\text{P(S)}{-}\text{O}{-}\text{N}{=}\text{C(CN)}{-}\text{C}_6\text{H}_5$$

10. 蔬果磷

2-甲氧基-4*H*-1,3,2-苯并二氧磷杂芑-2-硫化物

1953年为E10所发现，1968年日本住友公司商业化。这是第一个商品化的环磷酸酯杀虫剂。其纯品为白色结晶，熔点55.5～56℃。它可溶于大多数有机溶剂，水中溶解度为58mg/L。在弱酸或碱性介质中稳定，但储存稳定性较差，可加入仲胺如咔唑，*N*-苯基甲萘胺作为稳定剂。

蔬果磷为一广谱、短残效杀虫剂，适合于果树、蔬菜、水稻和经济作物害虫的防治。对抗对硫磷的棉铃虫有特效。

合成方法：

$$\text{CH}_3\text{OP(S)Cl}_2 + \text{HOCH}_2\text{C}_6\text{H}_4\text{OH} \longrightarrow \text{蔬果磷}$$

11. 内吸磷（1059）

$$(\text{C}_2\text{H}_5\text{O})_2\text{P(S)}{-}\text{OCH}_2\text{CH}_2\text{SC}_2\text{H}_5$$

1059-O

O,*O*-二乙基-*O*-(2-乙硫基)乙基硫(酮)代磷酸酯

$$(\text{C}_2\text{H}_5\text{O})_2\text{P(O)}{-}\text{SCH}_2\text{CH}_2\text{SC}_2\text{H}_5$$

1059-S

O,*O*-二乙基-*S*-(2-乙硫基)乙基硫(醇)代磷酸酯

它是1951年由Bayer公司发展的杀虫剂，也是第一个有机磷内吸杀虫剂。

内吸磷系统酮（1059-S）代磷酸酯的混合物。1059-O为一无色油状物，沸点106℃（53.3Pa）。水中的溶解度为60mL/L，易溶于大多数有机溶剂。1059-S为一无色液体，沸点为100℃（33.3Pa）；20℃时水中的溶解度为2000mL/L，易溶于有机溶剂。

其工业品为淡黄色油状物，含1059-S 70%，含1059-O 30%，具有硫醇味，强碱能使内吸磷水解。

内吸磷为内吸性杀虫剂和杀螨剂，并有一定的熏蒸作用，它对刺吸口器害虫和螨有很好的杀灭效果，残效可达4～6星期，它可用作喷洒也可用作土壤处理剂，收获前禁用期为42天，在谷物上的最大允许残留量为5mg/kg，在水果上为0.76mg/kg。

(三)硫（醇)代磷酸酯类杀虫剂

1. 氧乐果

$$(\text{CH}_3\text{O})_2\text{P(O)SCH}_2\text{C(O)}{-}\text{NHCH}_3$$

O,*O*-二甲基-*S*-(*N*-甲基氨基甲酸甲基)硫(醇)代磷酸酯

氧乐果为乐果的氧化类似物，Bayer公司于1965年作为内吸虫杀螨剂首先推出。

氧乐果为以一无色到黄色油状液体，蒸馏时易分解，20℃时蒸气压为3.3×10^{-3}Pa。它易溶于水、醇、酮，微溶于醚，几乎不溶于石油醚。它遇碱水解，在pH=7和24℃时，半衰期为611h。

氧乐果具有较好的内吸杀虫杀螨作用，对蚜虫、蓟马、介壳虫、毛虫、甲虫等均有效，也用于防治果树上的刺吸口器害虫。对大鼠经口急性毒性LD_{50}为50mg/kg。

合成方法：

$$(CH_3O)_2P(=S)SH + ClCH_2CONHCH_3 \xrightarrow{Br} (CH_3O)_2P(=O)SCH_2CONHCH_3$$

2. 丙溴磷

$$(C_2H_5O)(C_3H_7S)P(=O)-O-C_6H_3(2-Cl)(4-Br)$$

O-乙基-*S*-丙基*O*-(4-溴-2-氯苯基)硫(醇)代磷酸酯

它是20世纪70年代后期由Ciba-Geigy公司开发的新品种。这是一类新型的含丙硫基的不对称硫代磷酸酯，它们对抗有机磷的害虫，表现出高活性。

丙溴磷是淡黄色液体，沸点110℃（0.13Pa）、20℃时蒸气压为1.3×10^{-3}Pa。20℃时水中的溶解度为20μL/L，能溶于大多数有机溶剂。

丙溴磷是一种非内吸性的广谱杀虫剂，具有很强的触杀和胃毒作用，能防治棉花及蔬菜害虫和螨，对棉铃象、棉铃虫效果突出。丙溴磷对马拉硫磷和某些拟除虫菊酯的杀虫活性具有显著的增强作用。对菊酯的增强作用可能是由于它能抑制分解拟除虫菊酯的酯酶——拟除虫菊酯酶造成的。丙溴磷对大鼠经口急性毒性LD_{50}为358mg/kg。

合成方法有两种：

$$(C_2H_5O)(C_3H_7S)P(=O)Cl + HO-C_6H_3(2-Cl)(4-Br) \xrightarrow{Base} (C_2H_5O)(C_3H_7S)P(=O)-O-C_6H_3(2-Cl)(4-Br)$$

$$(C_2H_5O)_2P(=S)O-C_6H_3(2-Cl)(4-Br) \xrightarrow[-C_2H_5SH]{KSH/乙醇} (C_2H_5O)(KS)P(=O)-O-C_6H_3(2-Cl)(4-Br) \xrightarrow[-KBr]{C_3H_7Br} (C_2H_5O)(C_3H_7S)P(=O)-O-C_6H_3(2-Cl)(4-Br)$$

(四)二硫代磷酸酯类杀虫剂

1. 甲拌磷（3911）

$$(C_2H_5O)_2P(=S)SCH_2SC_2H_5$$

O,*O*-二乙基-*S*-乙硫基甲基二硫代磷酸酯

它是1954年由Cyanamid公司发展的品种。为一种透明液体，沸点100℃（53.3Pa），20℃时的蒸气压为0.11Pa。在水中溶解度为50μL/L，易溶于有机溶剂。室温下pH=5～7时较稳定，强酸（pH<2）或碱性（pH>9）介质中，能促进水解。pH=8（70℃）时半衰期为2h。

甲拌磷对哺乳动物的毒性很高，大鼠经口急性毒性LD_{50}为2～4mg/kg。甲拌磷作为内吸杀虫剂可防治刺吸口器、咀嚼口器害虫和螨类，也用于防治土壤害及某些线虫。除内吸作

用外，还有很好的触杀和熏蒸作用。甲拌磷对哺乳动物的毒性很高，大鼠经口急性毒性 LD_{50} 为 2～4mg/kg。甲拌磷作为内吸杀虫剂可防治刺吸口器、咀嚼口器害虫和螨类，也用于防治土壤害及某些线虫。除内吸作用外，还有很好的触杀和熏蒸作用。

甲拌磷在植物中主要代谢物为亚砜，其残效期很长，这也是甲拌磷具有较好持效的根本原因之一。根据这一情况，曾将甲拌磷亚砜开发为杀虫剂——保棉丰：

$$(C_2H_5O)_2\overset{S}{\overset{\|}{P}}—SCH_2\overset{O}{\overset{\uparrow}{S}}C_2H_5$$

这也是一个高毒（大鼠经口急性毒性 LD_{50} 为 7.9mg/kg）、具有内吸、触杀、胃毒等活性的杀虫剂，主要用于防治棉蚜、红蜘蛛、蓟马等刺吸口器害虫。甲拌磷经双氧水氧化可以制得保棉丰。

甲拌磷的合成方法是用二硫代磷酸二乙酯与乙硫醇在甲醛存在下发生类 Mannich 反应：

$$(C_2H_5O)_2\overset{S}{\overset{\|}{P}}SH + CH_2O + HSC_2H_5 \longrightarrow (C_2H_5O)_2\overset{S}{\overset{\|}{P}}SCH_2SC_2H_5$$

2. 乙硫磷

$$(C_2H_5O)_2\overset{S}{\overset{\|}{P}}SCH_2S\overset{S}{\overset{\|}{P}}(OC_2H_5)_2$$

O,*O*,*O*′,*O*′-四乙基-S,S′-亚甲基双(二硫代磷酸酯)

这是 1965 年 FMC 公司发展的品种。其产品为黄色液体，沸点 164～165℃（40Pa）。它不溶于水，能溶于有机溶剂。它在空气中缓慢氧化，遇酸和碱均会发生水解。

乙硫磷是非内吸性杀虫杀螨剂，用于防治蚜虫、介壳虫及螨。它对大鼠急性经口毒性 LD_{50} 为 208mg/kg，其工业品由于杂质存在，故毒性高些。

用氯溴甲烷与二硫代磷二乙酯反应制备：

$$2(C_2H_5O)_2\overset{S}{\overset{\|}{P}}SH + BrCH_2Cl \xrightarrow{NaOH/Et_3N} \left[(C_2H_5O)_2\overset{S}{\overset{\|}{P}}S\right]_2CH_2$$

3. 三硫磷

$$(C_2H_5O)_2\overset{S}{\overset{\|}{P}}SCH_2S—C_6H_4—Cl$$

O,*O*-二乙基-*S*-(4-氯苯硫基甲基)二硫代磷酸酯

它是 Stauffer 公司 1955 年开发的杀虫剂，为浅琥珀色液体，沸点 82℃（1.3Pa）。水溶解度 40μL/L，易溶于大多有机溶剂。

三硫磷是一种残效较长，但无内吸活性的杀虫杀螨剂。他可有效地防治多种害虫及红蜘蛛，特别用于棉花的棉铃象虫和柑橘红蜘蛛。大鼠经口急性毒性 LD_{50} 为 32mg/kg。

在田间施药的蔬菜上，可观察到硫醚基被氧化成亚砜，然后氧化成砜。

合成方法如下：

$$(C_2H_5O)_2\overset{S}{\overset{\|}{P}}SNa + ClCH_2S—C_6H_4—Cl \longrightarrow (C_2H_5O)_2\overset{S}{\overset{\|}{P}}SCH_2S—C_6H_4—Cl$$

4. 保棉磷

$$(CH_3O)_2\overset{S}{\overset{\|}{P}}SCH_2—N(\text{4-氧苯并三嗪-3-基})$$

O,*O*-二甲基-*S*-(4-氧苯并三嗪-3-甲基)二硫代磷酸酯

它是1953年由Bayer公司发展的品种，为白色结晶，熔点73～74℃。溶于大多数有机溶剂中，在25℃水中的溶解度为29mg/kg，升温时在200℃放出气体而分解。在碱性或酸性条件下均会水解，自然条件下有较长的残效。

对温血动物毒性较高，雌大鼠经口急性毒性 LD_{50} 为16.4mg/kg。保棉磷为一持效期长、非内吸杀虫杀螨剂。主要用于棉花、果树、蔬菜防治刺吸口器、咀嚼口器害虫和螨类。如棉椿象、棉红铃虫、黏虫、棉铃象虫、介壳虫等。

合成方法如下：

$$\text{邻苯二甲酸酐} \longrightarrow \text{邻苯二甲酰亚胺} \longrightarrow \text{邻氨基苯甲酸}(COOH, NH_2) \longrightarrow \text{邻氨基苯甲酸乙酯}(COOC_2H_5, NH_2) \xrightarrow{HNO_3} \text{重氮盐}(COOC_2H_5, \overset{+}{N}{\equiv}N\overset{-}{Cl}) \xrightarrow{NH_4OH}$$

$$\text{苯并三嗪酮}(NH) \xrightarrow{CH_2O/HCl} \text{苯并三嗪酮}(NCH_2Cl) \xrightarrow{(CH_3O)_2\overset{S}{\overset{\|}{P}}SNa} (CH_3O)_2\overset{S}{\overset{\|}{P}}SCH_2-N\text{(苯并三嗪酮)}$$

5. 乙拌磷

$$(C_2H_5O)_2\overset{S}{\overset{\|}{P}}SCH_2CH_2SC_2H_5$$

O,*O*-二乙基-*S*-(2-乙硫基乙基)二硫代磷酸酯

它是1956年由Bayer公司首先推出的品种，为无色油状物，具有特殊气味，沸点113℃（53.3Pa），在水中溶解度为25μL/L，可溶于大部分有机溶剂。pH＝8以下水解较稳定。

乙拌磷的毒性很高，对雄大鼠和雌大鼠的经口急性毒性 LD_{50} 分别为12.5mg/kg和2.5mg/kg。乙拌磷是内吸杀虫剂和杀螨剂，主要用于种子处理和土壤施药。在植物中代谢成亚砜、砜和硫代磷酸酯以及氧代类似物（即1059-S）。

合成方法：

$$(C_2H_5O)_2\overset{S}{\overset{\|}{P}}SNa + ClCH_2CH_2SC_2H_5 \longrightarrow (C_2H_5O)_2\overset{S}{\overset{\|}{P}}SCH_2CH_2SC_2H_5$$

6. 马拉硫磷（4049）

$$(CH_3O)_2\overset{S}{\overset{\|}{P}}S-\underset{CH_2COOC_2H_5}{\underset{|}{C}}HCOOC_2H_5$$

O,*O*-二甲基-*S*-1,2-二（乙氧羰基）乙基二硫代磷酸酯

马拉硫磷又称马拉松，是1950年由Cyanamid公司开发的品种，它是一个具有高选择毒性的有机磷杀虫剂。为琥珀色透明液体，熔点2.85℃(26.7Pa)；20℃时水中溶解度145μL/L，在烷烃以外的有机溶剂中易容；在pH＜5或pH＞7的水溶液中很快水解，当有重金属离子，特别是铁存在下会促进分解。

马拉硫磷是一种安全、光谱的杀虫剂，适用于防治蔬菜及果树上的刺吸口器和咀嚼口器害虫，也用于防治蚊蝇。由于对哺乳动物低毒而杀虫活性高，国际卫生组织用它来大规模杀灭疟蚊。大鼠经口急性毒性 LD_{50} 为1375mg/kg。用含工业品马拉硫磷1000mg/kg的饲料喂饲大鼠，92周后仍生长正常。

合成方法：

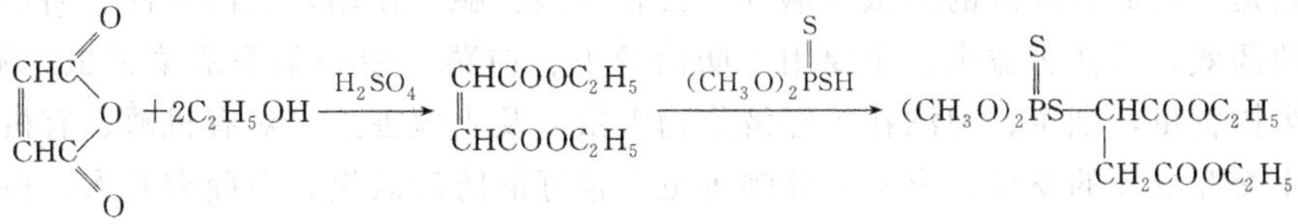

$$\begin{matrix}\text{CHC(=O)} \\ \| \quad\quad \text{O} \\ \text{CHC(=O)}\end{matrix} + 2C_2H_5OH \xrightarrow{H_2SO_4} \begin{matrix}\text{CHCOOC}_2\text{H}_5 \\ \| \\ \text{CHCOOC}_2\text{H}_5\end{matrix} \xrightarrow{(CH_3O)_2P(S)SH} (CH_3O)_2\overset{S}{\overset{\|}{P}}S-\underset{CH_2COOC_2H_5}{\underset{|}{C}H}COOC_2H_5$$

7. 乐果

$$(CH_3O)_2\overset{S}{\overset{\|}{P}}SCH_2CONHCH_3$$

O,*O*-二甲基-*S*-(*N*-甲基氨基甲酰甲基) 二硫代磷酸酯

它是 1956 年由 Cyanamid 公司开发的品种，是一个对哺乳动物低毒的有机磷内吸杀虫剂。

乐果为无色结晶，熔点 51～52℃，具有樟脑气味，沸点 107℃(6.7Pa)，蒸气压 1.1×10^{-3}Pa (20℃)。可溶于极性有机溶剂，水中的溶解度约为 3%～4%。在水溶液中稳定，遇碱时易水解，受热异构 *S*-甲基类似物。

乐果的工业品中可能含有 *O*,*O*,*S*-三甲基二硫代磷酸酯、乐果酸甲酯及少量的氧乐果而使其毒性增高。其纯品对大鼠经口急性毒性 $LD_{50}>600$mg/kg，工业品则为 150～300mg/kg。

乐果在储存中不很稳定，特别在温度高和存在碱及二硫代磷酸二甲酯时会分解，主要是发生烷基化反应。铁可加速其分解。遇有醇或甲基纤维素时，乐果会发生氧化、酯交换、P═S 重排成 P—S 等反应，从而在储存中生成毒性高的杂质。

乐果在动物体内主要是酰胺酶作用下的水解解毒反应，这是它具选择毒性的主要原因。此外还有一定程度的 P—O、P—S 及 S—C 键断裂（棉花中）。

乐果是一种触杀性和内吸性杀虫杀螨剂，杀虫谱很广，可用于防治观赏作物、蔬菜、棉花及果树上的刺吸口器害虫和螨类。

合成方法包括氯乙酰甲胺与二硫代磷酸盐缩合及乐果酸酯的甲胺解两种方法。

(1)
$$(CH_3O)_2\overset{S}{\overset{\|}{P}}SNa + ClCH_2CONHCH_3 \longrightarrow (CH_3O)_2\overset{S}{\overset{\|}{P}}SCH_2CONHCH_3$$

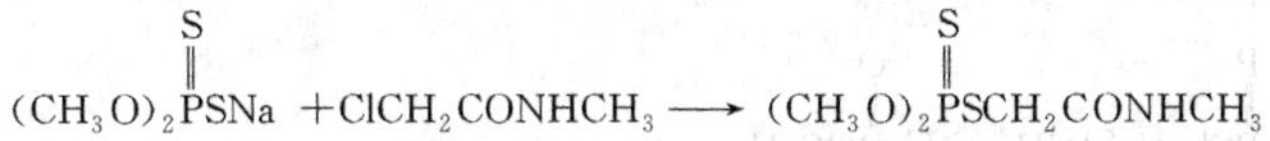

(2)
$$(CH_3O)_2\overset{S}{\overset{\|}{P}}SNa + ClCH_2COOR \longrightarrow (CH_3O)_2\overset{S}{\overset{\|}{P}}SCH_2COOR \quad (R=CH_3 \text{ 或 } C_6H_5)$$

$$\xrightarrow{CH_3NH_2} (CH_3O)_2\overset{S}{\overset{\|}{P}}SCH_2CONHCH_3$$

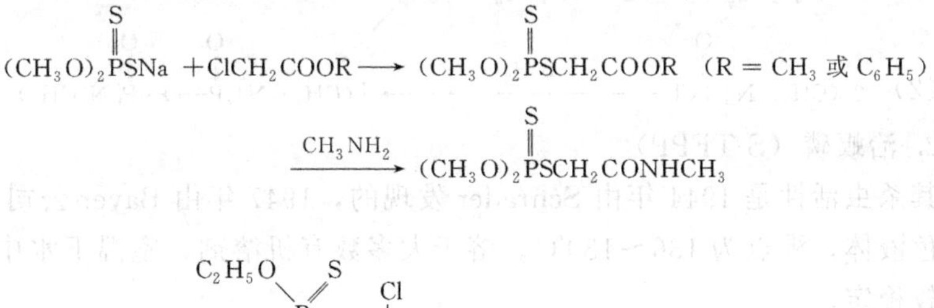

8. 丙硫磷

$$\begin{matrix} C_2H_5O & & S \\ & P & \\ C_3H_7S & & O-C_6H_3Cl_2\text{(2,4-)} \end{matrix}$$

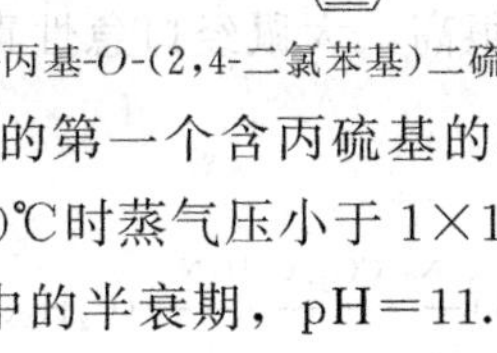

O-乙基-*S*-丙基-*O*-(2,4-二氯苯基)二硫代磷酸酯

它是 1975 年由 Bayer 公司开发的第一个含丙硫基的不对称磷酸酯杀虫剂。其纯品为无色液体。沸点 164～167℃(24Pa)，20℃时蒸气压小于 1×10^{3}Pa。20℃水中溶解度为 1.7μL/L，溶于有机溶剂。在 1∶1 异丙醇/水中的半衰期，pH=11.4、37℃时为 26h，pH=2、40℃时

为 160 天。

丙硫磷是一种低毒高效的杀虫杀螨剂。具有熏蒸、触杀作用，无内吸性。防治鳞翅目幼虫有很高的药效，不伤害益虫。主要用于防治萝卜、白菜、卷心菜等蔬菜害虫，苹果、栗、柿、梨等果树害虫，烟草、啤酒花等经济作物害虫以及土壤害虫。对有机磷、有机氯和氨基甲酸酯产生交互抗性的蚜虫、家蝇、叶蝉等也有很好的防治效果。丙硫磷对人、畜低毒。雄大鼠经口急性毒性 LD_{50} 为 1730mg/kg。丙硫磷的合成有以下 3 种方法。

(1) $C_3H_7SNa + Cl(C_2H_5O)P(=S)-O-C_6H_3Cl_2$（2,4-二氯苯基）

(2) $C_3H_7S(C_2H_5O)P(=S)Cl + HO-C_6H_3Cl_2 \longrightarrow C_3H_7S(C_2H_5O)P(=S)-O-C_6H_3Cl_2$

(3) $C_3H_7Br + KS(C_2H_5O)P(=S)-O-C_6H_3Cl_2$

(五) 焦磷酸类杀虫剂

1. 八甲磷 (OMPA)

$$[(CH_3)_2N]_2P(=O)-O-P(=O)[N(CH_3)_2]_2$$

八甲基焦磷酰四胺或双 (N,N,N',N'-四甲基氨基) 磷酸酐

Schrader 于 1941 年发现八甲磷具有内吸杀虫活性，因此命名为 Schradan。它为无色黏稠液体，沸点 118～122℃(40Pa)，熔点 14～20℃。它能与水及大多数有机溶剂互溶，在酸性介质中易水解，但在水及碱性介质中较为稳定。其工业品为棕黑色液体，含三磷酸衍生物 172 和 173 达 35%～50%。

八甲磷是一种内吸性杀虫剂，对刺吸口器害虫和螨类有效。可防治柑橘、苹果、花卉等植物上的蚜虫和红蜘蛛。经口急性毒性 LD_{50} 值，对雄大鼠为 9.1mg/kg，雌大鼠为 42mg/kg。

合成方法有两种：

(1) $[(CH_3)_2N]_2P(=P)Cl + [(CH_3)_2N]_2P(=O)OC_2H_5$

(2) $2[(CH_3)_2N]_2P(=O)Cl \xrightarrow{B/H_2O} [(CH_3)_2N]_2P(=O)-O-P(=O)[N(CH_3)_2]_2$

2. 治螟磷 (S-TEPP)

其杀虫活性是 1944 年由 Schrader 发现的，1947 年由 Bayer 公司开发为产品。其纯品为淡黄色液体，沸点为 136～139℃。溶于大多数有机溶剂，室温下水中溶解度为 25μL/L，对水解较稳定。

治螟磷为一种广谱杀虫杀螨剂，具有较高的触杀和熏蒸作用，其持续较短，对软体动物也有防治效果。他对哺乳动物毒性很高，大鼠经口急性毒性 LD_{50} 为 5mg/kg。

合成方法：

$$2(C_2H_5O)_2P(=S)Cl + H_2O \xrightarrow{Na_2CO_3/C_5H_5N} (C_2H_5O)_2P(=S)-O-P(=S)(OC_2H_5)_2$$

(六) 磷酰胺酯类杀虫剂

1. 甲胺磷

$$\begin{array}{c} CH_3O \quad\ O \\ \diagdown \ /\!\!/ \\ P \\ \diagup \ \diagdown \\ CH_3S \quad NH_2 \end{array}$$

O,*S*-二甲基硫（醇）代磷酸胺酯

甲胺磷是一个结构简单而杀虫活性很高的化合物，1964 年首先由 Bayer 公司合成，一年后 Chevron 公司也发现了甲胺磷，1969 年用作试验性杀虫杀螨剂。

甲胺磷为白色固体，熔点 44.5℃。易溶于水、醇、酮、醚，在氯代烃及芳烃中溶解度较小，几乎不溶于脂肪烃。在通常条件下稳定，pH＝9、37℃时，半衰期为 120h，pH＝2、40℃，半衰期为 140h，不能进行蒸馏。

甲胺磷是广谱杀虫剂，能有效地防治毛虫和蚜虫，也有杀螨作用，对刺吸口器及咀嚼口器害虫不仅有很好的触杀作用，而且也有内吸作用。它对哺乳动物毒性很高，大鼠经口急性毒性 LD_{50} 约为 30mg/kg。其合成方法很多，以下 3 种方法较为实用：

（1）直接异构化

$$(CH_3O)_2\overset{S}{\overset{\|}{P}}NH_2 \xrightarrow[Me_2SO_4]{CH_3IX} (CH_3O)(CH_3S)P(=O)NH_2$$

（2）水解异构化

$$(CH_3O)_2\overset{S}{\overset{\|}{P}}NH_2 + NaOH \longrightarrow (CH_3O)(NaO)P(=S)NH_2 \xrightarrow{Na_2SO_4} (CH_3O)(CH_3S)P(=O)NH_2$$

先异构后氨解法

$$CH_3O\overset{S}{\overset{\|}{P}}Cl_2 \xrightarrow{\triangle} CH_3S\overset{O}{\overset{\|}{P}}Cl_2 \xrightarrow{CH_3OH/NH_3} (CH_3O)(CH_3S)P(=O)NH_2$$

2. 乙酰甲胺磷

$$\begin{array}{c} CH_3O \quad\ S \\ \diagdown \ /\!\!/ \\ P \\ \diagup \ \diagdown \\ CH_3S \quad NHCOCH_3 \end{array}$$

O,*S*-二甲基-*N*-乙酰基硫(醇)代磷酸胺

这是 1971 年由 Chevron 公司开发的品种，它是甲胺磷的 *N*-乙酰基衍生物，为白色固体，熔点 91～92℃。它易溶于水（约 65%），芳烃中溶解度低于 5%，在丙酮、乙醇中溶解度高于 10%。

乙酰化后的甲胺磷对温血动物毒性显著降低，对大鼠经口急性毒性 LD_{50} 为 945mg/kg。乙酰甲胺磷为内吸性杀虫剂，残效较长，在叶上可维持 10～15 天。他不仅对刺吸口器害虫有效，对咀嚼口器害虫也有效。抗胆碱酯酶活性比甲胺磷小，在动植物体内转化成高活性的抑制剂。

合成方法：

$$(CH_3O)_2\overset{S}{\overset{\|}{P}}NH_2 + CH_3COOH + PCl_3 \longrightarrow (CH_3O)_2\overset{S}{\overset{\|}{P}}NHCOCH_3 + H_3PO_3 + 3HCl$$

$$(CH_3O)_2\overset{S}{\overset{\|}{P}}NHCOCH_3 \xrightarrow{Na_2SO_4} (CH_3O)(CH_3S)P(=O)NHCOCH_3$$

3. 棉安磷

$$(C_2H_5O)_2\overset{O}{\overset{\|}{P}}—N{=}C\langle S(CH_2)_2S\rangle$$

2-(*O*,*O*-二乙基磷酰胺亚基)-1,3-二噻茂

它是1963年Cyanamid公司开发的品种，为白色或黄色固体，熔点37～45℃，沸点为115～118℃(0.4Pa)。可溶于水、丙酮、本、乙醇、环己烷、甲苯，微溶于乙醚。难溶于己烷。在中性及弱酸性条件下稳定，pH>9或pH<2则易水解。

棉安磷为内吸杀虫剂，用于防治刺吸口器害虫、螨和鳞翅目幼虫。它能由植物根部和叶面吸收，对于防治棉花上食叶害虫的幼虫（如斜纹夜蛾）有很好的效果。它还可以防治地下害虫，在土壤中有相当长的残效；对哺乳动物毒性很高，大鼠经口急性毒性LD_{50}为9mg/kg。

合成方法：

$$(C_2H_5O)_2\overset{O}{\overset{\|}{P}}Cl + HN{=}C\langle S(CH_2)_2S\rangle \xrightarrow{NaOH/Et_3N} (C_2H_5O)_2\overset{O}{\overset{\|}{P}}—N{=}C\langle S(CH_2)_2S\rangle$$

4. 异丙胺磷

$$(C_2H_5O)(i\text{-}PrNH)P(=S)—O—C_6H_4—COOPr\text{-}i$$

O-乙基-*O*-(2-异丙氧羰基苯基)-*N*-异丙基硫(酮)代磷酰胺酯

它是1947年Bayer公司开发的杀虫剂，为无色油状物，蒸气压为5.3×10^{-4}Pa(20℃)。20℃时在水中的溶解度为23.8μL/L；易溶于二氯甲烷、环己酮等有机溶剂。

异丙胺磷具有触杀和胃毒作用，也有一定程度的根部内吸传导作用。它能防治玉米、蔬菜、油菜等作物害虫；也是一种广谱性杀虫剂，对金针虫、地老虎等都有防治效果；在水中使用颗粒剂可防治多种水稻害虫，如螟虫、飞虱、叶蝉等；对线虫有兼治作用。残效较长，达6个月。总的来看，异丙胺磷药效高。对大鼠经口急性毒性LD_{50}为25～40mg/kg。

合成方法：

$$C_2H_5O\overset{S}{\overset{\|}{P}}Cl_2 + HO—C_6H_4—COOPr\text{-}i \xrightarrow{NaOH/Et_3N} (C_2H_5O)(Cl)P(=S)—O—C_6H_4—COOPr\text{-}i \xrightarrow{i\text{-}PrNH_2} (C_2H_5O)(i\text{-}PrNH)P(=S)—O—C_6H_4—COOPr\text{-}i$$

(七) 膦酸酯类杀虫剂

1. 敌百虫

$$(CH_3O)_2\overset{O}{\overset{\|}{P}}—CH(OH)CCl_3$$

O,*O*-二甲基-1-羟基-2,2,2-三氯乙基膦酸酯

它是 1952 年由 Bayer 公司开发的品种，为白色固体物，熔点 83～84℃，沸点 100℃（13.6Pa）。溶于水（15.4g/100mL）、乙醇、氯仿及苯，不溶于矿物油，微溶于乙醚和四氯化碳。在酸性介质中较稳定，在碱性介质中易于转化成 DDV，也能水解成二甲基磷酸和二氯乙醛，酸性水解则发生脱甲基反应。

敌百虫是一种触杀和胃毒剂，也有渗透作用。它具有很好的杀虫活性，尤其是对双翅目昆虫，可用于防治各类作物上的刺吸口器和咀嚼口器害虫，也用于卫生害虫及动物寄生虫的防治。毒性低，大鼠经口急性毒性 LD_{50} 为 630mg/kg。

合成方法：

$$(CH_3O)_2POH + Cl_3CCHO \longrightarrow (CH_3O)_2\overset{O}{\overset{\|}{P}}\underset{OH}{\underset{|}{}}CHCCl_3 + CH_3Cl$$

2. 苯硫磷

$$C_2H_5O-\overset{S}{\overset{\|}{P}}(C_6H_5)-O-C_6H_4-NO_2$$

O-乙基-*O*-对硝基苯基苯基硫（酮）代膦酸酯

苯硫磷是 1949 年杜邦公司开发的品种。它是第一个作为杀虫剂商品的磷酸酯，为浅黄色固体，熔点 36℃。能溶于大多数有机溶剂，不溶于水。在中性和酸性介质中比较稳定，在碱性介质中水解反应易于发生。

苯硫酸是一种触杀和胃毒剂，用于防治害虫和螨。对鳞翅目幼虫有广泛的活性，尤其是对棉铃虫稻螟。对哺乳动物毒性较高，雄鼠及雌鼠经口急性毒性 LD_{50} 分别为 40mg/kg 及 12mg/kg。它能使马拉硫磷增效，并且具有迟发性神经毒性。

合成方法：

$$C_2H_5O\overset{S}{\overset{\|}{P}}(C_6H_5)Cl + NaO-C_6H_4-NO_2 \longrightarrow C_2H_5O\overset{S}{\overset{\|}{P}}(C_6H_5)O-C_6H_4-NO_2$$

3. 地虫磷

$$C_2H_5O\overset{S}{\overset{\|}{P}}(C_2H_5)S-C_6H_5$$

O-乙基-*S*-苯基乙基二硫代膦酸酯

它是 1967 年 Stauffer 公司开发的品种。为浅黄色液体，有硫醇气味，沸点 130℃（13.3Pa）。几乎不溶于水，易溶于酮、煤油、二甲苯等。比较稳定，不易水解，能在土壤中持久地（约 8 周）防治土壤害虫（如玉米切根虫、金针虫、地老虎等）。地虫磷是高毒品种，对雄大鼠经口急性毒性 LD_{50} 为 7.94～17.5mg/kg。

合成方法：

$$C_2H_5O\overset{S}{\overset{\|}{P}}(C_2H_5)Cl + NaS-C_6H_5 \longrightarrow C_2H_5O\overset{S}{\overset{\|}{P}}(C_2H_5)S-C_6H_5$$

三、氨基甲酸酯类杀虫剂

氨基甲酸酯类杀虫剂通常具有以下通式：

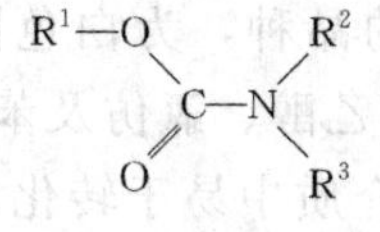

1

其中，与酯基对应的羟基化合物 R^1OH 往往是弱酸性的，R^2 是甲基，R^3 是氢或者是一个易于被化学或生物方法断裂的基团。

1931 年 Du Pont 公司最先研究了具有杀虫活性的二硫代氨基甲酸衍生物，发现双（四乙基硫代氨基甲酰）二硫物 2（R＝Et）对蚜虫和螨类有触杀活性、福美双 2（R＝Me）有拒食作用、戈森钠 3 有杀螨作用。同时这些氨基甲酸衍生物有非常好的杀菌活性，最终作为杀菌剂进入了商品行列。

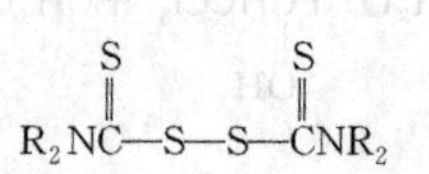

2 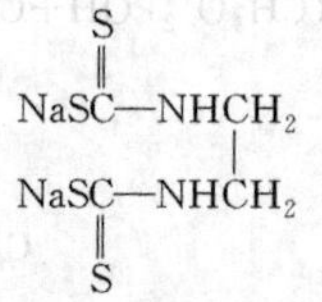　　　　3

20 世纪 40 年代中后期，第一个真正的氨基甲酸酯杀虫剂地麦威 4，在 Geigy 公司由 Gysin 所合成。随后，Gysin 经过研究表明，最有希望的氨基甲酸酯杀虫剂是杂环烯醇的衍生物。其中异索威 5、敌蝇威 6 和地麦威 4 于 20 世纪 50 年代在欧洲相继进入商品生产。这些化合物均为二甲氨基甲酸酯。

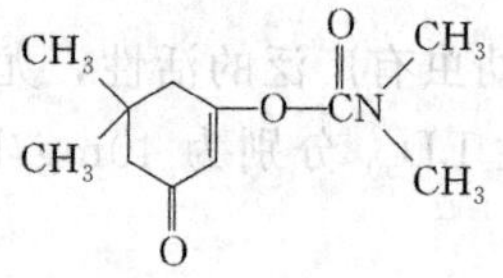

4 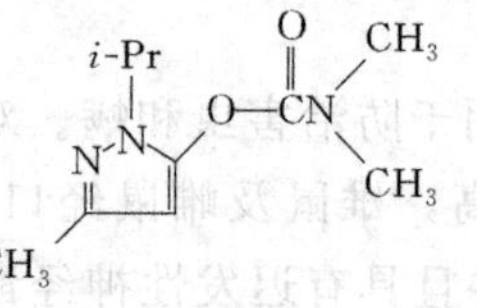　　　　5 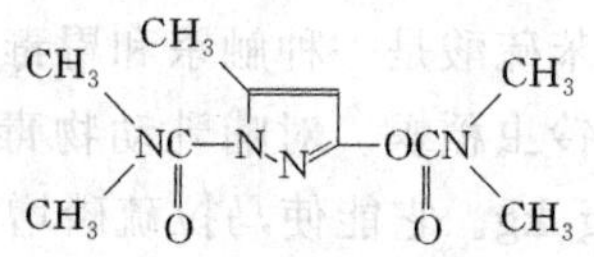　　　　6

1953 年 Union Carbide 公司的 Lambrech 合成了试验性化合物 UC7744。该化合物把烯醇酯换成芳香酯，把二甲氨基换成甲氨基，从而使之具有非常好的杀虫活性。1957 年第一次正式公布了这个化合物，并且命名为西维因 7。西维因随后成为世界上产量最大的农药品种之一，1971 年美国的西维因产量就超过 2700t/a。

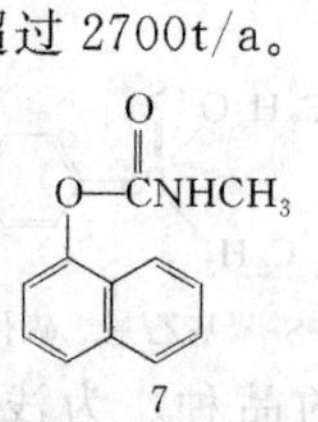

7

1954 年 Meteal f 与 Fukuto 等合成了一系列脂溶性、不带电荷的毒扁豆碱类似物，成为研究这类化合物结构与活性关系的典范。后来，这些化合物中的几个在日本发展成杀虫剂品种，它们是害扑威 8、异丙威 9、二甲威 10、速灭威 11。更重要的是，这项研究工作牢牢地确定了 *N*-甲基氨基甲酸芳基酯在杀虫剂中的地位，为后来大量新的氨基甲酸酯杀虫剂的出现奠定了基础。

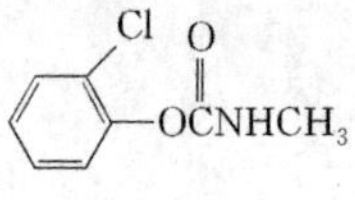

8 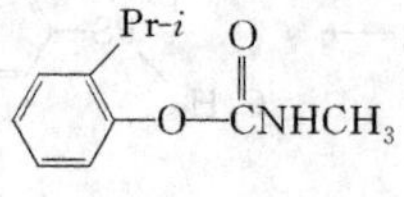　　　　9 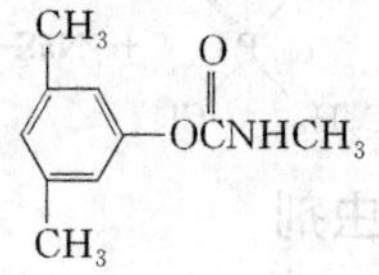　　　　10 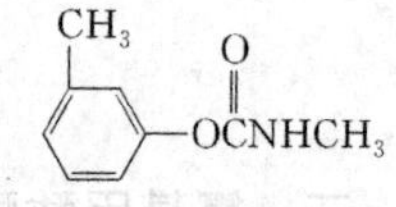　　　　11

Union Carbide公司的化学家们在结构上的又一创新是将肟基引入氨基甲酸酯中，从而导致具有触杀和内吸作用的高效杀虫、杀螨和杀线虫活性的化合物的出现，其中涕灭威12就是一例。

$$CH_3SC(CH_3)_2—CH═NOC(O)NHCH_3$$

12

氨基甲酸酯类杀虫剂由于具有作用迅速、选择性高，有些还有内吸活性、没有残留毒性等优点，到20世纪70年代已经发展成为杀虫剂中的一个重要方面。到目前为止，估计全世界已有近40个商品化品种，在防治害虫上起着不可忽视的作用。

(一) N-甲基氨基甲酸芳酯类杀虫剂

1. 西维因

$OCONHCH_3$

1-萘基-*N*-甲基氨基甲酸酯

西维因于1953年合成，1958年由Union Carbid商品化，是氨基甲酸酯类杀虫剂中第一个实用化的品种，也是产量最大的品种。它的用途很广，对65种粮食及纤维作物上的160种害虫（仅在美国登记的用途）有效。

其纯品为白色结晶，熔点142℃，30℃时水中的溶解度为40mg/kg。易溶于大多数有机溶剂。它对光、热稳定，遇碱迅速分解。

西维因为广谱触杀药剂，有轻微的内吸作用，兼有胃毒作用，残效较长。它用于防治水果、蔬菜、棉花害虫，也可用于防治水稻飞虱和叶蝉，以及大豆的食心虫，对人畜低毒，无体内积累作用。经口急性毒性LD_{50}值，对雌大鼠为500mg/kg、雄大鼠850mg/kg。用含200mg/kg西维因的饲料喂养大鼠2年，无有害影响。其最大允许残留量一般为10mg/kg，但花生、大米最大允许残留量为5mg/kg。收获前禁用期一般为7天。

西维因的合成有两种方法。

(1) 光气法（冷法）

$$\text{1-萘酚(OH)} + COCl_2 \longrightarrow \text{1-萘基}-OCOCl \xrightarrow{H_2NCH_3} \text{1-萘基}-OCONHCH_3$$

(2) 异腈酸酯法（热法）

$$\text{1-萘酚(OH)} + CH_3NCO \longrightarrow \text{1-萘基}-OCONHCH_3$$

2. 呋喃丹

$CH_3NHCO—O$，CH_3，CH_3

2,3-二氢-2,2-二甲基-7-苯并呋喃基-*N*-甲氨基甲酸酯

1967年FMC公司推荐为虫剂。其纯品为白色晶体，熔点153～154℃。在水中溶解度为50～700mg/L(25℃)，溶于极性有机溶剂（如DMSO、DMF、丙酮、乙腈），难溶于非

极性溶剂（如石油醚、苯等）。无腐蚀性，不易燃烧，遇碱不稳定。

呋喃丹为高效内吸光谱杀虫剂，具胃毒、触杀作用；对刺吸口器、咀嚼口器害虫有效。它主要用于防治棉花害虫，对水稻、玉米、马铃薯、花生等作物害虫亦很有效。主要施药于土壤中，残效长。大鼠经口急性毒性 LD_{30} 为 8～14mg/kg。已含 25mg/kg 此药的饲料喂大鼠两年，未见不良影响。

合成方法：

$$\text{2-}NO_2\text{-苯酚} + ClCH_2C(CH_3)=CH_2 \xrightarrow[-HCl]{\text{碱性}} \text{2-}NO_2\text{-}C_6H_4OCH_2C(CH_3)=CH_2 \xrightarrow[\text{Claisen 重排}]{175\sim190℃}$$

$$\text{2-}NO_2\text{-6-}(CH_2C(CH_3)=CH_2)\text{苯酚} + \text{2-}NO_2\text{-6-}(CH=C(CH_3)_2)\text{苯酚} \xrightarrow[FeCl_3,\ 150\sim190℃]{\text{H 催化}} \text{7-}NO_2\text{-2,2-二甲基-2,3-二氢苯并呋喃}$$

$$\xrightarrow{\text{氢化}} \text{7-}NH_2\text{-2,2-二甲基-2,3-二氢苯并呋喃} \xrightarrow[NaNO_2]{H_2SO_4} [\text{重氮盐}]_2^{2+}SO_4^{2-} \xrightarrow[CuSO_4\ \text{催化}]{H_2O,\ \triangle}$$

$$\text{7-OH-2,2-二甲基-2,3-二氢苯并呋喃} \xrightarrow{CH_3NCO} \text{7-}(CH_3NHCO\text{-}O)\text{-2,2-二甲基-2,3-二氢苯并呋喃}$$

3. 残杀威

$$\text{2-}(O\text{-}CO\text{-}NHCH_3)\text{-}C_6H_4\text{-}OPr\text{-}i$$

2-(异丙氧基)苯基-*N*-甲基氨基甲酸酯

它是1959年由Bayer开发的品种。为白色晶体，熔点84～87℃。在水中的溶解度约为0.2%(29℃)，溶于大多数有机溶剂。在强碱性介质中不稳定，20℃，pH=10时的半衰期为40min。

残杀威是具有触杀、胃毒和熏蒸作用的杀虫剂。击倒快（与DDV相近），残效长。它用于防治动物体外寄生虫，卫生害虫和仓库害虫；也可用于棉花、果树、蔬菜等作物，无药害。其毒性较低，对雄大鼠经口急性毒性 LD_{50} 为 90～128mg/kg，雌大鼠为 104mg/kg，以含 250mg/kg 残杀威的饲料为两年，无危害。对蜜蜂高毒。

合成方法：

(1) $$\text{2-HO-}C_6H_4\text{-}OPr\text{-}i + CH_3NCO \xrightarrow{Et_3N} \text{2-}(O\text{-}CO\text{-}NHCH_3)\text{-}C_6H_4\text{-}OPr\text{-}i$$

(2) $$\text{2-HO-}C_6H_4\text{-}OPr\text{-}i + COCl_2 \xrightarrow{NaOH/Et_3N} \text{2-}(OCOCl)\text{-}C_6H_4\text{-}OPr\text{-}i \xrightarrow{CH_3NH_2} \text{2-}(O\text{-}CO\text{-}NHCH_3)\text{-}C_6H_4\text{-}OPr\text{-}i$$

4. 速灭威

$$\text{3-}CH_3\text{-}C_6H_4\text{-}OCONHCH_3$$

3-甲基苯基-*N*-甲基氨基甲酸酯

这是1966年由日本农药公司开发的品种。其纯品为白色晶体，熔点76～77℃；水中溶解度为2600mg/L(30℃)，能溶于大多数有机溶剂，遇碱分解。

本品为内吸性杀虫剂，具有良好的击倒作用，残效长，主要用于防治稻飞虱、稻叶蝉等。对有机磷及有机氯有抗性的害虫，尤宜用本品防治。大鼠经口急性毒性 LD_{50} 为498～580mg/kg。最后一次施药应在收获前14天进行。

合成方法：

(1) 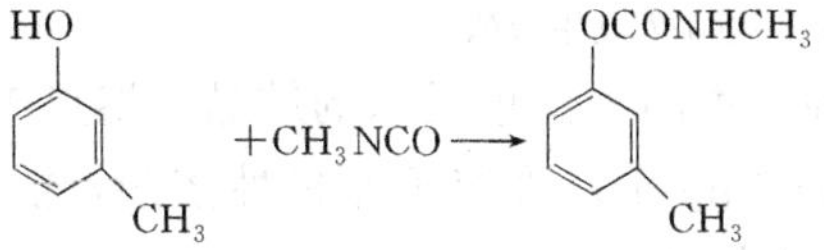 间甲酚(HO, CH_3) $+ CH_3NCO \longrightarrow$ 间甲苯基-N-甲基氨基甲酸酯($OCONHCH_3$, CH_3)

(2) 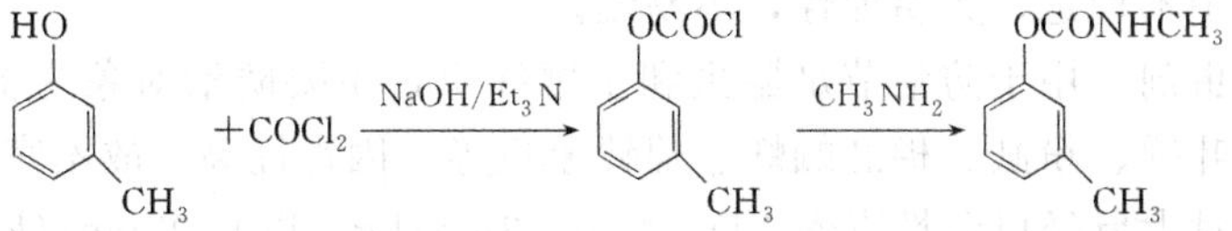 间甲酚(HO, CH_3) $+ COCl_2 \xrightarrow{NaOH/Et_3N}$ ($OCOCl$, CH_3) $\xrightarrow{CH_3NH_2}$ ($OCONHCH_3$, CH_3)

5. 害扑威

O—CO—NHCH$_3$，邻位 Cl 的苯环

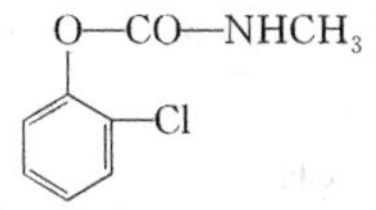

2-氯苯基-*N*-甲基氨基甲酸酯

它是1965年日本东亚农药公司开发的品种。其纯品为白色结晶，熔点90～91℃，具有轻微的苯酚味。溶于丙酮、甲醇，水中溶解度为0.1%。

本品对稻飞虱和稻叶蝉具有速效，但残效短。大鼠经口急性毒性 LD_{50} 为548mg/kg。

合成方法：

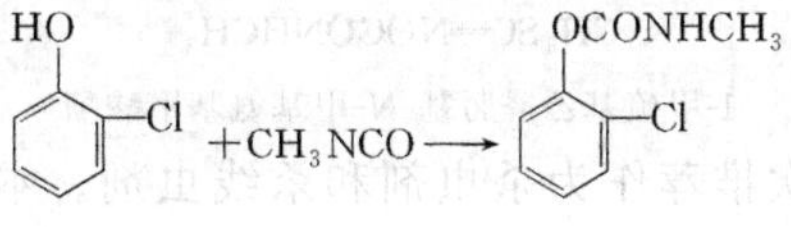

邻氯苯酚(HO, Cl) $+ CH_3NCO \longrightarrow$ ($OCONHCH_3$, Cl)

也可用光气法。

6. 混杀威

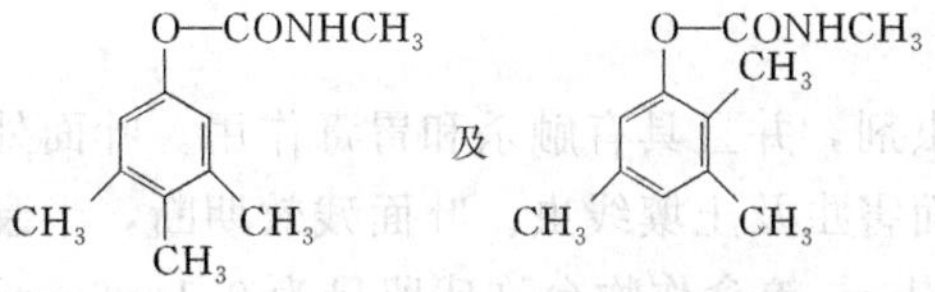

I：O—CONHCH$_3$，3,4,5-位 CH_3 　及　 II：O—CONHCH$_3$，2,3,5-位 CH_3

3,4,5-三甲苯基及2,3,5-三甲苯基-*N*-甲基氨基甲酸酯

它是1962年由Shell公司开发的品种。通常两种异构体的比例Ⅰ∶Ⅱ约为4∶1。产品为白色结晶，熔点为122～123℃。它不溶于水，微溶于汽油、石油醚，易溶于甲醇、乙醇、丙酮、苯、甲苯等溶剂。

混杀威对稻飞虱、叶蝉、稻蓟马等有很好的防治效果，也可用于地下害虫的防治，其残效期可达3个月，在土壤中比较稳定，还可以用来防治卫生害虫。大鼠经口急性毒性 LD_{50} 为208mg/kg。

合成方法：

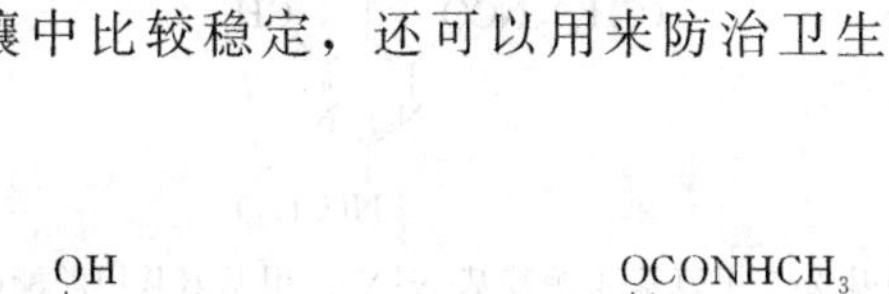

(OH, Me_3) $+ CH_3NCO \xrightarrow{Et_3N}$ ($OCONHCH_3$, Me_3)

也可用光气法合成。

(二) N-甲基氨基甲酸肟类杀虫剂

1. 涕灭威

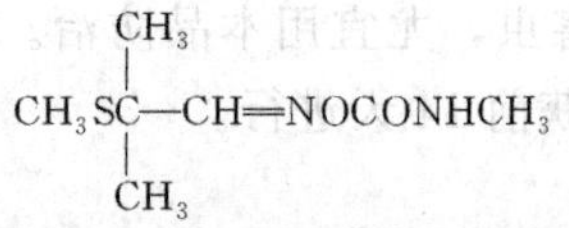

$$CH_3SC(CH_3)_2—CH═NOCONHCH_3$$

2-甲基-2-甲硫基丙醛肟基-N-甲基氨基甲酸酯

这是1965年Union Carbide公司开发的品种。本品为白色无味的结晶，熔点100℃，蒸气压小于6.7Pa(20℃)。室温下水中溶解度为6000mg/L；难溶于非极性溶剂，能溶于大多数有机溶剂，在强碱介质中不稳定，无腐蚀性，不易燃。

涕灭威是一种内吸杀虫剂，用于防治节足昆虫和土壤线虫，主要防治对象为棉花害虫，如盲蝽、椿象、棉蚜、棉叶蝉、粉虱、棉红蜘蛛、棉铃象虫等。因毒性高，故不宜喷洒，主要以颗粒剂施于土壤中，对大鼠经口急性毒性 LD_{50} 为0.93mg/kg，以0.93mg/(kg·d)的剂量喂大鼠两年无影响。

合成方法：

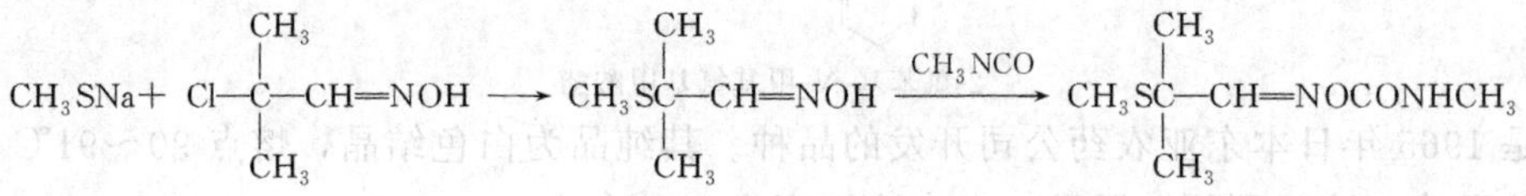

$$CH_3SNa + Cl—C(CH_3)_2—CH═NOH \longrightarrow CH_3SC(CH_3)_2—CH═NOH \xrightarrow{CH_3NCO} CH_3SC(CH_3)_2—CH═NOCONHCH_3$$

2. 灭多威

$$CH_3SC(CH_3)═NOCONHCH_3$$

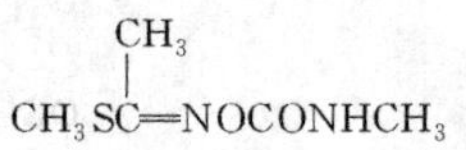

1-甲硫基乙醛肟基-N-甲基氨基甲酸酯

1966年Du Pont公司首次推荐作为杀虫剂和杀线虫剂。本品为白色结晶，稍带硫黄臭味，熔点78～79℃，蒸气压为 6.7×10^{-5} Pa(25℃)。水中溶解度为5.8g/100mL，易溶于丙酮、乙醇、异丙醇、甲醇，其水溶液无腐蚀性。在通常条件下稳定，但在潮湿土壤中易分解。

灭多威为内吸广谱杀虫剂，并且具有触杀和胃毒作用。叶面处理可防治多种害虫等。亦可用于土壤处理，防治叶面害虫及土壤线虫。叶面残效期断，半衰期小于7天。大鼠经口急性毒性 LD_{50} 为17～24mg/kg。粮食作物允许残留量为0.1～6mg/kg。

合成方法：

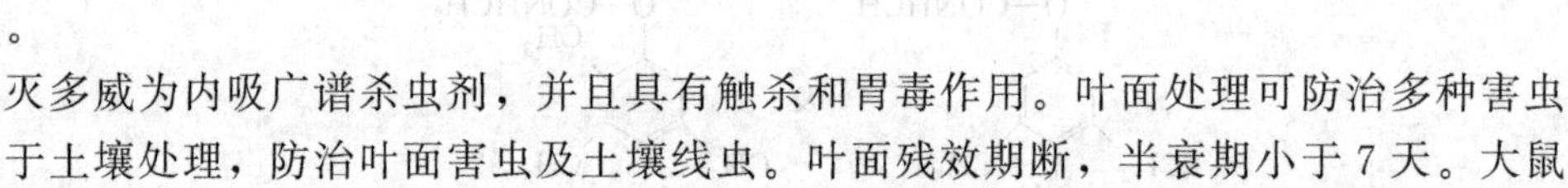

$$CH_3CH═NOH \xrightarrow{Cl_2} CH_3C(Cl)═NOH \xrightarrow{CH_3SNa} CH_3S—C(CH_3)═NOH \xrightarrow{CH_3NCO} CH_3S—C(CH_3)═NOCONHCH_3$$

(三) **N,N-**二甲基氨基甲酸酯类杀虫剂

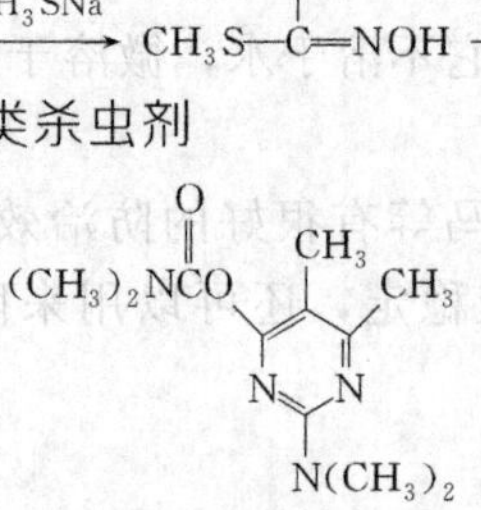

$$(CH_3)_2NC(=O)O\text{-}[5,6\text{-}(CH_3)_2\text{-}2\text{-}N(CH_3)_2\text{-嘧啶-4-基}]$$

5,6-二甲基-2-二甲氨基-4-嘧啶基-N-N-二甲基氨基甲酸酯(抗蚜威)

抗蚜威是1965年英国仆内门公司试制的产品，1969年推荐为杀虫剂。本品为无色无臭固体，熔点90.5℃。25℃时水中溶解度为0.27g/100mL，溶于大多数有机溶剂，易溶于醇、

酮、酯、芳烃、氯代烷。一般条件下较稳定，但遇强酸强碱或者在酸或碱中煮沸时易于分解，对紫外线不稳定。能与酸形成结晶，并易溶于水。

抗蚜威是一种具有内吸活性和触杀、熏蒸作用的杀蚜剂。对双翅目害虫及抗性蚜虫亦很有效。对作物安全，具有速效、残效期短等特点，可施于叶面或土壤。大鼠经口急性毒性 LD_{50} 147mg/kg，具有接触毒性及呼吸毒性。

合成方法：由石灰氮制双氰胺，再与二甲胺生成二甲基胍，然后按如下反应进行：

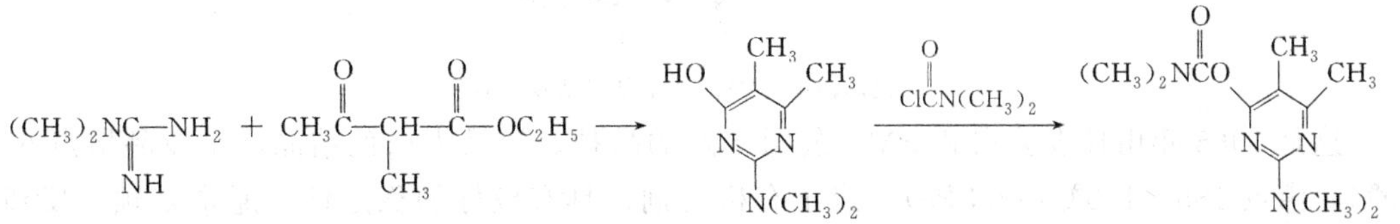

$$(CH_3)_2NC(=NH)—NH_2 + CH_3C(=O)—CH(CH_3)—C(=O)—OC_2H_5 \longrightarrow \text{HO, CH}_3\text{, CH}_3\text{-嘧啶-N(CH}_3)_2 \xrightarrow{ClC(=O)N(CH_3)_2} (CH_3)_2NC(=O)O\text{, CH}_3\text{, CH}_3\text{-嘧啶-N(CH}_3)_2$$

四、拟除虫菊酯类杀虫剂

由除虫菊干花提取的除虫菊素是一种杀虫力强、广谱、低毒、低残留的杀虫剂。但是它在日光和空气中不稳定，故只能用于家庭卫生虫害。从 20 世纪 20 年代到 50 年代，天然除虫菊素的化学成分和化学结构才得以确定。同时，人们又致力于人工合成除虫菊酯，合成的人工除虫菊酯既能保留除虫菊素的优点，又能克服不适于农业的缺点。这类人工除虫菊酯即为拟除虫菊酯。第一个人工合成除虫菊酯即为 1947 年合成的烯丙菊酯。但是合成除虫菊酯生产工艺和成本要较合成有机氯、有机磷杀虫剂复杂和高得多，故而人们不太重视这类杀虫剂的研究开发。20 世纪 60～70 年代以来，有机氯、有机磷杀虫剂的使用暴露了很多问题，尤其是对温血动物高毒的问题，于是农药界开始重视拟除虫菊酯。1973 年第一个对日光稳定的拟除虫菊酯——苯醚菊酯开发成功，开创了除虫菊酯用于田间的先河。此后，溴氰菊酯、氯氰菊酯、杀灭菊酯等优良品种不断出现，拟除虫菊酯的开发和应用有了迅猛的发展。目前，已合成的化合物数以万计，新品种相继投产，重要的品种已有 20 余个。拟除虫菊酯已成为农用及卫生杀虫剂的主要支柱之一。

拟天然除虫菊酯和天然除虫菊酯一样存在着杀螨活性低、余毒高和缺乏内吸性的缺点。因此，使用时要通过与其他药剂混配使用。

(一) 菊酸酯

1. 异菊酸酯（Allethrin）

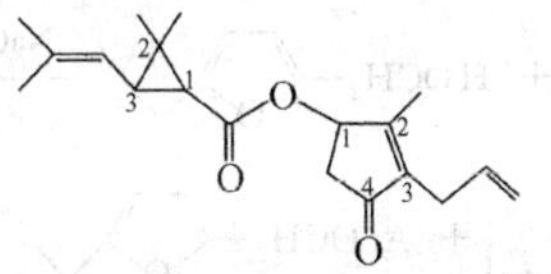

2-甲基-3-丙烯基-4-氧代环戊烯基菊酸酯

它是日本住友公司开发的品种，通常含 70％的（±)-反式酸酯和 30％（±)-顺式酸酯。生物烯丙菊酯（bioallethrin）的酸组分分为旋光活性的菊酸，通常含（＋)-(1*R*,3*R*)-反式酸酯 90％以上。两种产物均微溶于水，易溶于有机溶剂。

烯丙菊酯的大鼠经口急性毒性 LD_{50} 为 680～1000mg/kg，本品为触杀型杀虫剂，对家蝇的活性与天然除虫菊素相当，但对其他卫生害虫效果较低，可加入增效剂提高活性。生物烯丙菊酯的杀虫剂活性比烯丙菊酯高，是广谱杀虫剂。

合成方法：

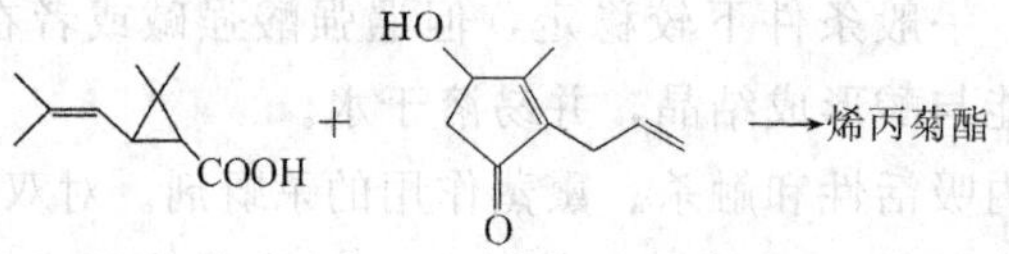

HO　　+　　COOH　　O　→烯丙菊酯

2. 胺菊酯（tetramethrin）

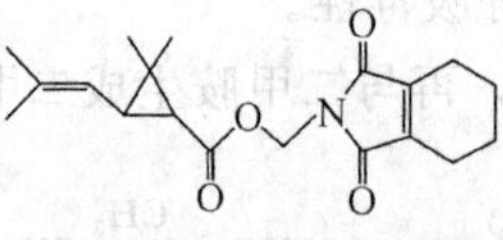

3,4,5,6-四氢酞酰亚氨基甲基菊酸酯

这是1965年由住友公司和FMC公司开发的品种。纯品为白色结晶，工业品熔点65～80℃，沸点185～190℃(13.3Pa)。溶于有机溶剂，具有较好的稳定性。通常是顺、反菊酸酯的混合物。

对大鼠经口急性毒性LD_{50}大于4640mg/kg，为触杀性杀虫剂，对蚊、蝇和其他卫生害虫有很强的击倒性。

合成方法：

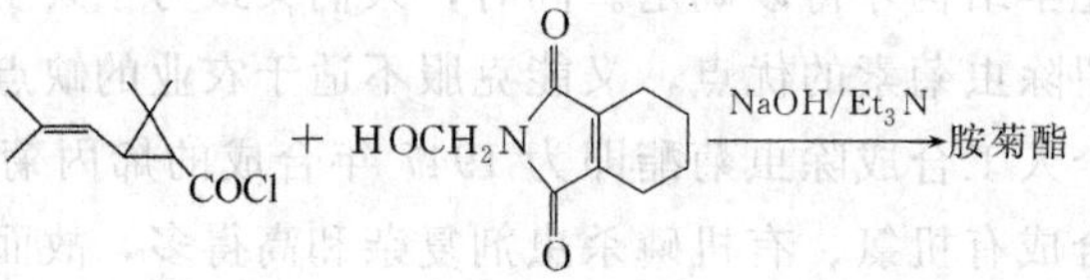

COCl　+ $HOCH_2N$　$\xrightarrow{NaOH/Et_3N}$ 胺菊酯

3. 炔呋菊酯（prothrin）

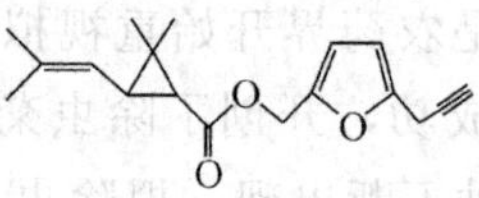

5-(2-炔丙基)-2-呋喃甲基菊酸酯

它是1969年由大日本除虫菊公司推出的品种，为顺反酸酯的混合物。沸点120～122℃(26.7Pa)，溶于丙酮等有机溶剂，难溶于水。对光和碱性介质不稳定。

对大鼠经口急性毒性LD_{50}为1000mg/kg。用于防治室内卫生害虫，对蚊、蝇的毒力分别为烯丙菊酯的3.7和4.6倍，击倒率比烯丙菊酯高2～4倍。

合成方法：

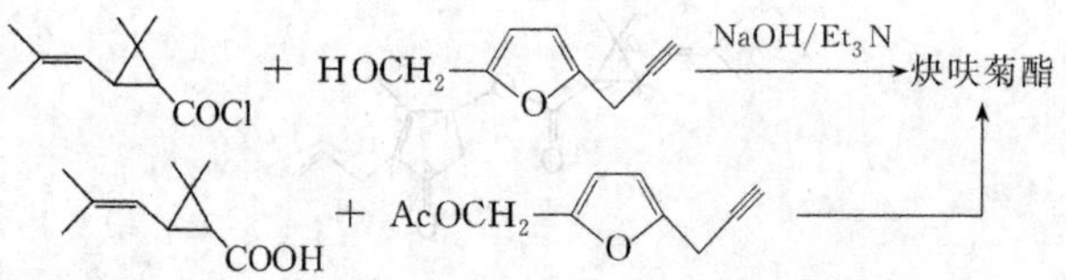

COCl　+ $HOCH_2$—　$\xrightarrow{NaOH/Et_3N}$ 炔呋菊酯

COOH　+ $AcOCH_2$—　→

4. 苄呋菊酯（resmethrin）

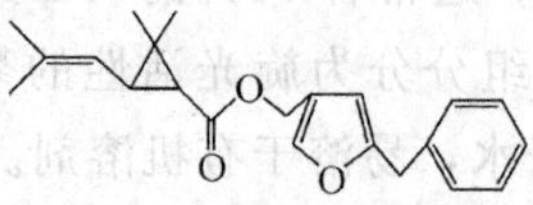

5-苄基-3-呋喃甲基菊酸酯

通常含20%～30%顺式酸酯和80%～70%反式异构体，为白色蜡状固体，熔点43～48℃。生物苄呋菊酯（bioresmethrin）为(+)-(1*R*,3*R*)-反式酸酯，熔点35～35℃，沸点180℃(1.3Pa)。所有异构体均不溶于水，但溶于有机溶剂。在空气中和光照下不稳定。

苄呋菊酯对大鼠经口急性毒性 LD_{50} 为 2000mg/kg。本品为强触杀剂，杀虫谱广。苄呋菊酯和生物苄呋菊酯对家蝇活性比天然除虫菊素分别高 20 倍和 50 倍。

合成方法：

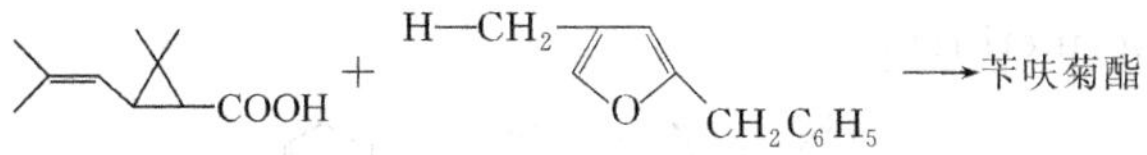

COOH + H—CH₂（呋喃环）CH₂C₆H₅ ⟶ 苄呋菊酯

5. 苯醚菊酯（phenothrin）

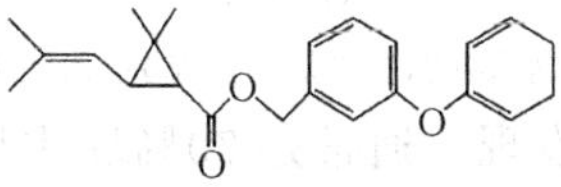

3-苯氧基苄基菊酸酯

它是 1973 年由住友公司开发的品种。本品为顺反异构体的混合物，无色液体，30℃在水中的溶解度为 2mg/L，可溶于有机溶剂，对光稳定。

对大鼠经口急性毒性 LD_{50} 为 5000mg/kg，对重要的卫生害虫的活性比天然除虫菊素高。增效剂可使其增加活性。

合成方法：

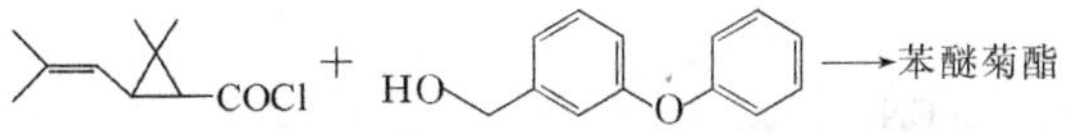

COCl + HO ⟶ 苯醚菊酯

6. 甲醚菊酯（methothrin）

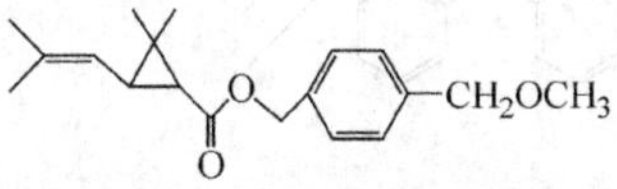

CH_2OCH_3

4-甲氧基甲基苄基菊酸酯

其工业品为淡黄色油状液体，其纯品为无色油状物，沸点 142～144℃(2.7Pa)，易溶于有机溶剂，不溶于水。通常为顺、反酸酯的 4 种异构体的混合物。

大鼠经口急性毒性 LD_{50} 值为 4040mg/kg，用于防治蚊、蝇等卫生害虫。

合成方法：

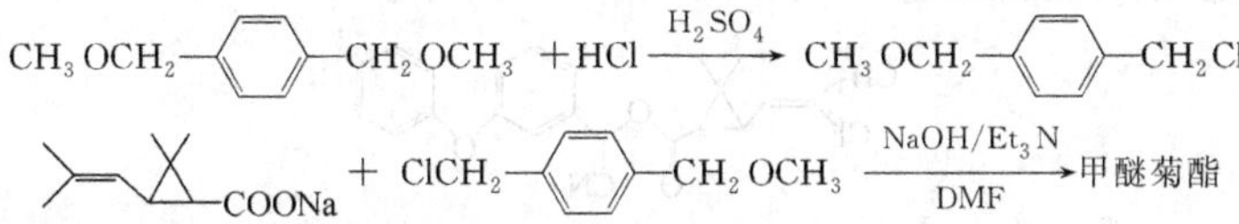

$$CH_3OCH_2-C_6H_4-CH_2OCH_3 + HCl \xrightarrow{H_2SO_4} CH_3OCH_2-C_6H_4-CH_2Cl$$

$$\text{COONa} + ClCH_2-C_6H_4-CH_2OCH_3 \xrightarrow[\text{DMF}]{NaOH/Et_3N} \text{甲醚菊酯}$$

(二) 卤代菊酸酯

1. 二氯苯醚菊酯（permethrin）

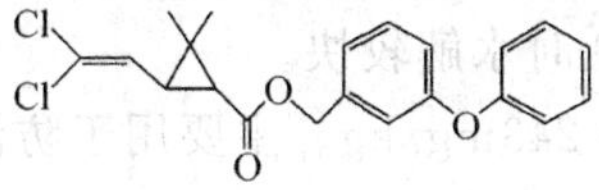

Cl Cl

3-苯氧苄基-3-(2,2-二氯乙烯基)-2,2-二甲基环丙烷羧酸酯

它是 1973 年在英国创制，1977 年在美国开始生产的。本品为固体，熔点 34～39℃，沸点 200℃(1.3Pa)，可溶于大多数有机溶剂，几乎不溶于水。对日光及紫外线有较好的稳定性，但在碱性介质中水解较快。一般为 70%(±)-反式酸酯与 30%(±)-顺式酸酯的混合物。

对大鼠经口急性毒性 LD_{50} 为 1300mg/kg。在体内代谢较快，为触活性药剂，可用于田间防治棉花害虫（如棉铃虫），也可防治家畜害虫及卫生害虫。

合成方法：

$$\text{(Cl}_2\text{C=CH-二甲基环丙烷)-COOC}_2\text{H}_5 + \text{Et}_3\overset{+}{\text{N}}\text{CH}_2\text{-C}_6\text{H}_4\text{-OPh}\ \text{Cl}^- \xrightarrow[\text{甲苯}]{\triangle} \text{二氯苯醚菊酯}$$

2. 氯氰菊酯（cypermethrin）

α-氰基-3-苯氧基苄基-3-(2,2-二氯乙烯基)-2,2-二甲基环丙烷羧酸酯

1974 年在英国由 Elliott 等人发现。通常是 70%反式与 30%顺式异构体的混合物。工业品为黄色黏稠半固体状物，60℃左右熔化为液体。21℃时水中溶解度为 0.01～0.2mg/L，溶于大多数有机溶剂。有较好的热稳定性，在酸性介质中比碱性介质中稳定，最佳稳定 pH 值为 4。

大鼠经口急性毒性 LD_{50} 为 500mg/kg，对蜜蜂毒性较高、余毒较大。为触杀和胃毒剂，杀虫谱广，可防治棉花、果树、蔬菜、烟草、葡萄等作物上的鳞翅目，鞘翅目和双翅目害虫。

合成方法：

(1) $\text{Cl}_2\text{C=CH-(二甲基环丙基)-COCl} + \text{HOCH(CN)-C}_6\text{H}_4\text{-O-C}_6\text{H}_5 \longrightarrow$ 氯氰菊酯

(2) $\text{Cl}_2\text{C=CH-(二甲基环丙基)-COOK} + \text{BrCH(CN)-C}_6\text{H}_4\text{-O-C}_6\text{H}_5 \xrightarrow{\text{PTC}}$ 氯氰菊酯

(3) $\text{Cl}_2\text{C=CH-(二甲基环丙基)-COCl} + \text{OHC-C}_6\text{H}_4\text{-O-C}_6\text{H}_5 \xrightarrow[\text{PTC}]{\text{NaCN}}$ 氯氰菊酯

3. 氯氟氰菊酯（cyhalothrin）

α-氰基-3-苯氧苄基-3-(2-氯-3,3,3-三氟丙烯基)-2,2-二甲基环丙烷羧酸酯

本品主要成分为顺式异构体，(±)-顺式体含量应大于 95%。其工业品为黄色油状物，沸点 187～190℃(2.7Pa)。常温下水中溶解度<1mg/L，易溶于有机溶剂，50℃下 90 天未发生顺-反比例的改变，pH 大于 9 时水解较快。

雄大鼠经口急性毒性 LD_{50} 为 243mg/kg。主要用于防治动物体寄生虫。

合成方法：

$$CH_2{=}CHC(CH_3)_2CH_2CO_2Et + Cl_3C{-}CF_3 \xrightarrow[t\text{-BuOH}]{CuCl} CF_3CCl_2CH_2CH_2C(CH_3)_2CH_2CO_2Et \xrightarrow[t\text{-BuOK}]{\text{环化}}$$

$$CF_3CClClCH_2\text{-(二甲基环丙基)-}CO_2Et \xrightarrow{-HCl} CF_3(Cl)C{=}CH\text{-(二甲基环丙基)-}CO_2Et \xrightarrow{H_2O} CF_3(Cl)C{=}CH\text{-(二甲基环丙基)-}CO_2H$$

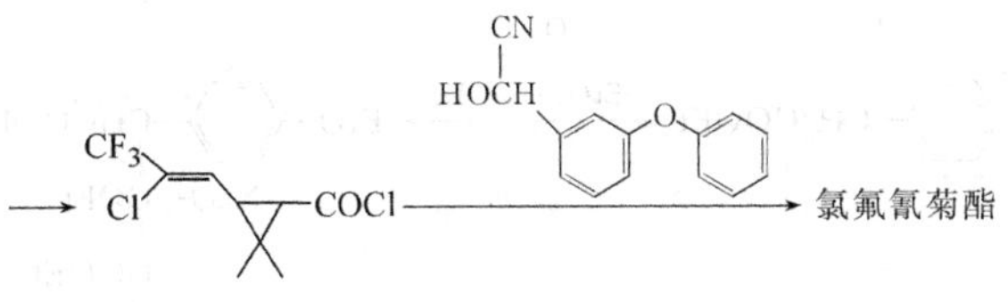

$\longrightarrow$ 氯氟氰菊酯

(三)其他环氧丙烷羧酸酯

1. 甲氰菊酯（fenpropanate）

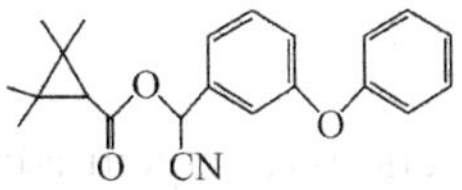

α-氰基-3-苯氧苄基-2,2,3,3-四甲基环氧丙烷羧酸酯

1973年住友公司开发的品种。其纯品为白色结晶，熔点49～50℃。水中溶解度为0.34mg/L，溶于一般有机溶剂。

对雄大鼠经口急性毒性 LD_{50} 为54mg/kg。为高效、广谱杀虫，有触杀和驱避作用。突出的特点是具有杀螨活性，在其他菊酯中少见。可防治果树、蔬菜、棉花和谷类作物的鳞翅目、半翅目、双翅目和螨类害虫。

合成方法：

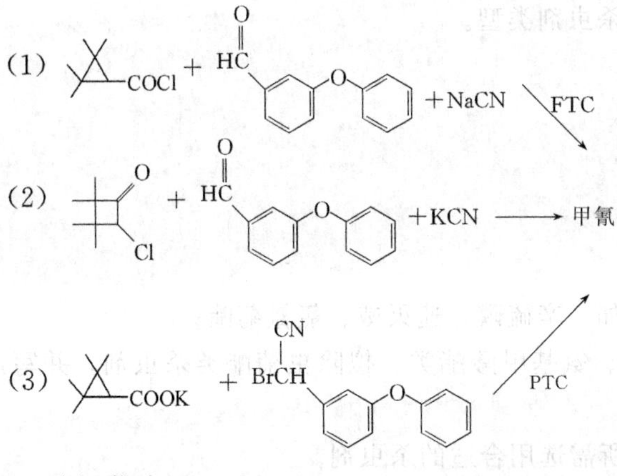

(1) +NaCN FTC

(2) +KCN $\longrightarrow$ 甲氰菊酯

(3) PTC

2. 杀螟菊酯（phencyclate）

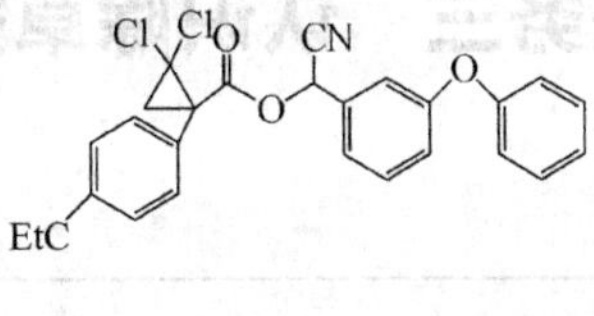

α-氰基-3-苯氧基苄基-1-(4-乙氧基苯基)-2,2-二氯环氧丙烷羧酸酯

1977年由澳大利亚 Holan 等人发明。该药为暗黄色油状物，20℃水中溶解度为0.091μL/L，可溶于大多数有机溶剂。对光稳定，在酸性介质中亦稳定，在水和稀碱中慢慢分解，在稻田土壤中半衰期为4天。

对大鼠经口急性毒性 LD_{50} 大于5000mg/kg。可与其他杀螟药剂混合，用于防治水稻螟虫、叶蝉、稻象甲，也可防止其他作物害虫和卫生害虫。

合成方法：

$$\text{EtO}-\langle\text{C}_6\text{H}_4\rangle-\text{CH}_2\text{COOEt} \xrightarrow{\text{EtOC(=O)}-\text{C(=O)OEt}} \text{EtO}-\langle\text{C}_6\text{H}_4\rangle-\text{CHCOOEt}\ (\text{NaO}-\text{C(COEt)}-\text{COOEt}) \xrightarrow{\text{HAc}}$$

$$\text{EtO}-\langle\text{C}_6\text{H}_4\rangle-\text{CHCOOEt}\ (-\text{C=O}-\text{COOEt}) \xrightarrow[\text{K}_2\text{CO}_3]{\text{HCHO}} \text{EtO}-\langle\text{C}_6\text{H}_4\rangle-\text{CHCOOEt}\ (-\text{CH}_2\text{OH}) \longrightarrow$$

$$\text{EtO}-\langle\text{C}_6\text{H}_4\rangle-\text{C(=CH}_2\text{)COOEt} \xrightarrow{\text{CHCl}_3+\text{碱}+\overset{+}{\text{Et}_3}\text{NCH}_2\text{PhCl}^-} \text{EtO}-\langle\text{C}_6\text{H}_4\rangle-\text{(1-COOEt-2,2-dichlorocyclopropyl)}$$

$$\xrightarrow{\text{NaOH/SOCl}_2} \text{EtO}-\langle\text{C}_6\text{H}_4\rangle-\text{(1-COCl-2,2-dichlorocyclopropyl)} \xrightarrow{\text{HOCH(CN)}-\langle\text{C}_6\text{H}_4\rangle-\text{O}-\langle\text{C}_6\text{H}_5\rangle} \text{杀螟菊酯}$$

【任务实施】

1. 写出有机磷杀虫剂的优点。

2. 写出市场上常见的敌敌畏属于的杀虫剂类型。

3. 写出倍硫磷主要防治对象。

4. 写出常见的棉铃虫有效的杀虫剂。

注：注明参考文献及网址。

【任务评价】

1. 知识目标的完成：

① 是否了解常见杀虫剂的特点，比如：辛硫磷、速灭威、氯氰菊酯；

② 是否能够列举几种常用有机磷类、氨基甲酸酯类、拟除虫菊酯类杀虫剂，并写出化学结构式。

2. 能力目标的完成：是否能够根据所需选用合适的杀虫剂。

任务三　认识除草剂

【任务提出】

> 除草剂主要有哪些分类？按化学结构分类时，每类除草剂里面的典型代表有哪些？

【相关知识】

一、除草剂概述

除草剂又称除莠剂，用以消灭或抑制植物生长的一类物质。作用受除草剂、植物和环境条件三因素的影响。常用的除草剂品种为有机化合物。可广泛用于防止农田、果园、花卉苗圃、草原及非耕地、铁路和公路沿线、河道、水库、仓库等地杂草、杂灌、杂树等有害植物。

除草剂可以根据使用时期、植物吸收方法、适用范围、作用方式以及化学结构等不同角度进行分类。由植物根部吸收的除草剂称为土壤处理除草剂，由植物茎叶吸收的除草剂称为叶面处理除草剂。叶面处理除草剂中，其药效仅显示在直接与药剂接触的植物组织上，称为触杀性除草剂；而药剂被植物吸收后，可在植物体内运转的，也就是说吸收位置与作用位置不同的，称为内吸性或传导性除草剂。

除草剂的使用时期也是有效防除杂草的一个重要因素，按在作物不同的生长时期施药，除草剂可分为播前、苗前、苗后 3 种，人们可根据防除对象的性质及生长期来选择除草剂的类型。土壤处理剂一般用于杂草发芽前或杂草发芽后，而页面处理剂只用于杂草发芽之后。

根据除草剂的应用范围，可分为灭生性除草剂及选择性除草剂两种，前者可将作物全部杀死，适用于工业区、铁路沿线、航道等地除草。当然，此时理想的除草剂应具有较长的残留作用以避免多次处理的麻烦。而在农田中使用灭生性除草剂，则只能选择在播后苗前、移栽前或播种以后，如作物已出苗，则必须采取保护性措施。要求药效持续期要适当，以避免伤害后长出来的作物、选择性除草剂则对杂草有很高的选择性，而作物对它却有很好的耐药性。

按除草剂的应用特征进行分类，虽便于实际应用，但均无严格的界限，如许多除草剂既可被叶面吸收，也可被根部吸收；有的杀虫剂没有触杀作用，但也具有传导性质；有的除草剂可在多个生长期使用；增加选择性除草剂的使用剂量，同样也可产生灭生性的结果。

按化学结构分类，是化学工作者常用的方法，目前的除草剂可按结构分为 10 余类。本书将按化学结构分类对合成方法和性质进行讨论。

二、羧酸类除草剂

(一) 苯氧羧酸类

1. 概述

Kögl 及其同事于 1934 年发现苯氧羧酸类化合物与天然生长素吲哚-3-乙酸（IAA）一样，可以促进细胞的伸长，但是它们在植物体内并不像 IAA 那样能快速的代谢。后来发现 α-萘乙酸及 β-萘氧乙酸也有同样的作用，从而引起了对这类物质植物生长调节作用的研究兴趣。1942 年 Zimmermann 及 Hitchcock 指出，某些含氯的苯氧乙酸如 2,4-D(2,4-二氯苯氧乙酸）比天然生长素 IAA 具有更高的活性，却又不像 IAA 那样可在植物体内自身调节、代谢、降解，从而导致植物造成致命的异常生长，最后营养耗尽而死亡。这一发现，真正开创了有机除草剂工业的新纪元。到第二次世界大战末，2,4-D，MCPA（2-甲基-4-氯苯氧乙酸）及 2,4,5-T(2,4,5-三氯苯氧乙酸）已商品化。我国除草剂工业的发展也是由这类除草剂开始的。2,4-D 发现至今已有 60 余年，但仍占有重要的位置。

2. 合成方法及性质

该类除草剂普遍采用两种合成方法：一是先氯化后缩合，二是先缩合后氯化。例如 2,4-滴丁酯可采用先氯化后缩合的方法。

氯化：

$$\text{苯酚} + Cl_2 \xrightarrow{45\sim60^\circ C} \text{2,4-二氯苯酚} \xrightarrow{NaOH} \text{2,4-二氯苯酚钠}$$

缩合：

$$\text{2,4-二氯苯酚钠(ONa)} + ClCH_2COONa \xrightarrow{105^\circ C} \text{(OCH}_2\text{COONa, 2,4-Cl}_2) \xrightarrow{HCl} \text{(OCH}_2\text{COOH, 2,4-Cl}_2)$$

酯化：

$$\text{(OCH}_2\text{COOH, 2,4-Cl}_2) + C_4H_9OH \xrightarrow{100\sim140^\circ C} \text{(OCH}_2\text{COOC}_4\text{H}_9\text{, 2,4-Cl}_2) + H_2O$$

先缩合后氯化的例子如2甲4氯的制备。

缩合：

$$\text{(CH}_3\text{, ONa)} + ClCH_2COONa \xrightarrow{100^\circ C} \text{(CH}_3\text{)-OCH}_2\text{COONa} \xrightarrow{HCl} \text{(CH}_3\text{)-OCH}_2\text{COOH}$$

氯化：

$$\text{(OCH}_2\text{COOH)} + Cl_2 \xrightarrow{60\sim65^\circ C} \text{(OCH}_2\text{COOH, CH}_3\text{, Cl)}$$

缩合反应在碱性介质中进行，pH＝10～12及反应温度在105℃左右有利于产物的生成。

苯氧丁酸的合成则以γ-丁内酯为原料：

$$\text{Cl-(Cl)C}_6\text{H}_3\text{-ONa} + \gamma\text{-丁内酯} \longrightarrow \text{Cl-(Cl)C}_6\text{H}_3\text{-OCH}_2\text{CH}_2\text{CH}_2\text{COONa}$$

苯氧羧酸类除草剂，由于在分子内具有相当大的亲脂性成分，故在水中的溶解度极低，其酸性较其母酸强，形成盐后溶解度大大增加。因此，一般水溶性制剂均采用盐的形式，金属盐、铵盐、有机胺盐均可使用，但是2,4-D及MCPA的镁盐及钙盐在水中的溶解度远小于其钠盐及钾盐，故在配制水溶液时切不可使用硬水。美国主要使用的2,4-D，而英国则用MCPA，其主要原因是英国可以从煤焦油中获得原料邻甲酚的原因。

苯氧羧酸类化合物在水溶液中可因光照而分解，在有阳光或紫外线存在时，2,4-D的光解包括醚键断裂，环上氯原子被取代形成1,2,4-苯三酚，然后，很快被继续氧化成类腐殖酸。其过程如下：

$$\text{(OCH}_2\text{COOH, 2,4-Cl}_2) \xrightarrow{\text{光}} \text{1,2,4-苯三酚(OH, OH, OH)} \xrightarrow{\text{氧化}} \left[\text{醌(O, O, O}^-)\right]_n$$

（二）苯甲酸及其衍生物

1. 概述

卤代苯甲酸、苯甲酸胺、苯腈以及对苯二甲酸及其衍生物均具有除草活性，早在1942年，Zimmermann等就指出这类化合物具有植物生长调节活性。

在苯甲酸类化合物中，20世纪50年代，2,4,6-三氯苯甲酸（草芽平，TPA）就被推荐作为非选择性除草剂以防除深根性有害的阔叶植物，其中包括木本、藤木及灌木，后又推荐用于谷物地中防除某些阔叶杂草。1956年，研究者对一系列硝基取代的氯苯甲酸进行了除草活性的测定，发现地草平（dinoben，3-硝基-2,5-二氯苯甲酸）是一有效地选择性苗前除草剂，可用于大豆田中防除一年生阔叶及禾本科杂草。1958年发现其还原产物3-氨基-2,5-二氯苯甲酸（豆科威，chloramben）则更具有选择性，特别是对大豆的耐药性有显著提高。2-甲氯基-3,6-二氯苯甲酸（卖草威，dicamba）是20世纪60年代开发的除草剂，可在苗前或苗后防除一年生阔叶及禾本科杂草，也可用于防除对苯氧羧酸类有抗性的阔叶杂草及灌木。

2,6-二氯苯腈（dichlobenil）及2,6-二氯硫代苯甲酰胺（chlorthiamide）对萌发的种子、块茎及幼苗均有效，主要用于选择性地防除一年生及多年生杂草，碘苯腈（loxynil）及溴苯腈（bromoxynil）的除草活性是Wain等于1959年发现的，这两类除草剂可在秋天及春天使用，对秋播作物的杂草防除特别有效，并用于防除某些对苯氧羧酸无效的阔叶杂草。

敌草索（DCPA、四氯对苯二甲酸二甲酯）及其类似物主要用于草坪、观赏植物及作物田中防除一年生禾本科及某些阔叶杂草。

2. 合成方法及性质

2,3,6-三氯苯甲酸可由甲苯为原料制得，反应过程中所用的邻氯甲苯是由其对位异构体中分馏出来的，进一步氯化可得50%所需的2,3,6-三氯甲苯，然后氧化而得产物。4-氯苯甲酸、2,6-二氯苯甲酸及2,3,5,6-四氯苯甲酸均几乎无活性，这些副产物往往在工业上为得到高纯度的理想产物造成困难，用对甲苯磺酰氯直接氯化，可得纯2,3,6-三氯甲苯。

CH_3 (甲苯) $\xrightarrow{Cl_2/Fe}$ 邻氯甲苯 $\xrightarrow{Cl_2/Fe}$ 2,3,6-三氯甲苯 $\xrightarrow{Cl_2\ 高温}$ CCl_3 (2,3,6-三氯三氯甲苯) $\xrightarrow{H_2O}$ COOH (2,3,6-三氯苯甲酸)

2,3,6-三氯甲苯 $\xrightarrow{浓\ HNO_3}$ COOH (2,3,6-三氯苯甲酸)

CH_3、SO_2Cl (对甲苯磺酰氯) $\longrightarrow$ 2,3,6-三氯-4-甲基苯磺酰氯 (SO_2Cl) $\longrightarrow$ 2,3,6-三氯甲苯

用1,2,3,4-四氯苯作原料与氰化亚铜于碱催化下，于180℃反应，可制得2,3,6-三氯苯腈及2,3,4-三氯苯腈的混合物，水解后生成相应的酸，采用乙酸乙酯或乙酸戊酯作溶剂，因TBA在溶剂中溶解度较大，可分离出高含量的产品：

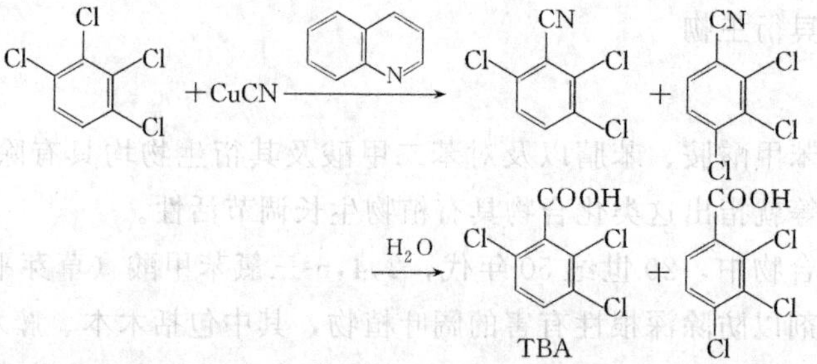

豆科威的结合方法为：

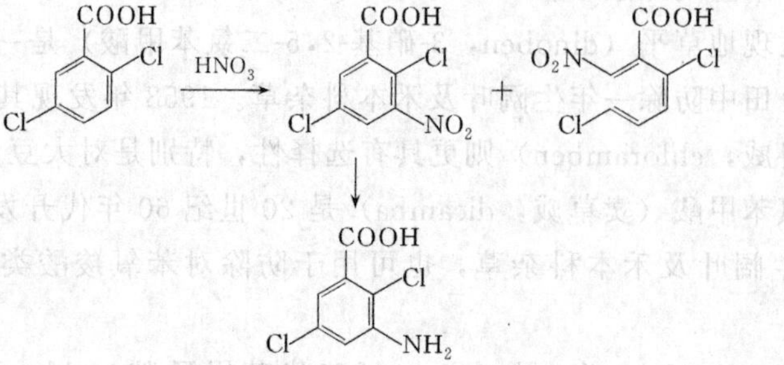

卖草威则以1,2,4-三氯苯为原料制得：

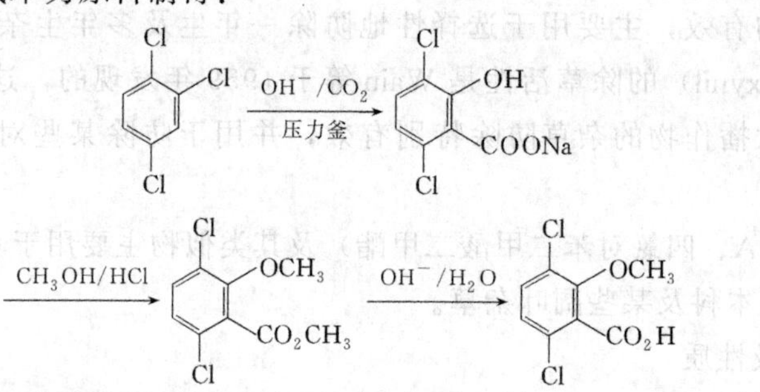

敌草腈（2,6-二氯苯腈）的合成方法为：

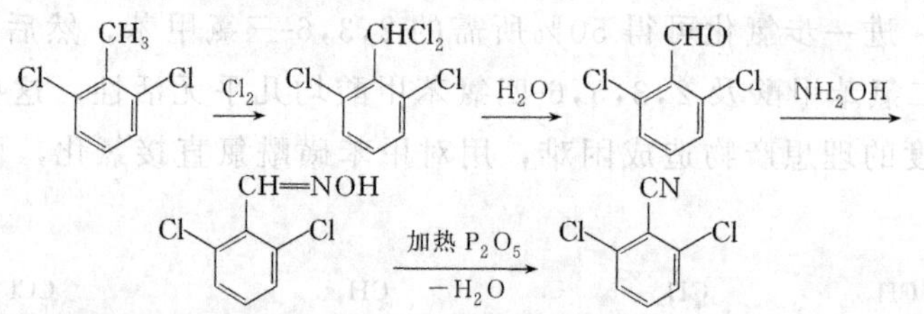

该产物也可以2-氯-6-硝基苯腈为原料，即在反应器中加入2-氯-6-硝基苯腈，以邻二氯苯为溶剂加热至180℃，搅拌下通入90%（体积分数）氯化氢及10%（体积分数）氯气的混合气体，冷却后用石油醚处理，即可得产品，收率80%：

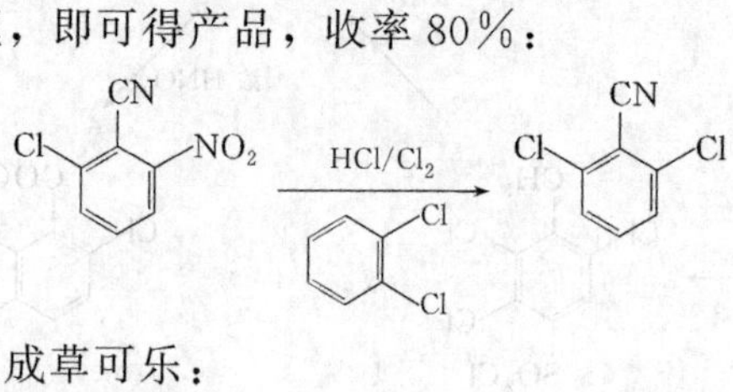

敌草腈中通入硫化氢则可生成草可乐：

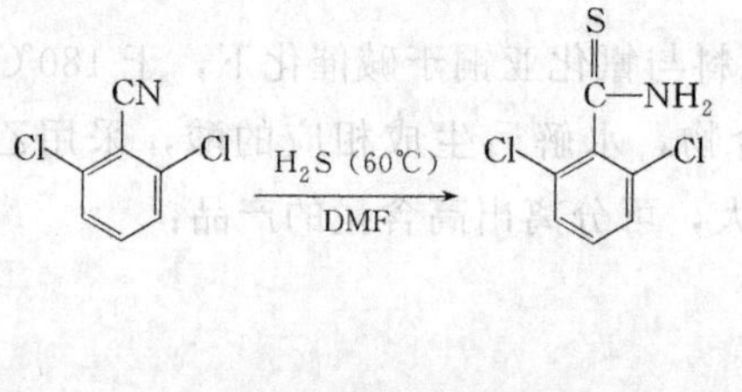

敌草索（DCPA）则以对苯二甲酸或对二甲苯为原料：

TEA及卖草威对氧化及水解稳定，在紫外线照射下，TBA的甲醇溶液中可检出2,6-二氯苯甲酸及3-氯苯甲酸，在环境中TBA的水溶液对光解是稳定的。

豆科威则可被光迅速分解，其光解产物主要是2-位脱氯的产物。

在大气条件下，豆科威的水溶液迅速变为棕色，溶液中含有氯离子及复杂的多聚体与氧化产物的混合物。

草克乐具有较大的水溶性，但其挥发性远低于敌草腈。草克乐在日光、热及酸性条件下极其稳定，但在酸性水溶液中极易转变成敌草腈。敌草腈对热及日光均稳定，并不被酸碱介质所水解，在强酸或强碱溶液中则水解成为2,6-二氯苯甲酰胺：

后者进一步水解成2,6-二氯苯甲酸是很困难的，这主要是由于邻位氯原子的空间阻碍作用。敌草腈的甲醇溶液在紫外线照射下，可发生脱氯反应，生成2-氯苯腈或苯腈：

碘苯腈及溴苯腈相对来说是较强的有机酸，pK_a 值为4，这是由于分子中羟基对位及邻位分别有电负性的氰基及卤原子的缘故。当用温热的热硫酸作用或用强碱作用，这两种除草剂可水解成相应的酰胺，延长处理时间可形成少量相应的苯甲酸：

在氧化条件下可有少量碘析出，碘苯腈在紫外线照射及加热下，可被含有钠盐的碱溶液迅速分解，析出碘及碘离子，碘苯腈的苯溶液在紫外线照射下，则发生自由基反应：

(三)氯代脂肪酸类

1. 概述

一系列的氯代脂肪酸均具有除草活性，如在1944年发现三氯乙酸（TCA），1951年发现2,2-二氯丙酸（dalapon，茅草枯）。此类化合物中有活性的还有2,2,3-三氯丙酸，2,3-二氯异丙酸及2,2-二氯丁酸等。从结构上分析，α-氯原子的取代基是这类化合物具有除草活性重要而必须的条件，氯原子取代在其他位置或用其他卤原子置换氯原子均无活性，活性最高的是2,2-二氯丙酸，随着碳链的加长活性逐渐下降，2,2-二氯戊酸活性很低，而2,2-二氯己酸则无活性。

2,2-二氯丙酸是由DOW化学公司开发为除草剂的，它是一种内吸型禾本科杂草的选择性除草剂，对一年生及禾本科杂草有选择毒性，如对茅草有很好的防除作用。

2. 合成及化学性质

该类化合物是由脂肪酸在催化剂存在下通入氯气，一步或分布合成。例如茅草枯的合成，采用PCl_5及S_2Cl_2作催化剂，第一阶段在105～110℃通氯，然后在165～170℃通氯制成二氯丙酸：

$$CH_3CH_2COOH \xrightarrow[Cl_2,110℃]{PCl_5,S_2Cl_2} CH_3CHClCOOH \xrightarrow{170℃} CH_3CCl_2COOH$$

其反应机理是：

$$CH_3CH_2COOH \xrightarrow{PCl_5} CH_3CH_2COCl \xrightarrow{\text{互变异构}} CH_3CH{=}C(OH)Cl \xrightarrow{Cl_2}$$

$$CH_3CHCl{-}C(OH)Cl_2 \xrightarrow{-HCl} CH_3CHClCOCl \xrightarrow{\text{互变异构}} CH_3CCl{=}C(OH)Cl \xrightarrow{Cl_2}$$

$$CH_3CCl_2{-}C(OH)Cl_2 \xrightarrow{HCl} CH_3CCl_2COCl$$

$$CH_3CCl_2COCl + CH_3CH_2COOH \longrightarrow CH_3CCl_2COOH + CH_3CH_2COCl$$

氯代脂肪酸呈强酸性，酸性较其母酸还强，这是由于氯原子取代的结果。这些酸的pK_a值如表7-4所示。

表7-4 氯代乙酸及丙酸的pK_a值

乙酸系列	pK_a	丙酸系列	pK_a
CH_3COOH	4.76	CH_3CH_2COOH	4.88
$ClCH_2COOH$	2.81	$CH_3ClCHCOOH$	2.80
$Cl_2CHCOOH$	1.29	$ClCH_2CH_2COOH$	4.10
Cl_3COOH	0.08	$ClCH_2CHClCOOH$	1.71
		CH_3CCl_2COOH	1.53

在水溶液中，TCA在室温下分解：

$$CCl_3COOH \longrightarrow CHCl_3 + CO_2$$

三、酰胺及(硫代)氨基甲酸酯类

(一)酰胺及氨基甲酸酯类

1. 概述

酰胺类除草剂是除草剂中较为重要的一类，可将它近一步分为酰芳胺类及氯代乙酰胺类。前者是于1956年发现著名的水稻选择性除草剂敌稗［*N*-(3,4-二氯)苯基丙酰胺］后而逐渐发展起来的。后者作为第一个商品化的除草剂则是CDAA（*N*,*N*-二丙烯基-*α*-氯代乙酰胺)，它也是1956年开发的品种，主要用于玉米及大豆田中苗前防除禾本科杂草。毒草胺（*N*-异丙基-*N*-苯基-*α*-氯代乙酰胺）则是1956年开发的品种，该除草剂在光照及砂壤土中特别有效，克服了CDAA在砂壤土中易于淋溶而无效的缺点，同时杀草谱也较CDAA广。1969年以后，美国Monsanto公司先后开发了甲草胺、丁草胺及乙草胺等品种，这类除草剂在今日市场上仍占有重要地位，其中丁草胺主要用于防治水稻田中一年生杂草，由于它选择性好、药效高、价格低，为全世界广泛应用。

1929年Frisen首先观察到苯基氨基甲酸乙酯能抑制某些禾本科杂草根的生长，从而发现了它的植物生长调节性质。1945年PPG公司开发了苯胺灵（propham)，这一成功的发现，导致开发了其他苯基氨基甲酸酯类除草剂，如：氯苯胺灵、燕麦灵等，其作用点是阻碍细胞核的有丝分裂和抑制蛋白质的合成，也能抑制光合作用。结构中含有两个氨基甲酰基的甜菜宁是Shering公司开发的可防藜科杂草而对同科甜菜无害的除草剂。

2. 合成方法及性质

酰胺类化合物多由相应的酸与各种不同的取代胺直接加热生成，如敌稗的生产，工业上多用丙酸与3,4-二氯苯胺在三氯化磷或氯化亚硫酰存在下直接加热合成，反应以氯苯或苯为溶剂，90℃下反应3～4h即得产品。

$$\text{3,4-}Cl_2C_6H_3\text{—}NH_2 + CH_3CH_2COOH \xrightarrow[C_6H_5Cl\ \text{或}\ C_6H_6]{PCl_3\ \text{或}\ SOCl_2} \text{3,4-}Cl_2C_6H_3\text{—}NHC(=O)\text{—}CH_2CH_3$$

原料3,4-二氯苯胺是将对硝基氯苯氯化后再还原制得：

$$Cl\text{—}C_6H_4\text{—}NO_2 \xrightarrow[FeCl_3]{Cl_2} \text{3,4-}Cl_2C_6H_3\text{—}NO_2 \xrightarrow{[H]} \text{3,4-}Cl_2C_6H_3\text{—}NH_2$$

毒草胺可由苯胺与氯代异丙烷在压力下加热先生成异丙基胺的盐酸盐，再与氯代乙酰氯在100℃反应：

$$C_6H_5\text{—}NH_2 + (CH_3)_2CH\text{—}Cl \xrightarrow{\text{压力}} C_6H_5\text{—}NH(C_3H_7\text{-}i) \xrightarrow{ClCH_2C(=O)\text{—}Cl} C_6H_5\text{—}N(C_3H_7\text{-}i)\text{—}C(=O)\text{—}CH_2Cl$$

或者由*n*-异丙基苯胺与氯乙酸在三氯氧磷或光气作用下直接加热，均可得到高收率的产品。

$$C_6H_5\text{—}NHC_3H_7\text{-}i + ClCH_2COOH \xrightarrow[\triangle]{POCl_3\ \text{或}\ COCl_2} C_6H_5\text{—}N(C_3H_7\text{-}i)\text{—}C(=O)\text{—}CH_2Cl$$

丁草胺类除草剂的合成，以丁草胺为例，它是通过2,6-二乙基苯胺首先与甲醛作用生成亚胺，然后用氯代乙酰氯加成，所得产物再与丁醇缩合而得：

$$\text{2,6-Et}_2\text{C}_6\text{H}_3\text{NH}_2 + \text{HCHO} \longrightarrow \text{2,6-Et}_2\text{C}_6\text{H}_3\text{N{=}CH}_2 \xrightarrow{\text{ClCH}_2\text{C(=O)—Cl}}$$

$$\text{2,6-Et}_2\text{C}_6\text{H}_3\text{N(CH}_2\text{Cl)C(=O)CH}_2\text{Cl} \xrightarrow{\text{BuONa}} \text{2,6-Et}_2\text{C}_6\text{H}_3\text{N(CH}_2\text{OBu)C(=O)CH}_2\text{Cl}$$

氨基甲酸酯可由异氰酸酯或氯甲酸酯来合成：

$$\text{ArNH}_2 + \text{COCl}_2 \longrightarrow \text{ArNCO} \xrightarrow{\text{ROH}} \text{ArNHC(=O)—OR}$$

燕麦灵的合成方法是将间氯苯基异氰酸酯与1,4-丁炔二醇反应，然后再将游离的羟基与氯化亚硫酰反应而得：

$$\text{3-ClC}_6\text{H}_4\text{NCO} + \text{HOCH}_2\text{C}{\equiv}\text{CCH}_2\text{OH} \longrightarrow \text{3-ClC}_6\text{H}_4\text{NHC(=O)—OCH}_2\text{C}{\equiv}\text{CCH}_2\text{OH}$$

$$\xrightarrow{\text{SOCl}_2} \text{3-ClC}_6\text{H}_4\text{NH—C(=O)—OCH}_2\text{C}{\equiv}\text{CCH}_2\text{Cl}$$

但该合成方法需经中间体异氰酸间氯苯酯，反应条件苛刻，收率低。为避免中间体异氰酸酯，可采用下面的合成路线：

$$\text{HOCH}_2\text{C}{\equiv}\text{CCH}_2\text{OH} + \text{COCl}_2 \longrightarrow \text{ClC(=O)OCH}_2\text{C}{\equiv}\text{CCH}_2\text{OH}$$

$$\text{3-ClC}_6\text{H}_4\text{NH}_2 + \text{ClC(=O)OCH}_2\text{C}{\equiv}\text{CCH}_2\text{OH} \longrightarrow \text{3-ClC}_6\text{H}_4\text{NHC(=O)OCH}_2\text{C}{\equiv}\text{CCH}_2\text{OH}$$

$$\text{3-ClC}_6\text{H}_4\text{NHC(=O)OCH}_2\text{C}{\equiv}\text{CCH}_2\text{OH} + \text{SOCl}_2 \longrightarrow \text{3-ClC}_6\text{H}_4\text{NHC(=O)OCH}_2\text{C}{\equiv}\text{CCH}_2\text{Cl}$$

酰胺类化合物均较稳定，需在强烈的条件下才能被水解。草乃敌在水溶液中被紫外线照射后，通过光解成为二苯基甲醇、二苯酮，也有苯甲酸产生。敌稗在水溶液中被光解时，连接在苯环上的氯原子可逐步被氢或羟基置换，水解时生成3-氯苯胺和3,4-二氯苯胺，接着被氧化偶联为3,3′,4,4′-四氯偶氮苯，也曾得到过腐殖酸聚合物。

(二) 硫代氨基甲酸酯类

1. 概述

硫代氨基甲酸酯类化合物是1954年以后发展起来的一类除草剂，其通式为：

$$\text{R}_2\text{N—C(=O)—S—R}'$$

R＝烷基，环烷基；R′＝烷基，烯基，苄基等

其中第一个品种是Staffer公司开发的菌达灭（EPTC，R＝n-C_3H_7，R′＝C_2H_5），用于防

除一年生禾本科杂草及许多阔叶草，低计量时对香附子亦有明显的抑制作用，但对蚕豆及马铃薯却没有伤害。1960 年前后，Monsanto 公司先后开发了燕麦敌一号（diallate，R=i-C_3H_7，R′=—CH_2CCl═CHCl）及燕麦畏（triallate，R=i-C_3H_7，R′=—CH_2CCl═CCl_2），两者均是优良的麦田防除野燕麦的旱田除草剂。1965 年日本研究成功水田除草剂杀草丹（benthiocarb，R=C_2H_5，R′=p-$ClC_6H_4CH_2$—），在除草剂市场上占有重要地位。美国开发的禾大壮（molinate，R=—$(CH_2)_6$—，R′=C_2H_5，也是水田除草的优良品种，每年均有大吨位的产品远销世界各地。

2. 合成方法及性质

硫代氨基甲酸酯类化合物的合成方法有光气法和氧硫化碳法：

光气法：

$$Cl-\overset{O}{\overset{\|}{C}}-Cl + HN(R)_2 \longrightarrow Cl\overset{O}{\overset{\|}{C}}-N(R)_2$$

$$RSNa + Cl\overset{O}{\overset{\|}{C}}-N(R)_2 \xrightarrow{\text{二甲苯}} (R)_2N-\overset{O}{\overset{\|}{C}}-S-R'$$

该法收率在 30%～90%之间。

光气也可以先和硫醇反应，然后再和胺反应：

$$R'SH + Cl-\overset{O}{\overset{\|}{C}}-Cl \longrightarrow R'S-\overset{O}{\overset{\|}{C}}-Cl \xrightarrow{R_2NH} (R)_2N-\overset{O}{\overset{\|}{C}}-S-R'$$

该法生产收率在 53%～84%之间。

氧硫化碳法：

$$(R)_2NH + COS \xrightarrow{NaOH} (R)_2N-\overset{O}{\overset{\|}{C}}-SNa \xrightarrow{R'Cl} (R)_2N-\overset{O}{\overset{\|}{C}}-SR'$$

该法对于活泼氯衍生物较为有利，反应一般在 0～5℃将 COS 气体通入胺的氢氧化钠溶液中，充分反应后，加入活泼氯化物，逐渐升温至 50～60℃约 30h，即可得到 70%～90%收率的产品。燕麦敌一号、杀草丹等除草剂在工业上均可用此法合成。该法的关键是 COS 的合成，工业上 COS 的合成方法为：

$$CO + S \xrightarrow[\text{催化剂}]{\text{高温}} COS$$

硫取代氨基甲酸酯类化合物一般均具有一定气味的液体或低熔点固体，可与多种有机溶剂混合，在水中溶解度低，一般较稳定，无腐蚀性。鉴于此类化合物具有一定的挥发性，可从湿土表面挥发，因此在施药后迅速拌入土内，菌达灭在弱酸弱碱介质中不易水解，草克死在紫外线照射下不分解。

四、脲类及磺酰脲类

(一) 脲类

1. 概述

取代脲类除草剂是第二次世界大战后发现和发展起来的。Thompson 等在 1946～1949

年期间，报道了一系列不同的脲类衍生物具有生物活性，并对其进行进一步研究后，1951年杜邦公司开发了第一个脲类除草剂，即灭草隆。现在大约有 20 余个品种在市场上出售，合成了数以千计的各类衍生物。最早商品化的脲类衍生物除草剂，有如下结构：

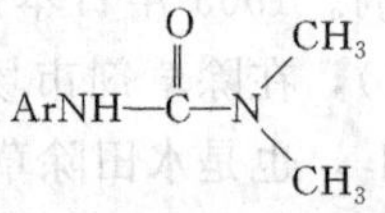

$$ArNH—\overset{O}{\overset{\|}{C}}—N(CH_3)_2$$

其中 Ar 为氯代或非氯代苯基，如非草隆（fenuron）、敌草隆（diuron）、伏草隆（fluometurron）、绿麦隆（chlorotoluron）等。

在脲的 1,1-二甲基部分用 1-甲基或 1-丁基取代，如草不隆（neburon），其除草活性降低，单选择性却增加，可用于谷物地除草。

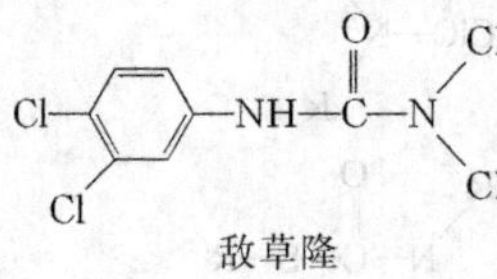

$$3,4\text{-}Cl_2C_6H_3—NH—\overset{O}{\overset{\|}{C}}—N(CH_3)_2 \qquad 3,4\text{-}Cl_2C_6H_3—NH—\overset{O}{\overset{\|}{C}}—N(CH_3)(C_4H_9\text{-}n)$$

敌草隆 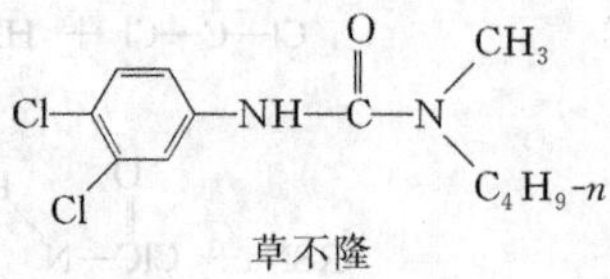　　　　草不隆

当用 1-甲氧基取代 1-甲基后，则开发出利谷隆（linuron）：

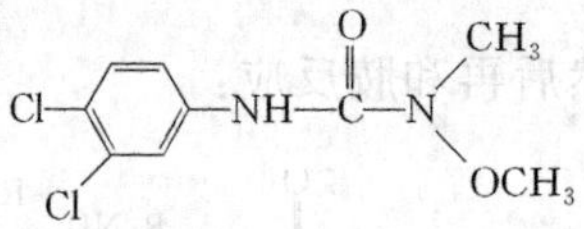

$$3,4\text{-}Cl_2C_6H_3—NH—\overset{O}{\overset{\|}{C}}—N(CH_3)(OCH_3)$$

这类化合物由于甲氧基的引入，与 1,1-二甲基脲的活性有了很大的差别。如敌草隆为灭生性除草剂，在土壤中持效期相对较长，而 1-甲基-1-甲氧基衍生物利谷隆则对某些重要作物有极好的选择性，在土壤中的持效期短。

用甲氧基取代敌草隆苯环上的氯原子，则有如下结构：

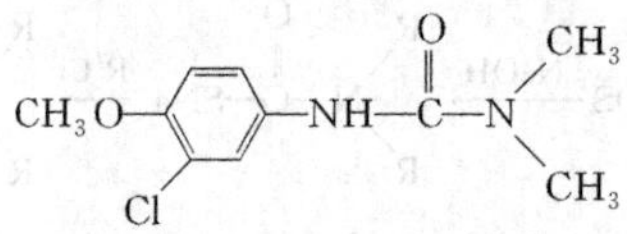

$$CH_3O\text{-}(3\text{-}Cl)C_6H_3—NH—\overset{O}{\overset{\|}{C}}—N(CH_3)_2$$

该结构除草剂引起除草活性降低，选择性增加，持效期缩短。

20 世纪 60 年代左右，人们曾尝试用饱和环烃代替脲类分子中的苯环，这类化合物已商品化的是：

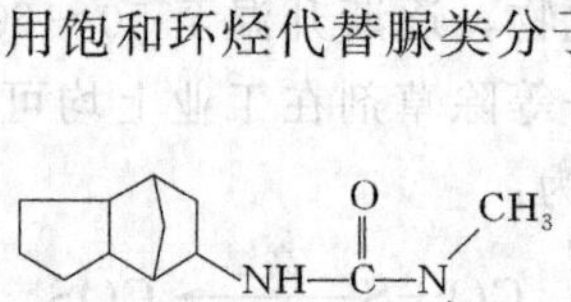

$$\text{(三环烷基)}—NH—\overset{O}{\overset{\|}{C}}—N(CH_3)_2$$

在结构上的进一步变化是用一杂环系来替代分子中的苯环，这类化合物往往具有较好的选择性，如：

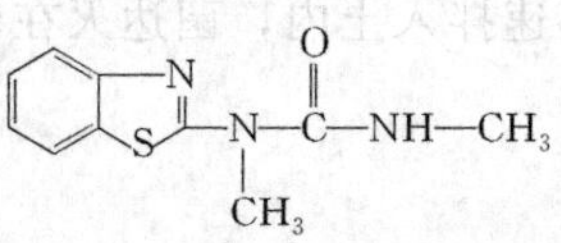

$$\text{(苯并噻唑-2-基)}—N(CH_3)—\overset{O}{\overset{\|}{C}}—NH—CH_3$$

2. 合成方法及性质

脲类化合物的合成，工业生产上一般采用光气法，先生成芳基异氰酸酯，然后再与相应的胺反应，例如利谷隆的合成：

$$Cl\text{-}C_6H_3(Cl)\text{-}NH_2 + Cl\text{-}\overset{O}{\overset{\|}{C}}\text{-}Cl \longrightarrow Cl\text{-}C_6H_3(Cl)\text{-}NCO$$

$$\xrightarrow{HN(OCH_3)CH_3} Cl\text{-}C_6H_3(Cl)\text{-}NH\text{-}\overset{O}{\overset{\|}{C}}\text{-}N(OCH_3)CH_3$$

芳基异氰酸酯还可与羟胺盐酸盐反应，再进行甲基化，收率84%：

$$Cl\text{-}C_6H_3(Cl)\text{-}NCO\text{—}HONH_2\cdot HCl \xrightarrow[0\sim5℃]{NaOH} Cl\text{-}C_6H_3(Cl)\text{-}NH\text{-}\overset{O}{\overset{\|}{C}}\text{-}NHOH$$

$$\xrightarrow{Me_2SO_4/KOH} Cl\text{-}C_6H_3(Cl)\text{-}NH\text{-}\overset{O}{\overset{\|}{C}}\text{-}N(OCH_3)CH_3$$

还可先用光气跟脂肪胺反应，再与芳香胺缩合，收率可达92%：

$$Cl\text{-}\overset{O}{\overset{\|}{C}}\text{-}N(OCH_3)CH_3 + Cl\text{-}C_6H_3(Cl)\text{-}NH_2 \longrightarrow Cl\text{-}C_6H_3(Cl)\text{-}NH\text{-}\overset{O}{\overset{\|}{C}}\text{-}N(OCH_3)CH_3$$

也可以采用后氯化法：

$$C_6H_5\text{-}NH\text{-}\overset{O}{\overset{\|}{C}}\text{-}N(OCH_3)CH_3 + Cl_2 \xrightarrow[20℃]{CH_2Cl_2} Cl\text{-}C_6H_3(Cl)\text{-}NH\text{-}\overset{O}{\overset{\|}{C}}\text{-}N(OCH_3)CH_2$$

还有一种方法是采用三氯乙酰氯为原料：

$$Cl\text{-}C_6H_3(Cl)\text{-}NH_2 + Cl_3C\text{-}\overset{O}{\overset{\|}{C}}\text{-}Cl \xrightarrow[Et_3N]{C_6H_6} Cl\text{-}C_6H_3(Cl)\text{-}NH\text{-}\overset{O}{\overset{\|}{C}}\text{-}CCl_3$$

$$\xrightarrow[\text{压力}]{HN(OCH_3)CH_3} Cl\text{-}C_6H_3(Cl)\text{-}NH\text{-}\overset{O}{\overset{\|}{C}}\text{-}N(OCH_3)CH_3 \qquad >90\%$$

脲类化合物是稳定的，但是在酸或碱性条件下回流，可发生水解反应，最终形成二氧化碳和相应的胺：

$$3\text{-}F_3C\text{-}C_6H_4\text{-}NH\text{-}\overset{O}{\overset{\|}{C}}\text{-}N(CH_3)_2 \xrightarrow{H_2O} 3\text{-}F_3C\text{-}C_6H_4\text{-}NH_2 + CO_2 + NH(CH_3)_2$$

脲与强酸作用生成盐，非草隆及灭草隆与三氯乙酸作用生成的盐，可用作非选择性除草剂：

$$C_6H_5\text{-}NH\text{-}\overset{O}{\overset{\|}{C}}\text{-}N(CH_3)_2\cdot CCl_3COOH$$

脲类衍生物的氮原子上还可发生亚硝化及酰化反应。

灭草隆、敌草隆、草不隆、非草隆等脲类除草剂均可被光分解。枯草隆在紫外线下照射

13h，可分解90%以上；当利谷隆和灭草隆的水溶液暴露于阳光下，它们芳环上4位卤素均可被羟基取代，同时发生脱甲基化反应：

$$Cl-C_6H_4-O-C_6H_4-NH-\overset{O}{\overset{\|}{C}}-N(CH_3)_2 \xrightarrow{h\nu} Cl-C_6H_4-O-C_6H_4-NH-\overset{O}{\overset{\|}{C}}-NH_2 + Cl-C_6H_4-O-C_6H_4-NH-\overset{O}{\overset{\|}{C}}-NHCH_3$$

(二)磺酰脲类

1. 概述

磺酰脲类化合物具有前所未有的高活性，每公顷用量以克计，从此打破了传统品种的用药量界限，使除草剂的发展步入了超高效的时代。另外，从环境保护的观点来看，磺酰脲类除草剂不仅剂量极低、杀草谱广、选择性强，而且对哺乳动物的毒性也极低，在环境中易分解不易积累，因此可认为它的发现是除草剂品种发展中的一项重大突破。

20世纪70年代末期，杜邦公司Leviott及Finnerty最先报道并开发了氯磺隆（chlorsulfuron），代号为DPK-W4189，它可用于小麦和大麦等小粒禾谷作物田中，防除大多数阔叶杂草和某些禾本科杂草，使用剂量根据杂草、土壤类型和下茬轮作的情况可在5～35kg/hm^{2}之间，接着杜邦公司又开发了第二个品种甲磺隆（metsulfurcn-methyl），代号为DPX-T5648，它对大多数农作物没有选择性，特别适用于草坪中防除石头茅（阿拉伯高粱），但对狗牙根无效。

$$2\text{-}Cl-C_6H_4-SO_2NH-\overset{O}{\overset{\|}{C}}-NH-(4\text{-}OCH_3\text{-}6\text{-}CH_3\text{-}1,3,5\text{-triazin-2-yl})$$

氯磺隆

$$2\text{-}COOCH_3-C_6H_4-SO_2NH-\overset{O}{\overset{\|}{C}}-NH-(4\text{-}OCH_3\text{-}6\text{-}CH_3\text{-}1,3,5\text{-triazin-2-yl})$$

甲磺隆

近十余年来，磺酰脲类除草剂发展很快，磺酰基所连苯环，可被改变成各类杂环，三嗪环亦可改变成嘧啶环衍生物，从而先后开发了多个各具特色的超高效除草剂新品种。

2. 合成方法及性质

该类除草剂的合成，一般以芳基磺酰胺为起始原料，主要通过以下方法实现磺酰脲的制备：磺酰胺首先与光气或草酰氯反应生成磺酰基异氰酸酯，然后再与三嗪等杂环胺反应：

$$2\text{-}R-C_6H_4-SO_2NH_2 + COCl_2 \xrightarrow[\text{回流}]{n\text{-}BuNCO} 2\text{-}R-C_6H_4-SO_2NCO$$

$$C_6H_5-SO_2NH_2 + H_2N-(4\text{-}X\text{-}6\text{-}Y\text{-}1,3,5\text{-triazin-2-yl}) \longrightarrow 2\text{-}R-C_6H_4-SO_2NH\overset{O}{\overset{\|}{C}}-NH-(4\text{-}X\text{-}6\text{-}Y\text{-}1,3,5\text{-triazin-2-yl})$$

磺酰胺首先与氯甲酸酯反应生成磺酰基氨基甲酸酯，然后再与杂环胺反应：

$$ArSO_2NH_2 + ClCOOR \longrightarrow ArSO_2NHCOOR$$

$$ArSO_2NHCOOR + H_2N-Het \longrightarrow ArSO_2NH\underset{O}{\underset{\|}{C}}-NH-Het$$

上式中R一般为甲基或苯基。

磺酰胺直接与杂环异氰酸酯反应：

$$ArSO_2NH_2 + ONC{-}Het \longrightarrow ArSO_2NHC(=O){-}NH{-}Het$$

磺酰胺直接与氨基甲酸甲酯或苯酯反应：

$$ArSO_2NH_2 + CH_3OOCNH{-}Het \longrightarrow ArSO_2NHC(=O){-}NH{-}Het$$

磺酰胺直接与杂环氨基甲酰氯反应：

$$ArSO_2NH_2 + Cl{-}C(=O){-}NH{-}Het \longrightarrow ArSO_2NHC(=O){-}NH{-}Het$$

磺酰胺直接与三氯乙酰胺反应，这是一种非光气法：

$$ArSO_2NH_2 + Cl{-}C(=O){-}NH{-}Het \longrightarrow ArSO_2NHC(=O){-}NH{-}Het$$

可见起始原料芳基磺酰胺的合成是非常重要的，如氯磺隆所需磺酰胺的合成：

$$\text{(Cl, Cl)} + KSC_3H_7 \longrightarrow \text{(Cl, }SC_3H_7\text{)} \xrightarrow{Cl_2} \text{(Cl, }SO_2Cl\text{)} \xrightarrow{NH_3} \text{(Cl, }SO_2NH_2\text{)}$$

$$\text{(Cl, }NH_2\text{)} \xrightarrow[CuCl]{NaNO_2/HCl\quad SO_2} \text{(Cl, }SO_2Cl\text{)} \xrightarrow{NH_3} \text{(Cl, }SO_2NH_2\text{)}$$

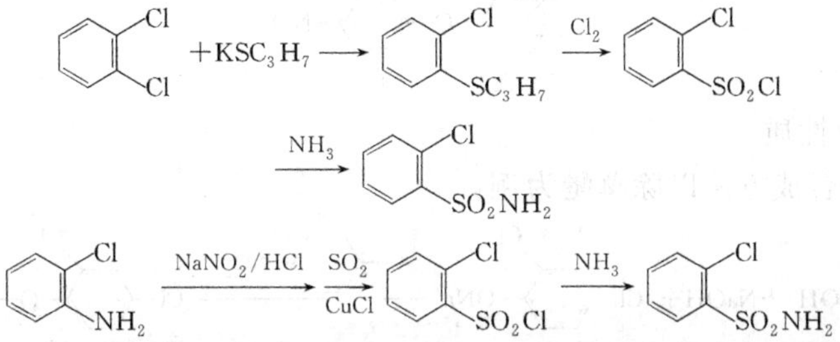

甲磺隆所需磺酰胺的合成，以糖精为原料：

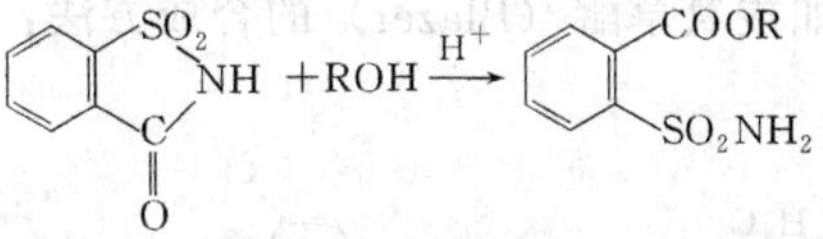

$$\text{(}SO_2\text{, NH, C=O)} + ROH \xrightarrow{H^+} \text{(COOR, }SO_2NH_2\text{)}$$

这类除草剂大多数为白色固体，熔点偏高，水中溶解度随 pH 而异，pH 值愈大溶解度愈高，它们不易被光分解，如氯磺隆一个月在干燥植物表面仅分解 30%，而土壤表面仅分解 15%，但在水溶液中则可分解 90%。

五、醚类

(一) 二苯醚类

1. 概述

1960 年 Rohm&Haas 公司首先发现了除草醚的除草活性，这是在酚类除草剂基础上发展起来的旱田选择性除草剂。酚类除草剂品种少，主要品种是五氯酚钠。

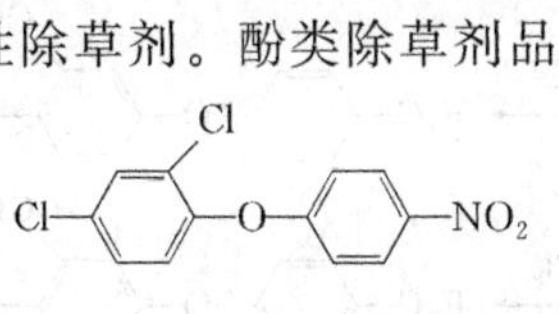

Cl, Cl—C₆H₃—O—C₆H₄—NO_2　　除草醚

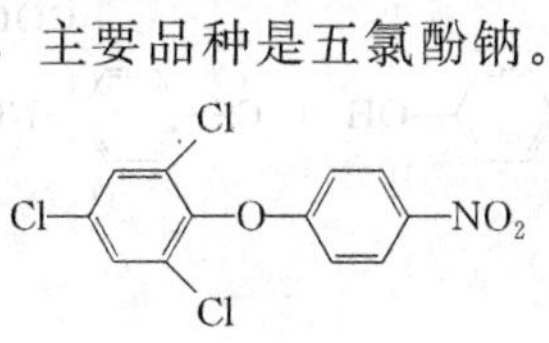

Cl, Cl, Cl—C₆H₂—O—C₆H₄—NO_2　　草枯醚

五氯酚钠是 1941 年发现的，1950 年由日本三井化学公司等开发为稻田除草剂。五氯酚钠主要应用于水稻田，还可以应用于小麦、豆类、花生以及蔬菜等旱田除草，此外还可以杀灭钉螺。后来日本又将除草醚成功地用于水稻田除草，并在 20 世纪 60 年代中期又开发了对水稻安全的草枯醚。与此同时，瑞士和美国也开发了其他类型的二苯醚类除草剂。70 年代出现了生物活性比除草醚高出几倍的若干新品种，形成了除草剂中重要的一类，特别是进入 80 年代后，先后开发了以通式为：

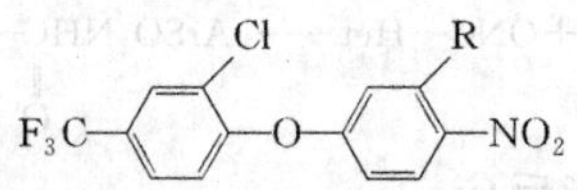

这类化合物为难得的苗后使用的选择性除草剂，特别可用于大豆田内苗后防除阔叶杂草，例如RH-0265（$R=COOCH_2COOH$）在大豆及棉花田中苗后施用，在0.125～0.25kg/hm^{2}的剂量下可对阔叶杂草有效，特别是与2,4-DB混用，可防治难治的苍耳；Lactofen施用量为苗后0.02kg/hm^2，苗前0.15kg/hm^2，可防除难治的苍耳、问荆、牵牛花等主要阔叶杂草，Baudur在用量为2.4～2.7kg/hm^{2}时对西欧多种杂草均有效。

对于以下结构的化合物进行结构与活性关系的研究表明，A环上邻、对位具有取代基的化合物，如除草醚、草枯醚等是需光的，即其毒性的发挥需在光的作用下；而A苯环间上具有取代基的化合物，如间草醚等即使在黑暗中也能有活性。

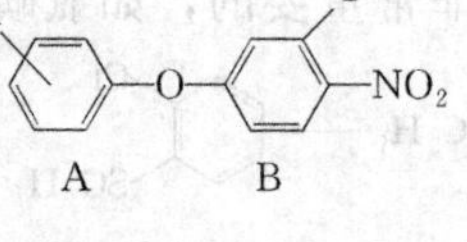

2. 合成方法及性质

这类化合物的合成方法以除草醚为例：

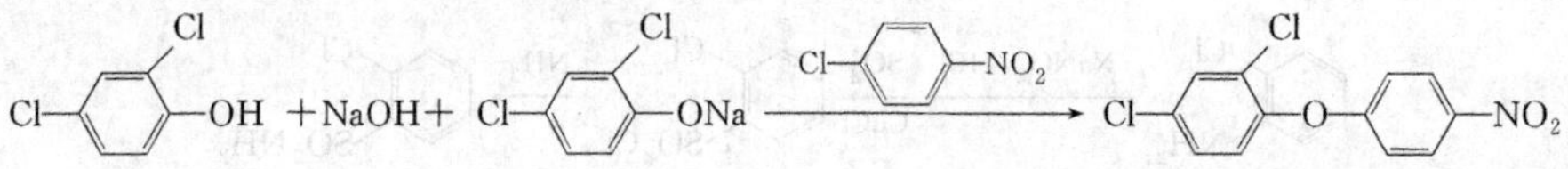

首先将2,4-二氯苯酚形成钠盐后，再在200℃与对氯硝基苯共热，即可得产品。对于苯环上含有三氟甲基的一类化合物如羧氧草醚（Blazer）的合成方法：

(1)

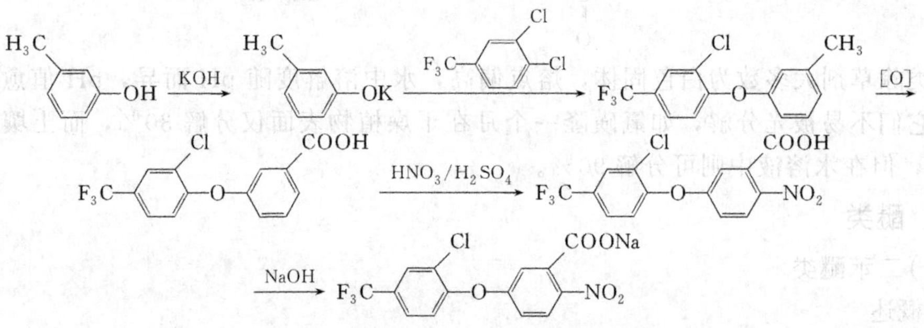

(2)

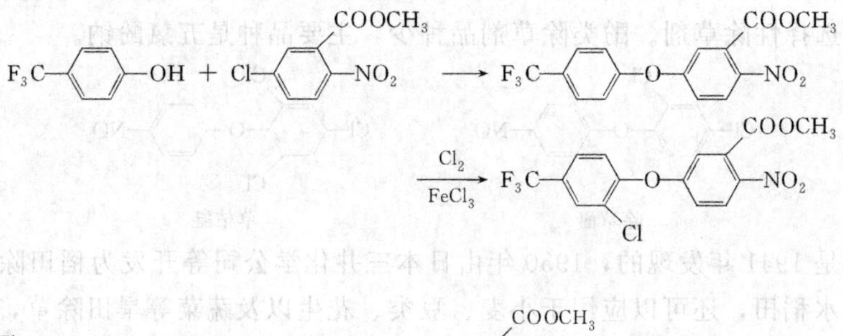

(3)

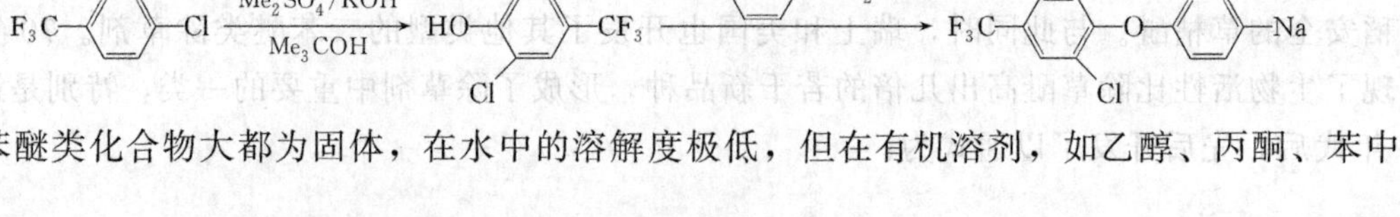

二苯醚类化合物大都为固体，在水中的溶解度极低，但在有机溶剂，如乙醇、丙酮、苯中均

有一定的溶解度，所采用的剂型常为可湿性粉剂。

(二)芳氧苯氧羧酸酯类

1. 概述

芳氧苯氧羧酸类衍生物是一类禾本科杂草的新除草剂，它是德国 Hochest 公司及日本结合 2,4-D 类苯氧羧酸类除草剂及二苯醚类除草剂的结构特点而设计开发成功的新品种，其结构通式为：

$$ArO-C_6H_4-OCH(CH_3)COOR$$

Ar=取代苯基或杂环基

2,4-D 类苯氧羧酸类是生长型除阔叶杂草的除草剂，它们在植物体内具有很好的传导性质；除草醚等二苯醚类化合物对杂草有很好的防除效果，但其缺点是无内吸传导性。二者的结合，即在苯氧羧酸的苯环对位引入苯氧基、喹啉氧基、喹噁啉氧基、苯并咪唑氧基、苯并噁唑氧基等杂环氧基取代时，化合物产生高度的防治禾本科杂草活性和抗生长素活性。

α-未取代的苯氧基苯氧丙酸甲酯无活性，其中以 2,4-二氯及 4-三氟甲基活性较高。将苯氧基改为各种 N、O、S 的苯并杂环化合物后，活性均有很大提高，如禾草克及威霸，均可用于防除禾本科杂草，对多种多年生杂草也有效，用量也很低，已发展成为另一类重要的旱田除草剂。

$$\text{(quinoxalin-2-yl)}O-C_6H_4-O-CH(CH_3)C(=O)OC_2H_5$$

禾草克

$$\text{(6-Cl-benzoxazol-2-yl)}O-C_6H_4-O-CH(CH_3)C(=O)OC_2H_5$$

威霸

2. 合成方法

$$ArCl + HO-C_6H_4-OCH(CH_3)COOR \longrightarrow ArO-C_6H_4-O-CH(CH_3)COOR$$

$$\text{或 } ArO-C_6H_4-OH + Br-CH(CH_3)COOR \longrightarrow ArO-C_6H_4-O-CH(CH_3)COOR$$

合成中涉及各种杂环的合成，如威霸分子中的苯并噁唑环的合成方法：

$$\text{2-aminophenol} + COCl_2 \longrightarrow \text{benzoxazol-2-one} \xrightarrow{Cl_2} \text{6-Cl-2-hydroxybenzoxazole} \xrightarrow{PCl_5} \text{2,6-dichlorobenzoxazole}$$

(benzoxazol-2-one ⇌ 2-hydroxybenzoxazole)

禾草克所需中间体的合成方法为：

$$\text{4-Cl-2-}NO_2\text{-aniline} + CH_2=C=O \longrightarrow \text{7-Cl-quinoxalin-2-one 4-oxide} \xrightarrow{NaHSO_3} \text{6-Cl-2-hydroxyquinoxaline} \xrightarrow{SO_2Cl} \text{2,6-dichloroquinoxaline}$$

这类化合物分子中具有手性碳，因此两种光学异构体在植物体内的活性是有差别的，*R*

型具有除草活性，目前世界上已有这类光学异构体的除草剂上市。不对称合成这类除草剂一般是从光学活性的乳酸开始：

$$HO-CH(CH_3)COOR \longrightarrow PhSO_2OCH(CH_3)COOR \xrightarrow{ArO-C_6H_4-OH} ArO-C_6H_4-OCH(CH_3)COOR$$

六、二硝基苯胺类、均三嗪类及杂环类

(一) 二硝基苯胺类除草剂

1. 概述

二硝基苯胺类系列除草剂主要是由意大利 Eli. Lilly 公司在 20 世纪 60 年代开发的一类重要的除草剂，特别是氟乐灵（Trifluralin，α,α,α-三氟-2,6-二硝基-*N*,*N*-二丙基-*p*-甲苯胺）自 1964 年登记后，一直成为世界上最主要的除草剂品种之一。

二硝基苯胺作为染料中间体已有很长的时间，含有取代基的二硝基苯胺作为杀菌剂也曾有过报道，关于其植物毒性是 1955 年发现的。2,6-二硝基苯胺衍生物最具有除草活性，则是由 Alder 等发现的。2，6-二硝基苯胺具有接触及苗前除草活性，4-位取代基可以影响分子活性的强度，其顺序为 $CF_3>CH_3>Cl>H$。苯环上 3-位或 4-位含有不同取代基即形成各种不同的除草活性及不同选择性。

2. 合成方法及性质

这类化合物的合成方法以氟乐灵为例：

$$Cl-C_6H_4-CF_3 \xrightarrow[110℃]{HNO_3/H_2SO_4} 2,6\text{-}(O_2N)_2\text{-}4\text{-}CF_3C_6H_2Cl \xrightarrow[105℃]{HN(C_3H_7)_2} 2,6\text{-}(O_2N)_2\text{-}4\text{-}CF_3C_6H_2N(C_3H_7)_2$$

这类化合物生产中的关键问题是对三氟甲基氯苯的合成及控制产品中亚硝胺衍生物的含量问题。对三氟甲基氯苯一般采用下法生产：

$$C_6H_5CH_3 \xrightarrow[FeCl_3]{Cl_2} Cl-C_6H_4-CH_3 \xrightarrow[光]{Cl_2} Cl-C_6H_4-CCl_3 \xrightarrow{HF} Cl-C_6H_4-CF_3$$

二硝基苯胺类除草剂多为橙红色固体，水溶性极低，易溶于有机溶剂中，微有挥发性。由于此类化合物蒸气压高，见光易分解，因此需将药剂混入土壤中使之减少挥发和光分解，以保证得到较高的药效。苯环上 1,4-位取代基的种类及相对分子质量的大小决定了化合物蒸气压的高低。在土壤温度较高的情况下，用蒸气压低的品种比较合适。

(二) 均三嗪类除草剂

1. 概述

均三嗪类化合物的除草活性是 J. R. Geigy 公司的一个研究小组于 1952 年发现的，1954 年发表的第一个专利包括了 2-氯-2-甲氧基及 2-甲硫基-4,6-双（烷氨基）均三嗪三类化合物，这类化合物的除草活性及选择性于 1955 年首次发表。至此，以三嗪为骨架的化合物逐步吸引了人们的关注，这类化合物至今仍为有价值的旱田除草剂，如阿特拉津（atrazine）、西玛津（sinmazine）、扑草净（prometryne）及莠灭净（anmetryne）等在全世界广泛使用，其中尤以用于玉米田的阿特拉津最为突出。

均三嗪类除草剂与脲类除草剂相似，在高剂量时为灭生性除草剂（$5\sim20kg/hm^2$）。可

用于工业区、道路旁等非农田地除草，低剂量时则可作为选择性除草剂（$1\sim4\mathrm{kg/hm^2}$），可用于玉米、棉花、高粱、甘蔗及其他作物田中。这类除草剂主要通过杂草的根部吸收药剂后变黄而死亡。由于它们的水溶性极差，在土壤中不易淋溶至较深的部位。因此对于深根作物的影响极小。

不少人研究了这类化合物的结构与活性的关系后指出，与三嗪环上的两个碳原子相连的两个氮原子是必备条件，少一则无除草性；用其他取代基如其他的卤原子或卤代烷基取代这类除草剂 2-位上的氮原子、甲氧基或甲烷基，均得到没有实用价值的化合物，但是叠氮化合物却是例外，其中尤以叠氮净（2-甲硫基-4-叠氮基-6-异丙氨基均三嗪）具有较高的活性，该分子中同时含有甲硫基及叠氮基。

N-烷氨基的变化可以增大此类化合物的生物活性及降解能力的变化范围。如 2-氮-4,6-双(烷氨基)均三嗪的除草活性随氨基上碳原子数目增加而降低，含 2～3 个碳原子时活性最高，而含两个不同烷氨基的衍生物的活性比含有两个相同烷氨基衍生物的活性高，在烷氨基上引入烷氧基、烷基、环丙基以及腈类等，具有较高的活性。

2. 合成方法及性质

均三嗪类化合物是以三聚氯氰酸为原料合成的，三聚氯氰的三个氯原子可以被胺、酚、醇及硫醇等取代，其中两个氯原子较活泼，若仅需取代其中一个氯原子时，需控制反应条件，将温度控制在 −15～0℃之间，在等当量缚酸剂存在下进行反应。取代第二个、第三个氯原子时，要将温度提高到 20～60℃之间，在缚酸剂存在下进行反应，即使以两种不同的胺取代三聚氯氰中的两个氯原子，亦可得到纯度好、收率高的非对称氨基取代物。

一般地说，不同取代胺使用的顺序对反应的影响不大，但一些碱性较低、空间障碍较大的胺，则只能与三聚氯氰中的一个氯原子反应。2-氯-4,6-双烷氨基均三嗪中剩余的氯原子在缚酸剂存在下与甲醇或甲硫醇共热，则可被甲氧基或甲硫基所取代。

$$\mathrm{Cl_2 + NaCN \longrightarrow CNCl + NaCl}$$

$$\mathrm{3CNCl} \xrightarrow[340\sim370℃]{三聚} \text{(2,4,6-三氯均三嗪: Cl, Cl, Cl)} \xrightarrow[-15\sim0℃]{\mathrm{2R'NH_2}} \text{(2,4-二氯-6-NHR'均三嗪)} \xrightarrow[20\sim50℃]{\mathrm{2RNH_2}}$$

$$\text{(Cl; RHN, NHR' 均三嗪)} \xrightarrow[煮沸]{\mathrm{CH_3SNa/CH_3OH}} \text{(SCH}_3\text{; RHN, NHR' 均三嗪)}$$

$$\text{(Cl; RHN, NHR' 均三嗪)} \xrightarrow[煮沸]{\mathrm{CH_3ONa/CH_3OH}} \text{(OCH}_3\text{; RHN, NHR' 均三嗪)}$$

假如阿特拉津，工业上的制法是首先将三聚氯氰溶解在溶剂中，0～5℃下与等物质的量乙胺在碳酸氢钠存在下作用，然后提高温度至 40℃左右，在碳酸氢钠存在下与异丙胺作用即可得产品。

均三嗪类除草剂 2-位上的氮原子可以被各种亲核试剂所置换。2-氯、2-甲氧基或 2-甲硫基化合物均可被水解形成 2-羟基衍生物，但值得注意的是它主要是以酮式的结构存在，此结构可由红外光谱所证明：

Cl / $C_2H_5N(H)$ / $NC_2H_5(H)$ → OH / $C_2H_5N(H)$ / $NC_2H_5(H)$ ⇌ O / HN / $C_2H_5N(H)$ / $NC_2H_5(H)$

而此类化合物不易与甲基化试剂反应生成甲氧基化合物，但是其相应的硫类似物，则易于与甲基化试剂反应：

Cl / $C_2H_5N(H)$ / $NC_2H_5(H)$ —(1) $NH_2-C(=S)-NH_2/H^+$；(2) OH^-→ SH / $C_2H_5N(H)$ / $NC_2H_5(H)$ —甲基化试剂→ SCH_3 / $C_2H_5N(H)$ / $NC_2H_5(H)$

值得一提的是，在三嗪环上的氮原子可与三乙胺反应，生成季铵盐类化合物，它具有极高的反应活性，可作为反应中间体进一步与亲核试剂，如硫醇，KCN、NaCN 等反应，比直接用 2-氯衍生物反应容易进行。

均三嗪环化学性质稳定，这是由于 π 电子像苯环一样分布在整个环上，但是由于氮原子的电负性大于碳原子，因此，三嗪环上的 π 电子实际上只局限于碳原子附近，而不是分布在整个环上，所以均三嗪的芳香性低于苯环：

另外，该环上还受到 C2、C4、C6 位上取代基的诱导共轭效应的影响。综合以上因素，决定了这类化合物的物理化学性质。由于环上碳原子相对地缺乏电子，使它们易受到亲核试剂的进攻，而当碳原子连有吸电子取代基氯原子时，这种进攻更加易于进行，当碳上有给电子取代基如胺时，则使环上电子云密度增加，亲核试剂的进攻受到阻碍，以上很好地解释了三聚氯氰的反应性能。

近年来的研究表明，均三嗪类衍生物易被紫外线所分解，根据不同的实验条件可得不同的产物。环上 2-位首先受到影响，在水溶液中，2-氯衍生物可生成 2-羟基衍生物，而在醇溶液中则生成 2-烷氧基衍生物：

Cl —CH_3OH，光→ OCH_3；Cl —H_2O，光→ OH

在同样条件下，2-甲氧基及 2-羟基衍生物不进一步光解，而 2-甲硫基衍生物则可被还原：

SCH_3 —CH_3OH/H_2O，光→ H

220mm 光照西玛津的甲醇溶液，则光解反应如下：

(三)杂环类除草剂

1. 五元含氮杂环化合物

(1) 杀草强　杀草强(amitrole)最早使用的五元含氮杂环化合物(1954年),可由甲酸与氨基胍缩合而得:

杀草强曾广泛用于农业及工业除草,但后来发现可能导致大鼠发生甲状腺肿瘤,目前已禁止在粮食作物上使用,但它是一个优秀的传导性、非选择性除草剂,现常用在休闲地方除多年杂草,如匍匐冰草等。

低剂量的杀草强具有刺激植物生长作用,但高浓度时则可使植物缺绿而死亡。杀草强极易被植物的根及叶吸收,并通过木质部及韧皮部传导。

杀草强除草的原初位置是干扰类胡萝卜的生物合成,缺少类胡萝卜素将是植物叶片中的叶绿素遭到光氧化作用的破坏,而出现缺绿的症状。

(2) 吡唑类　吡唑类(pyrazolate)是日本三井公司于1973年发现并于1980年登记的田间除草剂,其结构为

吡唑特对水稻非常安全,是直播水稻田优良的除草剂,可与许多除草剂混配,具有增效作用,其活性物质为4-(2,4-二氯苯甲酰)-1,3-二甲基-5-羟基吡唑;分子中的羟基与对甲基苯磺酸形成酯后具有缓解作用,以便以适当的速度释放其活性物质。吡唑特遇水分解后,生成的活性物质被杂草幼芽及根部吸收,抑制杂草叶绿素的生物合成。

自从吡唑特开发成功后,又有3个品种在日本开发成功,它们的特征是可以防除水田多年生杂草,如苄草特(pyrazoxyfen),可使这类药剂防除多年生杂草的活性提高,杀草谱变光,NC-310的活性较吡唑特提高2～3倍。

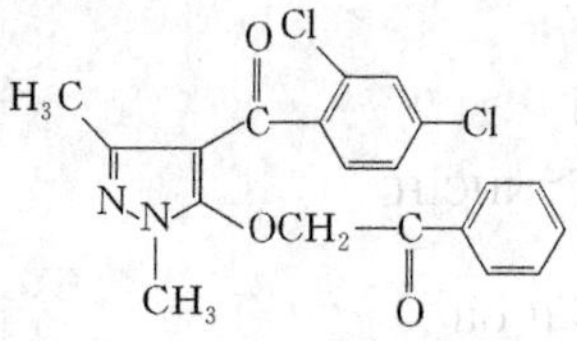

苄草特 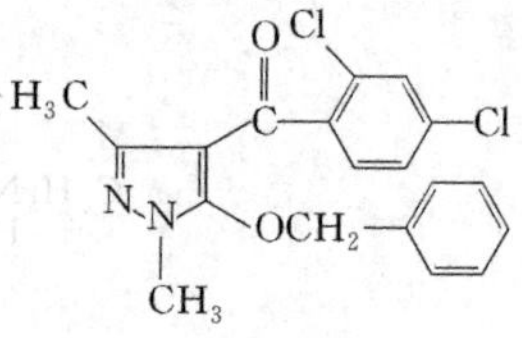　　　　NC-310

吡唑特的合成方法为：

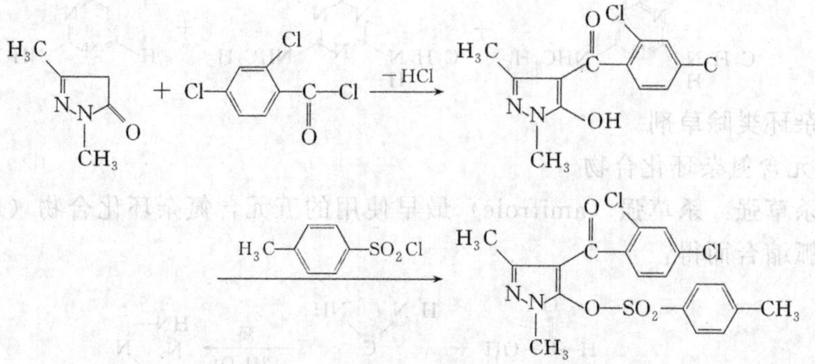

$$\xrightarrow{-HCl}$$

中间体1,3-二甲基-4-(2,4-二氯苯甲酰基)-5-吡唑可通过转位反应来完成。

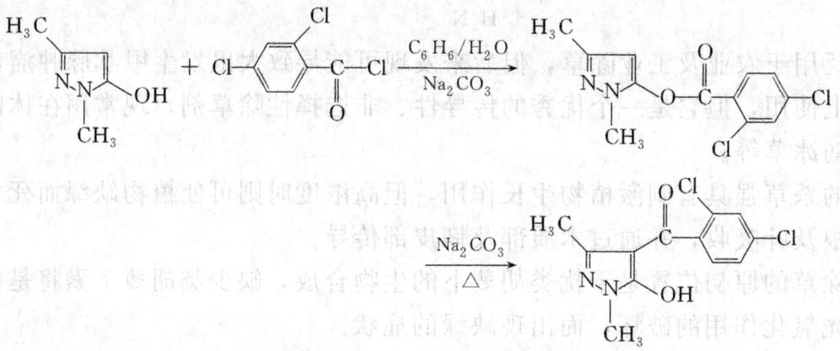

$$\xrightarrow{C_6H_6/H_2O,\ Na_2CO_3}$$

$$\xrightarrow[\triangle]{Na_2CO_3}$$

或者用以下方法实现：

$$\xrightarrow[\triangle]{\text{二甲苯}}$$

$$\xrightarrow{5\%NaOH}$$

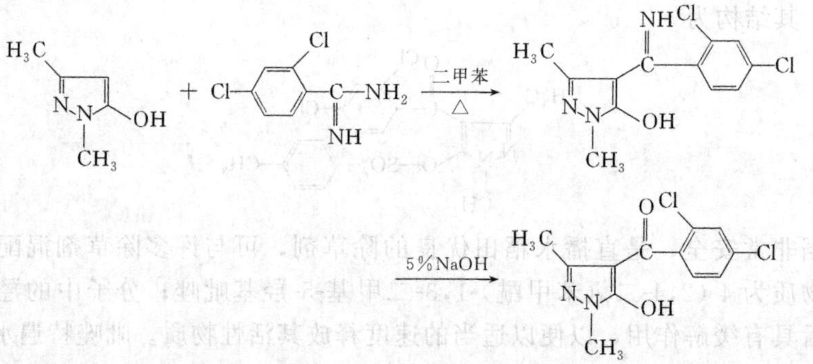

(3) 咪唑啉酮类　咪唑啉酮类除草剂是继磺酰脲类除草剂上市3年后，由美国氰胺公司开发的一类高效光谱低毒的除草剂。

这类除草剂目前已有几个商品化的品种，其中assert可在麦田中防除野燕麦、雀麦等杂草，用量为0.5～1.0kg/hm^2，对大麦、小麦及玉米均显示出较好的选择性；scepter可用于大豆田除草，用量为140～280g/hm^2，也可用于烟草、咖啡、豌豆及花生等作物田中，有效地防除禾本科及阔叶杂草；arcenal为非选择性除草剂，用于铁路、公路、工厂、仓库及灌水渠道，用量为0.5～2kg/hm^2，可防除大多数一年生及多年生草本及木本植物；而咪草烟是该类除草剂中活性最高的，在大豆田以75～105g/hm^{2}剂量可防除一年生禾本科杂草和阔叶杂草。

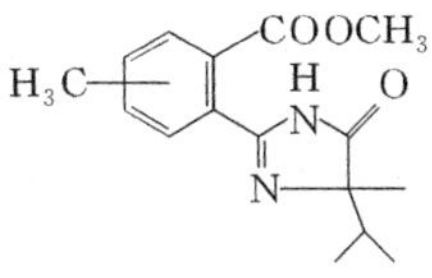

assert 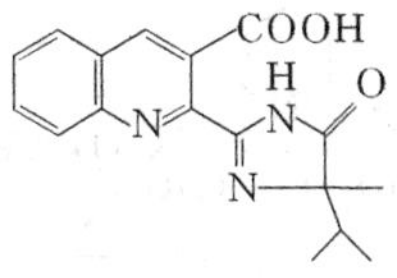　　scepter 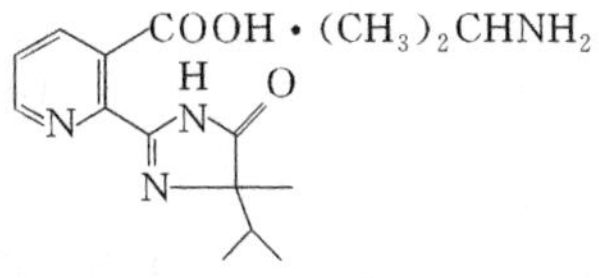　　arcenal

此类化合物的合成方法以 arcenal 为例：

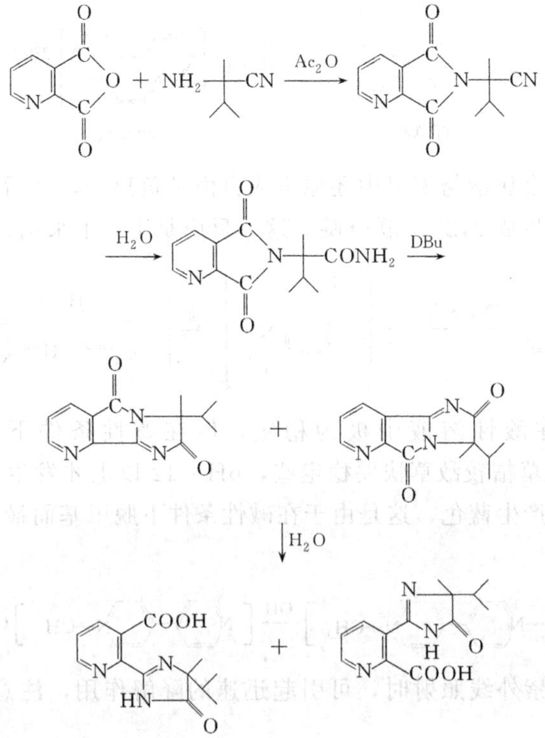

2. 六元杂环化合物

(1) 联吡啶类化合物　许多吡啶衍生物均有生物活性，如青草定是属于生长素型的除草剂，可防除多年生杂草。

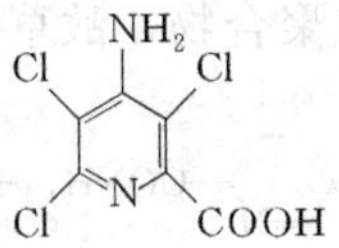

青草定

联吡啶类除草剂中最重要的是敌草快与百草枯，虽然是 1958 年开发的品种，但由于它们在除草性能上的特点，至今仍具有重要的意义，如百草枯至今使用面积仍达数千公顷。其作用特点是杀草谱广，用量在 1.12kg/hm^2 以下，可防除多重单双子叶杂草，为非选择性除草剂，在作物播前或苗前使用，也可在苗后采用定向喷雾的方法来避免作物受害。这类除草剂作用特别迅速，1～2h 便产生明显药害，可被植物叶片吸收迅速传导，但是由于它们对土壤的吸附力极强，因而不易被植物的根部吸收，因此土壤处理无效。这类除草剂在避免土壤侵蚀严重地区的免耕法实施有重要意义。

联吡啶类化合物按以下反应式合成：

(1) Na/NH_3, 33℃　(2) O_2 → 4,4′-联吡啶 → $2CH_3Cl$ → $[H_3C-\overset{+}{N}C_5H_4-C_5H_4\overset{+}{N}-CH_3]2Cl^-$

(1) 兰尼镍　(2) O_2 → 2,2′-联吡啶 → $C_2H_4Br_2$ → $[\ ]2Br^-$

百草枯　　　　敌草快

此吡啶为原料，在金属钠与液氨中还原生成自由基负离子，然后氧化生成4,4′-联吡啶，若用兰尼镍还原，则可生成2,2′-联吡啶。这一反应是工业上采用自由基反应的实例：

$$2N\text{(吡啶)} \xrightarrow{2Na/NH_3/O_2} \left[2\ \text{H}^{+}\ Na^+\ N^-\right] \xrightarrow{\text{二聚}} \left[-N\ \ H\ \ H\ \ N^+-\ \ Na^+\ \ Na\right]$$

百草枯及敌草快在酸性溶液中极为稳定，但在碱性条件下则不稳定，敌草快在pH=9～12即分解，百草枯较敌草快要稳定些，pH=12以上才发生分解，在pH=10以上由于形成自由基离子而产生蓝色，这是由于在碱性条件下脱甲基而最终形成一带颜色的自由基之故。

$$2Cl^-\left[H_3C-\overset{+}{N}C_5H_4-C_5H_4\overset{+}{N}-CH_3\right] \xrightarrow{OH} \left[NC_5H_4-C_5H_4\overset{+}{N}-CH_3\right]Cl^- + NaOH$$

百草枯的稀溶液遭紫外线照射时，可引起迅速的降解作用，注意形成4-羧基-1-甲基吡啶正离子及甲胺。

$$H_3C-\overset{+}{N}C_5H_4-C_5H_4\overset{+}{N}-CH_3 \longrightarrow \left[H_3C-\overset{+}{N}C_5H_4-C(CHO)\ N+CH_3\right] \longrightarrow$$

$$CH_3-\overset{+}{N}C_5H_4-COOH \longrightarrow CH_3NH_2$$

但当反应是无氧条件时，则将形成聚合物，敌草快光解形成如下的化合物：

敌草快 → (O, $\overset{+}{N}$, NH) → $C_5H_4N-CONH_2$ → $C_5H_4N-COOH$ → 挥发性物质

敌草快 → HO, O, $\overset{+}{N}$, NH, O ＋ O, N, NH, O → 挥发性物质

(2) 其他六元含氮杂环　非对称三嗪类也是一类新开发的除草剂，这些化合物和其他许多能阻碍光合作用的除草剂一样，也大都具有—N=C—N=或N—C(O)—N—的基

团，如：

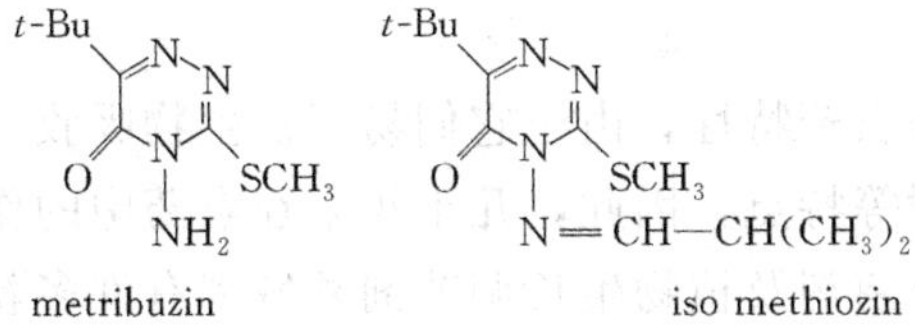

metribuzin　　iso methiozin

一系列 N-取代苯基哒嗪酮也显示出除草活性，如杀草敏（5-氨基-4-氯 2-苯基哒嗪-3-酮），它的合成方法为：

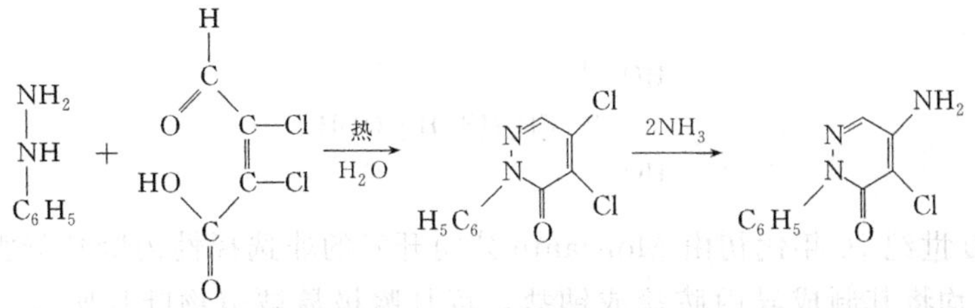

杀草敏（pyrazon）为一土壤处理除草剂，可在甜菜地中苗前或苗后使用，它对甜菜具有的选择性，是由于这类作物在体内具有解毒作用，代谢成为无毒的氨基葡萄糖轭合物。

一些取代的脲嘧啶也是除草剂，如：

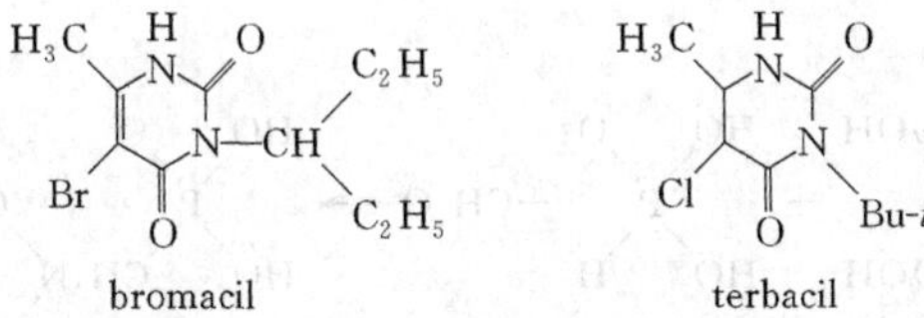

bromacil　　terbacil

除草定（bromacil）为灭生性除草剂，可在工业区使用，用量为 $21kg/hm^2$，在甘蔗中用量为 $2.2\sim6.6kg/hm^2$，可作选择性除草剂使用。特草定（terbacil）可用于甘蔗及果园中防除一年生及多年生杂草，用量为 $1.4\sim4.4kg/hm^2$。以上这些除草剂均是光合作用抑制剂。

苯达松是一含有 N，S 杂原子的苯并杂环化合物，其结构为：

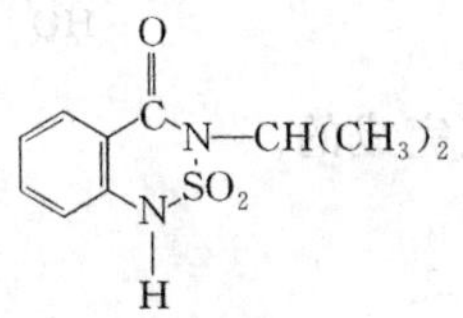

苯达松是防除水旱田难除杂草的芽后除草剂，对作物安全，可在麦类、水稻、大豆、花生及牧场中除阔叶杂草，为世界主要除草剂品种之一，其生产工艺为：

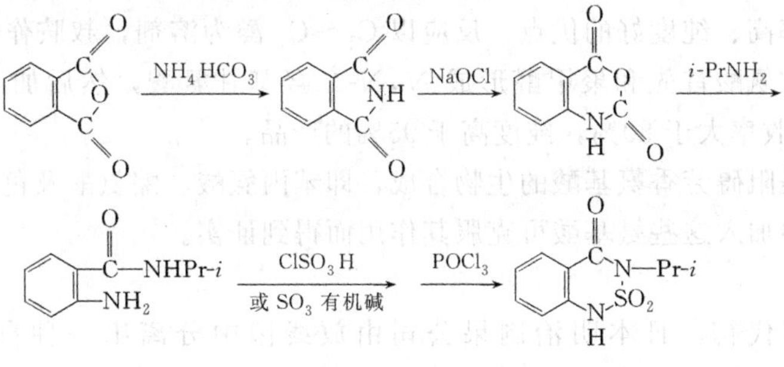

七、有机磷及其他类

(一)有机磷类

有机磷化合物具有多种农药特性，由于它们易于被生物吸收，在作用部位具有较好的化学反应亲和性以及易于代谢等特点，因此，几十年来在农药中的作用有增无减，目前除可用作杀虫剂外，在除草剂、杀菌剂及植物生长调节剂领域都有许多新的有机磷品种出现，由于四配位磷原子可以与四个不同的基团组成无数不同的化合物，今后在此领域内，高活性物质的发现仍是大有希望的。

1. 草甘膦

$$(HO)_2\overset{O}{\overset{\|}{P}}—CH_2NHCH_2COOH$$

草甘膦是 20 世纪 70 年代初由 Monsanto 公司开发的非选择性内吸传导型茎叶处理除草剂，通常使用时均将其制成异丙胺盐或钠盐，草甘膦极易被植物叶片吸收并传导至植物全身，它对一年生及多年生杂草具有很高的活性，鉴于它的优异除草性能，致使其在近 20 年来始终在国际市场上占有极重要的地位。

草甘膦的合成方法有以下 3 种。

（1）第一种方法

$$HN(CH_2COOH)_2 + (HO)_2\overset{O}{\overset{\|}{P}}—H + CH_2O \longrightarrow (HO)_2\overset{O}{\overset{\|}{P}}—CH_2N(CH_2COOH)_2$$

该法收率约为 60%。

（2）第二种方法

$$(HO)_2\overset{O}{\overset{\|}{P}}—CH_2Cl + H_2NCH_2COOH \xrightarrow{NaOH} (HO)_2\overset{O}{\overset{\|}{P}}—CH_2NHCH_2COOH$$

该法是在氢氧化钠水溶液中回流完成的。

（3）第三种方法

$$(RO)_2\overset{O}{\overset{\|}{P}}—H + CH_2O + NH_2CH_2COOH \longrightarrow (RO)_2\overset{O}{\overset{\|}{P}}—CH_2NHCH_2COOH \xrightarrow[H_2O]{H^+} (HO)_2\overset{O}{\overset{\|}{P}}—CH_2NHCH_2COOH$$

该法具有收率高、纯度好的优点。反应以 $C_1 \sim C_4$ 醇为溶剂，叔胺作催化剂。例如：在三乙胺存在下，甘氨酸首先和聚甲醛形成 *N*,*N*-二羟基甘氨酸，然后加入亚磷酸酯加热至 115℃，5h，得到收率大于 80%，纯度高于 95%的产品。

草甘膦主要是阻碍芳香氨基酸的生物合成，即苯丙氨酸、酪氨酸及色氨酸的合成，这可通过向培养叶片中加入这些氨基酸可克服其作用而得到证实。

2. 双丙氨磷

20 世纪 80 年代初，日本明治制果公司由放线菌中分离出一种自然界稀有的含有

C—P—C 键结合的化合物，它是一个含有两分子丙氨酸的膦肽化合物，称为双丙氨磷（bialaphos）。

$$\left[\begin{array}{c} CH_3 \\ HO \end{array}\!\!\!\!>\overset{O}{\overset{\|}{P}}-CH_2CH_2-\underset{NH_2}{\underset{|}{C}}HCONH-\underset{L}{\overset{CH_3}{\overset{|}{C}}}H-CONH-\underset{L}{\overset{CH_3}{\overset{|}{C}}}HCOO^-\right]Na^+$$

双丙氨磷

该化合物具有显著的除草活性，作用比草甘膦快，具有内吸性，其杀草机制主要是抑制植物体内谷氨酸酰胺合成酶（GS），故又称为遗传工程除草剂。

3．硫代磷酰胺酯类

20 世纪 70 年代，日本发现硫代磷酰胺类化合物具有很高的除草活性，因而开发了胺草磷。这类化合物可以防除一年生禾本科及阔叶杂草，水旱田均可使用。结构与活性关系的研究表明，分子中芳基邻位的硝基是显示除草活性的必要基团。

C_2H_5O, S, P, C_3H_7NH, O—(2-O_2N-4-CH_3-苯基)

胺草磷

由于分子中具有一手性磷原子，可形成一对光学异构体，它们的除草活性是不相同的，一般左旋体较其右旋体活性高出 3～4 倍。

$CH_3OP(=S)Cl_2 \xrightarrow{s\text{-}C_4H_9NH_2} CH_3O(s\text{-}C_4H_9NH)P(=S)Cl \xrightarrow{HO\text{-}C_6H_3(NO_2)(CH_3)} CH_3O(s\text{-}C_4H_9NH)P(=S)O\text{-}C_6H_3(O_2N)(CH_3)$

$CH_3OP(=S)Cl_2 + HO\text{-}C_6H_3(O_2N)(CH_3) \longrightarrow CH_3O(Cl)P(=S)O\text{-}C_6H_3(O_2N)(CH_3) \xrightarrow{s\text{-}C_4H_9NH_2} CH_3O(s\text{-}C_4H_9NH)P(=S)O\text{-}C_6H_3(O_2N)(CH_3)$

硫代磷酰胺酯类除草剂热稳定性良好，但对光的稳定性较差。它们在酸性水溶液中稳定，但在碱性水溶液中易分解，在 40℃，pH=10.3 时，克蔓磷在水溶液中的半衰期为 4 天。

克蔓磷在土壤中可进一步分解成二氧化碳，残留低，在动物体内投药 24h 后可排出 87％以上。

4．二硫代磷酸酯类

哌草磷和莎稗磷属二代磷酸酯类衍生物，这两种除草剂可在水田中除草，它们均有很好的效果，目前广泛应用的阿威罗生（avirosan）是 4 份哌草磷与 1 份戊草净[4-(1,2-二甲基)丙氨基-2-乙氨基-6-甲硫基均三嗪]的混剂，莎稗磷是 Hoechest 公司开发的品种。莎稗磷首先是通过植物根部吸收，进一步传导至新长的幼芽及叶片，可抑制细胞分裂与伸长。它们的合成方法为：

$$(RO)_2P(=S)SNH_2 + ClCH_2C(=O)-N(R^1)-R^2 \longrightarrow (RO)_2P(=S)-SCH_2C(=O)-N(R^1)R^2$$

$R=CH_3$；$R^1=i\text{-}C_3H_7$；$R^2=p\text{-}Cl-C_6H_4$（莎稗磷）

$R=C_3H_7$，$R^1,R^2=$ 2-甲基环己基（H_3C-环己基）

(二)其他类

1. 1,3-环己二酮衍生物

1,3-环己烯二酮衍生物是一类具有选择性的内吸传导型茎叶处理剂，禾草灭（alloxydim）是日本曹达公司在这类除草剂中首先开发的品种，1979 年，该公司又开发了拿捕净，它除像禾草灭一样对阔叶作物十分安全外，还有用量低、可防除多年生杂草的特点。研究这类化合物结构和关系发现，1，3-环己二酮 5 位上取代基对活性有重要影响。1985 年 BASF 开发的噻草酮（cycloxydim）在西欧及美洲使用，可防除大部分一年生禾本科杂草外，对多年生杂草也有很高的活性，这类药剂能迅速地被禾草本科杂草所吸收，并移动至顶端和分生组织，破坏分生组织的细胞分裂。

拿捕净的合成方法如下：

$$C_2H_5-S-CH(CH_3)CH_2-\text{(环己烷-1,3-二酮)} + (PrCO)_2O \longrightarrow C_2H_5SCH(CH_3)CH_2-\text{(2-}C(=O)-C_3H_7\text{-环己烷-1,3-二酮)}$$

$$\xrightarrow{(H_2NOH)_2\cdot H_2SO_4} C_2H_5SCH(CH_3)CH_2-\text{(环己二酮)}-C(C_3H_7)=NOH \xrightarrow{(C_2H_5)_2SO_4}$$

$$C_2H_5SCH(CH_3)CH_2-\text{(环己二酮)}-C(C_3H_7)=N-OC_2H_5$$

这类化合物近年来的新品种如：

sethoxydin：$C_2H_5-S-CH(CH_3)-CH_2-$环己烯酮（OH，$C(=NOC_2H_5)-C_3H_7\text{-}n$，O）

select：$C_2H_5-S-CH(CH_3)-CH_2-$环己烯酮（OH，$C(=N-OCH_2CH=CHCl)-C_2H_5$，O）

selectone：$C_2H_5-S-CH(CH_3)-CH_2-$环己烯酮（OH，$C(=N-OCH_2CH=CHCl)-C_3H_7\text{-}n$，O）

focus：四氢噻喃基-环己烯酮（OH，$C(=N-OC_2H_5)-C_3H_7\text{-}n$，O）

selectone 结构与拿捕净相似，杀草谱相同，但活性却更高。烯草酮作为土壤处理剂效果也很好，噻草酮的用量为 0.1～0.15kg/hm^2，在西欧和美国用来防除大部分一年生杂草，对多年生杂草也有较好的效果。

拿捕净对光、热不稳定，在土壤中残效期短，易淋溶，降解迅速，干燥土壤中，2 周内活性全部丧失，而在湿润土壤中残效可达 4 周。

2. 仙治

1982 年 Shell 公司开发出仙治（cinmethylin）。它的结构如下：

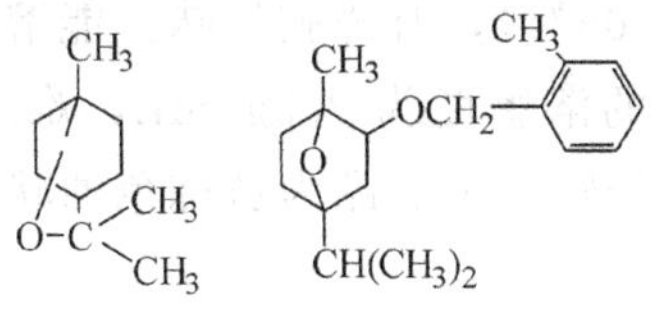

cinole　　cinmethylin

它是一种选择性芽前除草剂，用于大豆、棉花等阔叶作物田中防除禾本科杂草。这种药剂在土壤中的吸附能力很强，主要存留在土表，在土中的移动性极小。仙治被植物幼根芽吸收后，抑制根芽生长点的细胞分裂而使杂草死亡。

3. 无机除草剂

很多无机化合物均可用作除草剂，近年来应用较多的是氨基磺酸 NH_2SO_3H 及氨基磺酸铵 $NH_2SO_3NH_4$，这两种化合物吸潮后易被水解。各种硼化合物可作除草剂，如带有 10 个结晶水的四硼酸钠（borax，$NaB_4O_7 \cdot 10H_2O$）为非选择性除草剂，不仅对野生动物及鱼类毒性低，而且有阻燃的性质。偏硼酸钠（$NaBO_2$）也具有相似的活性。

氯酸钠是一最普遍使用的脱叶剂，也曾用于防除铁道路基的杂草。砷化物由于它的毒性，现已不作除草剂使用。

【任务实施】

1. 分别列举几种常用苯氧羧酸类、均三氮类、酰胺类、磺酰脲类杀虫剂，并写出化学结构式。
2. 写出防除水稻田稗草的除草剂。
3. 写出磺酰脲类除草剂的作用机理。
4. 写出百草枯的作用方式。

注：以上任务的完成请注明参考文献及网址。

【任务评价】

1. 知识目标的完成：

① 是否了解按化学结构除草剂的分类；

② 是否了解每类除草剂中典型代表的防治对象、作用方式和作用机理；

③ 是否了解市售除草剂，如二苯醚类除草剂，在水中的溶解度如何，常用剂型等。

2. 能力目标的完成：是否能够根据所需选用合适的除草剂。

任务四　典型杀虫剂和除草剂的生产

【任务提出】

通过前面的调查我们知道，乐果、西维因和草甘膦都是使用量非常大的农药品种，那么它们的生产方法有哪些呢？生产工艺如何？各个生产工艺存在着哪些优缺点？

【相关知识】

一、乐果

乐果（dimethoate）学名为O,O'-二甲基-S-（N-甲基氨基甲酰基）二硫代磷酸酯，分子式为$C_5H_{12}NO_2PS_2$，相对分子质量为229.28。纯品为白色针状结晶，熔点52～52.5℃，相对密度1.277，折射率1.5334(65℃)，有樟脑气味。能溶于醇类、醚类、酯类、苯、甲苯等多数有机溶剂，21℃时在水中的溶解度为2.5g/mL，难溶于苯、石油醚和饱和烃。在酸性溶液性中稳定，在碱性中迅速分解。工业品为黄棕色油状液体，有硫醇臭味，挥发性小。

(一)生产方法

乐果生产方法与氧乐果相仿，据资料报道，基本上有4种方法。

前氨解法，又称氯乙酰甲胺法：

$$(CH_3O)_2P(=O(S))SMe + ClCH_2C(=O)NHCH_3 \longrightarrow (CH_3O)_2P(=O(S))SCH_2C(=O)NHCH_3$$

后氨解法：

$$(CH_3O)_2P(=O(S))SCH_2C(=O)OCH_3 + NH_2CH_3 \longrightarrow (CH_3O)_2P(=O(S))SCH_2C(=O)NHCH_3$$

异氰酸甲酯法：

$$(CH_3O)_2P(=O(S))SCH_2C(=O)OH + CH_3NCO \longrightarrow (CH_3O)_2P(=O(S))SCH_2C(=O)NHCH_3$$

国内主要采用后氨解法生产乐果。首先让甲醇与五硫化磷生成二甲基二硫代磷酸酯，用碱中和后与氯乙酸甲酯反应，生成O,O'-二甲基-S-（乙酸甲酯）二硫代磷酸酯，最后用甲胺进行氨解：

$$CH_3OH \xrightarrow{P_2S_5} (CH_3O)_2P(=S)SH \xrightarrow{ClCH_2C(=O)OCH_3} (CH_3O)_2P(=S)SCH_2C(=O)OCH_3 \xrightarrow{CH_3NH_2} (CH_3O)_2P(=S)SCH_2C(=O)NHCH_3$$

(二)生产工艺

1. 二甲基二硫代磷酸酯的合成

先将160kg甲醇一次投入到反应釜中，在35℃时，把230kg五硫化二磷分批投入，开始时约每隔7min投10kg，投完100kg时，每隔10min投20kg。如反应正常可按下述方式操作。

将上批得到的O，O'-二甲基二硫代磷酸酯270kg及五硫化磷430kg投入反应釜中，在35℃时开始滴加甲醇，控制滴加温度为40～45℃，同时控制滴加速度，约2h滴加完260kg甲醇，再于50～55℃反应温度下，继续搅拌反应约2h。反应生成的硫化氢气体用液碱吸收。然后冷却至35℃出料，即得含量约76%的O，O'-二甲基二硫代磷酸酯，收率75%以上。纯品为无色液体，沸点65℃（2kPa），相对密度1.288。

2. 乐果的合成

O,O'-二甲基二硫代磷酸酯与氯乙酸甲酯等物质的量进行反应，生成 O,O'-二甲基二硫代（乙酸甲酯）磷酸酯，副产物氯化氢气体用碱液吸收。

将 500kg O,O'-二甲基二硫代（乙酸甲酯）磷酸酯加入反应釜中，冷却至－10℃左右，慢慢滴加 40%甲胺溶液。开始的 108kg 甲胺在 1h 内滴加，然后搅拌 45min，再在 45min 内滴加其余 100kg 甲胺。加料结束后，再继续搅拌 75min。整个加料过程在 0℃以下进行。加入 600kg 三氯乙烯和 150kg 水，并加盐酸中和至 pH＝6～7，加热至 20℃，静置分层。从水层回收甲醇和甲胺；油层为乐果三氯乙烯溶液，加 200L 水洗涤后，静置过滤。三氯乙烯乐果溶液经薄膜蒸发器在 110℃，93.31kPa 下脱去溶剂（回收三氯乙烯），所得乐果原油含量 90%以上，加工成 96%以上纯度，即为乐果原粉。

二、西维因

西维因（carbaryl）又名胺甲萘，分子式为 $C_{12}H_{11}NO_2$，相对分子质量为 201.22。白色结晶。熔点 142℃，相对密度 1.232。易溶于丙酮、环己酮、二甲基甲酰胺、异佛尔酮，30℃水中溶解度为 120mg/L。对光、热（＜70℃）稳定，遇碱（pH≥10）迅速分解为甲萘酚。

(一)生产方法

合成西维因的工艺路线主要有冷、热两种方法。冷法又称氯甲酸甲萘酯法，即由 α-萘酚（甲萘酚）与光气反应生成氯甲酸甲萘酯，再与甲胺反应得到西维因。

$$\text{OH}\xrightarrow[\text{NaOH/甲苯}]{COCl_2}\text{O—}\overset{\displaystyle O}{\overset{\|}{C}}\text{—Cl}\xrightarrow[\text{NaOH}]{CH_3NH_2}\text{O—}\overset{\displaystyle O}{\overset{\|}{C}}\text{—NHCH}_3$$

热法生产是先让甲胺与光气反应生成甲氨基甲酰氯，再与 α-萘酚反应合成西维因。

$$CH_3NH_2\xrightarrow{CoCl_2}CH_3NH\overset{\displaystyle O}{\overset{\|}{C}}\text{—Cl}\xrightarrow[\text{NaOH/甲苯}]{\text{OH}}\text{O—}\overset{\displaystyle O}{\overset{\|}{C}}\text{—NHCH}_3$$

（二）生产工艺

1. 冷法

在搪玻璃反应釜内加入溶剂甲苯，再加入 α-萘酚，搅拌溶解并冷却至－5℃以下，通入光气，同时滴加 20%氢氧化钠溶液，加完后搅拌保温 2h。将反应物放出过滤，滤液回收甲苯循环使用，滤饼用稀盐酸和水洗涤，干燥即可得西维因成品，产品含量约 95%，平均收率 90%左右。

2. 热法

将光气预热至 90℃左右，甲胺预热至 220℃，将甲胺：光气＝1∶1.3（物质的量比）的比例调节流量进入反应器中。合成反应器上部温度控制在 340～360℃，下部温度控制在 240～280℃，控制反应气缓冲出口压力在 0.1MPa 以下，甲氨基酰氯接受器和冷凝夹套水温应严格控制。得到的甲氨基酰氯平均含量≥90%。收率＞83%。

将 α-萘酚和甲氨基酰氯以 1∶1.2 的物质的量配比投入缩合反应釜中。工艺过程可采用先将甲氨基甲酰氯溶于四氯化碳、氯苯、甲苯或其他有机溶剂中，3%氢氧化钠溶液及甲氨基甲酰氯溶液投入缩合釜，控制温度在 10～15℃，pH＝8～11 下连续反应，溢出的反应物经离心分离、水洗、干燥得到西维因。

冷热法均采用了光气这一剧毒、环境不友好物质，而且其在反应中生成盐酸，对设备有较大的腐蚀。目前在生产中，常用到碳酸二甲酯［$(CH_3)_2CO_3$］来替代光气，使西维因的生产工艺更加绿色环保。

三、草甘膦的生产

如有机磷除草剂的介绍中所述，草甘膦是1971年首先由美国孟山都（Monsanto）公司开发的有机磷内吸传导光谱灭生性除草剂。

草甘膦（glyphosate）又称*N*-（磷酸甲基）甘氨酸，分子式$C_3H_8NO_5P$，相对分子质量169.08，结构式为：

$$HO\overset{O}{\overset{\|}{C}}CH_2NHCH_2\overset{O}{\overset{\|}{P}}(OH)_2$$

白色固体。约在230℃溶化并伴随分解。25℃水中溶解度为12g/L，不溶于有机溶剂，其异丙胺盐完全溶解于水。鉴于它具有优异的除草性能，很快被推向市场。近年来，由于抗草甘膦转基因农作物的推广和应用，草甘膦使用量不断增加。我国从20世纪80年代开始生产草甘膦，目前已形成了以亚氨基二乙酸（iminodiacetic acid）为原料的IDA工艺和以甘氨酸-亚磷酸二烷基酯为原料的甘氨酸路线。

(一)生产方法

1. IDA法

以孟山都公司为代表的国外企业主要采用IDA法（亚氨基二乙酸）为主，先制备亚氨基二酸$NH(CH_2COOH)_2$（IDA），再用IDA生产双甘膦，最后双甘膦氧化获得草甘膦。该工艺具有流程短、收率高和不产生污染等诸多优势。反应原理如下：

$$NH(CH_2COOH)_2+CH_2O+PCl_3 \longrightarrow (HOOCCH_2)_2NCH_2\overset{O}{\overset{\|}{P}}(OH)_2+H_2O$$

$$(HOOCCH_2)_2NCH_2\overset{O}{\overset{\|}{P}}(OH)_2 \xrightarrow{\text{催化剂}} HOOCCH_2NHCH_2\overset{O}{\overset{\|}{P}}(OH)_2$$

2. 甘氨酸法

该路线以甘氨酸、亚磷酸二甲酯为主要原料。反应原理如下：

$$NH_2CH_2COOH+(CH_2O)_n+N(C_2H_5)_3 \xrightarrow{\text{甲醇}} HOCH_2NHCH_2COOH\cdot N(C_2H_5)_3$$

$$HOCH_2NHCH_2COOH\cdot N(C_2H_5)_3+(CH_3O)_2POH \longrightarrow (CH_3O)_2POCH_2NHCH_2COOH\cdot N(C_2H_5)_3$$

$$(CH_3O)_2POCH_2NHCH_2COOH\cdot N(C_2H_5)_3+HCl \longrightarrow (HO)_2POCH_2NHCH_2COOH+HCl\cdot N(C_2H_5)_3+CH_3Cl$$

(二)生产工艺

1. IDA法的生产工艺

(1) IDA的制备　IDA的制备有4种方法：氯乙酸法、二乙醇胺脱氢氧化法、氢氰酸法、亚氨基二乙腈水解法。氯乙酸法由于收率低（70%左右），产品含量低，对环境污染大已遭淘汰。二乙醇胺法收率明显提高，此法工艺过程简单，使用有效催化剂可使二乙醇胺转化率达99%，IDA的收率可达90%以上，产品质量高，操作环境好，便于规模发展。该工艺对环境友好，技术先进成熟。

氢氰酸法是国外主要采用的工艺，国内氢氰酸的原料来源存在问题，该法在我国未得到发展。亚氨基二乙腈水解法是近几年才发展起来的一种路线，四川天然气研究院、清华紫光英力掌握了用天然气制氢氰酸，进而制备亚氨基二乙腈，再通过水解生产 IDA。该路线与二乙醇胺路线相比，成本低，但生产的 IDA 用于草甘膦生产，所得产品颜色发灰，市场售价有所降低。国内 IDA 的生产以二乙醇胺法和亚氨基二乙腈水解法为主。

亚氨基二乙腈水解法：

$$HCN+CH_2O+(CH_2)_6N_4 \xrightarrow{\text{催化剂}} NH(CH_2CN_2)+2H_2O$$

$$NH(CH_2CN)_2 \xrightarrow{\text{水解、酸化}} NH(CH_2COOH)_2(IDA)$$

（2）草甘膦的制备　由双甘膦制备草甘膦有 3 种方法：硫酸氧化法、双氧水氧化法、氧（空）气氧化法。硫酸氧化法是我国的传统工艺，收率低（75%左右）。在制备粉剂时，后处理工序复杂，处理成本高，且粉剂含量只达到 90% 左右，目前已被淘汰，只有少数厂家还在生产，一般只生产水剂。双氧水氧化法是我国 IDA 路线厂家较为普遍采用的方法，与硫酸法相比，该法收率高（85%左右），后处理简单，固体产品含量高（95%以上）。不足之处是粉剂收率不高，65%～70%，产品出口以粉剂为主，水剂销售以国内市场为主。氧（空）气氧化法以氧（空）气为氧化剂，在催化剂的作用下对双甘膦进行氧化生成草甘膦。该路线与双氧水法相比，又有了很大的进步，收率高（93%～95%），固体含量高（97%以上），且粉剂收率高（85%以上），生产成本低。国内只有个别厂家开发了这种工艺，但技术水平与国际先进技术相比仍有差距，主要表现为单釜产量低，固体收率低。

2. 甘氨酸法的生产工艺

（1）甘氨酸的制备　甘氨酸的生产路线主要有两种，一种是以氯乙酸、氨为原料的氯乙酸氨解法，另一种是以甲醛、氰化钠或丙烯腈装置副产的氢氰酸为原料的施特雷克法。氯乙酸氨解法不仅工艺流程复杂，生产成本较高，而且该工艺产生大量富含氯化铵和甲醛的废水，环保处理费用较高，产品质量差，纯度一般在 95%左右，同时氯化物含量高达 0.06%～0.5%，生产草甘膦需进行二次重结晶，对产品的收率影响很大。产品纯度较低，在国外已被淘汰。国内现有甘氨酸生产厂所采用的生产工艺基本上都是氯乙酸氨解法。施特雷克法其主要原料氢氰酸几乎都是丙烯腈装置的副产物，因此不仅投资省，生产成本低，而且所得产品质量也好。日本、美国等发达国家的生产厂都选用 Strecker 工艺和 Hydantion 工艺，采用该工艺生产的甘氨酸三废少，生产成本低，产品质量好，一般纯度可以达到 99%以上。

（2）草甘膦的制备　在缩合釜中先投入甲醇、三乙胺、多聚甲醛（固体），升温至 40℃左右进行解聚，解聚结束后投入甘氨酸进行加成反应，此时，釜温将自然升温至 50℃左右，保温结束投入亚磷酸二甲酯进行缩合反应，并控制反应温度在 60℃以下，保温 1h 左右后进行冷冻出料，将缩合液打入酸解釜，投入盐酸，再升温进行脱醇，脱至 100℃左右后开真空进行脱酸。脱酸至 105℃左右结束，加水并抽入结晶釜结晶，过滤，草甘膦湿粉去调配异丙胺盐或干燥成原粉。

【任务实施】

1. 草甘膦的生产方法有 IDA 法和甘氨酸法，试从原料和生产工艺角度，分析两种方法存在的优点和不足。

2. 试着分析一下，未来草甘膦行业的发展趋势。

3. 写出甘氨酸法生产工艺中制备甘氨酸的主要方法、每种方法的优缺点、国内主要采用的方法。

4. 写出 IDA 法生产工艺中制备 IDA 的主要方法、每种方法的优缺点、国内主要采用的方法。

注：以上任务的完成请注明参考文献及网址。

【任务评价】

1. 知识目标的完成：是否了解草甘膦和乐果的生产工艺过程。

2. 能力目标的完成：

① 从绿色环保角度，如何避免西维因合成中使用光气对人体和环境的危害；

② 能否举例说明酯化反应在农药合成中的应用（指出使用的催化剂）。

项目八　绿色精细化工生产技术

教学目标

知识目标：

1. 掌握绿色化工技术的定义、内容、特点及其发展动向；

2. 了解绿色化学、清洁生产和绿色精细化学品的概念；

3. 熟悉典型绿色精细化学品的生产技术。

能力目标：

1. 能利用图书馆资料和互联网查阅专业文献资料；

2. 能利用清洁生产、绿色化学和绿色精细化工的相关知识初步对化工企业进行技术评价；

3. 能进行绿色精细化学品的生产操作。

情感目标：

1. 通过创设问题、情境，激发学生的好奇心和求知欲；

2. 通过对绿色精细化学品生产方案设计以及对其实际生产操作或制备，增强学生的自信心和成就感，体验成功的喜悦，并通过项目的学习，培养学生互助合作的团结协作精神；

3. 养成良好的职业素养。

项目概述

到目前为止，世界上已有几十个国家相继实施环境标志计划。1995 年 3 月，我国首次公布了获得环境标志的产品名录，共有 6 类 11 个厂家的 18 种产品，后来又陆续公布了一些行业和厂家的环境标志产品。迄今为止，已有 31 类的 400 种产品获得了环境标志，其中一部分属于精细化学品。你知道，这些获得环境标志的精细产品是怎样生产出来的吗？与没有获得环境标志的产品相比，有何不同？

化学工业被公认为是世界上最大的环境污染源和能源消费者。但化学工业又是与人类生活关系最密切的工业，化学工业领域中最活跃的分支，精细化工已渗透到人类生活的各个方面，从衣、食、住、行到生、老、病、死，乃至当代高科技的发展都与化学工业的进步直接相关，可以说化学工业将永远伴随和推动着人类社会的向前发展。因此化学工业所表现出的“环境污染”和“特殊贡献”的两重性，对广大的化工研究人员和生产人员提出了挑战。

面对环境污染最初人们采用的办法是采用“末端治理”，各国政府和企业投入大量的人力和资金，对环境污染的治理方法和技术开展了大量而卓有成效的研究，发展了水处理技术、大气污染防治技术、固体废弃物处理技术和噪声治理技术等环境保护手段，对生态环境的保护做出了重要贡献。但是随着人类社会的不断进步和发展，化工生产规模的迅速增长，环境污染治理的速度远远落后于环境污染的速度，而且用于污染治理的费用不断上升。如美国1990年用于“三废”污染治理的费用达到1200亿美元，占GNP的2.8%，1998年我国用于“三废”治理的投入也达到3700亿元人民币。尽管如此，地球生态环境随着工业生产的不断进步仍在迅速恶化，已严重威胁着人类的生存。正如《全球科学家对人类的警告》中所指出：“目前世界上大部分重要生态系统已处于崩溃状态，世界已进入一个危机四伏的新时期。”因此，根本解决的办法只有一条，就是改变传统的化工生产模式，实施绿色化工生产，从污染的源头防止污染的发生。用绿色的化工工艺取代传统的化工工艺；采用无毒、无害的原料；在无毒、无害的反应条件下进行；反应具有高选择性，最大限度地减少副产物的生成。要达到此目的，必须在精细化工行业推行清洁生产，实现零排放，把污染消灭在生产过程中。

任务一　认识绿色精细化工

【任务提出】

关于清洁生产的概念，一些国家在提出转变传统的生产发展模式和污染控制战略时，曾采用了不同的提法，如污染的减量化、无害化工艺、无废少废工艺、废物最少量化等。但是这些概念均不能确切表达绿色化工生产的特点。为此，联合国环境规划署工业与环境活动中心（UNEP IE/PAC）综合了各种说法，采用“清洁生产”这一术语来表征从生产工艺到产品使用全过程的广义的污染防治途径，给出了以下定义：“清洁生产是指将综合预防的环境保护策略持续应用于生产过程和产品使用过程中，以其减少对人类和环境的风险。”

清洁生产的定义包含了两个全过程的控制：生产全过程和产品整个生命周期全过程。对生产过程而言是节约原材料、能源，尽可能不使用有毒的原材料，尽可能减少有害废物的排放和毒性；对产品而言是沿产品的整个生命周期也就是从原材料的提取一直到产品最终处置的整个过程都尽可能地减少对环境的影响。

清洁生产的思想与传统的思路不同：传统的观念考虑对环境的影响时，把注意力集中在污染物产生之后如何处理，以减少对环境的危害；而清洁生产则是要求把污染消除在生产过程中，以减少污染产生。

清洁生产的理论基础的实质是最优化理论。在生产过程中，物料按平衡原理相互转换，生产过程排出的废物越多则投入的原材料消耗就越大。清洁生产实际是满足特定的条件，使物料消耗最少，产品的收率最高。

清洁生产的内容包括三个方面，即清洁的生产过程、清洁的产品、清洁的能源。

清洁的生产过程是指在生产中尽量少用和不用有毒有害的原料；采用无毒无害的中间产品，采用少废、无废的新工艺和高效设备，改进常规的产品生产工艺；尽量减少生产过程中的各种危险因素，如高温、高压、低温、低压、易燃、易爆、强噪声、强震动等；采用可靠、简单的生产操作和控制；完善生产管理；对物料进行内部循环使用，对少量必须排放的污染物采取有效的设施和装置进行处理和处置。

清洁的产品是指在产品的设计和生产过程中，应考虑节约原材料和能源，少用昂贵的和紧缺的原料；产品在使用过程中和使用后不会危害人体健康和成为破坏生态环境的因素，易于回收、复用和再生，产品的使用寿命和使用功能合理，包装适宜。

清洁的能源是指常规能源的清洁利用；可再生能源的利用；新能源的开发；各种节能技术的推广以提高能源的利用率。

总之，清洁生产是以节约能量、降低原材料消耗、减少污染物的排放量为目标，以科学管理、技术进步为手段，目的是提高污染防治效果，降低防治费用，减少化学工业生产对人体健康和环境的影响。因此，实现无废少废的清洁工艺不是单纯从技术、经济角度出发来改造生产活动，而是从生态经济的角度出发，根据合理利用资源、保护生态环境的原则考察化工产品从研究、设计到消费的全过程，以促进社会、经济和环境的和谐发展。它所着眼的不是消除污染引起的后果，而是消除造成污染的根源。

但也应该指出，清洁生产只是一个相对概念，所谓的清洁工艺和清洁产品只是与现有的工艺和产品相比较而言的，因此推行清洁生产是一个不断完善的过程，随着经济的发展和科学技术的进步还需要不断提出新目标，达到更高的水平。同时，清洁生产与末端治理两者并非互不相容，并不是说推行清洁生产就不需末端治理，这是由于工业生产无法完全避免污染的产生，最先进的生产工艺也不可避免地会有少量污染物的产生，用过的产品也必须进行处理、处置，因此清洁生产和末端治理会永远长期共存。只有共同努力，实施生产过程和治污过程的双重控制，才能实现社会、经济和环境的和谐发展。

【相关知识】

一、绿色化工技术的定义

绿色化工技术是指在绿色化学基础上开发的从源头阻止环境污染的化工技术。这类技术最理想是采用“原子经济”反应，即原料中的每一原子转化成产品，不产生任何废物和副产品，实现废物的“零排放”，也不采用有毒有害的原料、催化剂和溶剂，并生产环境友好的产品。也可以说，绿色化工技术是指采用绿色技术，进行化工清洁生产，制得环境友好产品的全过程。

众所周知，目前绝大多数的化工技术都是20多年前开发的，当时的加工费用主要包括原材料、能耗和劳动力的费用。近年来，由于化学工业向大气、水和土壤等排放了大量有毒有害的物质。所以，从环保、经济和社会的要求来看，化学工业不能再承担使用和产生有毒有害物质的费用，需要大力研究与开发从源头上减少或消除污染的绿色化工技术。

二、绿色化工技术的内容

绿色化工的内容极其广泛，当前比较活跃的有如下几方面。

（1）新技术　催化反应技术、新分离技术、环境保护技术、分析测试技术、微型化工技术、空间化工技术、等离子化工技术、纳米技术等。

（2）新材料　功能材料（如光敏树脂、高吸水性树脂、记忆材料、导电高分子）、纳米材料、绿色建材、特种工程塑料、特种陶瓷材料、甲壳素及其衍生物等。

（3）新产品　水基涂料、煤脱硫剂、生物柴油、生物农药、磁性化肥、生长调节剂、无土栽培液、绿色制冷剂、绿色橡胶、生物可降解塑料、纳米管电子线路、新配方汽油、新的海洋生物防垢产品、新型天然杀虫剂产品等。

（4）催化剂　生物催化剂、稀土催化剂、低害无害催化剂（如以铑代替汞盐催化剂乙醛）等。

（5）清洁原料　农林牧副渔产品及其废物、清洁氧化剂（如双氧水、氧气）等。

（6）清洁能源　氢能源、醇能源（如甲醇、乙醇）、生物质能（如沼气）、煤液化、太阳能等。

(7) 清洁溶剂　无溶剂、水为溶剂、超临界流体为溶剂等。

(8) 清洁设备　特种材质设备（如不锈钢、塑料）、密闭系统、自控系统等。

(9) 清洁工艺　配方工艺、分离工艺（如精馏、浸提、萃取、结晶、色谱等）、催化工艺、仿生工艺、有机电合成工艺等。

(10) 节能技术　燃烧节能技术、传热节能技术、绝热节能技术、余热节能技术、电力节能技术等。

(11) 节水技术　咸水淡化技术、避免跑冒滴漏技术、水处理技术、水循环使用和综合利用技术等。

(12) 生化技术　生化合成技术、生物降解技术、基因重组技术等。

(13) "三废"治理　综合利用技术、废物最小化技术、必要的末端治理技术等。

(14) 化工设计　绿色设计、虚拟设计、原子经济性设计、计算机辅助设计等。

绿色化工技术的研究与开发主要是围绕"原子经济"反应、提高化学反应的选择性、无毒无害原料、催化剂和溶剂、可再生资源为原料和环境友好产品开展的。

三、绿色化工技术的特点

未来绿色化工技术有如下六个特点：

① 它将是能持续利用的；

② 它以安全的用之不竭的能源供应为基础；

③ 高效率地利用能源和其他资源；

④ 高效率地回收利用废旧物质和副产品；

⑤ 越来越智能化；

⑥ 越来越充满活力。

四、精细化工清洁生产工艺技术发展动向

绿色化工技术的活动是与绿色化学和技术的活动密切相关。美国化学界已把"化学的绿色化"作为迈向21世纪化学进展的主要方向之一，美国"总统绿色化学挑战奖"则代表了在绿色化学领域取得的最高新成果，从美国"总统绿色化学挑战奖"精细化工获奖提名项目上看，1996年，"替代聚丙烯酸可降解性热聚天冬氨酸的生产和使用"，获得小企业奖，"由二乙醇胺催化脱氢取代氢氰酸路线合成氨基二乙酸钠"获得变更合成路线奖；1997年，"环境友好的布洛芬生产新工艺方法"获得变更合成路线奖；1999年，"一种新型天然杀虫剂产品"获得设计更安全化学品奖，从中可以看出绿色化学与技术的主要发展动向。

1. 发展精细化工的新模式

世界各国经过实践探索，对工业污染防治战略进行了重大意义的认识。经过实践探索，对工业污染防治战略进行了重大的改革，即用"生产全过程控制"取代以"末端治理为主"的环境保护方针，用"清洁生产"这一发展工业的新模式取代"粗放经营"的老模式。这是世界工业发展史上的一个新的里程碑，它为如何解决在发展经济的同时，保护好我们人类赖以生存的环境，实现经济可持续发展，开辟了道路，指明了方向。走资源→环境→经济→社会协调发展的道路。"可持续发展"理论的基本要点是：①工业生产要减少乃至消除废料。②强调工业生产和环境保护一体化。废除过去那种"原料→工业生产→产品使用→废物→弃入环境"这一传统的生产、消费模式，确立"原料→工业生产→产品使用→废物回收→二次

资源”这种仿生态系统的新模式。

可持续发展已成为清洁生产的理论基础，而清洁生产正是可持续发展思想理论的具体实践。事实充分证明，清洁生产是实现经济与环境协调发展的最佳选择。

2. 不断研究和开发绿色化学新工艺

要形成化学工业的清洁生产，其关键在于研究和开发“绿色化学新工艺”，“绿色化学工艺”的核心则是构筑能量和物质的闭路循环。可以把它看作一门高超的科学艺术，因为，只有深刻理解和熟练掌握了有关化学化工各领域的知识，并做到融会贯通和灵活运用，才有可能创造出“绿色化学工艺”这门艺术的科学。

3. 不断设计、生产和使用环境友好产品

要求环境友好产品在其加工、应用及功能消失之后均不会对人类健康和生态环境产生危害。设计更安全化学品奖即是对这一类绿色化学产品的奖励。从美国学术和企业界在绿色化学研究中取得的最新成就和政府对绿色化学奖励的导向作用可以看出，绿色化学从原理和方法上给传统的化学工业带来了革命性变化，在设计新的化学工艺方法和设计新的环境友好产品两个方面，通过使用原子经济反应，无毒无害原料，催化剂和溶（助）剂等来实现化学工艺的清洁生产；通过加工，使用新的绿色化学品使其对人身健康、社区安全和生态环境无害化。可以预言，21世纪绿色化学的进步将会证明我们有能力为我们生存的地球负责。绿色化学是对人类健康和我们的生存环境所作的正义事业。

4. 清洁催化技术的发展

近几年来，新型催化剂的研制和清洁催化技术的开发与应用研究进展十分迅速，成效卓著，大有替代反应性差，环境污染严重的传统催化剂之势，它已成为当今化学工业，特别是精细化工推行清洁生产的重要手段。

正确地选用催化剂，不仅可以加速反应的进程，而且能大大改善化学反应的转化率及选择性，达到降耗、节能、减少污染，提高产品的收率和质量，降低生产成本的目的。目前大多数化工产品的生产，均采用了催化反应技术，新的化工过程有90%以上是靠催化剂技术来完成的。可以说现代化学工业中，最重要的成就都是与催化剂的反应密切相关。目前新开发的几种新型催化剂及其清洁催化技术主要包括：相转移催化剂、高分子催化剂、分子筛催化剂和固定化生物催化剂。它们在精细化工清洁生产工艺技术中将发挥越来越大的作用，有着广阔的发展和应用前景。

【任务实施】

1. 论述我国发展绿色精细化工的必要性。
2. 说明清洁生产与绿色化工的关系。
3. 简要说明绿色化工技术的内容、特点和发展动向。

注：以上任务的完成请注明参考文献及网址。

【任务评价】

1. 知识目标的完成：

① 是否了解我国绿色精细化工的现状；

② 是否掌握清洁生产的相关政策要求；

③ 是否能了解绿色化工技术的内容、特点和发展动向；

④ 是否熟悉绿色化工技术的内容、特点和发展动向。

2. 能力目标的完成：

① 是否能利用图书馆资料和互联网查阅相关文献资料？

② 是否能利用清洁生产、绿色化学和绿色精细化工的相关标准及政策要求初步对化工企业进行技术评价？

任务二　绿色精细化工生产技术

【任务提出】

1. 绿色化工产品的特点

用绿色化工技术所生产的产品称为绿色化工产品，又称环境友好产品。即指无污染、无公害、有益于环境的产品。

一般地，绿色化工产品应该具有以下 2 个特点。

① 产品本身对大自然和对人类无害——产品本身必须不会引起环境污染或健康问题，包括不会对野生生物、有益昆虫或植物造成损害；

② 产品整个生命周期具有可持续性——当产品被使用后，应该能再循环或易于在环境中降解为无害物质。

以上的 2 个特征对绿色化学产品本身以及使用后的最终产物的性质都提出了要求。首先，产品本身对人类健康和环境应该无毒害，这是对一个绿色化学产品最起码的要求。其次，当一个产品的原始功能完成后，它不应该原封不动地留在环境中，而是以降解产物的形式，或是作为产品的原料循环，或是作为无毒的物质留在环境中，这就要求产品本身必须具有降解性能。在传统的功能化学产品的设计中，只重视了功能的设计，而忽略了对环境及人类危害的考虑，然而在绿色化学品的设计中，要求产品功能与环境影响并重。

2. 绿色化工产品的标志

(1) 商标标志　商标是生产经营者在其生产、制造、加工、拣选或者经销的商品或者服务上采用，区别商品，由文字、图形或者组合构成的，具有显著特征的标志。

商标是商标所有人对其注册商标所享有的权利，它是由商标主管机关依法授予商标所有人并受到国家法律的保护。

(2) 环境标志　环境标志又称绿色标志、蓝色标志、生态标志、环境选择等。产品经专家委员会鉴定认可后，由政府有关部门授予。

环境标志的作用在于表示该产品对生态无害、符合环境保护要求。到目前为止，世界上已有几十个国家相继实施环境标志计划。例如：德国政府把 72 类产品分属可回收利用型、生物可分解型、节水型、节能型、低排废型、低毒无害型、低噪声型 7 个类型，对其近 4000 种产品授予了环境标志。

1993 年 3 月，我国国家环境保护局发出了“关于在我国开展环境标志工作的通知”；同年 10 月，公布了我国的环境标志；1994 年 5 月，中国环境标志产品认证委员会在北京成立；1995 年 3 月，我国首次公布了获得环境标志的产品名录，共有 6 类 11 个厂家的 18 种产品（包括卫生纸、水性涂料、无铅汽油、真丝绸产品、低氟家用制冷器、无汞镉铅充电电池等），后来又陆续公布了一些行业和厂家的环境标志产品。迄今为止，已有 31 类的 400 种产品获得了环境标志。

绿色化工产品与商品产销有密切的关系，可用下述“三个一”来体现。

一项认证：企业必须取得ISO 14000认证，才能达到“清洁生产”标准。

一张标志：产品贴有“环境标志”，才能归属为“绿色产品。”

一个准则：不符合环境标准的商品禁止进出口，已成为一个公认的国际贸易准则。

【相关知识】

一、十二烷基硫酸钠的绿色清洁化生产

十二烷基硫酸钠，又称为发泡剂K_{12}、发泡粉。为白色至微黄色粉末。具有轻微的特殊气味。“堆积密度”0.25g/mL。熔点180～185℃（分解）。易溶于水，无毒。1%水溶液的pH值7.5～9.5，水分≤3%。

1. 用途

用作牙膏发泡剂，某些有色金属选矿时作发泡剂和捕集剂。药膏的乳化剂，也是氯乙烯乳液聚合用乳化剂或悬浮聚合用助分散剂，合成橡胶等聚合用乳化剂，合成纤维纺丝的抗静电剂、纺织品的洗涤剂、助燃剂。

2. 生产方法

反应式：

$$CH_3(CH_2)_{11}OH + ClSO_3H \longrightarrow CH_3(CH_2)_{11}OSO_3H + HCl$$

$$CH_3(CH_2)_{11}OSO_3H + NaOH \longrightarrow CH_3(CH_2)_{11}OSO_3Na + H_2O$$

将十二碳醇与氯磺酸（或液体三氧化硫）按摩尔比1∶1.03投料，在30～35℃下进行磺化反应，生成硫酸酯。然后用30%的氢氧化钠溶液与硫酸酯进行中和反应，生成十二烷基硫酸钠，再经双氧水（用量为0.4%）漂白、喷雾干燥即得成品。

其流程如图8-1所示。

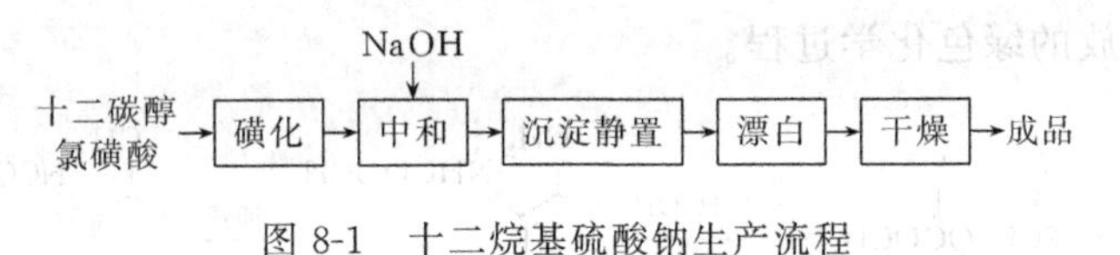

图8-1　十二烷基硫酸钠生产流程

质量指标如表8-1所示。

表8-1　十二烷基硫酸钠质量指标

指标名称	一级品	二级品
外观	白色粉末	黄色固体
活性物含量/%	96±2	—
总醇量/%	60	58
不皂化物/%	≤2	≤3

二、聚氨酯的绿色清洁化生产

聚氨酯即聚氨基甲酸酯，是分子结构中含有重复的氨基甲酸酯基（—NHCOO—）的高分子聚合物的总称。一般聚氨酯是由二元或多元有机异氰酸酯与聚醚多元醇反应合成，按所用材料不同，可制成线性或体型结构的聚氨酯。其应用之广，居各类合成材料之首。

1. 异氰酸酯合成过程的绿色化

异氰酸酯是一类重要的化合物，通用的异氰酸酯按结构可分为单异氰酸酯、二异氰酸酯和多异氰酸酯。其中，甲苯二异氰酸酯（TDI），4,4′-二苯甲烷二异氰酸酯（MDI）和多异氰酸酯均是生产聚氨酯的重要原料。目前，异氰酸酯的合成仍以光气法为主，该过程不但使

用剧毒的光气和氢氰酸为原料，而且副产大量氯化氢，能耗大、成本高，有毒气泄漏的危险，副产物盐酸腐蚀性强，产品中残余氯难以除去而影响产品的使用，此工艺终将被淘汰。

鉴于光气和氢氰酸这类剧毒原料在制造和使用中一旦不慎，就将造成难以估量的人身伤亡和环境灾难，从20世纪80年代以来科学家一直在努力探索取代它们的途径。经过多年的研究已取得很大进展，一些采用低毒或无毒原料的新合成路线有的已应用于生产，有的已取得可喜的研究成果，不久一批绿色化学生产新技术将陆续推向工业化应用。

下面介绍几种替代光气制造异氰酸酯的工艺。

(1) 由伯胺和二氧化碳或碳酸二甲酯制造异氰酸酯　美国Monsanto公司一直在开发由伯胺、二氧化碳和有机碱来生成氨基甲酸酯阴离子，再在一种脱水剂例如乙酸酐的存在下进一步脱水生成异氰酸酯的技术。乙酸酐则生成了乙酸，可再脱水生成乙酸酐而循环使用，整个过程基本无废物排放。此外还开发了由伯胺和二氧化碳反应生成氨基甲酸酯，然后在缓和条件下转化聚氨酯的技术。但这些技术仍在小试开发阶段。

$$RNH_2+CO_2+B \rightleftharpoons RNHCOO^{-}\,{}^{+}B$$

$$RNHCOO^{-}\,{}^{+}B+CH_3\overset{O}{\overset{\|}{C}}-O-\overset{O}{\overset{\|}{C}}CH_3 \xrightarrow{B} RNCO+2HB^{+}\,{}^{-}OAc$$

$$HB^{+}\,{}^{-}OAc \xrightarrow{加热} B+HOAc$$

$$HOAc \xrightarrow{加热} H_2C=C=O \xrightarrow{HOAc} CH_3\overset{O}{\overset{\|}{C}}-O-\overset{O}{\overset{\|}{C}}CH_3$$

注：B代表碱。

将碳酸二甲酯替代二氧化碳与伯胺反应，则得到相应的氨基甲酸甲酯，经热分解得到异氰酸酯和甲醇；若将副产物甲醇氧化羰化又可生成碳酸二甲酯。因此，将两个工艺过程相结合，可望成为零排放的绿色化学过程。

$$\text{2-甲基-1,5-苯二胺}\;(CH_3,\ NH_2,\ NH_2) + 2CH_3O\overset{O}{\overset{\|}{C}}OCH_3 \xrightarrow{-2CH_3OH} \text{苯环}(CH_3,\ NHCOOCH_3,\ NHCOOCH_3) \xrightarrow{加热} \text{苯环}(CH_3,\ NCO,\ NCO) + 2CH_3OH$$

$$2CH_3OH+CO+\frac{1}{2}O_2 \longrightarrow CH_3O-\overset{O}{\overset{\|}{C}}-OCH_3 + H_2O$$

(2) 由伯胺和一氧化碳进行氧化羰化制异氰酸酯　日本旭化成公司开发了由苯胺、一氧化碳、氧气在一种醇（如甲醇）存在下，经把一碘化物催化剂催化氧化羰基化生成苯基氨基甲酸甲酯，再经加热分解可得到异氰酸酯。这条途径不经过碳酸二甲酯制造，甲醇可循环使用。

$$C_6H_5NH_2 + CO + \frac{1}{2}O_2 + CH_3OH \longrightarrow C_6H_5NHCO_2CH_3 + H_2O$$

$$C_6H_5NHCO_2CH_3 \xrightarrow{加热} C_6H_5NCO + CH_3OH$$

这种技术的核心是选择活性高、选择性好的氧化羰基化反应催化剂，并有以下特点：氧化羰基化反应因活性和选择性高，因而产生难分离的副产物少；分解反应稳定性、选择性好，产品不含水解氯，副产少；异氰酸酯收率高，含量高，聚合少。但生产成本比光气法约高 10%。

(3) 由硝基苯和一氧化碳还原羰基化制异氰酸酯　该技术路线分为一步法和二步法 2 种工艺。

美国奥林公司和日本住友公司开发了由二硝基甲苯和一氧化碳在高温高压下用贵金属催化剂一步羰基化生产 TDI 的技术。

$$CH_3C_6H_3(NO_2)_2 + CO \longrightarrow CH_3C_6H_3(NCO)_2 + 4CO_2$$

一步法的缺点是反应条件苛刻（高温、高压），消耗大量钯、铑等贵金属催化剂或使用有毒的硒作催化剂，TDI 收率低，生产成本高。

二步法工艺包括：硝基苯与一氧化碳在一种醇（如甲醇）及贵金属催化剂存在下，先还原羰基化生成苯基氨基甲酸甲酯，再经热分解生成异氰酸酯和甲醇，甲醇可循环使用。

$$C_6H_5NO_2 + 3CO + CH_3OH \longrightarrow C_6H_5NHCOOCH_3 + 2CO_2$$

$$C_6H_5NHCOOCH_3 \xrightarrow{\text{加热}} C_6H_5NCO + CH_3OH$$

这种工艺催化剂没有腐蚀性，设备紧凑，但贵金属催化剂回收困难，反应压力高。日本三井东压公司和三菱化成公司开发的生产 TDI 技术已经过中试，但由于产品价格比传统的光气法高 10%左右而在经济上缺乏竞争性，需进一步改进，此种工艺是一种较有前途的方法。

氨基甲酸酯还可由碳酸二甲酯（DMC）制备：

$$RNH_2 + CH_3OCOOCH_3 \longrightarrow RNHCOOCH_3 + CH_3OH$$

例如甲苯二异氰酸酯（TDI）和 4,4′-二苯甲烷二异氰酸酯（DMI）的合成：

$$H_2N-C_6H_3(NH_2)-CH_3 + 2(CH_3O)_2CO \longrightarrow$$
(TDA)　　(DMC)

$$CH_3COONH-C_6H_3(NHCOOCH_3)-CH_3 + 2CH_3OH$$
(TDC) CH_3COONH

$$\longrightarrow OCH-C_6H_3(NCO)-CH_3 + 2CH_3OH$$
(TDI)

$$C_6H_5-NH_2 + (CH_3O)_2CO \longrightarrow$$

$$C_6H_5-NHCOOCH_3 + CH_3OH$$

$$\downarrow HCHO \quad (MPC)$$

$$H_3COOCNH-C_6H_4-CH_2-C_6H_4-NHCOOCH_3 + H_2O$$

$$\downarrow \quad (MDC)$$

$$OCN-C_6H_4-CH_2-C_6H_4-NCO + 2CH_3OH$$

$$(DMI)$$

该工艺路线只产生甲醇和水，甲醇又可作为生产 DMC 的原料，所以该工艺路线若与 DMC 生产过程相结合，有望实现零排放。

二步法是极具工业价值的方法，尤其是绿色化学品碳酸二甲酯制氨基甲酸酯的工业化及热分解过程中膨化物的引入为该方法带来光明的前景。

2. 水性聚氨酯

制备双组分水性聚氨酯有几种方法，一种是利用含羧基和羟基的丙烯酸酯聚合物制成双组分水性聚氨酯；另一种是用亲水的聚醚与多异氰酸酯发生部分反应制取亲水性好的多异氰酸酯以加强甲、乙组分的相容性。

美国 ARCO 化学技术公司开发了一种制备双组分水性聚氨酯新技术，新技术的核心是使用含重复的烯丙基醇或烷氧化烯丙基醇的水分散聚合物。新技术无须使用制备含羧基和羧基的丙烯酸酯聚合物时必需的羧烷基丙烯酸单体，可使用 DTI 等多异氰酸酯作另一组分，也无须高速剪切混合，降低了成本。

三、涂料绿色化生产技术

涂料在生产和使用过程中所释放的有机物是相当严重的，目前科技人员都在关注着低溶剂含量、无溶剂涂料的研究和发展。下面介绍几种涂料绿色化生产技术：

1. 水性氯磺化聚乙烯防腐涂料

（1）技术内容和工艺流程　氯碘化聚乙烯橡胶（CSM）溶解在甲苯中制成胶液，经过外加乳化剂，以水为分散介质高速分散成初级乳液，脱除溶剂即为乳液，使用乳液制漆为水性防腐涂料，其工艺流程如图 8-2 所示。

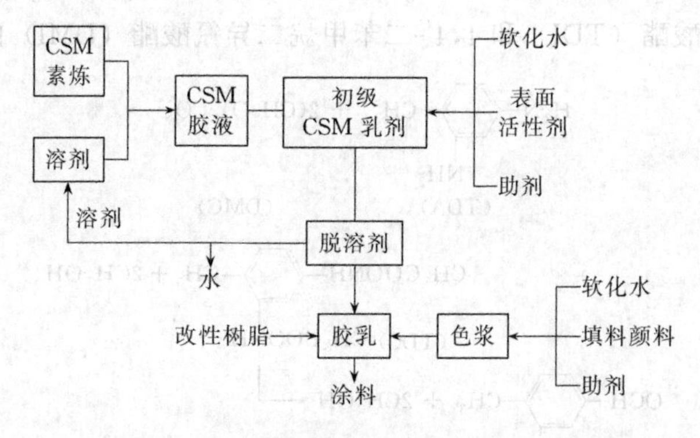

图 8-2　水性氯磺化聚乙烯防腐涂料工艺流程

（2）主要设备　胶炼机、粉碎切割机、反应釜、乳化剂、蒸发器、搅拌釜、砂磨机、真空泵。

本工艺技术特点是：水性涂料以水为载体，所使用的过渡性溶剂全部回收并循环使用，不产生“三废”排放，生产过程不需设置三废治理设施。具有节能和污染少等特点。

水性氯磺化聚乙烯涂料产品主要性能如表 8-2 所示。

表 8-2　水性氯磺化聚乙烯涂料产品主要性能指标

项目	国标(或行标)	产品指标	引用标准
胶乳浓度		35%～40%	
胶乳平均粒径		0.8～1.0μm	
漆膜颜色及外观	平整光滑	平整光滑	GB/T 1729
固含量	≥23%(面)		GB/T 1725—79(89)
	≥30%(底)		GB/T 1725—79(89)
干性			
表干	≤0.5h(底、面)	0.5h	GB/T 1728
实干	≤24h(底、面)	24h	GB/T 1728
硬度	≥0.3	≥0.05	GB/T 1730—93
柔韧性	2mm	2mm	GB/T 1731
冲击强度	50cm	50cm	GB/T 1731
附着力	2 级	1 级	GB/T 1720

2. 水性环氧酯除腐涂料

（1）技术内容和工艺流程　先利用亚麻油酸和环氧树脂反应合成环氧树脂，树脂经预乳化脱除溶剂，再经乳化成乳液，乳液与颜料填料、助剂制成水性环氧酯防腐涂料。其工艺流程如图 8-3 所示。

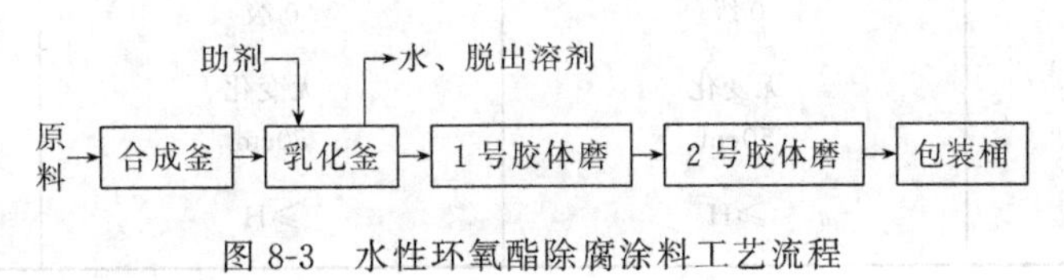

图 8-3　水性环氧酯除腐涂料工艺流程

（2）主要设备　搅拌釜、反应釜、乳化机、胶体磨、三辊机、砂磨机、蒸发器、调漆釜。

本工艺技术特点是：本水性涂料以及水为载体，不产生“三废”排放，具有节能和污染少等特点。

水性环氧酯涂料产品主要性能如表 8-3 所示。

表 8-3　水性环氧酯涂料产品主要性能指标

项目	产品指标	引用标准	项目	产品指标	引用标准
漆膜外观	平正	GB/T 1729	实干	≤24h	GB/T 1728—79(89)
固含量	≥50%	GB/T 1725—79(89)	硬度	≥0.5	GB/T 1730—93
干性			冲击强度	50cm	GB/T 1732—93
表干	4～6h	GB/T 1728—79(89)	附着力	1 级	GB/T 1720

（3）生产厂家　年产 3000t 水性涂料已通过“九五”攻关鉴定。技术使用单位：海洋化工研究院。

3. 水性环氧丙烯酸防腐涂料

（1）技术内容和工艺流程　将丙烯酸类单体与环氧树脂在引发剂作用下进行共聚反应，形成环氧/丙烯酸接枝共聚物，加入碱溶液中，然后加入水性氨基树脂配成漆。涂膜加热固化时形成致密交联漆膜。其工艺流程如图 8-4 所示。

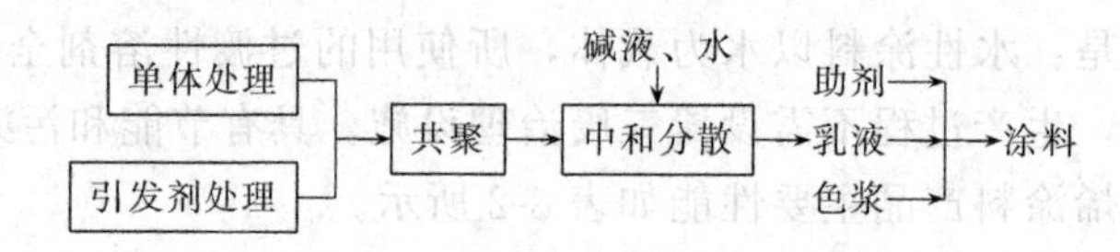

图 8-4　水性环氧丙烯酸防腐涂料工艺流程

（2）主要设备　反应釜、乳化机、三辊机、砂磨机、搅拌釜、调漆罐。

本工艺技术主要特点是：本水性涂料以水为载体，不产生“三废”排放，具有节能和污染少等特点。

水性环氧丙烯酸涂料产品主要性能如表 8-4 所示。

表 8-4　水性环氧丙烯酸涂料产品主要性能指标

项目	国标(或行标)	产品指标	引用标准
耐磨性	25mg	≤25mg	GB/T 1768—79(88) ASTM D1044
耐腐蚀性	划痕处锈蚀不蔓延,不起泡	不起泡,锈蚀不蔓延	GB/T 1771 ASTM B117
人工老化 6000h 色差	2NBS	≤2NBS	GB 1865 ASTM D2244
600°失光率	≤10%	≤10%	GB 1865 ASTM D523
柔韧性(ϕ12.5mm)	不裂	不裂	GB/T 1731 ASTM D1737
附着力	0 级	0 级	GB 9286 ASTM D3359
耐盐水	无变化	无变化	GB 1760 甲烷
冲击强度	50cm	50cm	GB 1732
硬度	≥H	≥H	GB 6739 ASTM D3363

4. 内外墙乳胶涂料技术

（1）技术内容和工艺流程

① 乳液合成。该技术是在适当乳化剂和引发剂存在下，在一定的温度条件下，以水作分散相，用苯乙烯和丙烯酸酯类单体以一定比例共聚合成苯丙乳液系列产品，主要作内墙涂料的黏结剂；采用丙烯酸酯类单体共聚合成纯丙系列乳液，主要作为外墙涂料的胶黏剂。其工艺流程如图 8-5 所示。

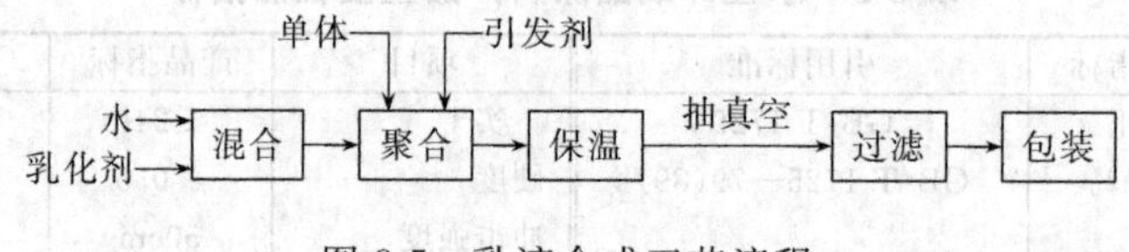

图 8-5　乳液合成工艺流程

② 涂料配制。选择适当的黏合剂、颜填料、各种专门的助剂，以水作溶剂，经高速搅拌、研磨、调漆、调色等工序配制出符合国标、企标和用户需求的高性能内外墙乳胶涂料。其工艺流程如图 8-6 所示。

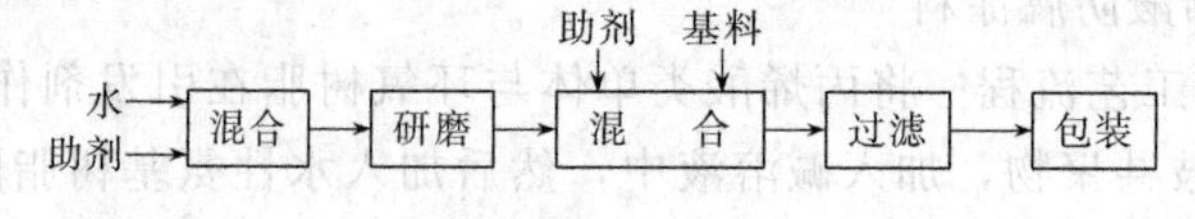

图 8-6　内外墙乳胶涂料工艺流程

（2）主要设备　乳液合成相关设备有：反应釜、混合罐、过滤器、真空泵、废水处理构筑物；涂料配制相关设备有：混合罐、研磨机、过滤器、调速分散机、废水处理构筑物。

本工艺技术特点：

① 技术关键是乳化剂品种及用量的确定，单体种类及各种单体比例的选择和加料工艺方式。

② 各类助剂品种和用量的选择，颜填料品种和比例及乳液种类和用量的确定。

③ 采用该技术生产苯丙系列乳胶涂料，聚合工艺稳定，乳液粒径少，粒度分布均匀，粉结力强，抗水、耐碱性优，储存稳定，纯丙系乳液户外保光、保色性佳。

④ 采用该技术生产高性能内墙涂料，涂膜柔和雅致，平滑细腻，耐水、耐碱、耐擦洗性优异，高性能外墙涂料有极佳的耐水、耐碱、耐热性，装饰效果可达10年以上。

⑤ 高性能内外墙乳胶涂料及乳液合成在生产、施工及使用过程中，有机溶剂挥发量极少，无“三废”污染，属于环保型产品。

（3）主要技术指标　乳液主要性能指标如下。

外观：乳白色；固含量：48%±2%；黏度：200～1000mPa·s；pH值：5.0～6.0；残留单体：≤1.0%；钙离子稳定性：通过；机械稳定性：通过。

内墙涂料主要性能指标如下。

固含量：53%±2%；涂料冻融稳定性（3周期）：无异常；黏度：2000～5000mPa·s；干燥时间：≤4h；耐洗刷性，≥1000次；面套性（96h）：无异常；对比率：≥0.93。

外墙乳胶涂料主要性能指标如下。

固含量：50%±2%；低温稳定性：无异常；黏度：2000～5000mPa·s，干燥时间：≤4h；耐洗刷性：≥3000次；耐碱性（96h）：无异常；耐水（96h）：无异常；人工老化（250h）：变色级，粉化0级；对比率：≥0.90。

5. 新型抗菌保健纳米生态涂料

目前，市场上常用的净化材料主要是活性炭、沸石等多空材料的吸附，TiO_2光催化材料催化分解，但活性炭、沸石等多空材料很难加到涂料中，且单纯的吸附是不能根本解决净化问题，环境温度升高就存在解析问题，纯TiO_2光催化材料虽然有净化效果，但存在直接加入涂料光催化后影响涂料性能，光催化效率低以及只有在紫外线条件下起光催化作用等问题。而新型抗菌保健纳米生态涂料综合了化学吸附、物理吸附、光催化等多元催化技术，由HCHO等有害气体极性分子通过竞争吸附在极性矿物材料表面，稀土激活TiO_2光催化产生羟基自由基，其与吸附的有害气体分子进行作用，反应生成无害物质。

（1）涂料的组成　金属氧化物银、氧化铝、氧化钙、氧化锌纳米粒子、二氧化钛及稀土激活物氧化锌、丙烯酸乳液、成膜助剂texnol、润湿分散机、增稠剂等。

（2）制法　先将分散剂、润湿剂、纤维素加入一定量的水中，预分散，然后将纳米TiO_2催化粉慢慢加入，在1000r/m转速下分散15min，依次加入其他颜料、助剂、乳液，待稳定后将增稠剂加入，提高转速，进一步分散，待黏度达到95～105（UK）即可出料。

6. 3,5-二氯苯胺的清洁生产

3,5-二氯苯胺是生产农药和染料的原料，我国传统的生产工艺是以硝基苯胺为起始原料，经氯化得2,6-二氯-4-硝基苯胺；再经重氮化反应，然后用硫酸铜回馏水解脱重氮基得3,5-二氯硝基苯，最后催化加氢还原得到产品3,5-二氯苯胺。该工艺虽然具有较高的收率，较好的产品质量，但采用的原料毒性大、反应的步骤多、工艺流程长，“三废”排放量大，环境污染严重，不符合清洁生产的要求。

最新开发的3,5-二氧苯胺合成工艺是：以混合二氯苯为原料，在20～40℃条件下滴加等物质的量溴的四氯化碳溶液，进行溴化反应5 h，得到混合二氧溴代苯；再将体系升温至100～200℃，加入氯化铝进行异构化反应得3,5-二氯溴代苯；最后在130～180℃、(2～4)MPa的压力下氨解、过滤得到产品。其反应原理如下：

$$\text{Cl-C}_6\text{H}_4\text{-Cl} + \text{Cl-C}_6\text{H}_3(\text{Cl}) \xrightarrow[\text{CCl}_4]{\text{Br}_2} \text{Cl-C}_6\text{H}_3(\text{Br})\text{-Cl} + \text{Br-C}_6\text{H}_3\text{Cl}_2$$

$$\xrightarrow[\text{AlCl}_3]{\text{异构化}} \text{Cl}_2\text{C}_6\text{H}_3\text{-Br} \xrightarrow[\text{Cu}]{\text{NH}_3\text{, KClO}_3} \text{NH}_2\text{-C}_6\text{H}_3\text{Cl}_2$$

根据以上合成路线设计工艺流程如图8-7所示，由其工艺流程可以看出，该工艺选择了价廉易得的混合二氧苯原料，采用了异构化过程，大大减少了中间反应过程和其他原料，溴化反应中产生的溴化氢通过吸收制得氢溴酸产品，整个生产过程中只排放少量废水，对环境污染程度小，达到清洁生产的要求，成为绿色工艺。

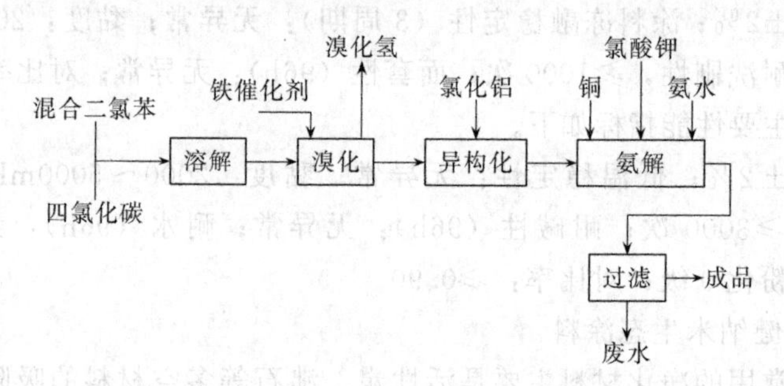

图8-7 3,5-二氧苯胺新工艺流程

【任务实施】

1. 举出五个以上绿色精细化工产品的实例，简要说明。
2. 设计并实施实验室制备十二醇硫酸钠方案，进行产品检验。
3. 比较传统聚氨酯生产工艺与绿色清洁化生产工艺的异同。
4. 设计一种生产涂料的绿色生产工艺，在实验室做出小样并检测。
5. 现阶段3,5-二氯苯胺是怎样进行清洁生产的。

注：以上任务的完成请注明参考文献及网址。

【任务评价】

1. 是否熟悉绿色精细化工产品及其特点。
2. 是否能设计并实施实验室制备十二醇硫酸钠方案，制备流程中是否考虑了健康、安全与环保。
3. 是否了解传统聚氨酯生产工艺与绿色清洁化生产工艺的异同。
4. 是否能设计一种生产涂料的绿色生产工艺并在实验室做出小样。
5. 是否了解3,5-二氯苯胺的清洁生产工艺。

参 考 文 献

[1] 唐培堃主编. 精细有机合成化学及工艺学. 北京：化学工业出版社，2002.
[2] 薛叙明主编. 精细有机合成技术. 北京：化学工业出版社，2009.
[3] 郝素娥，强亮生主编. 精细有机合成单元反应与合成设计. 哈尔滨：哈尔滨工业大学出版社，2001.
[4] 张铸勇主编. 精细有机合成单元反应. 第2版. 上海：华东理工大学出版社，2003.
[5] 刘德峥，黄艳芹等主编. 精细化工生产技术. 北京：化学工业出版社，2011.
[6] 吴雨龙，洪亮主编. 精细化工概论. 北京：科学出版社，2009.
[7] 丁志平主编. 精细化工概论. 北京：化学工业出版社，2005.
[8] 张天胜主编. 表面活性剂应用技术. 北京：化学工业出版社，2001.
[9] 荆忠胜主编. 表面活性剂概论. 北京：中国轻工业出版社，1999.
[10] 陆明主编. 表面活性剂及其应用技术. 北京：兵器工业出版社，2007.
[11] 曾毓华主编. 氟碳表面活性剂. 北京：化学工业出版社，2001.
[12] 蒋文贤主编. 特种表面活性剂. 北京：中国轻工业出版社，1995.
[13] 段世铎，王万兴主编. 非离子表面活性剂. 北京：中国铁道出版社，1990.
[14] 汪祖模，徐玉佩主编. 两性表面活性剂. 北京：轻工业出版社，1990.
[15] 李炎. 食品添加剂制备工艺. 广州：广东科技出版社，2001.
[16] 周家华，崔英德，曾颢等编著. 食品添加剂. 第2版. 北京：化学工业出版社，2008.
[17] 曲径主编. 食品卫生与安全控制学. 北京：化学工业出版社，2007.
[18] 宋小鸽等. 茶多酚急性、慢性毒性实验研究. 安徽中医学院学报，1999，(02).
[19] 郝素娥，徐雅琴，郝璐瑜等编著. 食品添加剂与功能性食品——配方·制备·应用. 北京：化学工业出版社，2010.
[20] 温辉梁，黄绍华，刘崇波. 食品添加剂生产技术与应用配方. 南昌：江西科学技术出版社，2002.
[21] 林春绵，徐明仙，陶雪文. 食品添加剂. 北京：化学工业出版社，2004.
[22] 郝素娥等. 食品添加剂制备与应用技术. 北京：化学工业出版社. 2003
[23] 中国农药百科全书编辑部编. 中国农药百科全书【农药卷】. 北京：中国农药出版社，1993.
[24] 时春喜主编. 农药使用技术手册. 北京：金盾出版社，2009.
[25] 凌世海主编. 固体制剂. 北京：化学工业出版社，2003.
[26] 郭武棣主编. 液体制剂. 北京：化学工业出版社，2003.
[27] 陈茹玉，刘纶祖编著. 有机磷农药化学. 上海：科学技术出版社，1995.
[28] 陈茹玉，杨华铮，徐本立编著. 农药化学. 北京：清华大学出版社；广州：暨南大学出版社，2002.
[29] 唐除痴主编. 农药化学. 天津：南开大学出版社，2003.
[30] 宋宝安，金林江主编. 新杂环农药——杀虫剂. 北京：化学工业出版社，2010.
[31] 柏亚罗，张晓进编著. 专利农药新产品手册. 北京：化学工业出版社，2011.
[32] 宋宝安，吴剑主编. 新杂环农药——除草剂. 北京：化学工业出版社，2011.
[33] 孙家隆主编. 现代农药合成技术. 北京：化学工业出版社，2011.
[34] 宋小平主编. 农药制造技术（精细化工品实用生产技术手册）. 上海：科学技术文献出版社，2000.
[35] 吴雨龙，洪亮主编. 精细化工概论. 北京：科学出版社，2009.
[36] 黄肖容，徐卡秋主编. 精细化工概论. 北京：化学工业出版社，2010.
[37] 张传恺主编. 涂料工业手册. 北京：化学工业出版社，2012.
[38] 尹卫平，吕本莲编著. 精细化工产品及工艺. 上海：华东理工大学出版社，2009.
[39] 童忠良主编. 化工产品手册——涂料. 北京：化学工业出版社，2008.
[40] 庄爱玉主编. 中国粉末涂料信息与应用手册. 北京：化学工业出版社，2011.
[41] 冷士良主编. 精细化工实验技术. 北京：化学工业出版社，2008.
[42] 陈长明主编. 精细化学品制备手册. 企业管理出版社，2004.
[43] 宋启煌主编. 精细化工绿色生产工艺. 广州：广东科技出版社，2004.
[44] 耿耀宗主编. 涂料树脂化学及应用. 北京：中国轻工业出版社，1993.

[45] 刘国杰，耿耀宗主编. 涂料应用科学与工艺学. 北京：中国轻工业出版社，1994.
[46] http：//www. foodbk. com.
[47] 董银卯. 化妆品. 北京：中国石化出版社，2000.
[48] 董银卯主编. 化妆品配方设计与生产工艺. 北京：中国纺织出版社，2007.
[49] 李和平主编. 精细化工工艺学. 北京：科技出版社，2007.
[50] 龚盛昭，李忠军主编. 化妆品与洗涤用品生产技术. 广州：华南理工大学出版社，2003.
[51] 阎世翔. 化妆品的研发程序与配方设计. 日用化学品科学，2001，24 (2).
[52] 李冬梅，胡芳主编. 化妆品生产工艺. 北京：化学工业出版社，2010.
[53] 裘炳毅主编. 化妆品化学与工艺技术大全. 北京：中国轻工业出版社，2006.
[54] 刘德峥，田铁牛主编. 精细化工生产技术. 北京：化学工业出版社，2003.
[55] 廖文胜主编. 液体洗涤剂——新原料、新配方. 北京：化学工业出版社，2000.
[56] 徐宝财主编. 洗涤剂概论. 北京：化学工业出版社，2007.
[57] 郑富源主编. 合成洗涤剂生产技术. 北京：中国轻工业出版社，1996.